环境污染控制工程

Environmental Pollution Control Engineering

高　永主　编
傅小飞　纪国林　副主编

化学工业出版社
·北京·

内容简介

本书以环境工程污染治理技术为主线，全书共分为 6 章，主要介绍了环境污染控制概述，以及大气污染控制工程、水污染控制工程、固体废物的处理与处置工程、土壤污染控制工程、噪声及其他物理性污染控制的相关技术、工艺、工程设计及案例分析等内容。

本书具有较强的系统性和实用性，可供高等学校环境科学与工程、市政工程及相关专业师生参考使用，也可供从事环境污染控制工程的技术人员、科研人员和管理人员参阅。

图书在版编目（CIP）数据

环境污染控制工程/高永主编；傅小飞，纪国林副主编．—北京：化学工业出版社，2022.9（2024．8 重印）
ISBN 978-7-122-41907-1

Ⅰ.①环… Ⅱ.①高…②傅…③纪… Ⅲ.①环境污染-污染控制-高等学校-教材 Ⅳ.①X506

中国版本图书馆 CIP 数据核字（2022）第 133320 号

责任编辑：卢萌萌　刘兴春
文字编辑：史亚琪　王云霞
责任校对：宋　夏
装帧设计：史利平

出版发行：化学工业出版社
（北京市东城区青年湖南街 13 号　邮政编码 100011）
印　　装：北京科印技术咨询服务有限公司数码印刷分部
787mm×1092mm　1/16　印张 22½　字数 563 千字
2024 年 8 月北京第 1 版第 2 次印刷

购书咨询：010-64518888　　售后服务：010-64518899
网　　址：http：//www. cip. com. cn
凡购买本书，如有缺损质量问题，本社销售中心负责调换。

定　　价：98.00 元　

前言

随着全球工业的迅速发展，污染物的种类和数量也迅猛增加，生态环境的污染也日益严重，持续威胁人类的健康和安全，资源、环境与人类可持续发展的矛盾也愈加突出。提高各类污染物的排放标准，满足污染物回用和资源化以及环境修复正成为环境污染治理的主要方向。这就对环保工作者提出了更高的技术要求。目前，环境工程学和环境污染控制技术的相关书籍和资料，大多只是基本原理及处理技术介绍，需要补充污染物回用和资源化以及环境修复等方面的内容。为此，我们总结了现有环境污染控制技术理论知识及工程实践，组织相关高校一线教师编写了《环境污染控制工程》这本书。

本书从环境污染控制、污染物回用及资源化技术工艺、工程设计以及工程实例分析等方面进行阐述，为广大环保工作者和相关专业学生系统全面地提供了环境污染控制技术及工艺设计等方面的知识。本书具有较强的系统性和实用性，可供高等学校环境科学与工程、市政工程及相关专业师生参考使用，也可供从事环境污染控制工程的技术人员、科研人员和管理人员参阅。

本书由高永担任主编，傅小飞、纪国林担任副主编，具体编写分工如下：第1章绪论，主要介绍环境问题和环境污染，由高永、傅小飞编写；第2章大气污染控制工程部分，包括大气污染物及污染源、大气污染的类型和大气污染控制技术，由赵竹子编写；第3章水污染控制工程部分，包括水体污染源及污染物、水体污染指标、污染物的迁移与转化和水的物理化学及生物处理技术等，由纪国林、高永编写；第4章固体废物的处理与处置工程部分，包括固体废物的来源及分类、固体废物的处理技术、固体废物资源化与最终处理，由周文鳞编写；第5章土壤污染控制工程部分，包括土壤污染物种类及污染源和土壤污染修复技术，由纪国林、傅小飞编写；第6章噪声及其他物理性污染控制部分，包括噪声污染控制技术、电磁辐射和放射性污染控制技术以及其他物理性污染及防治技术，由傅小飞编写；全书最后由高永统稿并定稿。

在本书编写过程中，周桢、邢子豪、王子晶等参与了部分编写工作，在此表示感谢。

由于时间紧以及编者知识水平所限，书中难免有疏漏和不足之处，敬请广大读者批评指正。

编者

目录

第1章　绪论　1

第2章　大气污染控制工程　9

第1章 绪论

1.1 环境和环境污染

1.1.1 环境概述

任何事物的存在都要占据一定的空间和时间，并必然要和其周围的各种事物发生联系。我们把与其周围诸事物间发生各种联系的事物称为中心事物，而把该事物所存在的空间以及位于该空间中诸事物的总和称为该中心事物的环境。"环境"这个词若相对于人类的存在而言，它是人类生存和发展的基础，指围绕人类周围的空间及影响人类生产和生活的各种自然因素和社会因素的总和，是极其复杂的辩证的综合体。它包括自然环境和社会环境两个方面。

自然环境是人类赖以生存和发展的物质条件，是人类周围各种自然因素的总和，即客观物质世界。目前所研究的自然环境通常是适宜于生物生存和发展的地球表面的薄层，即生物圈，它包括大气圈、水圈和岩石土壤圈等在内的一切自然因素（如气候、地理、地质、水文、土壤、水资源、矿产资源和野生动物等）及其相互关系的总和。《中华人民共和国环境保护法》所称环境是指：影响人类生存和发展的各种天然的和经过人工改造的自然因素的总体，包括大气、水、海洋、土地、矿藏、森林、草原、湿地、野生生物、自然遗迹、人文遗迹、自然保护区、风景名胜区、城市和乡村等。

社会环境是指人类生活的社会制度和上层建筑，它是人类在物质资料生产过程中，为共同进行生产而组合起来的生产关系的总和。狭义的社会环境指组织生存和发展的具体环境，具体而言就是组织与各种公众的关系网络。广义的社会环境则包括社会政治环境、经济环境、文化环境和心理环境等大的范畴，它们与组织的发展也是息息相关的。组织开展公共关系活动，对组织生存、发展的大环境和小环境都有积极的建设意义。

需要特别指出的是，随着人类社会的发展，环境的概念也在变化。以前人们往往把环境仅仅看作是单个物理要素的简单组合，而忽视了它们之间的相互作用关系。进入20世纪70年代以来，人类对环境的认识发生了一次飞跃，人类开始认识到地球的生命支持系统中各个组分和各种反应过程之间的相互关系。对一个方面有利的行动，可能会给其他方面带来意想不到的损害。随着社会经济的发展、人口的增加，环境与环境问题已越来越受到人类的普遍关注和重视。目前，环境、资源和人口问题已被国际社会公认为是影响21世纪人类社会可持续发展的三大关键问题。

1.1.2 环境问题

环境问题是指由人类活动作用于周围环境所引起的环境质量变化以及这种变化对人类的生产、生活和健康造成的影响。人类在改造自然环境和创建社会环境的过程中，自然环境仍以其固有的自然规律变化着。社会环境一方面受自然环境的制约，另一方面也以其固有的规律变化着。人类与环境不断地相互作用和反作用，产生环境问题。环境问题多种多样，归纳起来有两大类：一类是自然演变和自然灾害引起的原生环境问题，也叫第一环境问题，如地震、洪涝、干旱、台风、崩塌、滑坡、泥石流等；另一类是由人类活动引起的次生环境问题，也叫第二环境问题。

当前人类所面临的主要环境问题是人口问题、资源问题、生态破坏问题和环境污染问题。它们之间相互关联、相互影响，成为当今世界环境科学所关注的主要问题。

(1) 人口问题

人口的急剧增加可以认为是当前环境的首要问题。近百年来，世界人口的增长速度达到了人类历史上的最高峰，目前世界人口已达70亿。众所周知，人既是生产者，又是消费者。从生产者的人来说，任何生产都需要大量的自然资源来支持，如农业生产要有耕地，工业生产要有能源、各类矿产资源、各类生物资源等。随着人口增加、生产规模的扩大，一方面所需要的资源要继续或急剧增多；另一方面在任何生产中都将有废物排出，随着生产规模的增大而使环境污染加重。从消费者的人来说，随着人口的增加、生活水平的提高，对土地的占用（住、生产食物）越多，对各类资源如不可再生的能源和矿物、水资源等的需求也急剧增加，当然排出的废弃物量也增加，加重环境污染。我们都知道，地球上的一切资源都是有限的，即使是可恢复的资源如水，可再生的生物资源，也有一定的再生速度，在每年中的可供量是一定的。尤其是土地资源不仅是总面积有限，人类难以改变，而且还是不可迁移和不可重叠利用的。如果人口急剧增加，超过了地球环境的合理承载能力，则必造成生态破坏和环境污染。这些现象在地球上的某些地区已经出现了，正是我们要研究和改善的问题。

(2) 资源问题

资源问题是当今人类发展所面临的另一个主要问题。众所周知，自然资源是人类生存发展不可缺少的物质依托和条件。然而，随着全球人口的增长和经济的发展，对资源的需求与日俱增，人类正受到某些资源短缺或耗竭的严重挑战。全球资源匮乏和危机主要表现在：土地资源在不断减少和退化，森林资源在不断减少，淡水资源出现严重不足，生物多样性在减少，某些矿产资源濒临枯竭等。

(3) 生态破坏问题

生态破坏是指人类不合理地开发、利用自然资源和兴建工程项目而引起的生态环境退化及由此而衍生的有关环境效应，从而对人类的生存环境产生不利影响的现象。全球性的生态环境破坏主要包括森林减少、土地退化、水土流失、沙漠化、物种消失等。

(4) 环境污染问题

环境污染作为全球性的重要环境问题，主要指的是广泛的大气污染和酸沉降、水污染、土壤污染、噪声污染等。

1.1.3 环境污染及污染物

环境污染是指环境中各种污染物的数量或浓度超过了环境的自净能力，而使环境的结构、功能及生物学特性发生退化，它是随着人类的生活和生产活动的发展而引起的，并逐步加剧，其发展可分为以下三个阶段。

第一阶段：在人类发展的初期，人类为了生存而对环境的利用，其主要特点是人类活动虽对自然生态系统有一定破坏，但并未影响该生态系统的恢复能力和主要功能，人类对自然环境的依赖性非常明显。

第二阶段：随着生产力的发展，出现了农业、商业和城市，人类利用自然的能力提高，其生产活动造成一定的环境问题，如伐林种地、滥垦草原，出现了水土流失。在城镇中，由于人们忽略对生活垃圾和污水的处理，出现了霍乱、痢疾、伤寒等水传播疾病的流行。

第三阶段：从18世纪后半叶开始，第一次工业革命以后，现代化的大工业导致了城市都市化和交通运输及农业的现代化，资源被大量开发和利用，工业“三废”对环境造成严重污染，出现了震惊世界的环境公害事件。在此阶段，人类面临生存和发展的严重威胁，迫使人类想办法解决环境污染问题。

环境污染归纳起来有以下几个方面。

1.1.3.1 水污染

随着工业的发展和人口的增长，将产生越来越多的工业废水和城市生活污水，这样势必造成水资源的严重污染。目前水体污染主要包括有机污染物污染和无机污染物污染。

(1) 有机污染物污染

主要是由于各种工业废水排入水体，以及农药的农田径流、大气沉降、降水等面源污染物进入水体，使地表水源遭受多种有机污染物的污染，当人们饮用这种被污染的水时会得各种疾病。近年来河流、湖泊的“富营养化”引起各方面专家的重视，它主要是由排入江河和湖泊的氮、磷等营养物质造成。

(2) 无机污染物污染

主要指重金属污染。在采矿、冶炼及金属表面精加工等工业中产生的重金属废水是其主要污染源。重金属（如汞、铜、铅、铬等）在水体中不能被微生物降解，但能发生多种状态之间的相互转化以及分散、富集过程。在物质循环过程中，通过食物链进入人体，对人类身体健康造成严重威胁。

1.1.3.2 大气污染

大气污染主要是煤、石油、天然气等燃烧所致，而排入大气中的主要污染物有烟尘、硫氧化物、氮氧化物、CO_2 和碳氢化合物等。

大气污染在一定程度上破坏了生态平衡，引起环境出现一些异常现象。

(1) 酸雨

当降雨的pH值低于5.6时，即为酸雨，主要由向大气排放的 CO_2、SO_x、NO_x 等酸性物质所致。

(2) 气候变异

主要是燃料燃烧向大气中排放大量的 CO_2，其可以在阳光射向地面而使地面增温时，吸收由地面反射出的红外线，结果使近地面的空气温度升高。另外，地面水的蒸发量增多。空气中水分也可进一步吸收地面反射的红外线，使低空温度进一步升高，这种效应称为地球表面的温室效应。

(3) 臭氧层破坏

臭氧层是指大气平流层中臭氧集中的层次。距地面 20～25km，它能吸收太阳的紫外线使地面生物免受紫外线伤害。臭氧层破坏的主要原因是人类大量使用氯氟烃、四氯化碳、甲烷等化学物质，加速了臭氧层的破坏。

1.1.3.3 土地污染

土地是人类赖以生存的物质基础，但是随着人类文明的发展，人们的生产生活活动对土地也产生了污染。土地污染主要有以下几个方面：a. 废水、废渣、污水灌溉；b. 农业生产中农药、化肥对土地的污染；c. 酸雨造成土壤酸化，肥力下降。

1.1.3.4 噪声污染

噪声污染是另一种重要的环境污染。产业革命以来，各种机械设备的创造和使用，给人类带来了繁荣和进步，但同时也产生了越来越多而且越来越强的噪声。

① 交通噪声包括机动车辆、船舶、地铁、火车、飞机等的噪声。

② 工业噪声是由工厂的各种设备产生的噪声。

③ 建筑噪声主要来源于建筑机械发出的噪声。

④ 社会噪声包括人们的社会活动和家用电器、音响设备发出的噪声。

此外，还有一些污染，如放射性污染、电磁辐射污染、热污染和光污染等。

1.2 环境污染与人类发展

1.2.1 环境污染与人类健康

人体中各种化学元素的平均含量与地壳中各种化学元素含量相适应。例如人体血液中的 60 多种化学元素含量和地壳岩石中这些元素的含量有明显的相关性，1974 年联合国卫生组织公布了 9 种主要微量元素（Zn、Cu、I、F、Co、Fe、Cr、Mo、Se）。另据有关资料，常量元素 Ca、K、Na、Mn 也是儿童生长发育必需的营养元素。这些元素与人体内氨基酸、蛋白质结合形成多种酶、辅酶、维生素、激素及核酸，在人体内起着特异的生理功能，它们与细胞增殖、机体代谢和人类生存密切相关。从这里可以看出化学元素是把人和环境联系起来的基本因素。

此外，元素的分布状况还与人类生活密切相关，一般情况下以某地区岩石中化学元素的平均含量作为该地区的元素地球化学背景值。不同地区的元素地球化学背景值不同，因此，生活在不同地区的人群体内的微量元素含量也有所差异，从对人体健康的影响而言主要表现为不足或过多。在工业不发达的地区，由于较好地保留了天然的地球化学环境，故当地居民人体的化学组分取决于该地区生活环境的地球化学背景；而在工业发达地区，如果由于不注意环境保护而破坏了天然地球化学环境，大气、水、食物和土壤遭受污染，则当地居民人体的化学组分会随该地区的地球化学背景而变化。元素过剩或贫乏，将使土壤结构、水质、大气成分发生改变，破坏生态平衡，严重影响农、林、牧、副、渔业生产和引发各种地方病。自然界的所有变化都会使人体通过自身内部调节来适应不断变化的外部环境，使体内物质同地壳物质保持平衡。环境污染使环境中某些化学物质增加，或出现原来没有的新合成物质，破坏了人与环境的对立统一关系，引起人机体的疾病，甚至死亡。

1.2.2 环境保护与可持续发展

当今人类社会活动与自然界演进均发生了巨大的变化，尤其就生态环境的变化而言，人类活动、自然界活动本身等复杂性因素的影响越来越大。反观人类社会活动自身，从环境经济学、环境社会学等学科视角关注生态环境优化、关注人与自然相互协调及其对和谐社会发展的意义十分重要。

环境保护与实现可持续发展是密不可分的，环境保护是实现可持续发展的条件，也是经济能够得到进一步发展的前提，更是人类文明得以延续的保证。可持续发展是环境保护目标得以实现的保障。可持续发展要求环境既能满足当代发展的需要，又不能危害后代发展的需要。可持续发展包含“需要”和“限制”两层含义。这里所说的“需要”是指满足人类基本需要和提高生活质量的需要，二者中要优先考虑基本需要；而“限制”是指人类不能无限度地发展和索取，应以地球上资源的承受能力为限度。发展是协调的发展，发展也是受限制的发展，发展还应该是与自然环境容量相适应的发展。

从当代自然环境与社会环境发展变化来看，与人类社会发展息息相关的地球资源环境系统的稳定性出现了令人担忧的局面。全球环境不断恶化的主要原因是无法长久维持的生产和消费形态，特别是工业国家的生产消费形态。全球环境污染日趋加剧，包括各种有害化学物质造成的对大气、水体、土壤、植物的污染及其对人体造成的不利影响，一些物质本身并非直接有毒，如氯氟烃（CFC)、二氧化碳等，但它们的存在会对全球气候及环境造成诸如温室效应、臭氧层破坏等严重的全球性环境危机。同时，地球资源环境系统的不稳定性表现为可再生资源被破坏，生物类（森林、生物物种）与非生物类（土地、水）资源受到破坏以及资源存量的不断减少。在由各种原因引起的全球土地退化面积中，人类农业用地中的土地退化面积（包括沙漠化、侵蚀和盐渍化）已达到 35%。全球性的环境危机再次将人类推到生死存亡关头之时，只有深入反思造成全球环境危机的原因，才能探寻解决环境危机问题的出路。

环境保护为可持续发展提供基础保障，经济持续发展是实现可持续发展的手段，可持续发展的最终目标是社会持续发展。随着环境污染和生态影响问题的不断加剧，人类面临着人口、资源、环境和发展等一系列重大问题。可持续发展概念的提出源于环境保护的需要，也是建立在人类深刻地认识到环境与资源的可持续能力基础上的。人类不能脱离环境而孤立存在，人类是自然界不可分割的一部分，所以，人类要持续生存发展，必须与自然协调发展。过去，人类片面追求经济发展而忽略了对环境的保护，不适当的生产和生活方式严重地破坏着地球环境。所以，虽然工业产值增长飞速，但却相继出现资源短缺、环境恶化、生态破坏等问题，而且有些环境问题是无法弥补的。

1.3 环境净化与污染控制

1.3.1 环境净化与污染控制技术概述

1.3.1.1 水质净化与水污染控制技术

(1) 水中的污染物及其危害

根据污染物的不同，水污染可分为物理、化学和生物污染三大类。污水中的物理性和化学性污染物种类多，成分复杂而多变，可处理性差异较大。

水中污染物按化学性质可分为无机污染物和有机污染物。无机污染物包括氮磷等植物性营养物质、非金属、金属以及主要因无机物的存在而形成的酸碱度。其中氮、磷是导致湖泊、水库、海湾等封闭性水域富营养化的主要元素，而重金属则会对人体和水生生物产生直接的毒害。有机污染物分为可生物降解性污染物和难生物降解性污染物。污水中的可生物降解性有机污染物（多为天然化合物）排入水体后，能在微生物的作用下得到降解，但消耗了水中的溶解氧，最终引起水体的缺氧和水生动物的死亡，破坏水体自然功能。在厌氧条件下有机物被微生物降解会产生 H_2S、NH_3、低级脂肪酸等有害或恶臭物质。一些难生物降解性污染物（持续性污染物），如农药、卤代烷、芳香族化合物、聚氯联苯等，具有毒性大、化学及生物学稳定、易于在生物体内富集等特点，排入环境后通过食物链对人体健康造成危害。

(2) 水污染净化技术

水处理是利用各种技术和手段，将污水中的污染物分离去除或将其转化为无害物质，使污水得到净化的过程。水处理方法种类很多，总的来说可以分为物理法、化学法和生物法三大类。

物理法是利用物理作用分离水中污染物的方法，在处理过程中不改变污染物的化学性质。化学法是利用化学反应的作用改变污染物在水中的存在形式（如沉淀、上浮等），使之从水中去除，或者使污染物彻底氧化分解，转化为无害物质的处理水中污染物的方法。生物法是利用生物的作用，使水中的污染物分解、转化成无害物质的方法。

1.3.1.2 空气净化与大气污染控制技术

(1) 空气中的污染物及其危害

空气中污染物的种类繁多，根据其存在的状态，可分为颗粒物/气溶胶状态污染物和气态污染物。空气中的污染物不但能引起各种疾病，危害人体健康，还能引起大气组分的变化，导致气候异常变化，从而影响植物和农作物等的生长。

(2) 空气污染净化技术

主要可分为分离法和转化法两大类。分离法是利用污染物与空气的物理性质的差异使污染物从空气（废气）中分离的一类方法，如物理吸收法、吸附法、机械除尘、静电除尘等。转化法是利用化学反应或生物反应，使污染物转化成无害物质或易于分离的物质，从而使空气（废气）得到净化与处理的方法，如生物法、燃烧法、催化氧化法。

1.3.1.3 土壤净化与污染控制技术

(1) 土壤中的污染物及其危害

土壤中的污染物主要有重金属、挥发性有机物、原油等。土壤的重金属污染主要是由人为活动或自然作用释放出的重金属在土壤中逐渐积累而造成的。土壤的有机污染主要是由化学品的泄漏或非法投放、原油泄漏等造成的。与水污染和大气污染不同，土壤污染通常是局部性的污染，但是在特殊情况下可通过地下水的扩散，造成区域性污染。

土壤污染的危害主要有两方面：一方面是通过雨水淋溶作用，可能导致地下水和周围地表水体的污染；另一方面是通过植物吸收而进入食物链，对食物链上的生物产生毒害作用等。

(2) 土壤污染净化技术

由于土壤的物理结构和化学成分较复杂，污染土壤的净化比废水与废气处理困难得多。污染土壤的净化技术也可分为物理法、化学法和生物法。物理法中常用的有客土法、隔离法、萃取法，化学法中常用的有电化学法、热处理法、焚烧法，生物法中常用的有植物净化法和微生物净化法。

1.3.1.4 固体废弃物控制技术

(1) 固体废弃物的种类及其危害

废物概念是相对的，它与技术发展水平和经济条件密切相关，在有些地方被看作废物的东西，在另一个地方可能就是原料或资源。过去认为是废物的东西，明天可能就不再是废物。所以固体废弃物有“放错位置的资源”或者“放错地点的原料”的说法。《中华人民共和国固体废物污染环境防治法》规定，固体废弃物是指在生产、生活和其他活动中产生的丧失原有利用价值或者虽未丧失利用价值但被抛弃或者放弃的固态、半固态和置于容器中的气态物品或物质以及法律、行政法规规定纳入固体废物管理的物品或物质。

固体废弃物对环境的危害包括：a. 通过雨水的淋溶和地表径流的渗沥，污染土壤、地下水和地表水，从而危及人体健康；b. 通过飞尘、微生物作用产生的恶臭以及化学反应产生的有害气体污染空气；c. 固体废弃物的存放和最终填埋处理占用大面积的土地。

(2) 固体废弃物处理处置技术

固体废弃物的处理处置往往与其中所含可利用物质的回收、综合利用联系在一起。常用的处理技术有压实、破碎、分选、脱水干燥、中和法、氧化还原法、焚烧、填埋、堆肥等。

1.3.1.5 物理性污染及其控制技术

物理性污染主要包括噪声、电磁辐射、振动及热污染等，其主要控制技术包括隔离、屏蔽、吸收、消减技术等。

1.3.2 环境净化与污染控制技术原理

随着人类活动范围的扩展、强度的增加和形式的多样化，生产和使用的化学物质的种类日益增加，登录在《化学文摘》上的化学物质，总数已达6000多万种，目前仍在高速增加。据统计，仅日常生活和工业生产中经常使用的化学物质就有6万～8万种，这使得环境污染物的种类越来越多。而且污染物的物理和化学性质千差万别，在环境中的迁移转化规律也异常复杂，造成由化学物质引起的环境污染问题越来越复杂。此外，不同的地区以及同一地区在不同时期的环境条件、社会条件和经济条件也各不相同，人与环境间的矛盾也随时间、空间的变化而变化，因此环境污染问题具有强烈的综合性和时间及地域特征。所以环境污染控制应根据不同的对象以及社会经济条件，选择最优的方案。

人们经过长期实践，开发出不同的环境净化与污染控制技术，这些技术从原理上可分为“隔离技术”、“分离技术”和“转化技术”三大类。

隔离技术是将污染物或污染介质隔离，切断污染物向周围环境的扩散途径，防止污染进一步扩大；分离技术是利用污染物与污染介质在物理或化学性质上的差异使其与介质分离，达到污染物去除或回收利用的目的；转化技术是利用化学反应或生物反应，使污染物转化成无害物质或易于分离的物质，从而使污染介质得到净化与处理。

习题与思考题

1-1　什么叫作环境？目前人类所面临的环境污染主要包括哪几部分？

1-2　简述环境污染与人体健康的关系。

1-3　简述环境污染控制技术基本原理。

第2章 大气污染控制工程

2.1 大气污染概述

2.1.1 大气的组成

大气系指包围在地球周围的气体，其厚度一般认为达1000～1400km，其中，对人类及生物生存起着重要作用的是近地面约10km内的空气层（对流层）。国际标准化组织（ISO）对大气和空气的定义：大气（atmosphere，Atmosphäre）是指地球周围全部空气的总和；环境空气（ambient air，Umgebungsluft）是指人类、植物、动物和建筑物暴露于其中的室外空气。在环境科学相关书籍、资料中，常将“大气”与“空气”作为同义词使用，其区别仅在于“大气”所指的范围更大一些，“空气”所指的范围相对小一些；空气层厚度虽然比大气层厚度小得多，但空气质量却占大气总质量的95%左右。大气是由多种气体混合而成的，主要成分为：干洁空气、水蒸气和各种杂质。

2.1.1.1 干洁空气的组成

干洁空气的主要成分是氮（N_2）、氧（O_2）、氩（Ar）和二氧化碳（CO_2）气体，其体积分别约占全部气体总体积的78.08%、20.95%、0.93%和0.03%；次要成分主要有氖（Ne）、氦（He）、氪（Kr）、甲烷（CH_4）等，只占0.004%左右。表2-1列出了干洁空气的组成。

表2-1 干洁空气的组成

成分	分子量	体积分数	成分	分子量	体积分数
主要成分/%			次要成分/($\times10^{-6}$)		
氮(N_2)	28.01	78.084±0.004	氖(Ne)	20.18	18
氧(O_2)	32.00	20.946±0.002	氦(He)	4.003	5.2
氩(Ar)	39.94	0.934±0.001	甲烷(CH_4)	16.04	1.2
二氧化碳(CO_2)	44.01	0.033±0.001	氪(Kr)	83.80	0.5
			氢(H_2)	2.016	0.5
			氙(Xe)	131.30	0.08
			臭氧(O_3)	48.00	0.01～0.04

由于大气的垂直运动、水平运动、湍流运动及分子扩散，使不同高度、不同地区的大气

得以交换，因此，大气中恒定组成部分的体积分数在离地面 90km 高度以内几乎是稳定的。在自然界大气的温度和压力条件下，干洁空气的平均分子量为 28.966，标准状况下(273.15K，101325Pa) 密度为 1.293kg/m^3，干洁空气中所有成分都处于气体状态，因此干洁空气的物理性质基本稳定，可以看成是理想气体。

2.1.1.2 水蒸气

大气中的水蒸气含量较少，其含量随着时间、地点和气象条件等不同而有较大变化，例如从干旱的沙漠地带到热带地区，水蒸气的变化范围可从 0.01%到 4.00%。尽管水蒸气含量较低，却导致了如云、雾、雨、雪、霜、露等复杂的天气现象，这些现象不仅引起大气中湿度的变化，还可导致大气中热能的输送和交换。此外，水蒸气吸收太阳辐射的能力较弱，但吸收地面长波辐射的能力却较强，因此对地面的保温起着重要的作用。

2.1.1.3 各种杂质

大气中的各种杂质包括由于自然过程和人类活动排到大气中的各种悬浮颗粒和气态物质。大气中的悬浮颗粒是悬浮在大气中固体、液体颗粒状物质的总称，除了由水蒸气凝结成的水滴和冰晶外，主要是各种有机或无机固体微粒，固体颗粒物来自各种自然过程和人类活动，包括植物花粉、微生物等有机微粒，也包括岩石或土壤风化后的尘粒、火山喷发后留在空气中的火山灰、海洋中浪花溅起的飞沫等无机微粒，以及燃料燃烧和人类活动产生的烟尘等。大气悬浮颗粒物由于含有重金属、有机物、黑炭等多种多样的化学组分，同时具有大气滞留、吸收或散射太阳辐射等特征，因此对环境质量、大气能见度、人体健康、气候变化等均具有影响。大气中的各种气态物质包括硫氧化物、氮氧化物、一氧化碳、二氧化碳、硫化氢、氨气、甲烷、甲醛、烃蒸气等。大气中悬浮颗粒物和气态物质呈现一定的时空分布特征，通常冬季高于夏季、城市地区高于偏远地区。

2.1.2 大气污染物及污染源

2.1.2.1 大气污染概述

大气污染（atmospheric contamination，die Luftverschmutzung），广义上说系指由于人类活动或自然过程导致某些物质进入大气中，超过环境所允许的极限浓度并持续一段时间后，并因此破坏自然的物理、化学和生态平衡，危害了人们的生活、工作和健康的大气状况。所谓人类活动主要是工业及人类生产、生活，包括机动车排放、化石燃料燃烧、木柴燃烧、建筑扬尘、烹饪活动等；而自然过程，主要包括火山喷发、海洋飞沫、沙尘暴、森林大火、植物排放等。一般而言，由自然过程排放的污染物多为暂时和局部的，人类活动排放的大气污染物是造成大气污染的主要根源。

工业革命以来，大规模地使用化石燃料并向空气中排放大量气态和固态污染物，造成了一些严重的环境公害问题，大气污染问题引起了人们的广泛关注。20 世纪 80 年代以后，随着我国国民经济的快速增长和城市化进程的加快，发达国家经历了百余年的空气污染问题在我国经济发达地区二三十年内集中暴发，如京津冀、珠江三角洲和长江三角洲等地区，空气质量状况令人担忧。表 2-2 对 20—21 世纪全球范围内一些有代表性的空气污染事件进行了总结。

表 2-2　20—21 世纪全球范围内的典型空气污染事件

年份	污染事件	事件原因及危害
1930 年	比利时马斯河谷烟雾事件	发生在 1930 年 12 月 1—5 日，比利时马斯河谷工业区内 13 个工厂排放的大量烟雾弥漫在河谷上空无法扩散，使河谷工业区有上千人发生胸疼、咳嗽、流泪、咽痛、呼吸困难等，一周内有 60 多人死亡，许多家畜也纷纷死去，这是 20 世纪最早记录下的空气污染事件
1948 年	美国多诺拉烟雾事件	1948 年 10 月 26—31 日，美国宾夕法尼亚州多诺拉镇持续雾天，而这里却是硫酸厂、钢铁厂、炼锌厂的集中地，工厂排放的 SO_2 等烟雾被封锁在山谷中，使 6000 多人突然发生眼痛、咽喉痛、流鼻涕、头痛、胸闷等不适，其中 20 人很快死亡
1952 年	英国伦敦烟雾事件	1952 年 12 月 5—8 日，伦敦城市上空高压，大雾笼罩，连日无风，而当时正值冬季大量燃煤取暖期，煤烟粉尘和湿气积聚在大气中，使许多城市居民都感到呼吸困难、眼睛刺痛，仅 4 天时间死亡了 4000 多人。在之后的两个月时间内，又有 8000 人陆续死亡。这是 20 世纪世界上最大的由燃煤污染引发的城市烟雾事件
20 世纪 40—50 年代	美国洛杉矶光化学烟雾事件	从 20 世纪 40 年代起，已拥有大量汽车的美国洛杉矶城市上空开始出现由光化学烟雾造成的黄色烟雾。它刺激人的眼睛、灼伤喉咙和肺部、引起胸闷等，还使植物大面积受害，松林枯死，柑橘减产。1955 年，洛杉矶光化学烟雾引起的呼吸系统衰竭死亡的人数达到 400 多人，这是最早出现的由汽车尾气造成的空气污染事件
1961—1972 年	日本四日市哮喘病污染事件	1955 年日本四日市相继兴建了十多家石油化工厂，终日排放大量含 SO_2 的气体和粉尘，使昔日蔚蓝的天空变得污浊不堪。1961 年，四日市市民哮喘病大发作；1964 年连续 3 天出现浓雾天气，严重的哮喘病患者开始死亡；1967 年，一些哮喘病患者不堪忍受痛苦选择自杀。据统计，1970 年患者达 500 多人，实际患者超过 2000 人；1972 年全市哮喘病患者 871 人，死亡 11 人
2013 年	中国华北重污染事件	2013 年 1 月，中国中东部出现多次大范围重污染事件，多次形成覆盖整个华北地区，污染程度空前严重的污染事件，严重时多个地区能见度不足 500m，为 21 世纪以来中国最严重的持续空气污染事件。这次重污染事件具有覆盖面积大（可达 150 万平方千米）、持续时间长和污染程度高的特点，对城市环境空气质量、能见度和公众身体健康等造成巨大影响和危害

2.1.2.2　大气污染物

大气污染物（air pollutant，Schadstoffe in der Atmosphäre）是指由于人类活动或自然过程排入大气的，并对人和环境产生有害影响的物质。大气污染物的种类很多，对人类有危害并已被人们注意的有 100 多种。

（1）大气污染物按其存在状态分类

大气污染物按其存在状态进行分类，可分为气溶胶/颗粒物污染物、气态污染物、复合型污染物。

1）气溶胶/颗粒物污染物　在大气污染中，气溶胶（aerosol，das Ärosol）是指沉降速度可以忽略的小固体粒子、液体粒子或固液混合粒子均匀地分散在气体中形成的相对稳定的悬浮体系。通常说的大气中的颗粒物是气溶胶的一部分，通常指空气动力学等效直径（particle diameter，Durchmesser der Partikel）为 0.003～100μm 的粒子。由于人们重点关心和研究气溶胶体系中各种粒子的来源、组成、迁移转化及其沉降的影响和危害等，因此，通常将气溶胶体系中分散的各种固态粒子称为大气颗粒物。

从大气污染控制的角度，按照气溶胶粒子的来源和物理性质，可将其分为如下几类，见

表 2-3。

表 2-3　气溶胶粒子的分类

气溶胶粒子	来源和定义	粒径范围和特征
粉尘(dust)	悬浮于气体介质中的小固体颗粒，通常是在固体物质的破碎、研磨、分级、输送等机械过程，或土壤、岩石的风化等自然过程中形成的	1～200μm 受重力作用能发生沉降，但在一段时间内能保持悬浮状态
烟羽(fume)	燃料不完全燃烧产生的固体粒子的气溶胶；由熔融物质挥发后生成的气态物质的冷凝物，在生成过程中总是伴有诸如氧化之类的化学反应	0.01～1μm 能够长期存在于大气之中
黑烟(smoke)	燃料燃烧产生的能见气溶胶，黑烟是不完全燃烧的产物	0.5μm 左右
霾(haze)	霾天气是大气中悬浮的大量微小尘粒均匀地浮游在空气中，使空气浑浊，能见度降低到 10km 以下的天气现象	一般由细颗粒物导致，易出现在逆温、静风、相对湿度较大等气象条件下
雾(fog)	气体中液滴悬浮体的总称，既可以指气象学中能见度小于 1km 的小水滴悬浮体，也可在工程中泛指小液体粒子悬浮体，可能来自液体蒸气的凝结、液体的雾化及化学反应等过程，如水雾、酸雾、碱雾、油雾等	一般在 10μm 以下
烟雾(smog)	烟(smoke)和雾(fog)两字的合成词，是物质在燃烧或热解时排入空气中的固体和液体颗粒与气体的集合，一般指一种大气污染现象，如伦敦烟雾、洛杉矶光化学烟雾等	一般裸眼可见烟雾的粒径大于 7μm

在某些情况下，表 2-3 中的粉尘和黑烟等小固体颗粒的界限，很难明显区分开。根据我国的习惯，一般将冶金过程和化学过程形成的固体颗粒称为烟尘；将燃料燃烧过程产生的飞灰和黑烟，在不需仔细区分时，也称为烟尘。在其他情况下，或泛指小固体颗粒时，则通称为粉尘。

从环境空气质量研究角度，还可根据粉尘颗粒的空气动力学等效直径大小进行划分，包括总悬浮颗粒物（total suspended particulate，TSP，$D_p \leqslant 100\mu m$，也有研究认为在 30μm 以下）、可吸入颗粒物（inhalable particle or respiratory suspended particle，PM_{10}，$D_p \leqslant 10\mu m$）、细颗粒物（fine particle，$PM_{2.5}$，$D_p \leqslant 2.5\mu m$）、超细颗粒物（ultrafine particle，UFP，$D_p \leqslant 0.1\mu m$）、纳米颗粒物（nano-particles，D_p 在几到几十纳米）。图 2-1 为颗粒物空气动力学直径分布划分图。

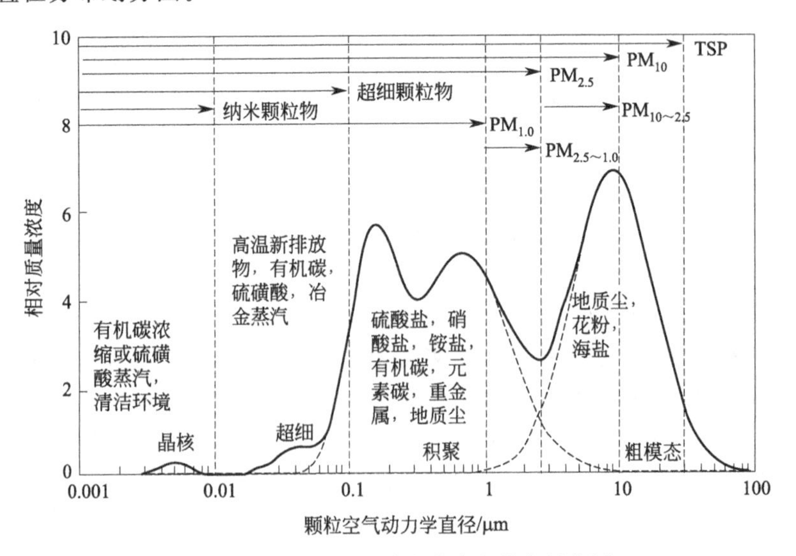

图 2-1　颗粒物空气动力学直径分布划分图

2）气态污染物　气态污染物是以分子状态存在的污染物，其种类很多，总体上可以分为五大类：以二氧化硫为主的含硫化合物、以一氧化氮和二氧化氮为主的含氮化合物、碳的氧化物、有机化合物及卤素化合物等。

3）复合型污染物　当各种气体、颗粒污染物在同一地区、同一时段出现时，便是复合型污染。在复合型污染条件下，气体和颗粒物可发生相互作用，产生新的污染。

（2）大气污染物按照排放和形成过程进行分类

大气污染物按排放和形成过程可分为一次污染物和二次污染物。一次污染物（primary pollutant，Primäre Schadstoffe）是直接从污染源排放到空气中的各种气体和颗粒物质，常见的主要污染物有氮氧化物、二氧化硫、一氧化碳、烃类、颗粒物等；二次污染物是一次污染物在空气中相互作用，或者与空气中其他物质通过均相或非均相化学反应等所生成的新污染物，多为细颗粒物，具有颗粒小，滞留时间长，对环境、健康和气候影响更为显著等特点。这些二次污染物与一次污染物的物理、化学性质有所不同，常见的二次污染物有硫酸盐、硝酸盐、臭氧、醛类、过氧乙酰硝酸酯（PAN）等。需要注意的是，大气颗粒物中的某些组分（如黑炭、钾离子等）来自污染源的直接排放，但也有些组分（如二次有机碳等）来自二次转化和生成过程，因此，大气颗粒物是一次污染物和二次污染物的混合物。表 2-4 对大气中常见的污染物进行了分类和总结。

表 2-4　大气污染物的分类

污染物	一次污染物	二次污染物
含硫化合物	SO_2、H_2S	SO_3、H_2SO_4、MSO_4
含氮化合物	NO、NH_3	NO_2、HNO_3、MNO_3
碳的氧化物	CO、CO_2、碳酸盐	二次有机碳
有机化合物	挥发性有机化合物(VOCs)	醛、酮、过氧乙酰硝酸酯、多环芳烃等
卤素化合物	HF、HCl	无
其他	黑炭、某些无机离子、金属元素组分等	O_3

注：MSO_4、MNO_3 分别为硫酸盐和硝酸盐。

在大气污染控制中，受到普遍重视的一次污染物主要有挥发性有机化合物（VOCs）、硫氧化物（SO_x）、氮氧化物（NO_x）、碳氧化物（CO、CO_2 等）等；二次污染物主要有臭氧（O_3）、硫酸烟雾（sulfurous smog，Schwefelsäuredämpfe）、光化学烟雾（photochemical smog，Photochemischer Smog）。

下面对主要大气污染物的特征、来源等进行介绍。

1）硫氧化物　硫氧化物中主要有 SO_2，主要来自化石燃料的燃烧、石油炼制、有色金属的冶炼以及硫酸化工生产等，火力发电厂、有色金属冶炼厂、硫酸厂、炼油厂以及所有烧煤或油工业炉窑等都排放 SO_2 烟气。SO_2 很少单独存在，在空气中易被氧化成 SO_3，在有水分子、重金属的悬浮颗粒物或氮氧化物存在的情况下，硫氧化物可与之发生一系列化学或光化学反应，进一步生成硫酸烟雾或硫酸盐气溶胶，在不利的天气状况下，硫酸烟雾对人体引起的刺激作用和生理反应等危害比 SO_2 气体大得多。

2）氮氧化物　氮和氧的化合物有 N_2O、NO、NO_2、N_2O_3、N_2O_4 和 N_2O_5，其中污染大气的主要物质是 NO、NO_2。大气中的 NO_x 主要来自各种炉窑、机动车和柴油机的排气，除此之外是硝酸生产、硝化过程、炸药生产及金属表面处理等过程，其中大部分由燃料燃烧产生，燃料燃烧产生 NO_x 的过程主要包括两种：含氮有机化合物的燃烧，使燃料中的有机氮转变为 NO_x 气体；燃烧过程中温度高于 1500℃时，大气中的氮气被氧化成 NO。

NO 毒性不太大，但进入大气后可被缓慢的氧化成 NO_2，NO_2 的毒性约为 NO 的五倍。当 NO_2 参与大气中的光化学反应，形成光化学烟雾后，其毒性更强。

3）碳氧化物　CO 和 CO_2 是各种大气污染物中发生量最大的一类污染物，主要来自燃料燃烧和机动车排气。

4）挥发性有机化合物　有机化合物种类很多，从甲烷到长链聚合物的烃类。大气中的挥发性有机化合物（VOCs），一般是 $C_1 \sim C_{10}$ 化合物，它不完全相同于严格意义上的碳氢化合物，因为它除含有碳和氢原子外，还常含有氧、氮和硫原子。VOCs 是细颗粒物、光化学氧化剂臭氧和过氧乙酰硝酸酯（PAN）的重要前体物，因此已经纳入我国大气的总量控制指标。VOCs 主要来自机动车和燃料燃烧排气，以及石油炼制和有机化工生产等。

5）光化学烟雾　光化学烟雾是在紫外线的照射下，大气中的氮氧化物、碳氢化合物和氧化剂之间发生一系列光化学反应而生成的蓝色烟雾（有时带些紫色或黄褐色），其主要成分复杂，有臭氧、过氧乙酰硝酸酯、酮类和醛类等。光化学烟雾的刺激性和危害要比一次污染物严重得多。

2.1.2.3　大气污染源

大气污染源可分为自然污染源和人为污染源两类，分类见图 2-2。

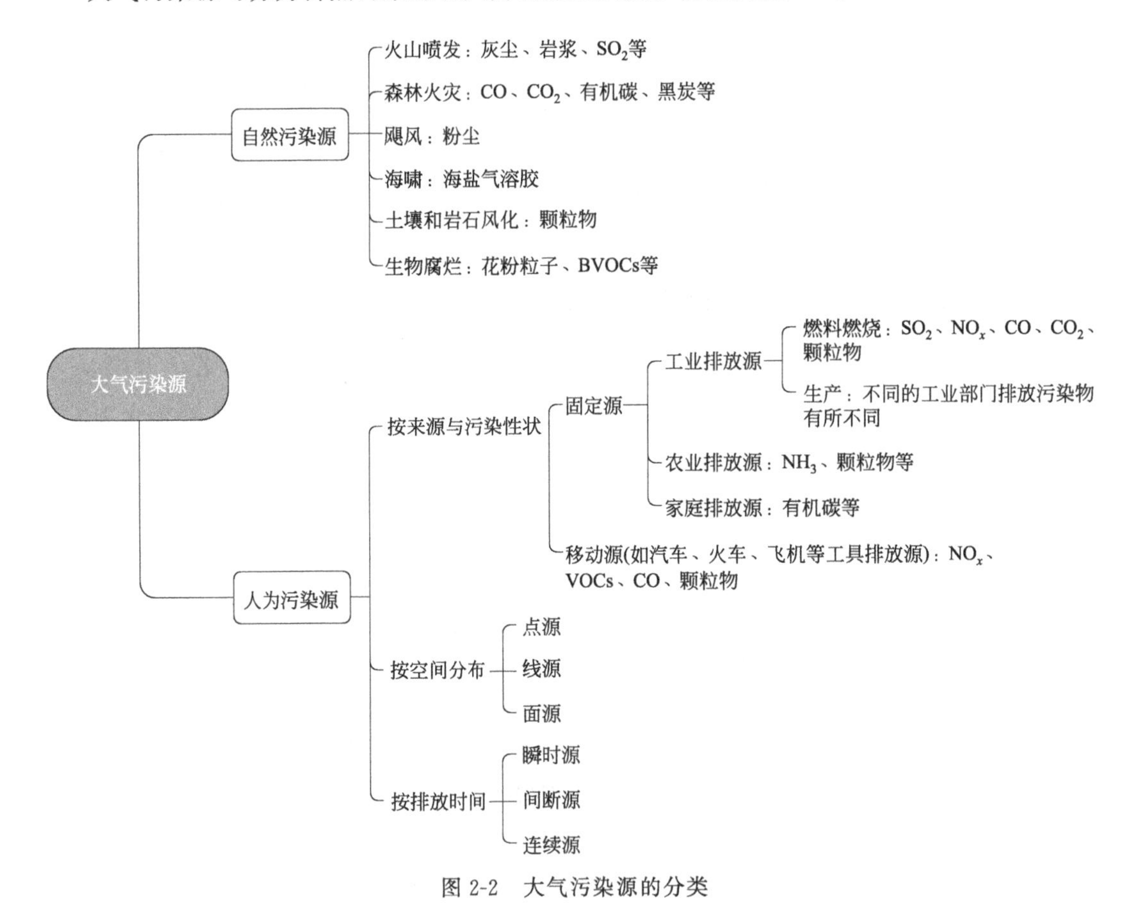

图 2-2　大气污染源的分类

自然污染源是指自然原因向环境释放污染物的地点或地区，如火山喷发、森林火灾、飓风、海啸、土壤和岩石的风化及生物腐烂等自然现象。人为污染源是指人类生活活动和生产活动形成的污染源。人为污染源有各种分类方法。按照来源和污染性状人为污染源可分为固定源和移动源，其中固定源主要包括工业排放源、农业排放源与家庭排放源；移动源则主要指交通运输工具（机动车、火车、轮船、飞机等）。按污染源的空间分布人为污染源可分为点源，即污染物集中于一点或相当于一点的小范围排放源，如工厂的烟囱排放源；线源，即在空间上呈连续、线状分布的污染源；面源，即在相当大的面积范围内有许多个污染物排放源，如一个居住区或商业区内许多大小不同的污染物排放源。按排放时间人为污染源可分为瞬时源、间断源和连续源，不同工业部门排放的大气污染物总结如表 2-5 所列。

表 2-5 不同工业部门排放的大气污染物总结表

工业部门	企业类型	排放的主要大气污染物
电力	火力发电	烟尘、SO_2、NO_x、CO、汞及其化合物等
冶金	钢铁	颗粒物(烟尘、氧化铁尘、氧化钙尘)、CO_2、CO、SO_2、NO_x、氟化物、二噁英类
	有色金属冶炼	烟尘(含各种重金属如 Pb、Zn、Cu、Cd 等)、SO_2、汞
	烧焦	烟尘、SO_2、SO、硫化氢、酚、苯、萘、烃类
化工	化工厂	硫化氢、氰化物、氯化物、烃类、SO_2、NO_x
	无机化学工业	颗粒物、SO_2、NO_x、砷及其化合物、汞及其化合物等
	石油化学工业	颗粒物、SO_2、NO_x、氯化氢、非甲烷烃等
	炼焦化学工业	颗粒物、SO_2、NO_x、苯并[*a*]芘、氰化氢、苯等
	氮肥厂	粉尘、NO_x、CO、氨、酸雾
	磷肥厂	粉尘、氟化物、SiF_4、硫酸气溶胶
	硫酸厂	SO_2、NO_x、As、硫酸气溶胶、颗粒物、硫酸雾等
	氯碱厂	氯气、氯化氢、HgF、CO
	化学纤维厂	烟尘、硫化氢、氨、二硫化碳、甲醇、丙酮、二氯甲烷
	农药厂	砷、汞、氯气、农药
	冰晶石厂	氟化氢、SiF_4
	合成橡胶厂	丁二烯、苯乙烯、乙烯、异丁烯、异戊二烯、丙烯腈、二氯乙烯、二氯乙烷、乙硫醇
	合成树脂工业	非甲烷烃、颗粒物、丙烯腈、酚类等
	橡胶制品工业	颗粒物、氨、甲苯及二甲苯、非甲烷烃等
	聚氯乙烯工业	颗粒物、SO_2、NO_x、氯化氢、氯乙烯、二氯乙烷、二噁英类等
	饮料厂	SO_2、NO_x
	电池工业	硫酸雾、铅及其化合物、汞及其化合物、镉及其化合物等
	电子玻璃工业	颗粒物、SO_2、NO_x、氯化氢、氟化物等
机械	机械加工	烟尘、SO_2、CO
轻工	仪表	汞、氰化物、铬酸
	造纸	烟尘、硫醇、硫化氢、二氧化硫
	灯泡	烟尘、汞
	玻璃	烟尘
建材	砖瓦	烟尘、CO 等
	石棉加工	石棉粉尘
	水泥	颗粒物、CO_2、SO_2、NO_x、氟化物、汞及其化合物等
核工业	铀矿山	氡气及其衰变子体、放射性粉尘
	铀水冶	氡气及其子体、放射性硅酸盐粉尘、NO_x、硫酸雾、铀粉尘
	铀精制	氟化物、氟化氢、硝酸废气、铀粉尘
	气体扩散	氟化物、氟、六氟化铀
	反应堆	^{13}N、^{16}N、惰性气体^{85}Kr(氪)、氙

2.1.3 大气污染的类型

按照大气污染的范围来分，大致可分为四类：

① 局部地区污染。局限于小范围的大气污染，如受到某些烟囱排气的直接影响。

② 地区性污染。涉及一个地区的大气污染，如工业区及其附近地区或整个城市大气受到污染。

③ 区域污染。涉及比一个地区或大城市更广泛地区的大气污染。

④ 全球性污染。涉及全球范围的大气污染。

按照大气污染物的类型，大气污染可进行如下分类：

① 还原型（煤烟型）污染。常发生在以使用煤炭和石油为主的地区，主要污染物是二氧化硫、一氧化碳和颗粒物。在低温、高湿、风速很小，并伴有逆温存在的阴天，污染物易在低空形成还原性烟雾。

② 氧化型（汽车尾气型）污染。汽车排气、燃油锅炉以及石油化工企业产生的主要一次污染物一氧化碳、氮氧化物和碳氢化合物等，在太阳的照射下能引起光化学反应，生成二次污染物。

③ 复合型污染。包括以化石燃料为污染源排放的污染物、从各类工厂企业排出的各种化学物质及其在大气中发生一系列反应生成的二次污染物。

④ 特殊型污染。由工厂或特殊事故排出的特有污染物而造成的污染。

⑤ 我国大气污染已经从 20 世纪煤烟型污染演变为跨区域性、复合型大气污染。

2.1.4 大气环境标准及污染管理控制措施

根据世界卫生组织（World Health Organization，Weltgesundheitsorganisation）对空气污染造成的疾病负担评价，每年有超过 200 万人过早死亡归因于室内外空气污染，其中一半以上在发展中国家，因此制定合理的空气质量标准对于改善环境空气质量，降低空气污染对健康的影响具有重要的直接推动作用。

2.1.4.1 大气环境标准的种类和作用

大气环境标准按其用途可分为：大气环境质量标准、大气污染物排放标准、大气污染控制技术标准及大气污染警报标准。按其适用范围可分为国家标准、地方标准和行业标准。

(1) 大气环境质量标准

大气环境质量标准是以保障人体健康和正常生活条件为主要目标，规定大气环境中某些主要污染物的最高允许浓度。它是进行大气污染评价、制定大气污染防治规划和大气污染物排放标准的依据，是进行大气环境管理的依据。

(2) 大气污染物排放标准

大气污染物排放标准是以实现大气环境质量标准为目标，对污染源排入大气的污染物容许含量做出限制，是控制大气污染物的排放量和进行净化装置设计的依据，同时也是环境管理部门的执法依据。大气污染物排放标准可分为国家标准、地方标准和行业标准。

(3) 大气污染控制技术标准

大气污染控制技术标准是大气污染物排放标准的一种辅助规定。它根据大气污染物排放标准的要求，结合生产工艺特点、燃料和原料使用标准、净化装置选用标准、烟囱高度标准及卫生防护带标准等，都是为保证达到污染物排放标准而从某一方面做出的具体技术规定，目的是使生产、设计和管理人员易掌握和执行。

(4) 大气污染警报标准

大气污染警报标准是大气环境污染不致恶化或根据大气污染发展趋势，预防发生污染事故而规定的污染物含量的极限值。超过这一极限值时就发生警报，以便采取必要的措施。警报标准的制定，主要建立在对人体健康的影响和生物承受限度的综合研究基础之上。

2.1.4.2　我国相关大气环境标准简介

(1) 环境空气质量标准

制定环境空气质量标准的原则，首先要考虑保障人体健康和保护生态环境这一空气质量目标，为此，需就这一目标和空气污染物浓度之间的关系展开研究，并进行定量相关分析，以确定符合这一目标的污染物的允许浓度；其次，合理协调与平衡实现标准所需的代价与社会经济效益之间的关系，以求得为实施环境空气质量标准，在投入费用最少的情况下获得最大收益；最后，标准的确定还应充分考虑地区的差异性原则，要充分注意各地区的人群构成、生态系统的结构功能、技术经济发展水平等的差异性。除了制定国家标准外，还应根据各地区的特点，制定地方大气环境质量标准。

我国的环境空气质量标准最早源于 1962 年颁布并于 1979 年修订的《工业企业设计卫生标准》(TJ 36—79)，其中对居住区大气中 34 种有害物质规定了最高容许浓度。随后在 1982 年颁布了《大气环境质量标准》(GB 3095—82)，该标准以国家强制性标准的形式发布，将大气环境质量分为三类。1996 年国家环境保护局对《大气环境质量标准》进行了修订，颁布了《环境空气质量标准》(GB 3095—1996)，此次修订在针对煤烟型大气污染的同时，也适当考虑了城市机动车排放所造成的污染问题。实施 4 年后，针对标准实施后存在的一些问题，同时为了促进社会经济的快速发展，2000 年环保部对《环境空气质量标准》进行局部修改，取消了 NO_x 指标，并放宽了 NO_2 和 O_3 的标准。2012 年重新颁布了《环境空气质量标准》(GB 3095—2012)，该标准于 2016 年 1 月 1 日正式实施，本次修订的主要内容有：调整环境空气功能区，将三类区并入二类区；新增 $PM_{2.5}$ 浓度限值和臭氧 8h 平均浓度限值；收紧 PM_{10}、NO_2、铅和苯并［a］芘的浓度限值；调整了数据统计的有效性规定。我国环境空气质量标准及颗粒物浓度标准制定历程见图 2-3。

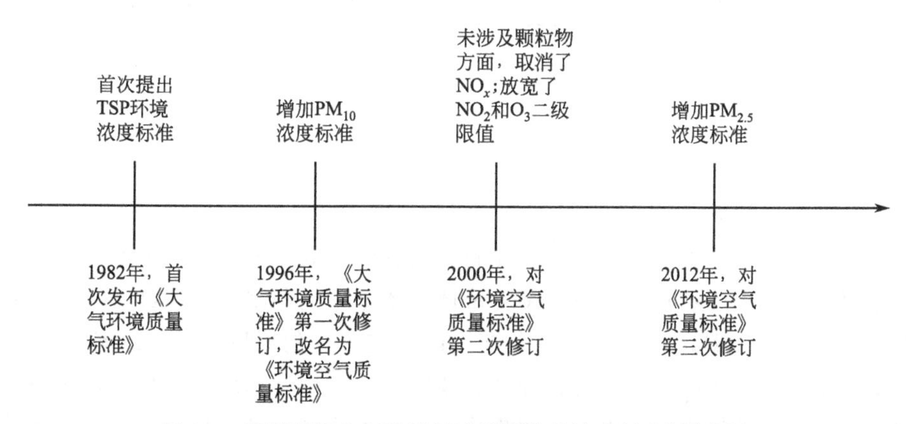

图 2-3　我国环境空气质量标准及颗粒物浓度标准制定历程

GB 3095—2012 中，将环境空气功能区分为两类：一类区为自然保护区、风景名胜区和其他需要特殊保护的区域；二类区为居住区、商业交通居民混合区、文化区、工业区和农村地区。标准浓度限值分为两级，一类区适用一级浓度限值，二类区适用二级浓度限值；标准将环境空气污染物分为基本项目（表 2-6）和其他项目（表 2-7），基本项目在全国范围内实施，其他项目由国务院环境保护行政主管部门或者省级人民政府根据实际情况，确定具体实施方式。

表 2-6 环境空气污染物基本项目浓度限值

序号	污染物项目	平均时间	浓度限值	
			一级	二级
1	二氧化硫(SO_2)/($\mu g/m^3$)	年平均	20	60
		24h 平均	50	150
		1h 平均	150	500
2	二氧化氮(NO_2)/($\mu g/m^3$)	年平均	40	40
		24h 平均	80	80
		1h 平均	200	200
3	一氧化碳(CO)/(mg/m^3)	24h 平均	4	4
		1h 平均	10	10
4	臭氧(O_3)/($\mu g/m^3$)	日最大 8h 平均	100	160
		1h 平均	160	200
5	颗粒物(粒径≤10μm)/($\mu g/m^3$)	年平均	40	70
		24h 平均	50	150
6	颗粒物(粒径≤2.5μm)/($\mu g/m^3$)	年平均	15	35
		24h 平均	35	75

表 2-7 环境空气污染物其他项目浓度限值 单位：$\mu g/m^3$

序号	污染物项目	平均时间	浓度限值	
			一级	二级
1	总悬浮颗粒物(TSP)	年平均	80	200
		24h 平均	120	300
2	氮氧化物(NO_x)	年平均	50	50
		24h 平均	100	100
		1h 平均	250	250
3	铅(Pb)	年平均	0.5	0.5
		季平均	1	1
4	苯并[*a*]芘(BaP)	年平均	0.001	0.001
		24h 平均	0.0025	0.0025

目前，我国已颁布的环境大气质量标准除《环境空气质量标准》（GB 3095—2012）外，还有《室内空气质量标准》（GB/T 18883—2002）、《乘用车内空气质量评价指南》（GB/T 27630—2011）等。

（2）污染物排放标准

为了实现大气环境质量标准，就必须控制污染物的排放，因此制定了大气污染物排放标准。它是控制污染物排放量和进行净化装置设计的依据，是控制大气污染的关键，同时也是环境管理部门的执法依据。制定大气污染排放标准应遵循的原则是：以《环境空气质量标准》为依据，必须综合考虑经济上的合理性、技术上的可行性和地区差异性，按最佳适用技术确定的方法和按污染物在大气中的扩散规律推算的方法制定排放标准。最佳适用技术是指现阶段实际应用效果最好且经济合理的污染物控制技术。按该技术确定污染物排放标准，就是根据污染现状、最佳控制技术的效果和对现有控制得好的污染源进行损益分析来确定排放标准。这种方法的优点是便于实施，便于监督；缺点是有时不一定能满足《环境空气质量标准》，有时又可能显得过严。

我国污染物排放标准分为固定源污染物排放标准和移动源污染物排放标准。固定源污染物排放标准主要规定了各个行业生产过程中排放的大气污染物的浓度限值和排放量，如《锅炉大气污染物排放标准》（GB 13271—2014）、《火电厂大气污染物排放标准》（GB 13223—2011）、《水泥工业大气污染物排放标准》（GB 4915—2013）等；移动源污染物排放标准规定了交通工具排放的大气污染物的浓度限值和测量方法，如《轻型汽车污染物排放限值及测量方法》（中国第六阶段）（GB 18352.6—2016）、《重型柴油车污染物排放限值及测量方法》（中国第六阶段）（GB 17691—2018）、《船舶发动机排气污染物排放限值及测量方法》（中国第一、二阶段）（GB 15097—2016）等。

以《锅炉大气污染物排放标准》（GB 13271—2014）为例，标准规定了燃煤、燃油和燃气锅炉烟气中颗粒物、二氧化硫、氮氧化物、汞及其化合物的最高允许排放浓度限值和烟气黑度限值。2014 年 7 月 1 日前在用锅炉执行表 2-8 的大气污染物排放浓度限值，2014 年 7 月 1 日之后新建锅炉执行表 2-9 中的大气污染物排放浓度限值，位于国土开发密度较高、环境承载能力较弱、大气环境容量较小、易发生严重大气污染问题的区域，需要严格控制大气污染物的排放，需执行表 2-10 规定的大气污染物特别排放浓度限值。

表 2-8　在用锅炉大气污染物排放浓度限值　　单位：mg/m^3

污染物项目	限值			污染物排放监控位置
	燃煤锅炉	燃油锅炉	燃气锅炉	
颗粒物	80	60	30	烟囱或烟道
二氧化硫	400 550①	300	100	
氮氧化物	400	400	400	
汞及其化合物	0.05	—	—	
烟气黑度(林格曼黑度)/级	≤1			烟囱排放口

① 位于广西壮族自治区、重庆市、四川省和贵州省的燃煤锅炉执行该限值。

表 2-9　新建锅炉大气污染物排放浓度限值　　单位：mg/m^3

污染物项目	限值			污染物排放监控位置
	燃煤锅炉	燃油锅炉	燃气锅炉	
颗粒物	50	30	20	烟囱或烟道
二氧化硫	300	200	50	
氮氧化物	300	250	200	
汞及其化合物	0.05	—	—	
烟气黑度(林格曼黑度)/级	≤1			烟囱排放口

表 2-10　重点地区锅炉大气污染物特别排放浓度限值　　单位：mg/m^3

污染物项目	限值			污染物排放监控位置
	燃煤锅炉	燃油锅炉	燃气锅炉	
颗粒物	30	30	20	烟囱或烟道
二氧化硫	200	100	50	
氮氧化物	200	200	150	
汞及其化合物	0.05	—	—	
烟气黑度(林格曼黑度)/级	≤1			烟囱排放口

（3）空气质量指数（air quality index，AQI）

空气质量指数（air quality index，Index der Luftqualität）是指将空气质量标准中的六

项基本监测项目 SO_2、NO_2、CO、O_3、PM_{10} 和 $PM_{2.5}$ 浓度依据适当的分级浓度限值对其进行归一化，计算得到简单的无量纲指数，并通过分级，直观、简明、定量地描述环境污染的程度，向公众提供健康指引。空气质量指数具体级别划分见表 2-11。

表 2-11 空气质量指数具体级别划分

空气质量指数	空气质量指数级别	空气质量指数类别及表示颜色		对健康影响情况	建议采取的措施
0～50	一级	优	绿色	空气质量令人满意，基本无空气污染	各类人群可正常活动
51～100	二级	良	黄色	空气质量可接受，但某些污染物可能对极少数异常敏感人群健康有较弱影响	极少数异常敏感人群应减少户外活动
101～150	三级	轻度污染	橙色	易感人群症状有轻度加剧，健康人群出现刺激症状	儿童、老年人及心脏病与呼吸系统疾病患者应减少长时间、高强度的户外锻炼
151～200	四级	中度污染	红色	进一步加剧易感人群症状，可能对健康人群心脏、呼吸系统有影响	儿童、老年人及心脏病与呼吸系统疾病患者避免长时间、高强度的户外锻炼，一般人群减少户外活动
201～300	五级	重度污染	紫色	心脏病和肺病患者症状加剧，运动耐受力降低，健康人群普遍出现症状	儿童、老年人及心脏病与肺病患者留在室内，停止户外活动，一般人群减少户外活动
＞300	六级	严重污染	橘红色	健康人群耐受力降低，有明显强烈症状，提前出现某些疾病	儿童、老年人和病人应留在室内，避免体力消耗，一般人群应避免户外活动

空气质量分指数的分级依据如下：将单项污染物的空气质量指数称为某污染物的空气质量分指数（IAQI）。根据《环境空气质量标准》（GB 3095—2012）的相关内容，分别规定了 SO_2、NO_2、CO 的 24h 和 1h 平均，PM_{10}、$PM_{2.5}$ 的 24h 平均，O_3 的 1h 平均和 8h 滑动平均。空气质量分指数及对应的污染物项目浓度限值见表 2-12。

表 2-12 空气质量分指数及对应的污染物项目浓度限值

空气质量分指数(IAQI)		0	50	100	150	200	300	400	500
污染物项目浓度值	二氧化硫(SO_2)24h 平均/($\mu g/m^3$)	0	50	150	475	800	1600	2100	2600
	二氧化硫(SO_2)1h 平均/($\mu g/m^3$)①	0	150	500	650	800	②	②	②
	二氧化氮(NO_2)24h 平均/($\mu g/m^3$)	0	40	80	180	280	565	750	940
	二氧化氮(NO_2)1h 平均/($\mu g/m^3$)①	0	100	200	700	1200	2340	3090	3840
	PM_{10} 24h 平均/(mg/m^3)	0	50	150	250	350	420	500	600
	一氧化碳(CO)24h 平均/(mg/m^3)	0	2	4	14	24	36	48	60
	一氧化碳(CO)1h 平均/(mg/m^3)	0	5	10	35	60	90	120	150
	臭氧(O_3)1h 滑动平均/($\mu g/m^3$)	0	160	200	300	400	800	1000	1200
	臭氧(O_3)8h 滑动平均/($\mu g/m^3$)	0	100	160	215	265	800	③	③
	$PM_{2.5}$ 24h 平均/(mg/m^3)	0	35	75	115	150	250	350	500

① 二氧化硫、二氧化氮和一氧化碳的 1h 平均浓度限值仅用于实时报，在日报中需使用相应污染物的 24h 平均浓度限值。

② 二氧化硫 1h 平均浓度值高于 $800\mu g/m^3$ 的，不再进行其空气质量分指数计算，二氧化硫空气质量分指数按 24h 平均浓度计算的分指数报告。

③ 臭氧（O_3）8h 平均浓度值高于 $800\mu g/m^3$ 的，不再进行其空气质量分指数计算，臭氧（O_3）空气质量分指数按照 1h 平均浓度值计算的分指数报告。

空气质量分指数的计算方法：首先根据各种污染物的实测浓度及其分指数分级浓度限值

（表 2-12）计算各项空气质量分指数。当某种污染物实测质量浓度（C_p）处于两个浓度限值之间时，其空气质量分指数（IAQI）按下式计算：

$$IAQI_p=\frac{IAQI_{Hi}-IAQI_{Lo}}{BP_{Hi}-BP_{Lo}}(C_p-BP_{Lo})+LAQI_{Lo} \quad (2\text{-}1)$$

式中，$IAQI_p$ 为污染物 p 的空气质量分指数；C_p 为污染物 p 的实测质量浓度值；BP_{Hi}，BP_{Lo} 分别为表 2-12 中与 C_p 相近的污染物 p 的浓度限值的高位值与低位值；$IAQI_{Hi}$，$IAQI_{Lo}$ 分别为表 2-12 中与 BP_{Hi}、BP_{Lo} 对应的空气质量分指数。

计算得到各项污染物的空气质量分指数后，AQI 为各项空气质量分指数中的最大值，即

$$AQI=\max\{IAQI_1,IAQI_2,IAQI_3,\cdots,IAQI_n\} \quad (2\text{-}2)$$

当 AQI 大于 50 时，IAQI 最大的污染物为首要污染物。

根据表 2-12 的限值，IAOI 大于 100，即超过了空气质量标准的二类标准浓度限值，属于超标污染物。

2.1.4.3 大气污染管理与控制措施

（1）发达国家大气污染控制管理措施

纵观全球，发达国家在过去百余年社会经济发展历程中都不约而同地走过了一条先污染后治理的道路。但发达国家在认识到颗粒物污染的危害性和严重性后，逐步采取各种控制管理措施，主要表现在如下方面。

1）建立了严格和完善的环境法律体系并有效落实　面对严重的空气污染问题，美国于 1955 年、1963 年和 1967 年相继颁布了《空气污染控制法》《清洁空气法》《空气质量法》，后经过多次修订，于 1990 年修订完善出台了系统的《清洁空气法》，不仅明确了全国境内空气中主要污染物最大浓度标准，还对政府达标设定了明确期限，对各行业的责任进行了分解，也为美国各州污染治理提供了重要的法律保障。在英国，1956 年议会通过了《清洁空气法案》，该法案是一部控制大气污染的基本法。1968 年，英国国会又颁布了新的《清洁空气法案》。20 世纪 70 年代后，英国又相继推出《空气污染控制法案》和《工作场所健康和安全法》，规定工业燃料的含硫上限，并强制污染企业采取有效手段避免有害气体排入大气。在日本，20 世纪 60 年代相继颁布了《煤烟限制法》《公害对策基本法》《大气污染防治法》。

2）定期审查空气质量标准　以美国为例，自 1971 年颁布《国家环境空气质量标准》以来，对该标准进行了十多次修订。对颗粒物标准进行了三次重大修订，从 TSP 到 PM_{10}，再到 $PM_{2.5}$，浓度标准逐步收紧。USEPA 制定环境空气质量标准，是基于人体健康考虑的，在标准制定过程中对健康的风险进行评估。同时，美国政府需要对标准进行定期评估，如果有新的科学证据，要重新评估现有标准对健康的影响，判断是否需要更新标准。

3）重点城市重点治理，区域联防联控　一般来说城市是空气污染的重灾区，也是公众关注的重点。在联防联控方面，美国建立统一规划、监测、监管、评估和协调的区域大气污染联防联控工作机制。依据地理和社会经济水平，打破州的界限，将全国划分成十个大的地理区域，设立区域办公室进行统一管理。地区环保机构依据有关法律法规，通过强制手段和监控、技术改进等方式，协调开展工作。

4）改变能源结构，发展清洁能源　美国城市和大部分地区都供应清洁能源，2011 年一次能源消费为 22.69 亿吨油当量，其中石油占 36.7%，天然气占 27.6%，煤炭占 22.1%，

核电占8.3%，水电占3.3%，可再生能源占2%。与20世纪50—60年代的能源消费结构相比，煤炭利用的比重大幅下降。在城市能源消费中，除了交通部门的燃油消耗外，大都由天然气和电力供应，燃煤量很少，城市煤烟型的空气污染能够得到彻底解决。美国的风能、太阳能、地热能和生物质能等可再生能源发展迅速，尤其是分布式可再生能源受到联邦和各州政府的鼓励。可再生能源发电装机容量占世界第二位，发电量占世界第一位（欧盟除外），生物质燃料产量2825万吨油当量（约4035万吨标准煤），居世界第一。

5）引进市场调控和经济手段　美国城市管理部门很少采取行政干预，而是采取经济手段调节。在城市交通中贯彻“谁污染谁付费”的原则，如提高油品质量和燃油效率的成本由开车人承担，在城市主要地段提高停车费等。与欧洲和日本相比，美国的汽油价低、燃油税低，提高燃油税以限制驾车在美国遇到重重阻力。加利福尼亚州政府对购买耗油量低、节能环保的汽车给予补贴，鼓励发展电动汽车以及混合动力汽车等。

6）大力发展科学技术，引导民间组织　科学研究和技术发展为执法提供了有力依据。例如美国在大气污染防治早期，对污染物的不同来源、成分和形成机制并不完全了解，长时间仅认为VOCs是臭氧的成因，忽视了氮氧化物的作用。美国等在$PM_{2.5}$领域开展了很多的研究项目，这些为$PM_{2.5}$污染的有效治理提供准确依据。此外，掌握了较为成熟的针对各种污染源的减排技术，如燃煤电厂的脱硫、脱硝、除尘等；先进的机动车排放控制技术，结合清洁的燃油，能去除机动车尾气中的绝大部分污染物。对这些标准的加严和提高，有了经济和技术可行性的支撑。非政府组织和各类环保团体的倡导和批评，媒体对事件的及时、准确报道，都极大地推动了企业减少污染物排放与监督政府执法和政策制定。

（2）我国大气污染控制管理措施

2012年新的《环境空气质量标准》出台后，我国各地积极响应，纷纷出台相应的对策应对$PM_{2.5}$污染问题。2013年9月12日，国务院公布了《大气污染防治行动计划》，这是我国有史以来最为严格的大气治理行动计划。其后，环境保护部发布了《环境空气细颗粒物污染综合防治技术政策》，从9个方面分39条提出了防治环境空气细颗粒物污染的相关措施以及依据，这为我国$PM_{2.5}$污染治理提供了指导材料。但就目前效果来看，空气污染防控仍需下大力气。颗粒物污染防治管理为一系统工程，需从颗粒物来源、气象要素、环境健康效应以及控制对策和控制技术等方面综合考虑。

根据国外对大气污染控制管理的经验，我国可以采取的大气污染控制措施包括但不限于如下几种。

1）推进工业企业的能源改造和清洁能源使用　具体包括：政府可出台相关能源改造的扶持优惠政策，促使各工业企业提高能源使用效率和清洁能源使用率，减少污染物的排放；优化热源规划布局，推动热电联产覆盖范围；新增供热全部使用清洁能源，优先发展分布式清洁能源供暖。

2）安装废气净化装置　当采取了各种大气污染防治措施之后，大气污染物的排放浓度或排放量仍达不到排放标准或者环境空气质量标准时，必须安装废气净化装置，对污染源进行治理。根据烟气中污染物的种类，可分别采用除尘、吸收、吸附和催化转化等方法进行捕集、处理、回收利用而使得空气得以净化；安装废气净化装置是控制环境空气质量的基础，也是实行环境规划和管理等综合防治措施的前提。各种净化装置的结构原理、性能特点和设计计算等，将在之后的章中详细介绍。

3）加强机动车污染控制工作　随着城市化进程的加快，我国城市区域机动车保有量不断增加，应加强对机动车污染控制工作，包括：加大机动车油品的监管力度，杜绝劣质油的使用；提倡绿色出行，优先发展公共交通事业，每年开展城市无车日活动，鼓励公众使用公共交通工具等方式出行。除了这些常规的措施外，对于机动车，尤其是柴油车，应加快排气后处理装置的安装和改造，如柴油车颗粒过滤器（DPF）、选择性催化还原装置（SCR）等，鼓励使用固体氨选择性催化还原装置（SSCR）。采用 SSCR、SCR 控制技术时，应采取控制措施防止氨逃逸引起的污染等。

4）绿化造林　植物对空气的净化是多方面的，其对空气中的粉尘、细菌及各种有害气体都具有阻挡、过滤和吸收的作用，从而减少空气中污染物的含量。

当前阶段，我国除了细颗粒物污染形势依然严峻之外，还需面对臭氧污染的压力，特别是在夏季，臭氧已成为导致部分城市空气质量超标的首要因子，京津冀及周边地区、长江三角洲地区、汾渭平原等重点区域、苏皖鲁豫交界地区等区域尤为突出，根据 2019 年中国生态环境状况公报中的数据，这些区域在 2019 年 6—9 月臭氧超标天数占全国 70%左右。

对于 O_3 的控制，国内外均有现成的经验可循，无非是削减 VOCs 和 NO_x 的排放。但是，关键是如何制定出切实有效且经济可行的控制措施。比如，从 20 世纪 70 年代至今，美国旧金山地区的主要空气污染控制措施一直都是从所有可能的源头减少 VOCs 和 NO_x 的排放。这些控制措施包括一个持续的计划过程和一套不断发展的控制计划监管制度。每过五年左右，就要准备对计划进行升级，增加新的控制措施，修订老的措施，并消除或搁置一些措施。每项实施计划中的措施都必须进行成本分析与技术有效性和可行性评估，并制定执行进度表。目前，旧金山地区 O_3 超标的频率已经比 20 世纪 70 年代削减了 50%。尽管如此，仍然难以达到美国《清洁空气法案》的要求，究其主要原因是进一步削减 NO_x 和 VOCs 排放非常困难。类似地，日本东京湾区主要从控制 VOCs 的排放着手，先从例行的移动源削减再到固定源削减，环境中 VOCs 总量排放也确实呈现逐渐下降的趋势，此外环境 NO_2 浓度也呈现下降趋势，但是 O_3 污染并没有得到理想的改善。

由此可见，对于 O_3 污染的控制难度非常大。事实上，作为国内大气环境质量改善的标杆，珠江三角洲地区在近几年传统大气污染物（$PM/SO_2/NO_x$）环境浓度基本逐渐改善，但是 O_3 年均值浓度逐年增加，由此可见，我国开展的 O_3 控制计划还需继续摸索，无经验可循，国外的已有经验是否适合我国还需进一步评估。尤其值得注意的是，国外主要发达国家的能源结构主要以电力、石油、天然气为主，而我国能源结构依然以燃煤为主，而燃煤的大气污染物排放因子显著高于其他能源。可见，在我国开展臭氧污染控制的难度要远比发达国家大。

通过梳理大气颗粒物污染历史以及国外发达国家在大气物污染控制方面的经验，可以发现大气污染伴随着工业化进程而生，在其治理方面具有复杂性和长期性。通过借鉴国内外城市颗粒物防控的先进经验，结合我国实际，提出适合我国大气污染物的控制对策。

2.2 颗粒污染物控制

2.2.1 颗粒污染物控制技术基础

2.2.1.1 颗粒的粒径及粒径分布

颗粒的大小不同，其物理、化学特性不同，对人和环境的危害亦不同，而且对除尘装置的性能影响很大，所以颗粒的大小是颗粒物的基本特性之一。

若颗粒是球形的，则可用其直径作为颗粒的代表性尺寸。但实际颗粒的形状多是不规则的，所以需要按一定的方法确定一个表示颗粒大小的代表性尺寸，作为颗粒的直径，简称为粒径。

① 用显微镜法观测颗粒时，采用如下几种粒径：a. 定向直径 d_F，也称菲雷特（Feret）直径，为各颗粒在投影图中同一方向上的最大投影长度，见图 2-4(a)；b. 定向面积等分直径 d_M，也称马丁（Martin）直径，为各颗粒在投影图中按同一方向将颗粒投影面积二等分的线段长度，见图 2-4(b)；c. 投影面积直径 d_A，也称黑乌德（Heywood）直径，为与颗粒投影面积相等的圆的直径，见图 2-4(c)，若颗粒的投影面积为 A，则 $d_A=(4A/\pi)^{\frac{1}{2}}$。

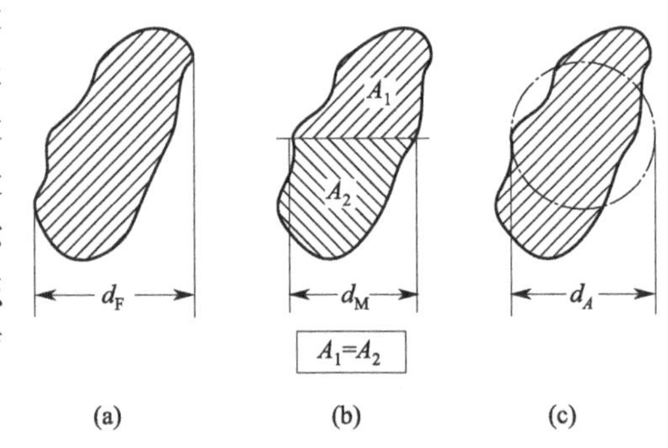

图 2-4　用显微镜法观测颗粒直径的三种方法

根据黑乌德测定分析表明，同一颗粒的 $d_F>d_A>d_M$。

② 用筛分法测定时可得到筛分直径，为颗粒能够通过的最小方筛孔的宽度。

③ 等体积直径 d_V，用光散射法测定，其定义为与颗粒体积相等的圆球的直径。若颗粒的体积为 V，则 $d_V=(6V/\pi)^{\frac{1}{3}}=1.24V^{\frac{1}{3}}$。

④ 用沉降法测定时，一般采用如下两种定义。

一是斯托克斯（Stokes）直径 d_s：同一流体中与颗粒的密度相同和沉降速度相等的圆球的直径。若已知沉降速度 v_s，则

$$d_s=\sqrt{\frac{18\mu v_s}{(\rho_p-\rho)g}} \tag{2-3}$$

式中，d_s 为颗粒的斯托克斯直径，m；μ 为空气的动力黏度，Pa·s；v_s 为颗粒的沉降速度，m/s；ρ 为空气的密度：kg/m^3；ρ_p 为颗粒的密度，kg/m^3；g 为重力加速度，9.81m^2/s。

二是空气动力学当量直径 d_a：在空气中与颗粒的沉降速度相等的单位密度（$\rho_p=1$g/cm^3）的圆球的直径。

斯托克斯直径和空气动力学当量直径是除尘技术中应用最多的两种直径，两者的关系为

$$d_a=d_s(\rho_p-\rho)^{\frac{1}{2}} \tag{2-4}$$

由于 $\rho_p\gg\rho$，故

$$d_a=d_s\rho_p^{\frac{1}{2}} \tag{2-5}$$

2.2.1.2　颗粒的直径

粒径的测定结果还与颗粒的形状密切相关，通常用圆球度来表示颗粒形状与圆球形颗粒不一致程度的尺度；圆球度是与颗粒体积相等的圆球的表面积和颗粒的表面积之比，以 Φ_s 表示（$\Phi_s<1$）。对于正立方体，其 $\Phi_s=0.806$；对于（其直径为 d，高为 l）的圆柱体，其

$\Phi_s=2.62\left(\frac{l}{d}\right)^{\frac{2}{3}}/(1+2l/d)$。常见颗粒的圆球度见表 2-13。

表 2-13　常见颗粒的圆球度

颗粒种类	圆球度(Φ_s)
砂粒	0.534～0.628
铁催化剂	0.578
烟煤	0.625
破碎的固体	0.630
二氧化硅	0.554～0.628
粉煤	0.696

2.2.1.3　粒径分布

粒径分布（size distribution，Verteilung der Partikelgröße）是指不同粒径范围内的颗粒个数（或质量或表面积）所占的比例。粒径分布可以用颗粒的个数百分数和质量分数表示，以颗粒的个数表示所占的比例时，称为个数分布；以颗粒的质量（或表面积）表示时，称为质量分布（或表面积分布）。由于质量分布更能反映出大小不同的粉尘对人体和除尘设备性能的影响，因此，除尘技术中多采用粒径的质量分布。

(1) 个数分布

每一间隔内的颗粒个数。

① 粒数（个数）频率：第 i 个间隔中的颗粒个数 n_i 与颗粒总数 $\sum n_i$ 之比 $f_i=\frac{n_i}{\sum n_i}$，并且 $\sum^{N} f_i=1$。

② 粒数（个数）筛下累积频率：小于第 i 个间隔上限粒径的所有颗粒个数与颗粒总个数之比。

$$F_l=\frac{\sum^{i} n_i}{\sum^{N} n_i} \tag{2-6}$$

③ 个数频率密度：函数 $p(d_p)=\mathrm{d}F/\mathrm{d}d_p$ 称为个数频率密度，简称个数频度，单位为 μm^{-1}。显然，个数频率密度为单位粒径间隔（即 $1\mu m$）时的频率。

(2) 质量分布

以颗粒个数给出的粒径分布数据，可以转换为以颗粒质量表示的粒径分布数据，或者进行相反的换算。这是根据所有颗粒都具有相同的密度，以及颗粒的质量与其粒径的立方成正比的假定进行的。这样，类似于按个数分布数据所作的定义，可以按质量给出频率、筛下累积频率和频率密度的定义式。

第 i 级颗粒发生的质量频率：

$$g_i=\frac{m_i}{\sum m_i}=\frac{n_i d_{pi}}{\sum^{N} n_i d_{pi}^3} \tag{2-7}$$

小于第 i 间隔上限粒径的所有颗粒的质量频率，即质量筛下累积频率：

$$G_i = \sum^{i} g_i = \frac{\sum^{i} n_i d_{pi}^3}{\sum^{N} n_i d_{pi}^3} \tag{2-8}$$

并有：

$$G_N = \sum^{i} g_i = 1$$

质量频率密度：

$$q = \frac{dG}{dd_p} \tag{2-9}$$

质量筛下累积频率 G 和质量频率密度 q 也是粒径 d_p 的连续函数，由其定义式可得到：

$$G = \int_0^{d_p} q \, dd_p \text{ 和} \int_0^{\infty} q \, dd_p = 1 \tag{2-10}$$

G 曲线也是有一拐点的“S”形曲线，拐点位于 $dq/dd_p = dG^2/dd_p = 0$ 处，对应的粒径称为质量众径。质量筛下累积频率 $G = 0.5$ 时对应的粒径 $d_{0.5}$，称为质量中位粒径（MMD）。

2.2.1.4 平均粒径

为了简明地表示颗粒群的某一物理特性和平均尺寸的大小，往往需要求出颗粒群的平均粒径。常用的平均粒径有：众径、中位径（中值径或中位直径）、长度平均直径、表面积平均直径、体积平均直径、体积-表面积平均直径。

① 长度平均直径：

$$\overline{d_L} = \frac{\sum n_i d_{pi}}{\sum n_i} = \sum f_i d_{pi} \tag{2-11}$$

② 表面积平均直径：

$$\overline{d_S} = \left[\frac{\sum n_i d_{pi}^2}{\sum n_i}\right]^{1/2} = (\sum f_i d_{pi}^2)^{1/2} \tag{2-12}$$

③ 体积平均直径：

$$\overline{d_V} = \left[\frac{\sum n_i d_{pi}^3}{\sum n_i}\right]^{1/3} = (\sum f_i d_{pi}^3)^{1/3} \tag{2-13}$$

④ 体积-表面积平均直径：

$$\overline{d_{SV}} = \frac{\sum n_i d_{pi}^3}{\sum n_i d_{pi}^2} = \frac{\sum f_i d_{pi}^3}{\sum f_i d_{pi}^2} \tag{2-14}$$

若频率密度分布曲线是对称性的分布（如正态分布），众径 d_d、中位径 d_{50} 和算术平均直径$\overline{d}_L$ 相等；若为非对称的分布，则 $d_d < d_{50} < \overline{d}_L$。对于单分散气溶胶，所有颗粒的粒径相同，即 $\overline{d}_L = d_S$，否则 $\overline{d}_L > d_S$。

2.2.1.5 颗粒分布函数

如果颗粒的粒径分布可以用数学函数表示，那么就能以较小的粒径测定数据，求得所需的粒径分布及平均粒径，大量数据统计结果表明，气溶胶的粒径分布可用正态分布（高斯分布）、对数正态分布和罗辛-拉姆勒分布三种数学函数表示。

（1）正态分布

正态分布也称高斯（Gauss）分布，频率密度 p（或 q）函数为

$$p(d_p)=\frac{1}{\sigma\sqrt{2\pi}}\exp\left[-\frac{(d_p-\overline{d}_p)^2}{2\sigma^2}\right] \tag{2-15}$$

筛下累积频率 F（或 G），由积分得到：

$$F(d_p)=\frac{1}{\sigma\sqrt{2\pi}}\int_0^{d_p}\exp\left[-\frac{(d_p-\overline{d}_p)^2}{2\sigma^2}\right]\mathrm{d}d_p \tag{2-16}$$

$$\sigma=\left[\frac{\sum n_i(d_{pi}-\overline{d}_p)^2}{N-1}\right]^{1/2} \tag{2-17}$$

式中，$\overline{d}$ 为平均粒径；σ 为标准差；N 为粉尘粒子的总个数。

正态分布是最简单的函数形式，由图 2-5 可知，它的个数频率密度 p 分布曲线是关于算术平均粒径 $\overline{d}_p$ 的对称性钟形曲线，因而 $\overline{d}_p$、中位粒径 d_{50} 和众径 d_d 皆相等。它的 F 曲线在正态概率坐标纸上为一条直线，其斜率决定于标准差 σ 值。从 F 曲线图中可以查出，对应于 $F=15.9\%$的粒径 $d_{15.9}$，$F=84.1\%$的粒径 $d_{84.1}$，以及 $F=50\%$的中位粒径 d_{50}。则可以按下式计算出标准差：

$$\sigma=d_{84.1}-d_{50}=d_{50}-d_{15.9}=\frac{1}{2}(d_{84.1}-d_{15.9}) \tag{2-18}$$

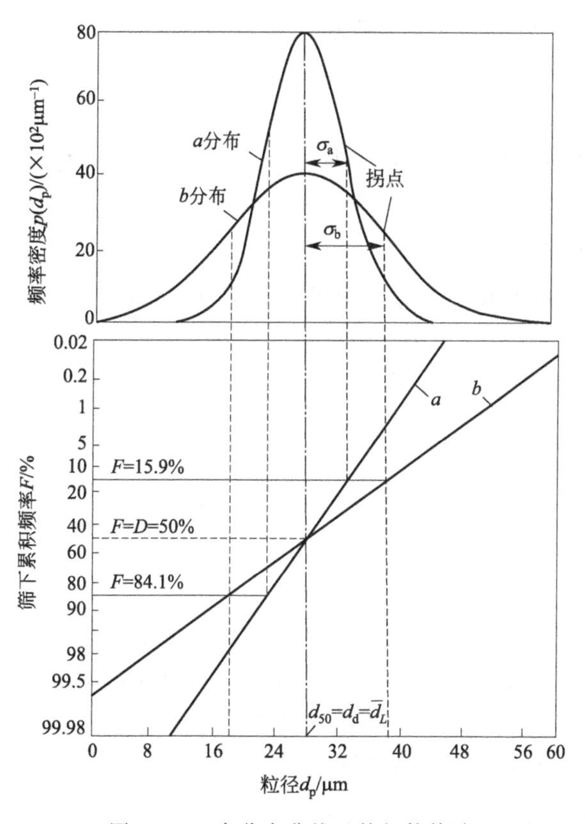

图 2-5　正态分布曲线及特征数估计

（2）对数正态分布

粉尘粒径频度分布曲线很少像正态分布那样呈对称的钟形曲线，大部分是非对称的，而且会发生偏移，因此，对数正态分布是最常用的粒径分布函数，以 $\ln d_p$ 代替 d_p 得到正态分布的频度曲线。

① 累积频率

$$F(d_p)=\frac{1}{\sqrt{2\pi}\ln\sigma_g}\int_{-\infty}^{\ln d_p}\exp\left[-\left(\frac{\ln d_p/d_g}{\sqrt{2}\ln\sigma_g}\right)^2\right]d(\ln d_p) \tag{2-19}$$

② 频率密度

$$p(d_p)=\frac{dF(d_p)}{dd_p}=\frac{1}{\sqrt{2\pi}d_p\ln\sigma_g}\exp\left[-\left(\frac{\ln d_p/d_g}{\sqrt{2}\ln\sigma_g}\right)^2\right] \tag{2-20}$$

③ 标准差

$$\ln\sigma_g=\left[\frac{\sum n_i(\ln d_{pi}/d_g)^2}{N-1}\right]^{1/2} \tag{2-21}$$

几何平均粒径 d_g 实质上是 $\ln d$ 的算术平均值，由于用 $\ln d_p$ 作的频率密度曲线是对称性的正态分布曲线，所以几何平均粒径 $d_g=d_{50}$。

在粉尘粒径分布数据分析中，其粒径坐标为对数刻度，符合对数正态分布的累积频率曲线为一直线，直线的斜率取决于几何标准差 σ_g。这也是检验粉尘粒径分布是否符合对数正态分布的一种简便方法。

根据从图 2-5 中查得的 d_{50}（相应于 $F=50\%$）、$d_{15.9}$（相应于 $F=15.9\%$）和 $d_{84.1}$（相应于 $F=84.1\%$），可以求出几何标准差：

$$\sigma_g=\frac{d_{84.1}}{d_{50}}=\frac{d_{50}}{d_{15.9}}=\left(\frac{d_{84.1}}{d_{15.9}}\right)^{1/2} \tag{2-22}$$

可见几何标准差为两个粒径之比，量纲为 1，且 $\sigma_g\geqslant1$，当 $\sigma_g=1$ 时，则称为单分散的粉尘（粒径皆相同）。

(3) 罗辛-拉姆勒分布

罗辛-拉姆勒分布简称为 R-R 分布，质量筛下累积频率表达式为：

$$G=1-\exp(-\beta d_p^n) \tag{2-23}$$

式中，n 为分布指数；β 为分布系数。

设 $\overline{d_p}=\left(\frac{1}{\beta}\right)^{1/n}$，得

$$G=1-\exp\left[-0.693\left(\frac{\overline{d_p}}{d_{50}}\right)^n\right] \tag{2-24}$$

式中，$\overline{d_p}$ 为质量中位粒径 d_{50}（MMD）。

在双对数坐标纸上用 $\ln[1/(1-G)]$ 对 d_p 作图，若得到一条直线，则说明粒径分布数据符合 R-R 分布，由直线的截距求出常数 β，由直线的斜率求出指数 n。R-R 的适用范围较广，特别对破碎、研磨、筛分过程产生的较细粉尘更为适用；分布指数 $n>1$ 时，近似于对数正态分布；$n>3$ 时，更适合于正态分布。

2.2.1.6 粉尘的物理性质

粉尘（dust，der Staub）的物理性质包括粉尘的密度、安息角与滑动角、比表面积、含水率、润湿性、荷电性和导电性、黏附性，以及自燃性和爆炸性等。

(1) 粉尘的密度

粉尘的密度即单位体积粉尘的质量，单位为 kg/m^3 或 g/cm^3。若所指的粉尘体积不包

括粉尘颗粒之间和颗粒内部的空隙体积，而是粉尘自身所占的真实体积，则以此真实体积求得的密度称为粉尘的真密度（true density，Wahre Dichte），并以 ρ_p 表示。固体磨碎所形成的粉尘，在表面未氧化时，其真密度与母料密度相同。呈堆积状态存在的粉尘（即粉体），它的堆积体积包括颗粒之间和颗粒内部的空隙体积，以此堆积体积求得的密度称为粉尘的堆积密度（bulk density，Dichte der Schüttgüter），并以 ρ_b 表示。对同一种粉尘来说，$\rho_b \leqslant \rho_p$。

应用：真密度用于研究粉尘在气体中的运行、分离和去除；而堆积密度用于贮仓和灰斗的容积确定等方面。若将粉体颗粒间和内部空隙的体积与堆积粉体的总体积之比称为空隙率，用 ε 表示，则空隙率 ε 与 ρ_b 和 ρ_p 之间的关系为：$\rho_b=(1-\varepsilon)\rho_p$。

对于一定种类的粉尘，其真密度为一定值，堆积密度则随空隙率 ε 而变化。空隙率 ε 与粉尘的种类、粒径大小及充填方式等因素有关。粉尘越细，吸附的空气越多，ε 值越大；充填过程加压或进行振动，ε 值减小。

(2) 安息角与滑动角

安息角（angle of repos，Winkel der Reposition）为粉尘从漏斗连续落下自然堆积形成的圆锥体母线与地面的夹角，一般为 35°～55°；滑动角（angle of slide，Winkel des Gleitens）为自然堆积在光滑平板上的粉尘随平板做倾斜运动时粉尘开始发生滑动的平板倾角，一般为 40°～55°（也可称为静安息角）。粉尘的安息角与滑动角是评价粉尘流动特性的一个重要指标。安息角小的粉尘，其流动性好；安息角大的粉尘，其流动性差。影响粉尘安息角和滑动角的因素主要有：粉尘粒径、含水率、颗粒形状、表面光滑程度及粉尘黏性等。对同一种粉尘，粒径越小，安息角越大（细颗粒之间黏附性增大的缘故）；粉尘含水率增加，安息角增大；表面越光滑和越接近球形的颗粒，安息角越小。

粉尘的安息角与滑动角是设计除尘器灰斗（或粉料仓）的锥度及除尘管路或输灰管路倾斜度的主要依据。

(3) 粉尘的比表面积

粉尘物料的许多理化性质与其表面积大小有关，如颗粒物的流体阻力会因颗粒物表面积增加而增大；粉尘的比表面积定义为单位体积（或质量）粉尘所具有的表面积。以粉尘自身体积（即净体积）为基准表示的比表面积 S_V（cm^2/cm^3），用显微镜法测得的定义为：

$$S_V=\frac{\overline{S}}{\overline{\overline{V}}}=\frac{6}{\overline{\overline{d}}_{SV}} \tag{2-25}$$

以粉尘质量为基准表示的比表面积 S_m（cm^2/g）为：

$$S_m=\frac{\overline{S}}{\rho_p\overline{\overline{V}}}=\frac{6}{\rho_p\overline{\overline{d}}_{SV}} \tag{2-26}$$

以堆积体积为基准表示的比表面积 S_b（cm^2/cm^3）应为：

$$S_b=\frac{\overline{S}(1-\varepsilon)}{\overline{\overline{V}}}=(1-\varepsilon)S_V=\frac{6(1-\varepsilon)}{\overline{\overline{d}}_{SV}} \tag{2-27}$$

粉尘的比表面积变化范围很广，在 1000～10000cm^2/g 的范围变化。

(4) 粉尘的含水率

粉尘中一般均含有一定的水分，它包括附着在颗粒表面上的和包含在凹坑处与细孔中的自由水，以及紧密结合在颗粒内部的结合水。粉尘中的水分含量，一般用含水率 W 表示，是指粉尘中所含水分质量与粉尘总质量（包括干粉尘与水分）之比。粉尘含水率的大小，会影响到粉尘的其他物理性质，如导电性、黏附性、流动性等，所有这些在设计除尘装置时都必须加以考虑。

粉尘的含水率，与粉尘的吸湿性即粉尘从周围空气中吸收水分的能力有关。若尘粒能溶于水，则在潮湿气体中尘粒表面会形成溶有该物质的饱和水溶液。如果溶液上方的水蒸气分压小于周围气体中的水蒸气分压，该物质将从气体中吸收水蒸气，这就形成了吸湿现象。对于不溶于水的尘粒，吸湿过程开始是尘粒表面对水分子的吸附，然后是在毛细力和扩散力作用下逐渐增加对水分的吸收，一直持续到尘粒上方的水蒸气分压与周围气体中的水蒸气分压相平衡为止。气体的每一相对湿度，都对应于粉尘一定的含水率，后者称为粉尘的平衡含水率。

(5) 粉尘的润湿性

润湿性即表示粉尘颗粒与液体接触后能够互相附着或附着的难易程度的性质。当尘粒与液体接触时，如果接触面能扩大而相互附着，则称为润湿性粉尘；如果接触面趋于缩小而不能附着，则称为非润湿性粉尘。

粉尘的润湿性与粉尘的种类、粒径和形状、生成条件、组分、温度、含水率、表面粗糙度及荷电性等性质有关，还与液体的表面张力及尘粒与液体之间的黏附力和接触方式有关。

具体影响：

① 种类：水对飞灰的润湿性要比对滑石粉好得多。

② 形状：球形颗粒的润湿性要比形状不规则、表面粗糙的颗粒差。

③ 粒径：粉尘越细，润湿性越差，如石英的润湿性虽好，但粉碎成粉末后润湿性将大为降低。

④ 生成条件：粉尘的润湿性随压力的增大而增大，随温度的升高而下降。

⑤ 液体的表面张力：如酒精、煤油的表面张力小，对粉尘的润湿性就比水好。

某些细粉尘，特别是粒径在 1μm 以下的粉尘，很难被水润湿，是由于尘粒与水滴表面均存在一层气膜，只有在尘粒与水滴之间具有较高相对运动速度的条件下，水滴冲破这层气膜，才能使之相互附着凝并。

粉尘的润湿性可以用液体对试管中粉尘的润湿速度来表征。通常取润湿时间为 20min，测出此时的润湿高度 L_{20}（mm），润湿速度（v_{20}，mm/min）为

$$v_{20}=\frac{L_{20}}{20} \tag{2-28}$$

(6) 粉尘的荷电性和导电性

1）荷电性　天然粉尘和工业粉尘几乎都带有一定的电荷（正电荷或负电荷），也有中性的粉尘；使粉尘荷电的因素：电离辐射、高压放电或高温产生的离子或电子被颗粒所捕获，固体颗粒相互碰撞或它们与壁面发生摩擦时产生的静电。此外，粉尘在它们的产生过程中就可能已经荷电，如粉体的分散和液体的喷雾都可能产生荷电的气溶胶。

在干空气情况下，粉尘表面带的最大电荷约为 $1.66\times10^{10}\,e/cm^2$ 或 $2.66\times10^{-9}\,C/cm^2$，而天然粉尘和人工粉尘带的电荷一般仅为最大带电荷的 1/10 量级。荷电量随温度增高、表面积增大及含水率减小而增加，且与化学组成有关。

粉尘荷电后，将改变其凝聚性、附着性和稳定性等，如电除尘器是利用粉尘荷电性而设计的。

2）导电性　粉尘的导电性通常用电阻率 ρ_d（Ω·cm）来表示：

$$\rho_{\mathrm{d}}=\frac{V}{j\delta} \tag{2-29}$$

式中，V 为通过粉尘层的电压，V；j 为通过粉尘层的电流密度，A/cm^2；δ 为粉尘层的厚度，cm。

导电机制　两种导电机制，取决于粉尘、气体的温度和组成成分。温度与电阻率的关系曲线见图 2-6。

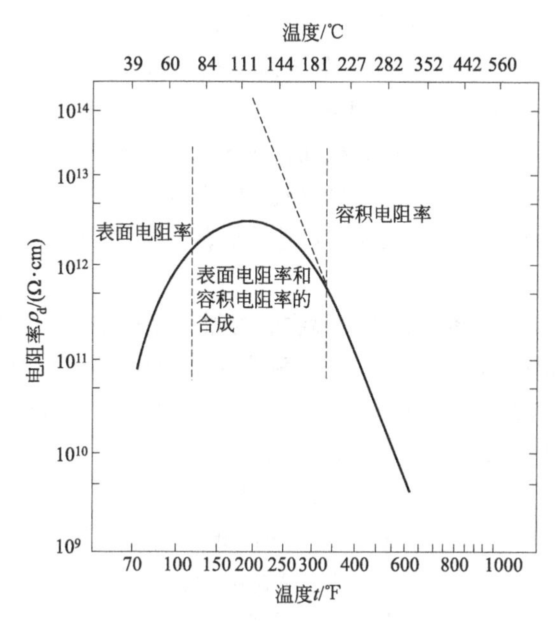

图 2-6　典型温度-电阻率曲线

在高温（一般在 200℃以上）范围内：粉尘层的导电主要靠粉尘本体内部的电子或离子进行。这种本体导电占优势的粉尘电阻率称为体积电阻率。粉尘电阻率随温度升高而降低，其大小取决于粉尘的化学组成。

在低温（一般在 100℃以下）范围内：粉尘的导电主要靠尘粒表面吸附的水分或其他化学物质中的离子进行。这种表面导电占优势的粉尘电阻率称为表面电阻率。粉尘电阻率随温度的升高而增大，还随气体中水分或其他化学物质含量的增加而降低。

在中间温度范围内，两种导电机制皆起作用，粉尘电阻率是表面和体积电阻率的合成。两种导电机制皆较弱，因而粉尘电阻率达到最大值。

电阻率对电除尘器运行有很大影响，最适宜范围为 $10^4 \sim 10^{10}\Omega\cdot cm$，超出范围，需采取措施。

(7) 粉尘的黏附性

粉尘颗粒附着在固体表面上，或者颗粒彼此相互附着的现象称为黏附，后者也称为自黏。附着的强度，即克服附着现象所需要的力（垂直作用于颗粒重心上），称为黏附力。

粉尘颗粒之间的黏附力分为分子力（范德华力）、毛细力和静电力（库仑力）三种（不包括化学黏合力）。三种力的综合作用形成粉尘的黏附力。通常采用粉尘层的断裂强度作为表征粉尘自黏性的基本指标。

断裂强度在数值上等于粉尘层断裂所需的力除以其断裂面的面积。根据粉尘层的断裂强度大小，将各种粉尘分成不黏性（断裂强度＜60Pa）、微黏性（60～300Pa）、中等黏性（300～600Pa）和强黏性（＞600Pa）四类。

粒径、形状规则度、表面粗糙度、润湿性、荷电量均影响粉尘的黏附性。

除尘器的捕集机制是依靠施加捕集力以后尘粒在捕集表面上的黏附作用设计的，但在气体通道和净化设备中又要防止粉尘的黏附。

(8) 粉尘的自燃性和爆炸性

1）自燃性　粉尘的自燃是指粉尘在常温下存放过程中自然发热，此热量经长时间的积累，达到该粉尘的燃点而引起燃烧的现象。粉尘自燃的原因在于自然发热，并且产热速率超过物系的排热速率，使物系热量不断积累。

引起粉尘自然发热的原因有：a. 氧化热，即因吸收氧而发热的粉尘，包括金属粉类（锌、铝、锆、锡、铁、镁、锰等及其合金的粉末），碳素粉末类（活性炭、木炭、炭黑等），其他粉末（胶木、黄铁矿、煤、橡胶、原棉、骨粉、鱼粉等）；b. 分解热，因自然分解而发热的粉尘，包括漂白粉、亚硫酸钠、乙基黄原酸钠、硝化纤维素、硝酸纤维素塑料等；c. 聚合热，因发生聚合而发热的粉料，如丙烯腈、异戊间二烯、苯乙烯、异丁烯酸盐等；d. 发酵热，因微生物和酶的作用而发热的物质，如干草、饲料等。

粉尘本身的结构和物理化学性质与粉尘的存在状态和环境均会影响粉尘的自然发热。处于悬浮状态的粉尘的自燃温度要比堆积状态粉体的自燃温度高很多。悬浮粉尘的粒径越小、比表面积越大、浓度越高，越易自燃。堆积粉体较松散，环境温度较低，通风良好，就不易自燃。

2）自爆性

① 爆炸：指可燃物的剧烈氧化作用，在瞬间产生大量的热量和燃烧产物，在空间造成很高的温度和压力，故称为化学爆炸。可燃物包括可燃粉尘、可燃气体和蒸气等。可燃物爆炸必须具备的条件有两个：一是由可燃物与空气或氧构成的可燃混合物达到一定的浓度范围；二是存在能量足够的火源。

② 爆炸浓度下限：可燃混合物中可燃物的浓度，只有在一定范围内才能引起爆炸。能够引起可燃混合物爆炸的最低可燃物浓度称为爆炸浓度下限（反之，最高可燃物浓度，称为爆炸浓度上限）。在可燃物浓度低于爆炸浓度下限或高于爆炸浓度上限时，均无爆炸危险。由于上限浓度值过大，在多数场合下都达不到，故实际意义不大。此外，有些粉尘与水接触后会引起自燃或爆炸，如镁粉、碳化钙粉等；有些粉尘互相接触或混合后也会引起爆炸，如溴与磷、锌粉与镁粉等。

2.2.1.7 除尘装置的分类和性能

（1）除尘装置的分类

将粉尘从含尘气流中分离出来并加以捕集的装置，称为除尘装置或除尘器，根据除尘机理的不同，除尘装置一般可分为以下几种类型。

① 机械式除尘器：利用质量力（重力、惯性力和离心力等）作用使粉尘与气流分离沉降，包括重力沉降室、惯性除尘器和旋风除尘器。

② 洗涤式除尘器：也称为湿式除尘器，利用液滴或液膜洗涤含尘气流，使粉尘与气流分离沉降的装置，既可用于气体除尘，也可用于气体吸收。

③ 过滤式除尘器：使含尘气流通过织物或者多孔填料层进行过滤分离的装置，包括袋式除尘器、颗粒层除尘器等。

④ 电除尘器：利用高压电场使尘粒带电，在库仑力的作用下使粉尘与气流分离沉降的装置。

重力沉降室、惯性除尘器属于低效除尘器，一般只作为多级除尘系统的初级除尘；旋风除尘器和湿式除尘器一般属于中效除尘器；电除尘器、袋式除尘器和高能文丘里湿式除尘器是目前国内外应用较广的三种高效除尘器。在实际应用中，除尘器往往不会只使用上述某一种除尘器，而是一种除尘器同时利用几种除尘机理。上述各种常用除尘器，对粒径在 3μm 以上的粉尘净化效果较好，对于粒径小于 3μm 的微粒，则去除效果较差。

(2) 除尘装置的性能评价

评价净化装置性能的指标，包括技术指标和经济指标两方面。技术指标主要有处理气体量、净化效率和压力损失等；经济指标主要有设备费、运行费和占地面积等。此外，还应考虑装置的安装、操作、检修的难易等因素。以下主要介绍除尘装置的技术指标。

1）处理气体量　代表净化装置（图 2-7）处理气体能力的大小。包括体积流量和净化装置的漏风率两个指标，计算公式如下：

体积流量 Q_N（m^3/s）：

$$Q_N=\frac{1}{2}(Q_{1N}+Q_{2N}) \tag{2-30}$$

式中，Q_{1N}、Q_{2N} 分别为进出口流量，m^3/s。

净化装置的漏风率 δ：

$$\delta=\frac{Q_{1N}-Q_{2N}}{Q_{1N}}\times 100\% \tag{2-31}$$

2）净化效率　净化效率是表示装置净化污染物效果的重要技术指标，指同一时间内去除的污染物量与进入装置的污染物量的比值，是一平均值，通常用 η 表示。对于除尘装置称为除尘效率，对于吸收装置称为吸收效率，对于吸附装置则称为吸附效率。

净化效率的表示方法如下：

① 总效率 η：指同一时间内净化装置去除的污染物数量与进入装置的污染物数量之比。

$$\eta=1-\frac{S_2}{S_1}=1-\frac{\rho_{2N}Q_{2N}}{\rho_{1N}Q_{1N}} \tag{2-32}$$

式中，Q_{1N}、Q_{2N} 分别为进、出口流量，m^3/s；S_1、S_2 分别为除尘装置进、出口粉尘流量，g/s；ρ_{1N}、ρ_{2N} 分别为除尘装置进、出口气流中粉尘浓度，g/m^3。

根据 η 的大小，将净化装置划分为：低效（η=50%～80%）；中效（η=80%～90%）；高效（η>90%）。对于粗大的颗粒（>50μm），各种除尘器效率都能达到 94%以上。但对于微细粉尘（<1μm），惯性除尘器效率仅为 3%；静电、文丘里、布袋除尘器的效率可达 99%。

② 通过率：当净化效率很高时，用通过率 P 来表示装置净化性能。

$$P=\frac{S_2}{S_1}=\frac{\rho_{2N}Q_{2N}}{\rho_{1N}Q_{1N}}=1-\eta \tag{2-33}$$

例如净化效率由 99.0%提高到 99.8%，看起来只提高了 0.8%，但从通过率看，则由 1%降低到 0.2%，即污染物的排放量降低了 80%。

③ 分级除尘效率：除尘装置总除尘效率的高低和粉尘粒径有很大关系，因此提出分级除尘效率的概念，即除尘装置对某一粒径 d_{pi} 或粒径间隔 Δd_p 内粉尘的除尘效率。除尘装置对粒径（或粒径范围）为 d_{pi} 的粉尘的分级效率可表达为：

$$\eta_i=\frac{S_{3i}}{S_{1i}}=1-\frac{S_{2i}}{S_{1i}} \tag{2-34}$$

式中，S_{1i}、S_{2i} 为除尘装置进、出口粒径（或粒径范围）为 d_{pi} 颗粒的质量流量，g/s；S_{3i} 为除尘装置捕集的粒径（或粒径范围）为 d_{pi} 颗粒的质量流量，g/s。

对于分级效率，一个重要的值为 η_i=50%时所对应颗粒的粒径，被称为除尘效率的分割粒径，一般用 d_c 表示。分割粒径 d_c 是表示除尘器性能的重要参数，分割粒径 d_c 越小，装置的总除尘效率越高。

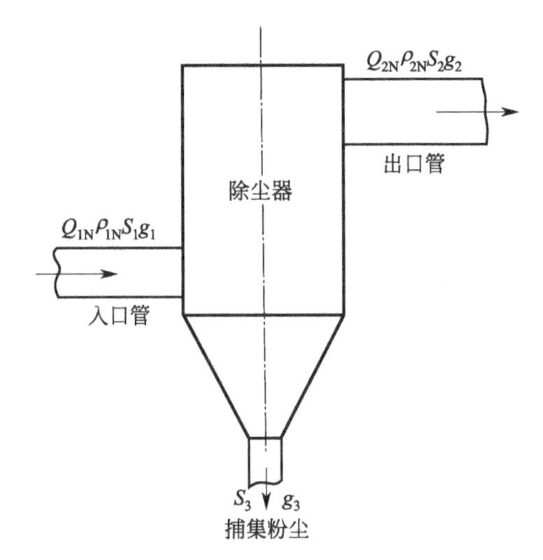

图 2-7　净化装置

Q_{1N}—装置进口的气体流量，m^3/s；Q_{2N}—装置出口的气体流量，m^3/s；

S_1—污染物进口流量，g/s；ρ_{1N}—污染物进口浓度，g/m^3；S_2—污染物出口流量，g/s；

ρ_{2N}—污染物出口浓度，g/m^3；S_3—装置捕集的污染物流量，g/s；g_1，g_2，g_3—进口、出口和捕集的粉尘的质量效率

④ 分级效率与总除尘效率之间的关系：

由总效率 η 求分级效率 η_i：

$$\eta_i=\frac{S_3g_{3i}}{S_1g_{1i}}=\eta\frac{g_{3i}}{g_{1i}} \tag{2-35}$$

或

$$\eta_i=1-\frac{S_2g_{2i}}{S_1g_{1i}}=1-P\frac{g_{2i}}{g_{1i}} \tag{2-36}$$

$$\eta_i=\frac{\eta}{\eta+Pg_{2i}/g_{3i}} \tag{2-37}$$

式中，g_{1i}、g_{2i} 为除尘装置进、出口粉尘的粒径频率分布；g_{3i} 为除尘装置捕集粉尘粒径频率分布。

除尘装置的总效率可通过实测获得，进出口和捕集的粉尘的粒径频率分布也可由粉尘分散度实验获得。

由分级效率（η_i）求总效率（η）：

根据除尘装置净化某粉尘的分级效率数据及粒径分布数据，计算除尘装置净化该粉尘的总除尘效率，其计算公式为

$$\eta=\sum\eta_ig_{1i} \tag{2-38}$$

⑤ 多级串联运行时的总净化效率：在实际工程应用中，有时需要将两种或几种不同型式的除尘器串联起来使用，构成两级或多级除尘系统；假设多级除尘系统每一级的运行性能都是独立的，净化第 i 级粉尘的分级通过率分别为 $P_{i1},P_{i2},\cdots,P_{in}$，或分级效率分别为 $\eta_{i1},\eta_{i2},\cdots,\eta_{in}$，则此多级除尘器净化第 i 级粉尘的总分级通过率为：

$$P_{iT}=P_{i1}P_{i2}\cdots P_{in} \tag{2-39}$$

或总分级效率为：

$$\eta_{iT}=1-P_{iT}=1-(1-\eta_{i1})(1-\eta_{i2})\cdots(1-\eta_{in}) \tag{2-40}$$

若已知各级除尘器的除尘效率为 $\eta_1,\eta_2,\cdots,\eta_n$，也可仿照上述公式计算多级除尘系统的

总除尘效率，如下：

$$\eta_T=1-(1-\eta_1)(1-\eta_2)\cdots(1-\eta_n) \quad (2\text{-}41)$$

需注意的是，由于进入各级除尘器的粉尘粒径越来越小，因此，每级除尘器的除尘效率一般也越来越小。

3）压力损失　压力损失（pressure loss，das Verlust des Drucks）是指装置的进口和出口气流全压之差，是净化装置能耗大小的技术经济指标。净化装置压力损失的大小，不仅取决于装置的种类和结构形式，还与处理气体流量大小有关。压力损失与装置进口气流的动压成正比，即：

$$\Delta p=\xi\frac{\rho\mu^2}{2} \quad (2\text{-}42)$$

式中，Δp 为含尘气流通过除尘装置的压力损失，Pa；ξ 为除尘装置的压损系数，由经验公式或实验确定；μ 为装置进口气流速度，m/s；ρ 为含尘气流密度，kg/m^3。

测量压力损失的方法：a. U 形压力计，测烟气压力时，若压力较大，液体使用水银，否则使用酒精或水；b. 倾斜式微压计。

2.2.2 机械除尘器

机械除尘器指利用重力、惯性力和离心力等质量力的作用，使颗粒物与气流分离的装置，包括重力沉降室、惯性除尘室和旋风除尘器等。

2.2.2.1 重力沉降室

（1）除尘机理

重力沉降室是通过重力作用使尘粒从气流中沉降分离的除尘装置，如图 2-8 所示。含尘气流进入重力沉降室后，由于扩大了流动截面积而使气体流速大大降低，使较重颗粒在重力作用下缓慢向灰斗沉降，净化气体从沉降室另一端排出。

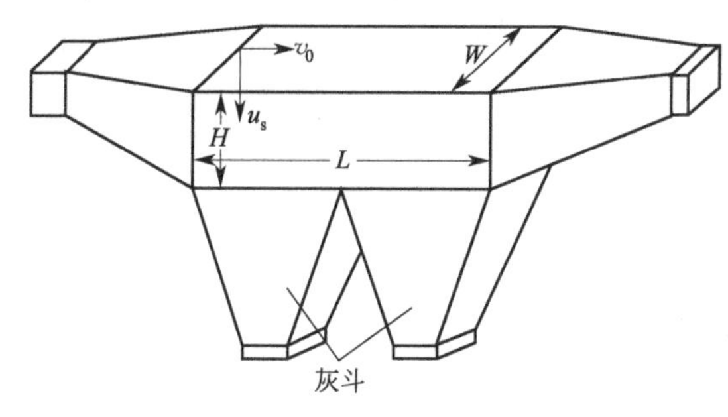

图 2-8　简单的重力沉降室示意图及外观照片

其具有结构简单、投资少、压力损失小（一般为 50～130Pa）和维修管理容易等优点；但也具有体积大、效率低和只能作为高效除尘的预除尘装置除去较大和较重的粒子等缺点。

（2）除尘效率

设沉降室的长、宽、高分别为 L、W 和 H，气体流速为 u_s（m/s），处理烟气量为 q_V（m^3/s），则气流在沉降室的时间为

$$t=L/v_0=LWH/q_V \quad (2\text{-}43)$$

在时间 t 内，粒径为 d_p 的粒子的沉降距离为

$$h_e = u_s L/v_0 H = u_s LWH/q_V \tag{2-44}$$

对于粒径为 d_p 的粒子，当沉降距离小于沉降室高时，尘粒可全部降落至室底；反之，尘粒则不能被全部捕集。粒径不同的尘粒沉降速度不同，在 t 秒内降落的距离也不同，因此使用沉降距离和重力沉降室高度的比值（h_e/H）来表示沉降室对某一粒径粉尘的分级除尘效率，即：

$$\eta_i = h_e/H = u_s LW/q_V \tag{2-45}$$

对于一定结构的沉降室，可求出不同粒径粉尘的分级除尘效率或作出分级效率曲线，从而计算出总除尘效率。当沉降室的尺寸和气体速度 u 确定后，可运用斯托克斯方程计算获得该沉降室所能普及的最小尘粒的粒径 d_{min}：

$$d_{min} = \sqrt{\frac{18\mu v_0 H}{\rho_p g L}} = \sqrt{\frac{18\mu q_V}{\rho_p g WL}} \tag{2-46}$$

理论上，$d_p \geqslant d_{min}$ 的尘粒可被全部捕集下来，但在实际工程运用中，由于气流运行状况、气流浓度分布等影响，沉降效率有所降低。

提高沉降室除尘效率的主要途径为：降低沉降室内的气流速度，增加沉降室长度或降低沉降室高度。沉降室内的气流速度根据离子的大小和密度确定，一般为 0.3～2.0m/s。

为使沉降室捕集直径更小的粒子，降低沉降室高度是一种实用的方法。在总高度不变的情况下，在沉降室内增设几块水平隔板，形成多层沉降室。多层沉降室的分级除尘效率变为

$$\eta_i = \frac{u_s LW(n+1)}{q_V} \tag{2-47}$$

式中，n 为挡板数。需要注意的是，考虑到多层沉降室清灰的困难，实际隔板层数一般限制在 3 层以下。

(3) 设计重力沉降室的方法

先要算出欲 100%捕集粒子的沉降速度 u_s，再选取沉降室内气流速度 v，并根据现场情况最终确定沉降室高度 H（或宽度 W），然后求出沉降室的长度 L 和宽度 W（或高度 H）。

沉降室长度：

$$L = Hv/u_s \tag{2-48}$$

沉降室宽度：

$$W = Q/(3600Hv) \tag{2-49}$$

式中，Q 为沉降室处理的空气量，m^3/h。

2.2.2.2 惯性除尘室

(1) 除尘机理

惯性除尘室（inertial dust removal chamber，die Trägheitsstaubkammer）的除尘机理为沉降室内设置各种形式的挡板，含尘气流冲击在挡板上，气流方向发生急剧转变，借助尘粒本身的惯性作用，使其与气流分离，见图 2-9。回旋气流的曲率半径越小，越能分离捕集细小的粒子。显然这种

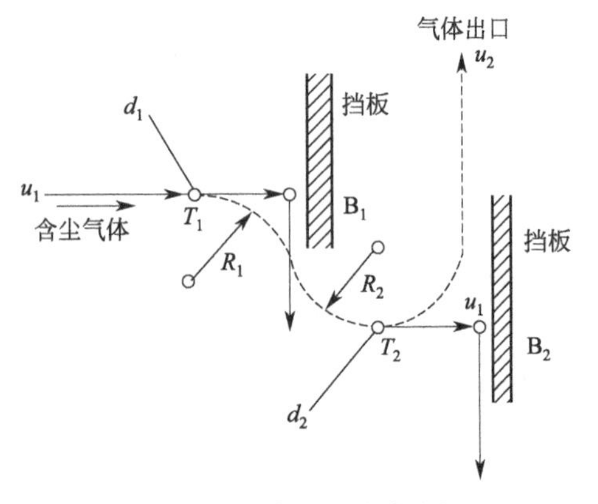

图 2-9 惯性除尘室的除尘机理

惯性除尘器，除借助惯性力作用外，还利用了离心力和重力的作用。

(2) 结构类型

惯性除尘器结构类型多种多样，可分为以气流中粒子冲击挡板捕集较粗粒子的冲击式（图 2-10）和通过改变气流流动方向而捕集较细粒子的反转式（图 2-11）。

① 冲击式：在这种设备中，沿气流方向设置一级或多级挡板，使气体中的尘粒冲撞挡板而被分离。

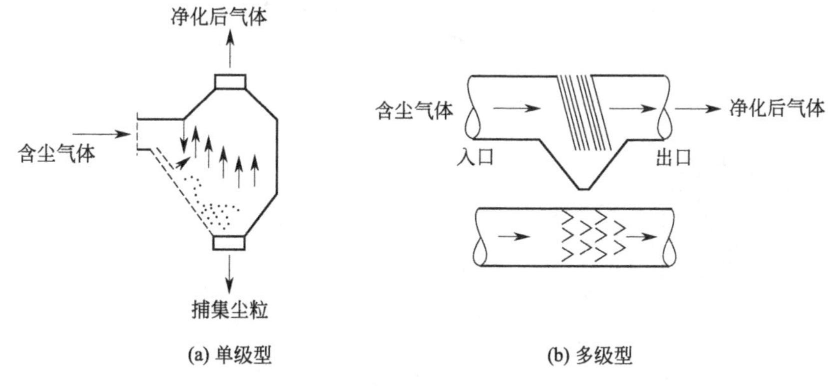

图 2-10　冲击式惯性除尘装置

② 反转式：弯管型和百叶窗型反转式惯性除尘装置与冲击式惯性除尘装置都适于烟道除尘，多层隔板型反转式惯性除尘装置主要用于烟雾的分离。

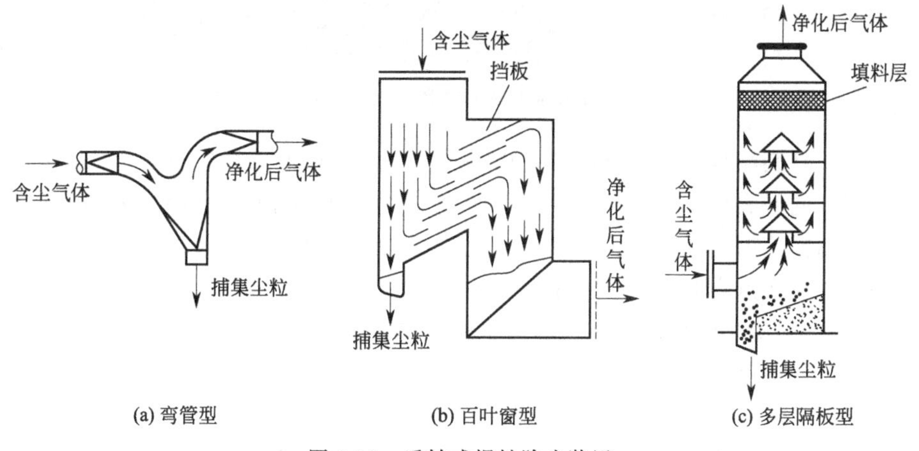

图 2-11　反转式惯性除尘装置

(3) 惯性除尘器的应用

一般用于净化密度和粒径较大的金属或矿物性粉尘，对于黏结性和纤维性粉尘，则由于易堵塞而不宜采用；净化效率不高，一般只用于多级除尘中的一级除尘，捕集 10～20μm 以上的粗颗粒；压力损失 100～1000Pa。

2.2.2.3 旋风除尘器

(1) 除尘机理

旋风除尘器（cyclone dust collector，der Kollektor für Cyclone）是利用旋转气流产生

的离心力使尘粒从气流中分离的装置。旋风除尘器由进气管、筒体、锥体和排气管等组成，含尘气流进入除尘器后，气流沿外壁由上向下旋转运动，这股向下的气流称为外旋流；当旋转气流的大部分到达锥体底部的时候，转而向上沿轴心旋转，最后经过排出管排出，这股向上的气流称为内旋流，见图 2-12。气流做旋转运动时，尘粒在离心力作用下逐步移向外壁，到达外壁的尘粒在气流和重力共同作用下沿壁面落入灰斗。

旋风除尘器具有结构简单，占地面积小，投资低，操作维修方便，可用各种材料制造，能用于高温、高压及腐蚀性气体，可回收干颗粒物，没有运动部件，运行管理简便等显著优点；但对颗粒的捕集效率在 80%左右，且捕集直径小于 5μm 颗粒的效率不高，因此，一般作预除尘用。

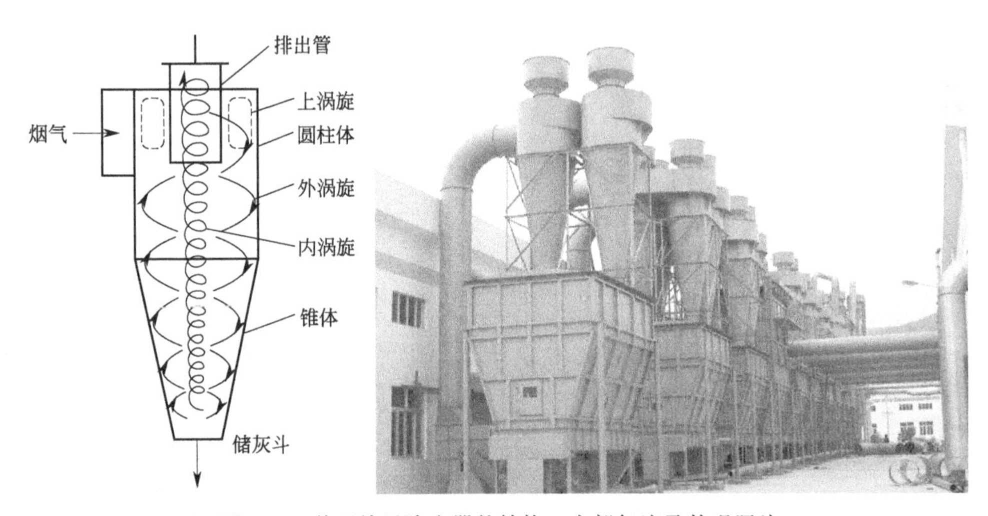

图 2-12 普通旋风除尘器的结构、内部气流及外观照片

简单而言，外旋流是旋转向下的准自由涡流，同时有向心的径向运动；内旋流是旋转向上的强制涡流，同时有离心的径向运动。为研究方便，通常把内外涡旋气体的运动分解成三个速度分量：切向速度、径向速度和轴向速度。切向速度是决定气流速度大小的主要速度分量，也是决定气流质点离心力大小的主要因素。

1）切向速度　旋风除尘器内某一断面上的切向速度分布规律可用下式表示：

外涡旋的切向速度反比于旋转半径 R 的 n 次方：

$$v_t R^n = 常数 \tag{2-50}$$

内涡旋的切向速度正比于旋转半径 R，比例常数等于气流旋转角速度 ω：

$$v_t R^{-1} = \omega = 常数 \tag{2-51}$$

式中，R 为气流质点的旋转半径，即距除尘器轴心距离，m；v_t 为切向速度，m/s；ω 为旋转角速度；n 为气流运行状态决定的指数，$n=-1\sim1$（当 $n=1$ 时，为自由涡；当 $n=0.5\sim0.9$ 时，为准自由涡，即外旋流中的实际流动状态；当 $n=0$ 时，切向速度为常数，即处在内外旋流的交界面上，切向速度达到最大值；$n=-1$ 时，是内旋流的强制涡流）。

2）径向速度　旋流气体的径向速度，内旋流指向上方、高速向外；外旋流指向下方、低速向心。内旋流对分离尘粒有利，而外旋流则对分离尘粒不利，使有些细小的尘粒在向心气流的带动下进入内旋流而被排出。

外涡旋气流的平均径向速度 v_r 计算公式如下：

$$v_r = q_V / (2\pi r_0 h_0) \tag{2-52}$$

式中，r_0 和 h_0 分别为内、外涡旋交接圆柱面的半径和高度，m；q_V 为旋风除尘器处理的烟气量，m^3/s。

3）轴向速度　轴向速度与径向速度类似，视内、外涡旋而定。外涡旋的轴向速度向下，内涡旋的轴向速度向上。在内涡旋，随着气流逐渐上升，轴向速度不断增大，在排出管底部达到最大值。

（2）压力损失

评价旋风除尘器设计和性能时的一个主要指标是气流通过旋风器时的压力损失，亦称压力降。实验证明，旋风除尘器的压力损失 Δp 一般与气体入口速度的平方成正比，即：

$$\Delta p = \frac{1}{2}\xi \rho v_i^2 \tag{2-53}$$

式中，ξ 为局部阻力系数；ρ 为气体的密度，kg/m^3；v_i 为气体入口速度，m/s。

旋风除尘器操作运行中可以接受的压力损失一般低于 2kPa。

在缺乏实验数据时用下式估算 ξ：

$$\xi = \frac{KA\sqrt{D}}{d^2\sqrt{L+H}} \tag{2-54}$$

式中，K 为常数，取 20～40；A 为除尘器进口截面积，m^2；D 为外筒体直径，m；d 为排出管直径，m；L 为外圆筒部分长度，m；H 为锥体长度，m。

（3）除尘效率

在旋风除尘器内，粒子的沉降主要取决于离心力 F_C 和同心运动气流作用于尘粒上的阻力 F_D，F_C 和 F_D 是同一尘粒在径向所受方向相反的两个力。如果 $F_C > F_D$，粒子在离心力推动下移向外壁而被捕集；如果 $F_C < F_D$，粒子在向心气流的带动下进入内涡旋，最后由排出管排出；如果 $F_C = F_D$，作用在尘粒上的外力之和等于零，粒子在交界面上不停地旋转，处于这种平衡状态的尘粒有 50%的可能性进入内涡旋，也有 50%的可能性移向外壁，即它的除尘效率为 50%，此时的粒径即为除尘器的分割直径，用 d_e 表示，其计算公式如下：

$$d_e = \sqrt{\frac{18\mu v_r r_0}{\rho_p v_t^2}} \tag{2-55}$$

式中，v_t 为切向速度，m/s；v_r 为外涡旋气流的平均径向速度，m/s；r_0 为内外涡旋交接圆柱面的半径，m；μ 为烟气的黏度，Pa·s；ρ_p 为烟尘真密度，g/cm^3。d_e 越小，说明除尘效率越高，性能越好。

（4）影响旋风除尘器除尘效率的因素

影响旋风除尘器除尘效率的因素有二次效应、比例尺寸、烟尘的物理性质、除尘器下部的严密性和操作变量等。

1）二次效应　在较小粒径区间内，理应逸出的粒子由于聚集或被较大尘粒撞向壁面而脱离气流被捕集，实际效率高于理论效率。在较大粒径区间，粒子被反弹回气流或沉积的尘粒被重新吹起，实际效率低于理论效率。通过环状雾化器将水喷淋在旋风除尘器内壁上，能有效地控制二次效应，同时进口速度以控制在 12～25m/s 之间为宜。

2）比例尺寸　在相同的切向速度下，筒体直径越小，离心力越大，除尘效率越高；筒体直径过小，粒子容易逃逸，效率下降；锥体适当加长，对提高除尘效率有利。各个比例尺寸对性能的影响总结于表 2-14。

表 2-14 旋风除尘器尺寸比例变化对性能的影响

比例尺寸变化	对性能的影响	
	压力变化	效率
增大旋风除尘器直径	降低	降低
加长筒体	稍有降低	提高
增大入口面积(流量不变)	降低	降低
增大入口面积(流速不变)	提高	降低
加长锥体	稍有降低	提高
增大锥体的排出孔	稍有降低	提高或降低
减小锥体的排出孔	稍有提高	提高或降低
加长排出管伸入器内的长度	提高	提高或降低
增大排气管管径	降低	降低

3）烟尘的物理性质　气体的密度和黏度、尘粒的大小和比重、烟气含尘浓度对其性能有影响。当粉尘的密度和粒径增大时，除尘器效率明显提高；气体温度和黏度增大时，除尘器效率下降。

4）除尘器下部的严密性　旋风式除尘器由于气流旋转的作用，其底部总是处于负压状态，除尘器的底部不严密，漏风就会把灰斗里的粉尘重新卷入内旋涡并带出除尘器，使除尘效率显著下降。收尘量不大的除尘器，可在排尘口下设置固定灰斗，保证一定的灰封，定期排灰。在不漏风的情况下进行正常排灰。

5）操作变量　提高烟气入口流速，旋风除尘器分割直径变小，除尘器性能改善；入口流速过大，已沉积的粒子有可能被再次吹起，重新卷入气流中，除尘效率下降。

2.2.3 电除尘器

2.2.3.1 除尘机理

电除尘器（cottrell，der Elektrostatischer Filter）是含尘气体在通过高压电场进行电离的过程中，使尘粒荷电，并在电场力的作用下使尘粒沉积在集尘极上，将尘粒从含尘气体中分离出来的一种除尘设备。电除尘过程与其他除尘过程的根本区别在于，分离力（主要是静电力）直接作用在粒子上，而不是作用在整个气流上，这就决定了它具有分离粒子耗能小、气流阻力也小的特点。由于作用在粒子上的静电力相对较大，所以对亚微米级的粒子也能有效地捕集。

相较于其他除尘装置，电除尘器具备以下主要优点：压力损失小，一般为 200～500Pa；处理烟气量大，可达 10^5～10^6 m^3/h；能耗低，大约 $(0.2\sim0.4)\times10^{-3}$ $kW\cdot h/m^3$；对较细粉尘有很高的捕集效率，可高于 95%；可在高温或强腐蚀性气体下操作。

电除尘器的工作包括三个基本过程：首先为悬浮粒子荷电，通过高压直流电晕实现；其次为带电粒子在电场内迁移和捕集，通过延续的电晕电场（单区电除尘器）或光滑的不放电的电极之间的纯静电场（双区电除尘器）实现（图 2-13）；最后为捕集物从集尘表面上清除，通过振打除去接地电极上的粉尘层并使其落入灰斗。

2.2.3.2 粒子荷电（电除尘过程的第一步）

在电除尘器中，粉尘粒子主要是借助电场力作用而被捕集。粉尘粒子荷电量越大则被捕

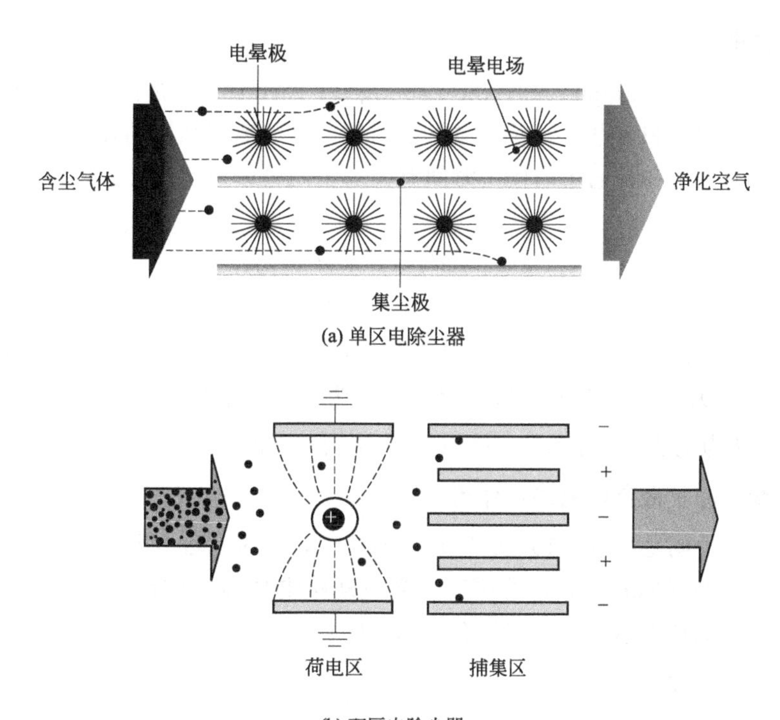

图 2-13　电除尘器的迁移和捕集过程示意图

集的效果越好，理论和实践证明单极高电压电晕放电可使粉尘粒子荷电量较大。

在除尘器电晕电场中存在两种截然不同的粒子荷电机理。对于 $d_p>0.5\mu m$ 的粒子，以电场荷电为主：在静电力作用下做定向运动，与粒子碰撞而使粒子荷电，称为电场荷电或碰撞荷电。对于 $d_p<0.15\mu m$ 的粒子，则以扩散荷电为主：由粒子的扩散现象而导致的粒子荷电过程，这种过程依赖于粒子的热能，而不依赖于电场。对于粒径介于 0.15～0.50μm 的粒子，则需要同时考虑这两种过程。

(1) 电场荷电

电场荷电是离子在电场力作用下做定向运动与粒子相碰撞的结果。如果粒子进入前外电场是均匀的；假定粒子为球形；假定一个粒子的电荷仅影响它自身邻近的电场，由此导出饱和电量的表达式为

$$Q=3\pi\left(\frac{\varepsilon}{\varepsilon+2}\right)d_p^2\varepsilon_0 E \tag{2-56}$$

式中，Q 为粉尘粒子饱和荷电量，C；ε 为粒子相对介电常数（与真空条件下的介电常数相比较）；ε_0 为真空介电常数，8.85×10^{-12}F/m；E 为电场强度，V/m；d_p 为颗粒粒径，m。

由上式可见，电场强度越高，颗粒越大，荷电量越大。

影响电场荷电的因素有以下几点：对于粒子特性，是粒径 d 和相对介电常数 ε；对于电晕电场，则是电场强度 E（对于大多数工业电除尘器荷电，电场强度为 3～6kV/cm，某些特殊设计有可能超过 10kV/cm）；对于大多数材料，$1<\varepsilon<100$，如硫黄约为 4.2，石英为 4.3，真空为 1.0，空气为 1.00059，纯水为 80，导电粒子为∞。

不同的气体，离子迁移率稍有不同；同一种气体的正、负离子的迁移率也略有差别。对于一般的电除尘器，可以认为粒子进入除尘器后立刻达到了饱和荷电量。

(2) 扩散荷电

扩散荷电（diffusion of charged，die Ladung für Diffusion）是由粒子的热运动引起的，因而不存在理论上的饱和荷电量。粉尘粒子上的荷电量与离子热运动强度、碰撞概率、运动速度、粉尘粒子的大小和在电场的停留时间有关。利用分子热运动理论可以导出扩散荷电的理论方程：

$$n=\frac{2\pi\varepsilon_0 kTd_p}{e^2}\ln\left(1+\frac{e^2 d_p\bar{\mu}Nt}{8\varepsilon_0 kT}\right) \tag{2-57}$$

式中，k 为玻尔兹曼常数，1.38×10^{-23}J/K；T 为气体温度，K；$\bar{\mu}$ 为气体粒子的平均热运动速度，m/s；e 为电子电量，1.6×10^{-19}C；ε_0 为真空介电常数，8.85×10^{-12}F/m；d_p 为颗粒粒径，m；N 为电场中粒子浓度，个/m^3；t 为荷电时间，s。

(3) 电场荷电和扩散荷电的综合作用

对于粒径处于中间范围（0.15～0.5μm）的粒子，同时考虑电场荷电和扩散荷电作用是必要的。根据鲁宾逊（Robinson）的研究，简单地将电场荷电的饱和电荷和扩散荷电的饱和电荷相加，能近似地表示两种过程综合作用时的荷电量，且与实验值基本一致。

(4) 异常荷电现象

异常荷电现象主要有三种（在电除尘器的运行中应尽量避免出现这些情况）：

一是沉积在集尘极表面的高电阻率粒子导致在低电压下发生火花放电或在集尘极发生反电晕现象。通常当电阻率高于 $2\times10^{10}\Omega\cdot cm$ 时，较易发生火花放电或反电晕，破坏正常电晕过程。

二是当气流中微小粒子的浓度较高时，虽然荷电尘粒所形成的电晕电流不大，但是所形成的空间电荷却很大，严重地抑制着电晕电流的产生，使尘粒不能获得足够的电荷，因此，电除尘器的除尘效率显著降低，颗粒直径在 1μm 左右的数量越多，这种现象越严重。

三是当含尘量大到某一数值时，电晕现象消失，颗粒在电场中根本得不到电荷，电晕电流几乎减小到零，失去除尘作用，即电晕闭塞。由于气流分布不当，气流速度过高或不适当的振打等原因，导致沉积在集尘极表面的粒子重新进入气流。这些粒子往往带有正电荷（对于负电晕电极），致使它们不能重新荷电，或仅部分荷电。

2.2.3.3 粉尘的捕集（电除尘过程的第二步）

(1) 粒子的驱进速度

在电除尘器中，荷电粉尘粒子的运动方向与电场方向一致，即垂直于集尘板表面。运动主要受两种力的作用，一方面受到了电场力的作用，另一方面也会受到斯托克斯动黏性阻力的作用。假设尘粒的直径为 d_p（m），荷电量为 Q（C），集尘区电场强度为 E（V/m），电场作用在荷电粉尘粒子上的静电力 F 为

$$F=QE \tag{2-58}$$

粉尘粒子向集尘极迁移受到的介质阻力 F_s 为

$$F_s=3\pi\mu d_p\omega \tag{2-59}$$

式中，μ 为气体介质的动力黏度，Pa·s；ω 为荷电粉尘粒子在电场中的驱进速度，m/s。

当以上两种力达到平衡时，粒子便达到了终末沉降速度，即驱进速度 ω：

$$\omega = QE/(3\pi\mu d_p) \tag{2-60}$$

由此可见，粒子的驱进速度与粒子的荷电量、粒径、电场强度和气体介质的黏度有关。但需要注意的是，由于电场中每个点的场强不一样，粒子的荷电量是近似值，还有气流、粒子特性等影响，按上述公式对驱进速度进行计算比实际的驱进速度要大得多。

(2) 捕集效率

根据安德森现场实验的分析以及德意希的理论推导，得出形式相同的粒子捕集效率公式。德意希推导该公式时做了如下假定：除尘器中气流为紊流状态；在垂直于集尘板表面的任一横截面上粒子浓度和气流分布是均匀的；粒子进入除尘器后立即完成了荷电过程；忽略电风和气流分布不均匀、被捕集粒子重新进入气流等影响。

设气体和粉尘在 x 方向的流速皆为 u (m/s)，气体流量为 q_V (m^3/s)；x 方向上每单位长度的集尘板面积为 a (m^2/m)，总集尘板面积为 A (m^2)；电场长度为 L (m)，气体流动截面积为 F (m^2)；直径为 d_q 的颗粒，其驱进速度为 ω (m/s)，含尘浓度为 c_i (g/m^3)，排出浓度为 c_0 (g/m^3)；则在 dt 时间内于长度为 dx 的空间所捕集的粉尘量为

$$d_m = a\,dx\omega c\,dt = -F\,dx\,dc \tag{2-61}$$

将 $dx = u\,dt$ 代入上述公式，得

$$\frac{a\omega}{Fu}dx = -\frac{dc}{c} \tag{2-62}$$

上式进行积分，并考虑到 $Fu = q_V$，$aL = A$，得

$$\frac{a\omega}{Fu}\int_0^L dx = -\int_{c_i}^{c_0}\frac{dc}{c} \tag{2-63}$$

$$\frac{A}{q_V}\omega = -\ln\frac{c_0}{c_i} \tag{2-64}$$

则理论分级捕集效率为

$$\eta_i = 1 - \frac{c_0}{c_i} = 1 - \exp\left(-\frac{A}{q_V}\omega\right) \tag{2-65}$$

该方程概括了分级除尘效率与集尘板面积、气体流量和颗粒驱进速度之间的关系，指出提高电除尘器捕集效率的途径，因而在除尘器性能分析和设计中广泛应用。需要注意的是，只有当粒子的粒径相同且驱进速度不超过气流速度的 10%～20%时，该方程在理论上才成立。

2.2.3.4 被捕集粉尘的清除（电除尘过程的第三步）

电晕极（corona electrode，Elektrode Corona）和集尘极（collecting electrode，der Kollektor für Staub）上都会有粉尘沉积，粉尘沉积在电晕极上会影响电晕电流的大小和均匀性，集尘极板上粉尘层较厚时，会导致火花电压降低，电晕电流减小。从集尘极清除已沉积粉尘的主要目的是防止粉尘重新进入气流。

集尘极清灰有湿式和干式两种不同的方法。在湿式电除尘器中，用水冲洗集尘极板，粉尘随水膜流下；在干式电除尘器中，一般用机械撞击或电极振动产生的振动力清灰；现代的电除尘器大多采用电磁振打或锤式振打清灰。振打系统要求既能产生高强度的振打力，又能调节振打强度和频率，常用的振打器有电磁型和挠臂锤型（图 2-14）。

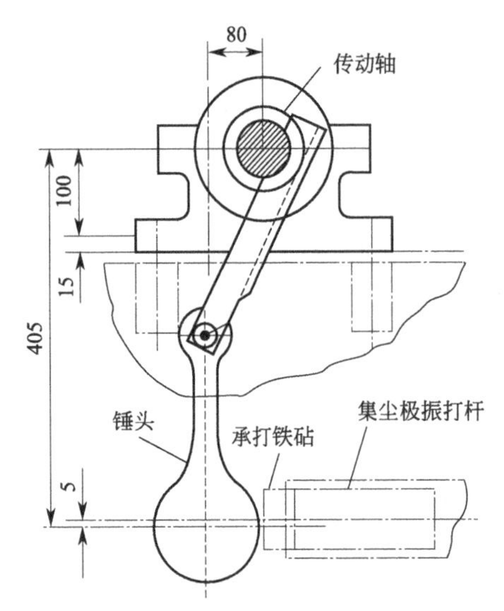

图 2-14　挠臂锤型振打装置（单位：mm）

2.2.3.5　电除尘器的选择和设计

电除尘器的设计方法为，首先确定有效驱进速度，然后依据给定的气体流量和要求的除尘效率，按照德意希方程计算出所需集尘板的面积。

(1) 集尘板表面积的确定

根据德意希方程，计算集尘板面积的公式如下：

$$A=\frac{q_V}{\omega}\times\ln\left(\frac{1}{1-\eta}\right) \tag{2-66}$$

式中，A 为电除尘器集尘板面积，m^2；q_V 为处理的气体流量，m^3/s；ω 为粉尘驱进速度，m/s；η 为预期达到的除尘效率，%。

(2) 电除尘器长高比的确定

电除尘器长高比定义为集尘板有效长度与高度之比，它直接影响振打清灰时二次扬尘量。与集尘板高度相比，假如集尘板不够长，部分下落灰尘在到达灰斗之前可能被烟气带出除尘器，从而降低了除尘效率。当要求除尘效率大于 99%时，除尘器的长高比至少要达到 1.0～1.5。

(3) 气流速度的确定

虽然在集尘区气流速度变化较大，但除尘器内平均流速却是设计和运行中的重要参数。通常由处理烟气量和电除尘器过气截面积来计算烟气的平均流速。烟气平均流速对振打方式和粉尘的重新进入量有重要影响。当平均流速高于某一临界速度时，作用在粒子上的空气动力学阻力会迅速增加，进而使粉尘的重新进入量亦迅速增加。对于给定的集尘板类型，这个临界速度的大小取决于烟气流动特征、板的形状、供电方式、除尘器的大小和其他因素。当捕集电站飞灰时，临界速度可以近似取 1.5～2.0m/s。

(4) 气体的含尘浓度

电除尘器内同时存在着两种空间电荷，一种是气体离子的电荷，一种是带电颗粒的电荷。由于气体离子运动速度（约为 60～100m/s）远高于带电颗粒的运动速度（一般在 6cm/s 以下），所以含尘气流通过电除尘器时的电晕电流要比通过清洁气流时小。如果气体含尘浓度很高，电场内尘粒的空间电荷很高，会使电除尘器电晕电流急剧下降，严重时可能会趋近于零，这种情况称为电晕闭塞。为了防止电晕闭塞的发生，处理含尘浓度较高的气体时，必须采取一定的措施，如提高工作电压、采用放电强烈的芒刺型电晕极、电除尘器前增设预净化设备等。

2.2.4　袋式除尘器

2.2.4.1　除尘机理

含尘气流从下部进入圆筒形滤袋，在通过滤料的孔隙时，粉尘被捕集于滤料上，沉积在滤料上的粉尘，可在机械振动的作用下从滤料表面脱落，落入灰斗中，见图 2-15；粉尘因截留、惯性碰撞、静电和扩散等作用，在滤袋表面形成粉尘层，被称为粉尘初层；初层形成后，它成为袋式除尘器的主要过滤层，提高了除尘效率。

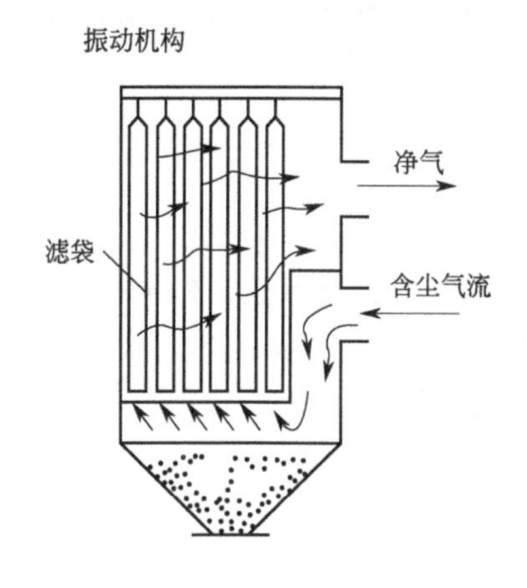

图 2-15　袋式除尘器的除尘机制与外观照片

袋式除尘器需要及时清灰，因为滤布只起着形成粉尘初层和支撑它的骨架作用，随着颗粒在滤袋上积聚，滤袋两侧的压力差增大，会把有些已附着在滤料上的细小粉尘挤压过去，使除尘效率下降。另外，若除尘器压力过高，还会使除尘系统的气体处理量显著下降，影响生产系统的排风效果。因此，除尘器阻力达到一定数值后，要及时清灰。清灰不能过分，即不应破坏粉尘初层，否则会引起除尘效率显著降低。

如图 2-16 所示，对于粒径 0.1～0.5μm 的粒子，清灰后滤料的除尘效率在 90%以下；对于 1μm 以上的粒子，效率在 98%以上。当形成颗粒层后，对所有粒子效率都在 95%以上；对于 1μm 以上的粒子，效率高于 99.6%。

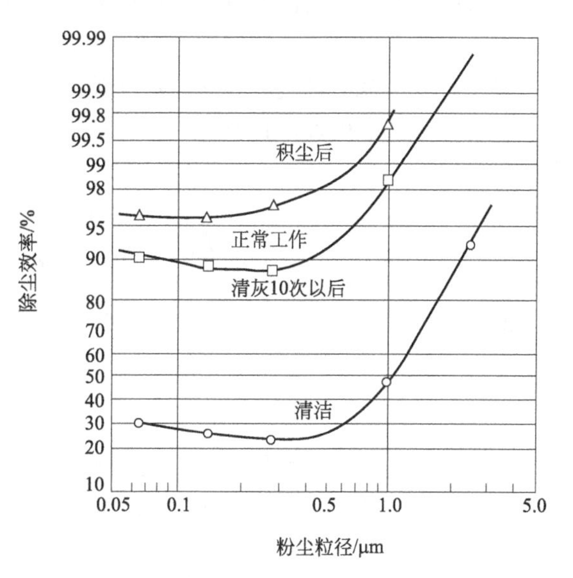

图 2-16　滤布在不同积尘状态下的除尘效率

影响袋式除尘器除尘效率的两大因素：粉尘负荷和过滤速度。当粉尘负荷过高的时候，除尘效率降低。过滤速度是一个重要的技术经济指标，其定义为烟气实际体积流量与滤布面积之比，也称气布比。选用高的过滤速度，所需要的滤布面积小，除尘器体积、占地面积和一次投资等都会减小，但除尘器的压力损失会加大；一般而言，除尘效率随过滤速度增加而下降；过滤速度的选取还与滤料种类和清灰方式有关。

2.2.4.2　压力损失

迫使气流通过滤袋是需要能量的，这种能量通常用气流通过滤袋的压力损失表示，它是重要的技术经济指标，不仅决定着能量消耗，而且决定着除尘效率和清灰间隔时间等。

袋式除尘器的压力损失 Δp 由通过清洁滤料的压力损失 Δp_f 和通过颗粒层的压力损失 Δp_p 组成。对于相对清洁的滤袋压力损失 Δp_f 大约为 100～130Pa。当颗粒层形成后，压力损失为 500～750Pa 时，除尘效率达 99%；当压力损失接近 1000Pa，一般需要对滤袋清灰。

假设通过滤袋和颗粒层的气流为黏滞流，Δp_f 和 Δp_p 则均可以用达西（Darcy）方程表示。达西方程的一般形式为

$$\frac{\Delta p}{X}=\frac{v\mu_g}{K} \tag{2-67}$$

式中，Δp 为压力损失，Pa；K 为颗粒层或滤料的渗透率，m^2；X 为颗粒层或滤料厚度，m；v 为除尘器进口的平均气流速度，m/s；μ_g 为气体的运动黏度系数，Pa・s。

未经实验测定，K 是很难预测的参数，它是沉积颗粒层性质，如孔隙率、比表面积、孔隙大小分布和颗粒粒径分布等的函数。渗透率的量纲为长度的平方。

根据达西方程，则

$$\Delta p=\Delta p_f+\Delta p_p=\frac{x_f\mu_g v}{K_f}+\frac{x_p\mu_g v}{K_p} \tag{2-68}$$

式中，下标 f 和 p 分别表示清洁滤料和颗粒层。

对于给定的滤料和操作条件，滤料的压力损失 Δp_f 基本上是一个常数，因此，通过袋式除尘器的压力损失主要由 Δp_p 决定。对于给定的操作条件（气体黏度和过滤速度），Δp_p 主要由颗粒层渗透率 K_p 和厚度 X_p 决定。而 X_p 又是操作时间 t 的函数。

在时间 t 内，沉积在滤袋上的颗粒物质量 m 可以表示为

$$m=vAt\rho \tag{2-69}$$

式中，A 为滤袋的过滤面积；ρ 为烟气中粉尘浓度。

将 $x=v\rho t/\rho_c$ 代入，其中 ρ_c 是颗粒层的密度。因此，气流通过新沉积颗粒层的压力损失为

$$\Delta p_p=\frac{x_p\mu_g v}{K_p}=\frac{v\rho t}{\rho_c}\left(\frac{\mu_g v}{K_p}\right)=\frac{v^2\rho t\mu_g}{K_p\rho_c} \tag{2-70}$$

对于给定的含尘气体，μ_g、ρ_c 和 K_p 的值是常量，令颗粒的比阻力系数 $R_p=\frac{\mu_g}{K_p\rho_c}$，则方程为

$$\Delta p_p=R_p v^2\rho t \tag{2-71}$$

即对于给定的含尘气体，Δp_p 与颗粒物浓度 ρ 和过滤时间 t 呈线性关系，而与过滤速度的平方成正比。比阻力系数 R_p 主要由颗粒物特征决定，假设已知颗粒的粒径分布、堆积密度和真密度，可以利用丹尼斯和克莱姆提出的下述方程式估算：

$$\begin{aligned}R_p&=\frac{\mu_g S_0^2}{6\rho_p C_c}\\&=\frac{3+2\beta^{\frac{5}{3}}}{3-4.5\beta^{\frac{1}{3}}+4.5\beta^{\frac{5}{3}}-3\beta^2}\end{aligned} \tag{2-72}$$

$$S_0=6\left(\frac{10^{1.151}\lg^2\sigma_g}{\mathrm{MMD}}\right)$$

$$\beta=\frac{\rho_c}{\rho_p}$$

式中，μ_g 为气体黏度，10^{-1}Pa・s；S_0 为比表面参数，cm^{-1}；ρ_p 为粒子的真密度，g/cm^3；C_c 为坎宁汉校正系数；MMD 为颗粒的质量中位径，cm；σ_g 为颗粒直径的几何标准

偏差。

2.2.4.3 袋式除尘器的滤料

(1) 对滤料的要求

滤料（filter material，das Material des Filters）应具备以下特点：容尘量大、吸湿性小、效率高、阻力低、寿命长、耐高温、耐磨、耐腐蚀、机械强度大。

(2) 滤料的种类

按滤料材质分有天然纤维（如棉毛织物，价格低，适于无腐蚀、350～360K以下气体）、无机纤维［主要指玻璃纤维滤料，过滤性能好，阻力低，化学稳定性好，相对耐高温（523K），易于清灰，但质地脆］和合成纤维（如尼龙、奥伦、涤纶、聚四氟乙烯等，性能各异，满足不同需要，扩大除尘器的应用领域）等。

按滤料结构分有滤布和毛毡，其中毛毡由于制作工艺简单、致密、除尘效率高、容尘量大、易于清灰等显著优点，具有很好的应用性。

表面光滑的滤料容尘量小，清灰方便，适用于含尘浓度低、黏性大的粉尘，采用的过滤速度不宜过高；表面起毛（绒）的滤料容尘量大，粉尘能深入滤料内部，可以采用较高的过滤速度，但必须及时清灰。

2.2.4.4 清灰

清灰（deashing，die Entfernung von Staub）是袋式除尘器运行中十分重要的一环，多数袋式除尘器是按清灰方式命名和分类的。常用的清灰方式有三种：机械振动清灰、逆气流清灰以及脉冲喷吹清灰。

(1) 机械振动清灰

清灰的工作过程为含尘气体通过除尘器底部的花板进入滤袋内部，当气体通过滤料时，粉尘颗粒沉积在滤袋内部，净化后的气体经风机由烟囱排出，如图2-17所示。

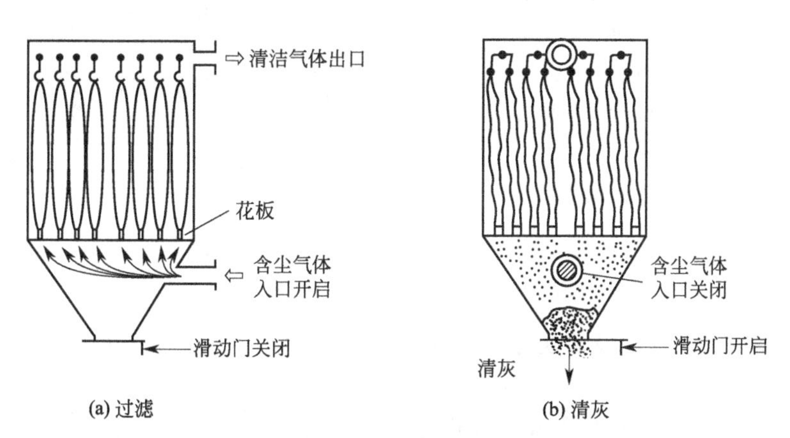

图2-17 机械振动袋式除尘器工作过程

振动方式大致有三种：滤袋沿水平方向摆动，或沿垂直方向振动，或靠机械转动定期将滤袋扭转一定的角度，使沉积于滤袋的颗粒层破碎而落入灰斗中。机械振动袋式除尘器的过滤风速一般取1.0～2.0m/min，压力损失为800～1200Pa。机械振动除尘器的优点为工作性能稳定，清灰效果较好；缺点为滤袋常受机械力作用，损坏较快，滤袋检修与更换的工作量大。

(2) 逆气流清灰

其过滤操作过程与机械振动清灰式相同，但在清灰时，要关闭含尘气流，开启逆气流进行反吹风，此时滤袋变形，沉积在滤袋内表面的灰层破坏、脱落，通过花板落入灰斗，如图2-18所示。安装在滤袋内的支撑环可以防止滤袋被完全压扁。过滤风速一般为0.3～1.2 m/min，压力损失控制范围1000～1500Pa。这种清灰方式的除尘器结构简单，清灰效果好，滤袋磨损少，特别适用于粉尘黏性小、玻璃纤维滤袋的情况。

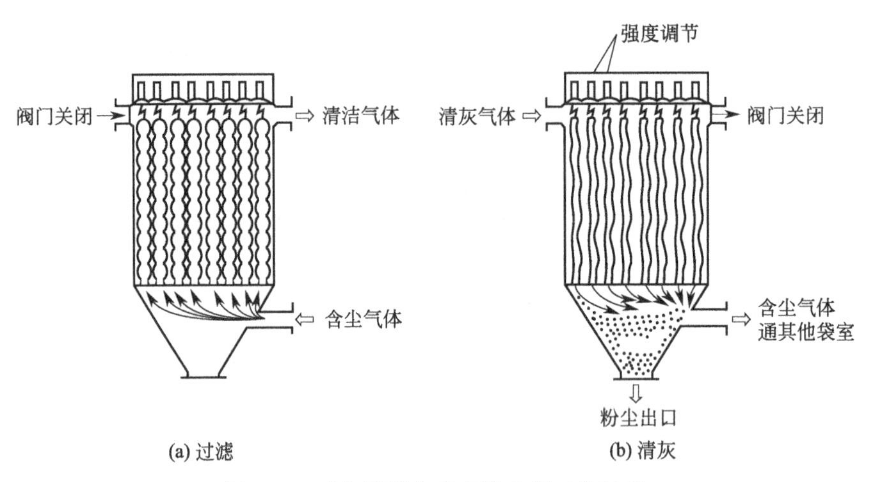

图 2-18 逆气流清灰袋式除尘器工作过程

(3) 脉冲喷吹清灰（逆流反吹）

压缩空气（4～7atm，1atm＝101.325kPa）的脉冲产生冲击波，使滤袋振动，导致积附在滤袋上的灰层脱落，如图2-19所示。这种清灰方式有可能使滤袋清灰过度，继而使粉尘通过率上升，因此，必须选择适当压力的压缩空气和适当的脉冲持续时间（通常为0.1～0.2s）。每清灰一次，叫作一个脉冲，全部滤袋完成一个清灰循环的时间称为脉冲周期，通常为60s。脉冲喷吹清灰实现了全自动清灰，净化效率达99%（存在过度清灰的可能）；过滤负荷较高，滤袋磨损轻，运行安全可靠。

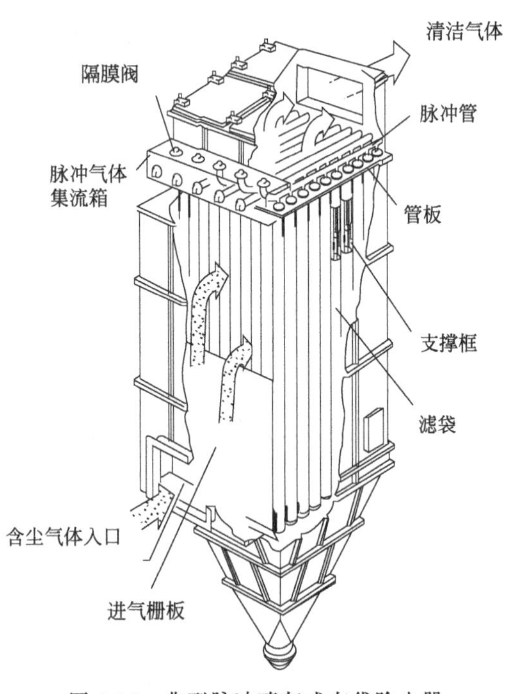

图 2-19 典型脉冲喷灰式布袋除尘器

2.2.4.5 袋式除尘器的选择和设计

选定除尘器形式、滤料及清灰方式，决定采用的除尘器形式。

根据含尘浓度、滤料种类及清灰方式等，计算过滤面积，即可确定过滤气速，并得出总过滤面积 A，即

$$A=\frac{q_V}{60v_f} \tag{2-73}$$

式中，q_V 为预处理烟气的流量，m^3/h；

A 为滤布总面积，m^2；v_f 为气体通过滤布的平均速度，即过滤气速，m/min。

过滤气速是最重要的设计和操作指标之一，其主要取决于清灰方式，如简易清灰，$v_f=0.20\sim0.75$m/min；机械振动清灰，$v_f=1.0\sim2.0$m/min；逆气流反吹清灰，$v_f=0.5\sim2.0$m/min；脉冲喷吹清灰，$v_f=2.0\sim4.0$m/min。

除尘器设计：如果选择定型产品，则根据处理烟气量和总过滤面积，即可选定除尘器型号规格。若自行设计时，其主要步骤为：a. 确定滤袋尺寸（直径 D 和高度 L）；b. 计算每条滤袋的面积（$a=\pi DL$）；c. 计算滤袋条数（$n=A/a$）。

2.2.4.6 除尘器的发展

由于对烟尘排放浓度要求越发严格，因此世界各地区都在发展高效率除尘器，在工业大气污染控制中，电除尘器和袋式除尘器占压倒性优势，然而袋式除尘器和电除尘器均具备一些限制因素。

袋式除尘器的限制有：

① 运行阻力大，特别是处理高浓度、大风量的含尘气体时，系统压力降往往很大，造成除尘器后的引风机功率大，运行费用高；

② 滤袋寿命有限，更换滤袋费用高，工作量大；

③ 化学纤维滤袋不能承受高温烟气，对烟气中的水分含量和油性含量有较严格的要求。

电除尘器的限制有：

① 除尘性能受粉尘物理和化学特性影响很大，对于高比电阻粉尘、细粉尘及高黏性粉尘等应用效果不理想，特别是在 0.1～1μm 的粒径区间内存在一个颗粒物穿透窗口，在这一区间的平均捕集效率低于 90%；

② 除尘效率与集尘面积大体呈指数函数关系，要达到较高的排放标准，必须大幅度增大集尘面积，造成投资不经济；

③ 气流的冲刷和清灰过程引起的粉尘二次飞扬使电除尘性能下降。

20 世纪 70 年代，美国精密工业公司设计了把静电应用于织物过滤的装置，并将该典型装置模型定为"阿匹特隆（Apitron）"。20 世纪 90 年代，美国电力研究所开发了静电和布袋串连的紧凑型混合颗粒收集器（COHPAC）。美国北达科他（North Dakota）大学能源与环境研究中心（EERC）开发了更紧凑的先进电袋混合型除尘器（AHPC），实现了电除尘与布袋除尘的协同作用，并进行了工业性应用试验。

电袋复合除尘器是一种综合了电除尘和布袋除尘两种成熟除尘技术的一种新设备，如图 2-20 所示，除尘效率可达 99.9%。采用常规电除尘作为一级除尘单元，除去烟气中的较粗颗粒烟尘；然后利用布袋作为二级除尘单元，除去剩余的微细颗粒。烟气路径：进口烟道→进口烟箱→静电除尘区→布袋除尘区→净气室→出口烟道。

电袋除尘器具备以下优点：对细微粒子，特别是 0.01～1μm 的气溶胶粒子有很高的捕集效率（99.5%～99.9%）；由于电除尘已去除 80%～90%的烟尘，烟尘量减小，加上静电作用，滤袋表面沉积的粉尘层具有松散的组织，袋式除尘过滤阻力小，工作负荷低；与电除尘相比，烟气粉尘性质的适用范围更广，对任何煤质的烟气、烟尘均可达标排放；与袋式除尘相比，烟气粉尘性质的适用范围更广，清灰次数减少，滤袋的使用寿命延长，运行费用低。

电袋除尘器需解决的关键问题：电除尘单元和布袋除尘单元之间的结合形式、结合区域烟气分配的均匀性问题；供电条件和电极配置结构及结构参数的优化；布袋单元的优化设

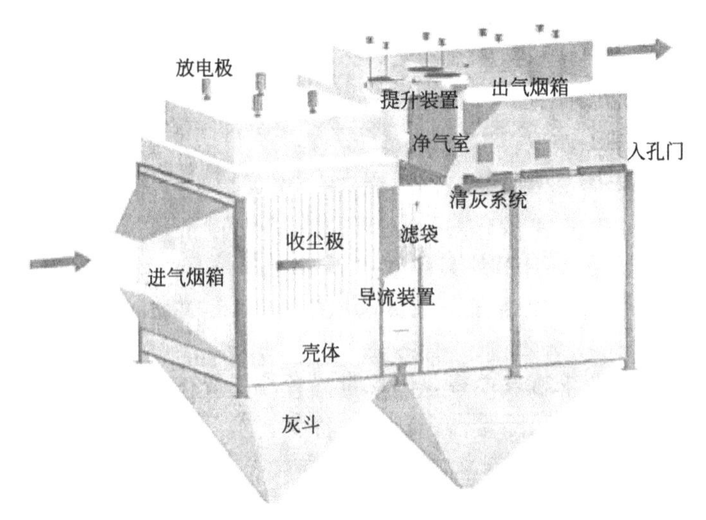

图 2-20 电袋复合除尘器工作原理

计；针对燃煤电厂锅炉烟气特性，建立电袋复合除尘器的自动控制与运行模式。

2.2.5 湿式除尘器

2.2.5.1 除尘机理

湿式除尘器除尘与惯性碰撞、拦截作用、扩散效应、热泳和静电作用等有关。其中惯性碰撞和拦截作用是该除尘器的主要除尘机制。惯性碰撞主要取决于尘粒质量，拦截作用主要取决于粒径大小。其他作用在一般情况下是次要的，只有在捕集很小的尘粒时，才受到布朗运动引起的扩散作用的影响。

(1) 惯性碰撞

含尘气流在运动过程中遇到障碍物（水滴），气流会改变方向，绕过水滴运动，但尘粒因惯性力作用，将保持原有运动方向，脱离气流与水滴相撞，该效应称之为惯性碰撞。尘粒的惯性越大，气流曲率半径越小，尘粒脱离流线而被水滴捕集的可能性越大。惯性碰撞作用可以用斯托克斯数（即惯性碰撞参数）描述，即

$$St=\frac{d_{\mathrm{p}}^{2}\rho_{\mathrm{p}}\mu_{\mathrm{r}}C}{9\mu_{\mathrm{g}}D_{\mathrm{L}}} \tag{2-74}$$

式中，St 为斯托克斯数；d_{p} 为尘粒粒径（沉降粒径），m；μ_{r} 为尘粒与水滴之间的相对运动速度，m/s；μ_{g} 为气体黏度，Pa・s；D_{L} 为水滴直径，m；C 为坎宁汉修正因数，量纲为 1。

由上式可知，惯性碰撞主要取决于尘粒质量及其与水滴之间的相对运动速度，也与水滴大小有重要关系。一般水滴小时，惯性碰撞作用增强，有利于从含尘气体中分离尘粒，直径不是愈小愈好，直径太小的水滴容易随气流一起运动，降低气液相对运动速度，不利于含尘气体中尘粒的分离。这是因为惯性碰撞参数 St 与尘粒和水滴之间的相对运动速度成正比，而与水滴直径 D_{L} 成反比。所以，对于给定的含尘系统，要提高 St 值，必须提高气体之间的相对运动速度并减小水滴直径。目前除尘工程中常用的各种湿式除尘器都是围绕这些因素研究而发展的。

(2) 拦截作用

拦截是指尘粒在水滴上直接被阻截，尘粒被水润湿进入水滴内部，或被黏附在水滴表面，尘粒与含尘气流分离。被拦截的尘粒必须质量很小，且具有一定尺寸，当流线绕过水滴拐弯时不会离开流线。这时只要尘粒中处在围绕捕集物（水滴）流过而相距捕集物不超过 $d_p/2$ 时，尘粒就与捕集物（水滴）接触而被拦截。

尘粒在水滴上的拦截作用可用直接拦截比描述，该比值称为拦截参数 K_p，可表示为

$$K_p=\frac{d_p}{D_L} \tag{2-75}$$

上述公式表明，拦截作用主要取决于尘粒的粒径与水滴直径 D_L，d_p 越大，D_L 越小，拦截参数 K_p 越大，拦截效率越高。

(3) 扩散效应

在湿式除尘器中，扩散效应是指粒径小于 0.3μm 的尘粒，做不规则的热运动时，与水滴接触而被捕集。一般来说，粒径越小，扩散系数越大，除尘效率越高；水滴周围气膜厚度越大，水滴与气流的相对速度越大，除尘效率越低。

扩散效应可用无因次准数——施密特（Schmidt）数 Sc 描述：

$$Sc=\frac{\mu}{\rho D_B}=\frac{\nu}{D_B} \tag{2-76}$$

式中，ν 为流体的运动黏度，$\nu=\mu/e$；D_B 为布朗扩散系统，量纲为 1。

(4) 热泳和静电作用

气体分子具有一定的热运动速度，且随温度而变化。由于尘粒热面的气体分子对尘粒的热面作用力比冷面大，因而在湿式除尘器内含尘气体引起的热运动使尘粒向着较冷的区域运动，这种效应称为热泳（thermophoresis，Thermophoresis）。静电作用是指尘粒与液滴（水滴）所带电荷相反，其强度足以吸引尘粒，使其离开尘流流线，被水滴捕集。这种效应对很小的尘粒影响较大。但在一般情况下热泳力和电荷效应是有限的。

以上分别讨论了单一效应的除尘机制，实际上捕集一个较小尘粒，通常在一瞬间要受到两种或多种因素的作用。在此分别讨论是为了便于理解其除尘机理。

2.2.5.2 除尘效率

(1) 湿式除尘器的总效率

湿式除尘器的除尘效率是单个液（水）滴捕集效率 η_i 的总和。它包括惯性碰撞、拦截作用、扩散效应和其他作用对尘粒的捕集效率。对一定特性的粉尘来说，除尘效率越高，湿式除尘器的能耗（用于输送气体、雾化、喷淋液体所需的能耗）也越大。除尘器的总能耗 E（单位：W·h/1000m^3，对于气体）应为含尘气体和液体（水）能耗之和，即

$$E=\frac{1}{3600}\left(\Delta P_G+P_L\times\frac{Q_L}{Q_G}\right) \tag{2-77}$$

式中，E 为总能耗，kW·h/m^3，对于气体；ΔP_G 为气体通过洗涤器的压力损失，Pa；P_L 为液体入口的压力；Pa；Q_L、Q_G 分别为液体和气体的流量，m^3/s。

除尘器总除尘效率是气液两相能耗（压损或接触率）的函数，可以用气相总传质单元数 N_{OG} 或除尘器的总能耗 E_i 表示，即

$$\eta=1-\exp(-N_{0G})=1-\exp(-\alpha E^{\beta}) \tag{2-78}$$

式中，α 和 β 是特性参数，其数值是经验数据，取决于要净化的粉尘和湿式除尘器的型式。

(2) 湿式除尘器的通过率

湿式除尘器的除尘效率计算，因除尘器型式多样，数学运算过程烦琐，一般可用分级通过率和总通过率表示。

湿式除尘器的分级通过率表示为

$$P_i=1-\eta_i=\exp(-Ad_a^B) \tag{2-79}$$

式中，P_i 为湿式除尘器分级通过率,%；η_i 为除尘器的分级效率,%；A、B 为常数，填料塔和筛板塔 $B=2$，旋风除尘器 $B\approx0.67$；d_a 为空气动力粒径，μm。对于粒径大于1μm 或粒径遵循对数正态分布的情况，可用尘粒的实际粒径 d_p 代替 d_a，作近似计算。

任何湿式除尘器对给定粉尘的总通过率为

$$P=\int_0^m \frac{P_i \mathrm{d}m}{m}=\int_0^1 P_i \mathrm{d}G_1=\int_0^{\infty} P_i q_1 \mathrm{d}d_p \tag{2-80}$$

式中，G_1 为入口粉尘筛下累计分布；q_1 为入口粉尘的频率分布；m 为入口粉尘的总质量；P_i 为粒径为 d_{p_i} 的粒子分级通过率。

2.2.5.3 湿式除尘器举例

根据湿式除尘器的净化机理，大致分为：重力喷雾洗涤器、旋风洗涤器、自激喷雾洗涤器、板式洗涤器、填料洗涤器、文丘里洗涤器、机械诱导喷雾洗涤器。根据能耗可分为低能耗和高能耗除尘器两类，其中，低能耗湿式除尘器，压力损失 0.2～1.5kPa，对 10μm 以上粉尘的净化效率可达90%～95%；高能耗湿式除尘器，压力损失为2.5～9.0kPa，净化效率99.5%以上。下面对重力喷雾洗涤器、旋风洗涤器、文丘里洗涤器进行详细介绍。

(1) 重力喷雾洗涤器（喷雾塔洗涤器）

在逆流式喷雾塔中，含尘气体向上运动，液滴由喷嘴喷出向下运动；液滴与颗粒之间的惯性碰撞、拦截和凝聚等作用，使较大粒子被液滴捕集，见图2-21，其主要部件包括喷射器、气流分布板、除雾器。其具有结构简单、压力损失小、操作稳定等优点，对大于10μm的尘粒净化效率较好，但对小于10μm的尘粒净化效率低，不适合用于吸收、脱除气态污染物。为保证喷雾液滴大小均匀，常与高效洗涤器，如文丘里洗涤器联用，起到预净化、降压和加湿的作用。

(2) 旋风洗涤器

在干式旋风洗涤器中以环形方式安装一排喷嘴（离心洗涤器：5μm 以下有效）或安装中心喷雾管（中心喷雾洗涤器：0.5μm 以下去除率 95%，见图 2-22），主要部件为喷射器、除雾器；喷雾作用发生在外涡旋区，并捕集颗粒，携带液滴的颗粒被甩向旋风洗涤器的湿壁，然后沿壁面沉落到器底。其适合于处理烟气量大和含尘浓度高的情况，可单独使用或安装在文丘里洗涤器之后作为脱水器。

(3) 文丘里洗涤器（高效湿式洗涤器）

文丘里洗涤器（venturi scrubber，Wäscher Venturi）是一种高效湿式除尘器，其结构见图2-23，由收缩管、喉管和扩散管等组成；含尘气体由进气管进入收缩管后，流速逐渐增大，气流的压力能逐渐转变为动能；在喉管入口处，气速达到最大，一般为50～180m/s(压力损失大)；洗涤液（一般为水）通过沿喉管周边均匀分布的喷嘴进入，液滴被高速气流雾化

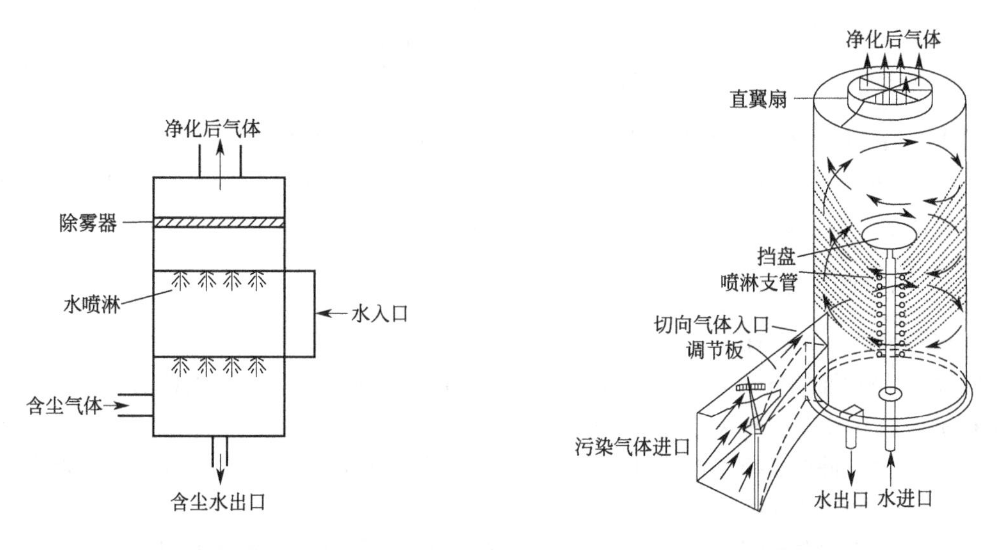

图 2-21　喷雾塔洗涤器示意图　　　　图 2-22　中心喷雾洗涤器示意图

和加速；充分的雾化是实现高效除尘的基本条件。文丘里洗涤器常用于高温烟气降温和除尘。

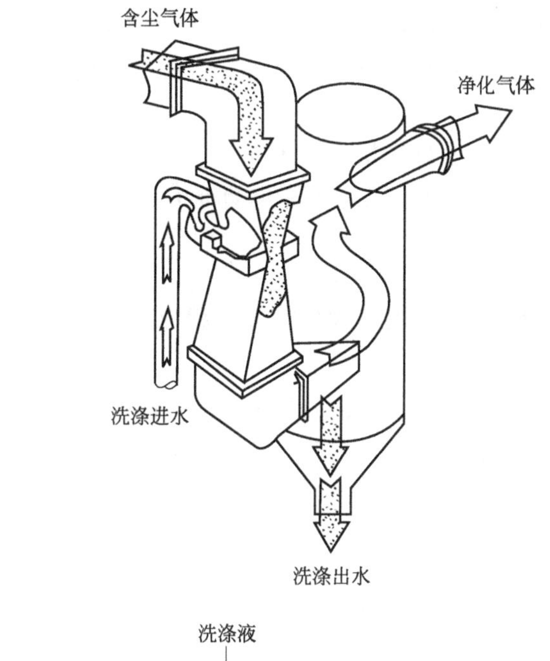

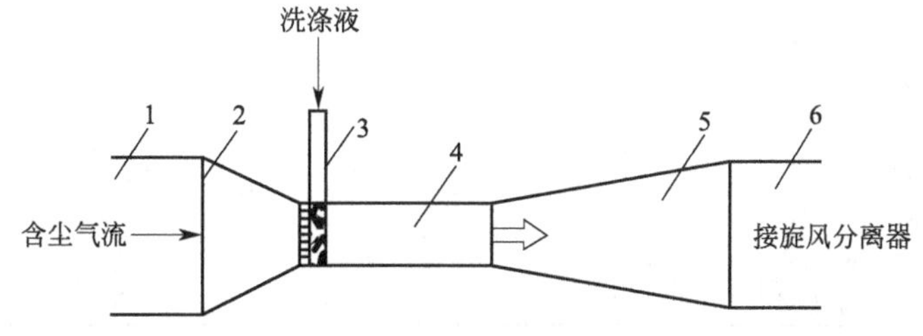

图 2-23　文丘里洗涤器示意图

1—进气管；2—收缩管；3—喷嘴；4—喉管；5—扩散管；6—连接管

虽然文丘里洗涤器被广泛应用于除尘过程，但仍缺乏可靠的计算除尘效率的方程式，卡尔弗特等人做了一系列简化后提出下式来计算文丘里洗涤器的通过率：

$$P=\exp\left(\frac{-6.1\times10^{-9}\rho_1\rho_p Cd_p^2 f^2\Delta P}{\mu_C^2}\right) \tag{2-81}$$

式中，ρ_1 和 ρ_p 为洗涤液和颗粒的密度，g/cm^3；μ_C 为气体黏度，P（1P＝0.1Pa·s）；ΔP 为文丘里洗涤器的压力损失，cmH_2O（$1cmH_2O$＝98.0638Pa）；d_p 为颗粒粒径，μm；f 为经验常数，数值选取 0.1～0.4；C 为含尘浓度，g/m^3。

2.2.5.4 湿式除尘器优缺点

湿式除尘器的优点有：

① 在耗用相同能耗时，比干式机械除尘器效率高，高能耗湿式除尘器清除 0.1μm 以下粉尘粒子，仍有很高效率（90%以上）；

② 可与静电除尘器和布袋除尘器相比拟，且能够处理高温、高湿气流，高电阻率粉尘，及易燃易爆的含尘气体；

③ 在去除粉尘粒子的同时，还可去除气体中的水蒸气及某些气态污染物，既起除尘作用，又起到冷却、净化的作用。

湿式除尘器的缺点有：

① 排出的污水污泥需要处理（二次污染），澄清的洗涤水应重复回用；

② 净化含有腐蚀性的气态污染物时，洗涤水具有一定程度的腐蚀性，因此要特别注意设备和管道腐蚀问题；

③ 不适用于净化含有憎水性和水硬性粉尘的气体；

④ 寒冷地区使用湿式除尘器，容易结冻，需采取防冻措施。

2.2.6 除尘器的合理选择

表 2-15 对不同类别除尘设备性能进行了总结，在工程应用中，需要结合实际要求对除尘器进行合理选择：

表 2-15 不同类别除尘设备性能总结

类别	除尘设备	阻力/Pa	除尘效率/%	设备费用	运行费用
机械式除尘器	重力除尘器	50～150	40～60	少	少
	惯性除尘器	100～500	50～70	少	少
	旋风除尘器	400～1300	70～92	少	中
	多管旋风除尘器	800～1500	80～95	中	中
洗涤式除尘器	喷淋洗涤器	100～300	75～95	中	中
	文丘里洗涤器	500～10000	90～99.9	少	高
	自激式洗涤器	800～2000	85～99	中	较高
	水膜除尘器	500～1500	85～99	中	较高
过滤式除尘器	颗粒层除尘器	800～2000	85～99	较高	较高
	袋滤式除尘器	400～1500	80～99.9	较高	较高
电除尘器	干式静电除尘器	100～200	80～99.9	高	少
	湿式静电除尘器	100～200	80～99.9	高	少

① 必须满足排放标准规定的排放浓度（对除尘率的要求）。

② 粉尘的物理性质对除尘器性能具有较大的影响：黏性大，不适合干法除尘；电阻率过大或过小，不适合电除尘；憎水性强，不适合湿法除尘。

③ 气体的含尘浓度：气体的含尘浓度较高时，在静电除尘器或袋式除尘器前应设置低

阻力的初净化设备，去除粗大尘粒。湿式除尘，10g/m^3 以下；袋式除尘，0.2～10g/m^3；电除尘，30g/m^3。

④ 烟气温度和其他性质：高温、高湿气体不宜采用袋式除尘器；烟气中含有 SO_2、NO_x 等气态污染物，可采用湿式除尘器（采用耐腐蚀材料）。

⑤ 所捕集粉尘的后续处理问题：某些工厂工艺含有泥浆处理系统的，可优先考虑采用湿法除尘。

⑥ 其他因素：设备的位置，可利用的空间，环境条件；设备一次投资（设备、安装和工程等）及操作和维修费用等。

2.3 气态污染物控制

2.3.1 吸收净化

气体吸收法是分离气体混合物的一个重要方法，在大气污染治理工程中被广泛地用来治理 SO_2、NO_x、氟化物、氯化物、HCl 和烃类等废气。吸收法处理含有污染物的废气是使污染物从气体主流中传递到液体主流中去，是气液两相间的物质传递，当气液两相接触时，气液相际两侧仍分别存在有稳定的气体滞流层（气膜）和液体滞流层（液膜），溶质分子以分子扩散方式从气相中连续通过此两膜而进入液相中。

气体吸收根据吸收液与被吸收组分在吸收液中有无化学反应，其操作可分为物理吸收和化学吸收，前者比较简单，可以看成是单纯的物理溶解过程。例如用水吸收氯化氢或二氧化碳等，可称为简单吸收或物理吸收，此时吸收所能达到的限度取决于在吸收进行条件下的气液平衡关系，即气体在液体中的平衡浓度。而吸收进行的速率，则主要取决于污染物从气相转入液相的扩散速度。如果在吸收过程中组分与吸收剂还发生化学反应，这种吸收称为化学吸收，例如用碱溶液吸收 SO_2，或用酸溶液吸收 NH_3 等。吸收限度同时取决于气液平衡和液相反应的平衡条件，吸收的速度则也同时取决于扩散速度和反应速度。一般来说，化学反应的存在能提高吸收速度，并使吸收的程度更趋于完全。

气体吸收设备可分为板式塔和填料塔两大类。板式塔内各层塔板之间有溢流管，液体从上层向下层流动，板上设有若干通风孔，气体由此自下层向上层流动，在液层内分散成小气泡，两相接触面积增大，湍流度增强。从理论上讲在每层板上充分接触一次，可达到一次平衡，因此这类设备统称逐级接触设备。填料塔则填充了许多薄壁环形填料，从塔顶部洒下的吸收液在下流的过程中，沿着填料的各处表面均匀分布，并与自下而上的气流很好接触。此种设备由于气液两相不是逐次地而是连续地接触，因此两相浓度沿填料层连续变化着，从传质理论分析，填料层的任一截面上，两相均未达到平衡，总有一定推动力存在，因此这类设备统称连续接触式设备。由于填料塔具有结构简单、阻力小、加工容易、可用耐腐蚀材料制作、吸收效果好、装置灵活等优点，故在气态污染物的吸收操作中应用较普遍。

2.3.1.1 吸收的基本原理

气体吸收是指用液体洗涤含污染物的气体，而从废气中把一种或者多种污染物除去。被吸收的组分称为吸收质，吸收液称为吸收剂。吸收过程的实质是物质由气相转入液相的传质过程。可溶组分在气液两相中的浓度距离操作条件下的平衡越远，则传质的推动力越大，传质速率也越快，因此，本节按照气液两相的平衡关系和传质速率来分析吸收过程。

(1) 气液平衡

在一定的温度和压力下，当吸收剂与混合气体接触时，气体中的可吸收组分溶解于液体中，形成一定的浓度。但溶液中已被吸收的组分也可能由液相重新逸回到气相，形成解吸。气液相开始接触时，组分的溶解即吸收是主要的，随着时间的延长及溶液中吸收质浓度的不断增大，吸收速度会不断减慢，而解吸速度却不断增加。接触到某一时刻，吸收速度和解吸速度相等，气液相间的传递达到平衡——相平衡。到达相平衡时表观溶解过程停止，此时组分在液相中的溶解度称为平衡溶解度，是吸收过程进行的极限。气相中吸收质的分压称为平衡分压。了解吸收系统的气液平衡关系，可以判断吸收的可能性、了解吸收过程进行的限度并有助于进行吸收过程的计算。

在一定温度下，当气相总压不太高（一般小于 5×10^5Pa）时，气体在液相中的溶解及平衡遵循亨利定律，即在此条件下，溶质在气相中的平衡压力与它在溶液中的浓度成正比。由于气相与液相中吸收质组分浓度所用单位不同，亨利定律可用不同的形式表达，如：

$$p=Ex \tag{2-82}$$

$$c=Hp \tag{2-83}$$

或

$$y=mx \tag{2-84}$$

式中，p 为被吸收气体在溶液面上的分压（称平衡分压）；H、E 和 m 为亨利常数。

当可溶气体在溶液中的浓度（即溶质的平衡浓度或饱和浓度）c 以 mol/m^3 表示、溶质分压 p 以 Pa 表示时，亨利常数的单位为 mol/(m^3 · Pa)；当溶质组分在液相中的溶解浓度 x 以摩尔分数表示、平衡分压 p 以 Pa 表示时，则 E 的单位为 Pa；m 又称为相平衡常数。m、E 越小，溶解度越大；H 越大，溶解度越大。

(2) 吸收机理模型

气体吸收是一个比较复杂的过程，已有多种对吸收机理的理论解释，其中以双膜理论（也称滞留膜理论）最简明、直观、易懂，见图 2-24，其要点如下：

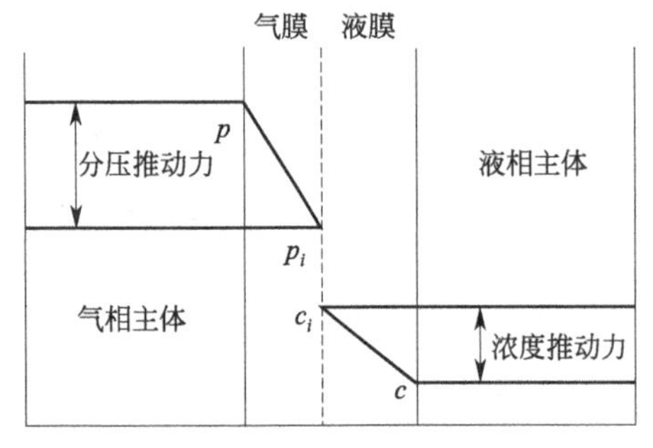

图 2-24 双膜吸收理论模型

① 当气液两相接触时，两相间存在一个相界面，相界面两侧存在气膜和液膜，溶质必须以分子扩散方式从气流主体连续通过这两个膜层而进入液相主体；

② 气液相界面上，气液达溶解平衡，膜内物质积累，即达稳态；

③ 气膜和液膜外的气液主体为湍流流动，溶质浓度均匀，无浓度梯度，即无扩散阻力。膜内为层流，传质阻力只在膜内。

吸收过程：吸收质从气相主体（湍流扩散）→气膜表面（分子通过气膜扩散）→相界面（分子通过液膜扩散）→液膜表面（湍流扩散）→液相主体。

(3) 吸收速率方程

吸收过程中的相间传质过程如图 2-25 所示。吸收质（absorbent，Absorptionsfähige

Substanz）在单位时间通过单位面积界面被吸收剂吸收的量称之为吸收速率。吸收速率方程可用“吸收速率＝吸收推动力/吸收阻力”或“吸收速率＝吸收推动力×吸收系数”的形式表示。

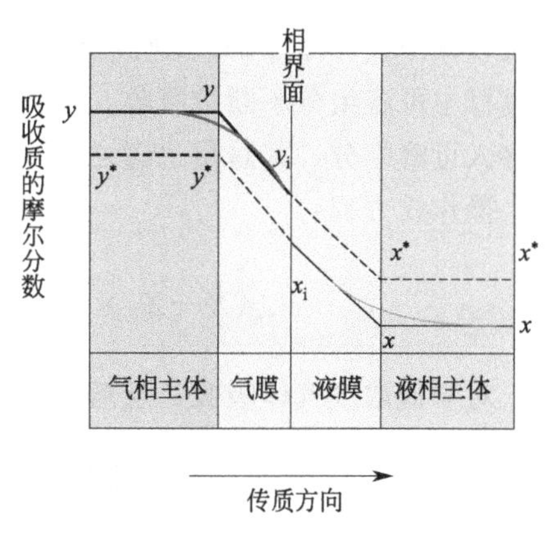

图 2-25　气液两相间传质过程示意图

组分 A 经由气膜的吸收速率为

$$N_A=k_y(y-y_i) \qquad N_A=k_G(p-p_i) \tag{2-85}$$

组分 A 经由液膜的吸收速率为

$$N_A=k_x(x_i-x) \qquad N_A=k_L(c_i-c) \tag{2-86}$$

式中，N_A 为吸收速率，kmol/(m^2·s)；p、p_i 分别为组分 A 在气相主体及相界面上的分压，Pa；$(p-p_i)$ 为气相传质推动力，Pa；k_G 为气相吸收分系数，kmol/(m^2·s·Pa)；c、c_i 为组分 A 在液相主体及相界面上的浓度，kmol/m^3；$(c-c_i)$ 为液相传质推动力，kmol/m^3；k_L 为液相吸收分系数，m/s；k_y 为气膜传质分系数，kmol/(m^2·s·Pa)；k_x 为液膜传质分系数，m/s；y、y_i 为 i 组分在气相主体的分压级液相主体中被吸收组分的平衡分压，Pa；x、x_i 为 i 组分在液相主体的浓度及气相主体中被吸收组分的浓度，kmol/m^3。

由于 k_G、k_L、c_i、p_i 都不宜直接测定，为了吸收速率的计算方便，在实际应用中采用吸收总速率方程以避开界面参数，即：

$$N_A=K_G(p-p^*)=K_L(c^*-c) \tag{2-87}$$

式中，K_G 为气相吸收总系数，kmol/(m^2·s·Pa)；K_L 为液相吸收总系数，m/s；$(p-p^*)$、(c^*-c) 为以分压差或浓度差表示的过程总推动力，单位分别为 Pa 和 kmol/m^3。

当气液平衡关系服从亨利定律时，吸收分系数与吸收总系数间的关系为

$$\frac{1}{K_G}=\frac{H}{k_L}+\frac{1}{k_G} \tag{2-88}$$

$$\frac{1}{K_L}=\frac{1}{Hk_G}+\frac{1}{k_L} \tag{2-89}$$

上述公式说明，传质总阻力为气相传质阻力与液相传质阻力之和。

气体溶解度的大小直接影响着气液相间的质量传递过程。当气体溶解度很大时，H 值足够小，$K_G \approx k_G$，吸收过程总阻力近似等于气膜阻力，称为气膜控制；当气体溶解度很小时，H 值足够大，$K_L \approx k_L$，吸收过程总阻力近似等于液膜阻力，称为液膜控制。表 2-16 列举了部分吸收过程中膜控制情况。

表 2-16　部分吸收过程中膜控制情况

气膜控制	液膜控制	双膜控制
H_2O 吸收 NH_3	H_2O 或弱碱吸收 CO_2	H_2O 吸收 SO_2
H_2O 吸收 HCl	H_2O 吸收 Cl_2	H_2O 吸收丙酮
碱液或氨水吸收 SO_2	H_2O 吸收 O_2	浓硫酸吸收 NO_2
浓硫酸吸收 SO_2	H_2O 吸收 H_2	碱吸收 H_2S
弱碱吸收 H_2S		

2.3.1.2　物理吸收

(1) 吸收操作线方程

在吸收操作中，一般多采用逆流连续操作。通过对逆流操作吸收塔进行物料衡算，可画

出吸收操作线。图 2-26 为逆流操作吸收塔示意图。自塔底引入的混合气体，在通过吸收塔的过程中可溶组分不断被吸收，气体的总量沿塔高不断变化；液体由塔顶淋洒，由于其中不断溶入可溶组分，其总量也随之改变。但塔内的惰性气体量和吸收剂量是不变的。

操作线方程：

$$L_s(X-X_2)=G_B(Y-Y_2)\longrightarrow Y=\frac{L_sX}{G_B}+\left(Y_2-\frac{L_sX_2}{G_B}\right) \tag{2-90}$$

对于低浓度气体吸收，且溶液为稀溶液。服从亨利定律。则有：

$$y=\frac{Lx}{G}+\left(y_2-\frac{Lx_2}{G}\right)=\frac{Lx}{G}+\left(y_1-\frac{Lx_1}{G}\right) \tag{2-91}$$

式中，Y 为混合气体中吸收质与惰性气体的摩尔比；X 为吸收液中吸收质与吸收剂的摩尔比；y 为任一截面上混合气体中吸收质的摩尔分数；x 为任一截面上吸收液中吸收质的摩尔分数；G_B 为单位时间通过塔内任一截面单位面积的惰性气体流量，kmol/(m^2 · s)；L_s 为单位时间通过塔内任一截面单位面积的吸收剂流量，kmol/(m^2 · s)；L 为单位时间通过任一塔截面纯吸收剂的量，kmol/s；x_1 为出塔液相的组成，比摩尔分率；x_2 为进塔液相的组成，比摩尔分率；y_1 为进塔气相的组成，比摩尔分率；y_2 为出塔气相组成，比摩尔分率；G 为单位时间通过任一塔截面惰性气体的量，kmol/s。

操作线方程的作用是说明塔内气液浓度变化情况，更重要的是通过气液情况与平衡关系的对比，确定吸收推动力，进行吸收速率计算，并可确定吸收剂的最小用量，计算出吸收剂的操作用量。

(2) 平衡线方程

$$Y=\frac{mX}{1+(1-m)X} \tag{2-92}$$

对于稀溶液，X 非常小，因此可以表示为：$Y=mX$。

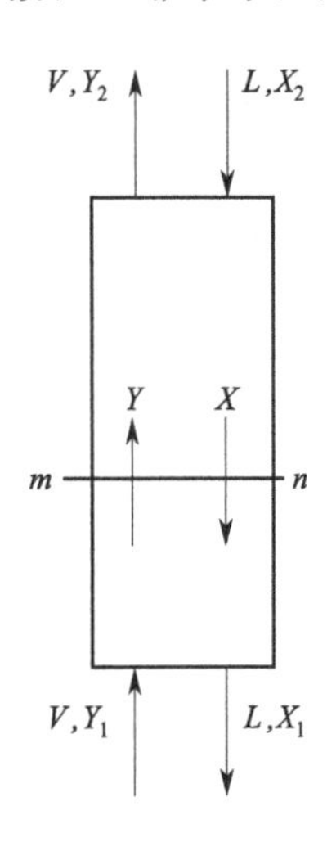

图 2-26 逆流吸收塔操作示意图

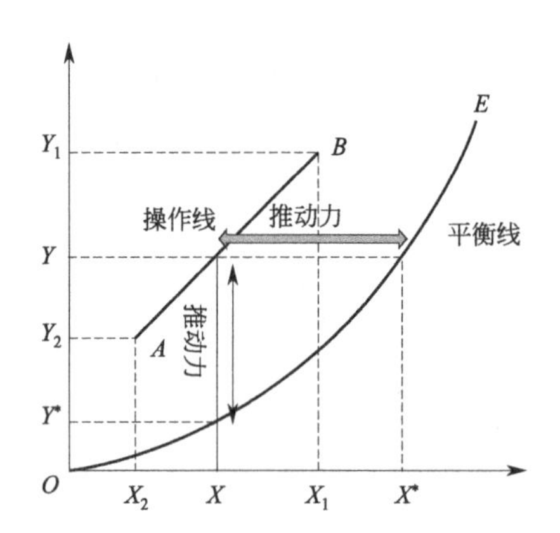

图 2-27 操作线与平衡线示意图

(3) 操作线与平衡线的关系

操作线与平衡线如图 2-27 所示。在 Y-X 图上，吸收操作线必须处于平衡线上。这是由于吸收过程是可溶组分由气相溶于液相的过程，因此可溶组分在气相中的浓度必定大于其在液相与气相相平衡的浓度，只有操作线位于平衡线之上，才有所示关系。

操作线与平衡线之间的距离反映了吸收推动力的大小，操作线上任一点代表某截面上气、液组成（Y、X），该点到平衡线的垂直距离（$Y-Y^*$）和水平距离（X^*-X）分别代表该界面上的吸收推动力。也就是说，在任意塔截面上，气相中可溶组分的浓度比与液相平衡浓度相对应气相平衡浓度大的越多，则吸收推动力越大。

平衡线与操作线不能相交或相切。假设两者相交，就意味着在塔的某一截面处吸收推动力等于零，因此为达到一定浓度变化，需要两相接触时间为无限长，因而需要的填料层高度无限大，这种操作是不可能实现的。

(4) 操作线方程和平衡线方程的作用

① 可判断气液接触时溶质的传质方向；当 $y_1 \geqslant mx_2$ 时，为吸收过程；当 $y_1 < mx_2$ 时为解吸过程。

② 确定吸收剂浓度和极限排放浓度；任一截面都满足 $y_i \geqslant mx_i$，得 $x_i \leqslant y_1/m = x_1^*$；$y_2 \geqslant mx_2 = y_2^*$（$x_1^*$、$y_2^*$ 为极限排放浓度）。

③ 确定最小液气比 $(L_s/G_B)_{min}$；操作线的斜率称为“液气比”，是吸收剂与惰性气体摩尔流量的比值，反映单位气体处理量的吸收剂耗用量大小。

当吸收平衡线下凹时［图 2-28(a)］：

$$(L_s/G_B)_{min} = \frac{Y_1 - Y_2}{X_1^* - X_2} \tag{2-93}$$

吸收平衡线上凸时［图 2-28(b)］，当液气比减小到某个程度，塔底两相浓度虽未达到平衡，但操作线已与平衡线相切，切点（g）处达到平衡，此时液气比即为最小液气比：

$$\left(\frac{L_s}{G_B}\right)_{min} = \frac{Y_1 - Y_2}{X_{1max} - X_2} \tag{2-94}$$

对于低浓度气体吸收，且溶液为稀溶液，服从亨利定律，代入下式，可得到最小液气比：

$$\left(\frac{L}{G_B}\right)_{min} = \left(\frac{L_s}{G_B}\right)_{min} = \frac{Y_1 - Y_2}{X_1^* - X_2} = \frac{Y_1 - Y_2}{\frac{Y_1}{m} - X_2} = \frac{y_1 - y_2}{\frac{y_1}{m} - x_2} \tag{2-95}$$

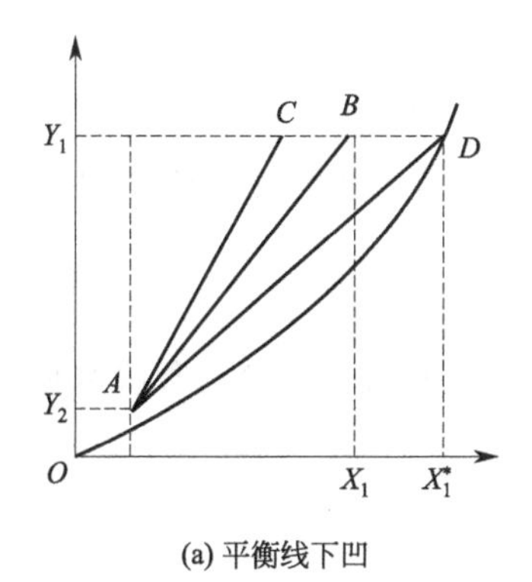

(a) 平衡线下凹

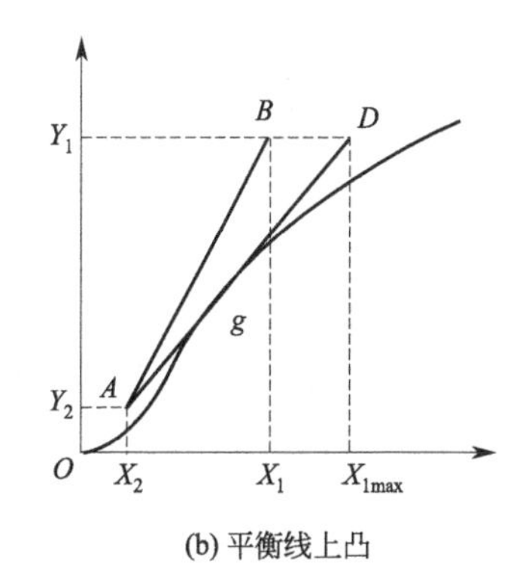

(b) 平衡线上凸

图 2-28　吸收塔最小液气比

2.3.1.3 化学吸收

(1) 化学反应原理

伴有化学反应的吸收称为化学吸收（chemisorption，die Chemische Absorption），工业吸收操作多数为化学吸收，从理论上说可以分为以下五个连续步骤：

① 溶质 A 从气流主体通过气膜到达界面的扩散，这一步扩散机理与物理吸收并无区别，气相吸收系数并不受影响。

② 溶质 A 在液膜中的扩散。

③ 溶剂中反应组分 B 在液膜中的扩散。

④ 组分 A 和 B 在反应区发生化学反应。

⑤ 反应产物从反应区到液相主体的扩散。

在化学吸收中由于吸收质在液相中与反应组分发生了化学反应，降低了液相中纯吸收质含量，吸收过程中的推动力增大，吸收系数相应增大，气、液有效接触面积增大，反应速率提高；另一方面，由于溶液表面被吸收组分的平衡分压降低，增大了吸收剂吸收气体的能力，使出塔气体中吸收质含量进一步降低，达到使气体进一步净化的目的。

在化学吸收中，化学反应有多种，分别为无化学反应、缓慢反应、快速反应和瞬时反应，如图 2-29 所示，(a)、(b)、(c)、(d) 各图的纵坐标表示液相内 A 的浓度与 B 的浓度，过 O 点的垂直线代表气液界面，横坐标表示液相内各点距相界面的距离，z_1 为液膜的厚度。

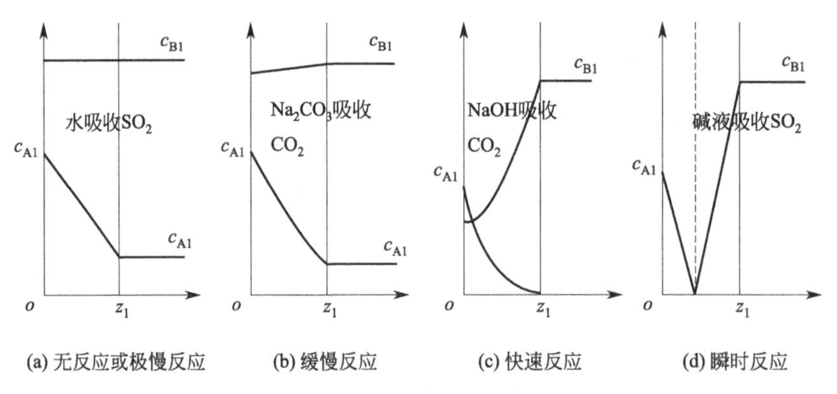

图 2-29 两分子反应中相界面附近液相内 A 和 B 的浓度分布

(2) 化学吸收的气液平衡

气体溶于液体中，若发生化学反应，则被吸收组分的气液平衡关系既应服从相平衡关系，又应服从化学平衡关系。溶于液相的溶质量 c_A 为气相浓度物理平衡时的溶质量 $[A]_{平}$ 和化学反应消耗量 $[A]_{反}$ 之和，即

$$c_A=[A]_{平}+[A]_{反} \tag{2-96}$$

1）被吸收组分与溶剂的相互作用（水吸收氨） 被吸收气体组分与吸收剂相互作用的化学反应式可写为

$$\begin{array}{c}A(g)\\ \Updownarrow \\ A(t)+B \xrightleftharpoons{k} M(l)\end{array} \tag{2-97}$$

根据亨利定律：$[A]=H_A p_A^*$。则被吸收组分 A 进入液相后的溶解度 c_A 为

$$c_A=[A]+[M] \tag{2-98}$$

其化学平衡常数：

$$K=[M]/([A][B]) \tag{2-99}$$

得到：

$$p_A^*=\frac{c_A}{H_A(1+K[B])} \tag{2-100}$$

2）被吸收组分在溶液中离解（水吸收 CO_2 或 SO_2） 设反应产物的离解反应式为

$$\begin{array}{c} A(g) \\ \Updownarrow \\ A(l)+B \overset{k}{\rightleftharpoons} M \overset{k_1}{\rightleftharpoons} K^+ + A^- \end{array} \tag{2-101}$$

吸收平衡时，离解常数为

$$k_1=\frac{[K^+][A^-]}{[M]} \tag{2-102}$$

当溶液中无相同离子存在时，$[K^+]=[A^-]$，于是有：

$$k_1=\frac{[A^-]^2}{[M]}$$

可得

$$[A^-]=\sqrt{k_1[M]} \tag{2-103}$$

被吸收组分 A 在溶液中的总浓度为物理溶解量与离解溶解量之和，即

$$c_A=[A]+[M]+[A^-]=[A]+[M]+\sqrt{k_1[M]} \tag{2-104}$$

解得

$$[A]=\frac{(2c_A+k_A)-\sqrt{k_A(4c_A+k_A)}}{2(1+k_{[B]})} \tag{2-105}$$

式中

$$k_A=\frac{k_1 k_{[B]}}{1+k_{[B]}} \tag{2-106}$$

将式(2-105) 代入亨利定律式，则

$$P_A^*=\frac{1}{2(1+k_{[B]})H_A}\left[(2c_A+k_A)-\sqrt{k_A(4c_A+k_A)}\right] \tag{2-107}$$

结论：相平衡方程式与气相组分 A 在吸收液中的总浓度 c_A 为非线性关系。

3）吸收质与溶剂中活性组分反应［如 $Ca(OH)_2$ 溶液吸收 SO_2］

$$\begin{array}{c} A(g) \\ \Updownarrow \\ A(l)+B(l) \longrightarrow M(l) \end{array} \tag{2-108}$$

$$k=\frac{[M]}{[A][B]}=\frac{c_B^0 R}{[A]c_B^0(1-R)}=\frac{R}{[A](1-R)} \tag{2-109}$$

由亨利定律 $[A]=H_A P_A^*$，得

$$P_A^*=\frac{R}{H_A k(1-R)}=\frac{H_A k P_A^*}{1+H_A k P_A^*} \tag{2-110}$$

式中，R 为平衡转化率。

若物理溶解量可忽略不计，则由上两式可得：

$$C_A = [A]物理平衡 + [A]化学消耗 \tag{2-111}$$

式中，[A] 物理平衡=0。

溶液的吸收能力 $C_A = [M]$。

$$C_A = [M] = C_B^0 R = C_B^0 \frac{H_A k P_A^*}{1 + H_A k P_A^*} \tag{2-112}$$

结论：溶液的吸收能力 C_A 随着 P_A^* 增大而增大，C_A 随 k 增大而增大。溶液的吸收能力还受活性组分起始浓度 C_B^0 的限制，$C_A \leqslant C_B^0$（只能趋近于而不能超过）。

2.3.1.4 吸收剂的选择

首先应结合污染物种类、排放标准、成本、副产品处理难易程度等选择吸收剂，如碱性气体（氨→硫酸、硝酸/水）；酸性气体 [SO_2→H_2O/$CaCO_3$/$Ca(OH)_2$/NaOH；HCl→H_2O/$Ca(OH)_2$]；有机物（有机酸→NaOH；硫醇→次氯酸钠）。

综合而言，吸收剂应大致具备以下特点：

① 吸收容量大，即单位体积吸收剂吸收的有害气体多，而对其他组分尽量少。

② 具有高的选择性，吸收有害气体的能力高。

③ 饱和蒸气压要低，可减少吸收剂的损耗。

④ 沸点要适宜，特别是在需要采用蒸馏法除去吸收剂中积累的杂质时，过高的沸点将给蒸馏带来困难。

⑤ 黏度小，热稳定性高，腐蚀性小，无毒，难燃，价格便宜，来源容易。

2.3.1.5 吸收设备

液体吸收过程是在塔器内进行的。为了强化吸收过程，降低设备的投资和运行费用，要求吸收设备应满足以下基本要求：气液之间应有较大的接触面积和一定的接触时间；气液之间扰动强烈、吸收阻力低、吸收效率高，气流通过时的压力损失小，操作稳定；结构简单，制作维修方便，造价低廉；具有相应的抗腐蚀和防堵塞能力。常用的吸收装置有填料塔湍流塔、板式塔喷洒塔和文丘里吸收器等。下面着重介绍填料塔和板式塔。

(1) 填料塔

一般填料吸收塔的结构如图 2-30(a) 所示。塔体由若干节圆筒连接而成，塔体根据被处理的物料性质可由碳钢（或衬耐腐蚀材料）、陶瓷、塑料、玻璃制成。在塔体内充填一定高度的填料，在填料下方装有填料支承栅板，填料上方为填料压网，当填料层高度过高时可分成几段填充，两段之间装有液体再分布装置，填料塔一般按气液逆流操作，混合气体由塔底气体入口进入塔体、自下而上穿过填料层，最后从塔顶气体出口排出。吸收剂由塔顶通过液体分布器，均匀地喷淋到填料层中沿着填料层表面向下流动，直至塔底由管口排出塔外。由于上升气流和下降吸收剂在填料层中不断接触，所以上升气流中溶质的浓度越来越低，到塔顶时达到吸收要求排出塔外。相反，下降液体中的溶质浓度越来越高，到塔底时达到工艺条件要求排出塔外。塔内气液相浓度沿塔高连续变化，所以称微分接触式设备。

填料塔的特点：a. 适用于气膜控制；b. 易发生壁流问题；c. 吸收效率高；d. 压力损失小；e. 处理气量小。

(2) 板式塔

板式塔通常是一个呈圆柱形的壳体，其中按一定间距水平设置若干塔板，如图 2-30(b)所示。液体在重力作用下自上而下横向通过各层塔板后由塔底排出，气体在压差推动下，经塔板上的开孔由下而上穿过各层塔板后由塔顶排出。每块塔板上皆贮有一定的液体，气体穿过板上液层时，两相进行接触传质。在总体上两相是逆流流动，而在每一块塔板上两相呈均匀错流接触，塔内气液相浓度沿塔高呈阶梯式变化，所以称逐级接触式设备。

板式塔的特点：a. 适用于液膜控制；b. 塔板分为有降液管、无降液管两类；c. 结构简单，有筛板；d. 处理气量大；e. 压力损失大；f. 操作弹性小。

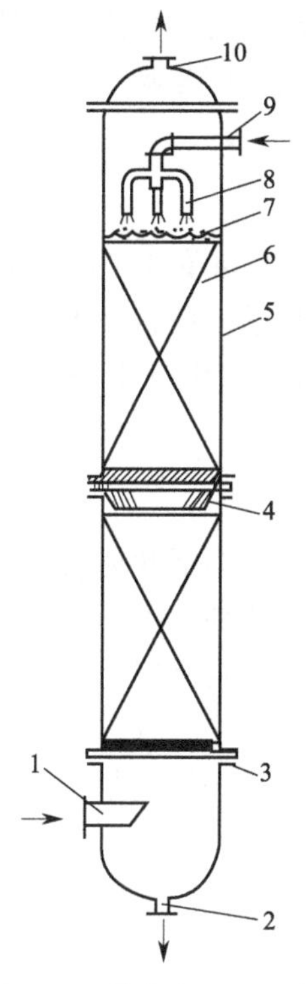

1—气体入口；2—液体出口；3—支承栅板；
4—液体再分布器；5—塔壳；6—填料；7—填料压网；
8—液体再分布装置；9—液体入口；10—气体出口

(a) 填料塔

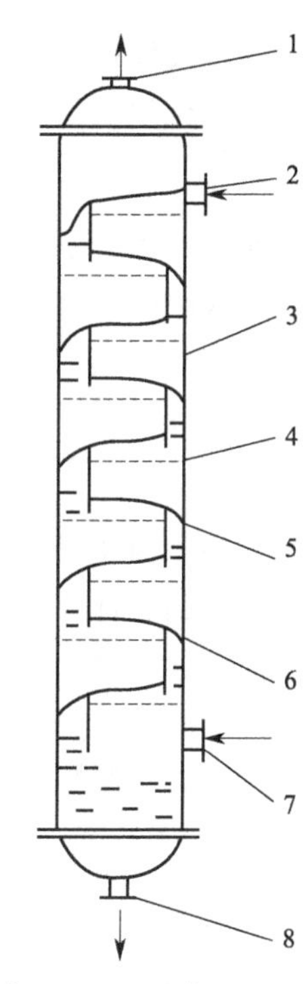

1—气体出口；2—液体入口；3—塔壳；
4—塔板；5—降液管；6—出口溢流堰；
7—气体入口；8—液体出口

(b) 板式塔

图 2-30 填料塔与板式塔结构简图

2.3.1.6 吸收工艺应注意的问题

① 吸收液的处理：吸收操作是将排气中的气态污染物转移到液态吸收剂中，对吸收液要做适当的处置，一是要回收流失物，二是防止对环境造成二次污染。

② 高温烟气预处理：由于吸收操作在低温下进行传质较好，因此，对高温烟气要进行预先冷却。

2.3.2 吸附净化

吸附操作是利用某些多孔性固体具有从流体混合物中有选择性地吸收某些组分的能力，

来从气相中或者液相混合物中吸收某种组分进行分离的操作，称为吸附法。吸附净化法适用于浓度低、毒性大的有害气体的净化，但处理的气体量不宜过大，同时对有机溶剂蒸气具有较高的净化效率，当处理的气体量较小时，吸附法较方便，可灵活运用（如应用防毒面具等）。吸附分离过程广泛地应用在化工、冶金、石油、食品、轻工等领域，其中在环境保护的各个领域逐渐成为一个重要的过程。一般而言，吸附净化法的优点为：a. 净化效率高；b. 可回收有用组分；c. 设备简单；d. 易实现自动化控制。缺点为吸附容量小、设备体积大。

2.3.2.1 吸附过程

当流体混合物与多孔性固体接触时，在固体表面浓集吸附的组分称为吸附质。吸附质从气相中被吸附到固体表面称为气体吸附。吸附现象根据吸附剂表面与吸附质之间的作用力不同可分为物理吸附和化学吸附。

（1）物理吸附

物理吸附的作用力为分子间力（范德华力）。吸附层厚度多为单分子层，随压力增大变为多分子层。物理吸附的特征为：吸附质与吸附剂间不发生化学反应；吸附过程极快，常常瞬时即达平衡；为放热反应，且吸附与解吸速率受温度影响小（温度上升，不利于吸附）；几乎无选择性，且很容易脱吸，通常可逆（易发生解吸）。

（2）化学吸附

化学吸附的作用力为化学键力，需要一定的活化能，故又称为活化能吸附。吸附层厚度多为单层。化学吸附的特征为：发生化学反应；具有很强的选择性，且不易解吸，通常不可逆；吸附速率较慢，达到吸附平衡需相当长时间；为吸热反应，且吸附与脱附速率随温度升高明显加快。

需要注意的是，物理吸附与化学吸附可同时发生，但常以某一类吸附为主。

2.3.2.2 吸附剂

（1）常用吸附剂

工业用吸附剂应具备以下条件，包括比表面积大、良好的选择性、较高的机械强度、良好的化学和热稳定性，同时来源广泛、造价低廉，具有良好的再生性能。常用吸附剂如下：

① 活性炭：用于疏水性物质、有机蒸气、恶臭物质、SO_2、NO_x 等的净化。优点是性能稳定，抗腐蚀；缺点为具有可燃性，因此使用温度不能超过200℃。

② 活性氧化铝：用于气体氧化、含氟废气净化（对水有强吸附能力）等。

③ 硅胶：具有亲水性，吸附水分量可达硅胶自身质量的50%，而难于吸附非极性物质。常用于干燥含湿量较高的气体、烃类物质回收等。

④ 沸石分子筛（zeolite molecular sieve，Zeolite molekulares Sieb）：对极性分子、不饱和有机物具有选择吸附能力。

⑤ 吸附树脂：最初为酚醛类缩合高聚物，后出现一系列的交联共聚物，如聚苯乙烯能用于废水处理、维生素的分离及双氧水的精制等。

（2）吸附剂再生方法

吸附剂饱和后，需要对吸附剂进行再生，再生途径有加热解吸、降压或真空解吸、溶液萃取和置换等。再生时解吸剂流动方向与吸附时废气流向相反，即采用逆流吹。

① 加热解吸再生。该法通过升高吸附剂温度，使吸附物脱附，吸附剂得到再生。几乎各种吸附剂都可用热再生法恢复吸附能力。不同的吸附过程需要不同的温度，吸附作用越强，脱附时需加热的温度越高。

② 降压或真空解吸。吸附过程与气相的压力有关，压力高时，吸附进行得快；当压力降低时，解吸占优势。因此，通过降低操作压力可使吸附剂得到再生，例如，若吸附在较高压力下进行，把压力降低可使被吸附的物质脱离吸附剂进行解吸；若吸附在常压下进行，可采用抽真空方法进行解吸。

③ 溶剂萃取。选择合适的溶剂，使吸附质在该溶剂中的溶解性能远大于吸附剂对吸附质的吸附作用，将吸附物溶解下来的方法。例如，活性炭吸附 SO_2 后，用水洗涤，再进行适当的干燥便可恢复吸附能力。

④ 置换再生。该法是选择合适的气体（脱附剂），将吸附质置换与吹脱出来。这种再生方法需加一道工序，即脱附剂的再脱附，以使吸附剂恢复吸附能力。脱附剂与吸附质的被吸附性能越接近，则脱附剂用量越省。若脱附剂被吸附程度比吸附质强时，属置换再生，否则，吹脱与置换作用都有。该法较适用于对温度敏感的物质。

实际生产中，上述几种再生方法可以单独使用，也可几种方法同时使用。如活性炭吸附有机蒸气后，可用通入高温蒸气再生，也可用加热和抽真空的方法再生；沸石分子筛吸附水分后，可用加热吹氮气的办法再生。

2.3.2.3 吸附理论

(1) 吸附平衡

所谓吸附平衡，即吸附速率等于解吸速率，此时吸附量达到极限值。

平衡吸附量：吸附剂对吸附质的极限吸附量，亦称静吸附量分数或静活性分数，用 X_T 或 m（吸附质）/m（吸附量）表示，平衡吸附量受气体压力和温度的影响。吸附达平衡时，吸附质在气、固两相中的浓度间有一定的函数关系，一般用等温吸附线表示，可归纳为 6 种基本类型，见图 2-31。

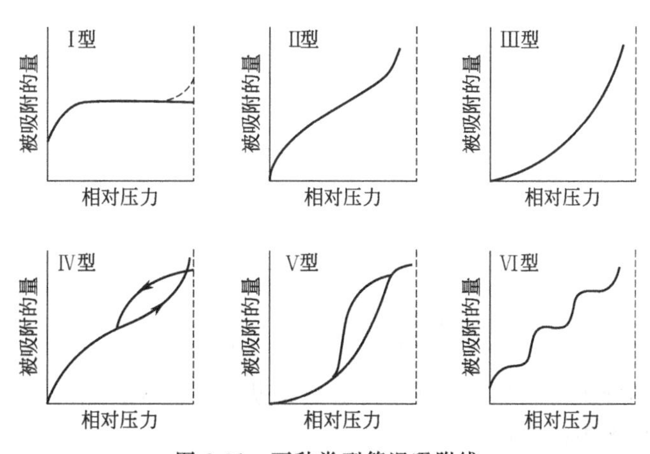

图 2-31　不种类型等温吸附线

Ⅰ型等温吸附线具有在低压下组分吸附量随组分压力的增加迅速增加，当组分压力增加到某一值后，吸附量随压力变化的增量变得很小的特点。一般认为这类曲线是单分子层吸附的特征曲线，也有的认为它是微孔充填的特征。

Ⅱ型等温线是组分在无孔或有中间孔的粉末上吸附测得的，它代表了在多相基质上不受限制的多层吸附。

Ⅲ型表示的是吸附剂与吸附质间相互作用较弱的情况。

Ⅳ型曲线具有明显的滞后回线，一般解释为吸附中的毛细管现象，使凝聚的气体分子不易蒸发所致。

Ⅴ型等温线与Ⅳ型相似，是吸附质与吸附剂间相互作用较弱的情况。

Ⅵ型曲线是由均匀基质上惰性气体分子分阶段多层吸附而引起的。

(2) 等温吸附方程

① 弗罗因德利希（Freundlich）方程（Ⅰ型等温线中压部分）

$$X_T = KP^{\frac{1}{n}} \tag{2-113}$$

式中，X_T 为吸附质质量与吸附剂质量之比值，量纲为 1；P 为被吸附组分在气相中的平衡分压，Pa；n，K 为经验常数，由实验确定。

判别依据：$1/n$ 介于 0.1～0.5 之间时，吸附容易进行；$1/n>2$ 时，吸附难进行。

适用范围：在广泛的中压部分，与实际数据符合较好，常用于低浓度气体的吸附。

② 朗缪尔（Langmuir）方程（Ⅰ型等温线）

假设：a. 只能进行单分子层吸附；b. 固体表面各处的吸附热相等，吸附能力均匀；c. 吸附质分子之间不存在相互作用。

设吸附质对吸附表面的覆盖率为 θ，则未覆盖率为 $(1-\theta)$；若气相分压为 P，则吸附速率为 $k_1P(1-\theta)$，解吸速率为 $k_2\theta$，当吸附达平衡时：

$$k_1P(1-\theta)=k_2\theta$$

可得

$$\theta=\frac{k_1P}{k_2+k_1P} \tag{2-114}$$

令 $B=k_1/k_2$，则

$$\theta=\frac{BP}{1+BP}$$

$$X_T=A\theta=\frac{ABP}{1+BP} \tag{2-115}$$

式中，A 为饱和吸附量；B 为常数。

当压力 P 很小时 $BP \ll 1$，则 $X_T=ABP$；当压力 P 很大时 $BP \gg 1$，则 $X_T=A$，吸附量与气体压力无关，吸附达到饱和；当压力 P 为中等时，与 Freundlich 吸附等温式相同。

$$X_T=AP^{\theta} \tag{2-116}$$

若 $\theta=V/V_m$，则

$$\frac{V}{V_m}=\frac{BP}{1+BP} \quad 或 \quad \frac{P}{V}=\frac{1}{BV_m}+\frac{P}{V_m} \tag{2-117}$$

式中，V 为气体分压为 P 时被吸附气体在标准状态下的体积；V_m 为吸附剂盖满一层时被吸附气体在标准状态下的体积。

说明：P/V 对 P 作图，得一直线；由斜率 $1/V_m$ 和截距 $1/(BV_m)$，可算出 B 与 V_m。

应用范围：是目前常用的基本等温吸附方程式，但 θ 较大时，吻合性较差。

③ BET 方程（Ⅰ、Ⅱ、Ⅲ型等温线，多分子层吸附理论）

$$V=\frac{V_m CP}{(P_0-P)[1+(C-1)P/P_0]} \tag{2-118}$$

$$X_T=\frac{X_e CP}{(P_0-P)[1+(C-1)P/P_0]} \tag{2-119}$$

式中，P_0 为在对应温度下该气体的液相饱和蒸气压，Pa；C 为与吸附热有关的常数；X_e 为饱和吸附量分数，量纲为 1。

上式亦写为$\frac{P}{V(P_0-P)}=\frac{1}{V_m C}+\frac{(C-1)P}{V_m CP_0}$　或　$\frac{P}{X_T(P_0-P)}=\frac{1}{X_e C}+\frac{(C-1)P}{X_e CP_0}$

说明：$\frac{P}{V(P_0-P)}\propto P/P_0$　或　$\frac{P}{X_T(P_0-P)}\propto P/P_0$，作图，得一直线。

适用范围：$P/P_0=0.05\sim0.35$ 时方程较准确。

上述公式的重要用途是测定和计算固体吸附剂的比表面积，若由斜率和截距求得 V_m，则吸附剂的比表面积为

$$S_b=\frac{V_m N_0}{22400}\times\frac{\sigma}{W} \tag{2-120}$$

式中，S_b 为吸附剂比表面积，m^2/g；σ 为一个吸附质分子的截面积，m^2；W 为吸附剂质量；N_0 为阿伏伽德罗常数。

(3) 吸附量和吸附速率

吸附量是指在一定条件下单位质量吸附剂上所吸附吸附质的量，通常以 kg/kg（吸附质/吸附剂）或质量分数表示，它是吸附剂所具吸附能力的标志。在工业上将吸附量称为吸附剂的活性。吸附剂的活性有两种表示方法。

① 吸附剂的静活性。在一定条件下，达到平衡时吸附剂的平衡吸附量即为静活性。对一定的吸附体系，静活性只取决于吸附温度和吸附质的浓度或分压。

② 吸附剂的动活性。在一定的操作条件下，将气体混合物通过吸附床层，吸附质被吸附，当吸附一段时间后，从吸附剂层流出的气体中开始发现吸附质（或其浓度达到一规定的允许值时)，认为床层失效，此时吸附剂上吸附质的吸附量称为吸附剂的动活性。动活性除与温度、浓度有关外，还与操作条件有关。吸附剂的动活性值是吸附系统设计的主要依据。

吸附速率即单位质量的吸附剂（或单位体积的吸附层）在单位时间内所吸附的物质量。

$$N_A=K_a(Y-Y^*) \tag{2-121}$$

式中，N_A 为 A 组分吸附速率，kg/h；K_a 为流体相与吸附相传质总系数，$kg/(m^2\cdot h)$，可通过经验公式 $K_a=1.6[Du^{0.54}/\nu^{0.54}d^{1.46})]$ 计算（D 为扩散系数，m^2/s；u 为气体流速，m/s；ν 为气体运动黏度，m^2/s；d 为吸附剂颗粒直径，m)；A 为吸附剂颗粒的外表面积，m^2；Y 为吸附质在流体主体中的浓度，kg/kg（吸附质/流体)；Y^* 为达到平衡时，与吸附量平衡的气相浓度，kg/kg（吸附质/流体)。

2.3.2.4 吸附设备与工艺

按照吸附剂在吸附器中的工作状态，吸附设备可分为固定床吸附器、移动床吸附器及流化床吸附器，划分吸附器类型的主要依据是气体通过吸附器的速度，即穿床速度。

穿床速度<吸附剂的悬浮速度，吸附剂颗粒基本处于静止状态，属于固定床；穿床速度=吸附剂的悬浮速度，吸附剂颗粒基本处于上下沸腾状态，属于流化床；穿床速度>吸附剂的悬浮速度，吸附剂颗粒被气体输送出吸附器，属于移动床。

(1) 固定床吸附器（适合间歇性的污染源）

在气体净化中最常用的是将两个以上固定床组成一个半连续式吸附流程。如图 2-32 所示，受污染的气体通过床层，当达到饱和时就切换到另一个吸附器进行吸附，达到饱和的吸附床则进行再生、干燥和冷却，重新使用。

优点：设备结构简单，吸附剂磨损小。

缺点：a. 间歇操作，半连续性；b. 处理气体流量小；c. 设备庞大，生产强度低；d. 吸附剂导热性差。

(2) 移动床吸附器

移动床吸附器工艺流程见图 2-33，控制吸附剂在床层中的移动速度，使净化后的气体达标排放。吸附气态污染物后的吸附剂，送入脱附器中进行脱附，脱附后的吸附剂再返回吸附器循环使用。该流程特点：吸附剂经历了冷却、降温、吸附、再生等阶段，在同一设备内完成了吸附和脱附（再生）过程，同时吸附剂循环使用。移动床吸附过程连续，多用于处理稳定、大气量的废气，处理气量大；吸附剂磨损严重，动力和热量消耗大。

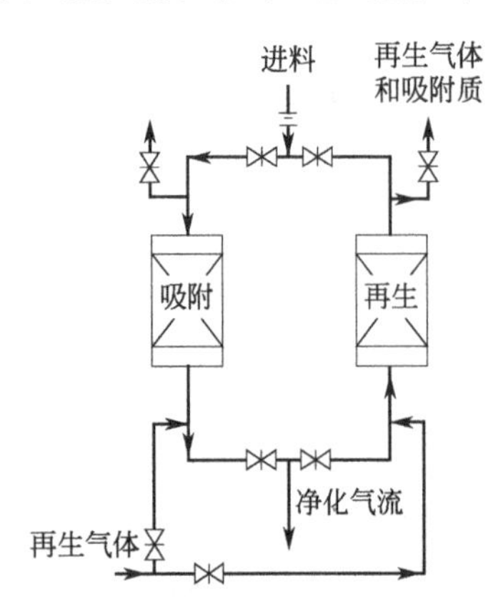

图 2-32 固定床吸附工艺流程图

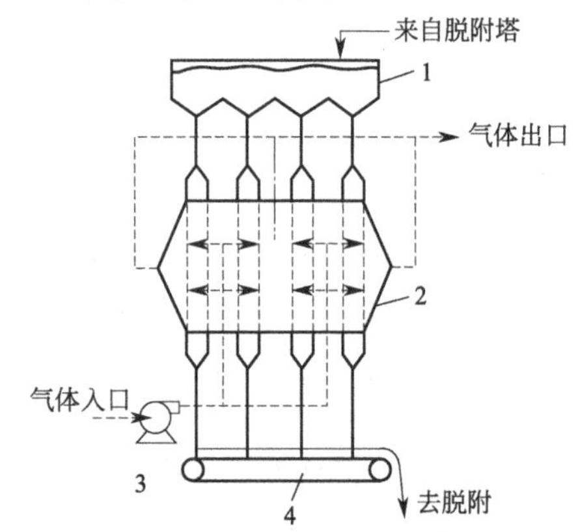

图 2-33 移动床吸附工艺流程图

1—料斗；2—吸附器；3—风机；4—传送带

(3) 流化床吸附器

吸附剂在多层流化床吸附器中借助于被净化气体的较大气流速度悬浮在吸附器中，称流态化状态，其工艺流程图见图 2-34。该流程特点：气速是固定床的 3～4 倍；传热传质速率快，操作稳定；连续性，大气量；吸附剂磨损严重，出口需除尘（出口有吸附剂的粉末）。

(4) 吸附工艺的流程要求

吸附流程需满足以下要求：

① 除雾：活性炭要求气体相对湿度＜50％，分子筛更低。

② 除尘：预防堵塞，减少压力损失。

③ 预处理（污染物浓度过高时）：冷凝、吸收（先除去一部分污染物，再进行吸附净化，否则吸附剂很快饱和）。

2.3.2.5 吸附器的设计计算

(1) 吸附过程

吸附过程可分为以下几步：

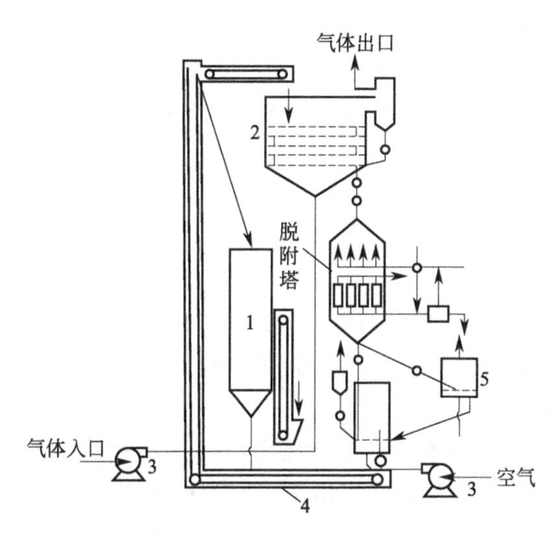

图 2-34　连续式流化床吸附工艺流程图

1—料斗；2—多层流化床吸附器；3—风机；4—皮带传送机；5—再生塔

① 外扩散（气膜扩散）：吸附质从气流主体穿过颗粒周围气膜扩散至外表面。

② 内扩散（微孔扩散）：吸附质由外表面经微孔扩散至吸附剂微孔表面。

③ 吸附：到达吸附剂微孔表面的吸附质被吸附。

(2) 吸附负荷曲线

气相中的吸附质沿床层不同高度的浓度变化曲线，或在一定温度下吸附剂吸附的吸附质沿床层不同高度的浓度变化曲线称为吸附负荷曲线，见图 2-35。

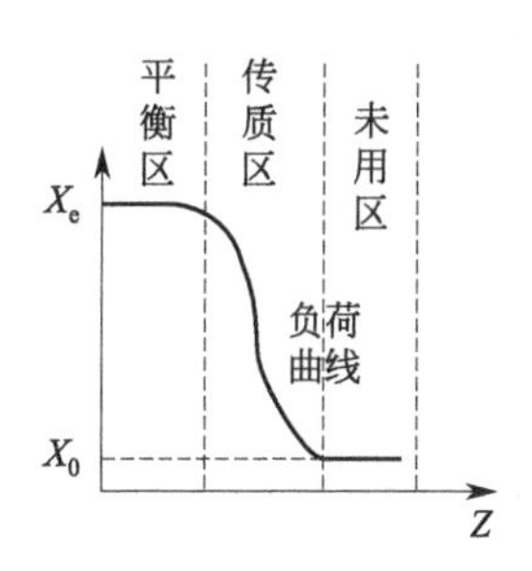

图 2-35　吸附负荷曲线

横轴 Z—吸附剂床层高度；纵轴 X—吸附剂的吸附负荷；X_0—吸附剂原始吸附质负荷；X_e—吸附剂达到饱和时的负荷

(3) 穿透曲线

吸附床处理气体量与出口气体中污染物浓度之间的关系曲线称为穿透曲线，见图 2-36。

$$Y_E \neq Y_0, Y_E = 0.9Y_0;$$

$$Y_b \neq 0, Y_B = 0.001Y_0 \sim 0.01Y_0$$

其中，下标 b，E 为穿透、饱和时参数；Y 为吸附质/载气，出口气体中污染物浓度。

(4) 希洛夫方程

假设：吸附速率无穷大，即吸附质进入吸附层就被吸附；穿透时全部处于饱和状态，其动活性等于静活性，即饱和度为 1。

根据静活性定义：

$$X_T=\frac{G_S\tau'_b AY_0}{Z_A\rho_b}=\frac{\nu A\tau'_b c_0}{Z_A\rho_b} \tag{2-122}$$

$$\tau'_b=\frac{X_T\rho_b}{G_S Y_0}Z=\frac{X_T\rho_b}{\nu c_0}Z=KZ \tag{2-123}$$

式中，G_S 为载气通过床层的流率，kg/(m^2·s)；A 为吸附剂床层截面积，m^2；ν 为气体通过床层的速率，m/s；τ'_b 为穿透时间（保护作用时间）；X_T 为与 c_0 达吸附平衡时吸附剂的平衡吸附量，即为静活性，kg/kg（溶质/吸附剂）；Z_A 为对应截面积 A 的吸附床层厚度，m；Z 为吸附床层长度，m。

对于一定的吸附系统和操作条件，K 为常数。理想透过时间与吸附层长度 Z 呈直线关系（图 2-37）。因此只要测得 K 值，即可由床层高度计算出透过时间，反之亦然。

实际吸附速率不可能无穷大，到达透过时间时床层内吸附剂不可能完全饱和，因此，在实际吸附过程中，穿透时间 $\tau_b \leqslant \tau'_b$，公式修正为

$$\tau_b=\tau'_b-\tau_0 \tag{2-124}$$

$$\tau_b=K(Z-Z_0) \tag{2-125}$$

式中，Z_0 为吸附剂中未被利用部分的长度，即死层；τ_0 为吸附操作的时间损失。Z_0 和 τ_0 均可由实验确定。

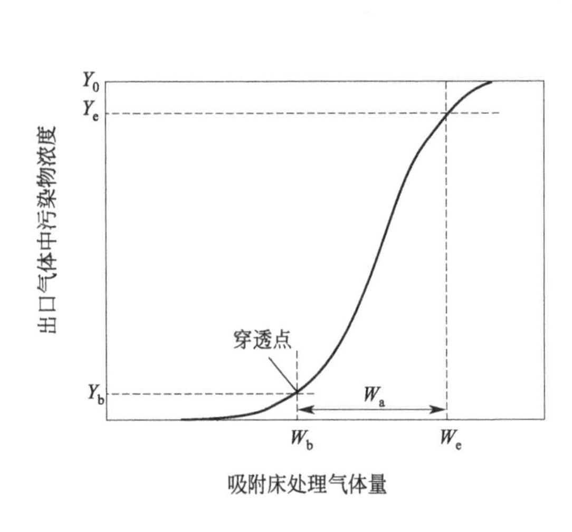

图 2-36　吸附穿透曲线

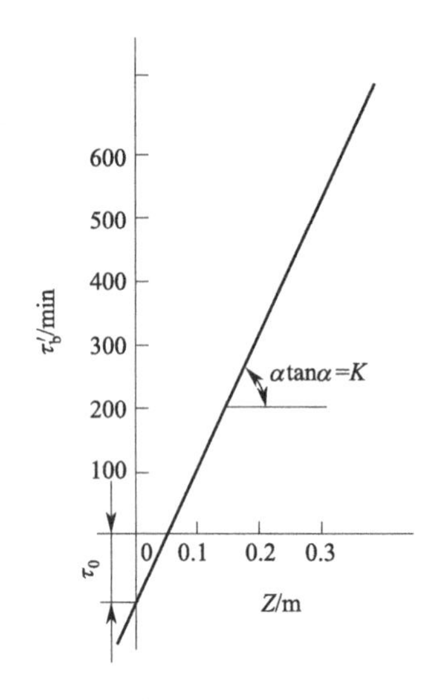

图 2-37　希洛夫线

2.3.3 催化净化

催化转化是指废气通过催化剂床层的催化反应，使其中的污染物转化为无害或易于处理和可回收利用物质的催化方法，可分为催化氧化和催化还原两类，其具有转化率高，浓度适应范围大，污染物与主气流不需要分离，避免了二次污染以及对污染物的选择性高等优点，但也具有催化剂贵、需预热、较高的特定反应速率等缺点。

常见催化净化的应用包括：工业尾气和烟气去除 SO_2、NO_x，将氮氧化物还原为 N_2；有机挥发性气体 VOCs 和臭气的催化燃烧净化；汽车尾气的催化转化等。

2.3.3.1 催化剂

催化剂是加速化学反应，而本身的化学组成在反应前后保持不变的物质。催化剂本身具有以下特征：不能改变反应转化率、不能改变自由能、不能改变化学反应达到的平衡状态、催化剂对可逆反应的正逆反应速率的影响相同。一般而言，催化剂有两种主要类型：含金属元素（如贵金属、碱金属）的催化剂和以化合物（如氧化物和硫化物等）为活性成分的催化剂。其存在状态可为气态、液态、固态（常用），形状则包括蜂窝状、板状、颗粒状、柱状等。

活性是衡量催化剂效能大小的标准，即单位体积（或质量）催化剂在一定条件下，单位时间内所获得的产品量：

$$A = W/(tW_e) \tag{2-126}$$

式中，A 为催化剂活性，kg/(h·g)；W 为产品质量，kg；t 为反应时间，h；W_e 为催化剂质量，g。

选择性（S_p）是衡量催化剂效能的另一项重要指标，其是指若化学反应在热力学上有几个反应方向时，一种催化剂在一定条件下只对其中的一个反应起加速作用的特征，表示为：

$$S_p = \frac{100 \times \text{反应所得目的产物的物质的量}}{\text{通过催化剂床层后反应的反应物的物质的量}} \tag{2-127}$$

活性与选择性：二者均可度量催化剂加速化学反应速率的效果，但反映问题的角度不同。活性是催化剂对提高产品产量的作用；选择性是表示催化剂对提高原料利用率的作用。

稳定性：是指催化剂在化学反应过程中保持活性的能力。包括：a. 热稳定性；b. 机械稳定性；c. 化学稳定性。

影响使用寿命的因素包括以下两项。

① 老化：催化剂在正常工作条件下逐渐失去活性的过程；活性组分的流失、高温烧结、积炭结焦、机械粉碎等。

② 中毒：反应物中少量的杂质使催化剂活性迅速下降的现象，分为暂时性中毒（可恢复）和永久性中毒。对大多数催化剂，毒物有 HCN、CO、H_2S、S、As、Pb。

2.3.3.2 催化净化的工艺

(1) 催化氧化法

在催化剂的作用下，废气中的有害物质能被氧化为无害物质或更易处理的其他物质的方法叫催化氧化法。例如 NO 在水中几乎不被吸收，而 NO_2 则易被水吸收，因此，在实际的工程应用中，常使用活性炭催化剂将 NO 转化为 NO_2，再通入吸收塔进行水吸收。

冶金和电力工业排出的 SO_2 气体，其浓度较低不能直接制酸，故多采用催化剂将 SO_2 催化成 SO_3，再进行水吸收，如图 2-38 所示，反应方程式如下：

$$SO_2 + \frac{1}{2}O_2 \xrightarrow{\text{钒催化剂}} SO_3 \tag{2-128}$$

$$SO_3 + H_2O \longrightarrow H_2SO_4 \tag{2-129}$$

(2) 催化还原法

在某些催化剂参加的反应中，可利用甲烷、氨、氢等还原性气体处理废气中的有害物

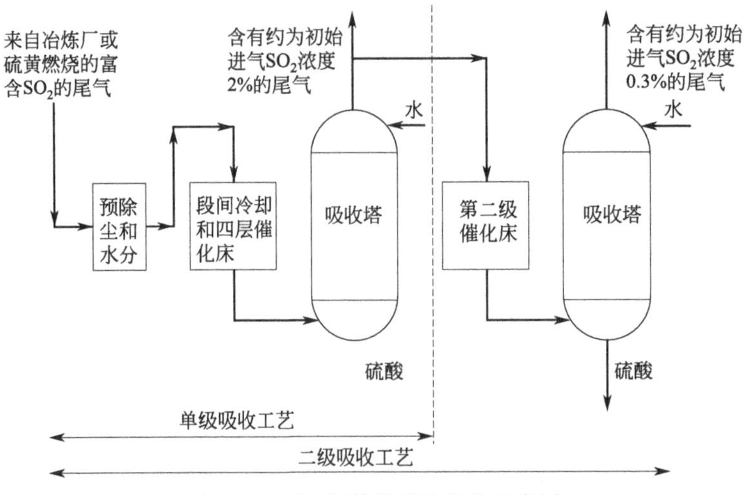

图 2-38 SO_2 气体的催化氧化示意图

质。下面以 NO_x 为例，运用不同的催化剂催化还原 NO_x 生成 N_2，其可分为选择性催化还原和非选择性催化还原。

1）选择性催化还原法　以 NH_3 为还原剂，在以硅胶为载体的氧化铜-氧化铬催化剂的作用下，将 NO_x 还原为 N_2，反应式如下：

$$8NH_3+6NO_2 \xrightarrow{\text{催化剂}} 7N_2+12H_2O \tag{2-130}$$

$$4NH_3+6NO \xrightarrow{\text{催化剂}} 5N_2+6H_2O \tag{2-131}$$

上述反应在 NH_3 和 NO_x 比例为 1.5∶1 时可很快完成。

2）非选择性催化还原法　该反应分两步进行：a. 脱色反应，就是将有色的 NO_2 还原为无色的 NO，同时伴随着燃烧，产生大量的热，当燃料充足时，可以将其中的氧气迅速燃烧掉；b. 脱除反应，即 NO 被完全还原成 N_2，这一步反应通常较慢。常用催化剂为 Pt 或者 Pd，常以 0.5%的 Pt 或 Pd 载于 Al_2O_3 载体上，下面以 CH_4 为还原剂为例，反应式如下：

$$CH_4+2NO_2 \xrightarrow{\text{Pt，400～500℃}} N_2+CO_2+2H_2O \tag{2-132}$$

$$CH_4+2O_2 \longrightarrow CO_2+2H_2O \tag{2-133}$$

在 O_2 基本消耗完之后，再与 NO 发生反应，即

$$CH_4+4NO \longrightarrow 2N_2+CO_2+2H_2O \tag{2-134}$$

2.3.4 生物净化

废气生物净化（waste gas biological purification，die biologische Reinigung von Abgasen）是指利用微生物的生命活动将废气中气态污染物转化为少害甚至无害物质的废气净化法，和其他治理方法相比，具有处理效果好、投资和运行费用低、设备简单、易于管理等优点。下面以处理挥发性有机化合物（VOCs）为例，具体描述生物净化 VOCs 的原理、工艺等。

生物法控制 VOCs 污染是近年发展起来的新型空气污染控制技术，该技术已在德国、荷兰得到规模化应用，有机物降解率大都在 90%以上，与常规处理法相比，生物法具有设备简单、运行费用低、较少形成二次污染等优点，尤其在处理低浓度、生物降解性好的气态

污染物时更显其经济性。

VOCs 生物净化过程的实质是附着在滤料介质中的微生物在适宜的条件下，利用废气中的有机成分作为碳源和能源，维持其生命活动，并将有机物分解为 CO_2、H_2O 的过程。气相主体中 VOCs 首先经历由气相到固/液相的传质过程，然后才在固/液相中被微生物降解。在废气生物处理过程中，根据系统中微生物的存在形式，可将生物处理工艺分成悬浮生长系统和附着生长系统。一般的工艺有生物过滤塔（附着生长系统）、生物滴滤塔（悬浮生长与附着生长共存）和生物洗涤塔（悬浮生长系统）。

(1) 生物过滤塔（附着生长系统）

VOCs 废气流经过加压预湿后，进入过滤塔与滤料层表面的生物膜接触，VOCs 从气相转移到生物膜中被膜内的微生物迅速降解和利用，转化为自身生物质、水、CO_2 和其他小分子物质，见图 2-39。生物过滤法适用于种类广泛的 VOCs 废气处理，如短链烃类、单环芳烃、氯代烃、醇、醛、酮、羧酸以及含硫与氮的有机物，其典型的应用领域包括印刷、喷涂行业、污水处理和畜禽养殖业等。

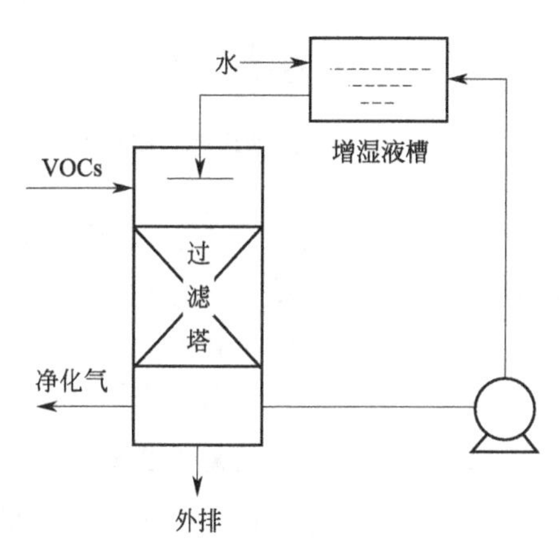

图 2-39 生物过滤塔流程示意图

过滤塔可由以下几种不同材质组成。

1）土壤滤池（土壤床） 气体分配层下层由粗石子、细石子或轻质陶粒骨料组成，上部由沙或细粒骨料组成，总厚度为 400～500mm。土壤滤层可按黏土 1.2%、含有机质沃土 15.3%、细砂土 53.9%和粗砂 29.6%的比例混配，厚度一般为 0.5～1.0m。

影响因素：温度、湿度、pH 值及土壤中的营养成分。

优点：投资小、无二次污染、有较强的抗冲击能力。

缺点：占地面积大。目前正在研究多层土壤床。

应用：化工、制药和食品加工行业中废气处理及卫生填埋厂、动物饲养场和堆肥场等产生的废气的处理，处理废气中低浓度的氨、硫化氢、甲硫醇、二甲基硫、乙醛、三甲胺等。

2）堆肥滤池 堆肥滤池处理废气是将堆肥如畜粪、城市垃圾、污水处理厂的污泥等有机废物经好氧发酵、热处理后，盖在废气发生源上，使污染物分解而达到净化的目的。工作原理与土壤床基本相同，但在应用上有以下不同点：

① 土壤床的孔隙小渗透性差，在处理相同量废气时，土壤床占地面积较大。

② 土壤床对处理无机气体如 SO_2、NO_x、NH_3 和 H_2S 所形成的酸性有一定的中和能力，如果经石灰预处理，其中和能力更强。堆肥滤池不能用石灰处理，否则会变成致密床层，降低处理效果。

③ 堆肥滤池中的微生物较土壤中多，对废气去除率较高，且接触时间只有土壤床的 1/4～1/2，约 20s，适用于含易生物降解污染物、废气量大的场合。废气量不大的情况下，用土壤床较合适。

④ 堆肥滤池使用一定时间后，有结块的趋势，因此需周期性地进行搅动，防止结块。堆肥为疏水性，需防止干燥，否则再湿润比较困难。

⑤ 土壤床比堆肥滤池服务年限长。土壤床处理挥发性有机废气，使用时间几乎无限长

(使用年限取决于土壤的中和能力)。

3) 过滤塔生物降解膜　生物降解膜反应器是一种新型废气生物处理工艺装置，在中空纤维膜生物反应器中，纤维膜外表面生长一层薄薄的生物膜，悬浮液在纤维膜外表面循环，直接与生物膜接触，示意图见图 2-40。废气从生物反应器进气口分散进入各个纤维膜膜腔，依靠浓度梯度，气体分子通过膜壁传质至外层的活性生物膜后得以降解。

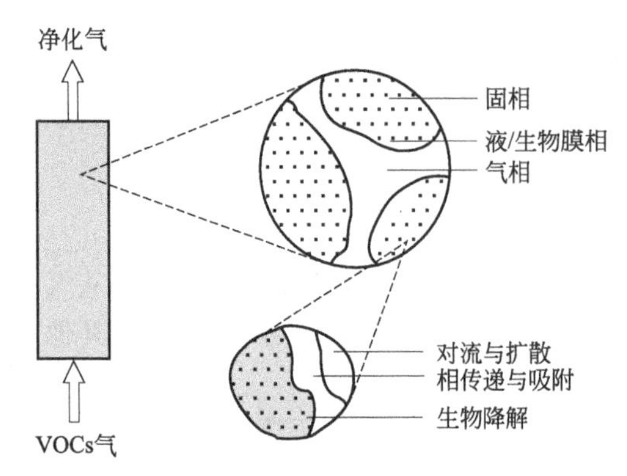

图 2-40　过滤塔生物降解膜

气体污染物通过膜进入液相。膜的存在阻止了微生物污染气相，可用于检测室内气体和人造航天舱中气体的处理，但生物膜反应器的构建和运行成本高。

(2) 生物滴滤塔 (悬浮生长与附着生长共存)

生物滴滤 (biotrickling filtration, die Filtration von Biotropfen) 是生物过滤工艺的改进，如图 2-41 所示，其床层填料多为惰性物质，与生物过滤相比，降低了气体通过床层的阻力，由于连续流动的液体通过填充层，使得反应条件（如 pH 值、营养物浓度）易于控制，单位体积填料的生物量高，更适合净化负荷较高的废气，同时克服了生物过滤不利于处理产酸废气的特点，可有效去除经生物降解产生酸性代谢产物的 VOCs 废气。

(3) 生物洗涤塔 (悬浮生长系统)

生物洗涤塔通常由一个装有填料的洗涤塔和一个具有活性污泥的生物反应器（活性污泥池）构成，示意图见图 2-42。洗涤器里的喷淋装置将循环液逆着气流喷洒，使废气中的污染物与填料表面的水接触，被水吸收而转入液相，从而实现质量传递过程。吸收了废气组分的洗涤液，流入活性污泥池中，通入空气充氧后再生，被吸收的气态污染物通过微生物氧化作用，被活性污泥悬浮液从液相中除去，生物洗涤塔工艺中的液相是流动的，这有利于控制反应条件，便于添加营养液、缓冲剂和更换液体，除去多余的产物。特点：充分接触、处理能力大和效果好。

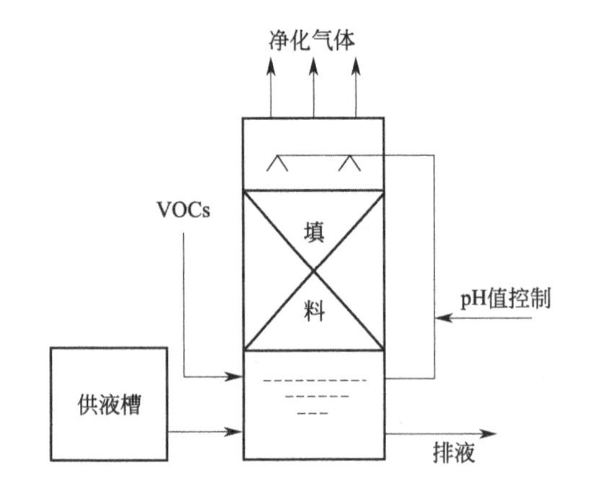

图 2-41　生物滴滤塔流程示意图

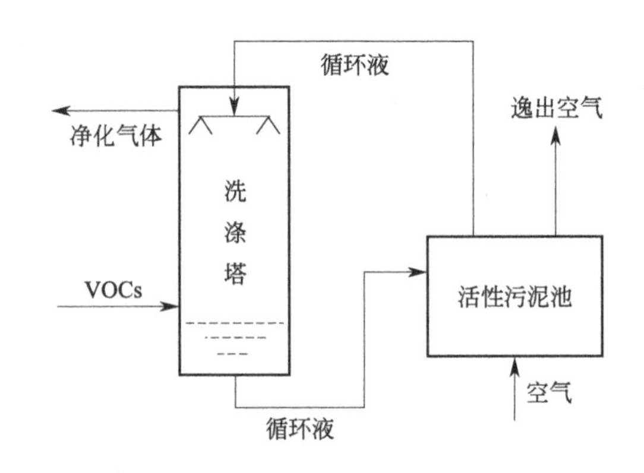

图 2-42　生物洗涤塔流程示意图

表 2-17 对三种生物处理工艺进行了对比。

表 2-17 三种生物处理工艺对比

工艺	系统类别	适用条件	运行特征	备注
生物洗涤塔	悬浮生长系统	气量小、浓度高、易溶、生物代谢速率较低的 VOCs	系统压降较大、菌种易随连续相流失	对较难溶气体可采用鼓泡塔、多孔板式塔等气液接触时间长的吸收设备
生物滴滤塔	附着生长与悬浮生长共存系统	气量大、浓度低、有机负荷较高以及降解过程中产酸的 VOCs	处理能力大、工况易调节，不易堵塞，但操作要求较高，不适合处理入口浓度高和气量波动大的 VOCs	菌种易随流动相流失
生物过滤塔	附着生长系统	气量大、浓度低的 VOCs	处理能力大，操作方便，工艺简单，能耗少，运行费用低，对混合型 VOCs 的去除率较高，具有较强的缓冲能力，无二次污染	菌种繁殖代谢快，不会随流动相流失，从而大大提高去除效率

2.3.5 燃烧

用燃烧方法将有害气体、蒸气、液体或烟尘转化为无害物质的过程称为燃烧净化，亦称焚烧法。采用完全燃烧法来处理大气污染物是比较有效的方法，为了达到完全燃烧，需要过量的氧气、足够的温度和高度的湍流，否则，由于不完全燃烧而形成的中间产物有时会比原来的化合物更为有害。目前常用的方法有直接燃烧（燃烧温度在 1100℃以上）、热力燃烧（燃烧温度为 720～825℃）和催化燃烧（燃烧温度在 300～450℃）。

2.3.5.1 直接燃烧

直接燃烧也称为直接火焰燃烧，它是把废气中可燃的有害组分当作燃料直接烧掉，因此这种方法只适用于净化可燃有害组分浓度较高的废气，或者是用于净化有害组分燃烧时热值较高的废气，因为只有燃烧时放出的热量能够补偿散向环境中的热量时，才能保持燃烧区的温度，维持燃烧。多种可燃气体或多种溶剂蒸气混合存在于废气中时，只要浓度值合适也可以直接燃烧。如果可燃组分的浓度高于燃烧上限，可以混入空气后燃烧；如果可燃组分的浓度低于燃烧下限则可以加入一定数量的辅助燃料，维持燃烧。直接燃烧包括：

（1）采用窑、炉等设备的直接燃烧

直接燃烧的设备可以采用一般的燃烧炉、窑，或通过一定装置将废气导入锅炉作为燃料气进行燃烧。直接火焰燃烧的温度一般需在 1100℃左右，燃烧完全的最终产物为 CO_2、H_2O 和 N_2。直接燃烧法不适于处理低浓度废气。

（2）火炬燃烧

在石油炼制厂及石油化工厂，火炬可作为产气装置及反应尾气装置开停工和事故处理时的安全措施，但由于物料平衡、生产管理和回收设备不完善等原因，常常将加工油气和燃料气体排放到火炬进行燃烧。火炬燃烧不仅产生了大量有害气体、烟尘及热辐射而危害环境，而且造成有用燃料气的大量损失，因此应尽量减少和预防火炬燃烧，具体方法：a. 设置低压石油气回收设施，对系统及装置放空的低压气尽量加以回收利用；b. 在工程设计上以及实际生产中搞好液化石油气和高压石油气管网的产需平衡；c. 提高装置及系统的平稳操作水平和健全管理制度；d. 采用燃烧效率高、能耗低的火炬燃烧器。

2.3.5.2 热力燃烧

(1) 热力燃烧过程

热力燃烧用于可燃有机物质含量较低的废气的净化处理。这类废气中可燃有机组分的含量往往很低，废气本身不能燃烧，而其中的可燃组分经过燃烧氧化，虽可放出热量，但热量很低，也不能维持燃烧。因此在热力燃烧中，被净化的废气不是作为燃烧所用的燃料，而是在含氧量足够时作为助燃气体，不含氧时则作为燃烧的对象。在进行热力燃烧时一般使用燃烧其他燃料的方法，把废气温度提高到热力燃烧所需的温度，使其中的气态污染物氧化，热力燃烧所需温度较直接燃烧低。

为使废气温度提高到有害组分分解温度，需用辅助燃料燃烧来供热。但辅助燃料不能直接与全部要净化处理的废气混合，那样会使混合气中可燃物的浓度低于燃烧下限，以致不能维持燃烧。如果废气是以空气为本底，即含有足够的氧，就可以用不到一半的废气来使辅助燃料燃烧，使燃气温度达到1370℃左右，用高温燃气与其余废气混合达到热力燃烧的温度。这部分用来助燃的废气叫助燃废气，其余部分废气叫旁通废气。若废气本底为惰性气体，即废气缺氧，不能起助燃作用，则需要用空气助燃，全部废气均作为旁通废气。

废气热力燃烧的过程（图2-43）可分为三个步骤：a. 辅助燃料燃烧，提供热量；b. 废气与高温燃气混合，达到反应温度；c. 在反应温度下，保证废气有足够的停留时间，使废气中可燃的有害组分氧化分解，达到净化排气的目的。

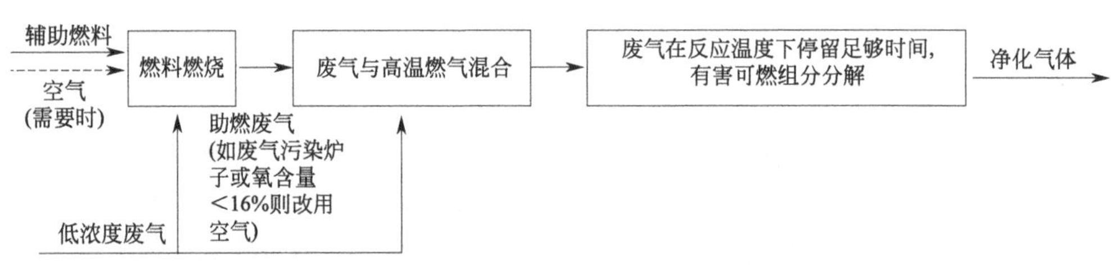

图2-43 废气热力燃烧过程

(2) 热力燃烧工艺

1）蓄热陶瓷　孔壁容量大、蓄热量大、占用空间小；孔壁光滑、背压小；使用寿命长、不易渣蚀、黏蚀和高温变形；产品质量规格高，安装时，蓄热体之间排放整齐，错位小；具有低热膨胀性、比热容大、比表面积大、压降小、热阻小、导热性能好、耐热冲击性好等特点。

2）蓄热式热力焚化炉　蓄热式热力焚化炉（regenerative thermal oxidizer，RTO），是一种高效有机废气治理设备。与传统的催化燃烧、直燃式热氧化炉（TO）相比，具有热效率高（≥95%），运行成本低，能处理大风量、低浓度废气等特点，浓度稍高时，还可进行二次余热回收，大大降低生产运营成本。

原理：把有机废气加热到760℃以上，使废气中的VOCs氧化分解成二氧化碳和水。氧化产生的高温气体流经特制的陶瓷蓄热体，使陶瓷体升温而“蓄热”，此“蓄热”用于预热后续进入的有机废气，从而节省废气升温的燃料消耗。

组成：陶瓷蓄热体分成两个及以上区室，每个室依次经历蓄热—放热—清扫等程序，周而复始，连续工作。蓄热室“放热”后应立即引入适量洁净空气对该蓄热室进行清扫（以保证 VOCs 去除率在 95%以上)。

适用废气：有机物低浓度、大风量；废气中含有多种有机成分或有机成分经常发生变化；含有容易使催化剂中毒或活性衰退成分的废气。不适用于含有较多硅树脂废气。

特点：很高的 VOCs 去除率，两床设备达 95%以上，三床设备及旋转式设备超过 99%；超低运行成本，当 VOCs 浓度达到一定浓度时，不需要额外的燃料消耗，如 VOCs 浓度更高，还可进行二次余热回收而大大降低生产成本；热效率高达 95%；生产设备几乎不产生 NO_x 等二次污染（燃烧室温度须控制在 800℃以下)；全自动控制，操作简易，维护方便。

2.3.5.3 催化燃烧

催化燃烧法与直接燃烧法和吸附法比较有许多优点：催化燃烧为无火焰燃烧，所以安全性好；燃烧温度要求低，大部分烃类和 CO 在 300～450℃之间即可完成反应，由于反应温度低，故辅助燃料消耗少；对可燃组分浓度和热值限制较小等。理论上，各种有机物都可以在高温（800℃以上）下完全氧化为 CO_2、水和其他组分的氧化物，但由于污染气体中有机组分含量低，而风量却很大，这不仅需要额外添加燃料，而且要在高温下处理，故不常用。吸附法虽然装置比较简单，容易操作，但由于吸附容量的限制，需要大量吸附剂；吸附和再生要进行切换，因此设备庞大、费用高。催化燃烧法是在催化剂作用下，用空气将有害物质转化为无害物质，可以在 150～350℃的低温下操作，不产生二次污染。故此，国外正在大力研究催化脱臭装置和脱臭催化剂，并进入实用阶段。同其他燃烧法相同，催化燃烧的最终产物为 CO_2 和 H_2O，无法回收废气中原有的有机组分，因此操作过程中的能耗大小以及热量回收的程度将决定催化燃烧法的应用价值。

对于低浓度臭气的处理，采用一般方法达不到目的，因此多采用催化燃烧法。发生恶臭的物质甚多，在已知的约 200 万种有机化合物中就有近 40 万种是有臭味的物质。其主要是：有机硫化物、氮化物、烃类、有机溶剂、醛类和脂肪酸类。它们多产生于化工厂、石油加工厂、鱼肉加工厂、制药厂、食品加工厂、制革厂及污水处理厂等。由于恶臭气体的种类很多，反应能力也不一样，所以为达到不同的目的，在一个流程中可以有一台、两台以至三台催化反应器串联工作，每台反应器中填装不同的催化剂。

(1) 工艺流程

针对排放废气的不同情况，可以采用不同形式的催化燃烧工艺，但不论采用何种工艺形式，其流程的组成具有如下共同的特点：

① 进入催化燃烧装置的气体首先要经过预处理，除去粉尘、液滴及有害组分，避免催化床层的堵塞和催化剂的中毒。

② 进入催化床层的气体温度必须要达到所用催化剂的起燃温度，催化反应才能进行，因此对于低于起燃温度的进气，必须进行预热使其达到起燃温度。特别是开车时，对冷进气必须进行预热，因此催化燃烧法最适于连续排气的净化，经开车时对进气预热后，即可利用燃烧尾气的热量预热进口气体。若废气为间歇排放，每次开车均需对进口冷气体进行预热，预热器的频繁启动，使能耗大大增加。气体的预热方式可以采用电加热也可以采用烟道气加热，目前应用较多的为电加热。

③ 催化燃烧反应放出大量的反应热，因此燃烧尾气温度很高，对这部分热量必须回收，一般是通过换热器将高温尾气与进口低温气体进行热量交换以减少预热能耗，剩余热量可采用

其他方式进行回收。在生产装置排出的有机废气温度较高的场合，如漆包线、绝缘材料等的烘干废气，温度可达300℃以上，可以不设置预热器和换热器，但燃烧尾气的热量仍应回收。

④ 进行催化燃烧的设备为催化燃烧炉，主要包括预热与燃烧部分。在预热部分，除设置加热装置外，还应保持一定长度的预热区，以使气体温度分布均匀并在使用燃料燃烧加热进口废气时，保证火焰不与催化剂接触。为防止热量损失，对预热段应予以保温。催化燃烧装置见图 2-44。

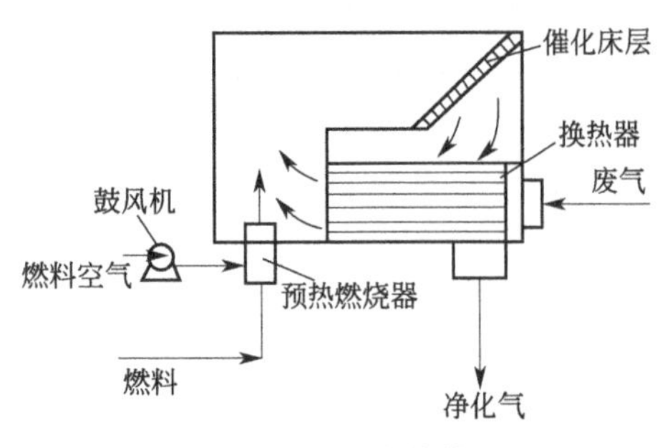

图 2-44 催化燃烧装置

(2) 蓄热式催化氧化炉

蓄热式催化氧化炉（regenerative catalytic oxidizer，RCO），有机废气经鼓风机进入氧化炉，由燃料氧化加热，升温至 250～300℃。在此温度下，废气里的有机成分在催化剂的作用下被氧化分解为二氧化碳和水，反应后的高温烟气进入特殊结构的陶瓷蓄热体，绝大部分（95%以上）的热量被蓄热体吸收，温度降至接近进口的温度后经烟筒排放。

通常情况下，蓄热催化氧化系统由三个蓄热室构成，废气在电脑程序的控制下，循环执行以下的操作流程：进入已蓄热的蓄热室，使废气得到预热，然后进入热氧化室，处理的废气经未蓄热的蓄热室放热后排放，一部分处理后的气体被引回到第三室，吹扫其中残留的未处理废气。在污染物去除效率要求不高的情况下，为节省资金，也可设计成两室结构。

特点：采用 RCO 工艺净化有机废气，可同时去除多种有机污染物，具有工艺流程简单、设备紧凑、运行可靠等优点；净化效率高，一般均可达 98%以上；具有运行费用低的优点，其热回收效率一般均可达 95%以上；整个过程无废水产生，净化过程不产生 NO_x 等二次污染；RCO 净化设备可与烘箱配套使用，净化后的气体可直接回用到烘箱加热设备，达到节能减排的目的。

适用范围：RCO 处理技术特别适用于热回收率需求高的场合；适用于同一生产线上，因产品不同，废气成分经常发生变化或废气浓度波动较大的场合。

应用行业包括：石油、化工、橡胶、涂料、家具、印制铁罐、印刷等行业中产生的中高浓度有机废气的净化处理。

应用物种包括：苯类、酮类、酯类、酚类、醛类、醇类、醚类和烃类等。此外，RCO 还适用于污水处理站的除臭；处理浓度在 500～7000mg/m^3 之间的有机废气或臭气。

2.3.6 冷凝法

冷凝（condensation，die Kondensation）是指物质从气相到液相的物理状态变化，是汽化的逆过程。对应于废气中有害物质饱和蒸气压下的温度，称为该混合气体的露点温度。也就是说在一定压力下，某气体物质开始冷凝出现第一个液滴时的温度，即为露点温度，简称为露点。因此，混合气体中有害物质的温度必须低于露点，才能冷凝下来。在恒压下加热气体，液体开始出现第一个气泡时的温度，简称泡点。

冷凝法即利用物质在不同温度下具有不同饱和蒸气压这一性质，采用降低温度、提高系统压力或者既降低温度又提高压力的方法，使处于蒸气状态的污染物冷凝并与废气分离。冷凝温度一般在露点和泡点之间，冷凝温度越接近泡点，则净化程度越高。该法特别适用于处理废气体积分数在 10^{-2} 以上的有机蒸气。冷凝法在理论上可达到很高的净化程度，但是当体

积分数低于 10^{-6} 时，必须采取进一步的冷却措施，这将使运行成本大大提高。所以冷凝法不适宜处理低浓度的有机气体，而常作为其他净化高浓度废气的前处理，以降低有机负荷，回收有机物。冷凝法所用的设备主要分为两大类。

(1) 表面冷凝器（间接冷凝）

使用一间壁将冷却介质与废气隔开，使其互不接触，通过间壁将废气中的热量移除，使其冷却。列管式冷凝器、喷洒式蛇管冷凝器等均属这类设备。使用这类设备可回收被冷凝组分，但冷却效率较差。

(2) 接触冷凝器

将冷却介质（通常采用冷水）与废气直接接触进行换热的设备。冷却介质不仅可以降低废气温度，而且可以溶解有害组分。喷淋塔、填料塔、板式塔、喷射塔等均属这类设备。使用这类设备冷却效果好，但冷凝物质不易回收，且对排水要进行适当处理。

根据所用设备的不同，冷凝流程也分为间接冷凝流程与直接冷凝流程两种，见图 2-45 和图 2-46。

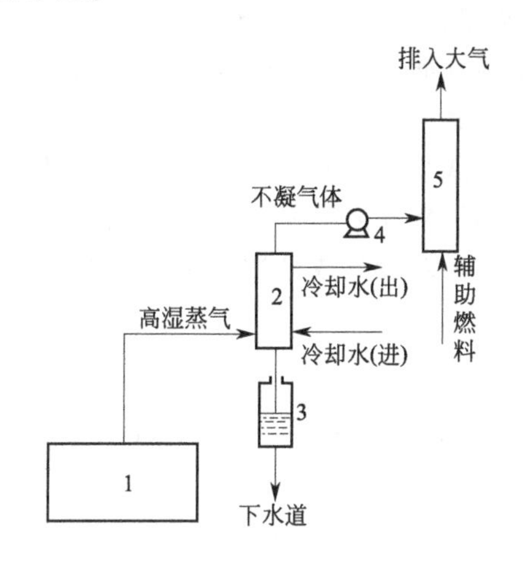

图 2-45 间接冷凝流程

1—真空干燥炉；2—冷凝器；3—冷凝液贮槽；4—风机；5—燃烧净化炉

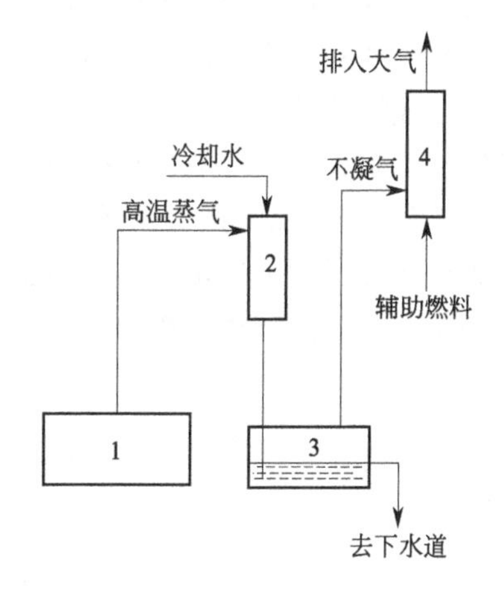

图 2-46 直接冷凝流程

1—真空干燥炉；2—接触冷凝器；3—热水池；4—燃烧净化炉

2.3.7 气体污染物控制新技术

VOCs（挥发性有机化合物）的种类繁多，成分非常复杂，常见的 VOCs 类别有：烃类、醇类、醚类、酯类等。在加油站、木质家具、餐饮、印刷、喷涂、化工等生产或使用有机溶剂的行业都会产生 VOCs。VOCs 治理技术也多种多样，主要有冷凝技术、吸收技术、吸附技术、膜分离技术、燃烧法、等离子技术、光催化技术、组合 VOCs 治理技术等，其中冷凝技术、吸收技术、吸附技术、燃烧法属于传统技术，而等离子技术、膜分离技术、光催化技术则属于新型技术。本节将简单介绍 VOCs 的新型控制技术。

2.3.7.1 等离子体技术处理 VOCs

(1) 等离子体的产生

利用高频高压的电磁场，当外加电压达到气体的放电电压时，气体被击穿，产生的电子、正离子、自由基和中性粒子的混合体，被称为等离子体。其产生原理示意图见图 2-47。环保产业常用的等离子产生办法为电晕放电和介质阻挡放电。

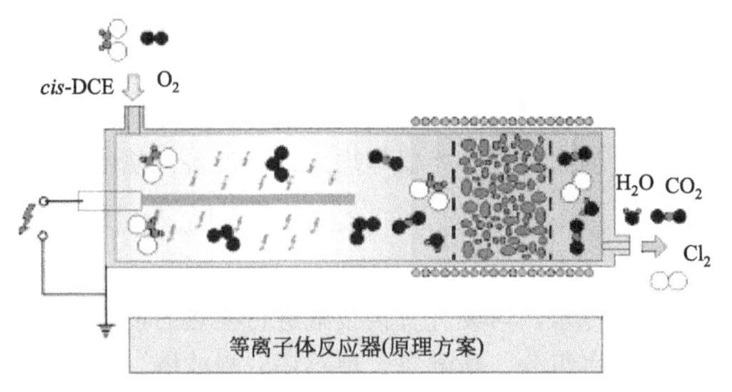

图 2-47　等离子体产生原理示意图

(2) 等离子体降解污染物技术原理

等离子体降解污染物的原理如图 2-48 所示。等离子体中的大量高能电子轰击污染物分子，通过非弹性碰撞将能量转化为污染物分子的内能或动能，这些获得能量的分子被激发或发生电离形成活性基团，当污染物分子获得的能量大于其分子键能的结合能时，污染物分子的分子键断裂，大分子污染物转变为简单小分子物质，或直接分解成无害气体成分。同时空气中的氧气和水分在高能电子的作用下，产生大量的活性氧和羟基等活性基团，活性氧和羟基与有害气体分子发生氧化等一系列复杂的化学反应，最终废气成分被转化为 CO_2 和 H_2O 等无害物质，达到降解污染物的目的。

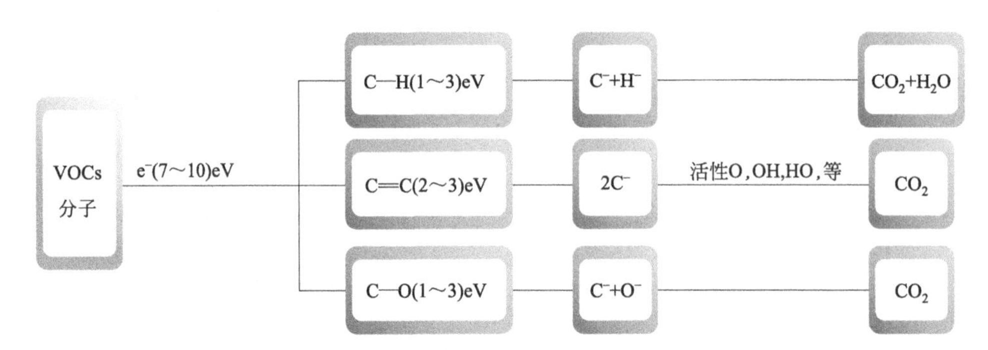

图 2-48　等离子体降解污染物的原理示意图

(3) 特点

适用于低浓度、大风量的 VOCs 和异味气体；模块式结构，设备占地少，便于设备布置和安装；等离子体反应器几乎没有阻力，系统的动力消耗非常低；不需要预热时间，可即时开启与关闭。其缺点为放电要求高，高浓度的 VOCs 去除率低，主要还停留在实验室阶段。

2.3.7.2 光催化（高等紫外光解）技术

(1) 高能紫外光解技术原理

光催化降解污染物技术原理如图 2-49 所示，利用紫外灯管在 UV-C 波段产生的紫外光，激活废气分子结构；同时通过光解作用，气体中的氧和少量水分产生了活泼的次生氧化剂——活性氧和羟基自由基（·OH）；羟基自由基氧化性极强，几乎可以与所有的VOCs成分进行反应，且反应速度快；羟基自由基可引发链式反应，直接将污染空气中的大部分有害物质氧化为二氧化碳等无害物质。

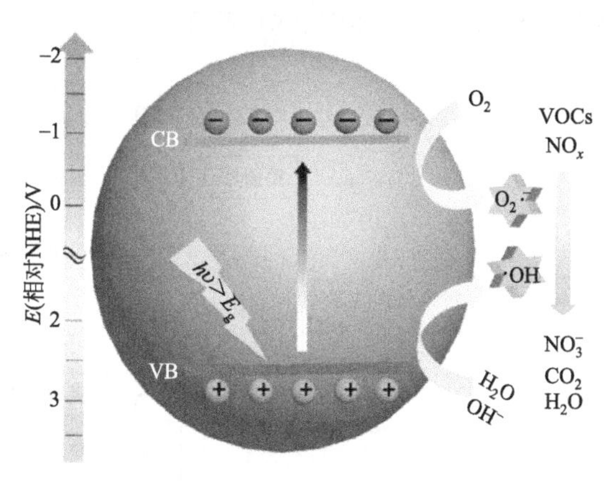

图 2-49　光催化降解污染物技术原理示意图

高能紫外光解技术综合利用了紫外线高强辐射场对污染物的破坏作用，并利用了氧在强辐射下分解所产生的活泼次生氧化剂来氧化有害物质。辐照场和氧存在一个协同作用，这种协同作用使该技术对污染物去除的速率得到数量级的增加。

辐射与污染物分子的相互作用可以看作是辐射场（振荡电场）与电子（振荡偶极子）会聚时的一种能量交换。污染物分子在辐照射线的作用下，物质分子的能态发生了改变，即分子的转动、振动或电子能级发生变化，由低能态被激发至高能态，这种变化是量子化的。量子化反应并结合其他净化技术达到污染物彻底净化和达标排放的目的。

（2）光催化（高能紫外光解）技术特点

适用范围广，光解氧化对从烃到羧酸的种类众多有机物均有效；高效，反应彻底有效，不留任何二次污染；设备体积小，质量轻，便于设备布置和安装；性能稳定、安全可靠。

2.3.7.3　膜分离技术

膜分离技术即使用人工合成的膜分离VOCs的技术，其原理如图2-50所示。目前，膜的种类包括分子筛膜、硅橡胶膜、多孔玻璃态高分子材料膜。其是一种新型的化工分离技术，与传统分离技术相比，具有操作简单、高效、低能耗、不产生二次污染、不引入新污染源等特点。

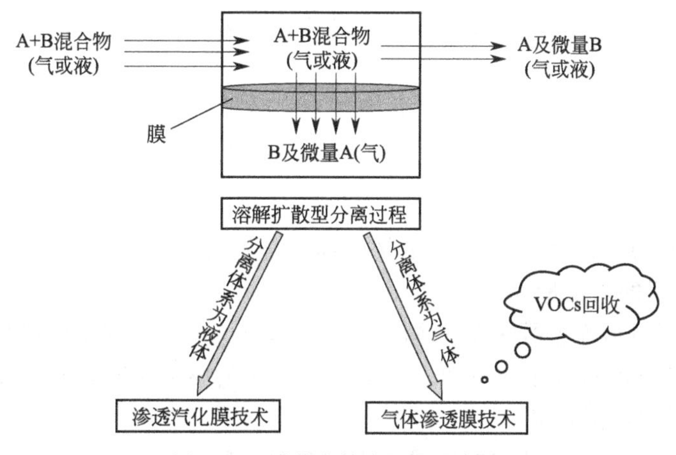

图 2-50　膜分离技术原理示意图

以上VOCs污染处理技术均能较好地治理VOCs污染，但根据其原理的不同，所得到的处理结果不同。如图 2-51 所示为不同处理技术的特点。

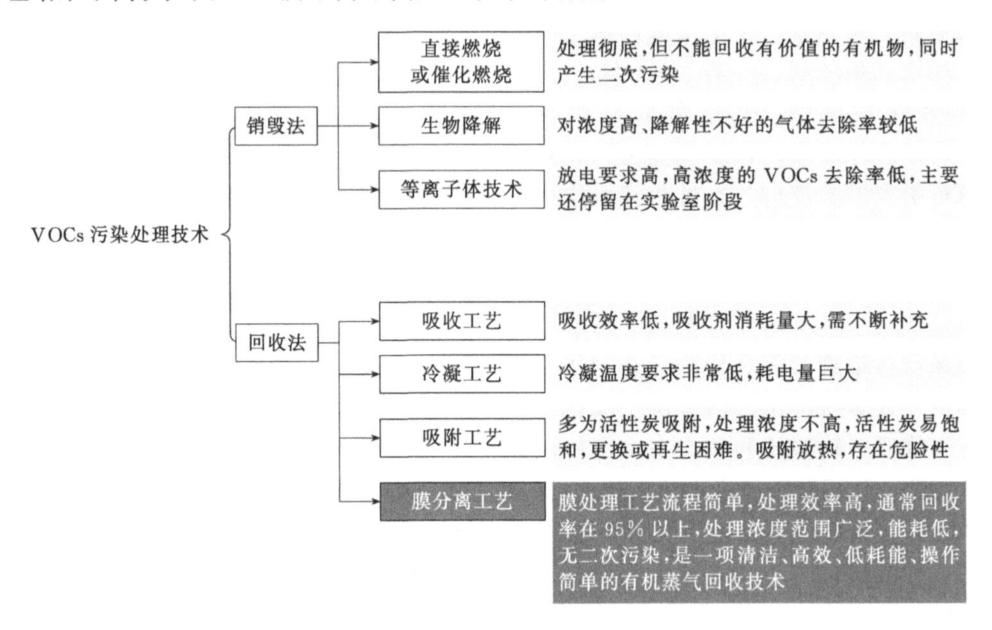

图 2-51　VOCs 污染不同处理技术的对比

习题与思考题

2-1　干洁空气中 N_2、O_2、CO_2 所占的质量分数是多少？

2-2　某地区的 $PM_{2.5}$ 日平均值为 $60\mu g/m^3$，SO_2 日平均值为 $78\mu g/m^3$，NO_2 日平均值为 $89\mu g/m^3$，请计算三项污染物的 IAQI，并判断首要污染物是哪种？

2-3　根据我国《环境空气质量标准》（GB 3095—2012）的二级标准，求 SO_2、NO_2、CO、O_3 四种污染物日平均浓度限值的体积分数。

2-4　有一沉降室长 7.0m，高 1.5m，气流速度为 30cm/s，空气温度 300K，尘粒密度 $2.5g/cm^3$，空气黏度为 0.067Pa·s，求该沉降室能 100%捕集的最小粒径。

2-5　某旋风除尘器的阻力系数为 9.8，进口速度为 12m/s，试计算标准状态下的压力损失。

2-6　设计锅炉烟气重力沉降室，已知烟气量 $q_V=2800m^3/h$，烟气温度 $t_s=150℃$，烟气真密度 $\rho_p=2100kg/m^3$，要求能去除 $d_p \geqslant 40\mu m$ 的烟尘。（已知 $t=150℃$时，烟气的黏性系数 $\mu=24\times10^{-5}Pa\cdot s$。）

2-7　假设直径为 $2\mu m$ 的粒子置于电晕电场，电场的场强 E 为 $6\times10^5V/m$，粒子的介电常数为 6，求粒子的荷电量。

2-8　应用一圆筒形除尘器捕集气体流量为 $0.075m^3/s$ 的烟气中的粉尘，若该除尘器的圆筒形集尘板直径为 0.3m，筒长为 3.66m，粉尘粒子的驱进速度为 12.2cm/s，试确定当烟气气体均匀分布时的除尘效率。

2-9　某板式电除尘器的平均电场强度 E 为 $3\times10^6V/m$，离子质量为 $5\times10^{-26}kg$，粉尘的相对介电常数为 1.5，粉尘在电场中的停留时间为 5s，试计算：粒径为 $0.5\mu m$ 的粉尘荷电量；粒径为 $2\mu m$ 的粉尘荷电量；上述两种粒径粉尘的驱进速度。

2-10　某钢铁厂烧结机尾气电除尘器集尘板总面积为1982m^2（2个电场），断面面积为40m^2，烟气流量为44.4m^2/s，该除尘器进、出口烟气含尘浓度的实测值分别为26.8g/m^3和0.133g/m^3。参考以上数据设计另一台烧结机尾气电除尘器，处理烟气量为70.0m^3/s，要求除尘效率达到99.8%。

2-11　袋式除尘器处理烟气量为3000m^3/h，过滤面积为1000m^2，烟气初始浓度为8 g/m^3，捕集效率为98%，已知清洁滤布阻力系数为$6\times10^7 m^{-1}$，烟气黏度为1.84×10^{-5}Pa·s，要求滤袋压力损失不超过1500Pa，集尘层的平均阻力系数为8×10^8m/kg，试确定清灰周期和清灰后的压力损失。

2-12　某钢厂用袋式除尘器净化烟气，烟气量为14600m^3/h，袋式除尘器由40个布袋组成，一个滤袋的面积为2.8m^2，计算该除尘器的过滤速度及过滤负荷。

2-13　某混合气体中含2%（体积分数）CO_2，其余为空气。混合气体的温度为30℃，总压强为500kPa。已知30℃时在水中的亨利系数为1.88×10^5kPa，试求溶解度系数H及相平衡常数m，并计算每100g与该气体相平衡的水中溶有多少克CO_2。

第3章 水污染控制工程

3.1 水污染概述

水污染是指人类活动排放的污染物进入水体，其数量超过了水体的自净能力，使水的理化特性和水环境中的生物特性、组成等发生改变，从而影响水的使用价值，造成水质恶化，乃至危害人体健康或破坏生态环境的现象。

造成水污染的原因主要有两类：一类是人为因素，主要是工业废水，还包括生活污水、农田排水、降雨淋洗大气中的污染物以及堆积在大地上的垃圾经降雨淋洗流入水体的污染物等；另一类是自然因素，如岩石风化、水流冲蚀地面、降水淋洗大气降尘等。通常所说的水污染主要是人为因素造成的污染。

3.1.1 水体污染源及污染物

3.1.1.1 水体污染源

水体污染源按污染物的来源可分为自然污染源和人为污染源两大类。按照不同的分类方法，又有以下不同的分类形式。

① 按污染物的产生来源，可分为工业污染源、生活污染源、农业污染源和天然污染源。

② 按污染物的种类，可分为有机污染源、无机污染源、热污染源、噪声污染源、放射性污染源和同时排放多种污染物的混合污染源等。

③ 按污染物空间分布形式，可以分为点污染源（点源）和非点污染源（面源），这也是一种常见的水体污染源分类方式。

3.1.1.2 水体污染物

水体污染物是指进入水体后使水体的正常组成和性质发生变化，并对人类产生直接或间接有害变化的人类活动产生的或天然的物质。常见的水体污染物的种类有以下几种。

(1) 无机物

水体中酸、碱、盐等无机物的污染，主要来自冶金、化学纤维、造纸、印染、炼油、农药等工业废水排放及酸雨。水体的 pH 值小于 6.5 或大于 8.5 时，都会使水生生物受到不良影响，严重时造成鱼虾绝迹。水体含盐量增高，影响工农业及生活用水的水质，用其灌溉农田会使土地盐碱化。

（2）重金属

污染水体的重金属有汞、镉、铅、铬、钒、钴、钡等。其中汞的毒性最大，镉、铅、铬也有较大毒性。重金属在工厂、矿山生产过程中随废水排出，进入水体后不能被微生物降解，经食物链的富集作用，逐级在较高生物体内千百倍地增加含量，最终进入人体。

（3）耗氧物质

生活污水、食品加工和造纸等工业废水，含有碳水化合物、蛋白质、油脂、木质素等有机物质。这些物质悬浮或溶解于污水中，经微生物的生物化学作用而分解。在分解过程中要消耗氧气，因而被称为耗氧污染物。这类污染物造成水中溶解氧减少，影响鱼类和其他水生生物的生长。水中溶解氧耗尽后，有机物将进行厌氧分解，产生 H_2S、NH_3 和一些有难闻气味的有机物，使水质进一步恶化。

（4）植物营养物

生活污水和某些工业废水中，经常含有一定量的氮和磷等植物营养物质；施用磷肥、氮肥的农田水中，常含有磷和氮；含洗涤剂的污水中也有不少的磷。水体中过量的磷和氮，为水中微生物和藻类提供了营养，使得蓝绿藻和红藻迅速生长，它们的繁殖、生长、腐败，引起水中氧气大量减少导致鱼虾等水生生物死亡、水质恶化。这种由于水体中植物营养物质过多蓄积而引起的污染，叫作水体的“富营养化”，这种现象在海湾出现叫作“赤潮”。

3.1.2 水体污染指标

用来描述水体污染的通用水质指标有物理性指标、化学性指标和生物性指标三大类。

3.1.2.1 物理性指标

1）温度　水的物理化学性质与水温密切相关。水中溶解性气体（如氧气、二氧化碳等）的溶解度，水中生物和微生物活动，非离子氨、盐度、pH 值以及其他溶质都受水温变化的影响。

2）色度　感官性指标，水的色度来源于金属化合物和有机化合物。

3）嗅和味　感官性指标，水的异臭来源于还原性硫和氮的化合物、挥发性有机物和氯气等污染物质。

4）固体物质　包括溶解物质和悬浮固体物质。

① 总固体（total solids）：水样在 103～105℃下蒸发干燥后所残余的固体物质总量，也称蒸发残余物。

② 悬浮性固体（suspended solids）和溶解固体（dissolved solids）：水样过滤后，滤样截留物蒸干后的残余固体量称为悬浮性固体，滤过液蒸干后的残余固体量称为溶解固体。

③ 挥发性固体（volatile solids）和固定性固体（fixed solids）：在一定温度下（600℃）将水样中经蒸发干燥后的固体灼烧而失去的重量，可表示有机物含量，即挥发性固体含量。灼烧后残余物质为固定性固体。

5）电导率　电导率是指一定体积溶液的电导，即在 25℃时面积为 $1cm^2$，间距为 1cm 的两片平板电极间溶液的电导。

3.1.2.2 化学性指标

(1) 有机性指标

1) 生化需氧量 (biochemical oxygen demand, BOD) 在规定条件 (20℃, 5d) 下的微生物氧化分解污水或受污染的天然水样中有机物所需要的氧量。反映了在有氧的条件下，水中可生物降解有机物的量 (以 mg/L 为单位)。有机污染物被好氧微生物氧化分解的过程，一般可分为两个阶段：第一个阶段主要是有机物被转化成二氧化碳、水和氨；第二阶段主要是氨被转化为亚硝酸盐和硝酸盐。污水的生化需氧量通常只指第一阶段有机物生物氧化所需的氧量，全部生物氧化需要 20～100d 完成。实际应用中，常以 5d 作为测定生化需氧量的标准时间，称五日生化需氧量 (BOD_5)；通常以 20℃为测定的标准温度。

2) 化学需氧量 (chemical oxygen demand, COD) 用化学方法氧化分解废水水样中有机物过程中所消耗的氧化剂量折合成氧量 (以 O_2 计, mg/L)。常用的氧化剂主要是重铬酸钾 $K_2Cr_2O_7$ (称 COD_{Cr}) 和高锰酸钾 $KMnO_4$ (称 COD_{Mn}或 OC)。酸性条件下，硫酸银作为催化剂，氧化性最强。废水中无机的还原性物质同样被氧化。如果废水中有机物的组成相对稳定，则化学需氧量和生化需氧量之间应有一定的比例关系，生活污水中其比值通常在 0.4～0.5。

3) 总有机碳 (total organic carbon, TOC) 和总需氧量 (total oxygen demand, TOD) 在 950℃高温下，以铂作为催化剂，使水样汽化燃烧，然后测定气体中的 CO_2 含量，从而确定水样中碳元素总量，即为总有机碳 (TOC)，测定中应该去除无机碳的含量。在 900～950℃高温下，将污水中能被氧化的物质 (主要是有机物，包括难分解的有机物及部分无机还原物质) 燃烧氧化成稳定的氧化物后，测量载气中氧的减少量，称为总需氧量 (TOD)。TOD 测定方便而快速。

各种水质之间 TOC 或 TOD 与 BOD 不存在固定的相关关系。在水质条件基本不变的条件下，BOD 与 TOC 或 TOD 之间存在一定的相关关系。

4) 油类污染物 石油类来源于工业含油污水。动植物油脂产生于人的生活过程和食品工业。油类污染物进入水体后影响水生生物的生长、降低水体的资源价值。油膜覆盖水面阻碍水的蒸发，影响大气和水体的热交换。油类污染物进入海洋，改变海水的反射率和减少进入海洋表层的日光辐射，对局部地区的水文气象条件可能产生一定影响。大面积油膜将阻碍大气中的氧进入水体，从而降低水体的自净能力。石油污染对幼鱼和鱼卵的危害很大，堵塞鱼的鳃部，使鱼虾类产生石油臭味，降低水产品的食用价值；破坏风景区，危害鸟类生活。

5) 酚类污染物 酚污染来源于煤气、焦化、石油化工、木材加工、合成树脂等工业废水。原生质毒物可使蛋白质凝固，引起神经系统中毒。酚浓度低时，影响鱼类的洄游繁殖。酚浓度达 0.1～0.2mg/L 时，鱼肉有酚味。酚浓度高会引起鱼类大量死亡，甚至绝迹。酚的毒性可抑制水中微生物的自然生长速度，有时甚至使其停止生长。酚能与饮用水消毒氯产生氯酚，具有强烈异臭 (0.001mg/L 即有异味，排放标准 0.5mg/L)。灌溉用水酚浓度超过 5mg/L 时，农作物减产甚至枯死。

(2) 无机性指标

① 植物营养元素：过多的氮、磷进入天然水体，易导致富营养化，使水生植物尤其是藻类大量繁殖，造成水中溶解氧急剧变化，影响鱼类生存，并可能使某些湖泊由贫营养湖发展为沼泽和干地。

② pH 值和碱度：一般要求处理后污水的 pH 值在 6～9 之间。当天然水体遭受酸碱污染时，pH 值发生变化，消灭或抑制水体中生物的生长，妨碍水体自净，还可腐蚀船舶。碱度指水中能与强酸定量作用的物质总量，按离子状态可分为三类：氢氧化物碱度，碳酸盐碱度，重碳酸盐碱度。

③ 重金属：作为微量金属元素，主要危害：生物毒性，抑制微生物生长，使蛋白质凝固；逐级富集至人体，影响人体健康。

3.1.2.3 生物性指标

① 细菌总数：水中细菌总数反映了水体有机污染程度和受细菌污染的程度。常以 1mL 水中细菌个数计。饮用水中应小于 100 个/mL，医院排水应小于 500 个/mL。

② 大肠菌群：大肠菌群的值可表明水样被粪便污染的程度，间接表明有肠道病菌存在的可能性。常以 1L 水中大肠菌群个数计。饮用水小于 3 个/L，城市排水小于 10000 个/L。

来源：生活污水（肠道传染病、肝炎病毒、SARS、寄生虫卵等）；制革、屠宰等工业废水（炭疽杆菌、钩端螺旋体等）；医院污水（各种病原体）。

危害：传播疾病，影响卫生，导致水体缺氧。

3.1.3 污染物在水体中的迁移与转化

3.1.3.1 水体的自净作用

河流的自净作用是指河水中的污染物质在河水向下游流动时浓度自然降低的现象。根据净化机制分为三类：物理净化，包括稀释、扩散、沉淀作用；化学净化，包括氧化、还原、分解作用；生物净化，主要是水中微生物对有机物的氧化分解作用。

(1) 污水排入河流的混合过程

① 竖向混合阶段：污染物排入河流后因分子扩散、湍流扩散、弥散作用逐步向河水中分散，由于一般河流的深度与宽度相比较小，所以首先在深度方向上达到浓度分布均匀，从排放口到深度上达到浓度分布均匀的阶段称为竖向混合阶段。

② 横向混合阶段：当深度上达到浓度分布均匀后，在横向上还存在混合过程。经过一定距离后污染物在整个横断面上达到浓度分布均匀，这一过程称为横向混合阶段。

③ 断面充分混合后阶段：在横向混合阶段后，污染物浓度在横断面上处处相等。河水向下游流动的过程中，持久性污染物的浓度将不再变化，非持久性污染物浓度将不断减小。

(2) 持久污染物的稀释扩散

当持久性污染物随污水稳态排入河流后，经过混合过程达到充分混合阶段时，污染物浓度可由质量守恒原理得出河流完全混合模式：

$$\rho=\frac{\rho_{w}q_{Vw}+\rho_{h}q_{Vh}}{q_{Vw}+q_{Vh}} \tag{3-1}$$

式中，ρ 为排放口下游河水的污染物浓度；ρ_{w}、q_{Vw} 为污水的污染物浓度和流量；ρ_{h}、q_{Vh} 为上游河水的污染物浓度和流量。

(3) 非持久性污染物的稀释扩散和降解

河断面达到充分混合后，污染物浓度受到纵向分散作用和污染物的自身分解作用不断减小。根据质量守恒原理，其变化过程可用下式描述：

$$u\frac{d\rho}{dx}=M_x\frac{d^2\rho}{dx^2}-K\rho \tag{3-2}$$

$$\rho=\rho_0\exp\left[\frac{ux}{2M_x}\left(1-\sqrt{1+\frac{4KM_x}{u^2}}\right)\right] \tag{3-3}$$

式中，u 为河水流速；x 为初始点至下游 x 断面处的距离；M_x 为纵向分散系数；K 为污染物分解速率常数；ρ_0 为初始点的污染物浓度。

(4) 氧垂曲线

水体生化自净不可避免地要消耗溶解氧。除有机物外，含氮有机物和氨氮也大量消耗水体中的氧。溶解氧被消耗后，氧即从大气通过水面复氧。水体受到污染后，水体中溶解氧逐渐被消耗，到临界点后又逐步回升的变化过程，称为氧垂曲线。图 3-1 表示的是有机废水排入河流后河水中溶解氧浓度的变化规律。

在排污点的上游，河水的有机物和氨氮含量均较低，此时，微生物的耗氧作用很小。自排污点排放废水以后，由于有机物和氨氮大量增加，好氧微生物的降解作用增强，耗氧速率增大，溶解氧的消耗量剧增，虽然在耗氧的同时河流的复氧在不间断地进行，但是，由于耗氧速率大于复氧速率，河水中的溶解氧浓度逐渐下降。随着有机物和氨氮等耗氧污染物的减少，耗氧速率减小，当耗氧速率与复氧速率相等时，在排污点下游的某处出现最缺氧点。

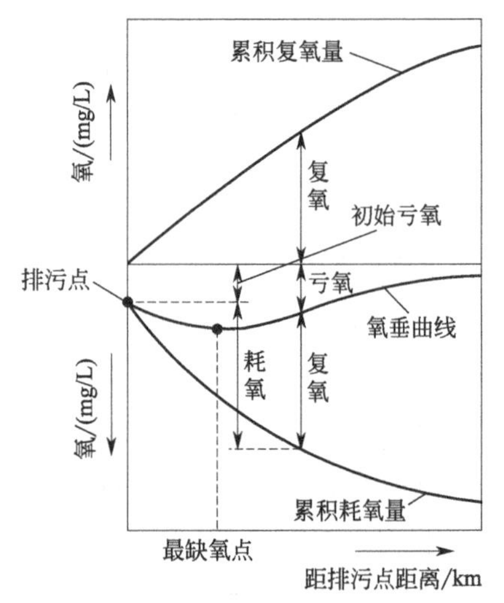

图 3-1 受污染河流溶解氧浓度变化曲线

3.1.3.2 污染物在不同水体中的迁移转化规律

污染物在河流中的扩散和分解受到河流的流量、流速、水深等因素的影响。河口（河流进入海洋前的感潮河段）污染物的迁移转化受潮汐影响，受涨潮、落潮、平潮时的水位、流向和流速的影响。湖泊水库的贮水量大，但水流一般比较慢，污染物的稀释、扩散能力较弱。海洋虽有巨大的自净能力，但是海湾或海域局部的纳污和自净能力差别很大。污染物在地下水中的迁移转化受多种因素影响，地下水一旦污染，要恢复原状非常困难。

3.2 水的物理处理

3.2.1 过滤

过滤技术就是利用重力或人为造成的压差，使含有不溶于水的悬浮物的废水通过具有一定孔隙率的过滤介质时，水中悬浮物就会被截留在介质表面或内部孔隙中而得以去除。

3.2.1.1 过滤机理

废水过滤过程的固液分离机理主要有：阻力截留机理、迁移机理、附着机理和脱落机理。

(1) 阻力截留机理

当粗大悬浮物的粒径大于格栅或筛网的孔隙时，废水中的悬浮物便会受到滤网的阻挡，从而使粗大悬浮物脱离水流而被截留，在滤网表面形成一层被截留的悬浮固体薄膜，这层薄膜有增加阻力截留的作用，这就是阻力截留机理。在采用滤料进行过滤时，水中颗粒粒径大于滤料孔隙的固体污染物被截留下来，截留下来的固体形成薄膜后，同样会增强滤料的阻力截留能力。

(2) 迁移机理

废水中粒径较小的固体颗粒会依靠布朗运动（扩散作用力）、重力沉降、水流运动惯性力等向过滤介质内部孔隙表面迁移，这就是固液分离的迁移机理。至于哪种力起作用，与颗粒粒径大小有关。

(3) 附着机理

废水中的固体颗粒迁移到滤料颗粒内外表面时，附着于填料表面上不再脱离，这就是固液分离的附着机理。向废水中加入凝聚剂可使水中脱稳的胶体颗粒同滤料表面接触发生凝聚作用而附着；当废水中的悬浮颗粒和滤料颗粒所带电荷相反时则会发生静电附着作用；此外，物理吸附或化学吸附作用也可引起固体颗粒的附着。

(4) 脱落机理

当固体颗粒与滤料颗粒表面的结合力较弱时，它们会从滤料颗粒表面脱落，这种脱落现象是过滤的逆过程。致使颗粒脱落的原因有：a. 水流对附着颗粒的水力剪切作用（如反冲洗水流）；b. 迁移运动的颗粒对附着颗粒的碰撞作用。

总而言之，过滤效率受到废水中固体悬浮物性质（如颗粒粒径、密度和形状等）和滤料性能的双重影响。过滤介质孔隙越不规则，比表面积越大，弯曲通道越多，过滤效果越好；流速越高，过滤效率越低；对于在颗粒迁移过程中重力起主导作用的过滤，下向流过滤器的效率高于上向流过滤器；若迁移行为是以扩散力或水流惯性力起主导作用的过滤，上向流和下向流过滤的效果无显著性差异。

过滤主要包括表面过滤和深层过滤两种方式，分别如图 3-2 和图 3-3 所示。对于表面过滤而言，过滤过程中形成的滤饼才是真正有效的过滤介质。而深层过滤并不形成滤饼，水中固体悬浮颗粒沉积于较厚的过滤介质内部，此时颗粒尺寸小于介质孔隙，颗粒可进入长而曲折的通道，在重力、惯性力和扩散力作用下，进入通道的颗粒借助于静电引力与表面力附着在通道壁面上。

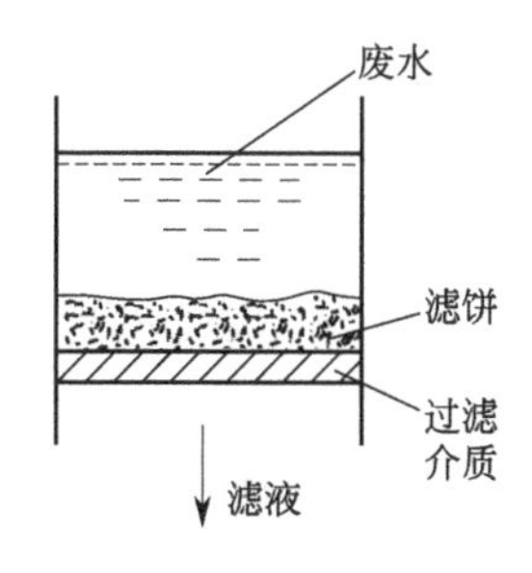

图 3-2　表面过滤示意图

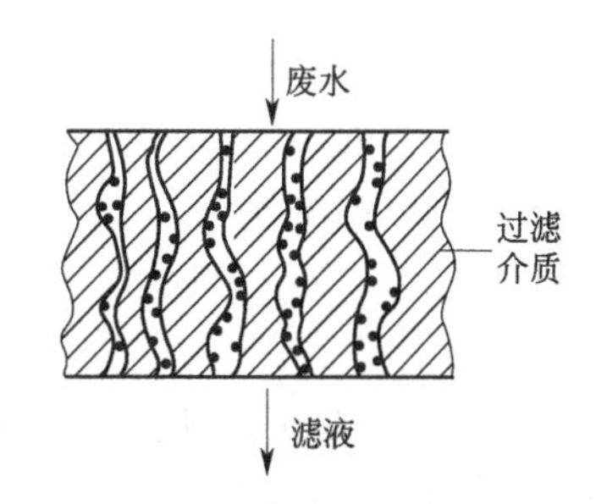

图 3-3　深层过滤示意图

在水处理工程中，表面过滤主要包括格栅（或筛网）过滤、微孔过滤等；深层过滤常采用石英砂、粒状焦炭等作为滤料。

3.2.1.2 格栅

(1) 格栅的作用

格栅的作用是去除可能堵塞水泵机组及管道阀门的较粗大悬浮物，并保证后续处理设施能正常运行。格栅由一组（或多组）相平行的金属栅条与框架组成，倾斜安装在进水的渠道，或进水泵站集水井的进口处，以拦截污水中粗大的悬浮物及杂质。选用栅条间距的原则是不堵塞水泵和水处理厂/站的处理设备。

格栅所截留的污染物数量与地区的情况、污水沟道系统的类型、污水流量以及栅条的间距等因素有关，可参考的一些数据：

① 当栅条间距为 16～25mm 时，栅渣截留量为 $0.10\sim0.05m^3/(10^3m^3$ 污水)；

② 当栅条间距为 40mm 左右时，栅渣截留量为 $0.03\sim0.01m^3/(10^3m^3$ 污水)；

③ 栅渣的含水率约为 80%，密度约为 $960kg/m^3$。

格栅的清渣方法：

① 人工清除：与水平面倾角为 45°～60°，设计面积应采用较大的安全系数，一般不小于进水渠道面积的 2 倍，以免清渣过于频繁。

② 机械清除：与水平面倾角为 60°～70°，过水面积一般应不小于进水管渠有效面积的 1.2 倍。

格栅栅条断面形状：圆形、矩形、方形。圆形的水力条件较方形好，但刚度较差。目前多采用断面形状为矩形的栅条。

过格栅渠道的水流流速：格栅渠道的宽度要设置得当，应使水流保持适当流速，一方面泥沙不至于沉积在沟渠底部；另一方面截留的污染物又不至于冲过格栅，通常采用 0.4～0.9m/s。

污水过栅条间距的流速：为防止栅条间隙堵塞，一般采用 0.6～1.0m/s；最大流量时可高于 1.2～1.4m/s；渐扩 $\alpha=20°$，沉底大于水头损失。

(2) 格栅的设计与计算

格栅的示意图如图 3-4 所示，通过格栅的水头损失 h_2 的计算：

$$h_2=h_0k \tag{3-4}$$

$$h_0=\xi\times\frac{v^2}{2g}\times\sin\alpha\times k \tag{3-5}$$

式中，h_0 为计算水头损失，m；v 为污水流经格栅的速度，m/s；ξ 为阻力系数，其值与栅条断面的几何形状有关；α 为格栅的放置倾角；g 为重力加速度，m/s^2；k 为考虑到格栅受污染物堵塞后阻力增大的系数，可用式 $k=3.36v-1.32$ 求定，一般采用 $k=3$。

① 格栅的间隙数量 n

$$n=\frac{q_{V,\max}\sqrt{\sin\alpha}}{dhv} \tag{3-6}$$

式中，$q_{V,\max}$ 为最大设计流量，m^3/s；d 为栅条间距，m；h 为栅前水深，m；v 为污水流经格栅的速度，m/s。

② 格栅的建筑宽度 b

$$b=s(n-1)+dn \tag{3-7}$$

式中，b 为格栅的建筑宽度，m；s 为栅条宽度，m。

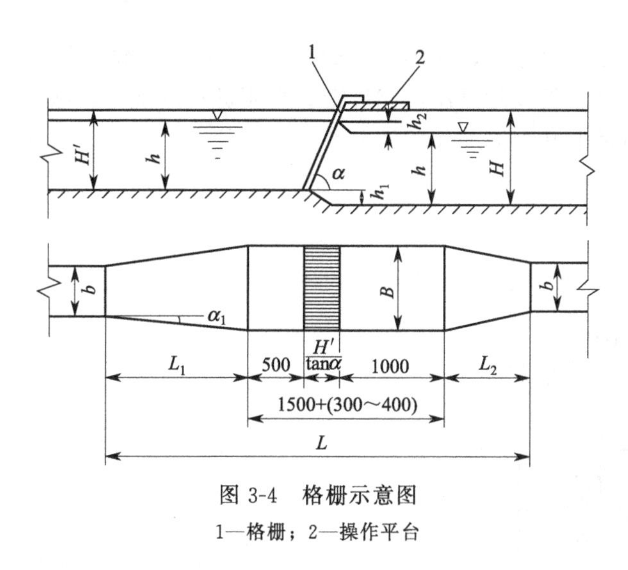

图 3-4　格栅示意图

1—格栅；2—操作平台

③ 栅后槽的总高度 $h_{总}$

$$h_{总}=h+h_1+h_2 \tag{3-8}$$

式中，h 为栅前水深，m；h_2 为格栅的水头损失，m；h_1 为格栅前渠道超高，一般 $h_1=0.3$m。

④ 格栅的总建筑长度 L

$$L=L_1+L_2+1.0+0.5+\frac{H_1}{\tan\alpha} \tag{3-9}$$

式中，L_1 为进水渠道渐宽部位的长度，m；L_2 为格栅槽与出水渠道连接处的渐窄部位的长度，m，一般 $L_2=0.5L_1$；H_1 为格栅前的渠道深度，m。

其中，

$$L_1=\frac{b-b_1}{2\tan\alpha_1} \tag{3-10}$$

式中，b_1 为进水渠道宽度，m；α_1 为进水渠道渐宽部位的展开角度，一般 $\alpha_1=20°$。

⑤ 每日栅渣量 W

$$W=\frac{q_{V,\max}W_1\times 86400}{K_Z\times 1000} \tag{3-11}$$

式中，W_1 为栅渣量，$m^3/(10^3 m^3$ 污水)；K_Z 为生活污水流量总变化系数。

3.2.1.3 筛网

某些工业废水中含有的细小纤维、藻类等，很难通过格栅截留，采用沉淀法也难以将其去除，可以通过筛网分离去除这类污染物质。筛网的形式主要有振动筛网（图 3-5）、水力回转筛网（图 3-6）等。

格栅、筛网截留污染物的处置方法：填埋；焚烧（820℃以上）；堆肥；将栅渣粉碎后再返回废水中，作为可沉固体进入初沉池。

3.2.1.4 滤池

水处理工程中的过滤通常指深层过滤。深层过滤的基本过程是废水由上到下通过一定厚度的，由一定粒度的粒状介质组成的床层，由于粒状介质之间存在大小不同的孔隙，废水中的悬浮物被这些孔隙截留而除去，如图 3-7(a) 所示。随着过滤过程的进行，孔隙中截留的污染物越来越多，到一定程度时过滤不能进行，需要进行反洗，以除去截留在介质中的污染物。反洗的过程是通过上升水流的作用使滤料呈悬浮状态，滤料间的孔隙变大，污染物随水流带走，如图 3-7(b) 所示。反冲洗完成后再进行过滤。所以深层过滤是间断进行的。

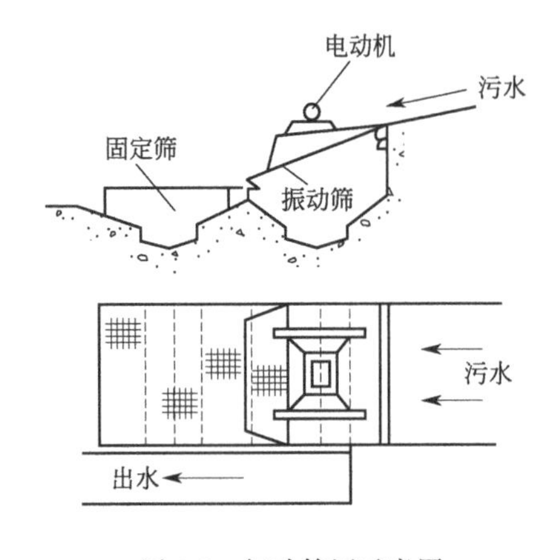

图 3-5　振动筛网示意图

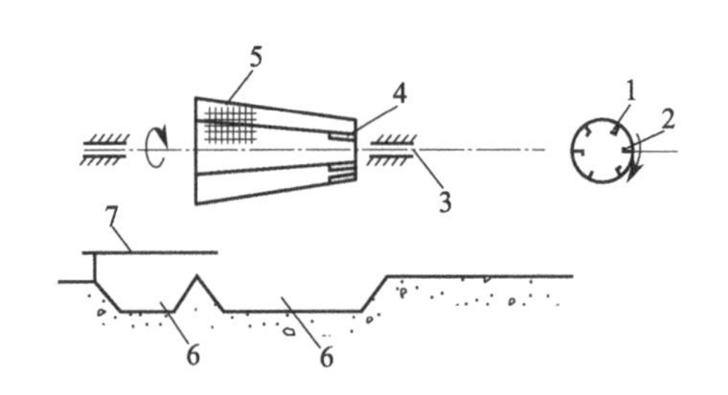

图 3-6　水力回转筛网示意图

1—进水口；2—导水叶片；3—转动轴；4—进水管；5—筛网；6—水沟；7—固定筛网

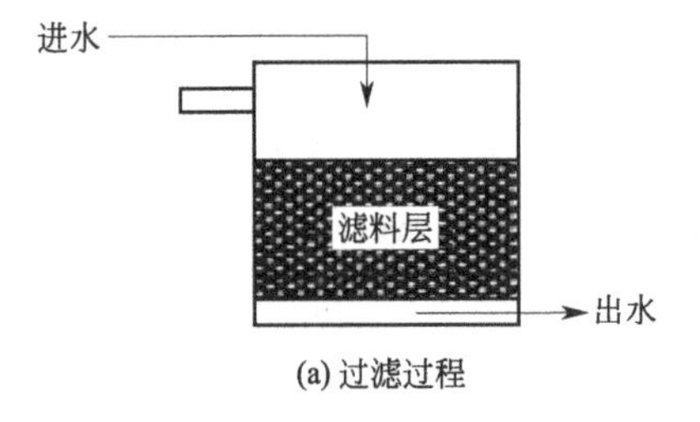

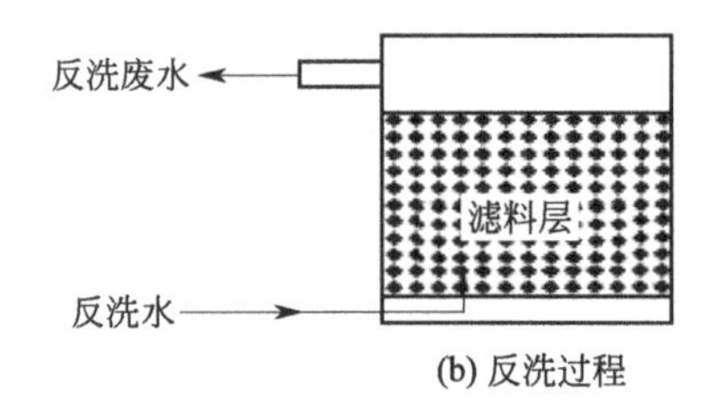

图 3-7　深层过滤过程示意图

常用的深层过滤设备是各种类型的滤池，滤池形式有多种分类方法，按过滤速度不同分为慢滤池（滤速小于 0.4m/h）、快滤池（滤速在 4～10m/h）和高速滤池（滤速在 10～60m/h）三种；按作用力不同，可分为重力滤池（作用水头为 4～5m）和压力滤池（作用水头为 15～25m）两种；按过滤时水流方向分类，有下向流、上向流、双向流和径向流四种滤池；按滤料层组成分类，又可分为单层滤料、双层滤料和多层滤料滤池三种。

慢滤池适用于处理含固体杂质颗粒较小的污染水，生产率太低，在实际生产中的应用往往受到限制，为了适应生产发展的需要，快速滤池便应运而生。

普通快滤池一般是钢筋混凝土结构，池内有排水槽、滤料层、承托层和配水系统；池外有集中管廊，配有浑水进水管、清水进水管、冲洗水总管、冲洗水排出管等管道及阀门等附件。普通快滤池结构如图 3-8 所示。其中，滤池冲洗废水由排水槽排出，在过滤时排水槽也是分配待滤水的装置；滤料层是滤池中起过滤作用的主体；承托层的作用主要是防止滤料从配水系统中流失，同时对均匀分布冲洗水也有一定作用；而配水系统的作用在于使冲洗水在整个滤池面上均匀分布。

在快滤池的运行过程中，主要是过滤和冲洗两个过程的重复循环。过滤就是生产清水的过程。过滤时，开启进水支管 2 与出水支管 3 的阀门，关闭反冲洗水支管 4 的阀门与排水阀

5，进水就经进水总管 1、进水支管 2，从进水渠 6 进入滤池。进水由进水渠进入滤池时，从洗砂排水槽的两边溢流而出，通过槽的作用使水均匀分布在滤池整个表面上。然后经过滤料层 7、承托层 8 后，由配水系统的配水支管 9 汇集起来再经配水干管 10、出水支管 3、清水总管 12 流往清水池。

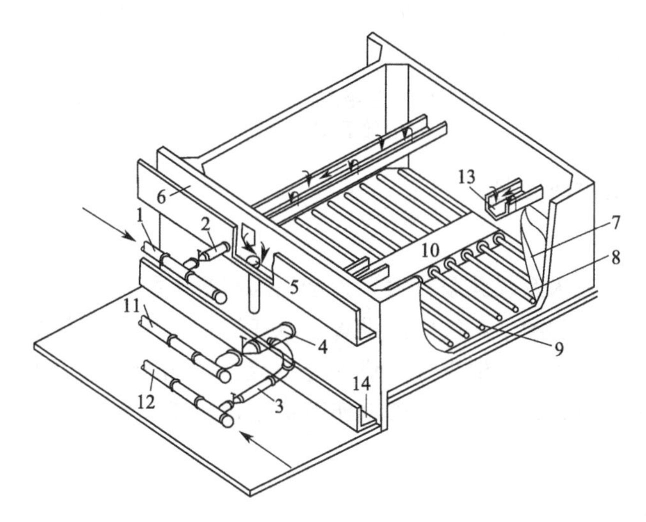

图 3-8 普通快滤池结构图

1—进水总管；2—进水支管；3—出水支管；4—反冲洗水支管；5—排水阀；6—进水渠；7—滤料层；8—承托层；9—配水支管；10—配水干管；11—冲洗水总管；12—清水总管；13—反冲洗总管；14—废水渠

(1) 滤料选择及滤料层结构

滤料是滤池的核心组成部分，是发挥过滤作用的基本介质，选择滤料遵循的原则是：

① 具有足够的化学稳定性。不溶于水，与废水中的各种污染物均不发生化学反应，不产生新的有害物质。

② 具有足够的机械强度。强度小的滤料在冲洗过程中易因碰撞、摩擦而破碎，从而随水流失。

③ 在床层中滤料按颗粒大小作适当级配，以形成足够的空隙率，满足截留悬浮物的要求。

④ 滤料比表面积较大。

⑤ 成本低廉。

在废水处理工程中，常用的滤料主要有石英砂、细碎白云石、花岗岩以及无烟煤等，其中最常用的当数石英砂。

滤料层通常有三种结构，即单滤料床层、双滤料床层和三滤料床层，如图 3-9 所示。

图 3-9(a) 所示的单滤料床层，上部滤料粒径较小，下部滤料粒径较大，属于上细下粗型滤床。在采用该种滤床过滤时，污染物大多被截留在滤料表层，水头损失迅速上升，下层的纳污能力未被充分利用，过滤周期较短。即便采用上粗下细的滤床结构，也会在滤料纳污容量饱和后，在反冲洗操作时，因重力作用重新级配，再次形成上细下粗的床层结构，同样不利于后续的过滤操作。采用上向流式滤池，滤速受到限制且反冲洗过程变得复杂。双向流式滤池虽可提高滤速，但也不利于反冲洗操作。因此，常常采用下向流式双滤料床层或多滤料床层。这种过滤床层在反冲洗后可形成一个或多个中间混合区，在后续操作时，废水中的固体颗粒能够穿过孔隙率较大的滤料层并深入到中间混合区，从而延缓了滤料水头损失的增

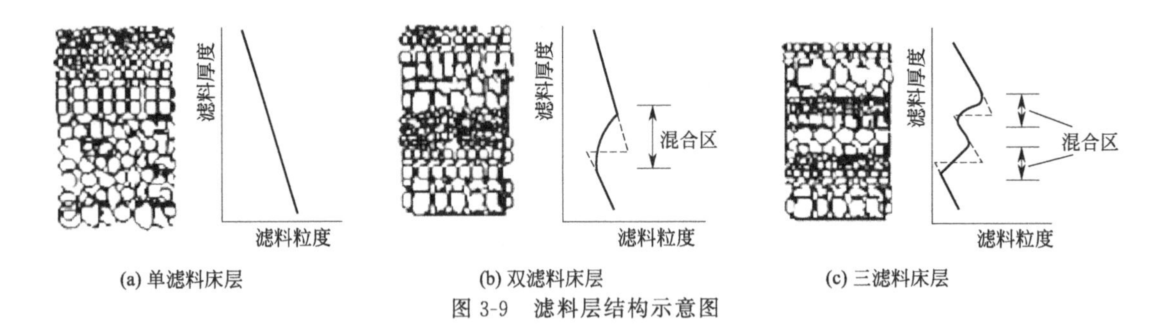

图 3-9　滤料层结构示意图

加速度，延长了滤池的过滤周期。

(2) 承托层

因滤料粒径较小，配水系统孔眼较大，为避免滤料进入配水系统，同时在反冲洗时起均匀布水作用，往往在滤料和配水系统之间设置一承托层。承托层应不被反冲洗水冲动，其中的填料应有一定的级配，要分层铺设并形成一定厚度，均匀布水能力要强，且机械强度大，不溶于水，化学稳定性较好。通常，天然鹅卵石被用作承托层的填料，所用卵石的直径范围一般在 2～32mm 之间。

(3) 滤池的冲洗

一般采用水力反冲洗的方法对滤池进行冲洗，对于多层滤料，有时还辅以表面冲洗或空气助冲。

1）床层膨胀率　压力较大的反冲洗水流自下而上对滤池进行反冲时，滤料层便逐渐膨胀起来，床层膨胀后增加的厚度与膨胀前的厚度之比，称为床层膨胀率，床层膨胀率用以描述滤料的悬浮程度，用 e 表示。

$$e=\frac{L-L_0}{L_0}\times 100\% \tag{3-12}$$

式中，e 为床层膨胀率；L_0 为床层膨胀前厚度，mm；L 为床层膨胀后厚度，mm。

床层膨胀率过大或过小都不利于滤料的清洗，膨胀率过小，下层滤料无法悬浮起来，清洗效果较差；膨胀率过大，滤料在水中过于分散，相互碰撞摩擦概率减小，并且滤料孔隙中水的剪切力减小，不利于污物从滤料上脱落。另外，上层滤料也容易随水流失，甚至使承托层发生松动。一般地，对于单层砂滤料而言，膨胀率取 45%左右比较适宜。

2）冲洗强度　单位床层面积上通过的反冲洗水量称为冲洗强度，单位为 $L/(s\cdot m^2)$。冲洗强度与床层膨胀率有关，一般通过反冲洗试验来确定冲洗强度。

3）冲洗时间　不仅冲洗强度和床层膨胀率要符合要求，而且冲洗时间要足够，否则滤料颗粒没有足够的时间进行碰撞摩擦，对冲洗不利，也会因冲洗废水来不及排出而导致污物重返滤层。经验表明，冲洗时间与冲洗强度和滤层结构有关。在水温为 20℃的情况下，单层滤池在采用 12～15$L/(s\cdot m^2)$ 的冲洗强度、滤料膨胀率为 45%时，冲洗时间控制在 5～7min；双层滤池在选用 13～16$L/(s\cdot m^2)$ 的冲洗强度、滤料膨胀率在 50%时，冲洗时间控制在 6～8min。

(4) 配水系统

配水系统的作用是：反冲洗时，均匀分布反冲洗水；过滤时，均匀集水。若反冲洗水在池内分布不均匀，局部滤料层膨胀度较小，而另一部分床层可能膨胀过度，造成滤料水平移动和分层混乱，或造成滤料层在横向松紧不均，孔隙率相差悬殊，致使滤料床层在下次工作时，出现短路现象，影响出水水质。

常见的配水系统有大阻力配水系统、小阻力配水系统、中阻力配水系统等。

① 大阻力配水系统：大阻力配水系统配水的均匀性只与干管截面积、支管截面积、支管个数、孔口总面积等有关，而与其他因素无关。当滤池面积过大时，滤池中砂层和承托层的铺设、冲洗废水的排出等的不均匀度都将对冲洗效果产生影响。

② 小阻力配水系统：反冲洗水头小；配水均匀性较大，阻力配水系统差，当配水系统室内压力稍有不均匀、滤层阻力稍不均匀、滤板上孔口尺寸稍有差别或部分滤板受堵塞，配水均匀程度都会敏感地反映出来；滤池面积较大时，不宜采用小阻力配水系统。

③ 中阻力配水系统与小阻力配水系统类似，其开孔比介于大阻力配水系统与小阻力配水系统之间。

通常，快滤池中用的是“穿孔管大阻力配水系统”。关于配水系统的设计可参考有关手册。

(5) 滤池的设计

1）过滤速度　过滤速度可参照经验数据确定，一般采用 6～10m/h，也可通过试验确定。

2）滤池工作面积

$$A=\frac{q_V}{nv} \tag{3-13}$$

式中，A 为单个滤池工作面积，m^2；q_V 为废水流量，m^3/h；n 为滤池个数；v 为设计滤速，m/h。

3）滤池个数及尺寸　应该选择适宜的滤池个数，滤池个数较多，运转灵活，强制滤速较低（因清洗或修理原因致使其中一个或几个池子不得不停产，由此造成其他滤池的滤速增大），布水易均匀，但池数太多，造价增高，运转管理复杂。根据实际经验，在滤池总面积 A_t 小于 $30m^2$ 时，池子个数选择 2 个；当 A_t 在 $30\sim50m^2$ 时，池子个数选择 3 个；A_t 为 $100m^2$ 时，池子个数定为 3 或 4 个；A_t 为 $150m^2$ 时，池子个数定为 5 或 6 个；A_t 为 $200m^2$ 时，池子个数定为 6 或 8 个；A_t 为 $300m^2$ 时，池子个数定为 10 或 12 个为宜。这些经验数据可在实际工作中作为参照。滤池的平面形状可以呈正方形，也可呈长方形，长宽尺寸主要由管件等设备决定。当单个滤池面积 $A\leqslant30m^2$ 时，长宽比定为 1∶1；当 $A>30m^2$ 时，长宽比定为（1.25∶1）～（1.5∶1）；当采用旋转式表面冲洗时，长宽比定为 1∶1、2∶1 或者 3∶1。

4）滤料层和承托层　要求滤料层厚度不小于 700mm；滤料最小粒径 $d_{min}=0.5mm$，最大粒径 $d_{max}=1.2mm$，滤料不均匀系数 K_{80} 为

$$K_{80}=\frac{d_{80}}{d_{10}} \tag{3-14}$$

式中，d_{80} 为筛分曲线中通过 80%（质量分数）砂粒的筛孔大小；d_{10} 为筛分曲线中通过 10%（质量分数）砂粒的筛孔大小，$d_{10}=0.5\sim0.6mm$。

承托层可用鹅卵石或碎石按颗粒大小分层铺设，主要是防止滤料从配水系统中流失，同时对均布冲洗水也有一定作用。

5）水头损失

① 管式大阻力配水系统水头损失。按照孔口的平均水头损失计算

$$h_a=\frac{1}{2g}\left(\frac{I}{10mK}\right)^2 \tag{3-15}$$

式中，I 为冲洗强度，L/(s·m)；K 为孔眼总面积与滤池面积之比，采用 0.2%～0.25%；g 为重力加速度，9.81m/s^2；m 为流量系数（当孔眼直径与壁厚之比 $r=1.25$ 时，m 取 0.76；当 $r=1.5$ 时，m 取 0.71；当 $r=2$ 时，m 取 0.67；当 $r=3$ 时，m 取 0.62）。

② 承托层水头损失。经砾石支承水头损失为

$$h_b=0.22H_1I \tag{3-16}$$

式中，H_1 为承托层厚度，m；I 为冲洗强度，L/(s·m^2)。

③ 滤料层水头损失。滤料层水头损失按下式计算

$$h_c=\left(\frac{\rho_2}{\rho_1}-1\right)(1-a_0)H_2 \tag{3-17}$$

式中，ρ_2 为滤料的容重（石英砂为 2.65t/m^3）；ρ_1 为水的容重，t/m^3；a_0 为滤料膨胀前的孔隙率（石英砂为 0.41）；H_2 为滤层厚度，m。

6）滤层中的负水头　当过滤进行到一定时刻时，从滤料表面到某一深度处的滤层的水头损失超过该深度处的水深，该深度处就出现负水头。负水头会导致空气释放出来，对过滤产生危害：增加滤层局部阻力，增加了水头损失；空气泡会穿过滤料层，上升到滤池表面，甚至把煤粒这种轻质滤料带走。在冲洗时，空气泡更容易把大量的滤料随水带走。可以通过增加砂面上的水深、令滤池出口位置等于或高于滤层表面等方法，来避免滤池中出现负水头。

3.2.2 沉淀

沉淀是利用水中悬浮颗粒的可沉降性能，在重力作用下产生下沉作用，以达到固液分离的一种过程。

沉淀处理工艺通常有四种用法：

① 沉砂池：用以去除污水中的无机易沉物。

② 初次沉淀池：较经济地去除水中悬浮颗粒，减轻后续生物处理构筑物的有机负荷。

③ 二次沉淀池：用来分离生物处理工艺中产生的生物膜、活性污泥等，使处理后的水得以澄清。

④ 污泥浓缩池：将来自初沉池及二沉池的污泥进一步浓缩，以减小体积，降低后续构筑物的尺寸及处理费用等。

3.2.2.1 沉淀的类型

根据水中悬浮颗粒的凝聚性能和浓度，沉淀可分成四种类型（图 3-10）。

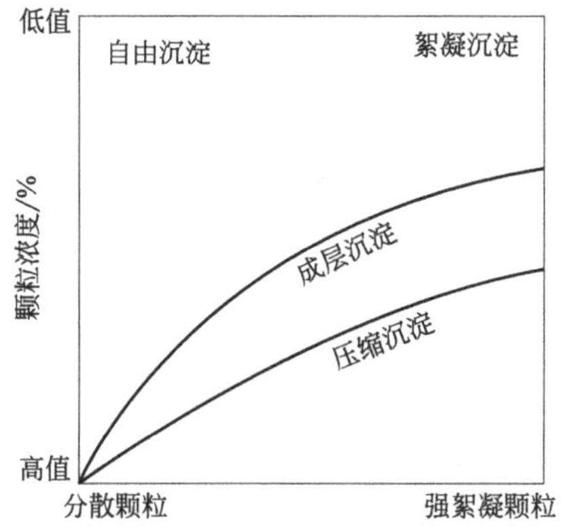

图 3-10　根据 SS（悬浮物）含量和颗粒特性区分的四种沉淀现象

① 自由沉淀：悬浮颗粒浓度不高；沉淀过程中悬浮固体之间互不干扰，颗粒各自单独进行沉淀，颗粒沉淀轨迹呈直线。沉淀过程中，颗粒的物理性质不变。

发生在沉砂池中。

② 絮凝沉淀：悬浮颗粒浓度不高；沉淀过程中悬浮颗粒之间有互相絮凝作用，颗粒因相互聚集增大而加快沉降，沉淀轨迹呈曲线。沉淀过程中，颗粒的质量、形状、沉速是变化的。化学絮凝沉淀属于这种类型。

③ 成层沉淀或区域沉淀：悬浮颗粒浓度较高（5000mg/L 以上）；颗粒的沉降受到周围其他颗粒的影响，颗粒间相对位置保持不变，形成一个整体共同下沉，与澄清水之间有清晰的泥水界面。在二次沉淀池与污泥浓缩池中发生。

④ 压缩沉淀：悬浮颗粒浓度很高；颗粒间相互挤压成团状结构，互相接触，互相支撑，下层颗粒间的水在上层颗粒的重力作用下被挤出，使污泥得到浓缩。二沉池污泥斗中及浓缩池中污泥的浓缩过程存在压缩沉淀。

3.2.2.2 自由沉淀及其理论基础

分析的假定：颗粒为球形；沉淀过程中颗粒的大小、形状、质量等不变；颗粒只在重力作用下沉淀，不受器壁和其他颗粒影响；静水中悬浮颗粒开始沉淀时，因受重力作用产生加速运动，经过很短的时间后，颗粒的重力与水对其产生的阻力平衡时，颗粒即等速下沉。

悬浮颗粒在水中的受力（图 3-11）：颗粒的重力（F_1）、水对自由颗粒的浮力（F_2）、下沉过程中受到的摩擦阻力（F_3）。重力大于浮力时，下沉；重力等于浮力时，相对静止；重力小于浮力时，上浮。

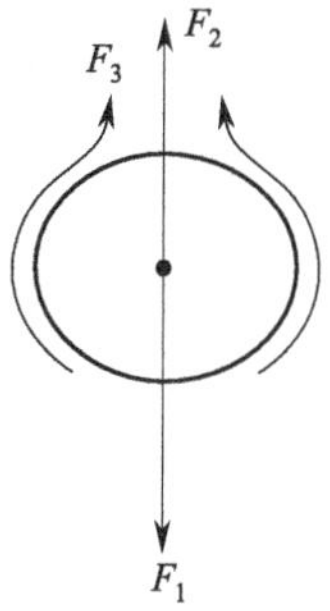

F_3 F_2 F_1

图 3-11 悬浮颗粒在水中的受力情况

(1) 悬浮颗粒在水中受到的力 F_g

F_g 是促使沉淀的作用力，是颗粒的重力与水的浮力之差：

$$F_g = V\rho_S g - V\rho_L g = Vg(\rho_S - \rho_L) \tag{3-18}$$

式中，F_g 为水中颗粒受到的作用力；V 为颗粒的体积；ρ_S 为颗粒的密度；ρ_L 为水的密度；g 为重力加速度。

(2) 水对自由颗粒的阻力 F_D

$$F_D = \lambda' A \times \frac{\rho_L u_S^2}{2} \tag{3-19}$$

式中，F_D 为水对颗粒的阻力；λ'为阻力系数；A 为自由颗粒的投影面积；u_S 为颗粒在水中的运动速度，即颗粒沉速。

球状颗粒自由沉淀的沉速公式：

当颗粒所受外力平衡时，$F_g = F_D$，即

$$Vg(\rho_S - \rho_L) = \lambda' A \times \frac{\rho_L u_S^2}{2} \tag{3-20}$$

因 $V=\frac{1}{6}\pi d^3, A=\frac{1}{4}\pi d^2$，得球状颗粒自由沉淀的沉速公式：

$$u_S = \left[\frac{4g(\rho_S - \rho_L)d}{3\lambda' \rho_L}\right]^{\frac{1}{2}} \tag{3-21}$$

当颗粒粒径较小、沉速小、颗粒沉降过程中其周围的绕流速度亦小时，颗粒主要受水的黏滞阻力作用，惯性力可以忽略不计，颗粒运动处于层流状态。

在层流状态下，$\lambda' = 24/Re$，带入式中，整理得自由颗粒在静水中的运动公式（亦称斯

托克斯定律)：

$$u_S=\frac{1}{18}\times\frac{\rho_S-\rho_L}{\mu}\times gd^2 \tag{3-22}$$

式中，μ 为水的动力黏度。

由上式可知，颗粒沉降速度 u_S 与下述因素有关：

① 当 $\rho_S>\rho_L$ 时，$\rho_S-\rho_L>0$，颗粒以 u_S 下沉。

② 当 $\rho_S=\rho_L$ 时，$u_S=0$，颗粒在水中呈悬浮状态，这种颗粒不能用沉淀去除。

③ $\rho_S<\rho_L$ 时，$\rho_S-\rho_L<0$，颗粒以 u_S 上浮，可用浮上法去除。

④ u_S 与颗粒直径 d 的平方成正比，因此增加颗粒直径有助于提高沉淀速度（或上浮速度)，提高去除效果。

⑤ u_S 与 μ 成反比，μ 随水温上升而下降，即沉速受水温影响，水温上升，沉速增大。

3.2.2.3 沉淀池的工作原理

为便于研究，将沉淀池简化为理想沉淀池。理想沉淀池分为进口区域、沉淀区域、出口区域、污泥区域四个部分，如图 3-12 所示。

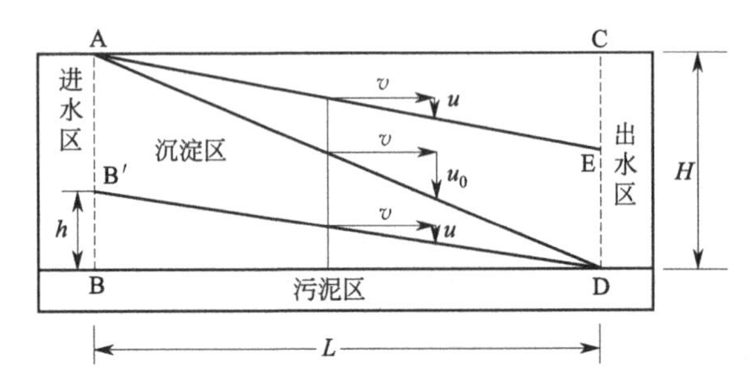

图 3-12　理想沉淀池示意图

L—沉淀区长度；H—沉淀区水深；v—颗粒水平速度；u—颗粒沉降速度；

u_0—某一指定颗粒的最小沉降速度；h—某一指定颗粒的沉降起点水深

理想沉淀池的四个假定：

① 沉淀区过水断面上各点的水流速度均相同，水平流速为 v；

② 悬浮颗粒在沉淀区等速下沉，下沉速度为 u；

③ 在沉淀池的进口区域，水流中的悬浮颗粒均匀分布在整个过水断面上；

④ 颗粒一经沉到池底，即认为已被去除。

当某一颗粒进入沉淀池后，一方面随着水流在水平方向流动，其水平流速 v 等于水流速度

$$v=\frac{q_V}{A'}=\frac{q_V}{Hb} \tag{3-23}$$

式中，v 为颗粒的水平分速；q_V 为进水流量；A'为沉淀区过水断面面积，$A'=Hb$；H 为沉淀区的水深；b 为沉淀区宽度。

另一方面，颗粒在重力作用下沿垂直方向下沉，其沉速即是颗粒的自由沉降速度 u。颗粒运动的轨迹为其水平分速 v 和沉速 u 的矢量和，在沉淀过程中，是一组倾斜的直线，其坡度 $i=u/v$。

设 u_0 为某一指定颗粒的最小沉降速度。

① 当颗粒沉速 $u \geqslant u_0$ 时，无论这种颗粒处于进口端的什么位置，都可以沉到池底被去除，即图 3-13(a) 中的迹线 xy 与 $x'y'$。

② 当颗粒沉速 $u < u_0$ 时，位于水面的颗粒不能沉到池底，会随水流出，如图 3-13(b) 中轨迹 xy''所示；而当其位于水面下的某一位置时，它可以沉到池底而被去除，如图中轨迹 $x'y$ 所示。说明对于沉速 u 小于指定颗粒沉速 u_0 的颗粒，有一部分会沉到池底被去除。

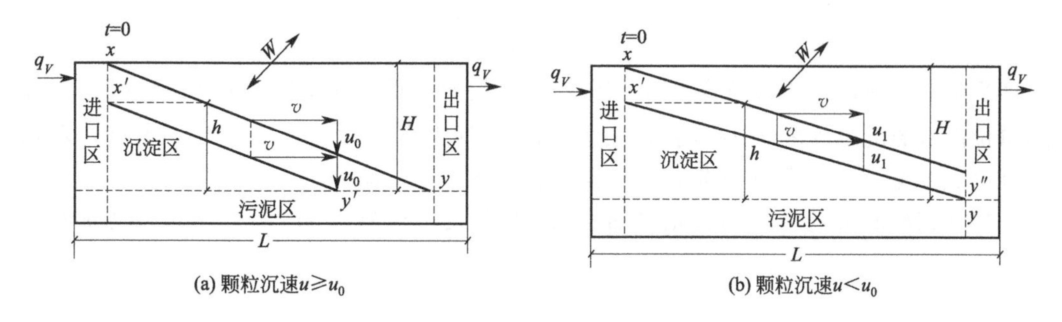

图 3-13　悬浮颗粒自由沉降迹线

L—沉淀池长度；H—沉淀区水深；W—沉淀区宽度；t—沉降时间；v—颗粒水平速度；u_0—某一指定颗粒的最小沉降速度；u_1—某一指定颗粒的沉降速度；h—某一指定颗粒的沉降水深；x—颗粒的水平轨迹；x'—某一指定颗粒的水平轨迹；y—颗粒的垂直沉降轨迹；y'，y''—某一指定颗粒的垂直沉降轨迹；q_V—沉淀池通过的水流量

设沉速为 u_1 的颗粒占全部颗粒的 $\mathrm{d}P$，其中的颗粒将会从水中沉到池底而去除。

在同一沉淀时间 t，下式成立：

$$h = u_1 t ; H = u_0 t \tag{3-24}$$

$$\frac{h}{H} = \frac{u_1}{u_0} \tag{3-25}$$

$$\frac{h}{H}\mathrm{d}P = \frac{u_1}{u_0}\mathrm{d}P \tag{3-26}$$

对于沉速为 $u_1(u_1 < u_0)$ 的全部悬浮颗粒，可被沉淀于池底的总量为

$$\int_0^{u_0} \frac{u_1}{u_0}\mathrm{d}P = \frac{1}{u_0} \times \int_0^{u_0} u_1 \mathrm{d}P \tag{3-27}$$

而沉淀池能去除的颗粒包括 $u \geqslant u_0$ 以及 $u_1 < u_0$ 的两部分，故沉淀池对悬浮物的去除率为

$$\eta = (1 - P_0) + \frac{1}{u_0} \times \int_0^{u_0} u \mathrm{d}P \tag{3-28}$$

式中，P_0 为沉速小于 u_0 的颗粒在全部悬浮颗粒中所占的比例；$(1 - P_0)$ 为沉速大于等于 u_0 的颗粒去除率。

图 3-13 运动迹线中的相似三角形存在着如下关系：

$$v/u_0 = L/H$$

$$v = u_0 \times \frac{L}{H} \tag{3-29}$$

将上式代入式 $v = q_V/A' = q_V/Hb$ 并简化后得出：

$$q_V = u_0 \times \frac{L}{H} \times Hb = u_0 A \tag{3-30}$$

$$u_0 = \frac{q_V}{A} \tag{3-31}$$

式中，q_V/A 为反映沉淀池效力的参数，一般称为沉淀池的表面负荷率，或称沉淀池的过流率，用符号 q 表示：

$$q = \frac{q_V}{A} \tag{3-32}$$

理想沉淀池中，u_0 与 q 在数值上相同，但它们的物理概念不同：u_0 的单位是 m/h；q 表示单位面积的沉淀池在单位时间内通过的流量，单位是 $m^3/(m^2 \cdot h)$。故只要确定颗粒的最小沉速 u_0，就可以求得理想沉淀池的过流率或表面负荷率。

理想沉淀池的沉淀效率与池的水面面积 A 有关，与池深 H 无关，即与池的体积 V 无关。

3.2.2.4 沉砂池

沉砂池的作用：从污水中去除砂子、煤渣等密度较大的无机颗粒，以免这些杂质影响后续处理构筑物的正常运行。

沉砂池的工作原理：以重力或离心力分离为基础，即将进入沉砂池的污水流速控制在只能使相对密度大的无机颗粒下沉，而有机悬浮颗粒则随水流被带走。

沉砂池的形式：平流式、竖流式、曝气沉砂池、旋流式沉砂池等。

沉砂池工程设计中的设计原则与主要参数：

① 城市污水厂一般均设置沉砂池，并且沉砂池的个数或分格数应不小于 2；工业污水是否要设置沉砂池，应根据水质情况而定。

② 设计流量应按分期建设考虑：最大时流量、最大组合流量、合流制流量。

③ 沉砂池去除的砂粒相对密度为 2.65，粒径为 0.2mm 以上。

④ 城市污水的沉砂量可按每 $10^6 m^3$ 污水沉砂 $30m^3$ 计算，其含水率约为 60%，容重约 $1500kg/m^3$。

⑤ 贮砂斗的容积应按 2d 沉砂量计算，贮砂斗壁的倾角不应小于 55°，排砂管直径不应小于 200mm。

⑥ 沉砂池的超高不宜小于 0.3m。

(1) 平流式沉砂池

平流式沉砂池（图 3-14）是一种最传统的沉砂池，它构造简单，工作稳定。

1）平流式沉砂池的系统参数

① 污水在池内的最大流速为 0.3m/s，最小流速为 0.15m/s。

② 最大流量时，污水在池内的停留时间不少于 30s，一般为 30～60s。

③ 有效水深应不大于 1.2m，一般采用 0.25～1.0m，池宽不小于 0.6m。

④ 池底坡度一般为 0.01～0.02，当设置除砂设备时，可根据除砂设备的要求，考虑池底形状。

2）平流式沉砂池的计算公式

① 长度 L

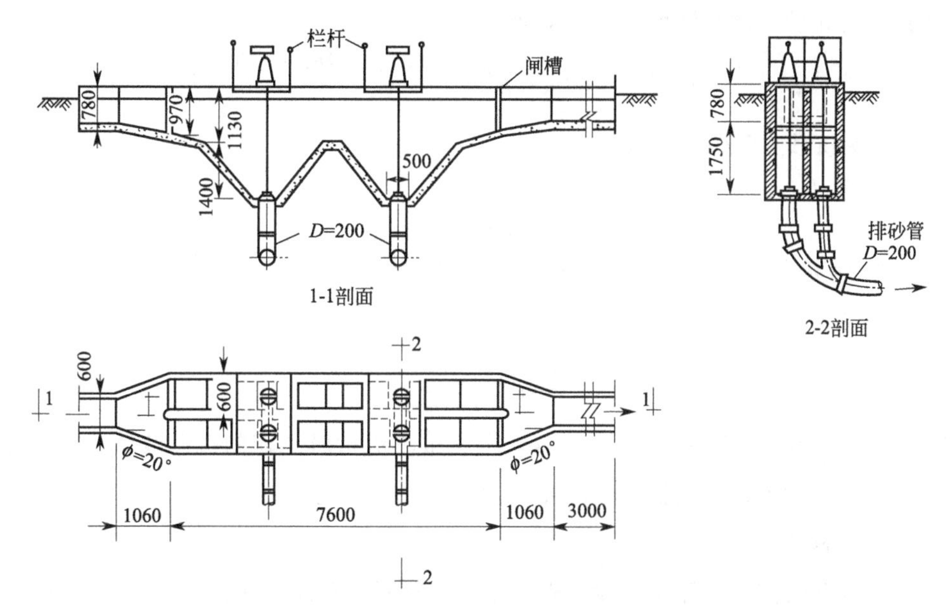

图 3-14 平流式沉砂池示意图（单位：mm）

$$L = vt \tag{3-33}$$

式中，v 为最大设计流量时的速度，m/s；t 为最大设计流量时的停留时间，s。

② 水流断面面积 A

$$A = \frac{q_{V,\max}}{v} \tag{3-34}$$

式中，$q_{V,\max}$ 为最大设计流量，m^3/s。

③ 池总宽度 b

$$b = \frac{A}{h_2} \tag{3-35}$$

式中，h_2 为有效水深。

④ 贮砂斗所需容积 V

$$V = \frac{q_{V,\max} XT \times 86400}{K_Z \times 10^6} \tag{3-36}$$

式中，X 为城市污水的沉砂量，一般采用 $30m^3/(10^6 m^3$ 污水)；T 为排砂时间的间隔，d；K_Z 为生活污水流量的总变化系数。

⑤ 贮砂斗各部分尺寸计算

设贮砂斗底宽 $b_1 = 0.5$m，斗壁与水平面的倾角为 60°，则贮砂斗的上口宽 b_2 为

$$b_2 = \frac{2h_3'}{\tan 60°} + b_1 \tag{3-37}$$

贮砂斗的容积 V_1：

$$V_1 = \frac{1}{3} h_3' (S_1 + S_2 + \sqrt{S_1 S_2}) \tag{3-38}$$

式中，h_3' 为贮砂斗高度，m；S_1、S_2为贮砂斗上口和下口的面积。

⑥ 贮砂斗的高度 h_3

设采用重力排砂，池底坡度 $i=6\%$，坡向沉砂斗，则

$$h_3=h_3'+0.06l_2=h_3'+\frac{0.06(L-2b_2-b')}{2} \tag{3-39}$$

式中，b'为沉砂斗间距，一般取 0.2m。

⑦ 池总高度 h

$$h=h_1+h_2+h_3 \tag{3-40}$$

式中，h_1 为超高，m；h_2 为有效水深，m；h_3 为贮砂斗高度，m。

⑧ 最小流速 $v_{\min}$

$$v_{\min}=\frac{q_{V,\min}}{n_1A_{\min}} \tag{3-41}$$

式中，$q_{V,\min}$ 为设计最小流量，m^3/s；n_1 为最小流量时工作的沉砂池数目；$A_{\min}$ 为最小流量时沉砂池中的水流断面面积，m^2。

(2) 曝气沉砂池

曝气沉砂池的特点：由于池中设有曝气设备，它还具有预曝气、脱臭、防止污水厌氧分解、除泡以及加速污水中油类分离等作用；沉砂中含有机物的量低于 5%。

1) 曝气沉砂池的构造　曝气沉砂池的结构如图 3-15 所示，主要有以下三个特点。

① 曝气沉砂池是一个长形渠道，沿渠道壁一侧的整个长度上，距池底约 60～90cm 处设置曝气装置。

② 在池底设置沉砂斗，池底有 $i=0.1\sim0.5$ 的坡度，以保证砂粒滑入砂槽。

③ 为了使曝气能起到池内回流作用，在必要时可在设置曝气装置的一侧装设挡板。

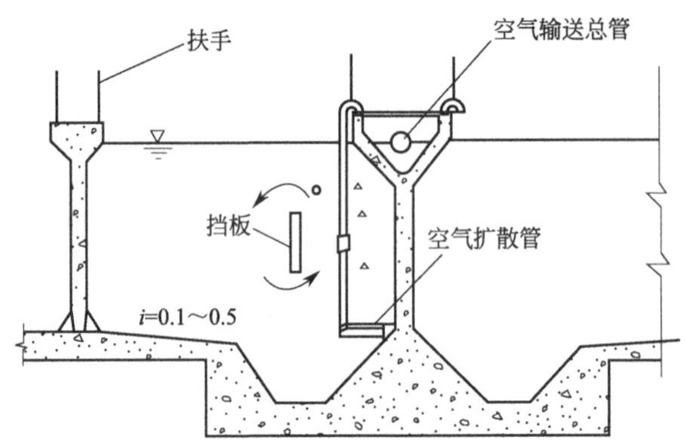

图 3-15　曝气沉砂池结构示意图

2) 曝气沉砂池的工作原理　污水在池中存在着两种运动形式，其一为水平流动（一般流速 0.1m/s)，其二在池的横断面上产生旋转流动（旋转流速 0.4m/s ），整个池内水流产生螺旋状前进的流动形式。

由于曝气以及水流的螺旋旋转作用，污水中悬浮颗粒相互碰撞、摩擦，并受到气泡上升时的冲刷作用，使黏附在砂粒上的有机污染物得以去除，沉于池底的砂粒较为纯净，有机物含量只有 5%左右，长期搁置也不至于腐化。

3) 曝气沉砂池的设计参数　其设计参数主要包括以下几个方面。

① 水平流速一般取 0.08～0.12m/s。

② 污水在池内的停留时间为 4～6min；雨天最大流量时为 1～3min。如作为预曝气，停

留时间为 10～30min。

③ 池的有效水深为 2～3m，池宽与池深比为 1～1.5，池的长宽比可达 5，当池长宽比大于 5 时，应考虑设置横向挡板。

④ 曝气沉砂池多采用穿孔管曝气，孔径为 2.5～6.0mm，距池底约为 0.6～0.9m，并应有调节阀门。

⑤ 曝气沉砂池的形状应尽可能不产生偏流和死角，在砂槽上方宜安装纵向挡板，进出口布置，防止产生短流。

3.2.2.5 沉淀池

(1) 沉淀池的类型、组成及运行方式

1）沉淀池类型

沉淀池按使用功能分：

① 初次沉淀池：生物处理法中的预处理，去除约 30%的 BOD_5、55%的悬浮物。

② 二次沉淀池：生物处理构筑物后，是生物处理工艺的组成部分。

沉淀池按水流方向分：

① 平流式：池型为长方形，一端进水，另一端出水，贮泥斗在池进口。

② 竖流式：池内水流由下向上，池型多为圆形，也有方形或多角形，池中央进水，池四周出水，贮泥斗在池中央。

③ 辐流式：池内水流向四周辐流，池型多为圆形，也有方形或多角形，池中央进水，池四周出水，贮泥斗在池中央。

2）沉淀池组成　沉淀池由进水区、出水区、沉淀区、贮泥区和缓冲区五部分组成：

① 进水区、出水区的功能是使水流的进入与流出保持平稳，以提高沉淀效率。

② 沉淀区是沉淀进行的主要场所。

③ 贮泥区贮存、浓缩与排放污泥。

④ 缓冲区避免水流带走沉在池底的污泥。

不同类型沉淀池的特点及适用条件如表 3-1 所示。

表 3-1　不同类型沉淀池特点及适用条件

池型	优点	缺点	适用条件
平流式	1. 对冲击负荷和温度变化的适应能力较强； 2. 施工简单，造价低	采用多斗排泥，每个泥斗需单独设排泥管各自排泥，操作工作量大，采用机械排泥，机件设备和驱动件均浸于水中，易锈蚀	1. 适用地下水位较高及地质较差的地区； 2. 适用于大、中、小型污水处理厂
竖流式	1. 排泥方便，管理简单； 2. 占地面积较小	1. 池深度大，施工困难； 2. 对冲击负荷和温度变化的适应能力较差； 3. 造价较高； 4. 池径不宜太大	适用于处理水量不大的小型污水处理厂
辐流式	1. 采用机械排泥，运行较好，管理较简单； 2. 排泥设备已有定型产品	1. 池水水流速度不稳定； 2. 机械排泥设备复杂，对施工质量要求较高	1. 适用于地下水位较高的地区； 2. 适用于大、中型污水处理厂

3）沉淀池运行方式　沉淀池的运行方式包括间歇式和连续式两类。

① 间歇式：工作过程包括进水、静止、沉淀、排水。污水中可沉淀的悬浮物在静止时

完成沉淀过程，由设置在沉淀池壁不同高度的排水管排出。

② 连续式：污水连续不断地流入与排出。污水中可沉颗粒的沉淀在流过水池时完成，这时可沉颗粒受到重力所造成的沉速与水流流动的速度两方面的作用。

(2) 沉淀池的设计原则及参数

1) 设计流量　沉淀池的设计流量与沉砂池的设计流量相同。

在合流制的污水处理系统中，当废水是自流进入沉淀池时，应按最大流量作为设计流量；当用水泵提升时，应按水泵的最大组合流量作为设计流量。在合流制系统中，应按降雨时的设计流量校核，但沉淀时间应不小于 30min。

2) 沉淀池的个数　对于城市污水厂，沉淀池的个数不应少于 2 个。

3) 沉淀池的几何尺寸　池超高不少于 0.3m；缓冲层高采用 0.3～0.5m；贮泥斗斜壁的倾角，方斗不宜小于 60°，圆斗不宜小于 55°；排泥管直径不小于 200mm。

4) 沉淀池出水部分　一般采用堰流，在堰口保持水平。出水堰的负荷：对初沉池，应不大于 2.9L/(s·m)；对二次沉淀池，一般取 1.5～2.9L/(s·m)。亦可采用多槽出水布置，以提高出水水质。

5) 贮泥斗的容积　一般按不大于 2d 的污泥量计算。对二次沉淀池，按贮泥时间不超过 2h 计。

6) 排泥部分　沉淀池一般采用静水压力排泥，静水压力数值如下：初次沉淀池不应小于 14.71kPa ($1.5mH_2O$)；活性污泥法的二次沉池应不小于 8.83kPa ($0.9mH_2O$)；生物膜法的二次沉池应不小于 11.77kPa ($1.2mH_2O$)。

(3) 平流式沉淀池

1) 平流式沉淀池的构造及工作特点　其构造如图 3-16 所示，主要有以下特点。

① 进水区有整流措施，保证入流污水均匀稳定地进入沉淀池。

② 出水区设出水堰，控制沉淀池内的水面高度，保证沉淀池内水流的均匀分布。

③ 沉淀池沿整个出流堰的单位长度溢流量应相等，对于初沉池一般为 $250m^3/(m·d)$，二沉池为 $130～250m^3/(m·d)$。

④ 锯齿形三角堰应用最普遍，水面宜位于齿高的 1/2 处。

⑤ 为适应水流的变化或构筑物的不均匀沉降，在堰口处需要设置能使堰板上下移动的调节装置，使出口堰堰口尽可能水平。

⑥ 堰前应设置挡板，以阻拦漂浮物，或设置浮渣收集和排除装置。

⑦ 多斗式沉淀池，不设置机械刮泥设备。每个贮泥斗单独设置排泥管，各自独立排泥，互不干扰，保证沉泥的浓度。

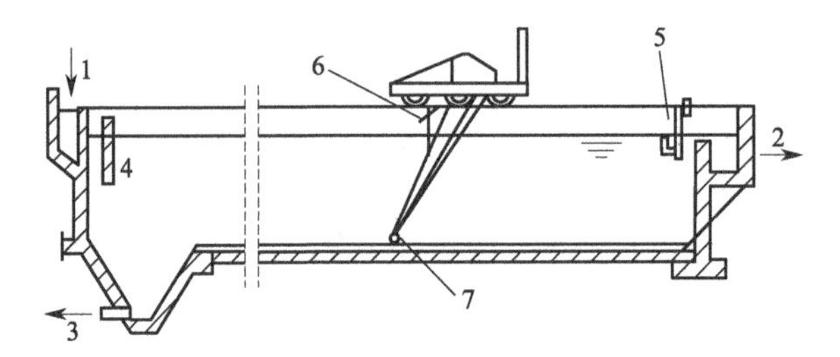

图 3-16　平流式沉淀池

1—进水槽；2—出水；3—排泥管；4—挡流墙；5—浮渣槽；6—刮渣板；7—刮泥板

2）平流式沉淀池的设计

① 沉淀池的表面积 A

$$A=\frac{q_{V,\max}\times 3600}{q} \tag{3-42}$$

式中，$q_{V,\max}$ 为最大设计流量，m^3/s；q 为表面水力负荷，$m^3/(m^2 \cdot h)$，初沉池一般取 $1.5\sim3m^3/(m^2 \cdot h)$，二沉池一般取 $1\sim2m^3/(m^2 \cdot h)$。

② 沉淀区有效水深 h_2

$$h_2=qt \tag{3-43}$$

式中，t 为沉淀时间，h（初沉池一般取 1～2h，二沉池一般取 1.5～2.5h）。沉淀区有效水深 h_2 通常取 2～3m。

③ 沉淀区有效容积 V_1

$$V_1=Ah_2 \tag{3-44}$$

或

$$V_1=q_{V,\max}t\times 3600 \tag{3-45}$$

④ 沉淀池长度 L

$$L=vt\times 3.6 \tag{3-46}$$

式中，v 为最大设计流量时的水平流速，mm/s，一般不大于 5mm/s。

⑤ 沉淀池总宽度 b

$$b=\frac{A}{L} \tag{3-47}$$

⑥ 沉淀池的个数 n

$$n=\frac{b}{b'} \tag{3-48}$$

式中，b'为每个沉淀池宽度。

平流式沉淀池的长度一般为 30～50m，为了保证污水在池内分布均匀，池长与池宽比不小于 4，以 4～5 为宜。

⑦ 污泥区容积

对于生活污水，污泥区的总容积 V：

$$V=\frac{SNT}{1000} \tag{3-49}$$

式中，S 为每人每日的污泥量，L/(d・人)；N 为设计人口数，人；T 为污泥贮存时间，d。

⑧ 沉淀池的总高度 h

$$\begin{aligned} h &=h_1+h_2+h_3+h_4 \\ &=h_1+h_2+h_3+h_4'+h_4'' \end{aligned} \tag{3-50}$$

式中，h_1 为沉淀池超高，m，一般取 0.3m；h_2 为沉淀区的有效深度，m；h_3 为缓冲层高度，m（无机械刮泥设备时，取 0.5m；有机械刮泥设备时，其上缘应高出刮板 0.3m）；，h_4 为污泥区高度，m；h_4' 为泥斗高度，m；h_4'' 为梯形的高度，m。

⑨ 污泥斗的容积 V_1

$$V_1=\frac{1}{3}h_4'(S_1+S_2+\sqrt{S_1S_2}) \tag{3-51}$$

式中，S_1 为污泥斗的上口面积，m^2；S_2 为污泥斗的下口面积，m^2。

⑩ 污泥斗以上梯形部分污泥容积 V_2

$$V_2=\left(\frac{L_1+L_2}{2}\right)h_4''b \tag{3-52}$$

式中，L_1 为梯形上底边长，m；L_2 为梯形下底边长，m。

(4) 竖流式沉淀池

1）竖流式沉淀池的工作原理　在竖流式沉淀池（图 3-17）中，污水是从下向上以流速 v 做竖向流动，废水中的悬浮颗粒有以下三种运动状态：

① 当 $u>v$ 时，颗粒将以 $u-v$ 的流速向下沉淀，颗粒得以去除。

② 当 $u=v$ 时，颗粒处于随遇状态，不下沉也不上升。

③ 当 $u<v$ 时，颗粒将不能沉淀下来，会被上升水流带走。

当颗粒属于自由沉淀类型时，在相同的表面水力负荷条件下，竖流式沉淀池的去除率要比平流式沉淀池低。

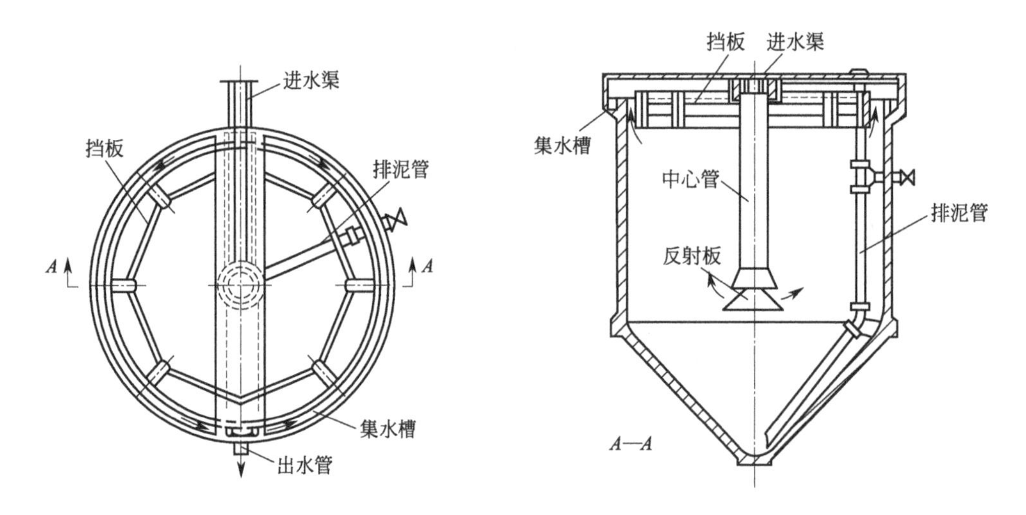

图 3-17　圆形竖流式沉淀池结构示意图

当颗粒属于絮凝沉淀类型时，由于在池中的流动存在着各自相反的状态，就会出现上升着的颗粒与下降着的颗粒，上升颗粒与上升颗粒之间和下沉颗粒与下沉颗粒之间的相互接触、碰撞，致使颗粒的直径逐渐增大，有利于颗粒的沉淀。

2）竖流式沉淀池的构造　竖流式沉淀池的平面可为圆形、正方形或多角形。竖流式沉淀池的深宽（径）比一般不大于 3，通常取 2。

(5) 辐流式沉淀池

① 辐流式沉淀池（图 3-18）是一种大型沉淀池，池径可达 100m，池周水深 1.5～3.0m。

② 有中心进水、周边进水、周进周出、旋转臂配水等几种形式。

③ 沉淀与池底的污泥一般采用刮泥机刮除，对辐流式沉淀池而言，目前常用的刮泥机

械有中心传动式刮泥机和吸泥机以及周边传动式的刮泥机与吸泥机等。

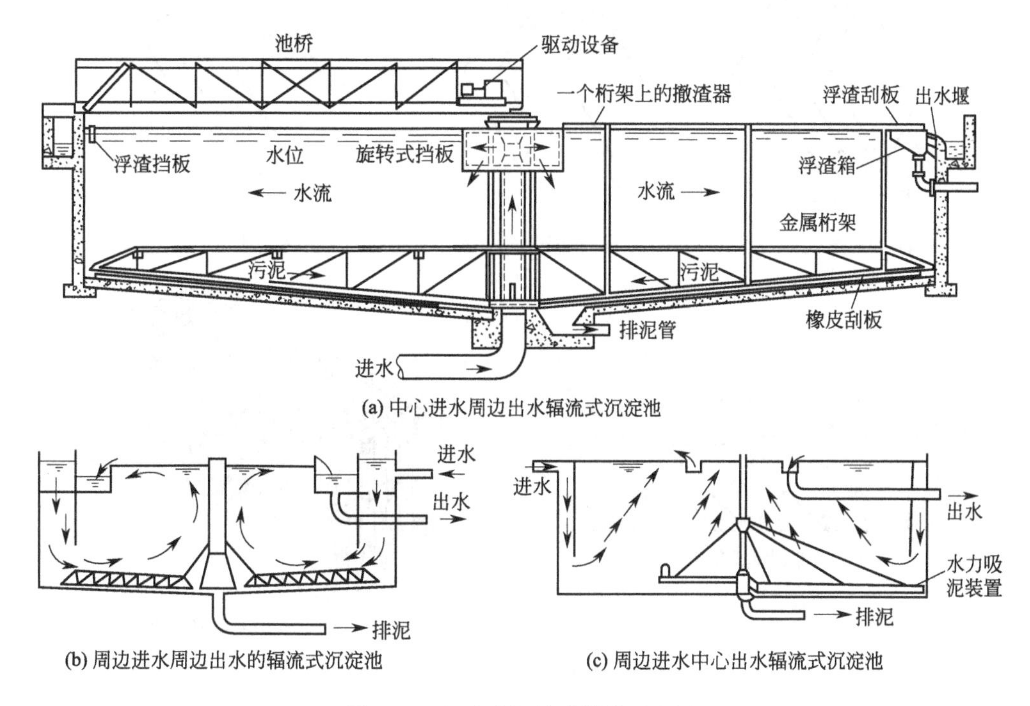

图 3-18　辐流式沉淀池结构示意图

(6) 斜流式沉淀池

1) 斜流式沉淀池的构造　斜流式沉淀池（图 3-19）是根据浅池理论，在沉淀池的沉淀区加斜板或斜管而构成。它由斜板（管）沉淀区、进水配水区、清水出水区、缓冲区和污泥区组成。

按斜板或斜管间水流与污泥的相对运动方向来区分，斜流式沉淀池有同向流、横向流和异向流三种。污水处理中常采用升流式异向流斜流沉淀池。

异向斜流式沉淀池中，斜板（管）与水平面呈 60°角，长度通常为 1.0m 左右，斜板净距（或斜管孔径）一般为 80～100mm。斜板（管）区上部清水区水深为 0.7～1.0m，底部缓冲层高度为 1.0m。

2) 斜流式沉淀池在废水处理中的应用　斜流式沉淀池具有沉淀效率高、停留时间短、占地少等优点，在给水处理中得到比较广泛地应用，在废水处理中应用不普遍。在选矿水尾矿浆的浓缩、炼油厂含油废水的隔油等方面已有较成功的经验，在印染废水处理和城市污水处理中也有应用。

3.2.2.6 隔油和破乳

(1) 含油废水的来源、油的状态和油污染对环境的危害

含油废水的来源主要有：纺织工业；轻工业；石油开采及加工工业；铁路及交通运输工业；屠宰及食品加工；固体燃料热加工；机械工业。

1) 油在水中的存在状态

① 呈悬浮状态的可浮油：油滴的粒径较大（>60μm），可以依靠油水密度差而从水中

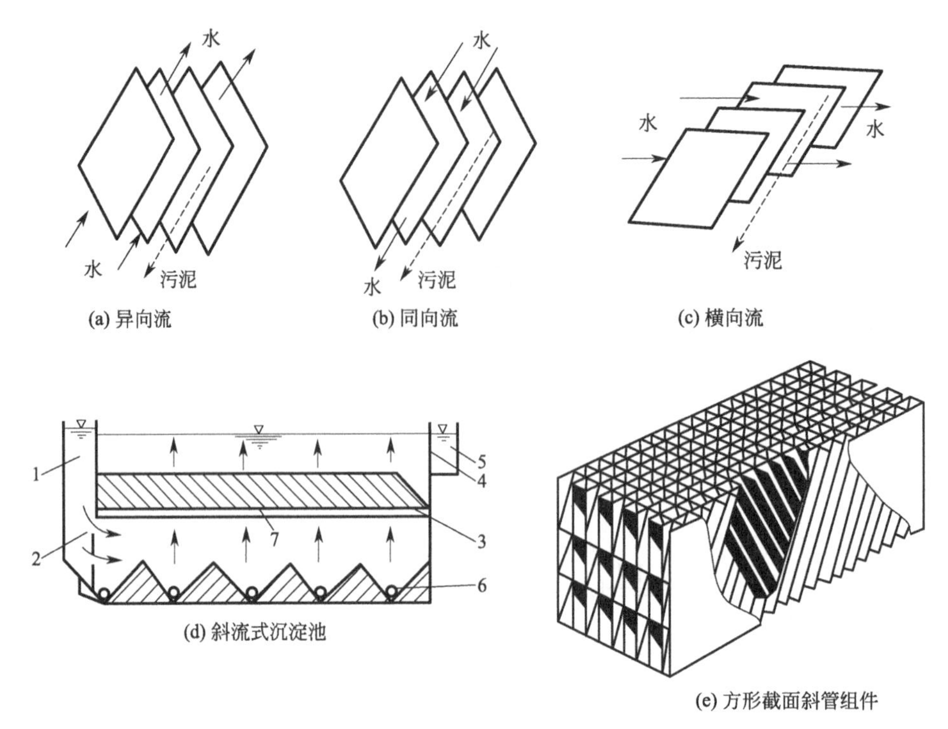

斜流式沉淀池及其运动方向

图 3-19 斜板（管）及斜板（管）沉淀池

1—配水槽；2—穿孔墙；3—斜板或斜管；4—淹没孔口；5—水槽；6—排泥管；7—支架

分离出来，对于石油炼厂废水而言，这种状态的油一般占废水中含油量的60%～80%左右。

② 呈乳化状态的乳化油：非常细小的油滴，由于其表面有一层由乳化剂形成的稳定薄膜，阻碍油滴合并，故不能用静沉法从废水中分离出来；若能消除乳化剂的作用，乳化油可转化为可浮油，称为破乳。乳化油经过破乳之后，就能用沉淀法分离。细分散油粒径10～60μm；乳化油粒径＜ 10μm。

③ 呈溶解状态的溶解油：油品在水中的溶解度非常低（5～15mg/L），每升水中只有几毫克至十几毫克溶解油。

2）油污染对环境的危害　油污染对土壤、水体以及沟道等均会产生影响。

① 土壤：含油废水侵入土壤孔隙间形成油膜，产生堵塞作用，致使空气、水分及肥料均不能渗入土中，破坏土层结构，不利于农作物的生长，甚至导致农作物枯死。

② 水体：含油废水排入水体后将在水面上形成油膜，阻碍大气中的氧向水体转移，使水生生物处于严重缺氧状态而死亡。

③ 沟道：含油废水排入城市沟道，对沟道、附属设备及城市污水处理厂都会造成不良影响。

(2) 隔油池

污水处理工程通过隔油池，利用密度差来去除水中可浮油。常见的隔油池主要有平流式隔油池（图 3-20）、斜板式隔油池、小型自动隔油池等形式。

废水从池子的一端流入池子，以较低的水平流速流经池子，流动过程中，密度小于水的油粒上升到水面，密度大于水的颗粒杂质沉于池底，水从池子的另一端流出。隔油池的出水端设置集油管。大型隔油池应设置刮油刮泥机，以及时排油及排除底泥。隔油池的池底构造与沉淀池相同。表面一般设置盖板，冬季保持浮渣的温度，从而保持它的流动性，同时可以防火与防雨。

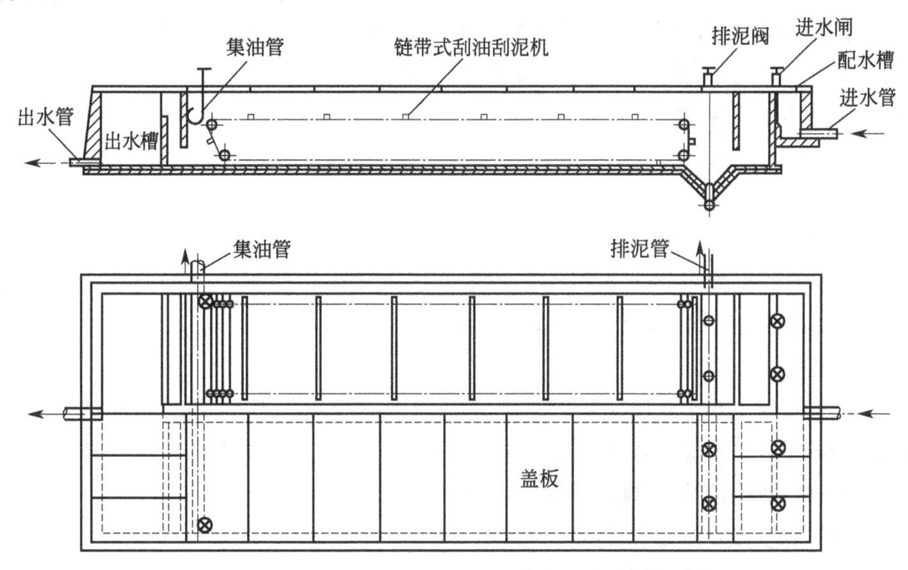

图 3-20 平流式隔油池结构示意图

平流式隔油池构造简单，便于运行管理，油水分离效果稳定。平流式隔油池可去除的最小油滴直径为 100～150μm，相应的上升速度不高于 0.9mm/s。平流式隔油池的设计与平流式沉淀池基本相似，按表面负荷设计时，一般采用 1.2$m^3/(m^2 \cdot h)$；按停留时间设计时，一般采用 2h。

斜板式隔油池内设斜板，可以大大提高隔油效率，可去除的最小油滴直径为 60μm，相应的上升速度约为 0.2mm/s。

小型自动隔油池主要用于铁路运输、化工等行业，其撇油装置是依靠水与油的密度差形成液位差而达到自动撇油的目的。

(3) 乳化油及破乳方法

当油和水相混，又有乳化剂存在时，乳化剂会在油滴与水滴表面上形成一层稳定的薄膜，这时油和水就不会分层，而呈一种不透明的乳状液。

当分散相是油滴时，称水包油乳状液；当分散相是水滴时，则称为油包水乳状液。

1) 乳化油的主要来源

① 根据生产工艺的需要而人为制成。

② 以洗涤剂清洗受油污染的机械零件、油槽车等而产生乳化油废水。

③ 含油（可浮油）废水在沟道与含乳化剂的废水相混合，受水流搅动而形成。

2) 破乳方法　破乳的基本原理：破坏液滴界面上的稳定薄膜，使油、水得以分离。

① 投加换型乳化剂：投入适量“换型剂”后，在水包油（或油包水）乳状液转型为油包水（或水包油）乳状液过程中，存在着一个转化点，这时的乳状液非常不稳定，油水可能形成分层。

② 投加盐类、酸类：可使乳化剂失去乳化作用。

③ 投加某种本身不能成为乳化剂的表面活性剂：如异戊醇，从两相界面上挤掉乳化剂而使其失去乳化作用。

④ 搅拌、振荡、转动：通过剧烈的搅拌、振荡或转动，使乳化的液滴猛烈相碰撞而合并。

⑤ 过滤：如以粉末为乳化剂的乳状液，可以用过滤法拦截被固体粉末包围的油滴。

⑥ 改变温度：改变乳化液的温度来破坏乳化液的稳定。

⑦ 某些乳化液必须投加化学药剂破乳，如钙、镁、铁、铝的盐类或无机酸、碱、混凝剂等。

3.2.3 浮上法

废水的浮上法处理是将空气以微小气泡形式通入水中，使微小气泡与在水中悬浮的颗粒黏附，形成水-气-颗粒三相混合体系，颗粒黏附上气泡后，密度小于水即上浮水面，从水中分离，形成浮渣层。

污水处理技术中，浮上法固-液或液-液分离技术的应用：石油、化工及机械制造业中含油污水的油水分离；工业废水处理；污水中有用物质的回收；取代二次沉淀池，特别是用于易产生活性污泥膨胀的情况；剩余活性污泥的浓缩。

浮上法处理工艺必须满足下述基本条件：

① 必须向水中提供足够量的微小气泡。

② 必须使污水中的污染物质能形成悬浮状态。

③ 必须使气泡与悬浮的物质产生黏附作用。

3.2.3.1 浮上法的类型

浮上法按生产微小气泡的方法分为：电解浮上法、分散空气浮上法、溶解空气浮上法。

(1) 电解浮上法

电解废水可同时产生三种作用：电解氧化还原、电解混凝、电气浮。

电解浮上法是将正负极相间的多组电极浸泡在废水中，当通以直流电时，废水电解，正负两极间产生的氢和氧的微小气泡黏附于悬浮物上，将其带至水面而达到分离的目的。电解浮上法产生的气泡小于其他方法产生的气泡，故特别适用于脆弱絮状悬浮物。电解浮上法的表面负荷通常低于 $4m^3/(m^2 \cdot h)$。电解浮上法主要用于工业废水处理方面，处理水量约在 $10 \sim 20m^3/h$。由于电耗高、操作运行管理复杂及电极结垢等问题，较难适用于大型生产。

(2) 分散空气浮上法

微气泡曝气浮上法：压缩空气引入到靠近池底处的微孔板，并被微孔板的微孔分散成微小气泡。

剪切气泡浮上法：将空气引入到一个高速旋转混合器或叶轮机的附近，通过高速旋转混合器的高速剪切，将引入的空气切割成微小气泡，叶轮气浮装置如图 3-21 所示。

(3) 溶解空气浮上法

根据溶解空气的析出条件，溶解空气浮上法又可以分为真空浮上法和加压溶气浮上法。

① 真空浮上法：空气在常压下溶解，真空条件下释放。优点是无压力设备；缺点是溶解度低，气泡释放有限，需要密闭设备维持真空，运行维护困难。

② 加压溶气浮上法：空气在加压条件下溶解，常压下使过饱和空气以微小气泡形式释放，需要溶气罐、空压机或射流器、水泵等设备，其示意图如图 3-22 所示。

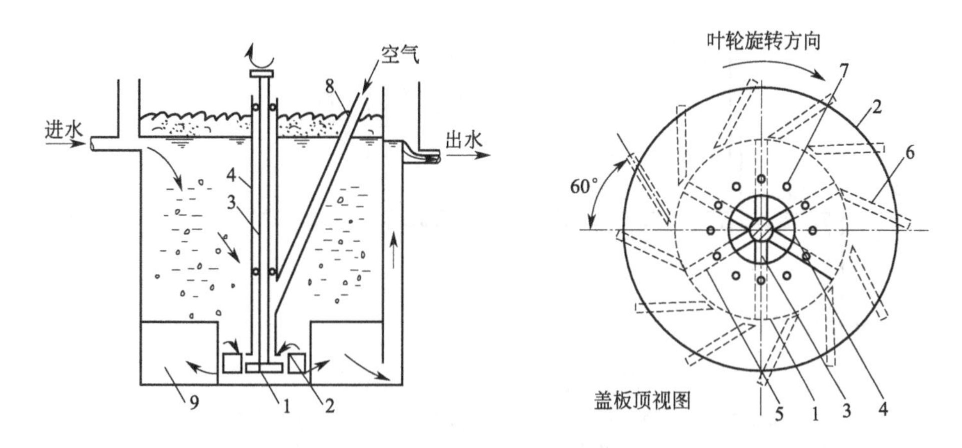

图 3-21　叶轮气浮装置

1—叶轮；2—盖板；3—转轴；4—轴套；5—叶轮叶片；6—导向叶片；7—循环进水孔；8—进气管；9—整流板

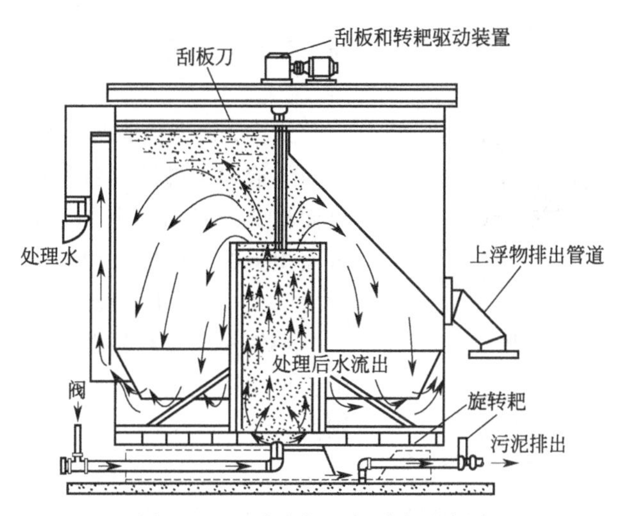

图 3-22　上流式加压气浮池示意图

3.2.3.2　加压溶气浮上法的基本原理

(1) 空气在水中的溶解度与压力的关系

空气在水中的溶解度：单位体积水溶液中溶入的空气体积，mL/L，或单位体积水溶液中溶入的空气质量，g/m^3。

空气在水中的溶解度与温度、压力有关。在一定范围内，温度越低、压力越大，其溶解度越大。一定温度下，溶解度与压力成正比。

空气从水中析出的过程分两个步骤，即气泡的形成过程与气泡的增长过程。其中，气泡核的形成过程起决定性作用，有了相当数量的气泡核，就可以控制气泡数量的多少与气泡直径的大小。溶气气浮法要求在这个过程中形成数目众多的气泡核，溶解同样空气，如形成的气泡核数量越多，则形成的气泡的直径也就越小，越有利于满足浮上工艺的要求。其流程图如图 3-23 所示。

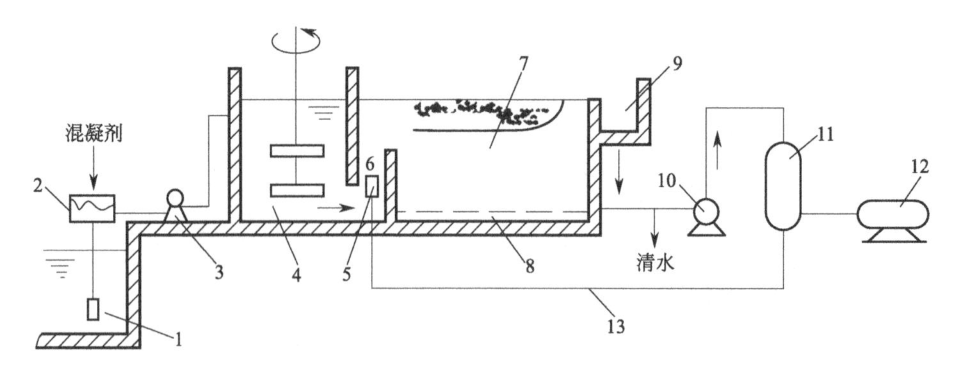

图 3-23 压力溶气气浮流程图

1—原水取水口；2—混合器；3—水泵；4—反应池；5—溶气释放器；6—气浮池入流室；7—气浮池分离室；8—集水管；9—排渣槽；10—回流水泵；11—压力溶气罐；12—空气压缩机；13—溶气水管

(2) 水中的悬浮颗粒与微小气泡相黏附的原理

图 3-24 为不同悬浮颗粒与水的润湿情况。

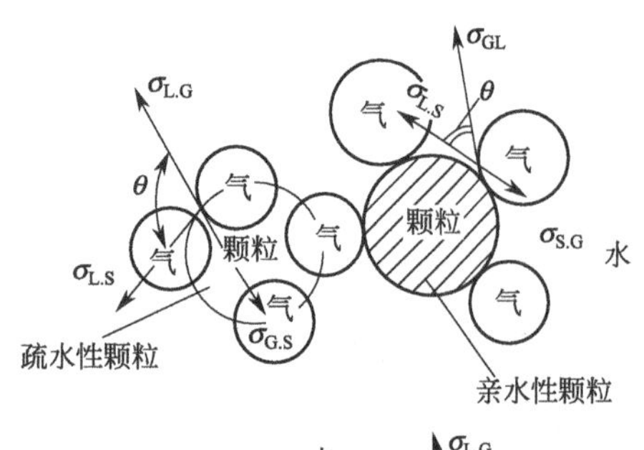

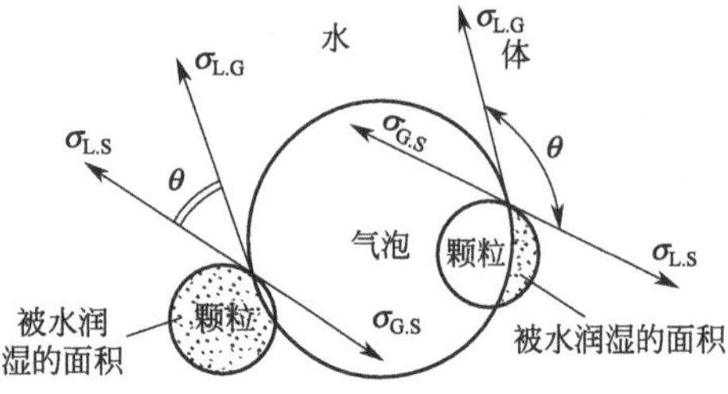

图 3-24 不同悬浮颗粒与水的润湿情况

1) 气泡与悬浮颗粒黏附的条件　界面能 E 与界面张力的关系如下：

$$E=\sigma S \tag{3-53}$$

式中，σ 为界面张力系数；S 为界面面积。

气泡未与悬浮颗粒黏附前，颗粒与气泡的单位面积上的界面能分别为 $\sigma_{水\text{-}粒}$ 和 $\sigma_{水\text{-}气}$，这时单位面积上的界面能之和 E_1 为

$$E_1=\sigma_{水\text{-}粒}+\sigma_{水\text{-}气} \tag{3-54}$$

当气泡与悬浮颗粒黏附后，界面能缩小，黏附面单位面积上的界面能 E_2 及其缩小值 ΔE 分别为

$$E_2=\sigma_{气\text{-}粒} \tag{3-55}$$

$$\Delta E=E_1-E_2=\sigma_{水\text{-}粒}+\sigma_{水\text{-}气}-\sigma_{粒\text{-}气} \tag{3-56}$$

这部分能量差即为挤开气泡和颗粒之间水膜所做的功，此值越大，气泡与颗粒黏附得越牢固。

水中的悬浮颗粒是否能与气泡黏附，与水、气、颗粒间的界面能有关。当三者相对稳定时，三相界面张力的关系式为

$$\sigma_{水\text{-}粒}=\sigma_{水\text{-}气}\cos(180°-\theta)+\sigma_{粒\text{-}气} \tag{3-57}$$

式中，θ 为接触角（也称湿润角）。

代入式(3-55) 得

$$\Delta E=\sigma_{水\text{-}气}(1-\cos\theta) \tag{3-58}$$

$$\Delta E=\sigma_{水\text{-}粒}+\sigma_{水\text{-}气}-(\sigma_{水\text{-}粒}+\sigma_{水\text{-}气}\cos\theta) \tag{3-59}$$

上式表明，并不是水中所有的污染物质都能与气泡黏附，是否能黏附，与该类物质的接触角有关。

① 当 $\theta \to 0$ 时，$\cos\theta \to 1$，$\Delta E \to 0$，这类物质亲水性强（称亲水性物质），无力排开水

膜，不易与气泡黏附，不能用气浮法去除。

② 当 $\theta \to 180°$时，$\cos\theta \to -1$，$\Delta E \to 2\sigma_{水\text{-}气}$，这类物质憎水性强（称憎水性物质），易与气泡黏附，宜用气浮法去除。

微小气泡与悬浮颗粒的黏附形式有气泡与颗粒吸附、气泡顶托和气泡裹挟三种。

2）“颗粒-气泡”复合体的上浮速度　当流态为层流时，即 $Re<1$ 时，则“颗粒-气泡”复合体的上升速度 $v_{上}$ 可按斯托克斯公式计算：

$$v_{上}=\frac{g}{18\mu}(\rho_{L}-\rho_{S})d^{2} \tag{3-60}$$

式中，d 为“颗粒-气泡”复合体的直径；ρ_S 为“颗粒-气泡”复合体的表观密度。

上述公式表明，$v_{上}$ 取决于水与复合体的密度差及复合体的有效直径。“颗粒-气泡”复合体上黏附的气泡越多，则 ρ_S 越小，d 越大，因而上浮速度亦越快。

3）化学药剂的投加对气浮效果的影响　一般的疏水性或亲水性物质，均需投加化学药剂，以改变颗粒的表面性质，增加气泡与颗粒的吸附。这些化学药剂分为下述几类：

① 混凝剂：各种无机或有机高分子混凝剂，它们不仅可以改变污水中悬浮颗粒的亲水性能，还能使污水中的细小颗粒絮凝成较大的絮状体以吸附、截留气泡，加速颗粒上浮。

② 浮选剂：浮选剂大多数由极性-非极性分子组成。当浮选剂的极性基被吸附在亲水性悬浮颗粒的表面后，非极性基则朝向水中，这样就可以使亲水性物质转化为疏水性物质，从而能使其与微小气泡相黏附。浮选剂的种类有松香油、石油、表面活性剂、硬脂酸盐等。

③ 助凝剂：作用是提高悬浮颗粒表面的水密性，以提高颗粒的可浮性，如聚丙烯酰胺。

④ 抑制剂：作用是暂时或永久性地抑制某些物质的浮上性能，而又不妨碍需要去除的悬浮颗粒的上浮，如石灰、硫化钠等。

⑤ 调节剂：主要是调节污水的 pH 值，改进和提高气泡在水中的分散度以及提高悬浮颗粒与气泡的黏附能力，如各种酸、碱等。

3.2.3.3 压力溶气浮上法系统的组成

(1) 压力溶气系统

加压水泵：作用是提升污水，将水、气以一定压力送至压力溶气罐，其压力的选择应考虑溶气罐压力和管路系统的水力损失两部分。

压力溶气罐：作用是使水与空气充分接触，促进空气的溶解。溶气罐的形式有多种，其中以罐内填充填料的溶气罐效率最高。

空气供给设备：溶气方式有水泵吸气式、水泵压水管装射流器挟气式、空压机供气式三种。

(2) 空气释放系统

空气释放系统由溶气释放装置和溶气水管路组成。

溶气释放装置的功能是将压力容器减压，使溶气水中的气体以微小气泡的形式释放出来，并能迅速、均匀地与水中的颗粒物质黏附。常用的溶气释放装置有减压阀、溶气释放喷嘴、释放器等。

(3) 气浮池

气浮池的功能是提供一定的容积和池表面积，使微小气泡与水中悬浮颗粒充分混合、接触、黏附，并使带气颗粒与水分离。

① 气浮池的有效水深通常为 2.0～2.5m，一般以单格宽度不超过 10m、长度不超过 15m 为宜。

② 废水在反应池中的停留时间与混凝剂种类、投加量、反应形式等因素有关，一般为 5～15min。

③ 为避免打碎絮凝体，废水经挡板底部进入气浮接触室时的流速应小于 0.1m/s。废水在接触室中的上升流速一般为 10～20mm/s，停留时间应大于 60s。

3.2.3.4 压力溶气浮上法的设计计算

(1) 气浮所需空气量

① 有试验资料时，

$$q_{V,g}=q_V R' a_c \phi \tag{3-61}$$

式中，q_V 为气浮池设计水量，m^3/h；R'为试验条件下的回流比，%；a_c 为试验条件下的释气量，L/m^3；ϕ 为水温校正系数，取 1.1～1.3（主要考虑水的黏滞度影响，试验时水温与冬季水温相差大者取高值）。

② 无试验资料时，可根据气固比（A/S）进行估算

$$\frac{A}{S}=\frac{1.3c_a(fp_0+14.7f-14.7)q_{V,R}}{14.7q_V\rho_{si}} \tag{3-62}$$

式中，A/S 为气固比，g/g，一般为 0.005～0.06，当悬浮固体浓度较高时取上限，如剩余污泥气浮浓缩时，气固比采用 0.03～0.04；1.3 为 1mL 空气的质量，mg；c_a 为某一温度下的空气溶解度；f 为压力为 p 时，水中的空气溶解系数，0.5～0.8（通常取 0.5）；p_0 为表压，kPa；$q_{V,R}$ 为加压水回流量，m^3/h；q_V 为设计水量，m^3/h；ρ_{si} 为入流废水的悬浮固体浓度，mg/L。

(2) 溶气罐

① 溶气罐直径 D_d　选定过流密度 I 后，溶气罐直径按下式计算：

$$D_d=\sqrt{\frac{4q_{V,R}}{\pi I}} \tag{3-63}$$

一般对于空罐，I 选用 $1000～2000m^3/(m^2·d)$；对填料罐，I 选用 $2500～5000m^3/(m^2·d)$。

② 溶气罐高 h

$$h=2h_1+h_2+h_3+h_4 \tag{3-64}$$

式中，h_1 为罐顶、底封头高度（根据罐直径而定），m；h_2 为布水区高度，一般取 0.2～0.3m；h_3 为贮水区高度，一般取 1.0m；h_4 为填料层高度，当采用阶梯环时，可取 1.0～1.3m。

(3) 气浮池

① 接触池的表面积 A_c　选定接触室中水流的上升流速 v_c 后，按下式计算：

$$A_c=\frac{q_V+q_{V,R}}{v_c} \tag{3-65}$$

接触室的容积一般应按停留时间大于 60s 进行复核。

② 分离室的表面积 A_s　选定分离速度（分离室的向下平均水流速度）v_s 后按下式计算：

$$A_s=\frac{q_V+q_{V,R}}{v_s} \tag{3-66}$$

对矩形池子，分离室的长宽比一般取（1∶1）～(2∶1)。

③ 气浮池的净容积 V　选定池的平均水深 H（指分离室深），按下式计算：

$$V=(A_c+A_s)H \tag{3-67}$$

以池内停留时间（t）进行校核，一般要求 t 为 10～20min。

3.3　化学法及物理化学法

3.3.1　化学法

污水的化学处理是利用化学反应的作用以去除水中的杂质。处理对象主要是污水中无机或有机的（难于生物降解的）溶解物质或胶体物质。常用的化学处理方法有化学混凝法、中和法、化学沉淀法和氧化还原法。

3.3.1.1　化学混凝法

(1) 混凝原理

化学混凝处理的对象主要是水中的微小悬浮物和胶体杂质。

1）胶体的结构　胶体是指一种粒径介于 1～100nm 的微粒均匀分散在另一种介质中组成的分散系统。胶体结构中心是胶核，在胶核表面选择性地吸附了一层带同种电荷的离子，称为电位离子层，它决定了胶粒所带电荷的数量和正负性质，构成了双电层的内层。在电位离子层外吸附着电量与电位离子层的总电量相等、电性相反的反离子层，反离子层构成了双电层的外层。电位离子层与反离子层构成胶体粒子的双电层结构。反离子层又分为吸附层和扩散层，吸附层和电位离子层一起构成了胶体粒子的固定层。固定层以外的反离子有向水相主体扩散的趋势，称为反离子扩散层。固定层与扩散层之间的交界面称为滑动面。滑动面以内的部分称为胶粒，胶粒与扩散层组成电中性胶团（即胶体粒子）。胶粒与扩散层之间的电位差称为 ζ 电位，即胶体的电动电位。胶核表面的电位离子与水相主体之间的电位差称为 φ 电位，它是胶体的总电位。总电位难以测定，也无实用意义，ζ 电位却可以借助电泳或电渗的速度计算得到，在水和废水处理的研究实践中，ζ 电位具有重要价值。胶体粒子结构及其电位分布如图 3-25 所示。

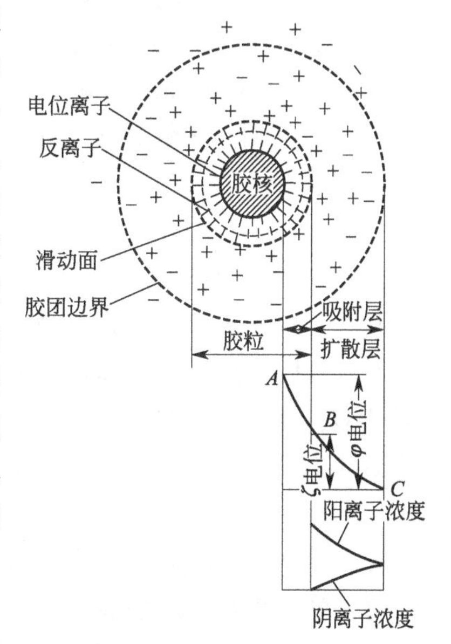

图 3-25　胶体粒子结构及其电位分布

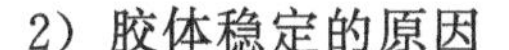
2）胶体稳定的原因

① 由于胶体有带电现象，带相同电荷的胶粒产生静电斥力，而且 ξ 电位越高，胶粒间的静电斥力越大。

② 受水分子热运动的撞击，微粒在水中做不规则的运动，即"布朗运动"。

③ 胶粒之间还存在着相互引力——范德华引力。

④ 胶体间的相互斥力不仅与ξ电位有关，还与胶粒的间距有关，距离越近，斥力越大。而布朗运动的动能不足以将两颗胶粒推进到使范德华引力发挥作用的距离。因此，胶体微粒不能相互聚结而长期保持稳定的分散状态。

⑤ 水化作用也使胶体不能相互聚结。

3）胶体微粒的混凝过程　水中的胶体微粒具有稳定性，要想去除水中胶体态污染物，首先要使胶体脱稳，继而凝聚和絮凝，水的混凝就是胶体微粒的脱稳和絮凝过程。

① 压缩双电层作用。混凝剂提供的大量正离子会涌入胶体扩散层甚至吸附层，使ζ电位降低。当ζ电位为零时，称为等电状态。此时胶体间斥力消失，胶粒最易发生聚结。实际上，ζ电位只要降至某一程度而使胶粒间排斥的能量小于胶粒布朗运动的动能时，胶粒就开始产生明显的聚结，这时的ζ电位称为临界电位。胶粒因ζ电位降低或消除以至失去稳定性的过程，称为胶体脱稳。脱稳的胶粒相互聚结，称为凝聚。

② 吸附架桥作用。由高分子物质吸附架桥作用而使微粒相互黏结的过程。

③ 网捕作用。沉淀物在自身沉降过程中，能集卷、网捕水中的胶体等微粒，使胶体黏结。

4）以硫酸铝为例讨论混凝过程

硫酸铝［$Al_2(SO_4)_3 \cdot 18H_2O$］溶于水后，解离出$Al^{3+}$，并结合6个配位水分子，成为水合铝离子［$Al(H_2O)_6]^{3+}$。

水合铝离子进一步水解，形成单羟基单核络合物：

$$[Al(H_2O)_6]^{3+} + H_2O \rightleftharpoons [Al(OH)(H_2O)_5]^{2+} + H_3O^+ \tag{3-68}$$

单羟基单核络合物又进一步水解：

$$[Al(OH)(H_2O)_5]^{2+} + H_2O \rightleftharpoons [Al(OH)_2(H_2O)_4]^{+} + H_3O^+ \tag{3-69}$$

$$[Al(OH)_2(H_2O)_4]^{+} + H_2O \rightleftharpoons [Al(OH)_3(H_2O)_3]\downarrow + H_3O^+ \tag{3-70}$$

上述反应中，降低水中H^+（或H_3O^+）浓度或提高pH值，使反应趋向右方，水合羟基络合物的电荷逐渐降低，最终生成中性氢氧化铝难溶沉淀物。

当pH<4时，水解受到抑制，水中存在的主要是［$Al(H_2O)_3]^{3+}$。

当pH＝4～5时，水中有$[Al(OH)(H_2O)_5]^{2+}$、$[Al(OH)_2(H_2O)_4]^{+}$及少量$[Al(OH)_3(H_2O)_3]$。

当pH＝7～8时，水中主要是［$Al(OH)_3(H_2O)_3$］沉淀物。

但在某一特定pH值时，水解产物还有许多复杂的高聚物和络合物同时共存。

因为初步水解产物中的羟基（OH^-）具有桥键性质。在由［$Al(H_2O)_6]^{3+}$转向［$Al(OH)_3(H_2O)_3$］的过程中，羟基可将单核络合物通过桥键缩聚成多核络合物：

$$[Al(H_2O)_6]^{3+} + [Al(OH)(H_2O)_5]^{2+} \rightleftharpoons [Al(H_2O)_5—OH—Al(H_2O)_5]^{5+} + H_2O \tag{3-71}$$

或 $$[Al(H_2O)_6]^{3+} + [Al(OH)(H_2O)_5]^{2+} \rightleftharpoons [Al(OH)(H_2O)_{10}]^{5+} + H_2O \tag{3-72}$$

两个单羟基络合物通过羟基桥连可缩合成双羟基双核络合物：

$$2[Al(OH)(H_2O)_3]^{2+} \rightleftharpoons [Al_2(OH)_2(H_2O)_8]^{4+} + 2H_2O \tag{3-73}$$

从上述反应可以看出，三价铝盐发挥混凝作用的是各种形态的水解聚合物。带有正电的水解聚合物，同时起到压缩双电层的脱稳和吸附架桥的作用。为使硫酸铝达到优异的混凝效果，应尽量使胶体脱稳和吸附架桥作用都得到充分发挥。当混凝剂投放水中后，应立即进行剧烈搅拌，使带电聚合物迅速均匀地与全部胶体杂质接触，使胶体脱稳，随后，脱稳胶体在相互凝聚的同时，靠聚合度不断增大的高聚物的吸附架桥作用，形成大的絮凝体，使混凝过程很好地完成。

(2) 混凝剂

能够使水中的胶体微粒相互黏结和聚结的物质称为混凝剂，它具有破坏胶体的稳定性和促进胶体絮凝的功能。混凝剂可分为无机混凝剂、有机混凝剂和微生物混凝剂。

1）无机混凝剂　传统的无机混凝剂主要为低分子的铝盐和铁盐，铝盐主要有硫酸铝［$Al_2(SO_4)_3 \cdot 18H_2O$］、明矾［$Al_2(SO_4)_3 \cdot K_2SO_4 \cdot 24H_2O$］、氯化铝、铝酸钠（$NaAlO_2$）等。铁盐主要有三氯化铁（$FeCl_3 \cdot 6H_2O$）、硫酸亚铁（$FeSO_4 \cdot 7H_2O$）和硫酸铁［$Fe_2(SO_4)_3 \cdot 2H_2O$］等。无机低分子混凝剂价格低、货源充足，但用量大、残渣多、效果较差。20世纪60年代，新型无机高分子混凝剂（IPF）研制成功，目前在生产和应用上都取得了迅速发展，被称为第二代无机混凝剂。IPF不仅具有低分子混凝剂的特征，而且分子量大，具有多核络离子结构，且电中和能力强，吸附桥连作用明显，用量少，价格比有机高分子混凝剂（OPF）低，因此被广泛应用于污水处理中，逐渐成为主流混凝剂。

2）有机混凝剂　有机高分子混凝剂与无机高分子混凝剂相比，具有用量少，絮凝速度快，受共存盐类、pH值及温度影响小，污泥量少等优点。但普遍存在未聚合单体有毒的问题，而且价格昂贵，这在一定程度上限制了它的应用。目前使用的有机高分子混凝剂主要有合成的与改性的两种。

污水处理中大量使用的有机混凝剂仍然是人工合成的。人工合成有机高分子混凝剂多为聚丙烯、聚乙烯物质，如聚丙烯酰胺、聚乙烯亚胺等。这些混凝剂都是水溶性的线性高分子物质，每个大分子由许多包含有带电基团的重复单元组成，因而也称为聚电解质。按其在水中的电离性质，聚电解质又有非离子型、阴离子型和阳离子型三类。

人工合成有机高分子混凝剂虽然被广泛应用于污水处理，但它毒性较强，难以生物降解。在环境意识日益增强的今天，越来越多的研究者正致力于开发天然改性高分子混凝剂。例如将天然淀粉、纤维素、植物胶等经过醚化、酯化、磺化等反应制得淀粉类、纤维素类、植物胶类改性高分子混凝剂。经改性后的天然高分子混凝剂与人工合成有机高分子混凝剂相比，虽然具有无毒、价廉等优点，但其使用量仍然低于人工合成高分子混凝剂，主要是因为天然高分子混凝剂电荷密度较小、分子量低，且易发生生物降解而失去活性。

由于淀粉来源广泛，价格便宜，且产品可以完全生物降解，可在自然界中形成良性循环。因此，淀粉改性混凝剂的研制与使用较多。此外，甲壳素类混凝剂的开发研究近年来也十分热门。

(3) 影响混凝效果的主要因素

1）废水的性质

① pH值。各种药剂产生混凝作用时都有一个适宜的pH值范围，例如硫酸铝作为混凝剂时，合适的pH值范围为5.7～7.8，不能高于8.2。如果pH值过高，硫酸铝水解后生成的$Al(OH)_3$胶体就要溶解，即

$$Al(OH)_3 + OH^- \longrightarrow AlO_2^- + 2H_2O \tag{3-74}$$

生成的 AlO_2^- 对含有负电荷胶体微粒的废水没有作用。再如铁盐只有当 pH 值大于 4 时才有混凝作用，而亚铁盐则要求 pH 值大于 9.5。一般通过试验得到最佳的 pH 值，往往需要加酸或碱来调整 pH 值，通常加碱的较多。

② 水温。水温对混凝效果影响很大，水温高时效果好，水温低时效果差。因无机盐类混凝剂的水解是吸热反应，水温低时水解困难。如硫酸铝，当水温低于 5℃时，水解速度变慢，不易生成 $Al(OH)_3$ 胶体，要求最佳温度是 35～40℃。其次，低温时，水黏度大，水中杂质的热运动减慢，彼此接触碰撞的机会减少，不利于相互凝聚。且水的黏度大，水流的剪力增大，絮凝体的成长受到阻碍，因此，水温低时混凝效果差。

③ 胶体杂质浓度。过高或过低都不利于混凝。用无机金属盐作混凝剂时，胶体不同，所需脱稳的 Al^{3+} 和 Fe^{3+} 的用量亦不同。

④ 共存杂质的种类和浓度。有利于混凝的物质包括除硫、磷化合物以外的其他各种无机金属盐，它们均能压缩胶体粒子的扩散层厚度，促进胶体粒子凝聚。离子浓度越高，促进能力越强，并可使混凝范围扩大。二价金属离子 Ca^{2+} 、Mg^{2+} 等对阴离子型高分子絮凝剂凝聚带负电的胶体粒子有很大促进作用，表现在能压缩胶体粒子的扩散层，降低微粒间的排斥力，并能降低絮凝剂和微粒间的斥力，使它们表面彼此接触。混凝的物质如磷酸离子、亚硫酸离子、高级有机酸离子等阻碍高分子絮凝作用。另外，氯、螯合物、水溶性高分子物质和表面活性物质也不利于混凝。

2）混凝剂影响

① 无机金属盐混凝剂。无机金属盐水解产物的分子形态、荷电性质和荷电量等对混凝效果均有影响。

② 高分子絮凝剂。其分子结构形式和分子量均直接影响混凝效果。一般线性结构较支链结构的絮凝剂优，分子量较大的单个链状分子的吸附架桥作用比小分子的好，但水溶性较差，不易稀释搅拌。分子量较小时，链状分子短，吸附架桥作用差，但水溶性好，易于稀释搅拌。因此，分子量应适当，不能过高或过低，一般以 $(3\sim5)\times10^6$ 为宜。此外还要求沿链状分子分布有发挥吸附架桥作用的足够官能团。高分子絮凝剂链状分子上所带电荷量越大，电荷密度越高，链状分子越能充分伸展，吸附架桥的空间作用范围也就越大，絮凝作用就越好。另外，混凝剂的投加量对混凝效果也有很大影响，应根据实验确定最佳的投加量。

3）水力条件　混凝过程中的水力条件对絮凝体的形成影响极大。整个混凝过程可以分为两个阶段：混合和反应。水力条件的配合对这两个阶段非常重要，其中两个主要的控制指标是搅拌强度和搅拌时间 t。

对于无机混凝剂，混合阶段要求快速和剧烈搅拌，在几秒钟或一分钟内完成；对于高分子混凝剂，混合反应可以在很短的时间内完成，而且不宜进行过分剧烈的搅拌。反应阶段要求搅拌强度或水流速度应随着絮凝体的结大而逐渐降低，以免结大的絮凝体被打碎。

（4）化学混凝工艺与设备

混凝沉淀处理流程包括投药、混合、反应、沉淀、分离几个部分，其示意流程图如图 3-26 所示。

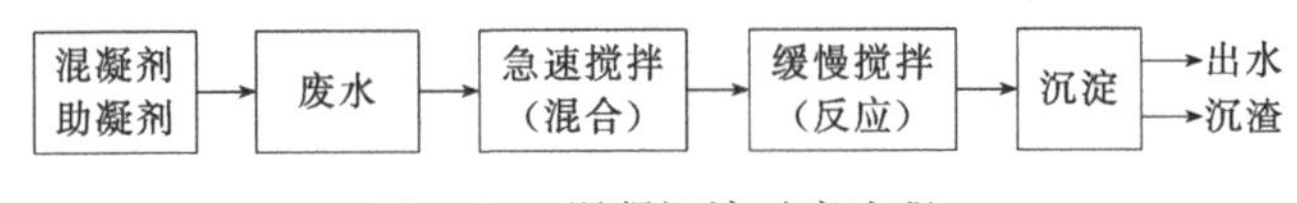

图 3-26　混凝沉淀示意流程

混凝沉淀分为混合、反应、沉淀三个阶段。混合阶段的作用主要是将药剂迅速、均匀地分配到废水中的各个部分，以压缩废水中胶体颗粒的双电层，降低或消除胶粒的稳定性，使这些微粒能互相聚集成较大的微粒——绒粒。混合阶段需要剧烈短促的搅拌，作用时间要短，以瞬时混合时效果为最好。

反应阶段的作用是促使失去稳定的胶体粒子碰撞结大，成为可见的矾花绒粒，所以反应阶段需要较长的时间，而且只需缓慢地搅拌。在反应阶段，由聚集作用所生成的微粒与废水中原有的悬浮微粒之间或各自之间，由于碰撞、吸附、黏附、架桥作用生成较大的绒体，然后送入沉淀池进行沉淀分离。

1）混凝剂的配制　混凝剂在溶解池中进行溶解。通过机械搅拌、压缩空气搅拌或水泵搅拌等方式加速药剂溶解。药剂溶解完全后，将浓药液送入溶液池，用清水稀释到一定的浓度备用。

溶液池的容积可按下式计算：

$$V_1=\frac{24\times 100Aq_V}{1000\times 1000cn}=\frac{Aq_V}{417cn} \tag{3-75}$$

式中，V_1 为溶液池容积，m^3；q_V 为处理池水量，m^3/h；A 为混凝剂的最大投加量，mg/L；c 为溶液浓度，%；n 为每天配置次数，一般为 2～6 次。

溶解池的容积：

$$V_2=(0.2\sim 0.3)V_1 \tag{3-76}$$

2）投药方法与设备　投药方法有干投法和湿投法。干投法是把易于溶解的药剂经过破碎直接投入废水中。干投法占地面积小，但对药剂的粒度要求较严，投量控制较难，对机械设备的要求较高，同时劳动条件也较差，目前国内用得较少。湿投法是将混凝剂和助凝剂配成一定浓度溶液，然后按处理水量大小定量投加。整个投加过程如图 3-27 所示。

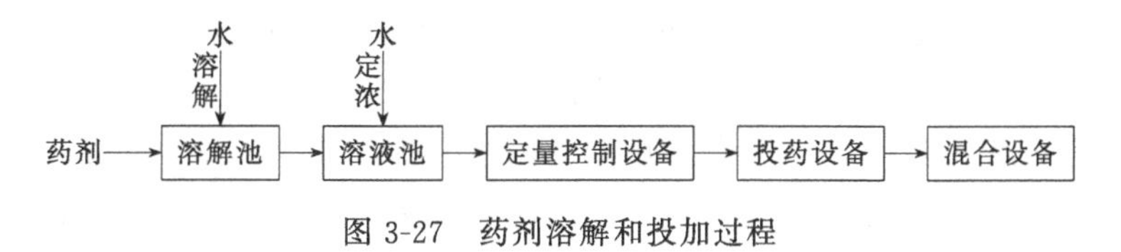

图 3-27　药剂溶解和投加过程

药剂调制有水力法、压缩空气法、机械法等。当投加量很小时，也可以在溶液桶、溶液池内进行人工调制。水力调制和人工调制适用于易溶解药剂，机械调制和压缩空气调制适用于各种药剂，但压缩空气调制不宜作长时间的石灰乳液连续搅拌。

投药设备包括计量设备、药液提升设备、投药箱、必要的水封箱以及注入设备等。不同的投药方式或投药计量系统所用设备也不同。

药液投入原水中必须有计量或定量设备，并能随时调节。计量设备多种多样，应根据具体情况选用。计量设备有：虹吸定量设备、孔口计量设备、转子流量计、电磁流量计、苗嘴、计量泵等。虹吸定量投加设备的结构如图 3-28 所示，其利用空气管末端与虹吸管口间的水位差不变而设计。孔口计量设备的构造如图 3-29 所示，配制好的混凝剂溶液通过浮球阀进入恒位箱，箱中液位靠浮球阀保持恒定。苗嘴计量仅适于人工控制，其他计量设备既可人工控制，也可自动控制。

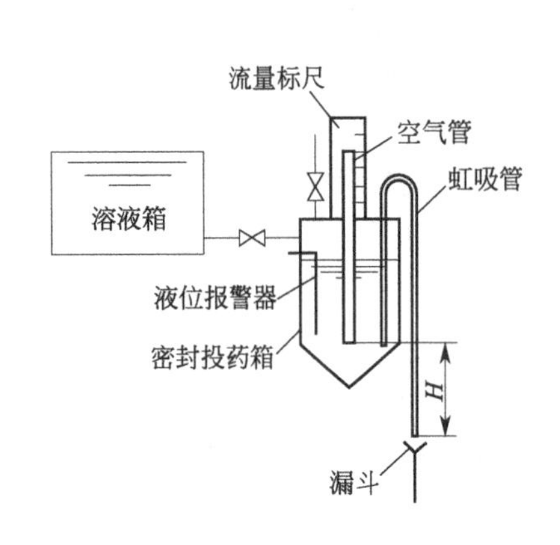

图 3-28　虹吸定量设备

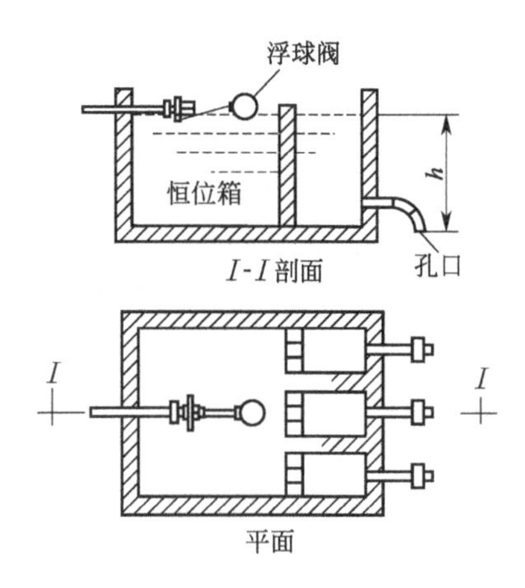

图 3-29　孔口计量设备

苗嘴是最简单的计量设备。其原理是：在液位一定时，一定口径的苗嘴，出流量为定值。当需要调整投药量时，更换不同口径的苗嘴即可。使用过程中要防止苗嘴堵塞。

常用的混凝剂投加方式有泵前投加、重力投加、水射器投加、泵投加四种。

3）混合　废水与混凝剂和助凝剂进行充分混合，是进行反应和沉淀的前提。混合要求速度快，常用的有水泵混合、管式混合、混合槽混合三种混合形式。

① 水泵混合。水泵混合是我国常用的混合方式。药剂投加在取水泵吸水管或吸水喇叭处，利用水泵叶轮高速旋转以达到快速混合的目的。水泵混合效果好，不需另建混合设施，节省动力。但当采用三氯化铁作为混凝剂时，若投量较大，药剂对水泵叶轮可能有轻微腐蚀作用。当水泵距水处理构筑物较远时，不宜采用水泵混合，因为经水泵混合后的原水在长距离管道输送过程中，可能过早地在管中形成絮凝体。已形成的絮凝体在管道中一经破碎，往往难以重新聚集，不利于后续絮凝，且当管中流速低时，絮凝体还可能沉积管中。因此，水泵混合通常用于水泵靠近水处理构筑物的场合，两者间距不宜大于 150m。

② 管式混合。最简单的管式混合是将药剂直接投入水泵压水管中，借助管中流速进行混合。管中流速不宜小于 1m/s，投药点后的管内水头损失小于 0.3～0.4m。投药点至末端出口距离以不小于 50 倍管道直径为宜。为提高混合效果，可在管道内增设孔板或文丘里管。这种管道混合简单易行，无须另建混合设备，但混合效果不稳定，管中流速低时，混合不均匀。

目前最广泛使用的管式混合器是管式静态混合器。混合器内按要求安装若干固定混合单元。每一混合单元由若干固定叶片按一定角度交叉组成。水流和药剂通过混合器时，将被单元体多次分割、改变，并形成漩涡，达到混合目的。目前，我国已生产多种形式静态混合器，图 3-30 为其中一种。管式静态混合器的口径与输水管道相配合，目前最大口径已达 2000mm。这种混合器的水头损失稍大，但因混合效果好，从总体经济效益而言，还是具有优势的。其唯一缺点是当流量过小时混合效果下降。

③ 混合槽混合。混合槽混合常用的有机械混合槽、分流隔板式混合槽、多孔隔板式混合槽。

机械混合槽：多为钢筋混凝土制，通过桨板转动搅拌达到混合的目的，特别适合于多种药剂处理废水的情况，处理效果比较好。

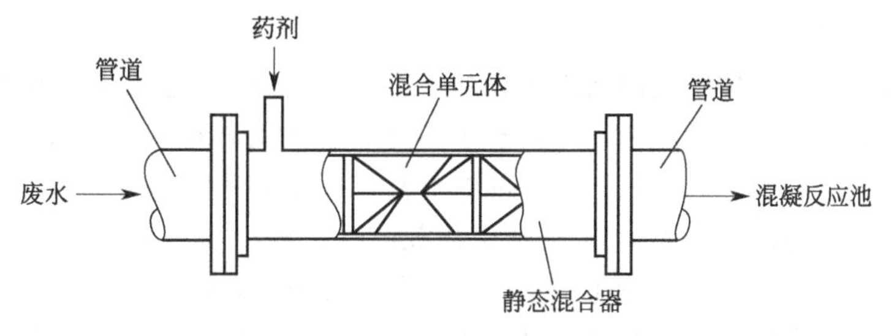

图 3-30 管式静态混合器

分流隔板式混合槽：其结构如图 3-31 所示。槽为钢筋混凝土或钢制，槽内设隔板，药剂于隔板前投入，水在隔板通道间流动过程中与药剂达到充分混合。混合效果比较好，但占地面积大，压头损失也大。

多孔隔板式混合槽：其结构如图 3-32 所示，槽为钢筋混凝土或钢制，槽内设若干穿孔隔板，水流经小孔时做旋流运动，保证得到迅速、充分的混合。当流量变化时，可调整淹没孔口数目，以适应流量变化。缺点是压头损失较大。

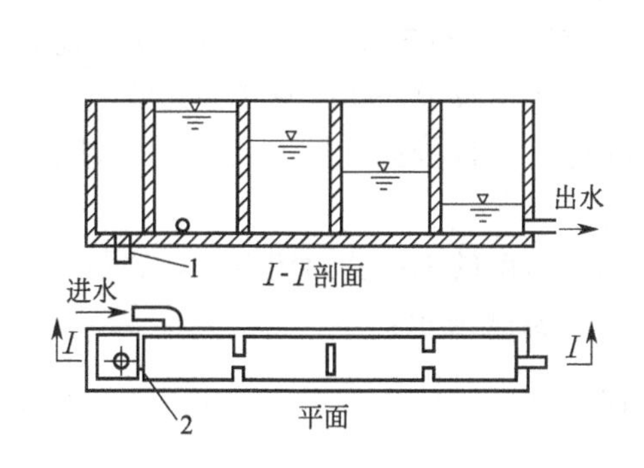

图 3-31 分流隔板式混合槽

1—溢流管；2—溢流堰

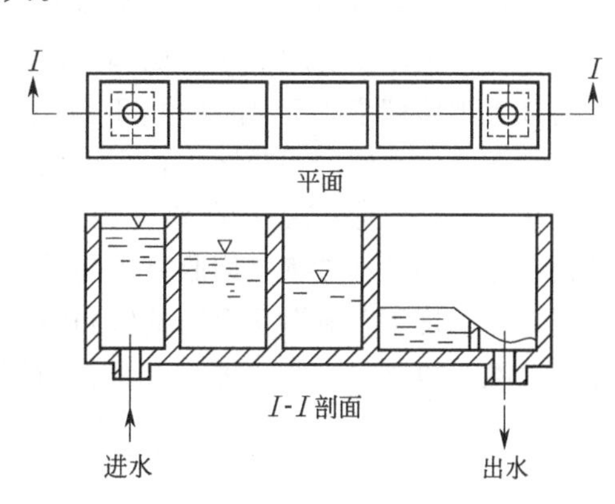

图 3-32 多孔隔板式混合槽

4）反应 混合完成后，水中已经产生细小絮体，但还未达到自然沉降的粒度，此时，将水与药剂混合送入反应设备进行反应。反应设备的任务就是使小絮体逐渐絮凝成大絮体而便于沉淀。反应设备应有一定的停留时间和适当的搅拌强度，使小絮体能相互碰撞，并防止生成的大絮体沉淀。但搅拌强度太大，会使生成的絮体破碎，且絮体越大，越易破碎，因此在反应设备中，沿着水流方向搅拌强度应越来越小。

反应池的型式有隔板反应池、旋流反应池、涡流反应池等。隔板反应池有平流式、竖流式和回转式三种，适用于水量变化不大的场合。其中，平流式隔板反应池是较为常用的一种。

平流式隔板反应池的结构如图 3-33 所示。多为矩形钢筋混凝土池子，池内设木质或水泥隔板，水流沿廊道回转流动，可形成很好的絮凝体。一般进口流速 0.50～0.60m/s，出口流速 0.15～0.20m/s，反应时间一般为 20～30min。其优点是反应效果好，构造简单，施工方便。

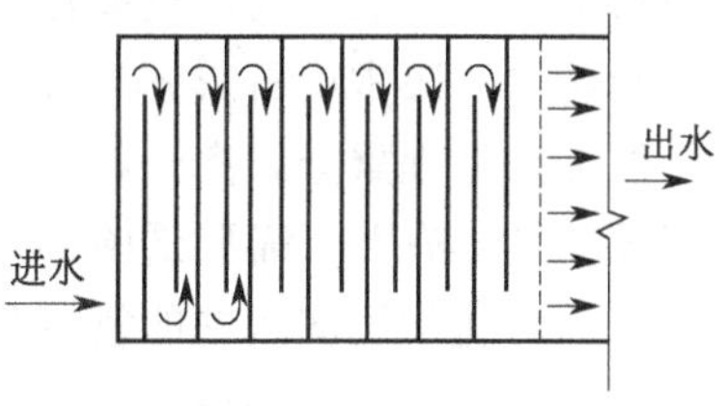

图 3-33 平流式隔板反应池

3.3.1.2 化学沉淀法

废水化学沉淀处理法是通过向废水中投加可溶性化学药剂，使之与其中呈离子状态的无机污染物起化学反应，生成不溶于或难溶于水的化合物沉淀析出，从而使废水净化的方法。投入废水中的化学药剂称为沉淀剂，常用的有石灰、硫化物和钡盐等。

根据沉淀剂的不同，可分为：a. 氢氧化物沉淀法，即中和沉淀法，是从废水中除去重金属有效而经济的方法；b. 硫化物沉淀法，能更有效地处理含金属废水，特别是经氢氧化物沉淀法处理仍不能达到排放标准的含汞、含镉废水；c. 钡盐沉淀法，常用于电镀含铬废水的处理。化学沉淀法是一种传统的水处理方法，广泛用于水质处理中的软化过程，也常用于工业废水处理，以去除重金属和氰化物。

化学沉淀法的原理是通过化学反应使废水中呈溶解状态的重金属转变为不溶于水的重金属化合物，通过过滤和分离使沉淀物从水溶液中去除。由于受沉淀剂和环境条件的影响，沉淀法往往出水浓度达不到要求，需作进一步处理，产生的沉淀物必须很好地处理与处置，否则会造成二次污染。

化学沉淀的基本过程是难溶电解质的沉淀析出，物质在水中的溶解能力可用溶解度表示，溶解度的大小主要取决于物质和溶剂的本性，也与温度、盐效应、晶体结构和大小等有关。习惯上把溶解度大于 $1g/100gH_2O$ 的物质列为可溶物，小于 $0.1g/100gH_2O$ 的列为难溶物，介于二者之间的为微溶物，利用化学沉淀法处理水所形成的化合物都是难溶物。在废水处理中，根据沉淀-溶解平衡移动的一般原理，可利用过量投药、防止络合、沉淀转化、分步沉淀等提高处理效率，回收有用物质。

在一定温度下，难溶化合物的饱和溶液中，各离子浓度的乘积称为溶度积，这是一个化学平衡常数，以 K_{sp} 表示，难溶物的溶解平衡可用下列通式表示：

$$K_{sp}=[A^{n+}]^m[B^{m-}]^n \tag{3-77}$$

若 $[A^{n+}]^m[B^{m-}]^n<K_{sp}$，溶液不饱和，难溶物将继续溶解；$[A^{n+}]^m[B^{m-}]^n=K_{sp}$，溶液达饱和，但无沉淀产生；$[A^{n+}]^m[B^{m-}]^n>K_{sp}$，将产生沉淀，当沉淀完后，溶液中剩余的离子浓度仍保持 $[A^{n+}]^m\ [B^{m-}]^n=K_{sp}$ 关系。因此根据溶度积，可以初步判断水中离子是否能用化学沉淀法来分离以及分离的程度。

若欲降低水中某种有害离子 A，可采取以下方法：a. 向水中投加沉淀剂离子 C，以形成溶度积很小的化合物 AC，而从水中分离出来；b. 利用同离子效应向水中投加离子 B，使 A 与 B 的离子积大于其溶度积，此时反应平衡向左移动。若溶液中有数种离子共存，加入沉淀剂时，必定是离子积先达到溶度积的优先沉淀，这种现象称为分步沉淀，各种离子分步沉淀的次序取决于溶度积和有关离子的浓度，难溶化合物的溶度积可从化学手册中查到。由手册可见，金属硫化物、氢氧化物或碳酸盐的溶度积均很小，因此，可向水中投加硫化物、氢氧化物（一般常用石灰乳）或碳酸钠等药剂来产生化学沉淀，以降低水中金属离子含量。化学沉淀法处理重金属离子，实际上所能达到的最小残余浓度还与废水中有机物的性质、浓度以及温度等有关，需要试验确定。

下面对化学沉淀法中的氢氧化物沉淀法和硫化物沉淀法进行详细介绍。

(1) 氢氧化物沉淀法

除了碱金属和部分碱土金属外，金属的氢氧化物大都是难溶化合物，因此可以用氢氧化物沉淀法去除废水中的重金属离子，沉淀剂为各种碱性药剂，常用的有石灰、碳酸钠、氢氧化钠、石灰石、白云石等。

对一定浓度的某种金属离子 M^{n+} 来说，是否生成难溶的氢氧化物沉淀，取决于溶液中 OH^- 浓度，即溶液的 pH 值为沉淀金属氢氧化物的最重要条件。若 M^{n+} 与 OH^- 只生成 $M(OH)_n$ 沉淀，而不生成可溶性羟基络合物，则根据金属氢氧化物的溶度积 K_{sp} 及水的离子积 K_w，可以计算使氢氧化物沉淀的 pH 值。

$$pH=14-\frac{1}{n}(\lg[M^{n+}]-\lg K_{sp}) \text{或} \lg[M^{n+}]=\lg K_{sp}-n pH-n\lg K_w \quad (3\text{-}78)$$

上式表示了与氢氧化物沉淀平衡共存的金属离子浓度和溶液 pH 值的关系。由公式可以看出：a. 金属离子浓度 $[M^{n+}]$ 相同时，溶度积 K_{sp} 越小，则开始析出氢氧化物沉淀的 pH 值越低；b. 同一金属离子，浓度越大，开始析出沉淀的 pH 值越低。根据各种金属氢氧化物的 K_{sp} 值，由公式可计算出某一 pH 值时溶液中金属离子的饱和浓度。以 pH 值为横坐标，以 $-\lg[M^{n+}]$ 为纵坐标，即可绘出溶解度对数图（图 3-34）。

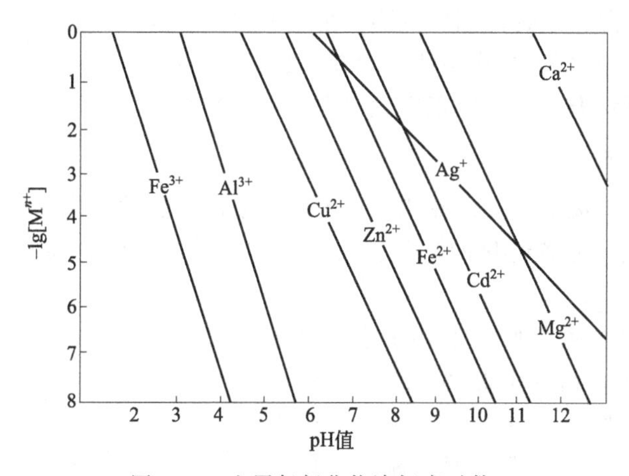

图 3-34　金属氢氧化物溶解度对数

根据溶解度对数图（图 3-34），可以方便地确定金属离子沉淀的条件，以 Cd^{2+} 为例，若 $Cd^{2+}=0.1mol/L$，则由图查出，使氢氧化镉开始沉淀出来的 pH 值应为 7.7；若欲使溶液残余 Cd^{2+} 浓度达到 10mol/L，则沉淀终了的 pH 值应为 9.7。

如果重金属离子和氢氧根离子不仅可以生成氢氧化物沉淀，而且还可以生成各种可溶性的羟基络合物（对于重金属离子，这是十分常见的现象），这时与金属氢氧化物呈平衡的饱和溶液中，不仅有游离的金属离子，而且有配位数不同的各种羟基络合物，它们都参与沉淀-溶解平衡。在此情况下，溶解度对数图就要复杂些。仍以 Cd^{2+} 为例，Cd^{2+} 与 OH^- 可形成 $CdOH^+$、$Cd(OH)_2$、$Cd(OH)_3^-$、

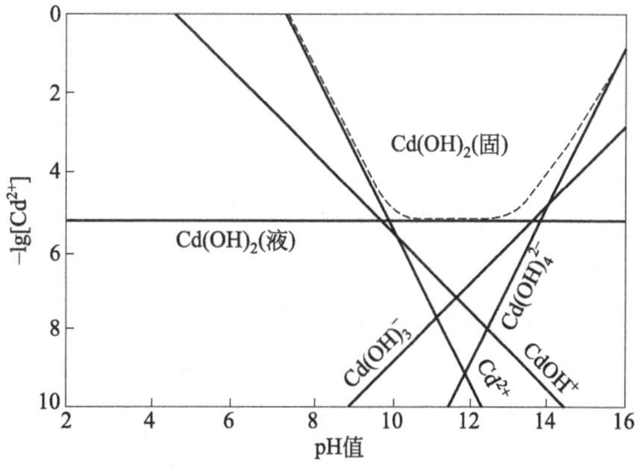

图 3-35　氢氧化镉溶解平衡区域图

$Cd(OH)_4^{2-}$ 等四种可溶性羟基络合物，根据它们的逐级稳定常数和 $Cd(OH)_2$ 的溶度积 K_{sp}，可以确定与氢氧化镉沉淀平衡共存的各可溶性羟基络合物浓度与溶液 pH 值的关系，如图 3-35 中各实线所示。

将同一 pH 值下各种形态可溶性二价镉 Cd^{2+} 的平衡浓度相加，即得氢氧化镉溶解度与 pH 值的关系，如图 3-35 中虚线所示。虚线所包围的区域为氢氧化镉沉淀存在的区域。考虑了羟基络合物的溶解平衡区域图，可以更好地确定沉淀金属氢氧化物的 pH 值条件。例如，由图 3-35 可以看出 pH=10～13 时，$Cd(OH)_2$（固）的溶解度最小，约等于 $10^{-5.2}$mol/L。因此，用氢氧化物沉淀法去除废水中 Cd^{2+} 时，pH 值常控制在 10.5～12.5 范围内。其他许多金属离子（如 Cr^{3+}、Al^{3+}、Zn^{2+}、Pb^{2-}、Fe^{2+}、Ni^{2+}、Cu^{2+}），在碱性提高时都可明显地生成络合阴离子，而使氢氧化物的溶解度又增加，这类既溶于酸又溶于碱的氢氧化物，常称为两性氢氧化物。当废水中存在 CN^-、NH_3 及 Cl^-、S^{2-} 等配位体时，能与重金属离子结合成可溶性络合物，增大金属氧氧化物的溶解度，对沉淀法去除重金属离子不利，因此要通过预处理将其除去。采用氢氧化物沉淀法处理重金属废水最常用的沉淀剂是石灰。石灰沉淀法的优点是：去除污染物范围广（不仅可沉淀去除重金属，而且可沉淀去除砷、氟、磷等）、药剂来源广、价格低、操作简便、处理可靠且不产生二次污染。主要缺点是劳动卫生条件差、管道易结垢堵塞、泥渣体积庞大（含水率高达 95%～98%）、脱水困难。

（2）硫化物沉淀法

硫化物沉淀法是向废液中加入硫化氢、硫化氨或碱金属的硫化物，使欲处理物质生成难溶硫化物沉淀，以达到分离纯化的目的。由于此方法消耗化学物质相当少，因而能大规模应用。

大多数过渡金属的硫化物都难溶于水，比氢氧化物的溶度积更小，而且沉淀的 pH 值范围较宽，所以可以用硫化物沉淀法去除废水中的金属离子，溶液中 S^{2+} 浓度受 H^+ 浓度的制约，所以可以通过控制酸度，用硫化物沉淀法把溶液中不同金属离子分步沉淀而分离回收。图 3-36 列出了一些金属硫化物的溶解度与溶液 pH 值的关系。硫化物沉淀法常用的沉淀剂有 H_2S、Na_2S、NaHS、CaS_x、$(NH_4)_2S$ 等。根据沉淀转化原理，难溶硫化物 MnS、FeS 等亦可作为处理药剂。

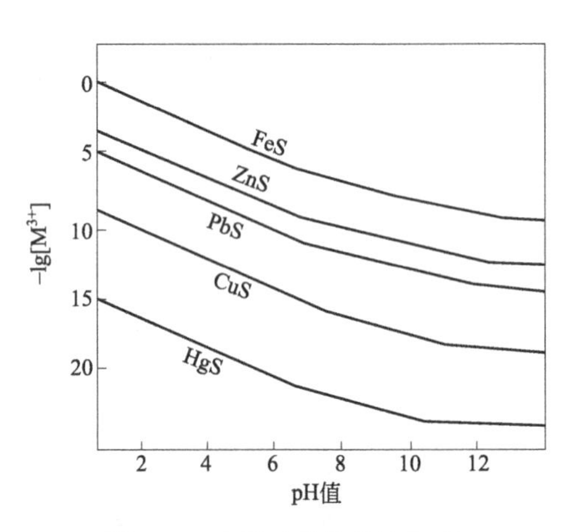

图 3-36 金属硫化物的溶解度与溶液 pH 值的关系

S^{2-} 和 OH^- 一样，也能够与许多金属离子形成络合离子，从而使金属硫化物的溶解度增大，不利于重金属的沉淀去除，因此必须控制沉淀剂 S^{2-} 的浓度不要过量太多，其他配位体如 X^-（卤离子）、CN^-、SCN^- 等也能与重金属离子形成各种可溶性络合物，从而干扰金属的去除，应通过预处理除去。

$$2Hg^+ + S^{2-} \rightleftharpoons Hg_2S = HgS\downarrow + Hg\downarrow \quad (3\text{-}79)$$

$$Hg^{2+} + S^{2-} = HgS\downarrow \quad (3\text{-}80)$$

$$FeSO_4 + S^{2-} = FeS\downarrow + SO_4^{2-} \quad (3\text{-}81)$$

$$Fe^{2+} + 2OH^- = Fe(OH)_2\downarrow \quad (3\text{-}82)$$

提高沉淀剂（S^{2-}）浓度有利于硫化汞的沉淀析出，但是过量硫离子不仅会造成水体贫氧，增加水体的COD，还能与硫化汞沉淀生成可溶性络阴离子 $[HgS_2]^{2-}$，降低汞的去除率。因此，在反应过程中，要补投 $FeSO_4$ 溶液，以除去过量硫离子（$Fe^{2+}+S^{2-}$ ══ FeS）。这样，不仅有利于汞的去除，而且有利于沉淀的分离。因为浓度较小的含汞废水进行沉淀时，往往形成HgS的微细颗粒，悬浮于水中很难沉降，而FeS沉淀可作为HgS的共沉淀载体促使其沉降，同时补投的一部分 Fe^{2+} 在水中可生成 $Fe(OH)_2$ 和 $Fe(OH)_2$，对HgS悬浮微粒有超凝聚共沉淀作用。为了加快硫化汞悬浮微粒的沉降，有时还加入焦炭末或粉状活性炭，吸附硫化汞微粒，或投加铁盐和铝盐，进行共沉淀处理。

3.3.2 物理化学法

3.3.2.1 吸附法

（1）吸附机理与类型

1）吸附机理　吸附法主要用以脱除水中的微量污染物，应用范围包括脱色，除臭味，脱除重金属、各种溶解性有机物、放射性元素等。在处理流程中，吸附法可作为离子交换、膜分离等方法的预处理，以去除有机物、胶体物及余氯等；也可以作为二级处理后的深度处理手段，以保证回用水的质量。

溶质从水中移向固体颗粒表面，发生吸附。是水、溶质和固体颗粒三者相互作用的结果。引起吸附的主要原因在于溶质对水的疏水特性和溶质对固体颗粒的高度亲和力。溶质的溶解程度是确定第一种原因的重要因素。溶质的溶解度越大，则向表面运动的可能性越小。相反，溶质的憎水性越大，向吸附界面移动的可能性越大。吸附作用的第二种原因主要由溶质与吸附剂之间的静电引力、范德华引力或化学键力所引起。

2）吸附类型

① 离子交换吸附。指溶质的离子由于静电引力作用聚集在吸附剂表面的带电点上，并置换出原先固定在这些带电点上的其他离子。通常离子交换属此范围。影响交换吸附势的重要因素是离子电荷数和水合半径的大小。

② 化学吸附。指溶质与吸附剂发生化学反应，形成牢固的吸附化学键和表面络合物，吸附质分子不能在表面自由移动。吸附时放热量较大，与化学反应的反应热相近，约84～420kJ/mol。化学吸附有选择性，即一种吸附剂只对某种或特定几种物质有吸附作用，一般为单分子层吸附。通常需要一定的活化能，在低温时，吸附速度较小。这种吸附与吸附剂的表面化学性质和吸附质的化学性质有密切的关系。

③ 物理吸附。指溶质与吸附剂之间由于分子间力（范德华力）而产生的吸附。其特点是没有选择性。吸附质并不固定在吸附剂表面的特定位置上，而多少能在界面范围内自由移动，因而其吸附的牢固程度不如化学吸附。物理吸附主要发生在低温状态下，过程放热较小，约42kJ/mol或更少，可以是单分子层或多分子层吸附。影响物理吸附的主要因素是吸附剂的比表面积和细孔分布。

物理吸附、化学吸附和离子交换吸附这三种并不是孤立的，往往相伴发生。在废水处理中，大部分的吸附往往是几种吸附综合作用的结果。由于吸附质、吸附剂及其他因素的影响，可能某种吸附是主要的。例如，有的吸附在低温时主要是物理吸附，在高温时是化学吸附。

3）吸附规律

① 在废水中，使固体吸附剂表面自由能降低最多的污染物，其吸附量最大，被吸附的能力也最强。一般说来，溶解度越小的物质越易被吸附。

② 吸附物和吸附剂之间的极性相似时易被吸附，即极性吸附剂易于吸附极性污染物，非极性吸附剂易于吸附非极性污染物。

③ 较高的吸附温度对以物理吸附为主的吸附是不利的，而对化学吸附是有利的。

（2）吸附平衡与吸附容量

如果吸附过程是可逆的，当废水和吸附剂充分接触后，一方面吸附质被吸附剂吸附，另一方面一部分已被吸附的吸附质由于热运动的结果，能够脱离吸附剂的表面，又回到液相中去。前者称为吸附过程，后者称为解吸过程。当吸附速度和解吸速度相等时，即单位时间内吸附的数量等于解吸数量时，则吸附质在液相中的浓度和吸附剂表面上的浓度都不再改变而达到吸附平衡。此时，吸附质在液相中的浓度称为平衡浓度。

吸附剂对吸附质的吸附效果，一般用吸附容量和吸附速度来衡量。所谓吸附容量是指单位质量的吸附剂所吸附的吸附质的质量。

吸附容量由下式计算：

$$q=\frac{V(c_0-c)}{W} \tag{3-83}$$

式中，q 为吸附容量，g/g；V 为废水容积，L；W 为吸附剂投加量，g；c_0 为原水中吸附质浓度，g/L；c 为吸附平衡时水中剩余吸附质浓度，g/L；

在一定温度条件下，吸附容量随吸附质平衡浓度的提高而增加。

吸附效果，一般用吸附容量和吸附速率来衡量。吸附速率是指单位质量的吸附剂在单位时间内所吸附的物质量。吸附速率决定了废水和吸附剂的接触时间。吸附速率越快，接触时间就越短，所需的吸附设备容积也就越小。吸附速率取决于吸附剂对吸附质的吸附过程。水中多孔的吸附剂对吸附质的吸附过程可分为 3 个阶段。

第 1 阶段称为颗粒外部扩散（又称膜扩散）阶段。在吸附剂颗粒周围存在着一层固定的溶剂薄膜。当溶液与吸附剂做相对运动时，这层溶剂薄膜不随溶液一同移动，吸附质首先通过这个膜才能到达吸附剂的外表面，所以吸附速率与液膜扩散速率有关。

第 2 阶段称为颗粒内部扩散阶段。经液膜扩散到吸附剂表面的吸附质向细孔深处扩散。

第 3 阶段称为吸附反应阶段。在此阶段，吸附质被吸在细孔内表面上。

吸附速率与上述 3 个阶段进行的快慢有关。在一般情况下，由于第 3 阶段进行的吸附反应速率很快，因此，吸附速率主要由液膜扩散速率和颗粒内部扩散速率来控制。根据试验得知，颗粒外部扩散速率与溶液浓度成正比，溶液浓度越高，吸附速率越快。

对一定质量的吸附剂，外部扩散速率还与吸附剂外表面积（即膜表面积）的大小成正比。因表面积与颗粒直径成反比，所以颗粒直径越小，扩散速率就越大。另外，外部扩散速率还与搅动程度有关。增加溶液和颗粒之间的相对速率，会使液膜变薄，可提高外部扩散速率。颗粒内部扩散比较复杂，扩散速率与吸附剂细孔的大小和构造、吸附质颗粒大小和构造等因素有关。颗粒大小对内部扩散的影响比外部扩散要大些。可见吸附剂颗粒的大小对内部扩散和外部扩散都有很大影响。颗粒越小，吸附速率就越快。因此，从提高吸附速率来看，颗粒直径越小越好。采用粉状吸附剂比粒状吸附剂有利，它不需要很长的接触时间，因此吸附设备的容积小。对连续式粒状吸附剂的吸附设备，如外部扩散控制吸附速率，则通过提高流速、增加颗粒周围液体的搅动程度，可提高吸附速率。也就是说，在保证同样出水水质的前提下，采用较高的流速、缩短接触时间可减小吸附设备的容积。

(3) 吸附等温线

在恒定温度下，吸附达到平衡时，吸附量 q_e 与溶液中吸附物浓度之间的关系为一函数，表示这一函数关系的数学式称为吸附等温式。根据这一关系绘制的曲线，称为吸附等温线。与废水处理有关的主要有以下两种模式。

① Freundlich 等温式及等温线

$$q_e = k_F c_e^{\frac{1}{n}} \tag{3-84}$$

式中，k_F 为 Freundlich 经验常数；c_e 为吸附物在溶液中最终平衡浓度，mg/L；n 为大于 1 的 Freundlich 强度系数。k_F 和 n 分别是与温度、吸附剂和吸附物有关的常数。对上式取对数得

$$\lg q_e = \lg k_F + \frac{1}{n}\lg c_e \tag{3-85}$$

绘制等温线如图 3-37 所示。

② Langmuir 等温式及等温线

Langmuir 等温式是建立在固体吸附剂对吸附物质的吸附，且只在吸附剂表面的吸附活化中心进行的基础上的。吸附剂表面每个活化中心只能吸附一个物质分子，当表面的活化中心全部被占满时，吸附量达到饱和值。在吸附剂表面形成单分子层吸附。由动力学吸附和解吸速率达平衡推导而得该等温式：

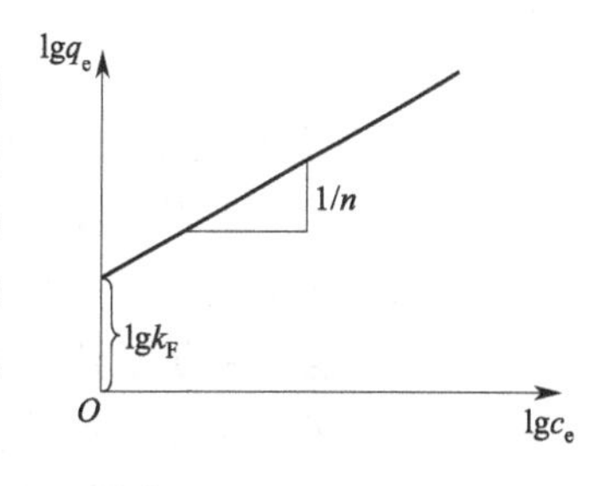

图 3-37 Freundlich 吸附等温线直线图

$$q_e = \frac{q_0 b c_e}{1 + b c_e} \tag{3-86}$$

式中，q_0 为达到饱和时单位吸附剂上限吸附量；b 为吸附平衡常数，即吸附速率常数与解吸速率常数之比；c_e 为吸附平衡时溶液中吸附物浓度。将该式稍做转换，得

$$\frac{c_e}{q_e} = \frac{1}{q_0 b} + \frac{1}{q_0}c_e \tag{3-87}$$

分别以 q_e-c_e 和 c_e/q_e-c_e 作图，见图 3-38。

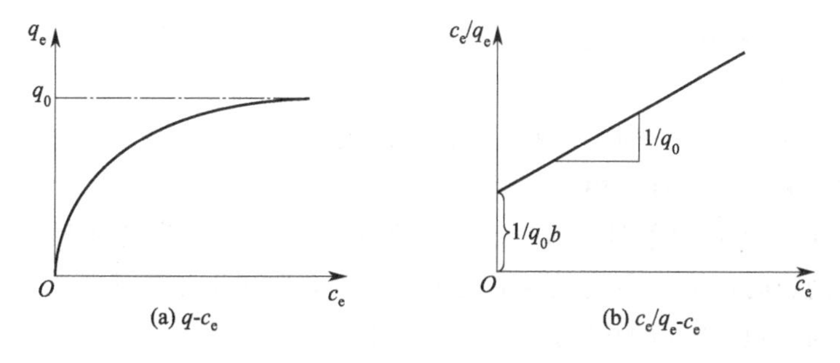

图 3-38 Langmuir 吸附等温线

这些数学模型吸附方程的工程意义在于：a. 由吸附容量确定吸附剂用量；b. 选择最佳吸附条件；c. 比较选择同种吸附剂对不同吸附物质的最佳吸附条件；d. 不同吸附物质的吸

附特性与混合物质的竞争吸附进行比较来指导动态吸附。

(4) 影响吸附的因素

1) 吸附剂的性质　如前所述，吸附剂的比表面积越大，吸附能力就越强。吸附剂种类不同，吸附效果也不同，一般是极性分子（或离子）型的吸附剂易于吸附极性分子（或离子）型的吸附质；非极性分子型的吸附剂易于吸附非极性的吸附质。此外，吸附剂的颗粒大小、细孔结构和分布情况以及表面化学性质等对吸附也有很大影响。

2) 吸附质的性质

① 溶解度：吸附质的溶解度对吸附有较大影响。吸附质的溶解度越低，一般越容易被吸附。

② 表面自由能：能降低液体表面自由能的吸附质，容易被吸附。例如活性炭吸附水中的脂肪酸，由于含碳较多的脂肪酸可使炭液界面自由能降低得较多，所以吸附量也较大。

③ 极性：因为极性的吸附剂易于吸附极性的吸附质，非极性的吸附剂易于吸附非极性的吸附质，所以吸附质的极性是吸附的重要影响因素之一。例如活性炭是一种非极性吸附剂（或称疏水性吸附剂），可从溶液中有选择地吸附非极性或极性很低的物质。硅胶和活性氧化铝为极性吸附剂（或称亲水性吸附剂），它可以从溶液中有选择地吸附极性分子（包括水分子）。

④ 吸附质分子大小和不饱和度：吸附质分子大小和不饱和度对吸附也有影响。例如活性炭与沸石相比，前者易吸附分子直径较大的饱和化合物，后者易吸附直径较小的不饱和化合物。应该指出的是，活性炭对同族有机物的吸附能力虽然随有机物分子量的增大而增强，但分子量过大会影响扩散速度。所以当有机物分子量超过 100 时，需进行预处理，将其分解为分子量较小的有机物后再进行活性炭吸附。

⑤ 吸附质浓度：吸附质浓度对吸附的影响是当吸附质浓度较低时，由于吸附剂表面大部分是空着的，因此适当提高吸附质浓度将会提高吸附量，但浓度提高到一定程度后，再提高浓度时吸附量虽有增加，但速度减慢，说明吸附剂表面大部分已被吸附质占据。当全部吸附表面被吸附质占据后，吸附量便达到极限状态，吸附量就不再因吸附质浓度的提高而增加。

3) 废水 pH 值　废水的 pH 值对吸附剂和吸附质的性质都有影响。活性炭一般在酸性溶液中比在碱性溶液中的吸附能力强。同时，pH 值对吸附质在水中的存在状态（分子、离子、络合物等）及溶解度有时也有影响，从而影响吸附效果。

① 共有物质：吸附剂可吸附多种吸附质，因此如共存多种吸附质时，吸附剂对某种吸附质的吸附能力比只有该种吸附质时的吸附能力低。

② 温度：因为物理吸附过程是放热过程，温度高时，吸附量减少，反之吸附量增加。温度对气相吸附影响较大，对液相吸附影响较小。

③ 接触时间：在进行吸附时，应保证吸附剂与吸附质有一定的接触时间，使吸附接近平衡，以充分利用吸附能力。达到吸附平衡所需的时间取决于吸附速度，吸附速度越快，达到吸附平衡的时间越短，相应的吸附容器体积就越小。

(5) 吸附剂

多孔物质或磨得极细的具有很大比表面积的固体物质可作为吸附剂。吸附剂还必须满足下列要求：吸附能力强，吸附选择性好，吸附平衡浓度低，容易再生和再利用，机械强度好，化学性质稳定，来源广，价廉。目前在废水处理中应用的吸附剂有：活性炭、活化煤、白土、硅藻土、活性氧化铝、焦炭、树脂、炉渣、木屑、煤灰、腐殖酸等。

1）活性炭　活性炭是一种非极性吸附剂。外观为暗黑色，有粒状和粉状两种，目前工业上大量采用的是粒状活性炭。其细孔分布及作用如图 3-39 所示。活性炭主要成分除碳以外，还含有少量的氧、氢、硫等元素，以及水分、灰分。它具有良好的吸附性能和稳定的化学性质，可以耐强酸、强碱，能经受水浸、高温、高压作用，不易破碎。

活性炭可用动植物（如木材、锯木屑、木炭、椰子壳、脱脂牛骨）、煤（如泥煤、褐煤、沥青煤、无烟煤）、石油（石油残渣、石油焦）、纸浆废液、废合成树脂及其他有机残物等为原料制作。原料经粉碎及加黏合剂成型后，经加热脱水（120～130℃）、炭化（170～600℃）、活化（700～900℃）而制得。

活性炭的吸附以物理吸附为主，但由于表面存在氧化物，也进行一些化学选择性吸附。如果在活性炭中掺入一些具有催化作用的金属离子（如掺银）可以改善处理效果。活性炭是目前废水处理中普遍采用的吸附剂。其中粒状炭因工艺简单、操作方便，用量最大，国外使用的粒状炭多为煤质或果壳质无定形炭，国内多用柱状煤质炭。

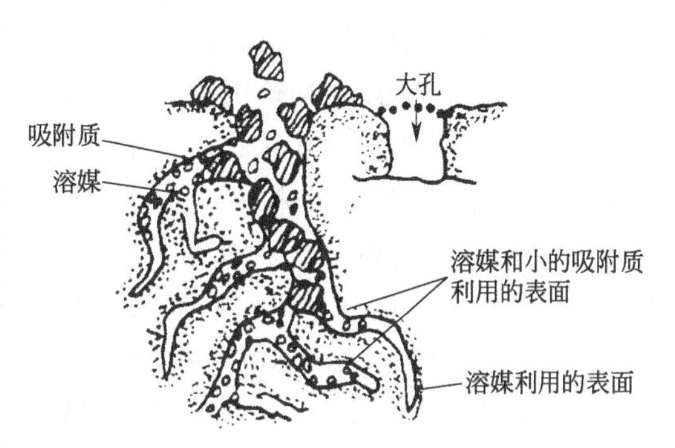

图 3-39　活性炭细孔分布及作用图

纤维活性炭是一种新型高效吸附材料。它是有机碳纤维经活化处理后形成的，具有发达的微孔结构、巨大的比表面积，以及众多的官能团。因此，吸附性能大大超过目前普通的活性炭。

2）树脂吸附剂　树脂吸附剂也叫作吸附树脂，是一种新型有机吸附剂，具有立体网状结构，呈多孔海绵状，加热不熔化，可在 150℃下使用，不溶于一般溶剂及酸、碱，比表面积可达 $800m^2/g$。按照基本结构分类，吸附树脂大体可分为非极性、中极性、极性和强极性 4 种类型。

树脂吸附剂的结构容易人为控制，因而它具有适应性大、应用范围广、吸附选择性特殊、稳定性高等优点，并且再生简单，多数为溶剂再生。在应用上它介于活性炭等吸附剂与离子交换剂之间，而兼具它们的优点，既具有类似于活性炭的吸附能力，又比离子交换剂更易再生。树脂吸附剂最适宜于吸附处理废水中微溶于水，极易溶于甲醇、丙酮等有机溶剂，分子量略大和带极性的有机物，如脱酚、除油、脱色等。树脂的吸附能力一般随吸附质亲油性的增强而增大。

3）腐殖酸系吸附剂　腐殖酸类物质可用于处理工业废水，尤其是重金属废水及放射性废水，除去其中的离子。腐殖酸的吸附性能，是由其本身的性质和结构决定的。一般认为腐殖酸是一组芳香结构的、性质相似的酸性物质的复合混合物。它的大分子约由 10 个分子大小的微结构单元组成，每个结构单元由核（主要由五元环或六元环组成）、连接核的桥键以及核上的活性基团所组成。据测定，腐殖酸含的活性基团有羟基、羧基、羰基、磺酸基、甲氧基等。这些基团决定了腐殖酸对阳离子的吸附性能。

腐殖酸对阳离子的吸附，包括离子交换、螯合、表面吸附、凝聚等作用，既有化学吸附，又有物理吸附。当金属离子浓度低时，以螯合作用为主，当金属离子浓度高时，离子交换占主导地位。

用作吸附剂的腐殖酸类物质有两大类：一类是天然的富含腐殖酸的风化煤、泥煤、褐煤等，直接作吸附剂用或经简单处理后作吸附剂用；另一类是把富含腐殖酸的物质用适当的黏结剂做成腐殖酸系树脂，造粒成型，以便用于管式或塔式吸附装置。

腐殖酸类物质吸附重金属离子后，容易脱附再生，常用的再生剂有 1～2mol/L 的 HCl、NaCl 以及 0.5～1.0mol/L 的 H_2SO_4、$CaCl_2$ 等。

(6) 吸附剂再生

1）加热再生法　加热再生法分低温和高温两种方法。前者适于吸附浓度较高的简单低分子量的碳氢化合物和芳香族有机物的活性炭的再生。由于沸点较低，一般加热到 200℃即可脱附。多采用水蒸气再生，再生可直接在塔内进行，被吸附有机物脱附后可利用。后者适于水处理粒状炭的再生。高温加热再生过程分以下 5 步进行。

① 脱水：使活性炭和输送液体进行分离。

② 干燥：加热到 100～150℃，将吸附在活性炭细孔中的水分蒸发出来，同时部分低沸点的有机物也能够挥发出来。

③ 炭化：加热到 300～700℃，高沸点的有机物由于热分解，一部分成为低沸点的有机物进行挥发；另一部分被炭化，留在活性炭的细孔中。

④ 活化：将炭化留在活性炭细孔中的残留炭用活化气体（如水蒸气、二氧化碳及氧）进行气化，达到重新造孔的目的。活化温度一般为 700～1000℃。

⑤ 冷却：活化后的活性炭用水急剧冷却，防止氧化。

活性炭高温加热再生系统由再生炉、活性炭贮罐、活性炭输送及脱水装置等组成。活性炭再生炉的形式有立式多段炉、转炉、盘式炉、立式移动床炉、流化床炉及电加热炉等。

2）药剂再生法　药剂再生法又可分为无机药剂再生法和有机溶剂再生法两类。

① 无机药剂再生法：用无机酸（H_2SO_4、HCl）或碱（NaOH）等无机药剂使吸附在活性炭上的污染物脱附。例如，吸附高浓度酚的饱和炭用 NaOH 再生，脱附下来的酚为酚钠盐，可回收利用。

② 有机溶剂再生法：用苯、丙酮及甲醇等有机溶剂萃取吸附在活性炭上的有机物。例如吸附含二硝基氯苯的染料废水的饱和活性炭，用有机溶剂氯苯脱附后，再用热蒸汽吹扫氯苯，脱附率可达 93%。

药剂再生可在吸附塔内进行，设备和操作管理简单，但一般随再生次数的增加吸附性能明显降低，需要补充新炭，废弃一部分饱和炭。

3）化学氧化再生　属于化学氧化法的有下列几种方法。

① 湿式氧化法：近年来为了提高曝气池的处理能力，向曝气池投加粉状炭。吸附饱和的粉状炭可采用湿式氧化法进行再生。饱和炭用高压泵经换热器和水蒸气加热器送入氧化反应塔，在塔内被活性炭吸附的有机物与空气中的氧反应进行氧化分解，使活性炭得到再生，再生后的炭经热交换器冷却后送入再生贮槽。在反应器底积集的无机物（灰分）定期排出。

② 电解氧化法：用碳作阳极进行水的电解，在活性炭表面产生的氧气把吸附质氧化分解。

③ 臭氧氧化法：利用强氧化剂臭氧，将吸附在活性炭上的有机物加以分解。

(7) 吸附方式及设备

1）静态吸附　在废水不流动的条件下，进行的吸附操作称为静态吸附操作。静态吸附操作的工艺过程是：把一定数量的吸附剂投加入预处理的废水中，不断地进行搅拌，达到吸附平衡后，再用沉淀或过滤的方法使废水和吸附剂分开。如经一次吸附后，出水的水质达不到要求时，往往需要增加吸附剂投量和延长停留时间或采取多次静态吸附操作。静态操作适合于小规模、应急性处理，当处理规模大时，需建较大的混合池和固液分离装置，粉状炭再生工艺也较复杂，操作较麻烦，所以在废水处理中采用较少。静态吸附常用的处理设备有水池和反应槽等。

2）动态吸附　动态吸附是在废水流动条件下进行的吸附操作。废水处理中采用的动态吸附设备有固定床、移动床和流化床三种形式。

① 固定床：固定床是废水处理中常用的吸附装置。当废水连续地通过填充吸附剂的设备时，废水中的吸附质便被吸附剂吸附。若吸附剂数量足够时，从吸附设备流出的废水中吸附质的浓度可以降低到零。吸附剂使用一段时间后，出水中的吸附质浓度逐渐增加，当增加到一定数值时，应停止通水，将吸附剂进行再生。吸附和再生可在同一设备内交替进行，也可以将失效的吸附剂排出，送到再生设备进行再生。因这种动态吸附设备中吸附剂在操作过程中是固定的，所以叫固定床。

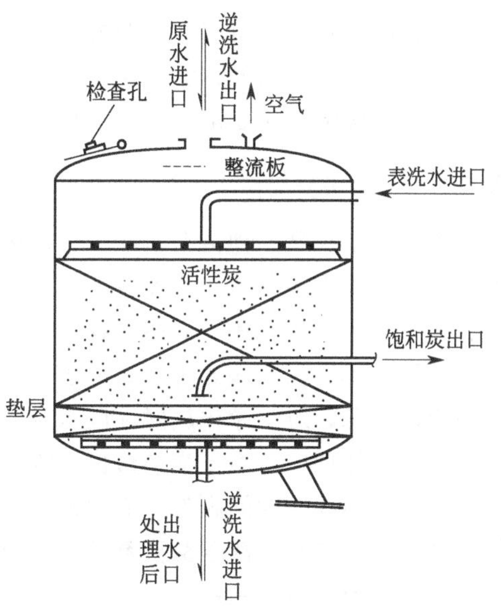

图 3-40　降流式固定床

固定床根据水流方向又分为升流式和降流式两种，降流式固定床如图 3-40 所示。降流式固定床水流自上而下流动，出水水质较好，但经过吸附后的水头损失较大，特别是处理含悬浮物较多的废水时，为了防止悬浮物堵塞吸附层需定期进行反冲洗。有时在吸附层上部设有反冲洗设备。在升流式固定床中，水流自下而上流动，当发现水头损失增大，可适当提高水流流速，使填充层稍有膨胀（上下层不要互相混合）就可以达到自清的目的。升流式固定床的优点是由于层内水头损失增加较慢，所以运行时间较长。其缺点是对废水入口处吸附层的冲洗难于降流式，并且由于流量或操作一时失误就会使吸附剂流失。

固定床根据处理水量、原水的水质和处理要求可分为单床式、多床串联式和多床并联式三种，如图 3-41 所示。

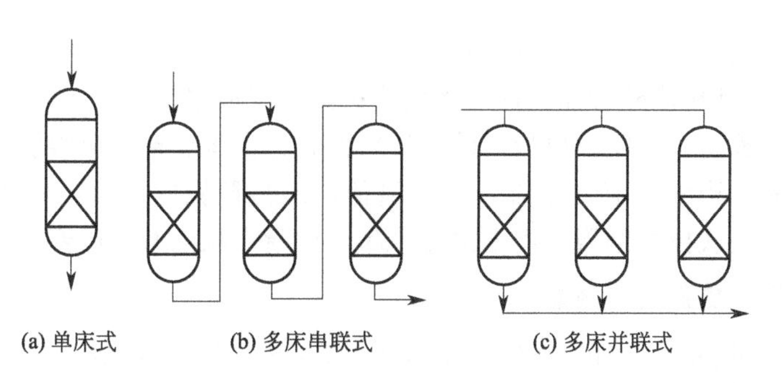

图 3-41　固定床示意图

② 移动床：移动床的运行操作流程如图 3-42 所示。原水从吸附塔底流入和吸附剂进行逆流接触，处理后的水从塔顶流出，再生后的吸附剂从塔顶加入，接近吸附饱和的吸附剂从塔底间歇地排出。

移动床较固定床能够充分利用吸附剂的吸附容量，水头损失小。由于采用升流式，废水从塔底流入，从塔顶流出，被截留的悬浮物随饱和的吸附剂间歇地从塔底排出，所以不需要反冲洗设备。但这种操作方式要求塔内吸附剂上下层不能互相混合，操作管理要求高。移动床适宜于处理有机物浓度高和低的废水，也可以用于处理含悬浮物固体的废水。

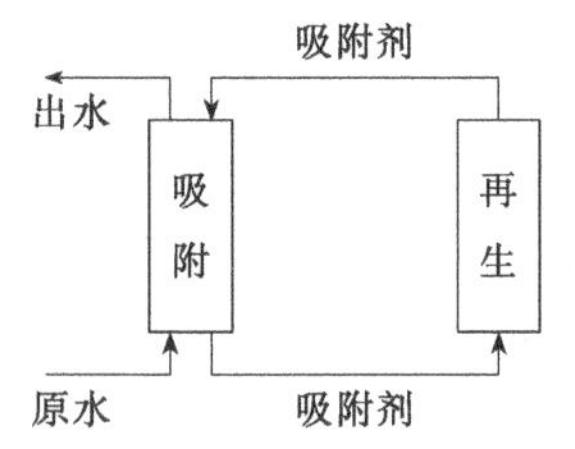

图 3-42 移动床吸附操作流程

③ 流化床：流化床也叫作流动床。吸附剂在塔中处于膨胀状态，塔中吸附剂与废水逆向连续流动。流动床是一种较为先进的床型。与固定床相比，可使用小颗粒的吸附剂，吸附剂一次投量较少，不需反洗，设备小，生产能力大，预处理要求低。但运转中操作要求高，不易控制，同时对吸附剂的机械强度要求高，目前应用较少。

3.3.2.2 离子交换法

离子交换法是一种借助于离子交换剂上的离子和废水中的离子进行交换反应而除去废水中有害离子的方法。离子交换过程是一种特殊吸附过程，所以在许多方面都与吸附过程类似。但与吸附比较，离子交换过程的特点在于：它主要吸附水中的离子化物质，并进行等当量的离子交换。在废水处理中，离子交换主要用于回收和去除废水中金、银、铜、镉、铬、锌等金属离子，对于净化放射性废水及有机废水也有应用。

在废水处理中，离子交换法优点为：离子的去除效率高、设备较简单、操作容易控制。目前在应用中存在的问题是：应用范围还受到离子交换剂品种、产量、成本的限制，对废水的预处理要求较高，离子交换剂的再生及再生液的处理有时也是一个难以解决的问题。

(1) 离子交换动力学

对于交换反应：

$$R—A^{+}+B^{+} \rightleftharpoons R—B^{+}+A^{+} \tag{3-88}$$

当 B^+ 和树脂上 A^+ 进行交换时，必须经历下列五个步骤：

第一步：B^+ 在溶液主体中向离子交换剂扩散时，透过水化膜后，扩散到交换树脂的外表面或交换树脂和液体的界面上。

第二步：部分 B^+ 和交换树脂外表面上的 A^+ 进行交换，部分 B^+ 继续深入到树脂内部毛细孔中进行交换。

第三步：内表面上的 A^+ 被 B^+ 交换下来。

第四步：A^+ 被交换下来，从树脂内部扩散到树脂的外表面。

第五步：A^+ 离开树脂外表面，透过水化膜扩散到溶液主体中。

这种多步骤过程的总速度，由最慢的一步来控制，由于交换反应很快，因此，内、外扩散就成了控制步骤。当液体流动很慢，浓度很稀，树脂颗粒较细时，外扩散就成为控制步骤。当液体流速很快或搅拌剧烈，离子浓度较高，树脂颗粒大时，内部扩散为控制步骤。

(2) 影响离子交换速度的因素

① 树脂的交联度越大、网孔越小、孔隙度越小，则内扩散越慢。大孔树脂的内孔扩散速度比凝胶树脂快得多。

② 树脂颗粒越小，由于内扩散距离缩短和液膜扩散的表面积增大，使扩散速度越快。研究指出，液膜扩散速度与粒径成反比，内孔扩散速度与粒径的高次方成反比。但颗粒不宜太小，否则会增加水流阻力，且在反洗时易流失。

③ 溶液离子浓度是影响扩散速度的重要因素，浓度越大，扩散速度越快。一般来说，在树脂再生时，$c_0 > 0.1\text{mol/L}$，整个交换速度偏向受内孔扩散控制；而在交换制水时，$c_0 < 0.003\text{mol/L}$，过程偏向受膜扩散控制。

④ 提高水温能使离子的动能增加、水的黏度减小、液膜变薄，这些都有利于离子扩散。

⑤ 交换过程中的搅拌或流速提高，使液膜变薄，能加快液膜扩散，但不影响内孔扩散。

⑥ 被交换离子的电荷数和水合离子的半径越大，内孔扩散速度越慢。实验证明：阳离子每增加一个电荷，其扩散速度就减慢到约为原来的 1/10。

(3) 离子交换剂

1) 离子交换剂的分类　离子交换剂分为无机和有机两大类，如表 3-2 所示。无机离子交换剂有天然沸石和人工合成沸石。沸石既可作阳离子交换剂，也能用作吸附剂。有机离子交换剂有磺化煤和各种离子交换树脂。在废水处理中，应用较多的是离子交换树脂。

表 3-2　离子交换剂的种类

类别	性质	名称	酸碱性	活性基团
无机	天然	海绿沙		钠离子交换基团
	合成	合成沸石		钠离子交换基团
有机	碳质	磺化煤		阴离子交换基团
	合成	阳离子交换树脂	强酸性	磺酸基($—SO_3H$)
			弱酸性	羧酸基(—COOH)
		阴离子交换树脂	强碱性	季氨基Ⅰ型[$—N(CH_3)_3$] 季氨基Ⅱ型
			弱碱性	伯氨基($—NH_2$) 仲氨基(═NH) 叔氨基(≡N)

2) 离子交换树脂的性能　离子交换树脂是一类具有离子交换特性的有机高分子聚合电解质，是一种疏松的具有多孔结构的固体球形颗粒，粒径一般为 0.3～1.2mm，不溶于水也不溶于电解质溶液，其结构可分为不溶性的树脂本体和具有活性的交换基团（也叫活性基团）两部分。树脂本体为有机化合物和交联剂组成的高分子共聚物。交联剂的作用为使树脂本体形成立体的网状结构。交换基团由起交换作用的离子和与树脂本体连接的离子组成。

3) 离子交换树脂的选择性　树脂对水中某种离子能优先交换的性能称为选择性，它是决定离子交换法处理效率的一个重要因素，本质上取决于交换离子与活性基团中固定离子的亲和力。选择性大小用选择性系数来表征。选择性系数与化学平衡常数不同，除了与温度有关外，还与离子性质、溶液组成及树脂的结构等因素有关。在常温和稀溶液中，大致有如下规律：离子价数越高，选择性越好；原子序数越大，即离子的水合半径越小，选择性越好。

H^+ 和 OH^- 的选择性取决于树脂活性基团的酸碱性强弱。对强酸性阳离子交换树脂，H^+ 的选择性介于 Na^+ 和 Li^+ 之间。但对弱酸性阳离子交换树脂，H^+ 的选择性最强。同样，对强碱性阴离子交换树脂，OH^- 的选择性介于 CH_3COO^- 与 F^- 之间，但对弱碱性阴离子交换树脂，OH^- 的选择性最强。离子的选择性，除上述同它本身及树脂的性质有关外，还与温度、浓度及 pH 值等因素有关。

由于离子交换树脂对于水中各种离子的吸附能力并不相同，其中一些离子很容易被吸附而另一些离子却很难被吸附。被树脂吸附的离子在再生的时候，有的离子很容易被置换下来，而有的却很难被置换。离子交换树脂所具有的这种性能称为选择性。

采用离子交换法处理废水时，必须考虑树脂的选择性，树脂对各种离子的交换能力是不同的，交换能力大小主要取决于各种离子对该种树脂的亲和力（选择性），在常温低浓度下，树脂对离子的选择性可归纳出如下规律。

① 强酸性阳离子交换树脂的选择顺序：

$$Fe^{3+} > Cr^{3+} > Al^{3+} > Ca^{2+} > Mg^{2+} > K^+ = NH^{4+} > Na^+ > H^+ > Li^+$$。

② 弱酸性阳离子交换树脂的选择顺序：

$$H^+ > Fe^{3+} > Cr^{3+} > Al^{3+} > Ca^{2+} > Mg^{2+} > K^+ = NH^{4+} > Na^+ > Li^+$$。

③ 强碱性阴离子交换树脂的选择顺序：

$$Cr_2O_7^{2-} > SO_4^{2-} > CrO_4^{2-} > NO^{3-} > Cl^- > OH^- > F^- > HCO^{3-}$$。

④ 弱碱性阴离子交换树脂的选择顺序：

$$OH^- > Cr_2O_7^{2-} > SO_4^{2-} > CrO_4^{2-} > NO^{3-} > Cl^- > F^- > HCO^{3-}$$。

⑤ 螯合树脂的选择顺序：螯合树脂的选择性顺序与树脂种类有关。螯合树脂在化学性质方面与弱酸阳离子树脂相似，但比弱酸阳离子树脂对重金属的选择性高。螯合树脂通常为 Na 型，树脂内金属离子与树脂的活性基团相螯合。

亚氨基醋酸型螯合树脂的选择顺序：$Hg^{2+} > Cr^{3+} > Ni^{2+} > Mn^{2+} > Ca^{2+} > Mg^{2+} > Na^+$。

位于顺序前列的离子可以取代位于顺序后列的离子。这里应强调的是，上面介绍的选择性顺序均对常温低浓度而言。在高温高浓度时，处于顺序后列的离子可以取代位于顺序前列的离子，这就是树脂再生的依据之一。

（4）离子交换工艺及设备

1）固定床式离子交换器　所谓固定床是指离子交换剂在一个设备中先后完成制水、再生等过程的装置。固定床离子交换器按水和再生液的流动方向分为顺流再生式、逆流再生式（包括逆流再生离子变换器和浮床式离子交换器）和分流再生式。按交换器内树脂的状态又分为单层（树脂）床、双层床、双室双层床、双室双层浮动床以及混合床。按设备的功能又分为阳离子交换器（包括钠离子交换器和氢离子交换器）、阴离子交换器和混合离子交换器。

2）移动床式离子交换器　移动床式离子交换器是指交换器中的离子交换树脂层在运行中是周期性移动的，即定期排出一部分已失效的树脂和补充等量再生好的树脂，已失效的树脂在另一设备中进行再生。在移动床系统中，交换过程和再生过程是分别在不同设备中进行的，制水是连续的。

移动床式离子交换器运行过程如图 3-43 所示。

移动床运行流速高，树脂用量少且利用率高，而且占地面积小、能连续供水以及减少了设备用量。其缺点主要有：运行终点较难控制；树脂移动频繁，损耗大；阀门操作频繁，易发生故障，自动化要求较高；对原水水质变化适应能力差，树脂层易发生乱层；再生剂比耗高。

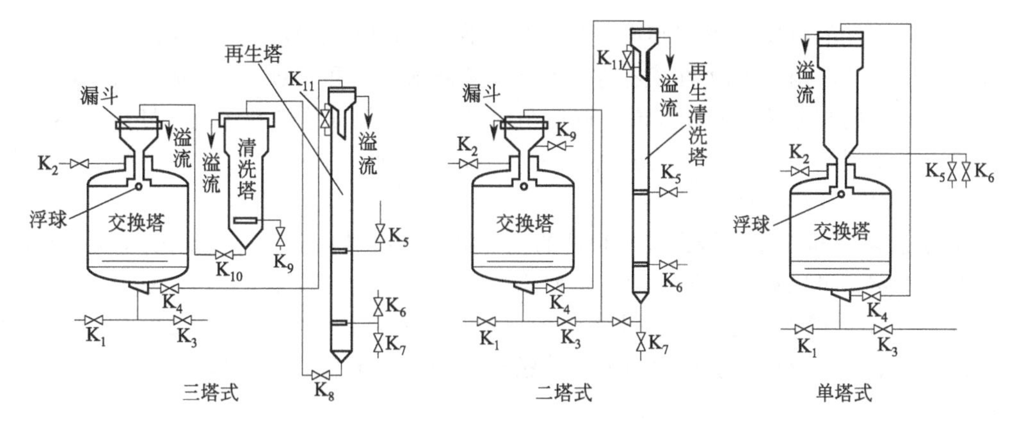

图 3-43　三种移动床式离子交换器运行过程

K_1—进水阀；K_2—出水阀；K_3—排水阀；K_4—失效树脂输出阀；K_5—进再生液阀；

K_6—进置换水或清洗水阀；K_7—排水阀；K_8—再生后树脂输出阀；K_9—进清水阀；

K_{10}—清洗好树脂输出阀；K_{11}—连通阀

3.3.2.3 膜处理技术

膜分离法是利用特殊薄膜对液体中某些成分进行选择性透过的方法的统称。溶剂透过膜的过程称为渗透，溶质透过膜的过程称为渗析。常用的膜分离方法有电渗析、反渗透、超滤，其次是自然渗析和液膜技术。

(1) 电渗析

1）原理　电渗析的原理是在直流电场的作用下，依靠对水中离子有选择透过性的离子交换膜，使离子从一种溶液透过离子交换膜进入另一种溶液，以达到分离、提纯、浓缩、回收的目的。电渗析工作原理如图 3-44 所示，C 为阳离子交换膜，A 为阴离子交换膜（分别简称阳膜和阴膜），阳膜只允许阳离子通过，阴膜只允许阴离子通过。纯水不导电，而在废水中溶解的盐类所形成的离子却是带电的，这些带电离子在直流电场作用下能做定向移动。以废水中的盐 NaCl 为例，当电流按图示方向流经电渗透器时，在直流电场的作用下，Na^+ 和 Cl^- 分别透过阳膜（C）和阴膜（A）离开中间隔室，而两段电极室的离子却不能进入中间隔室，结果使中间隔室中 Na^+ 和 Cl^- 含量随着电流的通过而逐渐降低，最后达到要求的含量。在两旁隔室中，由于离子的迁入，溶液浓度逐渐升高而成为浓溶液。

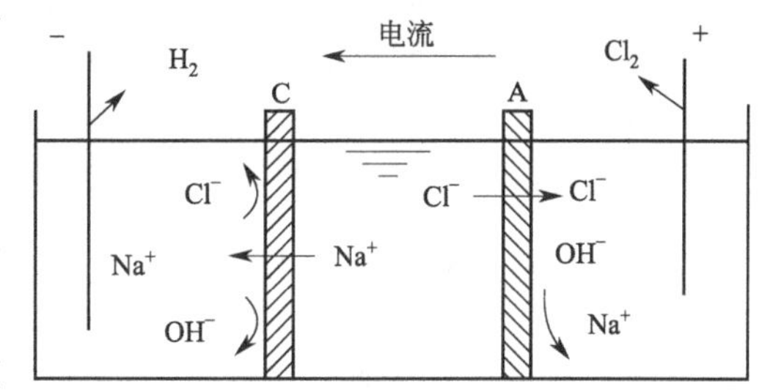

图 3-44　电渗析原理

2）组成　电渗析器由离子交换膜、隔板、电极组装而成。

① 离子交换膜。离子交换膜是电渗析器的关键部分，离子交换膜具有与离子交换树脂相同的组成，含有活性基团和使离子透过的细孔，常用的离子交换膜按其选择透过性可分为阳膜、阴膜、复合膜等数种。阳膜含有阳离子交换基团，在水中交换基团发生离解，使膜上带有负电，能排斥水中的阴离子，吸引水中的阳离子并使其通过。阴膜含有阴离子交换基团，在水中离解出阴离子并使其通过。复合膜由一面阳膜和一面阴膜其间夹一层极细的网布

做成，具有方向性的电阻。当阳膜面朝向负极，阴膜面朝向正极，正、负离子都不能透过膜，显示出很高的电阻。这时两膜之间的水分子离解成 H^+ 和 OH^-，分别进入膜两侧的溶液中。当膜的朝向与上述方向相反时，膜电阻降低，膜两侧相应的离子进入膜中。离子交换膜是由离子交换树脂做成的，具有选择透过性强、电阻低、抗氧化耐腐蚀性好、机械强度高、使用中不发生变形等性能。

② 隔板。隔板是用塑料板做成的很薄的框，其中开有进出水孔，在框的两侧紧压着膜，使框中形成小室，可以通过水流。生产上使用的电渗析器由许多隔板和膜组成。

③ 电极。电极的作用是提供直流电，形成电场。常用的电极有：石墨电极，可作阴极或阳极；铅板电极，也可作阴极或阳极；不锈钢电极，只能作阴极；铅银合金电极，作阴、阳极均可。

电渗析器的组装一般是将阴、阳离子交换膜和隔板交替排列，再配上阴、阳电极就能构成电渗析器。但电渗析器的组装依其应用而有所不同。一般可分为少室器和多室器两类。少室电渗析器只有一对或数对阴阳离子交换膜，而多室电渗析器则往往有几十对到几百对阴阳离子交换膜。

3）适用范围　电渗析大量用于水的除盐，如海水淡化、苦咸水淡化、淡水除盐等。电渗析除盐的过程中同时降低水的硬度和碱度。电渗析还可以用于去除水中的氟化物、硝酸盐和砷化物。

电渗析在治理废水方面的应用可归纳为以下三个方面。

① 作为离子交换工艺的预除盐处理，可大大降低离子交换的除盐负荷，扩展离子交换对原水的适应范围，大幅度减少离子交换再生时废酸、废碱或废盐的排放量，一般可减少90%，甚至更多。

② 将废水中有用的电解质进行回收，并再利用。如电镀含镍废水的回收与再利用等。

③ 改革原有工艺，采用电渗析技术，实现清洁生产。如采用离子交换膜扩散渗析法，从钢铁清洗废液中回收酸等。

采用电渗析处理废水目前处于探索应用阶段。在采用电渗析法处理废水时，应注意根据废水的性质选择合适的离子交换膜和电渗析器的结构，同时应对进入电渗析器的废水进行必要的预处理。

(2) 反渗透

反渗透技术（RO）是以压力为驱动力的膜分离技术。其应用领域从早期的脱盐，扩展到化工、医药、食品及电子行业的溶液分离浓缩、纯水制备、废水处理与回用等，成为重要的化工操作单元。当处理压力为1.5～10MPa，温度为25℃时，Na^+、K^+、Cr^{3+}、Fe^{3+}等离子去除率可达96%以上。反渗透法处理溶解性有机物如葡萄糖、蔗糖、染料、可溶性淀粉、蛋白质、细菌与病毒等，可获得100%的分离效率，达到净化水与回收有用物质的双重目的。

1）渗透与反渗透　有一种膜只允许溶剂通过而不允许溶质通过，如果用这种半渗透膜将盐水和淡水或两种浓度不同的溶液隔开，如图3-45所示，则可发现水将从淡水侧或浓度较低的一侧通过膜自动地渗透到盐水或浓度较高的溶液一侧，盐水体积逐渐增加，在达到某一高度后便自行停止，此时即达到了平衡状态，这种现象称为渗透作用。当渗透平衡时，溶液两侧液面的静水压差称为渗透压。如果在盐水面上施加大于渗透压的压力，则此时盐水中的水就会流向淡水侧，这种现象称为反渗透。

任何溶液都具有相应的渗透压，但要有半透膜才能表现出来。渗透压与溶液的性质、浓度和温度有关，而与膜无关。反渗透不是自动进行的，为了进行反渗透作用，就必须加压。只有当工作压力大于溶液的渗透压时，反渗透才能进行。在反渗透过程中，溶液的浓度逐渐增高，因此，反渗透设备的工作压力必须超过与浓水出口处浓度相应的渗透压。温度升高，渗透压增高。所以溶液温度的增高必须通过增加工作压力予以补偿。

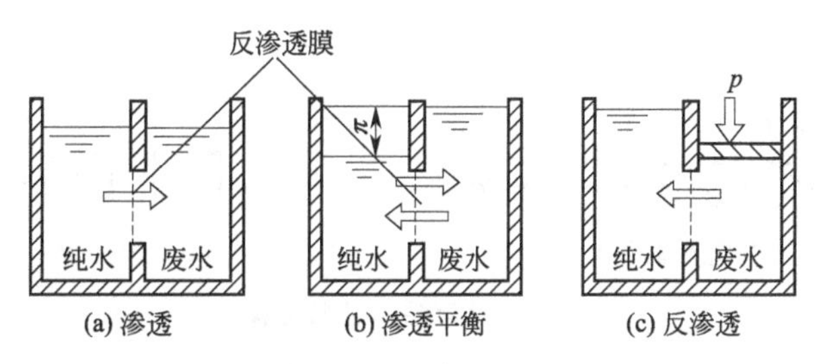

图 3-45　反渗透原理

2）反渗透膜的透过机理　反渗透膜的透过机理，一般认为是选择性吸附-毛细管流机理，即认为反渗透膜是一种多孔性膜，具有良好的化学性质，当溶液与这种膜接触时，由于界面现象和吸附的作用，对水优先吸附或对溶质优先排斥，在膜面上形成一纯水层。被优先吸附在界面上的水以水流的形式通过膜的毛细管并被连续地排出。所以反渗透过程是界面现象和在压力下流体通过毛细管的综合结果。反渗透膜的种类很多，目前在水处理中应用较多的是醋酸纤维素膜和聚醚砜膜。

3）工艺流程　反渗透流程包括预处理和膜分离两部分。预处理过程有物理过程（如沉淀、过滤、吸附、热处理等）、化学过程（如氧化、还原、pH 值调节等）和光化学过程。究竟选用哪一种过程进行预处理，不仅取决于原水的物理、化学和生物特性，而且还要根据膜和装置结构来做出判断。即使经过上述预处理后，在进行反渗透前，仍然要对废水中 SS 和钙、镁、锶等阳离子进一步预处理，以保护反渗透膜。其工艺如图 3-46 所示。

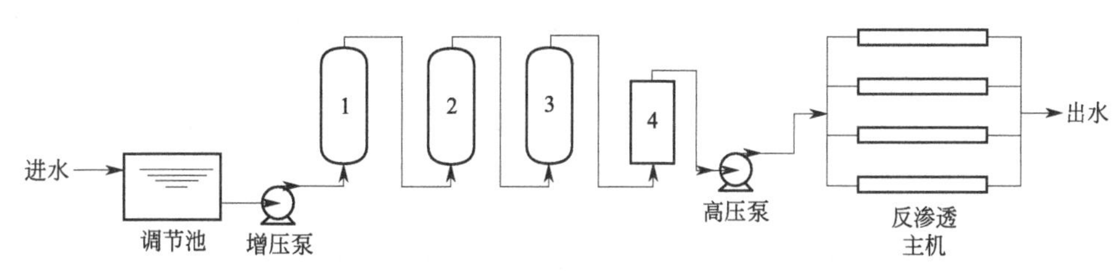

图 3-46　预处理-反渗透工艺示意图

1—石英砂过滤器；2—活性炭吸附；3—阳离子交换柱；4—精密过滤器/微滤机

反渗透是一种分离、浓缩和提纯过程，常见流程有一级、一级多段、多级、循环等形式，如图 3-47 所示。一级处理流程即一次通过反渗透装置。该流程最为简单，能耗最少，但分离效率不很高。当一级处理达不到净化要求时，可采用一级多段或二级处理流程。在多段流程中，将第一段的浓缩液作为第二段的进水，将第二段的浓缩液又作为第三段的进水，依次类推。随着段数增加，浓缩液体积减小，浓度提高，水的回收率上升。在多级流程中，将第一级的净化水作为第二级的进水，依次类推。各级浓缩液可以单独排出，也可以循环至前面各级作为进水，随着级数增加，净化水水质提高。由于经过一级流程处理，水压力损失较多，所以实际应用中，在级或段间常设增压泵。

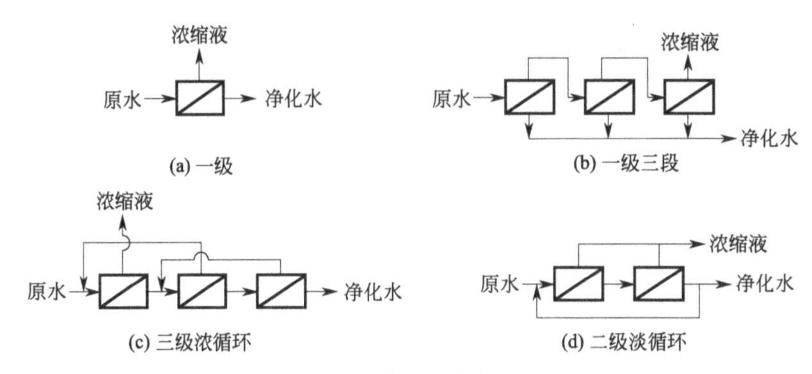

图 3-47 反渗透工艺常见流程

反渗透的费用由三部分组成：基建投资的折旧费，膜的更新费，动力、人工、预处理等运行费。这三项费用大致各占总成本的三分之一。一般认为，延长膜的使用时间和提高膜的透水量是降低处理成本最有希望的两个途径。

(3) 超滤

超滤技术在废水处理领域中的应用对象主要是石油、化工、机械加工、纺织、食品加工及城市污水处理等 COD、BOD 值高的各类废水。

超过滤简称超滤，用于去除废水中大分子物质和微粒。超滤之所以能够截留大分子物质和微粒，其机理是：膜表面孔径的机械筛分作用，膜孔阻塞、阻滞作用和膜表面及膜孔对杂质的吸附作用，而一般认为主要是筛分作用。

1) 原理　超滤工作原理如图 3-48 所示。在外力的作用下，被分离的溶液以一定的流速沿着超滤膜表面流动，溶液中的溶剂和低分子物质、无机离子，从高压侧透过超滤膜进入低压侧，并作为滤液而排出；而溶液中的高分子物质、胶体微粒及微生物等被超滤膜截留，溶液被浓缩并以浓缩液形式排出。由于它的分离机理主要是机械筛分作用，膜的化学性质对膜的分离特性影响不大，因此可用微孔模型表示超滤的传质过程。

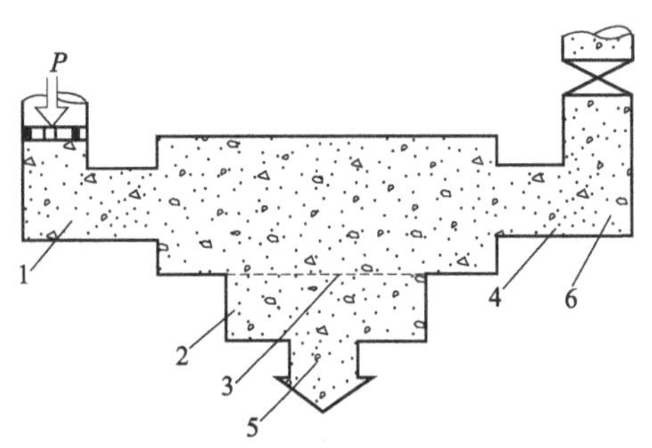

图 3-48 超过滤的原理

1—超过滤进口溶液；2—透过超过滤膜的溶液；3—超过滤膜；4—超过滤出口溶液；5—透过超过滤膜的物质；6—被超过滤膜截留下的物质

2) 影响因素

① 料液流速：提高料液流速虽然对减缓浓差极化、提高透过通量有利，但需提高料液压力，增加能耗。一般紊流体系中流速控制在 1～3m/s。

② 操作压力：超滤膜透过通量与操作压力的关系取决于膜和凝胶层的性质。一般操作压力为 0.5～0.6MPa。

③ 温度：操作温度主要取决于所处理物料的化学、物理性质。由于高温可降低料液黏度，增加传质效率，提高透过通量，因此应在允许的最高温度下进行操作。

④ 运行周期：随着超滤过程的进行，在膜表面逐渐形成凝胶层，使透过通量逐步下降，

当通量达到某一最低数值时，就需要进行清洗，这段时间称为一个运行周期。运行周期的变化与清洗情况有关。

⑤ 进料浓度：随着超滤过程的进行，主体液流的浓度逐渐增高，此时黏度变大，使凝胶层厚度增大，从而影响透过通量。因此对主体液流应定出最高允许浓度。

3）膜组件　超滤组件膜组件的主要类型有管式膜、板框式、螺旋式、毛细管式、中空纤维式等。

① 板框式组件：板框式组件是最先应用的大规模超滤和反渗透系统，这种设计起源于常规的过滤概念。膜、多孔膜支撑材料以及形成料液流道空间的两个端重叠压紧在一起，料液由料液边空间引入膜面，这种膜组件如图 3-49 所示。所有板框式组件应在单位体积中提供大的膜面积，通常这种组件与管式组件相比控制浓差极化比较困难。特别是溶液中含大量悬浮固体时，可能会使料液流道堵塞。在板框式组件中通常要拆开或机械清洗膜，而且比管式组件需要更多的次数。但是，板框式组件的投资费用和运行费用都比管式组件低。

② 管式膜组件：管式膜组件首先用于反渗透系统，但在反渗透系统中，管式膜已在很大程度上被中空纤维式和螺旋式组件所代替，这是因它的投资和运行费用都高。但是在超滤系统，管式组件一直在使用着，这主要是由于管式系统使料液中的悬浮物具有一定承受能力，它很容易用海绵球清洗而无需拆开设备。管式膜组件如图 3-50 所示。管式膜组件的主要优点是能有效地控制浓差极化，大范围地调节料液的流速，膜生成污垢后容易清洗。其缺点是投资和运行费用都高，单位体积内膜的比表面积较小。

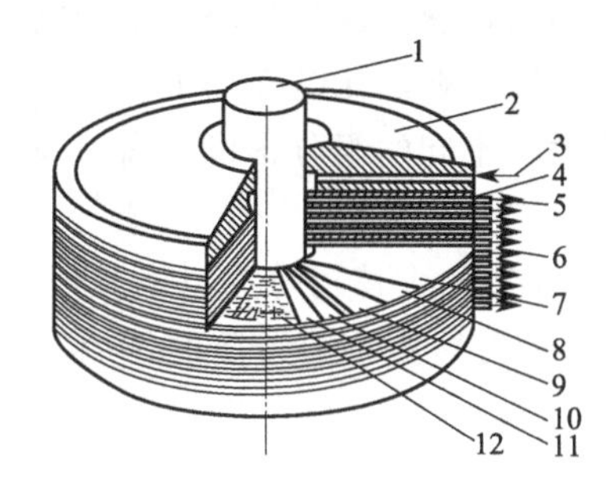

图 3-49　板框式超滤组件示意图

1—中心轴；2—盖板；3—料液；4，12—垫片；5—膜支撑板；
6—过滤液；7，11—膜；8，10—滤纸；9—膜支撑体

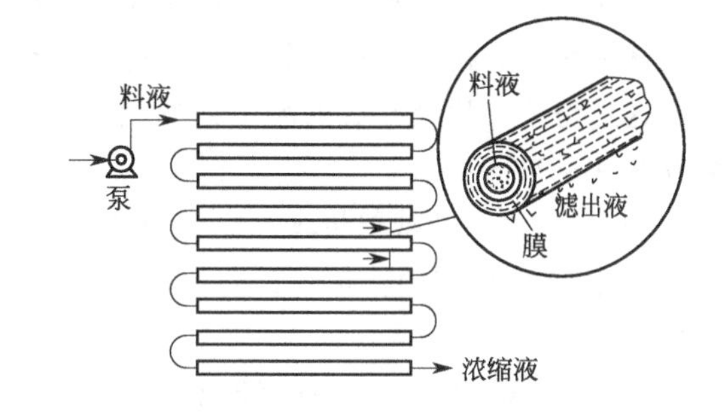

图 3-50　管式膜超滤组件示意图

③ 螺旋式组件：螺旋式（也称卷式）组件已广泛地用于反渗透系统。大体上它是一种卷起的板式系统，基本结构如图 3-51 所示。料液流道在膜和多孔膜支撑材料之间卷起来放入外部压力管中，过滤液汇集到卷的中心管。根据料液和滤出液的流道，可设计成几个螺旋式组件连接起来。这样单位体积中膜的比表面积高，而且投资和运行费用低。但这种装置难以有效地控制浓差极化，甚至在溶液中只含有中等浓度悬浮固体时，也会发生严重的结垢。因此，超滤系统中螺旋式组件的使用受到了限制。近年来根据不同的物料来选择膜组件的隔网，控制流道间距，已能解决上述问题。

④ 中空纤维式组件：中空纤维式超滤组件与中空纤维式反渗透组件相似，只是孔径大小不同而已。中空纤维式超滤组件如图 3-52 所示。

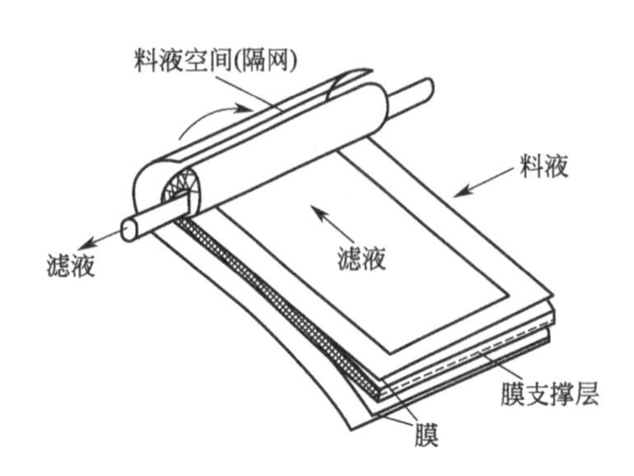

图 3-51 螺旋式超滤组件示意图

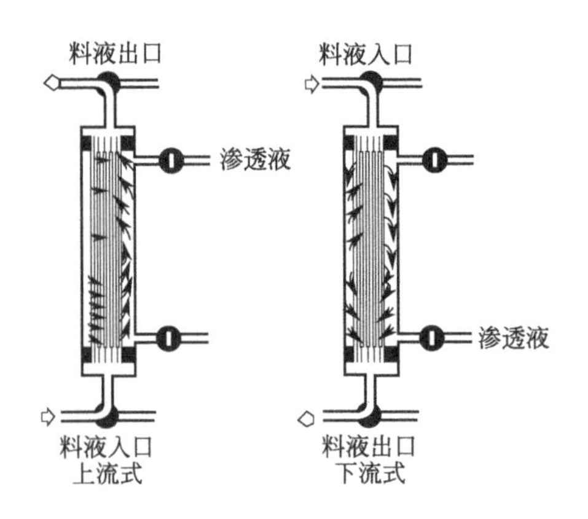

图 3-52 中空纤维式超滤组件示意图

(4) 微滤

微孔过滤（简称微滤，MF）属压力驱动型膜分离技术，所分离的组分直径为 0.05～15μm，主要除去微粒、亚微粒和细粒物质。其过滤对象还有细菌、酵母、血球等微粒。微孔过滤多用于半导体工业超纯水的终端处理；反渗透的首端预处理；在啤酒与其他酒类的酿造中，用以除去微生物与异味杂质等。

1）微孔过滤原理　微孔过滤是以静压差为推动力，利用筛网状过滤介质膜的“筛分”作用进行分离的膜过程，其原理与普通过滤相类似，但过滤的微粒在 0.05～15μm，因此又称其为精密过滤。微孔滤膜具有比较整齐、均匀的多孔结构，它是深层过滤技术的发展，使过滤从一般只有比较粗糙的相对性质过渡到精密的绝对性质。在静压差作用下，小于膜孔的粒子通过滤膜，比膜孔大的粒子则被截留在膜面上，使大小不同的组分得以分离，操作压力为 0.7～7kPa。

2）微孔滤膜的截留机理　微孔滤膜的截留作用（图 3-53）大体可分为以下几种。

① 机械截留作用。指膜具有截留比它孔径大或孔径相当的微粒等杂质的作用，即筛分作用。

② 物理截留作用。包括吸附和电性能等影响因素。

③ 架桥截留作用。通过电镜可以观察到，在孔的入口处，微粒因为架桥作用也同样可以被截留。

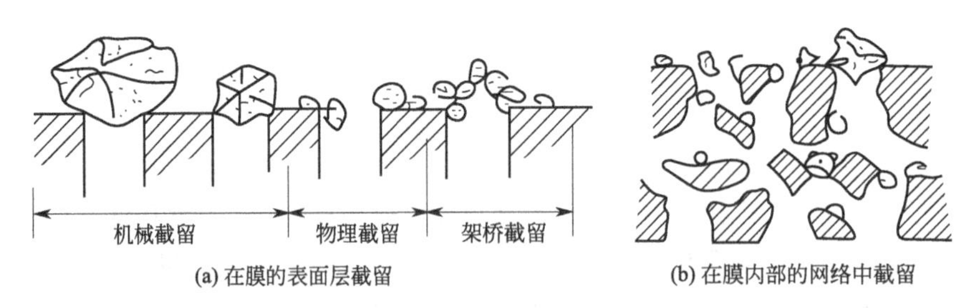

图 3-53 微孔膜各种截留作用示意图

④ 网络型膜的网络内部截留作用。这种截留是将微粒截留在膜的内部而不是在膜的表面。

由此可见，对滤膜的截留作用来说，机械作用固然重要，但微粒等杂质与孔壁之间的相互作用有时也很重要。

(5) 膜分离技术的特点

① 膜分离过程不发生相变，因此能量转化的效率高。例如在现在的各种海水淡化方法中，反渗透法能耗最低。

② 膜分离过程在常温下进行，因而特别适于热敏性物料，如对果汁、酶、药物等的分离、分级和浓缩。

③ 装置简单，操作容易，易控制、维修，且分离效率高。作为一种新型的水处理方法，与常规水处理方法相比，具有占地面积小、适用范围广、处理效率高等特点。

3.4 生物处理法

污水生物处理是利用微生物的生命活动，对污水中呈溶解态或胶体状态的有机污染物起降解作用，从而使污水得到净化的一种处理方法。污水生物处理技术以其消耗少、效率高、成本低、工艺操作管理方便可靠和无二次污染等显著优点而备受人们的青睐。

3.4.1 污水生物处理的基本概念和反应动力学

3.4.1.1 废水的好氧生物处理和厌氧生物处理

(1) 微生物的呼吸类型

微生物的呼吸指微生物获取能量的生理功能，根据受氢体的不同分为：好氧呼吸，根据氧化的底物、氧化产物的不同分为异养型微生物和自养型微生物；厌氧呼吸，按反应过程中最终受氢体的不同分为发酵和无氧呼吸。

1）好氧呼吸

① 异养型微生物。异养型微生物以有机物为底物（电子供体），其终点产物为二氧化碳、氨和水等无机物，同时放出能量。如下式所示：

$$C_6H_{12}O_6+6O_2 \longrightarrow 6CO_2+6H_2O+2817.3kJ \quad (3\text{-}89)$$

$$C_{11}H_{29}O_7N+14O_2+H^+ \longrightarrow 11CO_2+13H_2O+NH_4^+ +\text{能量} \quad (3\text{-}90)$$

异氧微生物又可分为化能异氧微生物和光能异氧微生物。化能异氧微生物是指氧化有机物产生化学能而获得能量的微生物。光能异氧微生物是指以光为能源，以有机物为供氢体还原 CO_2，合成有机物的一类厌氧微生物。有机废水的好氧生物处理，如活性污泥法、生物膜法、污泥的好氧消化等属于这种类型的呼吸。

② 自养型微生物。自养型微生物以无机物为底物（电子供体），其终点产物也是无机物，同时放出能量。根据其能量来源又分为光能自养微生物和化能自养微生物。

光能自养微生物需要阳光或灯光作能源，依靠体内的光合作用色素合成有机物。

$$CO_2+H_2O \longrightarrow [CH_2O]+O_2 \quad (3\text{-}91)$$

化能自养微生物不具备色素，不能进行光合作用，合成有机物所需的能量来自氧化 NH_3、H_2S 等无机物。大型合流污水沟道和污水沟道存在下式所示的生化反应：

$$H_2S+2O_2 \longrightarrow H_2SO_4+\text{能量} \quad (3\text{-}92)$$

生物脱氮工艺中的生物硝化过程：

$$NH_4^+ +2O_2 \longrightarrow NO_3^- +2H^+ +H_2O+\text{能量} \quad (3\text{-}93)$$

2）厌氧呼吸　厌氧呼吸是在无分子氧（O_2）的情况下进行的生物氧化。厌氧微生物只有脱氢酶系统，没有氧化酶系统。在呼吸过程中，底物中的氢被脱氢酶活化，从底物中脱下来的氢经辅酶传递给除氧以外的有机物或无机物，使其还原。厌氧呼吸的受氢体不是分子氧。在厌氧呼吸过程中，底物氧化不彻底，最终产物不是二氧化碳和水，而是一些较原来底物简单的化合物。这种化合物还含有相当的能量，故释放能量较少。如有机污泥的厌氧消化过程中产生的甲烷，是含有相当能量的可燃气体。厌氧呼吸按反应过程中最终受氢体的不同，可分为发酵和无氧呼吸。

① 发酵。指供氢体和受氢体都参与有机化合物的生物氧化作用，最终受氢体无需外加，就是供氢体的分解产物（有机物）。这种生物氧化作用不彻底，最终形成的还原性产物，是比原来底物简单的有机物，在反应过程中，释放的自由能较少，故厌氧微生物在进行生命活动过程中，为了满足能量的需要，消耗的底物要比好氧微生物的多。

例如，葡萄糖的发酵过程：

$$C_6H_{12}O_6 \longrightarrow 2CH_3COCOOH + 4[H] \tag{3-94}$$

$$2CH_3COCOOH \longrightarrow 2CO_2 + 2CH_3CHO \tag{3-95}$$

$$4[H] + 2CH_3CHO \longrightarrow 2CH_3CH_2OH \tag{3-96}$$

总反应式：

$$C_6H_{12}O_6 \longrightarrow 2CH_3CH_2OH + 2CO_2 + 92.0kJ \tag{3-97}$$

② 无氧呼吸。是指以无机氧化物，如 NO^{3-}、NO^{2-}、SO_4^{2-}、$S_2O_3^{2-}$、CO_2 等代替分子氧，作为最终受氢体的生物氧化作用。

在反硝化作用中，受氢体为 NO^{3-}，可用下式表示：

$$C_6H_{12}O_6 + 6H_2O \longrightarrow 6CO_2 + 24[H] \tag{3-98}$$

$$24[H] + 4NO_3^- \longrightarrow 2N_2\uparrow + 12H_2O \tag{3-99}$$

总反应式：

$$C_6H_{12}O_6 + 4NO_3^- \longrightarrow 6CO_2 + 6H_2O + 2N_2\uparrow + 1755.6kJ \tag{3-100}$$

在无氧呼吸过程中，供氢体和受氢体之间也需要细胞色素等中间电子传递体，并伴随有磷酸化作用，底物可被彻底氧化，能量得以分级释放，故无氧呼吸也产生较多的能量用于生命活动。但由于有些能量随着电子转移至最终受氢体中，故释放的能量不如好氧呼吸的多。

好氧呼吸、无氧呼吸、发酵三种呼吸方式，获得的能量水平不同，如表 3-3 所示。

表 3-3　好氧呼吸、无氧呼吸、发酵三种呼吸方式比较

呼吸方式	受氢体	化学反应式
好氧呼吸	分子氧	$C_6H_{12}O_6 + 6O_2 \longrightarrow 6CO_2 + 6H_2O + 2817.3kJ$
无氧呼吸	无机物	$C_6H_{12}O_6 + 4NO_3^- \longrightarrow 6CO_2 + 2H_2O + 2N_2\uparrow + 4OH^- + 4[H] + 1755.6kJ$
发酵	有机物	$C_6H_{12}O_6 \longrightarrow 2CO_2 + 2CH_3CH_2OH + 92.0kJ$

(2) 废水的好氧生物处理

好氧生物处理是在有游离氧（分子氧）存在的条件下，好氧微生物降解有机物，使其稳定、无害化的处理方法。微生物利用废水中存在的有机污染物（以溶解状与胶体状的为主），作为营养源进行好氧代谢。这些高能位的有机物质经过一系列的生化反应，逐级释放能量，最终以低能位的无机物质稳定下来，达到无害化的要求，以便返回自然环境或进一步处置。

有机物被微生物摄取后，通过代谢活动，约有 1/3 被分解、稳定，并提供其生理活动所需的能量；约有2/3被转化，合成为新的原生质（细胞质），即进行微生物自身生长繁殖。

好氧生物处理的反应速度较快，所需的反应时间较短，故处理构筑物容积较小，且处理过程中散发的臭气较少。所以，目前对中、低浓度的有机废水，或者说 BOD_5 浓度小于500mg/L的有机废水，基本上采用好氧生物处理法。

在废水处理工程中，好氧生物处理法有活性污泥法和生物膜法两大类。

(3) 废水的厌氧生物处理

废水的厌氧生物处理是在没有游离氧存在的条件下，兼性细菌与厌氧细菌降解和稳定有机物的生物处理方法。在厌氧生物处理过程中，复杂的有机化合物被降解、转化为简单的化合物，同时释放能量。

在这个过程中，有机物的转化分三部分进行：部分转化为 CH_4，这是一种可燃气体，可回收利用；还有部分被分解为 CO_2、H_2O、NH_3、H_2S 等无机物，并为细胞合成提供能量；少量有机物被转化、合成为新的原生质的组成部分。由于仅少量有机物用于合成，故相对于好氧生物处理法，其污泥增长率小得多。

由于废水厌氧生物处理过程不需另加氧源，故运行费用低。此外，它还具有剩余污泥量少、可回收能量（CH_4）等优点。其主要缺点是反应速度较慢，反应时间较长，处理构筑物容积大等。为维持较高的反应速度，需维持较高的温度，就要消耗能源。对于有机污泥和高浓度有机废水（一般 $BOD_5 \geqslant 2000mg/L$）可采用厌氧生物处理法。

3.4.1.2 微生物的生长规律和生长环境

(1) 微生物的生长规律

微生物的生长规律一般是以生长曲线来反映。按微生物生长速率，其生长可分为四个生长期，如图3-54所示。

① 停滞期（调整期）：如果活性污泥被接种到与原来生长条件不同的废水中（营养类型发生变化，污泥培养驯化阶段），或污水处理厂因故中断运行后再运行，则可能出现停滞期。这种情况下，污泥需经过若干时间的停滞后才能适应新的废水，或从衰老状态恢复到正常状态。停滞期是否存在或停滞期的长短，与接种活性污泥的数量、废水性质、生长条件等因素有关。

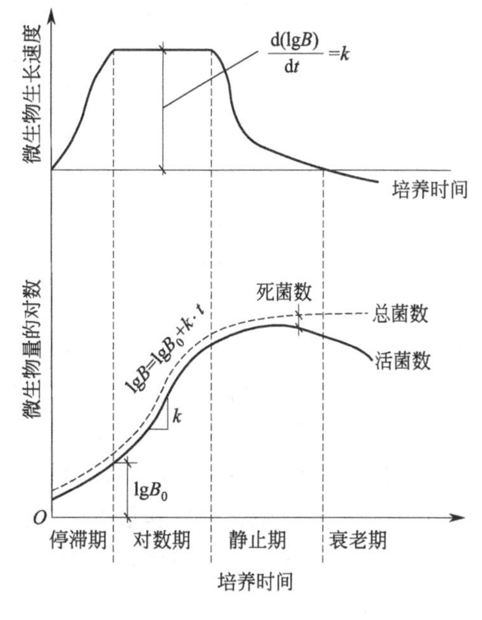

图3-54 微生物的生长曲线

② 对数期（生长旺盛期）：当废水中有机物浓度高，且培养条件适宜，则活性污泥可能处在对数生长期。处于对数生长期的污泥絮凝性较差，呈分散状态，镜检能看到较多的游离细菌，混合液沉淀后其上层液浑浊，含有机物浓度较高，活性强，沉淀不易，用滤纸过滤时，滤速很慢。

③ 静止期（平衡期）：当污水中有机物浓度较低，污泥浓度较高时，污泥则有可能处于静止期，处于静止期的活性污泥絮凝性好，混合液沉淀后上层液清澈，以滤纸过滤时滤速快。处理效果好的活性污泥法构筑物中，污泥处于静止期。

④ 衰老期（衰亡期）：当污水中有机物浓度较

低，营养物明显不足时，则可能出现衰老期。处于衰老期的污泥松散，沉降性能好，混合液沉淀后上清液清澈，但有细小泥花，以滤纸过滤时，滤速快。

在污水生物处理中，微生物是一个混合群体，它们也有一定的生长规律。有机物多时，以有机物为食料的细菌占优势，数量最多；当细菌很多时，出现以细菌为食料的原生动物；而后出现以细菌及原生动物为食料的后生动物，如图 3-55 所示。

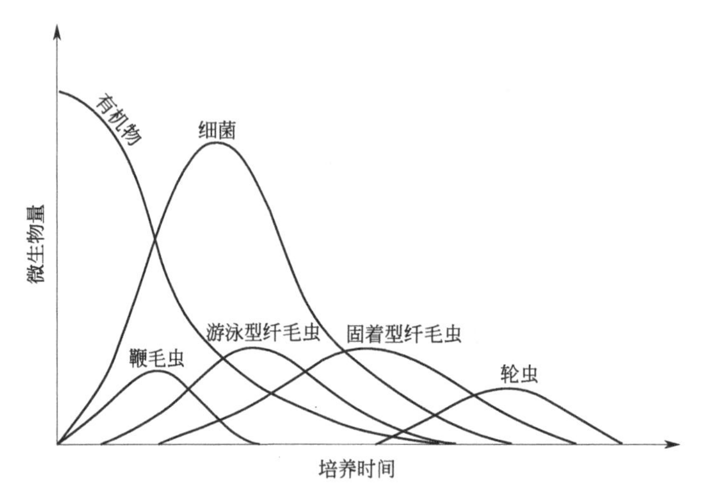

图 3-55 污水生物处理过程中的食物链

在污水生物处理过程中，如果条件适宜，活性污泥的增长过程与纯种单细胞微生物的增殖过程大体相仿。但由于活性污泥是多种微生物的混合群体，其生长受废水性质、浓度、水温、pH 值、溶解氧等多种环境因素的影响，因此，在处理构筑物中通常仅出现生长曲线中的某一两个阶段。处于不同阶段的污泥，其特性有很大的区别。

(2) 微生物的生长环境

1）微生物的营养　微生物要求的营养物质必须包括组成细胞的各种原料和产生能量的物质，主要有水、碳源、氮源、无机盐及生长因素。

① 水：微生物的组成部分，代谢过程的溶剂。细菌约 80%的组分为水。

② 碳源：碳素含量占细胞干物质的 50%左右，碳源主要构成微生物细胞的含碳物质和供给微生物生长、繁殖和运动所需要的能量，一般污水中含有足够碳源。

③ 氮源：提供微生物合成细胞蛋白质的物质。

④ 无机元素：主要有磷、硫、钾、钙、镁等及微量元素。作用是构成细胞成分，酶的组成成分，维持酶的活性，调节渗透压，提供自养型微生物的能源。（磷：核酸、磷脂、ATP 转化。硫：蛋白质组成部分，好氧硫细菌能源。钾：激活酶。钙：稳定细胞壁，激活酶。镁：激活酶，叶绿素的重要组成部分。）

⑤ 生长因素：氨基酸、蛋白质、维生素等。

2）温度　各类微生物所生长的温度范围不同，约为 5～80℃ 。此温度范围，可分为最低生长温度、最高生长温度和最适生长温度（是指微生物生长速度最快时的温度）。依微生物适应的温度范围，微生物可以分为中温性（20～45℃ ）、好热性（又叫高温性，45℃以上）和好冷性（又称低温性，20℃以下）三类。当温度超过最高生长温度时，会使微生物的蛋白质迅速变性及酶系统遭到破坏而失活，严重者可使微生物死亡。低温会使微生物代谢活力降低，进而处于生长繁殖停止状态，但仍保存其生命力。

3）pH 值　不同的微生物有不同的 pH 值适应范围。细菌、放线菌、藻类和原生动物的 pH 值适应范围在 4～10 之间。大多数细菌适宜中性和偏碱性（pH=6.5～7.5）的环境。废水生物处理过程中应保持最适 pH 值范围。当废水的 pH 值变化较大时，应设置调节池，使进入反应器（如曝气池）的废水，保持在合适的 pH 值范围。

4）溶解氧　溶解氧是影响生物处理效果的重要因素。好氧微生物处理的溶解氧一般以 2～4mg/L 为宜。

5）有毒物质　在工业废水中，有时存在着对微生物具有抑制和杀害作用的化学物质，这类物质我们称之为有毒物质。其毒害作用主要表现在细胞的正常结构遭到破坏以及菌体内的酶变质，并失去活性。在废水生物处理时，对这些有毒物质应严加控制，但毒物浓度的允许范围，需要具体分析。

3.4.1.3　反应速度和反应级数

生物化学反应是一种以生物酶为催化剂的化学反应。污水生物处理中，人们总是创造合适的环境条件去得到希望的反应速度。

（1）反应速度

在生化反应中，反应速度是指单位时间里底物的减少量、最终产物的增加量或细胞的增加量。在废水生物处理中，是以单位时间里底物的减少或细胞的增加来表示生化反应速度。

生化反应可以用下式表示：

$$S \longrightarrow yX + zP \quad 及 \quad \frac{d[X]}{dt} = -y\left(\frac{d[S]}{dt}\right) \tag{3-101}$$

即

$$-\frac{d[S]}{dt} = \frac{1}{y}\left(\frac{d[X]}{dt}\right) \tag{3-102}$$

式中，反应系数 $y = \frac{d[X]}{d[S]}$，又称产率系数，mg/mg。

该式反映了底物减少速率和细胞增长速率之间的关系，是废水生物处理中研究生化反应过程的一个重要规律。

（2）反应级数

实验表明反应速率与一种反应物 A 的浓度 ρ_A 成正比时，称这种反应对这种反应物是一级反应。反应速率与两种反应物 A、B 的浓度 ρ_A、ρ_B 成正比时，或与一种反应物 A 的浓度 ρ_A 的平方 ρ_A^2 成正比时，称这种反应为二级反应。反应速率与 $\rho_A\rho_B^2$ 成正比时，称这种反应为三级反应，也可称这种反应是 A 的一级反应或 B 的二级反应。

在生化反应过程中，底物的降解速率和反应器中的底物浓度有关。

一般反应通式为：

$$aA + bB \longrightarrow gG + hH \tag{3-103}$$

则反应速率为：

$$v = \frac{d\rho_A}{dt} = k\rho_A^a\,\rho_B^b \tag{3-104}$$

式中，$a+b=n$；n 为反应级数。

设生化反应方程式为

$$S \longrightarrow yX + zP \tag{3-105}$$

底物浓度 ρ_S 以 [S] 表示，则生化反应速率：

$$v=\frac{d[S]}{dt}\propto[S]^n \quad 或 \quad v=\frac{d[S]}{dt}=k[S]^n \tag{3-106}$$

式中，k 为反应速率常数，随温度而异；n 为反应级数。

上式亦可改写为

$$\lg v = n\lg[S]+\lg k \tag{3-107}$$

反应速度不受反应物浓度的影响时，称这种反应为零级反应。在温度不变的情况下，零级反应的反应速率是常数。

对反应物 A 而言，零级反应：

$$v=k, \frac{d\rho_A}{dt}=k \qquad \rho_A=\rho_{A0}-kt \tag{3-108}$$

式中，v 为反应速率；t 为反应时间；k 为反应速率常数，受温度影响。

反应速率与反应物浓度的一次方成正比关系，称这种反应为一级反应。

对反应物 A 而言，一级反应：

$$v=k\rho_A, \frac{d\rho_A}{dt}=k\rho_A \qquad \lg\rho_A=\lg\rho_{A0}-\frac{k}{2.3}t \tag{3-109}$$

式中，v 为反应速率；t 为反应时间；k 为反应速率常数，受温度影响。

反应速度与反应物浓度的二次方成正比，称这种反应为二级反应。

对反应物 A 而言，二级反应：

$$v=k\rho_A^2, \frac{d\rho_A}{dt}=k\rho_A^2 \qquad \frac{1}{\rho_A}=\frac{1}{\rho_{A0}}+kt \tag{3-110}$$

式中，v 为反应速率；t 为反应时间；k 为反应速率常数，受温度影响。

在零级、一级、二级反应过程中，反应物 A 的量增加时，k 为负值；在废水生物处理中，有机污染物逐渐减少，反应常数为正值。

3.4.1.4 莫诺特方程

一切生化反应都是在酶的催化下进行的。这种反应亦可以说是一种酶促反应或酶反应。酶促反应速度受酶浓度、底物浓度、pH 值、温度、反应产物、活化剂和抑制剂等因素的影响。

在有足够底物又不受其他因素影响时，酶促反应速率与酶浓度成正比。

当底物浓度在较低范围内，而其他因素恒定时，反应速率与底物浓度成正比，是一级反应。当底物浓度增加到一定限度时，所有的酶全部与底物结合后，酶反应速率达到最大值，此时再增加底物的浓度对反应速率就无影响，是零级反应，但各自达到饱和时所需的底物浓度并不相同，甚至差异有时很大。

微生物增长速度和微生物本身的浓度、底物浓度之间的关系是废水生物处理中的一个重要课题。有多种模式反映这一关系。当前公认的是莫诺特方程式：

$$\mu=\mu_{max}\frac{\rho_s}{k_s+\rho_s} \tag{3-111}$$

式中，ρ_s 为限制微生物增长的底物浓度，mg/L；μ 为微生物比增长速度，即单位生物量的增长速率；μ_{max} 为 μ 的最大值，底物浓度很大，不再影响微生物增长速度时的 μ 值；k_s 为饱和常数。

$$\mu=\frac{d\rho_X/dt}{\rho_X} \tag{3-112}$$

式中，ρ_X 为微生物浓度，mg/L。

在一切生化反应中，微生物的增长是底物降解的结果，彼此之间存在着一个定量关系。现如以 $d\rho_S$（微反应时段 dt 内的底物消耗量）和 $d\rho_X$（dt 内的微生物增长量）之间的比例关系值，通过下式表示：

$$Y=\frac{d\rho_X}{d\rho_S} \text{ 或 } Y=\frac{d\rho_X/dt}{d\rho_S/dt}=\frac{v_X}{v_S} \text{ 或 } Y=\frac{v_X/\rho_X}{X_S/\rho_S}=\frac{\mu}{q} \tag{3-113}$$

式中，Y 为产率系数；ρ_X 为微生物浓度；v_X 为微生物增长速率，$v_X=\frac{d\rho_X}{dt}$；v_S 为底物降解速率，$v_S=\frac{d\rho_S}{dt}$；μ 为微生物比增长速率，$\mu=\frac{v_X}{\rho_X}$ ；q 为底物比降解速率，$q=\frac{v_S}{\rho_X}$。

由式(3-113) 得

$$\mu=Yq \qquad \mu_{max}=Yq_{max} \tag{3-114}$$

由式(3-110)、式(3-112) 和式(3-113) 得

$$q=q_{max}\frac{\rho}{k_S+\rho_S} \tag{3-115}$$

式中，q 和 q_{max} 为底物的比降解速度及其最大值；ρ_S 为底物浓度；k_S 为饱和常数。

3.4.1.5 污水生物处理工程的基本数学式

在废水生物处理中，废水中的有机污染物质（即底物 、基质）正是需要去除的对象；生物处理的主体是微生物；而溶解氧则是保证好氧微生物正常活动所必需的。因此，可以把有机质、微生物、溶解氧之间的数量关系用数学公式表达。

污水生物处理工程数学模式的几点假定：

① 整个处理系统处于稳定状态。反应器中的微生物浓度和底物浓度不随时间变化，维持一个常数。即：

$$\frac{d\rho_X}{dt}=0 \quad \text{及} \quad -\frac{d\rho_S}{dt}=0 \tag{3-116}$$

式中，ρ_X 为反应器中微生物的平均浓度；ρ_S 为反应器中底物的平均浓度。

② 反应器中的物质按完全混合及均匀分布的情况考虑。整个反应器中的微生物浓度和底物浓度不随位置变化维持一个常数，且底物是溶解性的。即

$$\frac{d\rho_X}{dl}=0 \quad \text{和} \quad \frac{d\rho_S}{dl}=0 \tag{3-117}$$

③ 整个反应过程中，氧的供应是充足的（对于好氧处理）。

1951 年霍克来金（Heukelekian）等人提出了：

$$\left(\frac{d\rho_X}{dt}\right)_g=Y\left(\frac{d\rho_S}{dt}\right)_u-K_d\rho_X \tag{3-118}$$

式中，$\left(\frac{d\rho_X}{dt}\right)_g$ 为微生物净增长速率；$\left(\frac{d\rho_S}{dt}\right)_u$ 为底物利用（或降解）速率；Y 为产率系

数；K_d 为内源呼吸（或衰减）系数；ρ_X 为反应器中的微生物浓度。

在实际工程中，产率系数（微生物增长系数）Y 常以实际测得的观测产率系数（微生物净增长系数）Y_{obs} 代替。故式(3-118) 可改写为

$$\left(\frac{d\rho_X}{dt}\right)_g = Y_{obs}\left(\frac{d\rho_S}{dt}\right)_u \tag{3-119}$$

式(3-119) 可改写为

$$\frac{(d\rho_X/dt)_g}{\rho_X} = Y\frac{(d\rho_S/dt)_u}{\rho_X} - K_d \tag{3-120}$$

$$\mu' = Yq - K_d \tag{3-121}$$

式中，μ'为微生物比净增长速率。

同理，从式(3-119) 得

$$\mu' = Y_{obs}q \tag{3-122}$$

上列诸式表达了生物反应处理器内，微生物的净增长和底物降解之间的基本关系，亦可称废水微生物处理工程基本数学模式。

3.4.2 活性污泥法

活性污泥法是一种污水的好氧生物处理法，由英国的克拉克和盖奇约在 1913 年于曼彻斯特的劳伦斯污水试验站发明并应用 。如今，活性污泥法及其衍生改良工艺是处理城市污水最广泛使用的方法。

3.4.2.1 基本概念

活性污泥是由细菌、菌胶团、原生动物、后生动物等微生物群体及吸附的污水中有机和无机物质组成的有一定活力的、具有良好净化污水功能的絮绒状污泥。它能从污水中去除溶解性的和胶体状态的可生化有机物以及能被活性污泥吸附的悬浮固体和其他一些物质，同时也能去除一部分磷素和氮素，是污水生物处理悬浮在水中微生物的各种方法的统称。

(1) 活性污泥的性质

活性污泥的颜色呈黄褐色，有土腥味，似矾花絮绒颗粒。曝气池混合液相对密度为 1.002～1.003，回流污泥相对密度为 1.004～1.006。粒径 0.02～0.2mm，比表面积 20～100cm^2/mL。活性污泥含水 98%～99%，干固体 1%～2%。

(2) 活性污泥的组成

1) 栖息着的微生物　活性污泥含有大量的细菌、真菌、原生动物、后生动物。

除活性微生物外，活性污泥还挟带着来自污水的有机物、无机悬浮物、胶体物；活性污泥中栖息的微生物以好氧微生物为主，是一个以细菌为主体的群体，除细菌外，还有酵母菌、放线菌、霉菌以及原生动物和后生动物。活性污泥中细菌含量一般在 10^7～10^8 个/mL；原生动物 10^3 个/mL，原生动物中以纤毛虫居多，固着型纤毛虫可作为指示生物，固着型纤毛虫如钟虫、等枝虫、盖纤虫、独缩虫、聚缩虫等出现且数量较多时，说明活性污泥培养成熟且活性良好。

2）有机性和无机性成分　混合液悬浮固体（MLSS）表示悬浮固体物质总量，混合液挥发性悬浮固体（MLVSS）成分表示有机物含量，灼烧残量（NVSS）表示无机物含量。MLVSS包含了微生物量，但不仅是微生物的量，由于测定方便，目前还是近似用于表示微生物的量。活性污泥中MLVSS一般含量为55%～75%；NVSS一般含量为25%～45%。

(3）活性污泥的沉降浓缩性能

评价活性污泥沉降性能的指标主要有以下几项。

① 污泥沉降比（settling velolity，SV）：取混合液至1000mL或100mL量筒，静置沉淀30min后，度量沉淀活性污泥的体积，以占混合液体积的比例（%）表示污泥沉降比。曝气池混合液的沉降比正常范围为15%～30%。

② 污泥浓度（sludge concentration）：指1L混合液内所含的悬浮固体（MLSS）或挥发性悬浮固体（MLVSS）的质量，单位为g/L或mg/L。一般在活性污泥曝气池内常保持MLSS浓度在2～6g/L之间，多为3～4g/L。

③ 污泥体积指数（sludge volume index，SVI）：SV不能确切表示污泥沉降性能，故人们用单位干泥形成湿泥时的体积来表示污泥沉降性能，简称污泥指数，单位为mL/g。

$$SVI=\frac{SV}{MLSS} \tag{3-123}$$

如SVI较小，污泥颗粒密实，污泥无机化程度高，沉淀性好。但是，如SVI过低，则污泥矿化程度高，活性及吸附性都较差。通常，当SVI＜100，沉淀性能良好；当SVI=100～200时，沉淀性一般；而当SVI＞200时，沉淀性较差，污泥易膨胀。一般常控制SVI在50～150之间为宜。

3.4.2.2　活性污泥法的基本原理

(1）基本原理与流程

通常而言，活性污泥过程是严格的好氧过程。所以，其反应机理是有机物在各种微生物的作用下，通过生化反应转变成为CO_2和细胞质的过程。如图3-56所示为活性污泥法处理系统的基本流程。系统是以活性污泥反应器——曝气池作为核心处理设备，此外还有二次沉淀池、污泥回流系统和曝气与空气扩散系统。

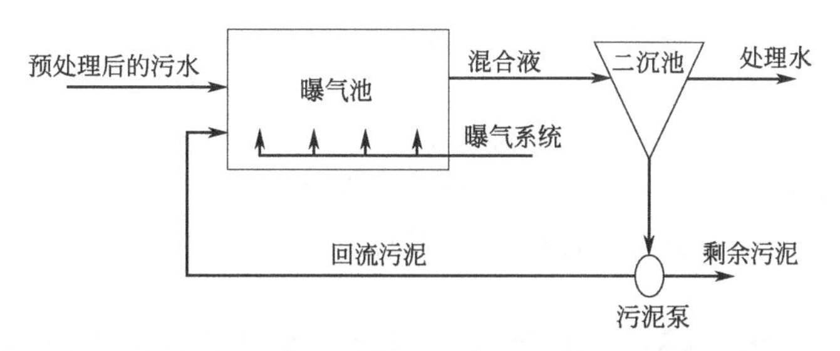

图3-56　活性污泥法处理系统的基本流程（传统活性污泥法系统）

在正式投入运行前，在曝气池内必须进行以污水作为培养基的活性污泥培养与驯化工作。经初次沉淀池或水解酸化装置处理后的污水从入口端进入曝气池，与此同时，从二次沉淀池连续回流的活性污泥作为接种污泥，也同步进入曝气池。曝气池内设有空气管和空气扩散装置。由空压机站送来的压缩气，通过铺设在曝气池底部的空气扩散装置对混合液曝气，使曝气池内混合液得到充足的氧气并处于剧烈搅动的状态。活性污泥与污水互相混合、充分接触，使废水中的可溶性有机污染物被活性污泥吸附，继而被活性污泥的微生物群体降解，使废水得到净化。完成净化过程后，混合液流入二沉池，经过沉淀，混合液中的活性污泥与已被净化的废水分离，处理水从二沉池排放。活性污泥在沉淀池的污泥区受重力浓缩，并以较高的浓度由二沉池的刮泥机收集流入回流污泥集泥池，再由回流泵连续不断地回流污泥，使活性污泥在曝气池和二沉池之间不断循环，始终维持曝气池中混合液的活性污泥浓度，保证污水得到持续处理。微生物在降解 BOD 时，一方面产生 H_2O 和 CO_2 等代谢产物；另一方面自身不断增殖，系统中出现剩余污泥，需要向外排泥。

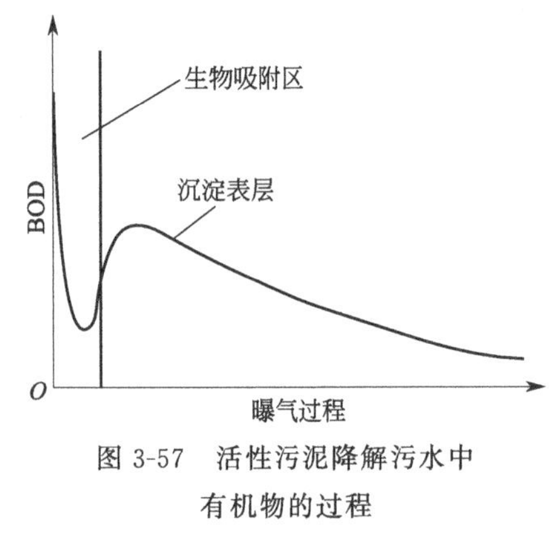

图 3-57　活性污泥降解污水中有机物的过程

(2) 净化过程

活性污泥降解污水中有机物的过程如图 3-57 所示。

1）初期去除与吸附　在很多活性污泥系统里，当污水与活性污泥接触后很短的时间（3～5min）内就出现了很高的有机物（BOD）去除率。这种初期高速去除现象是吸附作用所引起的。由于污泥表面积很大（介于 2000～10000m^2/m^3），且表面具有多糖类黏质层，因此，污水中悬浮的和胶体的物质被絮凝和吸附去除。初期被去除的 BOD 像一种备用的食物源，贮存在微生物细胞的表面，经过几小时的曝气后，才会相继摄入代谢。在初期，被单位污泥去除的有机物数量是有一定限度的，它取决于污水的类型以及与污水接触时的污泥性能。例如，污水中呈悬浮的和胶体的有机物多，则初期去除率大；反之如溶解性有机物多，则初期去除率就小。又如，回流的污泥未经足够的曝气，预先贮存在污泥里的有机物将代谢不充分，污泥未得到再生，活性不能很好恢复，因而必将降低初期去除率；但是，如回流污泥经过长时间曝气，则会使污泥长期处于内源呼吸阶段，由于过分自身氧化而失去活性，同样也会降低初期去除率。

2）微生物的代谢　活性污泥微生物以污水中各种有机物作为营养，在有氧的条件下，将其中一部分有机物合成新的细胞物质（原生质）；对另一部分有机物则进行分解代谢，即氧化分解以获得合成新细胞所需要的能量，并最终形成 CO_2 和 H_2O 等稳定物质。在新细胞合成与微生物增长的过程中，除氧化一部分有机物以获得能量外，还有一部分微生物细胞物质也在进行氧化分解，并供应能量。

活性污泥微生物从污水中去除有机物的代谢过程，主要是由微生物细胞物质的合成（活性污泥增长）、有机物（包括一部分细胞物质）的氧化分解和氧的消耗所组成。当氧供应充足时，活性污泥的增长与有机物的去除是并行的；污泥增长的旺盛时期，也就是有机物去除的快速时期。

3）凝聚与沉淀　絮凝体是活性污泥的基本结构，它能够防止微型动物对游离细菌的吞噬，并承受曝气等外界不利因素的影响，更有利于与处理水分离。水中含有很多能形成絮凝体的微生物，它们可以形成大块的菌胶团。

凝聚的原因主要是：细菌体内积累的聚 β-羟基丁酸释放到液相，促使细菌间相互凝聚，结成绒粒；微生物摄食过程释放的黏性物质促进凝聚；在不同的条件下，细菌内部的能量不同，当外界营养不足时，细菌内部能量降低，表面电荷减少，细菌颗粒间的结合力大于排斥力，形成绒粒；而当营养物充足［废水与活性污泥混合初期，食微比（F/M）较大］时，细菌内部能量大，表面电荷增大，形成的绒粒重新分散。

沉淀是混合液中固相活性污泥颗粒同废水分离的过程。固液分离的好坏，直接影响出水水质。如果处理水挟带生物体，出水 BOD 和 SS 将增大。所以，活性污泥法的处理效率同其他生物处理方法一样，应包括二沉池的效率，即用曝气池及二沉池的总效率表示。除了重力沉淀外，也可用气浮法进行固液分离。

3.4.2.3 活性污泥法的工艺类型

(1) 传统活性污泥法

传统活性污泥法又称普通活性污泥法或推流式活性污泥法，是最早成功应用的运行方式，其他活性污泥法都是在其基础上发展而来的。污水和回流污泥一起从曝气池的首端进入，在曝气和水力条件的推动下，污水和回流污泥的混合液在曝气池内呈推流形式流动至池的末端，流出池外进入二沉池。在二沉池中处理后的污水与活性污泥分离，部分污泥回流至曝气池，部分污泥则作为剩余污泥排出系统。推流式曝气池一般建成廊道型，为避免短路，廊道的长宽比一般不小于5∶1。根据需要，有单廊道、双廊道或多廊道等形式。曝气方式可以是机械曝气，也可以采用鼓风曝气。其基本流程见图3-58。

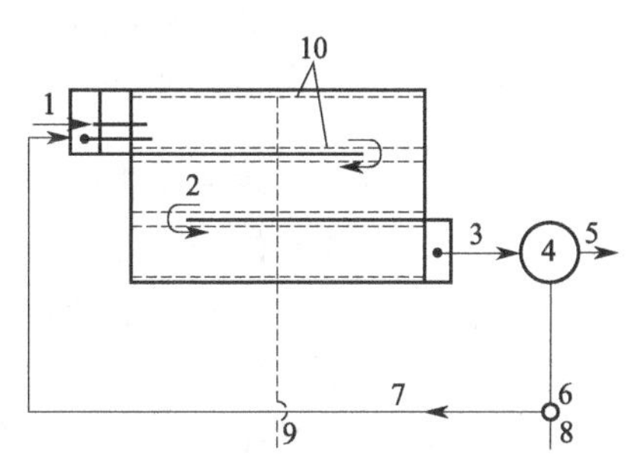

图3-58　传统活性污泥法流程图

1—经预处理后的污水；2—曝气池；3—从曝气池流出的混合液；4—二次沉淀池；5—处理后污水；6—污泥泵站；7—回流污泥系统；8—剩余污泥；9—来自空压机站的空气；10—曝气系统与空气扩散装置

传统活性污泥法的特征是曝气池前段液流和后段液流不发生混合。污水浓度自池首至池尾呈逐渐下降的趋势，需氧量沿池长逐渐降低。因此有机物降解反应的推动力较大，效率较高。曝气池需氧量沿池长逐渐降低，尾端溶解氧一般处于过剩状态，在保证末端溶解氧正常的情况下，前段混合液中溶解氧含量可能不足。

① 优点：a. 处理效果好，BOD去除率可达90%以上，适用于处理净化程度和稳定程度较高的污水；b. 根据具体情况，可以灵活调整污水处理程度的高低；c. 进水负荷升高时，可通过提高污泥回流比的方法予以解决。

② 缺点：a. 曝气池首端有机污染物负荷高，耗氧速度也高，为了避免由于缺氧形成厌氧状态，进水有机物负荷不宜过高，因此，曝气池容积大，占用的土地较多，基建费用高；b. 曝气池末端有可能出现供氧速率大于需氧速率的现象，动力消耗较大；c. 对进水水质、水量变化的适应性较低，运行效果易受水质、水量变化的影响。

(2) 完全混合活性污泥法

完全混合活性污泥法与传统活性污泥法最不同的地方是采用了完全混合式曝气池。其特征是污水进入曝气池后，立即与回流污泥及池内原有混合液充分混合，池内混合液的组成，包括活性污泥数量及有机污染物的含量等均匀一致，而且池内各个部位都是相同的。曝气方式多采用机械曝气，也有采用鼓风曝气的。完全混合活性污泥法的曝气池与二沉池可以合建，也可以分建，比较常见的是合建式圆形池。图3-59为完全混合活性污泥法的工艺流程图。

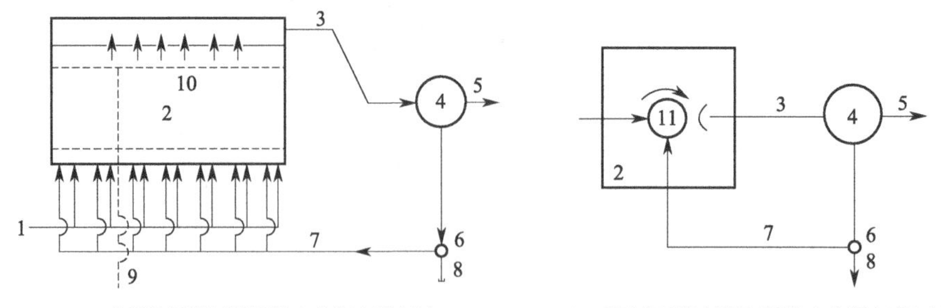

图 3-59 完全混合活性污泥法的工艺流程图

1—经预处理后的污水；2—完全混合曝气池；3—由曝气池流出的混合液；4—二次沉淀池；5—处理后污水；6—污泥泵站；7—回流污泥系统；8—排放出系统的剩余污泥；9—来自空压机站的空气管道；10—曝气系统及空气扩散装置；11—表面机械曝气器

由于完全混合活性污泥法能够使进水与曝气池内的混合液充分混合，水质得到稀释、均化，曝气池内各部位的水质、污染物的负荷、有机污染物降解情况等都相同。因此，完全混合活性污泥法具有以下特点：进水在水质、水量方面的变化对活性污泥产生的影响较小，也就是说这种方法对冲击负荷适应能力较强；有可能通过对污泥负荷值的调整，将整个曝气池的工况控制在最佳条件，使活性污泥的净化功能得以良好发挥；在处理效果相同的条件下，其负荷率高于推流式曝气池；曝气池内各个部位的需氧量相同，能最大限度地节约动力消耗；完全混合活性污泥法容易产生污泥膨胀现象，处理水质在一般情况下低于传统的活性污泥法；这种方法多用于工业废水的处理，特别是浓度较高的工业废水。

(3) 阶段曝气法

阶段曝气法又称多点（段）进水活性污泥法，它是传统活性污泥法的一种简单改进，其工艺流程如图 3-60 所示。

阶段曝气法中的废水沿曝气池多点进入，使有机物在曝气池中的分配较为均匀，从而避免了传统工艺中首端缺氧、末端氧过剩的弊端，因而提高了空气的利用效率和曝气池的工作能力；另外，由于容易改变各进水点的水量，在运行上也有较大的灵活性。实践证明，曝气池容积比普通活性污泥法可以缩小 30%左右。该工艺于 1939 年在纽约首先使用，效果良好，已得到较广泛应用。

(4) 吸附-再生活性污泥法

吸附-再生活性污泥法又称接触稳定法或生物吸附法，该法于 20 世纪 40 年代出现于美国，工艺流程如图 3-61 所示。

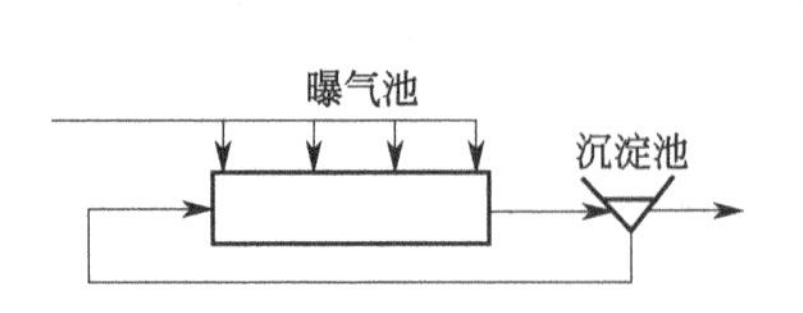

图 3-60 阶段曝气法流程示意图

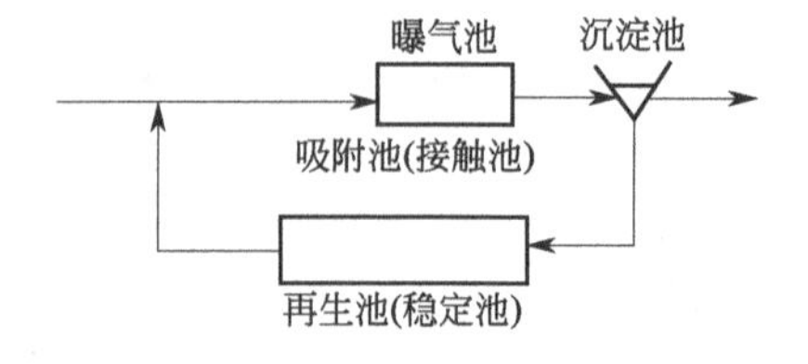

图 3-61 吸附-再生活性污泥法再生系统

该法根据废水净化的机理、污泥对有机污染物的初期高吸附作用，将曝气池一分为二，一个是吸附池，另一个是再生池。废水在吸附池内同活性污泥充分接触，停留数十分钟后，废水中的有机物被污泥吸附。随后进入二沉池，泥水分离后回流污泥进入再生曝气池（不进废水），污泥中吸附的有机物进一步氧化分解，恢复活性的污泥随后再次进入吸附曝气池同新进废水接触，重复上述过程达到循环处理污水的目的。吸附-再生活性污泥法的污泥回流比一般为50%～100%，比普通活性污泥法高。

吸附再生活性污泥法的主要特点是：

① 造价低。废水与活性污泥在吸附池里的接触时间较短，吸附池容积较小，因污泥回流比高，再生池容积也可控制较小，致使两者容积之和比普通活性污泥法曝气池容积小得多，因而减小了占地，降低了造价。

② 耐冲击负荷能力强。由于回流污泥量较多且易于灵活调节，故易于适应进水水质、水量的变化。

其主要缺点是：去除率比普通活性污泥法低；对难溶性有机物含量高的工业废水处理效果欠佳。

(5) 渐减曝气活性污泥法

此法是为改进传统法中前部供氧不足及后部供氧过剩问题而提出来的。它的工艺流程与传统法一样，只是供气量沿池长方向递减，使供氧量与需氧量基本一致。工艺流程如图3-62所示。具体措施是从池首端到末端所安装的空气扩散设备逐渐减少。这种供气形式使通入池内的空气得到了有效利用。渐减曝气最常用的方法就是扩散曝气法，机械曝气时也容易实现渐减曝气。

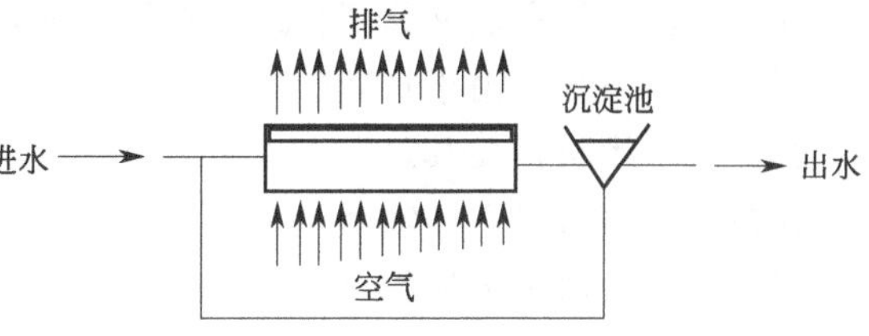

图3-62 渐减曝气活性污泥法示意图

(6) 纯氧曝气活性污泥法

纯氧曝气法是活性污泥法的重要变法，简单来说，就是用氧气代替空气的活性污泥法。其目的是通过提高供氧能力，增加混合液污泥浓度，加强代谢过程，达到提高废水处理的效能。纯氧曝气能使曝气池内溶解氧维持在6～10mg/L之间，在这种高浓度的溶解氧状态下，能产生密实易沉的活性污泥，即使BOD污泥负荷达1kg BOD/(kg MLSS·d)，也不会发生污泥膨胀现象，所以能承受较高负荷。由于污泥密度大，SVI值较小，沉淀性能好，易于沉淀浓缩，在曝气池内，污泥浓度可达5～7g/L，从而增大了容积负荷（约2～6倍），缩短了曝气时间。此外还具有可能缩小二次沉淀池容积，不需浓缩池，剩余污泥量少，剩余污泥浓度高，容易脱水，尾气排放量少（只有空气法的1%～2%），减少二次污染，占地少等优点。因此在国内外，纯氧曝气法得到了越来越多的应用。国内较大型石化废水处理装置都采用了纯氧曝气法。纯氧曝气法的构造形式有多种，目前应用较多的是多段加盖式（图3-63）和推流式。

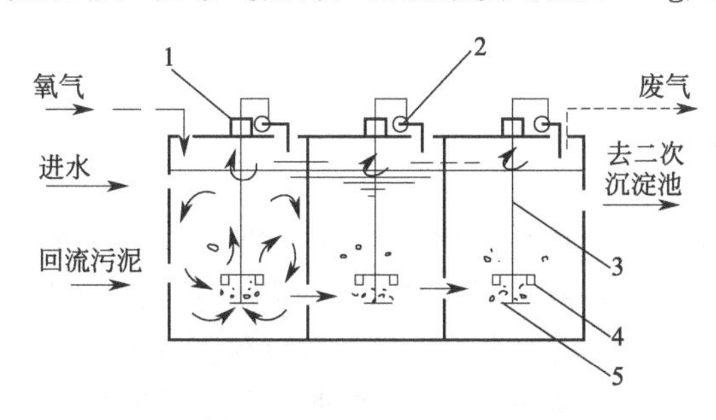

图3-63 多段加盖式氧气法（联合曝氧）

1—搅拌机；2—循环气体用空压机；

3—中空轴；4—搅拌叶轮；5—喷气器

(7) 延时曝气活性污泥法

延时曝气活性污泥法又称完全氧化活性污

泥法，20 世纪 50 年代初期在美国得到应用。其主要特点是有机负荷率较低，活性污泥持续处于内源呼吸阶段，不但去除了水中的有机物，而且氧化部分微生物的细胞物质。因此剩余污泥量极少，无须再进行消化处理。延时曝气活性污泥法实际上是污水好氧处理与污泥好氧处理的综合构筑物。

在处理工艺方面，这种方法不用设初沉池，而且理论上也不用设二沉池，但考虑到出水中含有一些难降解的微生物内源代谢的残留物，因此，实际上二沉池还是存在的。

延时曝气活性污泥法处理出水水质好，稳定性高，对冲击负荷有较强的适应能力。另外，这种方法的停留时间较长，可以实现氨氮的硝化过程，即达到去除氨氮的目的。本工艺的不足是曝气时间长，占地面积大，基建费用和运行费用都较高。另外，进入二沉池的混合液因处于过氧化状态，出水中会含有不易沉降的活性污泥碎片。

延时曝气活性污泥法只适用于对处理水质要求较高、不宜建设污泥处理设施的小型生活污水或工业废水，处理水量不宜超过 $1000m^3/d$。

(8) 间歇式活性污泥法

间歇式活性污泥法又称序批式活性污泥法，简称 SBR 法。SBR 法原本是最早的一种活性污泥法运行方式，由于管理操作复杂，未被广泛应用。近些年来，自控技术的迅速发展重新为其注入了生机，使其发展成为简单可靠、经济有效和多功能的 SBR 技术。SBR 工艺的核心构筑物是集有机污染物降解与混合液沉淀于一体的反应器——间歇曝气池。图 3-64 为间歇式活性污泥法工艺流程。

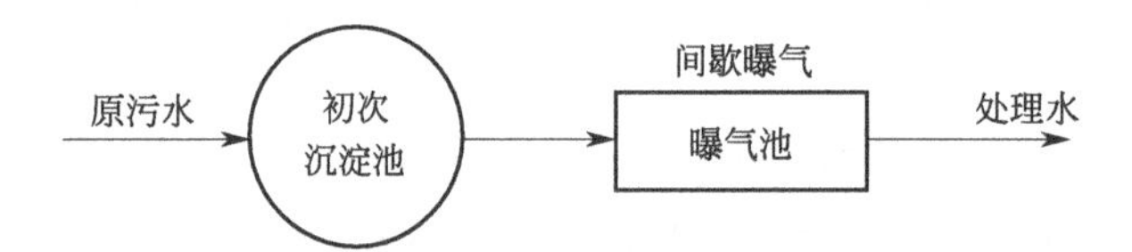

图 3-64 间歇式活性污泥法工艺流程

典型的 SBR 过程分为五个阶段：进水期、反应期、沉淀期、排水期和闲置期。五个工序都在一个设有曝气和搅拌装置的活性污泥反应池内依次进行，周而复始，以实现废水处理目的。SBR 过程如图 3-65 所示。

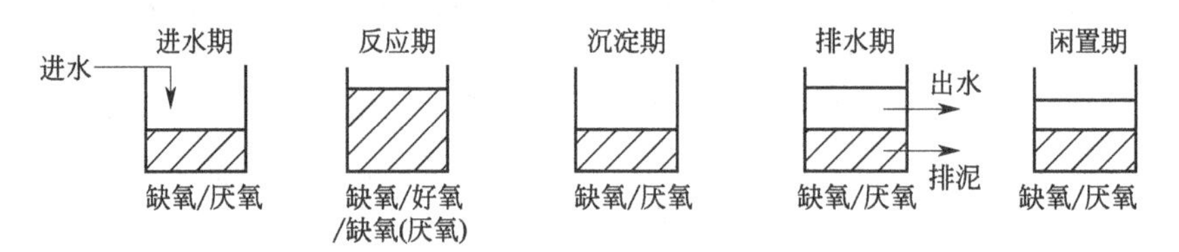

图 3-65 SBR 典型五段式运行过程示意图

进水期：在向反应器注入废水之前，反应器处于五道工序中最后的闲置期，此时废水处理后已经排放，反应器内残存着高浓度的活性污泥混合液。废水注入，注满后再进行反应，从这个意义上来讲，反应器起到调节池的作用。废水注入、水位上升，可以根据其他工艺上的要求，配合相应的操作过程，如曝气，即可得预曝气的效果，又可使得污泥再生恢复活性；也可以根据脱氮、释磷等要求，进行缓慢搅拌；又如根据限制曝气的要求，不进行其他技术措施，而单纯注水等。

反应期：废水注入预定高度后，即开始反应操作，根据废水处理的目的，如 BOD 去除、硝化、磷的吸收和反硝化等，进行曝气或缓慢搅拌，并根据需要达到的程度决定反应的延长时间。如BOD去除、硝化反应，需要曝气，而反硝化应停止曝气、进行缓慢搅拌，并根据需要补充甲醛、乙醇或注入少量有机废水作为电子受体。在反应期后期，进入下一步沉淀过程之前，还要进行短暂的微量曝气，以吹脱污泥附近的气泡或氮，保证沉淀效果。

沉淀期：沉淀期相当于活性污泥连续系统的二沉池泥、水分离阶段。此时停止曝气和搅拌，使混合液处于静止状态，活性污泥与水分离。由于本工序是静止沉淀，沉淀效果较好。沉淀期的时间基本同二次沉淀池，一般为1.5～2.0h。

排水期：经过沉淀后产生的上清液，作为处理水排放，一直到最低水位。此时也排出一部分剩余污泥，在反应器内残留一部分活性污泥，作为泥种。

闲置期：在处理水排放后，反应器处于停滞状态，等待下一个操作周期开始的阶段。此期间的长短，应根据现场情况而定。如时间过长，为了避免污泥完全失去活性，应进行轻微曝气或间断曝气。在新的操作周期开始之前，也可考虑对污泥进行一定时间的曝气，使污泥再生，恢复、提高其活性。对此，也可作为一个新的“再生”工序考虑。

(9) AB法

AB法即吸附生物降解法，工艺流程如图3-66所示。A段污泥负荷达2～6kg/(kg·d)，约为普通法的10～20倍，污泥平均停留时间短（0.3～0.5d），水力停留时间约为30min。A段的活性污泥全部是繁殖快、世代时间短的细菌，以控制溶解氧含量（一般为0.2～0.7mg/L），使其按好氧或兼性方式运行，所以污泥产率高。B段负荷为0.15～0.30kg/(kg·d)，污泥平均停留时间为15～20d，水力停留时间为2～3h，溶解氧含量为1～2mg/L。

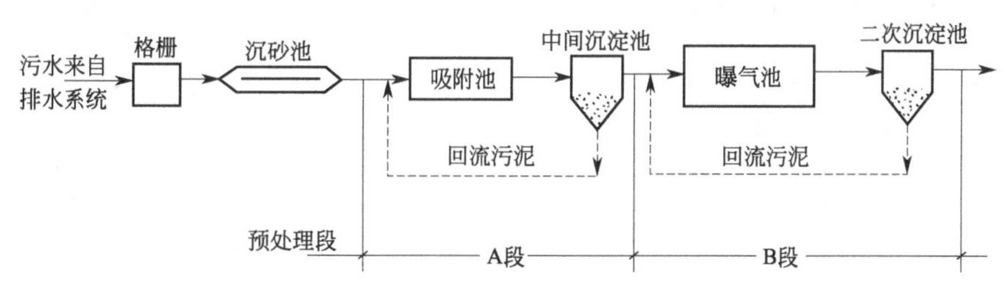

图3-66　AB法污水处理工艺流程

AB法的基本特点是：微生物群体完全分开为两段系统，A段负荷高，抗冲击负荷能力强，经A段后使B段可生化性提高，因而取得更佳更稳定的效果；废水连续直接流入A段，带入了繁殖能力强、抗环境变化的短世代原核微生物，使工艺稳定性提高；A段去除率一般为40%～70%，除磷效果较好，且为B段硝化作用创造了条件。

(10) 氧化沟

氧化沟又称循环曝气池，是荷兰20世纪50年代开发的一种生物处理技术，属活性污泥法的一种变法。如图3-67所示为氧化沟的平面示意图，而图3-68所示为以氧化沟为生物处理单元的污水处理流程。

进入氧化沟的污水和回流污泥混合液在曝气装置的推动下，在闭合的环形沟道内循环流动，混合曝气，同时得到稀释和净化。与入流污水及回流污泥总量相同的混合液从氧化沟出口流入二沉池。处理水从二沉池出水口排放，底部污泥回流至氧化沟。与普通曝气池不同的

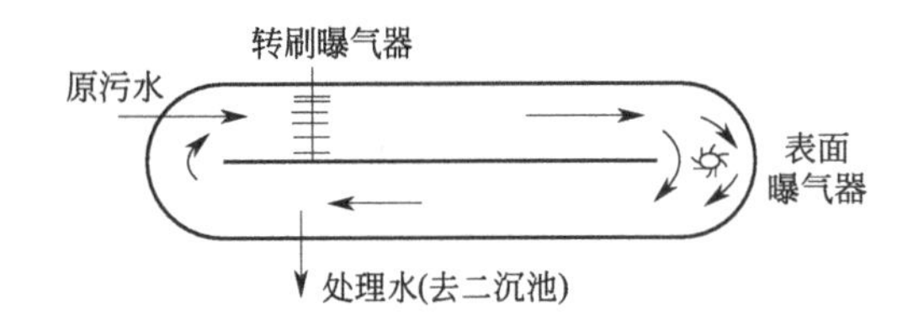

图 3-67　氧化沟的平面示意图

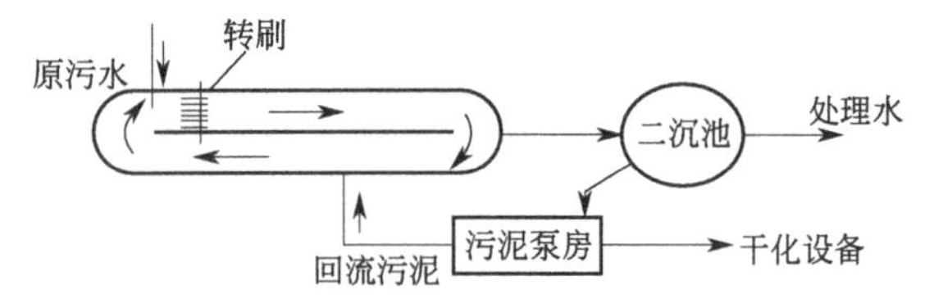

图 3-68　以氧化沟为生物处理单元的污水处理流程

是氧化沟除外部污泥回流之外，还有极大的内回流，环流量为设计进水流量的 30～60 倍，循环一周的时间为 15～40min。因此，氧化沟是一种介于推流式和完全混合式之间的曝气池形式，综合了推流式和完全混合式的优点，因而抗冲击负荷能力和降解能力都强。

氧化沟的曝气装置有横轴曝气装置和纵轴曝气装置。横轴曝气装置有横轴曝气转刷和曝气转盘；纵轴曝气装置就是表面机械曝气器。氧化沟按其构造和运行特征可分多种类型。在城市污水处理中采用较多的有卡鲁塞尔氧化沟（图 3-69）、奥贝尔氧化沟（图 3-70）、交替工作型氧化沟（图 3-71）及 DE 型氧化沟（图 3-72）。

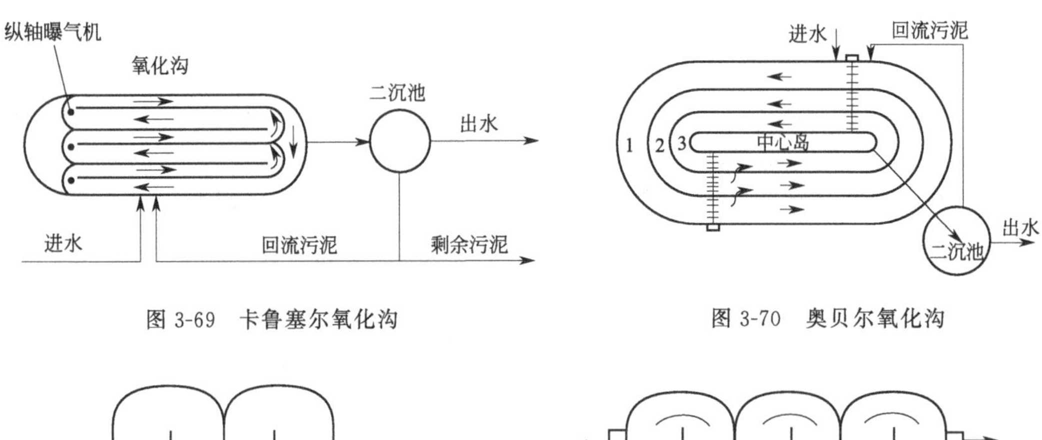

图 3-69　卡鲁塞尔氧化沟

图 3-70　奥贝尔氧化沟

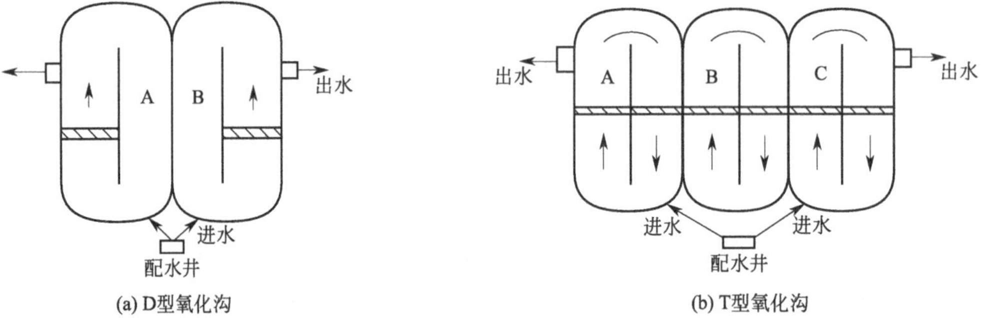

图 3-71　交替工作型氧化沟

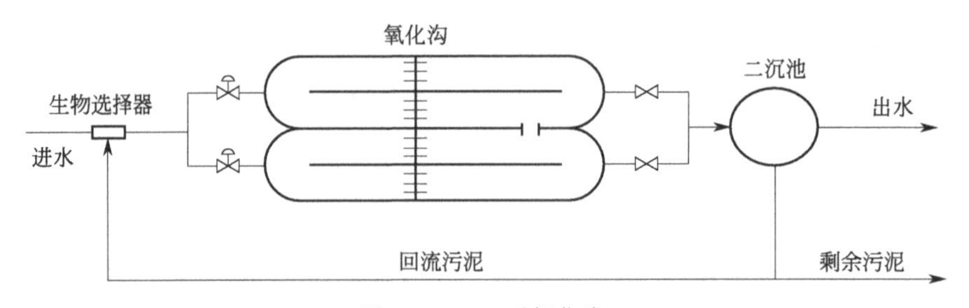

图 3-72　DE 型氧化沟

3.4.2.4 活性污泥法的设计计算

(1) 有机物负荷率法

有机物负荷率的两种表示方法：活性污泥负荷率 N_S（简称污泥负荷）和曝气区容积负荷率 N_V（简称容积负荷）。

① 污泥负荷率。指单位质量活性污泥在单位时间内所能承受的 BOD_5 量，即

$$N_S=\frac{q_V\rho_{S0}}{\rho_X V} \tag{3-124}$$

式中，N_S 为污泥负荷率，kg BOD_5/(kgMLVSS·d)；q_V 为与曝气时间相当的平均进水流量，m^3/d；ρ_{S0} 为曝气池进水的平均 BOD_5 值，mg/L；ρ_X 为曝气池中的污泥浓度，mg/L。

② 容积负荷率。指单位容积曝气区在单位时间内所能承受的 BOD_5 量，即

$$N_V=\frac{q_V\rho_{S0}}{V}=N_S\rho_X \tag{3-125}$$

式中，N_V 为容积负荷率，kg BOD_5/(m^3·d)。

根据上面任何一式可计算曝气池的体积，即

$$V=\frac{q_V\rho_{S0}}{N_S\rho_X}=\frac{q_V\rho_{S0}}{N_V} \tag{3-126}$$

ρ_{S0} 和 q_V 是已知的，ρ_X 和 N 可参考设计手册选择。对于某些工业污水，要通过试验来确定 ρ_X 和 N 值。污泥负荷率法应用方便，但需要一定的经验。

(2) 劳伦斯和麦卡蒂法

① 曝气池中基质去除速率和微生物浓度的关系方程

$$\frac{d\rho_S}{dt}=\frac{-K\rho_S\rho_X}{K_S+\rho_S} \tag{3-127}$$

式中，$d\rho_S/dt$ 为基质去除率，即单位时间内单位体积去除的基质量，mg BOD_5/(L·h)；K 为最大的单位微生物基质去除速率，即在单位时间内，单位微生物量去除的基质，mg BOD_5/(mgVSS·h)；ρ_S 为微生物周围的基质浓度，mg BOD_5/L；K_S 为饱和常数，其值等于基质去除速率的 $\frac{1}{2}K$ 时的基质浓度，mg/L；ρ_X 为微生物的浓度，mg/L。

当 $\rho>K_S$ 时，该方程可简化为

$$\frac{d\rho_S}{dt}=-K\rho_X \tag{3-128}$$

当 $\rho<K_S$ 时，该方程可简化为

$$\frac{d\rho_S}{dt}=-\frac{K}{K_S}\rho_X\rho_S \tag{3-129}$$

当曝气池出水要求高时，常处于 $\rho<K_S$ 状态。

② 微生物的增长和基质的去除关系式。计算公式如下：

$$\frac{d\rho_X}{dt}=y\frac{d\rho_S}{dt}-K_d\rho_X \tag{3-130}$$

式中，y 为合成系数，mg VSS/mg BOD_5；K_d 为内源代谢系数，h^{-1}。

也可以表达为

$$\frac{d\rho_X}{dt}=y_{obs}\left(\frac{d\rho_S}{dt}\right) \tag{3-131}$$

这里的 y_{obs} 实质是扣除了内源代谢后的净合成系数，称为表观合成系数。y 为理论合成系数。

上式表明曝气池中微生物的变化是由合成和内源代谢两方面综合形成的。不同的运行方式和不同的水质，y 和 K_d 值是不同的。活性污泥法典型的系数值可参见表 3-4。

表 3-4　活性污泥法典型的系数

系　　数	单　　位	数值	
		范围	平均
K	d^{-1}	2～10	5.0
K_S	mg/L BOD_5	25～100	60
	mg/L COD	15～70	40
y	mg VSS/mg BOD_5	0.4～0.8	0.6
	mg VSS/mg COD	0.25～0.4	0.4
K_d	d^{-1}	0.04～0.075	0.06

注：表中水温为 20℃。

③ 完全混合曝气池的计算模式。

Ⅰ. 曝气池体积的计算。微生物平均停留时间，又称污泥龄，是指反应系统内微生物全部更新一次所用的时间，在工程上，就是指反应系统内微生物总量与每日排出的剩余微生物量的比值。以 θ_C 表示，单位为 d。

$$\theta_C=\frac{V\rho_X}{q_{V,w}\rho_X+(q_V-q_{V,w})\rho_{Xe}} \tag{3-132}$$

由完全混合曝气池的物料平衡可得

$$\frac{d\rho_X}{dt}\times V=q_V\rho_{X0}-[q_{V,w}\rho_X+(q_V-q_{V,w})\rho_{Xe}]+V\left[y\times\frac{d\rho_S}{dt}-K_d\rho_X\right] \tag{3-133}$$

污水中的 ρ_{X0} 很小，可以忽略不计，因而 $\rho_{X0}=0$，在稳定状态下 $d\rho_X/dt=0$，整理后即得

$$V=\frac{\theta_C q_V y(\rho_{S0}-\rho_S)}{\rho_X(1+K_d\theta_C)} \tag{3-134}$$

Ⅱ. 排出的剩余活性污泥量计算。根据 y_{obs} 以及物料平衡式可推得

$$y_{obs}=\frac{y}{1+K_d\theta_C} \tag{3-135}$$

则剩余活性污泥量 P_X（以挥发性悬浮固体表示的剩余活性污泥量）为

$$P_X=y_{obs}q_V(\rho_{S0}-\rho_S) \tag{3-136}$$

Ⅲ. 确定所需的空气量。有机物在生化反应中有部分被氧化，有部分合成微生物，形成剩余活性污泥量。因而所需氧量为

$$\text{所需的氧量}=\frac{q_V(\rho_{S0}-\rho_S)}{0.68}-1.42P_X \tag{3-137}$$

空气中氧的含量为23.2%，空气的密度为1.201kg/m^3。将上面求得的氧量除以氧的密度和空气中氧的含量，即为所需的空气量。

④ 推流式曝气池的计算模式。由于当前两种形式的曝气池实际效果差不多，因而完全混合的计算模式也可用于推流式曝气池的计算。

【例1】 处理污水量为21600m^3/d，经沉淀后的BOD_5为250mg/L，希望处理后的出水BOD_5为20mg/L。要求确定曝气池的体积、排泥量和空气量。经研究，确立下列条件：a. 污水温度为20℃；b. 曝气池中混合液挥发性悬浮固体（MLVSS）同混合液悬浮固体（MLSS）之比为0.8；c. 回流污泥SS浓度为10000mg/L；d. 曝气池中MLSS为3500mg/L；e. 设计的θ_C为10d；f. 出水中含有22mg/L生物固体，其中65%是可生化的；g. 污水中含有足够的生化反应所需的氧、磷和其他微量元素；h. 污水流量的总变化系数为2.5。

解：（1）估计出水中溶解性BOD_5的浓度

出水中总的BOD_5＝出水中溶解性的BOD_5＋出水中悬浮固体的BOD_5，确定出水中悬浮固体的BOD_5：

悬浮固体中可生化的部分为0.65×22mg/L＝14.3mg/L

可生化悬浮固体的最终BOD_L＝0.65×22×1.4mg/L＝20.0mg/L

可生化悬浮固体的BOD_L换算为BOD_5＝0.68×20.0mg/L＝13.6mg/L

确定经曝气池处理后的出水溶解性BOD_5，即ρ_S

$$20\text{mg/L}=\rho_S+13.6\text{mg/L}$$

$$\rho_S=6.4\text{mg/L}$$

计算处理效率E：

$$E=\frac{250-20}{250}=92\%$$

若沉淀池能去除全部悬浮固体，则处理效率可达

$$E=\frac{250-6.4}{250}=97.4\%$$

（2）计算曝气池的体积

已知：$\theta_C=10\text{d}$；$q_V=21600\text{m}^3/\text{d}$；$y=0.5\text{mg/mg}$（查表选定）；$\rho_{S0}=6.4\text{mg/L}$；$\rho_X=3500\text{mg/L}$；$K_d=0.06\text{d}^{-1}$（查表选定）。

则

$$V=\frac{\theta_C q_V y(\rho_{S0}-\rho_S)}{\rho_X(1+K_d\theta_C)}=\frac{10\times21600\times0.5(250-6.4)}{3500(1+0.06\times10)}\text{m}^3=4698\text{m}^3$$

（3）计算每天排出的剩余活性污泥量

计算y_{obs}：

$$y_{obs}=\frac{y}{1+K_d\theta_C}=\frac{0.5}{1+0.06\times10}=0.3125$$

计算排出的以挥发性悬浮固体计的污泥量：

$$P_X=y_{obs}q_V(\rho_{S0}-\rho_S)=0.3125\times21600(250-6.4)\times10^{-3}\text{kg/d}$$
$$=1644.3\text{kg/d}$$

计算排除的以SS计的污泥量：

$$\Delta X_{(SS)}=1645.7\times\frac{5}{4}\text{kg/d}=2057.1\text{kg/d}$$

(4) 计算曝气池所需的空气量

① 首先计算曝气池所需的氧量

生化反应中含碳有机物全部生化所需的氧量：

$$\text{BOD}_L=\frac{q_V(\rho_{S0}-\rho_S)}{0.68}=\frac{21600(250-6.4)\times10^{-3}}{0.68}\text{kg/d}=7737.9\text{kg/d}$$

生化反应所需氧量：

$$\text{所需氧量}=(7737.9-1.42\times1645.7)\ \text{kg/d}=5401\text{kg/d}$$

② 其次根据所需的氧量计算相应的空气量

若空气密度为 1.201kg/m^3，空气中含有的氧量为 23.2%，则所需的理论空气量为

$$\frac{5407}{1.201\times0.232}\text{m}^3/\text{d}=19406\text{m}^3/\text{d}$$

实际所需的空气量为

$$\frac{19406}{0.08}\text{m}^3/\text{d}=242575\text{m}^3/\text{d}=168\text{m}^3/\text{min}$$

设计所需的空气量为

$$1.3\times168\text{m}^3/\text{min}=218\text{m}^3/\text{min}$$

3.4.3 生物膜法

生物膜是对人工生物处理方法的统称，包括生物滤池（普通生物滤池、高负荷生物滤池、塔式生物滤池、生物转盘、生物接触、氧化池、曝气生物滤池及生物流化床等工艺形式），其共同的特点是微生物附着生长在滤料或填料表面形成生物膜。污水与生物膜接触后污染物被微生物吸附转化，污水得到净化。生物膜法对水质、水量变化的适应性较强，污染物去除效果好，是一种被广泛采用的生物处理方法，可单独应用也可与其他污水处理工艺组合应用。

1893 年英国将污水喷洒在粗滤料上进行净化试验，取得了良好的净化效果，生物滤池自此问世，并开始应用于污水处理。经过长期发展生物膜法已从早期的滴滤池发展到现有的各种高负荷生物膜法处理工艺。特别是随塑料工业的发展，生物滤池的滤料从主要使用碎石、卵石、炉渣和焦炭等小比表面积和低孔隙率实心滤料，发展到如今的高强度、轻质、比表面积大、孔隙率高的各种滤料，大幅度提高了生物膜法的处理效率，扩大了生物滤池的应用范围。目前采用的生物膜法多为好氧工艺，主要用于小规模污水处理，少数是厌氧处理。本章讨论的是好氧生物膜法。

3.4.3.1 基本原理

(1) 生物膜的结构及净化机理

1) 生物膜的形成及结构　微生物细胞在水环境中，能在适宜的载体表面牢固附着，生长繁殖，细胞外多聚物使微生物细胞形成纤维状的缠结结构称之为生物膜。污水处理生物膜法中，生物膜是指以附着在惰性载体表面生长的，以微生物为主，包含微生物及其产生的胞外多聚物和吸附在微生物表面的无机及有机物等，并具有较强的吸附和生物降解性能的结构。而提供微生物附着生长的惰性载体称之为滤料或填料。生物膜在载体表面分布的均匀

性，以及生物膜的厚度随着污水中营养底物浓度、时间和空间的改变而发生变化。图 3-73 是生物膜法污水处理中，生物滤池滤料上生物膜的基本结构。

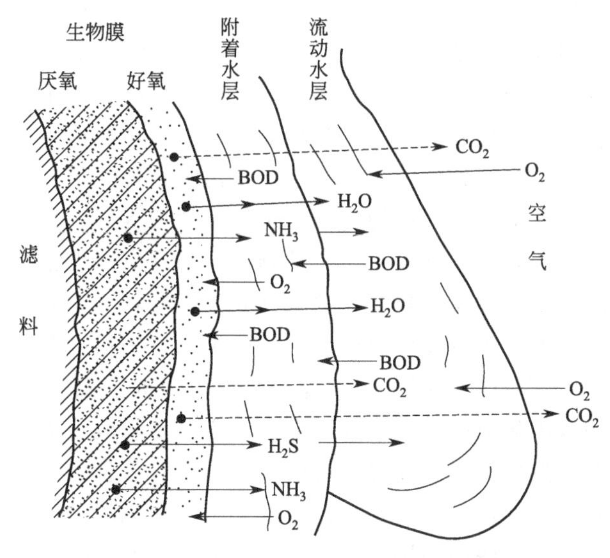

图 3-73 生物滤池滤料上生物膜的基本结构

早期的生物滤池中，污水通过布水设备均匀地喷洒到滤床表面上，在重力作用下，污水以水滴的形式向下渗沥，污水、污染物和细菌附着在滤料表面上，微生物便在滤料表面大量繁殖，在滤料表面形成生物膜。

污水流过生物膜生长成熟的滤床时，污水中的有机污染物被生物膜中的微生物吸附、降解，从而得到净化。生物膜表层生长的是好氧和兼性微生物，在这里，有机污染物经微生物好氧代谢而降解，终产物是 H_2O、CO_2 等。由于氧在生物膜表层基本耗尽，生物膜内层的微生物处于厌氧状态，在这里，进行的是有机物的厌氧代谢，终产物为有机酸、乙醇、醛和 H_2S 等。由于微生物的不断繁殖，膜不断增厚，超过一定厚度后，吸附的有机物在传递到生物膜内层的微生物以前，已被代谢掉。此时，内层微生物因得不到充分的营养而进入内源代谢，失去其黏附在滤料上的性能，脱落下来随水流出滤池，滤料表面再重新长出新的生物膜。生物膜脱落的速率与有机负荷、水力负荷等因素有关。

2）生物膜的组成　填料表面的生物膜中的生物种类相当丰富，一般由细菌（好氧、厌氧、兼性）、真菌、原生动物、后生动物、藻类以及一些肉眼可见的蠕虫、昆虫的幼虫等组成，生物膜中的生物相组成情况如下：

① 细菌与真菌。细菌对有机物氧化分解起主要作用，生物膜中常见的细菌种类有球衣菌、动胶菌、硫杆菌属、无色杆菌属、产碱菌属、甲单胞菌属、诺卡氏菌属、色杆菌属、八叠球菌属、粪链球菌、大肠埃希菌、副大肠杆菌属、亚硝化单胞菌属和硝化杆菌属等。除细菌外，真菌在生物膜中也较为常见，其可利用的有机物范围很广，有些真菌可降解木质素等难降解的有机物，对某些人工合成的难降解有机物也有一定的降解能力。丝状菌也易在生物膜中滋长，它们具有很强的降解有机物的能力，在生物滤池内丝状菌的增长繁殖有利于提高污染物的去除效果。

② 原生动物与后生动物。原生动物与后生动物都是微型动物中的一类，栖息在生物膜的好氧表层内。原生动物以吞食细菌（特别是游离细菌）为生，在生物滤池中，对改善出水

水质起着重要的作用。生物膜内经常出现的原生动物有鞭毛类、肉足类、纤毛类，后生动物主要有轮虫类、线虫类及寡毛类。在运行初期，原生动物多为豆形虫一类的游泳型纤毛虫。在运行正常、处理效果良好时，原生动物多为钟虫、独缩虫、等枝虫、盖纤虫等附着型纤毛虫。例如，在生物滤池内经常出现的后生动物主要是轮虫、线虫等，它们以细菌、原生动物为食料，在溶解氧充足时出现。线虫及其幼虫等后生动物具有软化生物膜、促使生物膜脱落的作用，从而使生物膜保持活性和良好的净化功能。与活性污泥法一样，原生动物和后生动物可以作为指示生物，来检查和判断工艺运行情况及污水处理效果。当后生动物出现在生物膜中时，表明水中有机物含量很低并已稳定，污水处理效果良好。另外，与活性污泥法系统相比，生物膜反应器中是否有原生动物及后生动物出现与反应器类型密切相关。通常原生动物及后生动物在生物滤池及生物接触氧化池的载体表面出现较多，而对于三相流化床或是生物流动床这类生物膜反应器，生物相中原生动物及后生动物的量则非常少。

③ 滤池蝇。在生物滤池中，还栖息着以滤池蝇为代表的昆虫。这是一种体形较一般家蝇小的苍蝇，它的产卵、孵化成蛹、变为成虫等过程全部在滤池内进行。滤池蝇及其幼虫以微生物及生物膜为食料，故可抑制生物膜的过度增长，具有使生物膜疏松、促使生物膜脱落的作用，从而使生物膜保持活性，同时在一定程度上防止滤床的堵塞。但是由于滤池蝇繁殖能力很强，大量产生后飞散在滤池周围，会对环境造成不良的影响。

④ 藻类。受阳光照射的生物膜部分会生长藻类，如普通生物滤池表层滤料生物膜中可出现藻类。一些藻类如海藻是肉眼可见的，但大多数只能在显微镜下观察。由于藻类的出现仅限于生物膜反应器表层的很小部分，对污水净化所起作用不大。

生物膜的微生物除含有丰富的生物相这一特点外，还有着其自身的分层分布特征。例如，在正常运行的生物滤池中，随着滤床深度的逐渐下移，生物膜中的微生物逐渐从低级趋向高级，种类逐渐增多，但个体数量减少。生物膜的上层以菌胶团等为主，而且由于营养丰富，繁殖速率快，生物膜也最厚。往下的层次，随着污水中有机物浓度的下降，可能会出现丝状菌、原生动物和后生动物，但是生物量即膜的厚度逐渐减小。到了下层，污水浓度大大下降，生物膜更薄，生物相以原生动物、后生动物为主。滤床中的这种生物分层现象，是适应不同生态条件（污水浓度）的结果，各层生物膜中都有与之相对应的微生物，处理污水的功能也随之不同。特别在含多种有害物质的工业废水中，这种微生物分层和处理功能变化的现象更为明显。如用塔式生物滤池处理腈纶废水时，上层生物膜中的微生物转化丙烯腈的能力特别强；而下层生物膜中的微生物则转化其他有害物质如转化上层所不易转化的异丙醇、SCN^-等的能力比较强。因此，上层主要去除丙烯腈，下层则去除异丙醇、SCN^-等。另外出水水质越好，上层与下层生态条件相差越大，分层越明显。若分层不明显，说明上下层水质变化不显著，处理效果较差。所以生物膜分层观察对处理工艺运行具有一定指导意义。

3）生物膜法的净化过程　生物膜法去除污水中污染物是一个吸附、稳定的复杂过程，包括污染物在液相中的紊流扩散、污染物在膜中的扩散传递、氧向生物膜内部的扩散和吸附、有机物的氧化分解和微生物的新陈代谢等过程。

生物膜表面容易吸取营养物质和溶解氧，形成由好氧和兼性微生物组成的好氧层，而在生物膜内层，由于微生物利用和扩散阻力，制约了溶解氧的渗透，形成由厌氧和兼性微生物组成的厌氧层。

在生物膜外，附着一层薄薄的水层，附着水流动很慢，其中的有机物大多已被生物膜中的微生物所摄取，其浓度要比流动水层中的有机物浓度低。与此同时，空气中的氧也扩散转移进入生物膜好氧层，供微生物呼吸。生物膜上的微生物利用溶入的氧气对有机物进行氧化分解，产生无机盐和二氧化碳，达到水质净化的效果。有机物代谢过程的产物沿着相反方向从生物膜经过附着水层排到流动水或空气中去。

污水中溶解性有机物可直接被生物膜中微生物利用，而不溶性有机物先是被生物膜吸附，然后通过微生物胞外酶的水解作用，降解为可直接被生物利用的溶解性小分子物质。由于水解过程比生物代谢过程要慢得多，所以水解过程是影响生物膜污水处理速率的主要限制因素。

(2) 影响生物膜法污水处理效果的主要因素

影响生物膜法处理效果的因素很多。在各种影响因素中，主要有：进水底物的组分和浓度、营养物质、有机负荷及水力负荷、溶解氧、生物膜量、pH 值、温度和有毒物质等。在实际工程中，应控制影响生物膜法运行的主要因素，创造适于生物膜生产的环境，使生物膜法处理工艺达到令人满意的效果。

1）进水底物的组分和浓度　污水中污染物组分、含量及其变化规律是影响生物膜法工艺运行效果的重要因素。若处理过程以去除有机污染物为主，则底物主要是可被生物降解有机物。在用以去除氮的硝化反应工艺过程中，则底物是微生物利用的氨氮。底物浓度的改变会导致生物膜的特性和剩余污泥量的变化，直接影响到处理水的水质。季节性水质变化、工业废水的冲击负荷等都会导致污水进水底物浓度、流量及组成的变化，虽然生物膜法具有较强的抗冲击负荷能力，但亦会因此造成处理效果的改变。因此，与其他生物处理法一样，掌握进水底物组分和浓度的变化规律，在工程设计和运行管理中采取对应措施，是保证生物膜法正常运行的重要条件。

2）营养物质　生物膜中的微生物需不断地从外界环境中汲取营养物质，获得能量以合成新的细胞物质。一般与好氧微生物要求一致，生物膜法对营养物质要求的比例为 BOD_5 ∶ N ∶ P＝100 ∶ 5 ∶ 1。因此在生物膜法中，污水所含的营养组分应符合上述比例才有可能使生物膜正常发育。在生活污水中，含有各种微生物所需要的营养元素（如碳、氮、磷、硫、钾、钠等），一般不需要额外投加碳源、氮源或者磷源，生物膜法处理生活污水的效果良好。在工业废水中，营养元素往往不齐全，营养组分也不符合上述的比例，有时需要额外添加营养物质。例如，对于含有大量淀粉、纤维素、糖、有机酸等有机物的工业废水而言，碳源过于丰富，故需投加一定的氮和磷。有时候需对工业废水进行必要的预处理以去除对微生物有害的物质，然后将其与生活污水合并，以补充氮、磷营养源和其他营养元素。

3）有机负荷及水力负荷　生物膜法与活性污泥法一样，是在一定的负荷条件下运行的。负荷是影响生物膜法处理能力的首要因素，是集中反映生物滤池膜法工作性能的参数。例如，生物滤池的负荷分有机负荷和水力负荷两种。前者通常以污水中有机物的量（BOD_5）来计算，单位为 $kg/(m^3 \cdot d)$，后者是以污水量来计算的负荷，单位为 $m^3/(m^2 \cdot d)$，相当于 m/d，故又可称滤率。有机负荷和滤床性质关系极大，如采用比表面积大、孔隙率高的滤料，加上供氧良好，则负荷可提高。对于有机负荷高的生物滤池，生物膜增长较快，需增加水力冲刷的强度，以利于生物膜增厚后能适时脱落，此时，应采用较高的水力负荷。合适的水力负荷是保证生物滤池不堵塞的关键因素。提高有机负荷，出水水质相应有所下降。生物滤池生物膜法设计负荷值的大小取决于污水水质和所用的滤料品种。

4）溶解氧　对于好氧生物膜来说，必须有足够的溶解氧供给好氧微生物利用。如果供氧不足，好氧微生物的活性受到影响，新陈代谢能力降低，对溶解氧要求较低的微生物将滋生繁殖，正常的化学反应过程将会受到抑制，处理效果下降，严重时还会使厌氧微生物大量繁殖，好氧微生物受到抑制而大量死亡，从而导致生物膜的恶化和变质。但供氧过高，不仅造成能量浪费，微生物也会因代谢活动增强，营养供应不足而使生物膜自身发生氧化（老化）而使处理效果降低。

5）生物膜量　衡量生物膜量的指标主要有生物膜厚度与密度，生物膜密度是指单位体积湿生物膜被烘干后的质量。生物膜的厚度与密度由生物膜所处的环境条件决定。膜的厚度与污水中有机物浓度成正比，有机物浓度越高，有机物能扩散的深度越大，生物膜厚度也越大。水流搅动强度也是一个重要的因素，搅动强度高，水力剪切力大，促进膜的更新作用强。

6）pH 值　虽然生物膜反应器只有较强的耐冲击负荷能力，但 pH 值变化幅度过大，也会明显影响处理效率，其至对微生物造成毒性而使反应器失效。这是因为 pH 值的改变可能会引起细胞膜电荷的变化，进而影响微生物对营养物质的吸收和微生物代谢过程中酶的活性。当 pH 值变化过大时，可以考虑在生物膜反应器前设置调节池或中和池来均衡水质。

7）温度　水温也是生物膜法中影响微生物生长及生物化学反应的重要因素。例如，生物滤池的滤床温度在一定程度上会受到环境温度的影响，但主要还是取决于污水温度。滤床内温度过高不利于微生物的生长，当水温达到 40℃时，生物膜将出现坏死和脱落现象。若温度过低，则影响微生物的活力，物质转化速率下降。一般而言，生物滤床内部温度最低不应小于 5℃。在严寒地区，生物滤池应建于有保温措施的室内。

8）有毒物质　有毒物质如酸、碱、重金属盐、有毒有机物等会对生物膜产生抑制甚至杀害作用，使微生物失去活性，发生膜大量脱落现象。尽管生物膜中的微生物具有被逐步驯化和适应的能力。但如果高毒物负荷持续较长时间，会使毒性物质完全穿透生物膜，生物膜代谢能力必然会受到较大的影响。

（3）生物膜法污水处理特征

与传统活性污泥法相比，生物膜法处理污水技术因为操作方便、剩余污泥少、抗冲击负荷等特点，适合于中小型污水处理厂工程，有如下几方面特征。

1）微生物方面的特征

① 微生物种类丰富，生物的食物链长。相对于活性污泥法，生物膜载体（滤料、填料）为微生物提供了固定生长的条件，以及较低的水流、气流搅拌冲击，利于微生物的生长增殖。因此，生物膜反应器为微生物的繁衍、增殖及生长栖息创造了更为适宜的生长环境，除大量细菌以及真菌生长外，线虫类、轮虫类及寡毛虫类等出现的频率也较高，还可能出现大量丝状菌。不仅不会发生污泥膨胀，还有利于提高处理效果。另外，生物膜上能够栖息高营养水平的生物，在捕食性纤毛虫、轮虫类、线虫类之上，还栖息着寡毛虫和昆虫，在生物膜上形成长于活性污泥的食物链。较多种类的微生物，较大的生物量，较长的食物链，有利于提高处理效果和单位体积的处理负荷，也有利于系统内剩余污泥量的减少。

② 存活世代时间较长的微生物，有利于不同功能的优势菌群分段运行。由于生物膜附着生长在固体载体上，其生物固体平均停留时间（污泥泥龄）较长，在生物膜上能够生长世代时间较长、增殖速率慢的微生物，如硝化菌、某些特殊污染物降解专属菌等，为生物处理分段运行及分段运行作用的提高创造了更为适宜的条件。

生物膜处理法多分段进行，每段繁衍与进入本段污水水质相适应的微生物，并形成优势菌群，有利于提高微生物对污染物的生物降解效率。硝化菌和亚硝化菌也可以繁殖生长，因此生物膜法具有一定的硝化功能，采取适当的运行方式，其有反硝化脱氮的功能。分段进行也有利于难降解污染物的降解去除。

2）处理工艺方面的特征

① 对水质、水量变动有较强的适应性。生物膜反应器内有较多的生物量，较长的食物链，使得各种工艺对水质、水量的变化都具有较强的适应性，耐冲击负荷能力较强，对毒性物质也有较好的抵抗性。一段时间中断进水或遭到冲击负荷破坏，处理功能不会受到致命的影响，恢复起来也较快。因此，生物膜法更适合于工业废水及其他水质水量波动较大的中小规模污水处理。

② 适合低浓度污水的处理。在处理水污染物浓度较低的情况下，载体上的生物膜及微生物能保持与水质一致的数量和种类，污水浓度过低会影响活性污泥絮凝体的形成和增长。生物膜处理法对低浓度污水能够取得良好的处理效果，正常进行时可使 BOD_5 为 20～30mg/L，出水 BOD_5 值降至 10mg/L 以下。所以生物膜法更适用于低浓度污水处理和要求优质出水的场合。

③ 剩余污泥产量少。生物膜中较长的食物链，使剩余污泥量明显减少。特别在生物膜较厚时，厌氧层的厌氧菌能够降解好氧过程合成的剩余污泥，使剩余污泥进一步减少，污泥处理与处置费用随之降低。通常生物膜上脱落下来的污泥，相对密度较大，污泥颗粒也较大，沉降性能较好，易于固液分离。

④ 运行管理方便。生物膜法中的微生物是附着生长，一般无需污泥回流，也不需要经常调整反应器内污泥量和剩余污泥排放量，且生物膜法没有丝状菌膨胀的潜在威胁，易于运行维护与管理。另外，生物转盘、生物滤池等工艺，动力消耗较低，单位污染物去除耗电量较少。

生物膜法的缺点在于滤料增加了工程建设投资，特别是处理规模较大的工程，滤料投资所占比例较大，还包括滤料的周期性更新费用。生物膜法工艺设计和运行不当可能发生滤料破损、堵塞等现象。

(4) 生物膜法反应动力学

生物膜反应动力学是生物膜法污水处理技术研究的深入，目前还处于继续研究和不断完善阶段。而生物膜在载体表面的固定、增长及底物去除规律的揭示，对各种新型生物膜反应器的开发和技术进步，可以起到重要的推动作用。

微生物在载体表面的附着是微生物表面与载体表面间相互作用的结果，大量研究表明，生物在载体表面的附着取决于细菌的表面特性和载体的表面物理化学特性。

1）微生物向载体表面的运送　细菌在液相向载体表面的运送主要通过主动运送和被动运送两种方式完成。主动运送细菌借助于水力动力学作用及浓度扩散向载体表面迁移；被动运送通过布朗运动、细菌自身运动和沉降等作用实现。

一般而言，主动运送是细菌从液相转移到载体表面的主要途径，特别是在动态环境中，它是细菌长距离移动的主要方式。同时，细菌自身的布朗运动增加了细菌与载体表面的接触机会。细菌附着的静态试验表明，由浓度扩散而形成的悬浮相与载体表面间的浓度梯度直接影响细菌从液相向载体表面的移动过程。悬浮相的细菌正是通过上述各种途径从液相被运送到载体表面，促成细菌与载体表面的直接接触附着。在整个生物膜形成过程中，微生物向载体表面的运送过程至关重要。

2）可逆附着过程　微生物被运送到载体表面后，通过各种物理或化学作用使微生物附着于载体表面。在细菌与载体表面接触的最初阶段，微生物与载体首先形成的是可逆附着。这个过程是附着与脱落的双向动态过程，环境中存在的水力学力、细菌的布朗运动以及细菌自身运动都可能使已附着在载体表面的细菌重新返回悬浮液相中。生物的可逆附着取决于微生物与载体表面间力的作用强度。在微生物附着过程中，各种热力学力也影响细菌在载体表面附着的可逆性程度，试验表明，细菌的附着可逆性与微生物-载体间的自由能水平相关。

3）不可逆附着过程　不可逆附着过程是可逆过程的延续。不可逆附着过程通常由微生物分泌的黏性代谢物质如多聚糖所形成。这些体外多聚糖类物质起到生物“胶水”作用，因此附着的细菌不易被水力剪切力冲刷脱落，生物膜法实际运行中若能够保证细菌与载体间的接触时间充分，微生物有足够时间进行生理代谢活动，不可逆附着过程就能发生。可逆与不可逆附着的区别在于是否有生物聚合物参与细菌与载体表面间的相互作用，而不可逆附着是形成生物膜群落的基础。

4）附着微生物的增长　经过不可逆附着过程后，微生物在载体表面建立了一个相对稳定的生存环境，可以利用周围环境所提供的养分进一步增长繁殖，逐渐形成成熟的生物膜。

3.4.3.2　生物滤池

（1）概述

生物滤池是生物膜法处理污水的传统工艺，在 19 世纪末发展起来，先于活性污泥法。早期的普通生物滤池水力负荷和有机负荷都很低，虽净化效果好，但占地面积大，容易形成堵塞。后来开发出采用处理水回流，水力负荷和有机负荷都较高的高负荷生物滤池以及污水、生物膜和空气三者充分接触，水流紊动剧烈，通风条件改善的塔式生物滤池。近年来发展起来的曝气生物滤池已成为一种独立的生物膜法污水处理工艺。

（2）生物滤池构造

图 3-74 是典型的生物滤池示意图，其构造包括滤床及池体、布水设备和排水系统等部分。

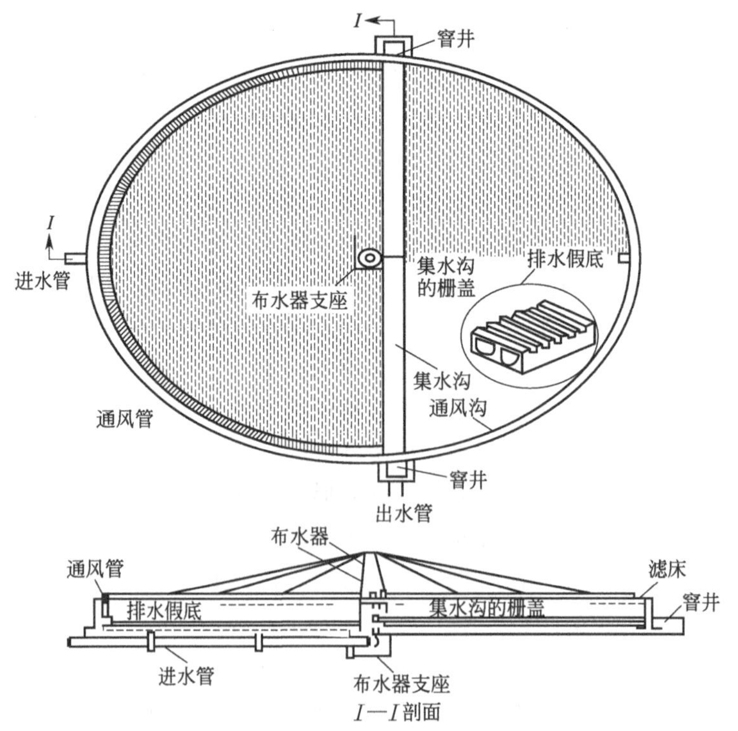

图 3-74　采用旋转布水器的普通生物滤池

1）滤床及池体　滤床由滤料组成，滤料是微生物生长栖息的场所，理想的滤料应具备下述特性：a. 能为微生物附着提供大的表面积；b. 使污水以液膜状态流过生物膜；c. 有足够的空隙率，保证通风（即保证氧的供给）和使脱落的生物膜能随水流出滤池；d. 不被微生物分解，也不抑制微生物生长，有良好的生物化学稳定性；e. 有一定机械强度；f. 价格低廉。早期主要以拳状碎石为滤料，此外，碎钢渣、焦炭等也可作为滤料，从理论上，这类滤料粒径越小，滤床的可附着面积越大，则生物膜的面积越大，滤床的工作能力也越大。但粒径越小，空隙就越小，滤床易被生物膜堵塞，滤床的通风也越大，可见滤料的粒径不宜太小。经验表明在常用粒径范围内，粒径略大或略小些对滤池工作没有明显的影响。

现今，塑料滤料开始被广泛采用。图 3-75 和图 3-76 是两种常见的塑料滤料。图 3-75 所示滤料比表面积在 98～340m^2/m^3 之间，孔隙率为 93%～95%。图 3-76 所示滤料比表面积在 81～195m^2/m^3 之间，孔隙率为 93%～95%。国内目前采用的玻璃钢蜂窝状块状滤料，孔心间距在 20mm 左右，孔隙率 95%左右，比表面积在 200m^2/m^3 左右。

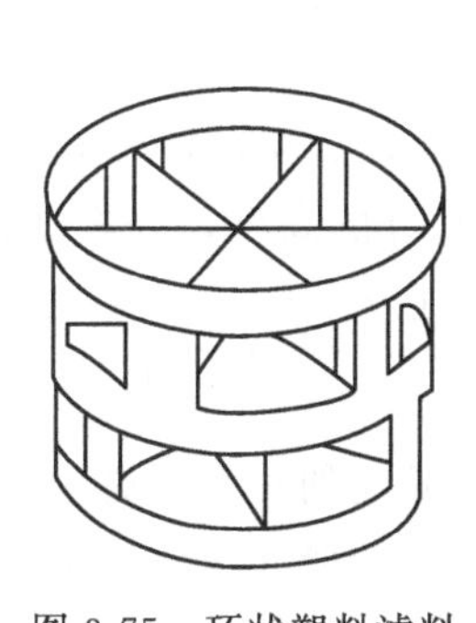

图 3-75　环状塑料滤料

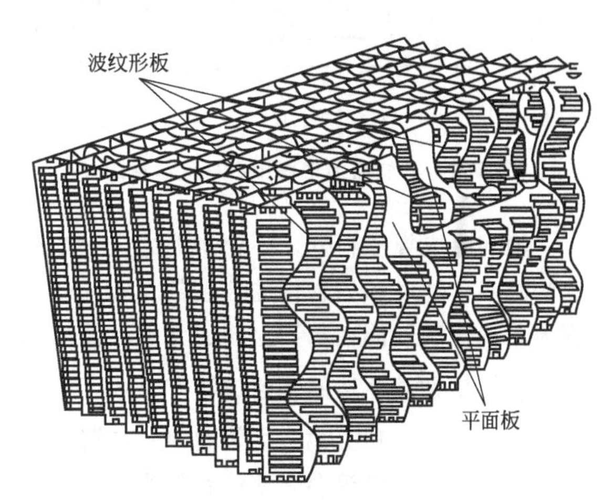

图 3-76　波状塑料滤料

滤床高度同滤料的密度有密切关系。石质拳状滤料组成的滤床高度一般在 1～2.5m 之间。一方面由于空隙率低，滤床过高会影响通风；另一方面由于质量太大（每立方米石质滤料达 1.1～1.4t），将影响排水系统和滤池的基础结构。而塑料滤料每立方米仅为 100kg 左右，空隙率则高达 93%～95%，滤床高度不但可以提高而且可以采用双层或多层构造。国外采用的双层滤床，高 7m 左右；国内常采用多层的“塔式”结构，高度常在 10m 以上。滤床四周为生物滤池池壁，起围护滤料作用。一般为钢筋混凝土结构或砖混结构。

2）布水设备　设置布水设备的目的是使污水能均匀地分布在整个滤床表面上。生物滤池的布水设备分为两类：旋转布水器和固定布水器系统。以下介绍旋转布水器。

旋转布水器的中央是一根空心的立柱，底端与设在池底下面的进水管衔接。布水横骨的一侧开有喷水孔口，孔口直径 10～15mm，间距不等，越近池心间距越大，使滤池单位面积接受的污水量基本相等。布水器的横管可为两根（小池）或四根（大池），对称布置。污水通过中央立柱流入布水横管，由喷水孔口分配到滤池表面。污水喷出孔口时，作用于横管的反作用力推动布水器绕立柱旋转，转动方向与孔口喷嘴方向相反。所需水头在 0.6～1.5m 左右。如果水头不足，可用电动机转动布水器。

3）排水系统　池底排水系统的作用是：a. 收集滤床流出的污水与生物膜；b. 保证通

风；c. 支撑滤料。池底排水系统由池底、排水假底和集水沟组成，见图 3-77。排水假底是用特制砌块或栅板铺成（图 3-78），滤料堆在假底上面。早期都是采用混凝土栅板作为排水假底，自从塑料填料出现以后，滤料质量减轻，可采用金属栅板作为排水假底。假底的空隙所占面积不宜小于滤池平面的 5%～8%，与池底的距离不应小于 0.6m。

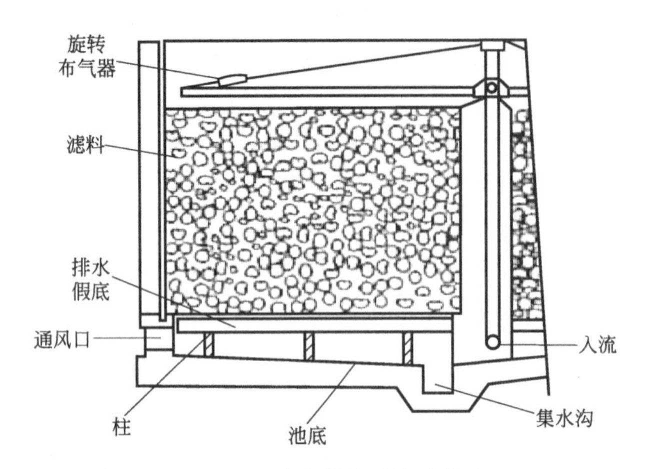

图 3-77　生物滤池池底排水系统示意图

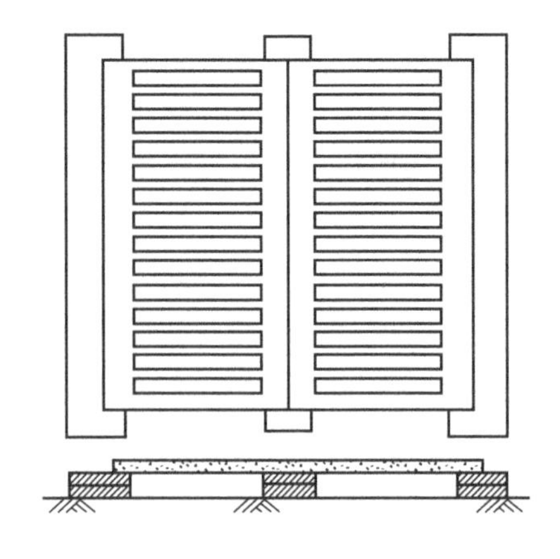

图 3-78　混凝土栅板式排水假底

池底除支撑滤料外，还要排泄滤床上的来水，池底中心轴线上设有集水沟，两侧底向集水沟倾斜，池底和集水沟的坡度约 1%～2%。集水沟要有充分的高度，并在任何时候不会满流，确保空气能在水面上畅通无阻，使滤池中空隙充满空气。

(3) 生物滤池法的工艺流程

生物滤池由初沉池、生物滤池、二沉池组成。进入生物滤池的污水，必须通过预处理，去除悬浮物、油脂等会堵塞滤料的物质，并使水质均化稳定。一般在生物滤池前设初沉池，但也可以根据污水水质而采取其他方式进行预处理，达到同样的效果。生物滤池后面的二沉池，用以截留滤池中脱落的生物膜，以保证出水水质。

(4) 常用生物滤池

1）低负荷生物滤池　低负荷生物滤池又称普通生物滤池，在处理城市污水方面，普通生物滤池有长期运行的经验。普通生物滤池的优点是处理效果好，BOD_5 去除率可达 90%以上，出水 BOD_5 可下降到 25mg/L 以下，硝酸盐含量在 10mg/L 左右，出水水质稳定。缺点是占地面积大，易堵塞，灰蝇很多，影响环境卫生。

2）高负荷生物滤池　后来，人们通过采用新型滤料，革新流程，提出多种形式的高负荷生物滤池，使负荷比普通生物滤池提高数倍，池子体积大大缩小。它们的运行比较灵活，可以通过调整负荷和流程，得到不同的处理效率。负荷高时，有机物转化较不彻底，排出的生物膜容易腐化。

3）交替式二级生物滤池　图 3-79 是交替式二级生物滤池法的流程。运行时，滤池是串联工作的，污水经初沉池后进入一级生物滤池，出水经相应的中间沉淀池去除残膜后用泵送入二级生物滤池，二级生物滤池的出水经过沉淀后排出污水处理厂。工作一段时间后，一级生物滤池因表层生物膜的累积，将出现堵塞，改作二级生物滤池，而原来的二级生物滤池则改作一级生物滤池。运行中每个生物滤池交替作为一级和二级滤池使用。这种方法在英国曾广泛采用，自交替式二级生物滤池法流程比并联流程负荷可提高 2～3 倍。适合高浓度污水或出水水质要求较高的场合。生物滤池的一个主要优点是运行简单，因此，适用于小城镇和边远地区。一般认为它对入流水质水量变化的承受能力较强，脱落的生物膜密实，较容易在二沉池中被分离。

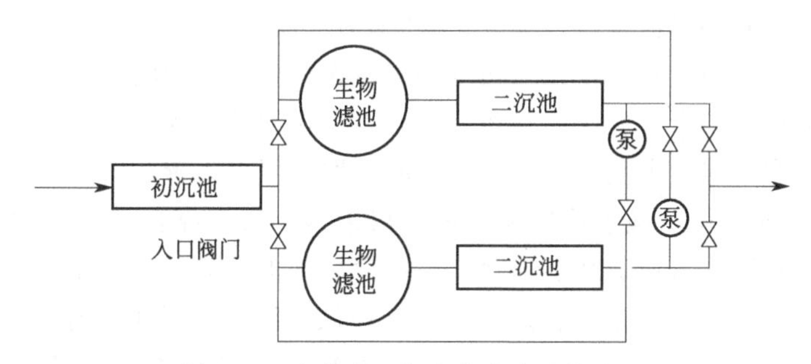

图 3-79　交替式二级生物滤池法的流程

4）塔式生物滤池　塔式生物滤池是在普通生物滤池的基础上发展起来的，如图 3-80 所示，塔式生物滤池的污水净化机理与普通生物滤池一样，但是与普通生物滤池相比具有负荷高、生物相分层明显、滤床堵塞可能性减小、占地小等特点。工程设计中，塔式生物滤池直径宜为 1～3.5m，直径与高度之比宜为 1∶(6～8)，塔式生物滤池的填料应采用轻质材料。塔式生物滤池填料应分层，每层高度不宜大于 2m，填料层厚度宜根据试验资料确定，一般宜为 8～12m。图 3-80(b) 所示的是分两级进水的塔式生物滤池，把每层滤床作为独立单元时，可看作是一种带并联性质的串联布置，同单级进水塔式生物滤池相比，这种方法有可能进一步提高负荷。

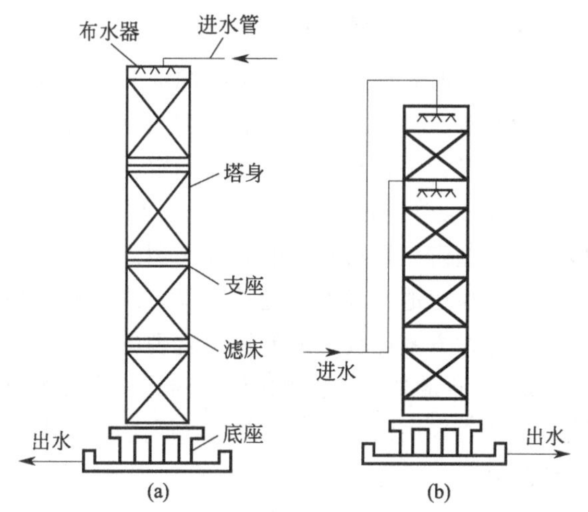

图 3-80　塔式生物滤池

(5) 影响生物滤池性能的主要因素

① 滤池高度：人们早就发现，滤床的上层和下层相比，生物膜量、微生物种类和去除有机物的速率均不相同。滤床上层污水中有机物浓度较高，微生物繁殖速率高，种属较低级，以细菌为主，生物膜量较多，有机物去除速率较高。随着滤床深度增加，微生物从低级趋向高级，种类逐渐增多，生物膜量从多到少。此外微生物的生长和繁殖同环境因素息息相关，所以当滤床各层的进水水质互不相同时，各层生物膜的微生物就不相同，处理污水的能力也随之不同。生物滤池的处理效率，在一定条件下随着滤床高度的增加而增加，在滤床高度超过某一数值后，处理效率的提高微不足道，是不经济的。研究还表明滤床不同深度处的微生物种群不同，反映了滤床高度对处理效率的影响同污水水质有关。对水质比较复杂的工业废水来讲，这一点是值得注意的。

② 负荷：生物滤池的负荷是一个集中反映生物滤池工作性能的参数，同滤床的高度一样，负荷直接影响生物滤池的工作。

③ 回流：利用污水厂的出水，或生物滤池出水稀释进水的做法称为回流，回流水量与进水量之比叫回流比。回流对生物滤池性能有下述影响：a. 回流可提高生物滤池的滤率，它是使生物滤池由低负荷演变为高负荷的方法之一；b. 提高滤率有利于防止产生灰蝇和减少恶臭；c. 当进水缺氧、腐化、缺少营养元素或含有毒有害物质时，回流可改善进水的腐化状况，提供营养元素和降低毒物浓度；d. 进水的水质水量有波动时，回流有调节和稳定进水的作用。一方面，回流将降低入流污水的有机物浓度，减少流动水与附着水中有机物的浓度差，因而降低传质和有机物去除速率。另一方面，回流增大流动水的紊流程度，增加传质和有机物去除速率，当后者的影响大于前者时，回流可以改善滤池的工作。

④ 供氧：生物滤池中，微生物所需的氧一般来自空气，靠自然通风供给。影响生物滤池通风的主要因素是滤床自然通风和风速。自然通风的推动力是池内温度与气温之差，以及滤池的高度。温差愈大，通风条件愈好。当水温较低，滤池内温度低于气温时（夏季），池内气流向下流动；当水温较高，池内温度高于气温时（冬季），气流向上流动。若池内外无温差时，则停止通风。正常运行的生物滤池，自然通风可以提供生物降解所需的氧量。

(6) 生物滤池的设计计算

生物滤池处理系统包括生物滤池和二沉池，有时还包括初沉池和回流泵。生物滤池的设计一般包括：a. 滤池类型和流程选择；b. 滤池尺寸和个数的确定；c. 布水设备计算；d. 二沉池的形式、个数和工艺尺寸的确定。

1）滤池类型的选择　目前，大多采用高负荷生物滤池，低负荷生物滤池仅在污水量小、地区比较偏僻、石料不贵的场合选用。高负荷生物滤池主要有两种类型：回流式和塔式（多层式）生物滤池。滤池类型的选择，需要对占地面积、基建费用和运行费用等关键指标进行分析，通过方案比较，才能得出合理的结论。

2）流程的选择　在确定流程时，通常要解决的问题是：a. 是否设初沉池；b. 采用几级滤池；c. 是否采用回流，回流方式和回流比的确定。当废水含悬浮物较多，采用拳状滤料时，需有初沉池，以避免生物滤池堵塞。处理城市污水时，一般都设置初沉池。下述三种情况应考虑用二沉池出水回流：a. 入流有机物浓度较高，可能引起供氧不足时；b. 水量很小，无法维持最小经验值以下的水力负荷时；c. 污水中某种污染物在高浓度时可能抑制微生物生长的情况。

3）滤池尺寸和个数的确定　生物滤池的工艺设计内容是确定滤床总体积、滤床高度、滤池个数、单个滤池的面积，以及滤池其他尺寸。

① 滤床总体积（V）：一般用容积负荷（N_V）计算滤池滤床的总体积，负荷可以经过试验取得，或采用经验数据。

$$V=\frac{\rho_{S0}q_V}{N_V}\times 10^{-3} \tag{3-138}$$

式中，V 为滤床总体积，m^3；ρ_{S0} 为污水进滤池前的 BOD_5 平均值，mg/L；q_V 为污水日平均流量，m^3/d，采用回流式生物滤池时，此项应为 $q_V(1+r)$，回流比 r 可根据经验确定；N_V 为容积负荷率，$kg/(m^3 \cdot d)$。

影响处理效果的因素很多，除负荷率之外，主要的还有污水的浓度、水质、温度、滤料特性和滤床的高度。对于回流滤池，则还有回流比。

没有经验可以用的工业废水，应经过试验，确定其设计的负荷率。试验性生物滤池的滤料和滤床高度应与设计相一致。

② 滤床高度的确定：据计算结合经验确定。

③ 滤池个数及面积的确定：在滤床的总体积和高度确定后，滤床的总面积可以算出。当总面积不大时，可采用2个滤池。目前生物滤池的最大直径为60m，通常是在35m以下。

④ 滤速的核算：最后应该核算滤速，看其是否合理。回流生物滤池池深浅，滤速一般不超过30m/d，其滤率的确定与进水BOD_5有关。

【例2】 已知某城镇人口80000人，排水量定额为100L/(人·d)，BOD_5为20g/(人·d)。设有一座工厂，污水量为$2000m^3/d$，其BOD_5为2200mg/L。拟混合采用回流式生物滤池进行处理，处理后出水的BOD_5要求达到30mg/L。

解：(1) 基本设计参数计量（设在此不考虑初次沉淀池的计算）

生活污水和工业废水总水量：

$$q_V=\frac{80000\times100}{1000}m^3/d+2000m^3/d=10000m^3/d$$

生活污水和工业废水混合后的BOD_5浓度：

$$\rho_{S0}=\frac{2000\times2200+80000\times20}{10000}mg/L=600mg/L$$

由于生活污水和工业废水混合后BOD_5浓度较高，应考虑回流，设回流稀释后滤池进水BOD_5为300mg/L，回流比为

$$600q_V+30q_{V_r}=300(q_V+q_{V_r})$$

$$r=\frac{q_{V_r}}{q_V}=\frac{600-300}{300-30}=1.1$$

(2) 生物滤池的个数和滤床尺寸计算

设生物滤池的有机负荷率（以BOD_5计）采用$1.2kg/(m^3\cdot d)$，于是生物滤池总体积为：

$$V=\frac{10000\times(1.1+1)\times300}{1000\times1.2}m^3=5250m^3$$

设池深为2.5m，则滤池总面积为：

$$A=\frac{5250}{2.5}m^2=2100m^2$$

若采用6个滤池，每个滤池面积：

$$A_1=\frac{2100}{6}m^2=350m^2$$

滤池直径为

$$D=\sqrt{\frac{4A_1}{\pi}}m=\sqrt{\frac{4\times350}{3.14}}m\approx21m$$

(3) 校核

$$滤率=\frac{10000\times(1.1+1)}{2100}m/d=10m/d$$

经过计算，可采用6个直径21m、高2.5m的高负荷生物滤池。

(7) 生物滤池的运行

生物滤池正式运行之后，有一个“挂膜”阶段，即培养生物膜的阶段。在这个始运行阶

段，洁净的无膜滤床逐渐长了生物膜，处理效率和出水水质不断提高，终于进入正常运行状态。当温度适宜时，始运行阶段历时约一周。

处理含有毒物质的工业废水时，生物滤池的运行要按设计确定的方案进行，一般说来，这种有毒物质正是生物滤池的处理对象，而能分解氧化这种有毒物质的微生物常存在于一般环境中，无需从外界引入；但是，在一般环境中，它们在微生物群体中并不占优势，或对这种有毒物质还不太适应，因此，在滤池正常运行前，要有一个让它们适应新环境、繁殖壮大的始运行阶段，称为“驯化-挂膜”阶段。

驯化-挂膜方式：一种方式是从其他工厂废水站或城市废水厂取来活性污泥或生物膜碎屑，进行驯化，挂膜；另一种方式是用生活污水、城市污水、河水或回流出水代替部分工业废水进行运行，运行过程中把二次沉淀池中的污泥不断回流到滤池的进水中。

3.4.3.3 生物转盘法

(1) 概述

生物转盘是一种生物膜法污水处理技术，20 世纪 60 年代由联邦德国开创，是在生物滤池的基础上发展起来的，亦称为浸没式生物滤池。自 1954 年联邦德国建立第一座生物转盘污水厂后，在欧洲又建立上千座，发展迅速。我国于 20 世纪 70 年代开始进行研究，在印染、造纸、皮革和石油化工等行业的工业废水处理中得到应用，效果较好。

生物转盘去除污水中有机污染物的机理，与生物滤池基本相同，但构造形式与生物滤池很不相同，见图 3-81。生物转盘是用转动的盘片代替固定的滤料，工作时，转盘浸入或部分浸入充满污水的接触反应槽内，在驱动装置的驱动下，转动轴带动转盘一起以一定的线速度不停地转动。转盘交替地与污水和空气接触，经过一段时间的转动后，盘片上将附着一层生物膜。在转入污水中时，生物膜吸附污水中的有机污染物，并吸收生物膜外水膜中的溶解氧，对有机物进行分解，微生物在这一过程中得以繁殖；转盘转出反应槽时，与空气接触，空气不断地溶解到水膜中去，增加其溶解氧量，在这一过程中，在转盘上附着的生物膜与污水以及空气之间，除进行有机物（BOD、COD）与 O_2 的传递外，还有与其他物质如 CO_2、NH_3 等的传递，形成一个连续的吸附、氧化分解、吸氧的过程，使污水不断得到净化。

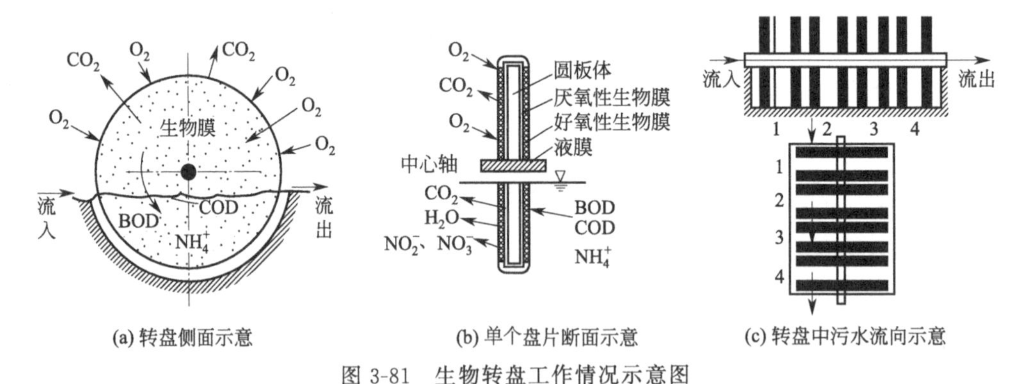

(a) 转盘侧面示意　(b) 单个盘片断面示意　(c) 转盘中污水流向示意

图 3-81　生物转盘工作情况示意图

与生物滤池相比，生物转盘有如下特点：a. 不会发生堵塞现象，净化效果好；b. 能耗低，管理方便；c. 占地面积较大；d. 有气味产生，对环境有一定影响。

(2) 生物转盘的构造

生物转盘是由水槽和部分浸没于污水中的旋转盘体组成的生物处理构筑物，主要包括旋转圆盘（盘体）、接触反应槽、转动轴及驱动装置等，必要时还可在氧化槽上方设置保护罩起遮风挡雨及保温作用。

1）盘体　盘体由装在水平轴上的一系列间距很近的圆盘所组成，其中一部分浸没在氧化槽的污水中，另一部分暴露在空气中。作为生物载体填料，转盘的形状有平板、凹凸板、波纹板、蜂窝、网状板或组合板等，组成的转盘外缘形状有网形、多角形和圆筒形。

盘片串联成组，固定在转轴上并随转轴旋转，对盘片材质的要求是质轻高强、耐腐蚀、易于加工、价格低廉。盘片的直径一般为2～3m，盘片厚度1～15mm。目前常用的转盘材质有聚丙烯、聚乙烯、聚氯乙烯、聚苯乙烯和不饱和树脂玻璃钢等。转盘的盘片间必须有一定的间距，以保证转盘中心部位的通气效果，标准盘间距为30mm，若为多级转盘，则进水端盘片间距25～35mm，出水端一般为10～20mm，具体可根据工艺需要进行调节。

2）氧化槽　氧化槽一般做成与盘体外形基本吻合的半圆形，槽底设有排泥和放空管与闸门，槽的两侧设有进出水设备。常用进出水设备为三角堰。对于多级转盘，氧化槽分为若干格，格与格之间设有导流槽。大型氧化槽一般用钢筋混凝土制成。中小型氧化槽多用钢板焊制。

3）转动轴　转动轴是支撑盘体并带动其旋转的重要部件，转动轴两端固定安装在氧化槽两端的支座上。一般采用实心钢轴或无缝钢管，其长度应控制在0.5～7.0m之间。转动轴不能太长，否则往往由于同心度加工不良，容易扭曲变形，发生磨断或扭断。

转动轴中心应高出槽内水面至少150mm，转盘面积的20%～40%左右浸没在槽内的污水中。在电动机驱动下，经减速传动装置带动转动轴进行缓慢旋转，转速一般为0.8～3.0r/min。

4）驱动装置　驱动装置包括动力设备和减速装置两部分。动力设备分电力机械传动、空气传动和水力传动等，国内多采用电力机械传动或空气传动。电力机械传动以电动机为动力，用链条传动或直接传动。对于大型转盘，一般一台转盘设一套驱动装置；对于中、小型转盘，可由一套驱动装置带动一组（3～4级）转盘工作。空气传动兼有充氧作用，动力消耗较省。

(3) 生物转盘法的工艺流程

生物转盘法的基本流程如图3-82所示。实践表明，处理同一种污水，如盘片面积不变，将转盘分为多级串联运行能显著提高处理水水质和水中溶解氧的含量。通过对生物转盘上生物相的观察表明，第一级盘片的生物膜最厚，随着污水中有机物的逐渐减少，后几级盘片上的生物膜逐级变薄。处理城市污水时，第一、二级盘片上占优势的微生物是菌胶团和细菌，第三、四级盘片则主要是细菌和原生动物。

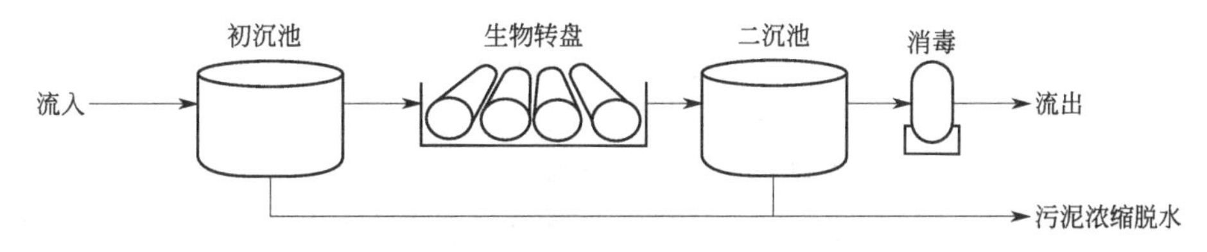

图3-82　生物转盘法的基本流程

3.4.3.4　生物接触氧化法

(1) 概述

生物接触氧化法是从生物膜法派生出来的一种废水生物处理法。在该工艺中污水与生物膜相接触，在生物膜上微生物的作用下，可使污水得到净化，因此又称“淹没式生物滤池”。19 世纪末，德国开始把生物接触氧化法用于废水处理，但限于当时的工业水平，没有适当的填料，未能广泛应用。到 20 世纪 70 年代，合成塑料工业迅速发展，轻质蜂窝状填料问世，日本、美国等开始研究和应用生物接触氧化法。中国在 20 世纪 70 年代中期开始研究用此法处理城市污水和工业废水，并已在生产中应用。

生物接触氧化法是一种介于活性污泥法与生物滤池之间的生物膜法工艺，其特点是在池内设置填料，池底曝气对污水进行充氧，并使池体内污水处于流动状态，以保证污水与污水中的填料充分接触，避免生物接触氧化池中存在污水与填料接触不均的缺陷。其净化废水的基本原理与一般生物膜法相同，以生物膜吸附废水中的有机物，在有氧的条件下，有机物由微生物氧化分解，废水得到净化。空气通过设在池底的布气装置进入水流，随气泡上升时向微生物提供氧气，见图 3-83。

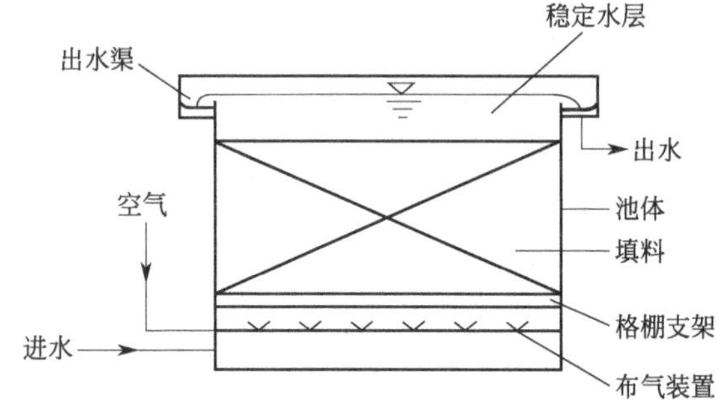

图 3-83 生物接触氧化池构造示意图

生物接触氧化法是介于活性污泥法和生物滤池二者之间的污水生物处理技术，兼有活性污泥法和生物膜法的特点，具有下列优点：

① 由于填料的比表面积大，池内的充氧条件良好。生物接触氧化池内单位容积的生物固体量高于活性污泥法曝气池及生物滤池。因此，生物接触氧化池具有较高的容积负荷。

② 生物接触氧化法不需要污泥回流，不存在污泥膨胀问题，运行管理简便。

③ 由于生物固体较多，水流又属完全混合型，因此生物接触氧化池对水质水量的骤变有较强的适应能力。

④ 生物接触氧化池有机容积负荷较高时，其 F/M 保持在较低水平，污泥产率较低。

(2) 生物接触氧化池的构造

生物接触氧化池平面形状一般采用矩形，进水端应有防止断流措施，出水一般为堰式出水。

接触氧化池的构造主要由池体、填料和进水布气装置等组成。池体用于设置填料、布水布气装置和支承填料的支架。池体可为钢结构或钢筋混凝土结构。从填料上脱落的生物膜会有一部分沉积在池底。必要时，池底部可设置排泥和放空设施。

生物接触氧化池填料要求对微生物无毒害、易挂膜、质轻、高强度、抗老化、比表面积大和孔隙率高。目前常采用的主要有聚氯乙烯塑料、聚丙烯塑料、环氧玻璃钢等做成的蜂窝状和波纹板状填料、纤维组合填料、立体弹性填料等（见图 3-84）。

纤维状填料是用尼龙、维纶、腈纶、涤纶等化学纤维编结成束，呈绳状连接。用尼龙绳直接固定纤维束的软性填料，易发生纤维填料结团（俗称起球）问题，现在已较少采用。实践表明，采用圆形塑料盘作为纤维填料支架将纤维固定在支架四周，可以有效解决纤维填料结团问题，同时保持纤维填料比表面积大、来源广、价格较低的优势，得到较为广泛的应用。为安装检修方便，填料常以料框组装，带框放入池中，或在池中设置固定支架，用于固定填料。

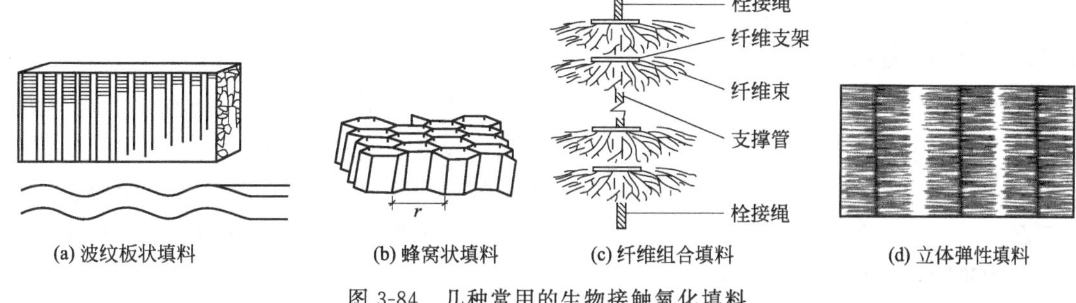

图 3-84　几种常用的生物接触氧化填料

(3) 生物接触氧化法的设计计算

生物接触氧化池工艺设计的主要内容是计算填料的有效容积和池子的尺寸、计算空气量和空气管道系统参数。一般是在用有机负荷计算填料容积的基础上，按照构造要求确定池子具体尺寸、池数以及池的分级。对于工业废水，最好通过试验确定有机负荷，也可审慎地采用经验数据。

① 生物接触氧化池的有效容积（即填料体积）V

$$V=\frac{q_V(\rho_{S0}-\rho_{Se})}{N_V} \tag{3-139}$$

式中，q_V 为平均日设计污水量，m^3/d；ρ_{S0}、ρ_{Se} 分别为进水与出水的 BOD_5，mg/L；N_V 为有机容积负荷率（以 BOD_5 计），$kg/(m^3 \cdot d)$（城市污水可用 1.0～1.8）。

② 生物接触氧化池的总面积 A 和座数 n

$$A=\frac{V}{h_0} \tag{3-140}$$

$$n=\frac{A}{A_1} \tag{3-141}$$

式中，h_0 为填料高度，一般采用 3.0m；A_1 为每座池子的面积，m^2，一般小于 $25m^2$。

③ 池深 h

$$h=h_0+h_1+h_2+h_3+h_4 \tag{3-142}$$

式中，h_1 为超高，0.5～0.6m；h_2 为填料层上水深，0.4～0.5m；h_3 为填料至池底的高度，0.5～1.5m；h_4 为配水高度，1.5～1.6m。

3.4.3.5　其他新型生物膜法工艺

随着污水处理技术的快速发展，近年来研究开发出许多生物膜法新型工艺方法，并在工程实践中得到应用。

① 生物膜-活性污泥法联合处理工艺：这类工艺综合发挥生物膜法和活性污泥法的特点，克服各自的不足，使生物处理工艺发挥出更高的效率。工艺形式包括活性生物滤池、生物滤池-活性污泥串联处理工艺、悬浮滤料性污泥法等。

② 生物脱氮除磷工艺：应用硝化-反硝化生物脱氮原理，组合生物膜反应器的运行方式，使生物膜法具备生物脱氮能力。同时，采取在出水端或反应器内少量投药的方法，进行化学除磷，使整个工艺系统具备脱氮除磷的能力，满足当今污水处理脱氮除磷的要求。

③ 生物膜反应器：包括微孔膜生物反应器、复合式生物膜反应器、移动床生物膜反应

器、序批式生物膜反应器等。

3.4.4 厌氧生物法

人们有目的地利用厌氧生物处理法已有近百年的历史，由于传统的厌氧法存在水力停留时间长、有机负荷低等缺点，在过去很长一段时间，仅限于处理污水厂的污泥、粪便等，没有得到广泛应用。在污水处理方面，几乎都是采用好氧生物处理。近二十年来，世界上的能源问题突出，而随着生物学、生物化学等学科的发展和工程实践经验的积累，新的厌氧处理工艺和构筑物不断地被开发出来。新工艺克服传统工艺的缺点，使厌氧生物处理技术的理论和实践都有了很大进步，并在处理高浓度有机污水方面取得了良好的效果和经济效益。

3.4.4.1 厌氧生物处理的基本原理

厌氧生物处理是在没有分子氧及化合态氧存在的条件下，兼性细菌与厌氧细菌降解和稳定有机物的生物处理方法，在厌氧生物处理过程中，复杂的有机化合物被降解、转化为简单的化合物、同时释放能量。在这个过程中，有机物的转化分为三个部分：一部分转化为甲烷，这是一种可燃气体，可回收利用；还有一部分被分解为二氧化碳、水、氨、硫化氢等无机物，并为细胞合成提供能量；少量有机物则被转化成为新的细胞物质。由于仅少量有机物用于合成，故相对于好氧生物处理，厌氧生物处理的污泥增长率小得多。

由于厌氧生物处理过程不需另外提供电子受体，故运行费用低。此外它还具有剩余污泥量少、可回收能量（甲烷）等优点。其主要缺点是反应速率较慢、反应时间较长、处理构筑物容积大等。通过对新型构筑物的研究开发，其容积可缩小，但为维持较高的反应速率，必须维持较高的反应温度，故要消耗能源。有机污泥和高浓度有机污水（一般 BOD_5 大于 2000mg/L）均可采用厌氧生物处理法进行处理。

(1) 厌氧消化的机理

早期的厌氧生物处理研究都针对污泥消化，即在无氧的条件下，由兼性厌氧细菌及专性厌氧细菌降解有机物使污泥得到稳定，其最终产物是二氧化碳和甲烷气（或称污泥气、消化气）等。所以污泥厌氧消化过程也称为污泥生物稳定过程。

污泥的厌氧处理面对的是固态有机物，所以称为消化。对批量污泥静置考察，可以见到污泥的消化过程明显分为两个阶段：固态有机物先是液化，或称液化阶段；接着降解产物气化，称气化阶段。整个过程历时半年以上。第一阶段最显著的特征是液态污泥的 pH 值迅速下降，不到 10d 即可降到最低值，这是因为污泥中的固态有机物主要是天然高分子化合物，如淀粉、纤维素、油脂、蛋白质等。在无氧环境中降解时，转化为有机酸、醇、醛、水分子等液态产物和 CO_2、H_2、NH_3、H_2S 等气体分子，由于转化产物中有机酸是主体，因此发生 pH 值下降的现象。所以，此阶段常被称为“酸化阶段”。酸化阶段产生的气体大多溶解在泥液中，其中 NH_3 溶解产物 $NH_3 \cdot H_2O$，有中和作用，经过长时间的酸化阶段，pH 值回升后，进入气化阶段。气化阶段产生的气体称为“消化气”，主要成分是 CH_4，因此气化阶段常被称为“甲烷化阶段”。与酸化阶段相比，甲烷化阶段中产生的 CO_2 的量也相当多，还有微量 H_2S。参与消化的细菌，酸化阶段的统称产酸或酸化细菌，几乎包括所有的兼性厌氧细菌；甲烷化阶段的统称为产甲烷细菌。截至 1991 年，分离的产甲烷菌已达到 65 种。

1979 年，Bryant 根据对产甲烷菌和产氢产乙酸菌的研究，认为两阶段理论不够完善，提出了三阶段理论，如图 3-85 所示。该理论认为产甲烷菌不能利用除乙酸、H_2/CO_2 和甲醇等以外的有机酸和醇类，长链脂肪酸和醇类必须经过产氢产乙酸菌转化为乙酸、H_2 和 CO_2 等后，才能被产甲烷菌利用。三阶段理论包括：

第一阶段为水解发酵阶段。在该阶段，复杂的有机物在厌氧菌胞外酶的作用下，首先被分解成简单的有机物，如纤维素经水解转化成较简单的糖类；蛋白质转化成较简单的氨基酸；脂类转化成脂肪酸和甘油等。继而这些简单的有机物在产酸菌的作用下经过厌氧发酵和氧化转化成乙酸、丙酸、丁酸等脂肪酸和醇类等。参与这个阶段的水解发酵菌主要是专性厌氧菌和兼性厌氧菌。

第二阶段为产氢产乙酸阶段。在该阶段，产氢产乙酸菌把除乙酸、甲烷、甲醇以外的第一阶段产生的中间产物，如丙酸、丁酸等脂肪酸和醇类等转化成乙酸和氢，并有 CO_2 产生。

第三阶段为产甲烷阶段。在该阶段中，产甲烷菌把第一阶段和第二阶段产生的乙酸、H_2 和 O_2 等转化为甲烷。

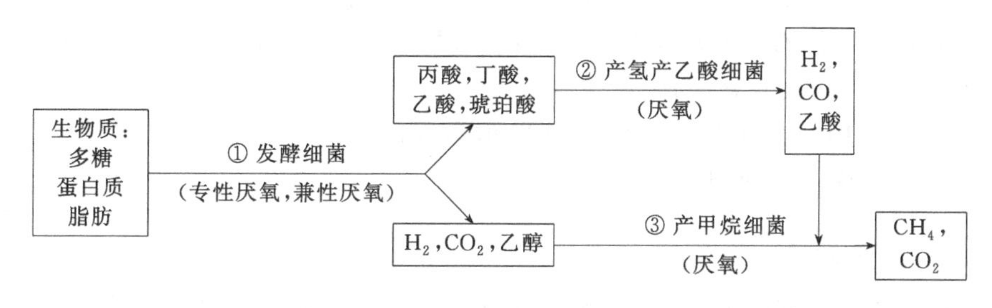

图 3-85　三阶段厌氧消化过程示意图

（2）厌氧消化的影响因素

在工程技术上，研究产甲烷菌的通性是重要的，这将有助于打破厌氧生物处理过程分阶段的现象，从而最大限度地缩短处理过程的时间。因此厌氧反应的各项影响因素也以对产甲烷菌的影响因素为准。

1）pH 值　产甲烷菌适宜的 pH 值应在 6.8～7.2 之间。污水和泥液中的碱度有缓冲作用，如果有足够的碱度中和有机酸，其 pH 值有可能维持在 6.8 之上，酸化和甲烷化两大类细菌就有可能共存，从而消除分阶段现象。此外，消化池池液的充分混合对调整 pH 值也是必要的。

2）温度　从液温看，消化可在中温（35～38℃）进行（称中温消化）。中温消化的消化时间（产气量达到总量 90%所需时间）约为 20d，高温消化的消化时间约为 10d。因中温消化的温度与人体温度接近，故对寄生虫卵及大肠埃希菌的杀灭率低，高温消化对寄生虫卵的杀灭率可达到 99%，但高温消化需要的热量比中温消化要高很多。

3）生物固体停留时间（污泥泥龄）　消化池的水力停留时间等于污泥泥龄。由于产甲烷菌的增殖速率较慢，对环境条件的变化十分敏感。因此，要获得稳定的处理效果就需要保持较长的污泥泥龄。

4）搅拌和混合　厌氧消化是由细菌体的内酶和外酶与底物进行的接触反应，因此必须使两者充分混合。此外，有研究表明，产乙酸菌和产甲烷菌之间存在着严格的共生关系。这种共生关系对于厌氧工艺的改进有实际意义，但如果在系统内进行连续的剧烈搅拌则会破坏这种共生关系。联邦德国一个果胶厂污水厌氧处理装置的运行实践也证实，当采用低速循环泵代替高速泵进行搅拌时，处理效果就会提高。搅拌的方法一般有：水射器搅拌法、消化气循环搅拌法和混合搅拌法。

5）营养与C/N比　基质的组成也直接影响厌氧处理的效率和微生物的增长，但与好氧法相比，厌氧处理对污水中N、P的含量要求低。有资料报道，只要达到COD∶N∶P=800∶5∶1，即可满足厌氧处理的营养要求。但一般来讲，要求C/N比达到（10～20）∶1为宜。如C/N比太高，细胞的氮量不足，消化液的缓冲能力低，pH容易降低；C/N比太低，氮量过多，pH值可能上升，铵盐容易积累，会抑制消化进程。

6）有毒物质　主要包括重金属离子、H_2S、氨等。

① 重金属离子的毒害作用。重金属离子对甲烷消化的抑制有两个方面：a. 与酶结合，产生变性物质，使酶的作用消失；b. 重金属离子及氢氧化物的絮凝作用，使酶沉淀。

② H_2S的毒害作用。脱硫弧菌（属于硫酸盐还原菌）能将乳酸、丙酮酸和乙醇转化为H_2、CO_2和乙酸。但在含硫无机物（SO_4^{2-}、SO_3^{2-}）存在时，它将优先还原SO_4^{2-}和SO_3^{2-}，产生H_2S，形成与产甲烷菌对基质的竞争。因此，当厌氧处理系统中SO_4^{2-}、SO_3^{2-}浓度过高时，产甲烷过程就会受到抑制。消化气中CO_2成分提高，并含有较多的H_2S。H_2S存在会降低消化气的质量并腐蚀金属设备（管道、锅炉等），其对产甲烷菌的毒害作用会进一步影响整个系统的正常工作。

③ 氨的毒害作用。当有机酸积累时，pH值降低，此时NH_3转变为NH_4^+，当NH_4^+浓度超过150mg/L，消化受到抑制。

3.4.4.2　厌氧生物处理工艺

最早的厌氧生物处理构筑物是化粪池，近年开发的有厌氧生物滤池、厌氧接触法、上流式厌氧污泥床反应器、分段厌氧处理法、两相厌氧法等。

(1) 化粪池

化粪池用于处理来自厕所的粪便污水，曾广泛用于不设污水处理厂的合流制排水系统，尚可用于郊区的别墅式建筑。图3-86所示为化粪池的一种构造方式。首先，污水进入第一室，水中悬浮固体或沉于池底，或浮于池面；池水一般分为三层，上层为浮渣层，下层为污泥层，中间为水流。然后，污水进入第二室，而底泥和浮渣则被第一室截留，达到初步净化的目的。污水在池内的停留时间一般为12～24h。污泥在池内进行厌氧消化，一般半年左右清除一次。出水不能直接排入水体。常在绿地下设渗水系统，排出化粪池出水。

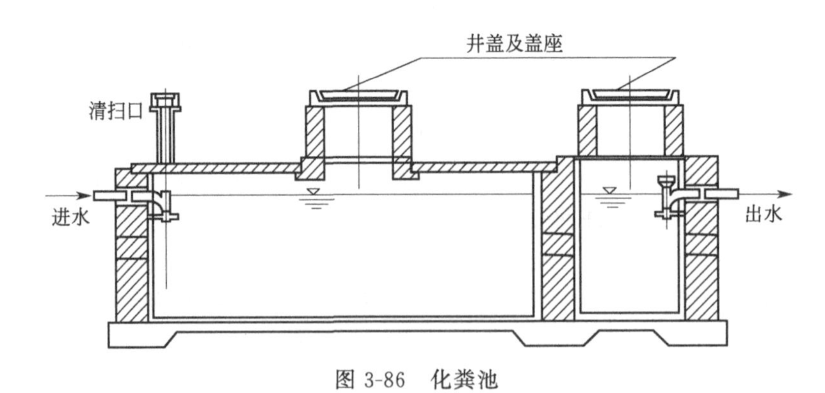

图3-86　化粪池

(2) 厌氧生物滤池

厌氧生物滤池是密封的水池，池内放置填料，如图3-87所示，污水从池底进入，从池顶排出。微生物附着生长在滤料上，平均停留时间可长达100d左右。滤料可采用拳状石质滤料，如碎石、卵石等，粒径在40mm左右，也可使用塑料填料。塑料填料具有较高孔隙率，质量也轻，但价格较贵。

根据对一些有机污水的试验结果，当温度在25～35℃时，在使用拳状滤料时，体积负荷（以COD计）可达到3～6 $kg/(m^3 \cdot d)$；在使用塑料填料时，体积负荷（以COD计）可达到3～10$kg/(m^3 \cdot d)$。

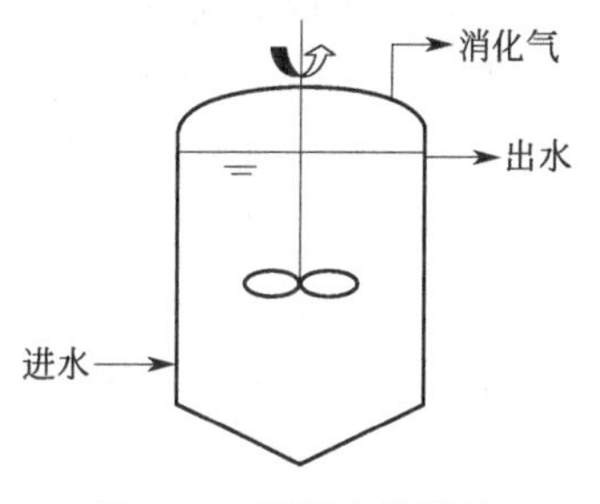

图3-87 厌氧生物滤池

厌氧生物滤池的主要优点是：处理能力较高；滤池内可以保持很高的微生物浓度；不需另设泥水分离设备，出水SS较低；设备简单、操作方便。它的主要缺点是：滤料费用较贵；滤料容易堵塞，尤其是下部生物膜很厚，堵塞后，没有简单有效的清洗方法。因此，悬浮固体高的污水不适用此法。

(3) 厌氧接触法

对于悬浮固体较高的有机污水，可以采用厌氧接触法，其工艺流程见图3-88。污水先进入混合接触池（消化池）与回流的厌氧污泥相混合，然后经真空脱气器流入沉淀池。接触池中的污泥浓度要求很高，在12000～15000mg/L，因此污泥回流量很大，一般是污水流量的2～3倍。

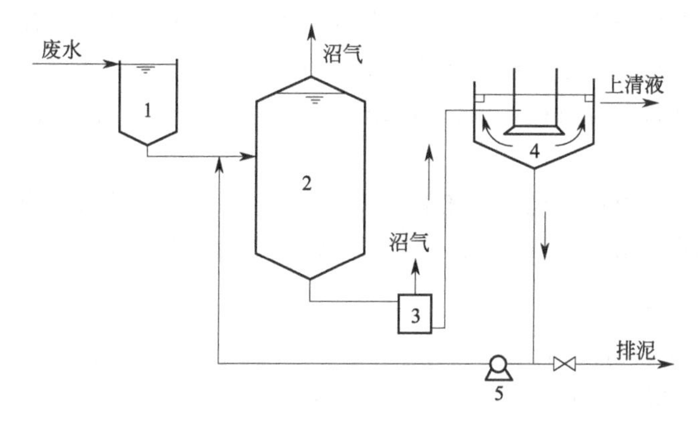

图3-88 厌氧接触法的工艺流程图

1—储池；2—消化池；3—脱气池；4—沉淀池；5—泵

厌氧接触法实质上是一种厌氧活性污泥法，不需要曝气而需要脱气，厌氧接触法对悬浮固体高的有机污水（如肉类加工污水等）效果很好，悬浮颗粒成为微生物的载体，并且很容易在沉淀池中沉淀。在混合接触池中，要进行适当搅拌以使污泥保持悬浮状态。搅拌可以用机械方法，也可以用泵循环池水。据报道，肉类加工污水（BOD_5约1000～1800mg/L）在中温消化时，经过6～12h（以污水入流量计）的厌氧接触法消化，BOD_5去除率可达到90%以上。

厌氧接触法的优点是：由于污泥回流，厌氧反应器内能够维持较高的污泥浓度，大大缩短了水力停留时间，并使反应器具有一定的耐冲击负荷能力。

其缺点是：从厌氧反应器排出的混合液中的污泥由于附着大量气泡，在沉淀池中易于上浮到水面而被出水带走。此外进入沉淀池的污泥仍有产甲烷菌在活动，并产生沼气。使已沉淀的污泥上翻，固液分离效果不佳，回流污泥浓度因此降低，影响到反应器内污泥浓度的提高。对此可采取下列技术措施：

① 在反应器与沉淀池之间设脱气器，尽可能将混合液中的沼气脱除。但这种措施不能抑制产甲烷菌在沉淀池内继续产气。

② 在反应器与沉淀池之间设冷却器，使混合液的温度由35℃降至15℃，以抑制产甲烷菌在沉淀池内活动，将冷却器与脱气器联用能够比较有效地防止产生污泥上浮现象。

③ 投加混凝剂，提高沉淀效果。

④ 用膜过滤代替沉淀池。

(4) 上流式厌氧污泥床反应器

上流式厌氧污泥床反应器（UASB）是由荷兰的Lettinga教授等在1972年研制，于1977年开发的。如图3-89所示，污水自下而上地通过厌氧污泥床反应器。在反应器的底部有一个高浓度（可达60～80mg/L)、高活性的污泥层，大部分的有机物在这里被转化为CH_4和CO_2。由于气态产物（消化气）的搅动和气泡黏附污泥，在污泥层之上形成一个污泥悬浮层。反应器的上部设有三相分离器，完成气、液、固三相的分离。被分离的消化气从上部导出，被分离的污泥则自动滑落到悬浮污泥层，出水则从澄清区流出。由于在反应器内可以培养出大量厌氧颗粒污泥，使反应器的负荷很大。对一般的高浓度有机污水，当水温在30℃左右时，负荷（以COD计）可达10～20kg/(m^3·d)。

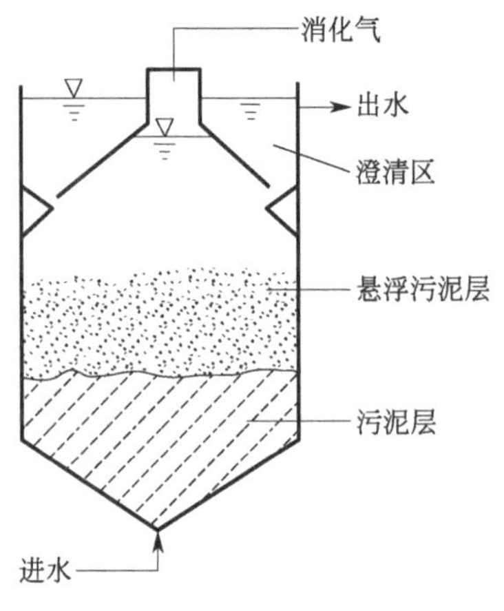

图3-89 上流式厌氧污泥床反应器

试验结果表明，良好的颗粒污泥床的形成，使得有机负荷和去除率高，不需要搅拌，能适应负荷冲击和温度与pH值的变化。它是一种目前应用很广泛的厌氧处理设备。

(5) 分段厌氧处理法

根据厌氧消化分阶段进行的事实，对于固态有机物浓度高的污水，将水解、酸化和甲烷化过程分开进行。第一段的功能是：固态有机物水解为有机酸；缓冲和稀释负荷冲击与有害物质，截留固态难降解物质。第二段的功能是：保持严格的厌氧条件和pH值，以利于产甲烷菌的生长；降解、稳定有机物，产生含甲烷较多的消化气；截留悬浮固体，以改善出水水质。

两段式厌氧处理法的流程尚无定式，可以采用不同构筑物予以组合。例如对悬浮固体高的工业废水，采用厌氧接触法与上流式厌氧污泥床反应器串联的组合已经有成功的经验，其流程如图3-90所示。两段式厌氧处理法具有运行稳定可靠，能承受pH值、毒物等的冲击，

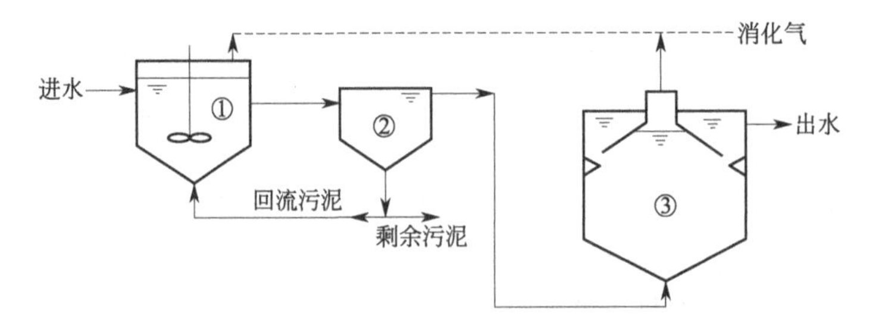

图3-90 厌氧接触法和上流式厌氧污泥床串联的两段式厌氧处理流程

①混合接触池；②沉淀池；③上流式厌氧污泥床反应器

有机负荷高，消化气中甲烷含量高等特点；但这种方法也有设备较多，流程和操作复杂等缺陷。研究表明，两段式并不是对各种污水都能提高负荷。例如，对于固态有机物低的污水，不论用一段式或两段式，负荷和效果都差不多。因此，究竟采用什么样的反应器以及如何组合，要根据具体的水质等情况而定。

(6) 两相厌氧法

两相厌氧法是一种新型的厌氧生物处理工艺。1971 年戈什（Ghosh）和波兰特（Pohland）首次提出了两相发酵的概念，即把产酸和产甲烷两个阶段的反应分别在两个独立的反应器内进行，以创造各自最佳的环境条件，并将这两个反应器串联起来，形成两相厌氧发酵系统。

由于两相厌氧发酵系统能够承受较高的负荷，反应器容积较小，运行稳定，日益受到人们的重视。由于酸化和甲烷发酵是在两个独立的反应器内分别进行，从而使本工艺具有下列特点：

① 为产酸菌、产甲烷菌分别提供各自最佳的生长繁殖条件，在各自反应器内能够得到最高的反应速率。

② 酸化反应器有一定的缓冲作用，缓解冲击负荷对后续产甲烷反应器的影响。

③ 酸化反应器反应进程快，水力停留时间短，COD 浓度可去除 20%～25%，能够大大减轻产甲烷反应器的负荷。

④ 负荷高，反应器容积小，基建费用低。

(7) 厌氧流程比较

表 3-5 列举了几种厌氧处理方法的一般性特点和优缺点，可供工艺选择时参考。

表 3-5　几种厌氧处理法的比较

方法或反应器	特点	优点	缺点
传统消化法	在一个消化池内进行酸化、甲烷化和固液分离	设备简单	反应时间长，池容积大；污泥易随水流带走
厌氧生物滤池	微生物附着生长在滤池表面，适用于悬浮固体量低的污水	设备简单，能承受较高负荷，出水悬浮固体少，能耗小	底部易发生堵塞，填料费用较贵
厌氧接触法	用沉淀池分离污泥并进行回流，消化池中进行适当搅拌，池内呈完全混合，能适应高有机物浓度和高悬浮固体的污水	能承受较高负荷，有一定抗冲击负荷能力，运行较稳定，不受进水悬浮固体的影响；出水悬浮固体少	负荷高时污泥会流失；设备较多，操作要求较高
上流式厌氧污泥床反应器	消化和固液分离在一个池内，微生物量很高	负荷高；总容积小；能耗低，不需搅拌	如设计不善，污泥会大量消失；池的构造复杂
两相厌氧处理法	酸化和甲烷化在两个反应器进行，两个反应器内可以采用不同反应温度	能承受较高负荷，耐冲击，运行稳定	设备较多，运行操作较复杂

3.4.4.3 厌氧和好氧技术的联合

有些废水含有很多复杂的有机物，对于好氧生物处理而言是属于难生物降解或不能降解的，但这些有机物往往可以通过厌氧菌分解为较小分子的有机物，而那些较小分子的有机物可以通过好氧菌进一步分解。

采用缺氧与好氧工艺相结合的流程（A/O 法），可以达到生物脱氮的目的。厌氧-缺氧-好氧法（A/A/O 法）和缺氧-厌氧-好氧法（倒置 A/A/O 法），可以在去除 BOD 和 COD 的同时，达到脱氮、除磷的效果。

(1) 生物脱氮

同化作用去除的氮依运行条件和水质而定，如果微生物细胞中氮含量以12.5%计算，同化氮去除占原污水BOD的2%～5%，氮去除率在8%～20%。

生物脱氮是在微生物的作用下，将有机氮和氨态氮转化为N_2和NO_x气体的过程。其中包括硝化和反硝化两个反应过程。

① 氨化反应：新鲜污水中，含氮化合物主要是以有机氮，如蛋白质、尿素、胺类化合物、硝基化合物以及氨基酸等形式存在的，此外也含有少数的氨态氮如NH_3及NH_4^+等。

微生物分解有机氮化合物产生氨的过程称为氨化作用，很多细菌、真菌和放线菌都能分解蛋白质及其含氮衍生物，其中分解能力强并释放出氨的微生物称为氨化微生物，在氨化微生物的作用下，有机氮化合物分解、转化为氨态氮，以氨基酸为例：

$$RCHNH_2COOH+H_2O \longrightarrow RCOHCOOH+NH_3 \tag{3-143}$$

$$RCHNH_2COOH+O_2 \longrightarrow RCOCOOH+CO_2+NH_3 \tag{3-144}$$

② 硝化反应：硝化反应是在好氧条件下，将NH_4^+转化为NO_2^-和NO_3^-的过程。

$$2NH_4^+ +3O_2 \xrightarrow{\text{亚硝酸菌}} 2NO_2^- +4H^+ +2H_2O \tag{3-145}$$

$$2NO_2^- +2O_2 \xrightarrow{\text{硝酸菌}} 2NO_3^- \tag{3-146}$$

总反应式为：

$$NH_4^+ +2O_2 \xrightarrow{\text{硝化细菌}} NO_3^- +2H^+ +H_2O \tag{3-147}$$

$$NH_4^+ \xrightarrow{-2e^-} NH_2OH(\text{羟胺}) \xrightarrow{-2e^-} NOH(\text{硝酰胺}) \xrightarrow{-2e^-} NO_2^- \xrightarrow{-2e^-} NO_3^- \tag{3-148}$$

硝化细菌是化能自养菌，生长率低，对环境条件变化较为敏感。温度、溶解氧、污泥龄、pH值、有机负荷等都会对它产生影响。

硝化过程的影响因素：

a. 好氧环境条件。硝化菌为了获得足够的能量用于生长，必须氧化大量的NH_3和NO_2^-，氧是硝化反应的电子受体，反应器内溶解氧含量的高低，必将影响硝化反应的进程，在硝化反应的曝气池内，溶解氧含量不得低于1mg/L，多数学者建议溶解氧应保持在1.2～2.0mg/L。

b. 一定的碱度。在硝化反应过程中，释放H^+，使pH值下降，硝化菌对pH值的变化十分敏感，为保持适宜的pH值，应当在污水中保持足够的碱度，以调节pH值的变化，1g氨态氮（以N计）完全硝化，需碱（以$CaCO_3$计）7.14g。硝化菌的适宜的pH值为8.0～8.4。

c. 混合液中有机物含量不应过高。硝化菌是自养菌，有机基质浓度并不是它的增殖限制因素，若BOD值过高，将使增殖速度较快的异养型细菌迅速增殖，从而使硝化菌不能成为优势种属。

d. 适宜的温度。硝化反应的适宜温度是20～30℃，15℃以下时，硝化反应速度下降，5℃时完全停止。

e. 适当的停留时间。硝化菌在反应器内的停留时间，即生物固体平均停留时间（污泥龄）SRT_n，必须大于其最小的世代时间，否则将使硝化菌从系统中流失殆尽，一般认为硝化菌最小世代时间在适宜的温度条件下为3d。SRT_n值与温度密切相关，温度低，SRT_n取值应相应提高。

f. 其他条件：除有毒有害物质及重金属外，对硝化反应产生抑制作用的物质还有高浓度的NH_4-N、高浓度的NO_x-N、高浓度的有机基质、部分有机物以及络合阳离子等。

③ 反硝化反应：反硝化反应是指在无氧的条件下，反硝化菌将硝酸盐氮（NO_3^-）和亚硝酸盐氮（NO_2^-）还原为氮气的过程。

$$6NO_3^- + 2CH_3OH \xrightarrow{\text{硝酸还原菌}} 6NO_2^- + 2CO_2 + 4H_2O \tag{3-149}$$

$$6NO_2^- + 3CH_3OH \xrightarrow{\text{亚硝酸还原菌}} 3N_2 + 3CO_2 + 3H_2O + 6OH^- \tag{3-150}$$

总反应式为：

$$6NO_3^- + 5CH_3OH \xrightarrow{\text{反硝化菌}} 3N_2 + 5CO_2 + 7H_2O + 6OH^- \tag{3-151}$$

反硝化菌属异养兼性厌氧菌，在有氧存在时，它会以O_2为电子供体进行呼吸；在无氧而有NO_3^-或NO_2^-存在时，则以NO_3^-或NO_2^-为电子受体，以有机碳为电子供体和营养源进行反硝化反应。

在反硝化菌代谢活动的同时，伴随着反硝化菌的生长繁殖，即菌体合成过程，反应如下：

$$3NO_3^- + 14CH_3OH + CO_2 + 3H^+ \longrightarrow 3C_5H_7O_2N + 19H_2O \tag{3-152}$$

式中，$C_5H_7O_2N$为反硝化微生物的化学组成。

反硝化还原和微生物合成的总反应式为：

$$NO_3^- + 1.085CH_3OH + H^+ \longrightarrow 0.065C_5H_7O_2N + 0.47N_2 + 0.76CO_2 + 2.44H_2O \tag{3-153}$$

从以上的过程可知，约96%的NO_3-N经异化过程还原，4%经同化过程合成微生物。

反硝化过程的影响因素：

a. 碳源。能被反硝化菌所利用的碳源较多，从污水生物脱氮考虑，可有下列三类：一是原污水中所含碳源，对于城市污水，当原污水$BOD_5/TKN>(3\sim5)$时，即可认为碳源充足；二是外加碳源，多采用甲醇（CH_3OH），因为甲醇被分解后的产物为CO_2和H_2O，不留任何难降解的中间产物；三是利用微生物组织进行内源反硝化。

b. pH值。对反硝化反应，最适宜的pH值是6.5～7.5。pH值高于8或低于6，反硝化速率将大为下降。

c. 溶解氧浓度。反硝化菌属异养兼性厌氧菌，在无分子氧同时存在硝酸根离子和亚硝酸根离子的条件下，它们能够利用这些离子中的氧进行呼吸，使硝酸盐还原。另一方面，反硝化菌体内的某些酶系统组分，只有在有氧条件下，才能够合成。这样，反硝化反应宜于在缺氧、好氧交替的条件下进行，溶解氧应控制在0.5mg/L以下。

d. 温度。反硝化反应的最适宜温度是20～40℃，低于15℃反硝化反应速率最低。为了保持一定的反硝化速率，在冬季低温季节，可采用如下措施：提高生物固体平均停留时间；降低负荷率；提高污水的水力停留时间。

在反硝化反应中，最大的问题就是污水中可用于反硝化的有机碳的多少及其可生化程度。

(2) 生物脱氮工艺

① 在三段生物脱氮工艺：将有机物氧化、硝化以及反硝化段独立开来，每一部分都有其自己的沉淀池和各自独立的污泥回流系统。

② Bardenpho生物脱氮工艺：设立两个缺氧段，第一段利用原水中的有机物作为碳源和第一好氧池中回流的含有硝态氮的混合液进行反硝化反应。为进一步提高脱氮效率，废水进入第二段反硝化反应器，利用内源呼吸碳源进行反硝化。曝气池用于吹脱废水中的氮气，提高污泥的沉降性能，防止在二沉池发生污泥上浮现象。

③ 缺氧-好氧生物脱氮工艺：该工艺将反硝化段设置在系统的前面，又称前置式反硝化生物脱氮系统。反硝化反应以水中的有机物为碳源，曝气池中含有大量硝酸盐的回流混合液，在缺氧池中进行反硝化脱氮。

(3) 生物除磷

磷也是有机物中的一种主要元素，是仅次于氮的微生物生长的重要元素。磷主要来自人体排泄物、合成洗涤剂、牲畜饲养场及含磷工业废水。磷会促进藻类等浮游生物的繁殖，破坏水体耗氧和复氧平衡；使水质迅速恶化，危害水产资源。

可采用常规活性污泥法的微生物同化和吸附、生物强化、投加化学药剂等方法去除污水中的磷。普通活性污泥法剩余污泥中磷含量约占微生物干重的1.5%～2.0%，通过同化作用可去除12%～20%磷。生物强化除磷工艺可以使得系统排出的剩余污泥中磷含量占到干重的5%～6%。如果还不能满足排放标准，就必须借助化学法除磷。

1）生物强化除磷原理　利用好氧微生物中聚磷菌在好氧条件下对污水中溶解性磷酸盐过量吸收作用，然后沉淀分离而除磷。

① 厌氧环境中：污水中的有机物在厌氧发酵产酸菌的作用下转化为乙酸酐；而活性污泥中的聚磷菌在厌氧的不利状态下，将体内积聚的聚磷分解，分解产生的能量一部分供聚磷菌生存，另一部分能量供聚磷菌主动吸收乙酸酐转化为PHB（聚β-羟基丁酸）的形态储藏于体内。聚磷分解形成的无机磷释放回污水中，这就是厌氧释磷。

② 好氧环境中：进入好氧状态后，聚磷菌将储存于体内的PHB进行好氧分解并释放出大量能量供聚磷菌完成增殖等生理活动，部分供其主动吸收污水中的磷酸盐，以聚磷的形式积聚于体内，这就是好氧吸磷。剩余污泥中包含过量吸收磷的聚磷菌，也就是从污水中去除的含磷物质。

普通活性污泥法通过同化作用，除磷率可以达到12%～20%。而具生物除磷功能的处理系统排放的剩余污泥中含磷量可以占到干重的5%～6%，去除率基本可满足排放要求。

2）生物除磷影响因素

① 厌氧环境条件：a. 氧化还原电位，Barnard、Shapiro等研究发现，在试验中，反硝化完成后，ORP突然下降，随后开始放磷，放磷时ORP一般小于100mV；b. 溶解氧浓度，厌氧区如存在溶解氧，兼性厌氧菌就不会启动其发酵代谢，不会产生脂肪酸，也不会诱导放磷，好氧呼吸会消耗易降解有机质；c. NO_x^- 浓度，产酸菌利用 NO_x^- 作为电子受体，抑制厌氧发酵过程，反硝化时消耗易生物降解有机质。

② 有机物浓度及可利用性：碳源的性质对吸放磷及其速率影响极大。

③ 污泥龄：污泥龄影响着污泥排放量及污泥含磷量，污泥龄越长，污泥含磷量越低，去除单位质量的磷须同时耗用更多的BOD。Rensink和Ermel研究了污泥龄对除磷的影响，结果表明：SRT＝30d时，除磷效果40%；SRT＝17d时，除磷效果50%；SRT＝5d时，除磷效果87%。

④ pH值：与常规生物处理相同，生物除磷系统适合的pH值为中性和微碱性，不合适时应调节。

⑤ 温度：在适宜温度范围内，温度越高释磷速度越快；温度低时应适当延长厌氧区的停留时间或投加外源 VFA。

⑥ 其他：影响系统除磷效果的还有污泥沉降性能和剩余污泥处置方法等。

(4) 生物除磷脱氮工艺

1）A/O 生物脱氮工艺（厌氧-好氧脱氮工艺） A/O 法是由厌氧池和好氧池组成的同时去除污水中有机污染物及氮的处理系统，是目前常用的一种前置反硝化工艺，其流程如图 3-91 所示。

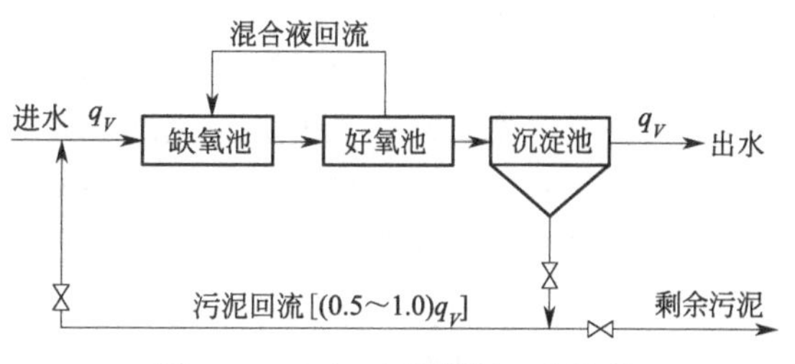

图 3-91 A/O 生物脱氮工艺流程

在运行过程中，废水经缺氧池处理后流入好氧池，之后好氧池的混合液与沉淀池的污泥同时回流至缺氧池。污泥和好氧混合液的回流不仅保证了缺氧池和好氧池中的微生物量，同时也使得缺氧池从回流的混合液中获得大量的硝酸盐。另外，原废水和混合液的直接进水为缺氧池的反硝化过程提供了充足的碳源，保证了反硝化反应在缺氧池中顺利进行，缺氧池的出水又可以在好氧池中进一步硝化和降解有机物。

2）脱氮除磷工艺——A^2/O 工艺 A^2/O 工艺是 anaerobic anoxic oxic 的简称。它是在 A/O 工艺的基础上串联了一个厌氧池，厌氧过程可使废水中的部分难降解有机物降解，进而改善废水的可生化性，为后续缺氧段的反硝化过程提供合适的碳源，达到高效去除 COD、BOD 的目的，同时实现脱氮除磷的目标。其工艺流程如图 3-92 所示。

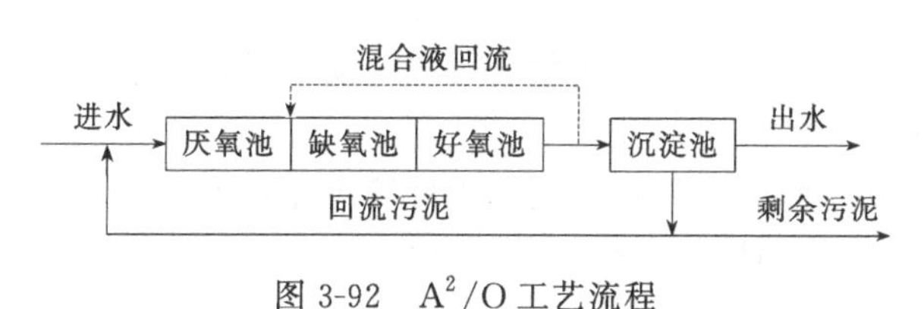

图 3-92 A^2/O 工艺流程

工艺系统运行时，经预处理后的废水首先进入厌氧池，使部分难降解有机物在该段被降解，由于细胞的生物合成，NH_3-N 浓度略有下降，但 NO_3-N 的浓度变化不大。厌氧池出水进入缺氧池后，进行反硝化过程。在此过程中，废水的 BOD 浓度和 NO_3-N 浓度急剧下降；在好氧池中，有机物的含量继续减少，有机氮被氨化、硝化后造成 NH_4^+-N 浓度显著下降。好氧池的出水一部分回流后与厌氧段出水混合进入缺氧池，另一部分出水进入沉淀池，分离污泥后排放或进入后续处理装置。该工艺水力停留时间和污泥龄均较短，一般情况下缺氧池的水力停留时间保持在 0.5～1.0h，污泥龄控制在 3～5d。

3.5 污水的生态处理

3.5.1 稳定塘处理

3.5.1.1 概述

稳定塘又名氧化塘或生物塘。稳定塘对污水的净化过程与自然水体的自净过程相似，是一种利用天然净化能力处理污水的生物处理设施。稳定塘多用于小型污水处理，可用作一级处理、二级处理，也可用作三级处理。

稳定塘按塘内的微生物类型、供氧方式和功能等划分，常见的有：

① 好氧塘：好氧塘的深度较浅，阳光能透至塘底，全部塘水内都含有溶解氧，塘内菌藻共生，溶解氧主要是由藻类供给，好氧微生物起净化污水作用。

② 兼性塘：兼性塘的深度较大，上层是好氧区，藻类的光合作用和大气复氧作用使其有较多的溶解氧，由好氧微生物起净化污水作用；中层的溶解氧逐渐减少，称兼性区（过渡区），由兼性微生物起净化作用；下层塘水无溶解氧，称厌氧区，沉淀污泥在塘底进行厌氧分解。

③ 厌氧塘：厌氧塘的塘深在 2m 以上，有机负荷高，全部塘水均无溶解氧，呈厌氧状态，由厌氧微生物起净化作用，净化速度慢，污水在塘内停留时间长。

④ 曝气塘：曝气塘采用人工曝气供氧，塘深在 2m 以上，全部塘水有溶解氧，由好氧微生物起净化作用，污水停留时间较短。

⑤ 深度处理塘：深度处理塘又称三级处理塘或熟化塘，属于好氧塘。其进水有机污染物浓度很低，一般 $BOD_5 \leqslant 30mg/L$。常用于处理传统二级处理厂的出水，提高出水水质，以满足受纳水体或回用水的水质要求。

⑥ 其他：水生植物塘，生态塘，完全储存塘。

稳定塘的优点有如下几方面：

① 基建投资低：当有旧河道、沼泽地、谷地可利用作为稳定塘时，稳定塘系统的基建投资低。

② 运行管理简单经济：稳定塘运行管理简单，动力消耗低，运行费用较低，约为传统二级处理厂的 1/5～1/3。

③ 可进行综合利用：实现污水资源化，如将稳定塘出水用于农业灌溉，充分利用污水的水肥资源；养殖水生动物和植物，组成多级食物链的复合生态系统。

稳定塘的缺点有如下几方面：

① 占地面积大：没有空闲余地时不宜采用。

② 处理效果受气候影响：如季节、气温、光照、降雨等自然因素都影响稳定塘的处理效果。

③ 二次污染：设计不当时，可能形成如污染地下水、产生臭氧和滋生蚊蝇等的二次污染。

(1) 好氧塘

1）好氧塘种类

① 高负荷好氧塘：这类塘设置在处理系统的前部，目的是处理污水和产生藻类。特点是塘的水深较浅，水力停留时间较短，有机负荷高。

② 普通好氧塘：这类塘用于处理污水，起二级处理作用。特点是有机负荷较高，塘的水深比高负荷好氧塘深，水力停留时间较长。

③ 深度处理好氧塘：深度处理好氧塘设置在塘处理系统的后部或二级处理系统之后，作为深度处理设施。特点是有机负荷较低，塘的水深较高负荷好氧塘深。

2）好氧塘基本工作原理　塘内存在着菌、藻和原生动物的共生系统。塘内的藻类进行光合作用，释放出氧，塘表面的好氧型异氧细菌利用水中的氧，通过好氧代谢氧化分解有机污染物并合成本身的细胞质（细胞增殖），其代谢产物 CO_2 则是藻类光合作用的碳源。

塘内菌藻生化反应可用下式表示：

细菌的降解作用：

$$有机物+O_2+H^+ \longrightarrow CO_2+H_2O+NH_4^+ +C_5H_7O_2N \tag{3-154}$$

藻类的光合作用：

$$106CO_2+16NO_3^- +HPO_4^{2-} +122H_2O+18H^+ \longrightarrow C_{106}H_{263}O_{110}N_{16}P+138O_2 \tag{3-155}$$

藻类光合作用使塘水的溶解氧和 pH 值呈昼夜变化。白天，藻类光合作用使 CO_2 降低，pH 值上升。夜间，藻类停止光合作用，细菌降解有机物的代谢没有终止，CO_2 累积，pH 值下降。

其平衡关系式如下：

$$\left.\begin{aligned} &CO_2+H_2O \rightleftharpoons H_2CO_3^- \rightleftharpoons HCO_3^- +H^+ \\ &CO_3^{2-} +H_2O \rightleftharpoons HCO_3^- +OH^- \\ &H_2O \rightleftharpoons OH^- +H^+ \end{aligned}\right\} \tag{3-156}$$

好氧塘内的生物种群主要有藻类、菌类和原生动物、后生动物、水蚤等微型动物。菌类主要是生存在水深 0.5m 的上层，浓度为 $1\times10^8 \sim 5\times10^9$ 个/mL，主要种属与活性污泥和生物膜相同。原生动物和后生动物的种属数与个体数，均比活性污泥法和生物膜法少。藻类的种类和数量与塘的负荷有关，它可以反映塘的运行状况和处理效果。

3）好氧塘内的设计　好氧塘工艺设计的主要内容是计算好氧塘的尺寸和个数。好氧塘的主要尺寸的经验值如下：

① 好氧塘多采用矩形，表面的长宽比为（3∶1）～（4∶1），一般以塘深 1/2 处的面积作为计算塘面。塘堤的超高为 0.6～1.0m。单塘面积不宜大于 $4hm^2$。

② 塘堤的内坡坡度为（1∶2）～（1∶3）（垂直∶水平），外坡坡度为（1∶2）～（1∶5）（垂直∶水平）。

③ 好氧塘的座数一般不少于 3 座，规模很小时不少于 2 座。

（2）兼性塘

1）兼性塘工作原理　兼性塘的有效水深一般为 1.0～2.0m。好氧区对有机污染物的净化机理与好氧塘相同。兼性区的塘水溶解氧较低。异氧型兼性细菌，它们既能利用水中的溶解氧氧化分解有机污染物，也能在无分子氧条件下，以 NO_3^-、CO_3^{2-} 作为电子受体进行无氧代谢。厌氧区无溶解氧，污泥层中的有机质由厌氧微生物对其进行厌氧分解，其厌氧分解包括酸发酵和甲烷发酵两个过程。发酵过程中未被甲烷化的中间产物进入塘的上、中层，由好氧菌和兼性菌继续进行降解。而 CO_2、NH_3 等代谢产物进入好氧层，部分逸出水面，部分参与藻类的光合作用。

兼性塘不仅可去除一般的有机污染物，还可以有效地去除磷、氮等营养物质和某些难降解的有机污染物。

2）兼性塘的设计　兼性塘一般采用负荷法进行计算，我国建立了较完善的设计规范。兼性塘主要尺寸的经验值如下：

① 兼性塘一般采用矩形，长宽比（3∶1）～（4∶1）。塘的有效水深为 1.2～2.5m，超高为 0.6～1.0m，储泥区高度应大于 0.3m。

② 兼性塘的堤坝的内坡坡度为（1∶2）～（1∶3）（垂直∶水平），外坡坡度为1∶2～1∶5。

③ 兼性塘一般不少于3座，多采用串联，其中第一塘的面积约占兼性塘总面积的30%～60%，单塘面积应少于4hm^2，以避免布水不均匀或波浪较大等问题。

(3) 厌氧塘

1）厌氧塘基本工作原理　厌氧塘对有机污染物的降解，与所有的厌氧生物处理设备相同，是由两类厌氧菌通过产酸发酵和甲烷发酵两阶段来完成的，即先由兼性厌氧产酸菌将复杂的有机物水解、转化为简单的有机物（如有机酸、醇、醛等），再由绝对厌氧菌（甲烷菌）将有机酸转化为甲烷和二氧化碳等。由于甲烷菌的世代时间长，增殖速度慢，且对溶解氧和pH值敏感，因此厌氧塘的设计和运行，必须以甲烷发酵阶段的要求作为控制条件，控制有机污染物的投配率，以保持产酸菌和甲烷菌之间的动态平衡。应控制塘内的有机酸浓度在3000mg/L以下，pH值为6.5～7.5，进水的BOD_5∶N∶P＝100∶2.5∶1，硫酸盐浓度小于500mg/L，以使厌氧塘能正常运行。

2）厌氧塘的设计和应用　厌氧塘的设计通常是用经验数据，采用有机负荷进行设计的。设计的主要经验数据如下：

① 有机负荷的表示方法有三种：BOD_5表面负荷［kgBOD_5/(hm^2·d)］、BOD_5容积负荷［kgBOD_5/(m^3·d)］、VSS容积负荷［kgVSS/(m^3·d)］。我国采用BOD_5表面负荷。处理城市污水的建议负荷值为200～600kg/(hm^2·d)。对于工业废水，设计负荷应通过试验确定。

② 厌氧塘一般为矩形，长宽比为（2∶1）～（2.5∶1）。单塘面积不大于4hm^2。塘水有效深度一般为2.0～4.5m，储泥深度大于0.5m，超高为0.6～1.0m。

③ 厌氧塘的进水口离塘底0.6～1.0m，出水口离水面的深度应大于0.6m，使塘的配水和出水较均匀，进、出口的个数均应大于两个。

厌氧塘很少用于单独污水处理，而是作为其他处理设备的前处理单元。厌氧塘宜用于处理高浓度有机废水，也可用于处理城镇污水。

(4) 曝气塘

曝气塘是在塘面上安装有人工曝气设备的稳定塘。曝气塘有两种类型：完全混合曝气塘和部分混合曝气塘。完全混合曝气塘中曝气装置的强度应能使塘内的全部固体呈悬浮状态，并使塘水有足够的溶解氧供微生物分解有机污染物。部分混合曝气塘不要求保持全部固体呈悬浮状态，部分固体沉淀并进行厌氧消化。其塘内曝气机布置较完全混合曝气塘稀疏。

曝气塘出水的悬浮固体浓度较高，排放前需进行沉淀，沉淀的方法可以用沉淀池，或在塘中分割出静水区用于沉淀。若曝气塘后设置兼性塘，则兼性塘要在进一步处理其出水的同时起沉淀作用。

曝气塘的水力停留时间为3～10d，有效水深2～6m。曝气塘一般不少于3座，通常按串联方式运行。

3.5.1.2 稳定塘系统的工艺流程

稳定塘处理系统由预处理系统、稳定塘、后处理设施组成。

(1) 稳定塘进水的预处理

为防止稳定塘内污泥淤积，污水进入稳定塘前应先去除水中的悬浮物质。常用设备为格栅、普通沉砂池和沉淀池。若塘前有提升泵站，而泵站的格栅间隙小于20mm时，塘前可不另设格栅。原污水中的悬浮固体浓度小于 100mg/L 时，可只设沉砂池，以去除砂质颗粒。原污水中的悬浮固体浓度大于 100mg/L 时，需考虑设置沉淀池。设计方法与传统污水二级处理方法相同。

（2）稳定塘的流程组合

稳定塘的流程组合依当地条件和处理要求不同而异，图 3-93 为几种典型的流程组合。

（3）稳定塘塘体设计要点

① 塘的位置：稳定塘应设在居民区下风向 200m 以外，以防止塘散发的臭气影响居民区。此外，塘不应设在距机场 2km 以内的地方，以防止鸟类（如水鸥）到塘内觅食、聚集，对飞机航行构成危险。

② 防止塘体损害：为防止浪的冲刷，塘的衬砌应在设计水位上下各 0.5m 以上。若需防止雨水冲刷时，塘的衬砌应做到堤顶。衬砌方法有干砌块石、浆砌块石和混凝土板等。在有冰冻的地区，背阴面的衬砌应注意防冻，若筑堤土为黏土时，冬季会因毛细作用吸水而冻胀，因此，在结冰水位以上位置换为非黏性土。

③ 塘体防渗：稳定塘的渗漏可能污染地下水源；若塘体出水再考虑回用，则塘体渗漏会造成水资源损失，因此，塘体防渗是十分重要的。但某些防渗措施的工程费用较高，选择防渗措施时应十分谨慎。防渗方法有素土夯实、沥青防渗衬面、膨胀土防渗衬面和塑料薄膜防渗衬面等。

④ 进出口形式设计：进出口的形式对稳定塘的处理效果有较大影响。设计时应注意配水、集水均匀，避免短流、沟流及混合死区。主要措施为采用多点进水和出水；进口、出口之间的直线距离尽可能大；进口、出口的方向避开当地主导风向。

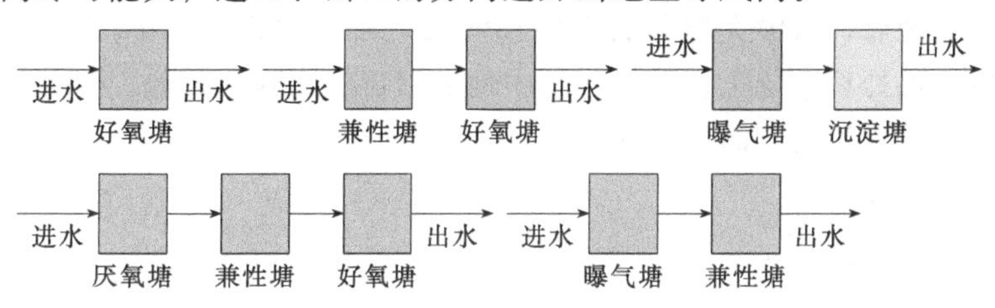

图 3-93　稳定塘流程组合

3.5.2 土地处理

3.5.2.1 概述

污水土地处理是在农田灌溉的基础上，运用人工调控，利用土壤-微生物-植物组成的生态系统使污水中的污染物净化的处理方法。土地处理是以土地作为主要处理系统的污水处理方法，其目的是净化污水，控制水污染，其设计参数（如负荷率）需通过试验研究确定。

土地处理技术有五种类型：慢速渗滤、快速渗滤、地表漫流、湿地和地下渗滤系统。

土地处理系统是由污水预处理设施，污水调节和储存设施，污水的输送、布水及控制系统，土地净化田，净化出水的收集和利用系统等五部分组成。

3.5.2.2 土地处理系统的净化机理

污水土地处理系统的净化机理十分复杂，它包含了物理过滤、物理吸附、物理沉积、物理化学吸附、化学反应和化学沉淀、微生物对有机物的降解等过程。因此，污水在土地处理系统中的净化是一个综合净化过程。

(1) BOD的去除

BOD大部分是在土壤表层土中去除的。土壤中含有大量的种类繁多的异养型微生物，它们能对被过滤、截留在土壤颗粒空隙间的悬浮有机物和溶解有机物进行生物降解，并合成微生物新细胞。当污水处理的BOD负荷超过让土壤微生物分解BOD的生物氧化能力时，会引起厌氧状态或土壤堵塞。

(2) 磷和氮的去除

在土地处理中，磷主要是通过植物吸收、化学反应和沉淀（与土壤中的钙、铝、铁等离子形成难溶的磷酸盐）、物理吸附和沉淀（土壤中的黏土矿物对磷酸盐的吸附和沉积）、物理化学吸附（离子交换、络合吸附）等方式被去除。其去除效果受土壤结构、阳离子交换容量、铁铝氧化物和植物对磷的吸收等因素的影响。

氮主要是通过植物吸收、微生物脱氮（氨化、硝化、反硝化）、挥发（氨在碱性条件下逸出）、渗出（硝酸盐的渗出）等方式被去除。其去除率受作物的类型、生长期、对氮的吸收能力以及土地处理系统等工艺因素的影响。

(3) 悬浮物质的去除

污水中的悬浮物质是依靠作物和土壤颗粒间的孔隙截留、过滤去除的。土壤颗粒的大小，颗粒间孔隙的形状、大小、分布和水流通道，以及悬浮物的性质、大小和浓度等都影响对悬浮物的截留过滤效果。若悬浮物的浓度太高、颗粒太大，会引起土壤堵塞。

(4) 病原体的去除

污水经土壤处理后，水中大部分的病菌和病毒可被去除，去除率可达92%～97%。其去除率与选用的土地处理系统工艺有关，其中地表漫流的去除率较低，但若有较长的漫流距离和停留时间，也可以达到较高的去除效率。

(5) 重金属的去除

重金属主要是通过物理化学吸附、化学反应与沉淀等途径被去除的。重金属离子在土壤胶体表面进行阳离子交换而被置换、吸附，并生成难溶性化合物被固定于矿物晶格中；重金属与某些有机物生成可吸性螯合物被固定于矿物质晶格中；重金属离子与土壤的某些组分进行化学反应，生成金属磷酸盐和有机重金属等沉积于土壤中。

3.5.2.3 土地处理基本工艺

(1) 慢速渗滤系统

慢速渗滤系统适用于渗水性能良好的土壤，砂质土壤，蒸发量小、气候润湿的地区。慢速渗滤系统的污水投配负荷一般较低，渗流速度慢，故污水净化效率高，出水水质优良。慢速渗滤系统有农业型和森林型两种。其主要控制因素为：灌水率、灌水方式、作物选择和预处理等。

(2) 快速渗滤系统

快速渗滤土地处理系统是一种高效、低耗、经济的污水处理与再生方法。适用于渗透性能良好的土壤，如砂土、砾石性砂土、砂质壤土等。污水灌至快速滤渗田表面后很快下渗进入地下，并最终进入地下水层。灌水与休灌反复循环进行，使滤田表面土壤处于厌氧-好氧交替运行状态，依靠土壤微生物将被土壤截留的溶解性和悬浮有机物进行分解，使污水得以净化。快速渗滤法的主要目的是补给地下水和废水再生回用。进入快速渗滤系统的污水应进行适当预处理，以保证有较大的渗滤速率和硝化速率。

(3) 地表漫流系统

地表漫流系统适用于渗透性的黏土或亚黏土，地面的最佳坡度为2%～8%。废水以喷灌法或漫灌法有控制地在地面上均匀地漫流，流向设在坡脚的集水渠，在流动过程中少量废水被植物摄取、蒸发和渗入地下。地面上种牧草或其他作物供微生物栖息并防止土壤流失，尾水收集后可回用或排放水体。采用何种方法灌溉取决于土壤性质、作物类型、气象和地形。

(4) 地下渗滤处理系统

地下污水处理系统是将污水投配到距地面约0.5m深、有良好渗透性的底层中，借毛细管浸润和土壤渗透作用，使污水向四周扩散，通过过滤、沉淀、吸附和生物降解作用等过程使污水得到净化。地下渗滤系统适用于无法接入城市排水管网的小水量污水处理。污水进入处理系统前需经化粪池或酸化池预处理。

习题与思考题

3-1 高锰酸钾耗氧量、化学需氧量和生化需氧量三者有何区别？它们之间的关系如何？除了它们以外，还有哪些水质指标可以用来判别水中有机物质含量的多寡？

3-2 什么叫水体自净？什么叫氧垂曲线？根据氧垂曲线可以说明什么问题？

3-3 举例说明污水处理与利用的物理法、化学法和生物法三者之间的主要区别。

3-4 自由沉淀、絮凝沉淀与压缩沉淀各有什么特点？说明它们的内在区别和特点。

3-5 试叙述脱稳和凝聚的原理。

3-6 水中悬浮物能否黏附于气泡上取决于哪些因素？

3-7 活性炭吸附的基本原理是什么？

3-8 吸附等温线有几种？各种等温线的意义是什么？

3-9 试分析几种膜分离技术的原理、特点与应用。

3-10 简单说明活性污泥法净化污水的基本原理。

3-11 污泥沉降比、污泥浓度和污泥指数在活性污泥法运行中有什么作用？良好的活性污泥应具有哪些性能？

3-12 试简单说明生物膜系统处理废水的基本原理。

3-13 氧化塘有哪几种形式？它们的处理效果如何？适用于什么条件？

3-14 试比较厌氧法和好氧法处理的优缺点和使用范围。

3-15 从活性污泥曝气池中取混合液500mL，盛于500mL量筒中，半小时后沉淀污泥量为150mL，试计算活性污泥的沉降比。若曝气池中的污泥浓度为3000mg/L，求污泥指数，并判断曝气池运行是否正常。

3-16 已知某城市生活污水BOD_5=200mg/L，经初沉池后进入曝气池，若曝气池的设计流量为3600m^3/h，要求出水BOD_5≤30mg/L。试计算曝气池的体积、剩余污泥量及供气量。

已知：N_s=0.3kgBOD_5/(kg·d)；X=3000mg/L；Y_{obs}=0.3；E_A=8%；a'=0.6；b'=0.1。

第4章 固体废物的处理与处置工程

4.1 固体废物污染概述

4.1.1 固体废物的来源及分类

固体废物（solid waste，fester Abfall）来源于人类活动的诸多环节。从原始人类活动开始，主要为动植物粪便和残渣。17～18 世纪，主要是工业生产产生的一些简单的屑末。19 世纪末到 20 世纪初，随着化学工业的发展，产生了许多含有重金属、氰化物等的有毒有害废渣。20 世纪以来，伴随着原子能的开发和利用，产生了放射性废渣。

从宏观上讲，固体废物的来源大体上可分为两类：一类是生产过程中所产生的废物（不包括废水和废气），称为生产废物；另一类是在产品进入市场后在流动过程中或使用消费后产生的固体废物，称生活废物。生产废物主要来自工业、农业生产部门，其主要发生源是冶金、煤炭、电力工业、石油化工、轻工、原子能及农业生产等部门。生活废物主要来自城市生活垃圾，包括家庭、商业、餐饮业和旅游业等。

固体废物来源广泛、种类繁多、组成复杂，可根据其性质、形态、有无毒性、来源等进行分类，目前主要有以下四种分类方法。

（1）按化学组成分类

固体废物按化学组成可分为有机废物（organic waste，organischer Abfall）和无机废物（inorganic waste，anorganischer Abfall）。有机废物是指在生产、生活和其他活动中产生的丧失原有利用价值或者虽未丧失利用价值但被抛弃或者放弃的固态、液态或者气态的有机类物品和物质。无机废物是指废物的化学成分主要是无机物的混合物。

（2）按物理形态分类

固体废物按物理形态可分为固态、半固态和液（气）态废物。固态废物是指以固体形态存在的废物，如玻璃瓶、报纸、塑料袋、木屑等；半固态废物是指以膏状或糊状存在并具有一定流动性的废物，如污泥、油泥、粪便等；液（气）态废物是指以液态或气态形式存在的废物，如废酸、废油与有机溶剂等。

（3）按危害性分类

固体废物按危害性可分为危险废物和一般废物。危险废物是指列入国家危险废物名录或者根据国家规定的危险废物鉴别标准和鉴别方法认定的具有危险特性的固体废物；一般废弃物是指比较常见的、对环境和人体相对安全的废弃物，如日常生活中产生的废纸、废塑料、玻璃瓶、易拉罐、废铁等。

（4）按来源分类

固体废物按来源可分为工业固体废物、城市固体废物、农林固体废物、放射性固体废物和危险废物等。

1）工业固体废物　工业固体废物指工业生产过程中和工业加工过程中产生的废渣、粉尘、废屑、污泥等。按行业来源，可以分为以下几类：

① 冶金工业固体废物，如高炉炼铁产生的高炉渣，平炉、转炉、电炉炼钢产生的钢渣，铜、镍、铅、锌等有色金属冶炼过程产生的有色金属渣、铁合金渣及提炼氧化铝时产生的赤泥等。

② 能源工业固体废物，如煤炭开采、加工过程中排出的煤矸石和燃煤电厂产生的粉煤灰、炉渣、烟道灰、页岩灰等。

③ 化学工业固体废物，包括化学工业生产过程中产生的硫铁矿渣、盐泥、釜底泥、精（蒸）馏残渣、废催化剂等，以及医药和农药生产过程中产生的医药废物、废药品、废农药等。

④ 石油工业固体废物，包括炼油和油品精制过程中排出的固体废物，如碱渣、酸渣以及炼油厂污水处理过程中排出的浮渣、含油污泥等。

⑤ 轻工业固体废物，食品工业、造纸印刷、纺织服装、木材加工等轻工业部门产生的废弃物，如各类食品糟渣、废纸、金属、皮革等。

⑥ 其他工业固体废物，包括机械加工过程产生的金属碎屑、电镀污泥、建筑废料以及其他工业加工过程产生的废渣等。

2）城市固体废物　城市固体废物（municipal solid waste，der Siedlungabfall）又称城市生活垃圾，是指在城市日常生活中或者为城市日常生活提供服务的活动中产生的固体废物，以及法律、行政法规视作城市生活垃圾的固体废物。依据其产生源，一般又可分为：

① 居民生活垃圾：主要包括厨余垃圾、废纸、织物、家具、玻璃陶瓷碎片、废电器制品、废塑料制品、煤灰渣、废交通工具等。

② 城建渣土：由施工单位或个人从事建筑工程、装饰工程、修缮和养护工程过程中所产生的建筑垃圾和工程渣土，如废砖瓦、碎石、渣土、混凝土碎块等。

③ 商业及办公固体废物：商业固体废物包括废纸，各种废旧的包装材料，丢弃的小型工具废品，一次性用品残余，丢弃的主、副食品等。

④ 粪便：是城市固体废物的重要组成部分。发达国家城市居民产生的粪便，大都通过下水道输入污水处理厂处理。我国情况不同，城市下水处理设施少，粪便需通过环卫专业队伍采用特殊工具进行收集、清运。

3）农林固体废物　主要来自农业生产、畜禽饲养、植物种植业、动物养殖业和农副产品加工业，以及农村居民生活所产生的废物，常见的有稻草、麦秸、玉米秸、稻壳、皮糠、根茎、落叶、果皮、果核、畜禽粪便、死禽死畜、羽毛、皮毛、农膜等。

4）放射性固体废物　包括核燃料的生产和加工，同位素的应用，核电站、核研究机构、医疗单位、放射性废物处理设施产生的废物。如从含铀矿石提取铀的过程中产生的废矿渣；受人工或天然放射性物质污染的废旧设备、器物、防护用品等；放射性废液经过浓缩、固化处理形成的固体废物等。

5）危险废物（hazardous wastes，gefährliche Abfälle） 指列入国家危险废物名录或者根据国家规定的危险废物鉴别标准和鉴别方法认定的具有危险特性的废物。危险废物主要来自核工业、化学工业、医疗单位、科研单位等，属于危险品范畴，具有腐蚀性、剧毒性、传染性、反应性、易燃性、易爆性、放射性等特点。

4.1.2 固体废物的性质

固体废物具有鲜明的时空性、终态性和持久危害性。

（1）固体废物的时空性

固体废物具有鲜明的时空特点，表现为它仅仅相对于目前的科学技术和经济条件而言，随着科学技术的飞速发展，矿物资源的日趋枯竭和生物资源滞后于人类需求等，以前的废物必将成为今后的资源，比如，煤矸石长期以来是无用的废物，现在可以利用煤矸石发电；硫铁矿生产硫酸产生的废渣经过处理后现在可以作为炼铁原料等。固体废物的空间特点体现在固体废物仅仅相对于某一过程或某一方面没有使用价值，而并非在所有过程或所有方面都没有使用价值，比如粉煤灰是发电厂产生的废弃物，但粉煤灰是生产水泥的原料，对水泥生产来说，它是一种优质的原材料；碱性废渣可以用作酸性土壤的土壤改良剂。因此，固体废物又被称为放错了地方的资源。

（2）固体废物的终态性

固体废物往往是许多污染成分的终极状态，具有终态性。有害气体或飘尘经过治理，最终富集成为废渣；污水中的有害溶质和悬浮物通过处理，最终被分离出来成为污泥和残渣；含重金属的可燃废物经焚烧处理后，其中的重金属浓集于灰烬中。

（3）固体废物的持久危害性

固体废物绝大部分是呈固态、半固态的物质，不具有流动性，而且进入环境后，难以被与其形态相同的环境体接纳。固体废物可以通过释放渗滤液和气体进行“自我消化”处理，而这种“自我消化”的过程是长期、复杂和难以控制的。因此，通常固体废物对环境的污染危害比废水和废气更持久，从某种意义上讲，固体废物具有潜在的、持久的危害性。

4.1.3 固体废物的危害

固体废物的性质多种多样，成分也十分复杂，特别是在废水废气治理过程中所排出的固体废物，汇集了许多有害成分。鉴于固体废物的特性，其对环境和生态的污染危害主要表现在以下几个方面。

（1）侵占土地、污染土壤

固体废物需占有大量的土地进行堆积。据估计，每堆积1万吨废渣约需占用1亩（1亩$=666.7m^2$）土地。在早期，由于没有先进的填埋技术，我国许多城市利用市郊设置城市生活垃圾或工业固体废物的堆放场，占用了大量的生产用地，从而进一步加剧了我国人多地少的矛盾。

固体废物及其渗滤液中所含有的危险物质会改变土壤的性质和土壤结构，严重影响土壤中微生物的活动，破坏土壤内部的生态平衡。而且有害物质在土壤中发生积累，致使土壤中有害物质超标，妨害植物生长，严重时甚至导致植物死亡；有害物质还会通过植物吸收，被转移到植物体内，通过食物链影响人体健康；此外，固体废物携带的病菌还会传播疾病，对环境形成生物污染。

(2) 污染水体

固体废物对水体的污染主要有两种途径：一种是把水体作为固体废物的接纳体，向水体中直接倾倒废物，称为直接污染；另一种是固体废物在堆积过程中，经雨水淋溶和自身代谢分解产生的渗滤液产生的污染，称为间接污染。许多国家把大量的固体废物直接向江河湖海倾倒，不仅减少了水域面积，淤塞航道，而且污染了水体，使水质下降。美国仅在1968年就向太平洋、大西洋和墨西哥湾倾倒了4800万吨以上的固体废物。我国锦州某厂在1950年堆存的铬渣，由于没有经过安全处置，造成了严重的污染。数年后，使周围$70km^2$以上土地的水质遭到六价铬的污染，使7个自然屯的1800多眼井水不能饮用，花费了数千万元进行治理。

(3) 污染大气

固体废物中所含的粉尘及其他颗粒物在堆放时会随风而逝；在运输和装卸过程中也会产生有害气体和粉尘；这些粉尘或颗粒物大部分都含有对人体有害的成分，有的还是病原微生物的载体，对人体健康造成危害。有些固体废物在堆放或处理过程中还会向大气散发出有毒气体和臭味，危害更大。例如美国约有2/3固体废物焚烧炉因缺乏空气净化装置而污染大气。陕西铜川市由于煤矸石自燃产生的SO_2每年达37t。

(4) 影响市容和环境卫生

我国工业固体废物的综合利用率较低，相当部分未经处理的工业废渣、垃圾常露天堆放在厂区、城市街区角落等处，它们除了导致直接的环境污染外，还严重影响了厂区、城市的容貌和景观。固体废物，特别是城市垃圾和致病废弃物是苍蝇蚊虫滋生、致病细菌蔓延、鼠类肆虐的场所，是流行病的重要发生源。

4.2 固体废物的处理技术

4.2.1 固体废物的收集与运输

我国固体废物产量以每年约10%的速度增长，这就造成了废物收集、运输等费用的不断增加。固体废物的收集与运输是固体废物处理处置系统中的一个重要环节，也是连接废物发生源与处理处置设施的重要中间环节，在固体废物管理和处理工程中占有非常重要的地位。在固体废物处理处置的整个过程中，收集与运输耗资最大，操作过程也最复杂。各个环节的合理配置、协调配合可获得最大的环境、社会和经济效益。

所以，科学合理地收集、运输与中转固体废物，对于降低固体废物的处理成本，提高综合利用效率，减少最终处理处置固体废物量都具有重要意义。

4.2.1.1 固体废物的收集

目前，世界各国对于工业固体废物的管理大都遵循“谁污染，谁治理”的原则。一般大量产生固体废物的企业均设有处理设施、堆场或处置场，收运工作也都自行负责。对没有处理处置能力的生产单位或企业本身不能自行处置的废物，则由政府指定的专门机构负责统一管理。近年来，我国在开展工业固体废物申报登记和各种处理处置技术研究的基础上，提出了对各类危险废物实行区域性集中管理的技术政策，从而保证了各类危险废物无害化管理的实施；同时，还大力推广废物交换，提倡和鼓励固体废物的综合利用；对于各类废物的收集、运输和处理处置也逐步推行许可证制度和转移联单制度等，在固体废物全过程管理的进程中迈出了一大步。

根据《中华人民共和国固体废物污染环境防治法》的定义，城市生活垃圾除包括居民生活垃圾外，还包括为城市居民生活服务的商业垃圾、建筑垃圾、园林垃圾、粪便等，这些垃圾的收集大多分别由某一个部门专门作为经常性工作加以管理，如商业垃圾与建筑垃圾由产生单位自行清运，园林垃圾和粪便由环卫部门负责定期清运。而居民家庭产生的生活垃圾，由于发生源分散、总产生量大、成分复杂，收集工作十分复杂、困难。

4.2.1.2 固体废物的收集原则

固体废物收集的原则为：

① 危险固体废物与一般固体废物分开；工业固体废物与生活垃圾分开；泥态与固态分开；污泥应进行脱水处理。

② 对需要预处理的固态废物，可根据处理处置或利用的要求采取相应的措施。

③ 对需要包装或盛装的固体废物，可根据运输要求和固体废物的特性，选择合适的容器与包装设备，同时附以确切明显的标记。

对需要预处理的固体废物，可根据处理、处置或利用的需要采取相应的预处理措施。暂时不能利用的则暂时堆存，留待以后再处理。对有害危险固体废物的收集、贮存必须按照危险固体废物特性分类进行。禁止混合收集、贮存、运输、处置性质不相容且未经安全性处置的危险固体废物。

4.2.1.3 固体废物收集方式

固体废物的收集有以下四种方式。

(1) 混合收集

混合收集是指统一收集未经过任何处理的原生固体废物的方式。这种方式具有简单易行、运行费用低等优点。但是，由于收集过程中各种垃圾混杂在一起，增加了生活垃圾处理的难度，提高了生活垃圾处理费用，同时也降低了垃圾中有用物的再利用价值。该种方式是目前被广泛应用的收集方式，将来会被逐步淘汰。

(2) 分类收集

分类收集是根据固体废物的种类和组成分别收集的方式。这种方式可以提高回收物的量，减少需要处理的垃圾量，有利于城市垃圾的资源化和减量化，降低垃圾处理成本，简化处理工艺，是实现垃圾综合利用的基础。原则上工业固体废物与城市垃圾分开；危险固体废物与一般固体废物分开；可回收利用的固体废物与不可回收利用的固体废物分开；可燃固体废物与不可燃固体废物分开等。但是各国城市垃圾分类收集的实践表明，这是一个相当复杂和艰难的工作，要进行分类收集必须有相当经济实力和有效的宣传教育、立法以及提供必要的垃圾分类收集的条件，积极鼓励城市居民主动将垃圾分类存放，才能使垃圾分类收集的推广坚持下去。目前，我国生活垃圾分类收集工作刚处于起步阶段。

(3) 定期收集

定期收集是指按固定的时间周期，对特定的固体废物进行收集的方式，可有计划地使用车辆，适用于危险固体废物的收集。通过定期收集，可以将暂存废物的危险性减小到最低程度，能有效地利用资源，有计划地调度使用运输车辆，从而有利于处理处置规划的制定与管理。定期收集方式尤其适用于危险废物和大型垃圾（如废旧家具、废旧家用电器等耐久消费品）的收集。

(4) 随时收集

随时收集指的是对于产生量无规律的固体废物，如采用非连续生产工艺或季节性生产的工厂产生的固体废物，通常采用随时收集的方式。

4.2.1.4 固体废物的运输

固体废物在收集后，要运送到处理厂、处置场进行处理处置或综合利用。在贮存和运输过程中，应防止固体废物撒落或产生新的污染物再次污染环境，必要时可进行压实处理，以及根据废物的特性和数量选择合适的包装容器。

4.2.1.5 包装容器的选择

包装容器的选择原则为：容器及包装材料应与所盛废物相容，要有足够的强度，贮存及装卸运输过程中不易破裂，废物不扬散、不流失、不渗漏、不释放出有害气体与臭味。

对于欲进行焚烧的有机废物，如滤饼、泥渣等，宜采用纤维板桶或纸板桶作容器，这样，废物与包装容器可以一起进行焚烧处理。但是，由于纤维质容器容易受到机械损伤和水的侵蚀而发生泄漏，故可再装入钢桶中成为双层包装。钢桶应带活动盖，以便在焚烧处理之前把里面的纤维容器取出。

对于危险废物的包装容器，应根据其特性选择，注意其相容性是十分重要的。例如塑料容器不应用于贮存废溶剂。对于反应性废物，如含氰化物的废物，必须装在防湿防潮的密闭容器中，否则，如果装在不密封的容器中一旦遇水或酸，就会产生剧毒气体——HCN；对于腐蚀性废物，为防止容器腐蚀泄漏，必须装在衬胶、衬玻璃或衬塑料的容器中，甚至用不锈钢容器；对于放射性废物，必须选择有安全防护屏蔽的包装容器。

总之，固体废物可选择的包装容器有汽油桶、纸板桶、金属桶、油罐等许多种。这些容器在使用时容易损坏，故在贮存运输中应经常检查。

4.2.1.6 运输方式

固体废物的运输方式主要有车辆运输、船舶运输、管道输送等。其中，历史最长、应用最广泛的运输方式是车辆运输，而管道输送则是近几年新发展起来的运输方式，在一些工业发达国家已部分进入实用化。

(1) 车辆运输

车辆运输方式是指使用各种类型的专用垃圾收集车与容器配合，从居民住宅点或街道把废物和垃圾运到垃圾中转站或处理场的方式。采用车辆运输方式时，要充分考虑车辆与收集容器的匹配、装卸的机械化、车身的密封、对废物的压缩方式、中转站类型、收集运输路线及道路交通情况等。

废物的收集运输车辆主要有普通敞篷车、无压缩密闭车、压缩密闭车和集装箱车等。为了提高收集运输的效率，降低劳动强度，首先需要考虑收运过程的装卸机械化，而实现装卸机械化的前提是收运车辆与收集容器的匹配；其次是车身的密封，主要是为了防止运输过程中废物泄漏对环境造成污染，尤其是危险废物对其密封要求更高。

采用车辆运输方式收运危险废物时，还应考虑对收运人员的培训、收运许可证的审核，以及收运过程中的安全防护等。装卸活动对人员和环境所造成的危害要比运输过程大得多。为保证收运过程中的安全，废物不能在车辆内进行压缩，而且要求废物的包装方式符合规定。运输的车辆有必要的、安全的、密闭式的装卸条件，对司机也应进行专业培训。

综合分析目前世界各国城市固体废物收运现状和发展趋势，车辆运输方式在相当长的时间内，仍然是废物运输的主要方法。因此，努力改进废物收运的组织、技术和管理体系，提高专用收集车辆和辅助机具的性能和效率是很有意义的。

(2) 船舶运输

船舶运输适用于大容量的废物运输，在水路交通方便的地区应用较多。船舶运输由于装载量大、动力消耗小，其运输成本一般比车辆运输和管道运输要低。但是，船舶运输需要采用集装箱方式。所以，中转码头及处置场码头必须配备集装箱装卸装置。此外，在船舶运输过程中，尤其要防止由于废物泄漏对河流的污染，在废物装卸地点需要特别注意。如上海名港垃圾填埋场就是采用船舶运输方式，为了防止对主干河流的污染，他们在船舶进入填埋场前开挖了一个小运河，入口处设置了两道闸门，以防止运河的水向主干河流倒流，在运河的下游，定期用水泵将水抽出进行处理。

(3) 管道运输

管道运输分为空气输送和水力输送两种类型。

1) 空气输送　空气输送的速度要比水力输送大得多，但所需动力和对管道的磨损也较大，而且在长距离输送时容易发生堵塞。空气输送分为真空方式和压送方式两种。

真空方式适用于从多个产生源向一点的集中输送，最适于城市垃圾的输送。当垃圾产生源增加时，该系统只需增加管道和排放口，不用增加收集站的设备，而且系统总体呈负压，废物和气体不会向外泄漏，因此投入端不需要特殊的设备。但由于负压的最大限度只能达到－49kPa（相对压力)。因此，该方式不适于长距离输送垃圾。

压送方式适用于废物供应量一定、长距离、高效率的输送。多用于收集站至处理处置设施之间的输送。与真空输送比较，接收端的分离贮存装置可以简单化。但由于投入口和管道对气密性要求较高，系统总体的构造比较复杂。此外，由于距离较长，在实际运行中存在管道堵塞及因停电等事故造成停运后，重新启动很困难等问题。因此，为了保证输送的高效、安全，最好在输送前对废物进行破碎处理。

2) 水力输送　在安全性和动力消耗方面优于空气输送，但其主要问题是水源的保障和输送后水处理的费用。水力输送的最大优势在于改善废物在管道中的流动条件，水的密度约相当于空气的800倍，可以实现低速、高浓度的输送，从而使输送成本大大降低。水力输送的最大问题是废物中的有害物质溶解于水中，使得水的后续处理成为关键问题，其费用也对总体输送费用的影响较大。另外，水力输送在技术上的可靠性、设计精度等方面也存在一定的问题，目前仍处于研究阶段，尚未实现实用化。

管道输送的废物流与外界完全隔离，对环境的影响较小，属于无污染型输送方式。同时，受外界的影响也较小，可以实现全天候运行；输送管道专用，容易实现自动化，有利于提高废物运输的效率，而且由于是连续输送，有利于废物大容量、长距离输送。不过，该种运输方式设备投资较大，灵活性小，一旦建成后，不易改变其路线和长度，该方式运行经验不足，可靠性尚待进一步验证。

4.2.1.7 运输管理

根据《中华人民共和国固体废物污染环境防治法》的规定，环境保护行政主管部门必须对从事固体废物收集、运输、处理和处置的单位或个人实行许可制度，禁止无经营许可证或者不按照经营许可证规定从事危险固体废物收集、贮存、处理的经营活动。禁止将危险固体废物提供或委托给无经营许可证的单位进行收集、贮存、处理活动。

直接从事固体废物的运输者必须向当地环境保护行政主管部门申请，并经过专业培训，经考核合格，领取经营许可证后，方可从事固体废物的运输工作。同时应制订在发生意外事故时采取的应急和防范措施，并向所在县级以上人民政府环境保护行政主管部门报告。

运输经营者在运输过程中应注意以下事项：

① 运输危险性固体废物时在格外精心的前提下，对装卸操作人员和运输者，要进行专门的训练，同时配备必要的防护工具和防护用品。

② 对易燃、易爆性固体废物，应在专用场地操作，场地要装配防爆装置和消除静电设备。

③ 对于毒性或生物富集性固体废物以及可能具有致癌作用的固体废物，操作人员必须佩戴防毒面具。

④ 对于具有刺激性或致敏性的固体废物，也一定要使用呼吸道防护器具。

⑤ 危险性固体废物的运输最常用的方法是公路运输。运输必须是经过培训的司机和专用或适宜的运输车辆。运输指定危险固体废物的车辆，应标有适当的危险符号。

⑥ 运输者必须持有有关运输材料的必要资料，并制订固体废物泄漏情况下的应急措施，防止意外事故的发生。

运输经营者在运输一般固体废物时，在运输前应认真验收运输的固体废物是否与运输单相符，决不允许互不相容的固体废物混入。然后检查包装容器是否符合要求，尽可能熟悉产生者提供的偶然事故的应急处理措施。运输者必须按有关规定装卸和堆积固体废物。如发生撒落、泄漏及其他意外事故，运输者必须立即采取应急补救措施，妥善处理，并向有关环境保护行政主管部门报告。运输完毕后，经营者必须认真填写运输货单，包括日期、车号、运输许可证号、所运的固体废物种类等，以便接受主管部门的监督管理。环境保护行政主管部门应定期或不定期地对从事运输固体废物的经营者进行检查，加强运输管理，保证运输工作顺利进行。

固体废物的处理途径一般先要将其按性质分类，经预处理过程，达到能进行进一步处理的要求，然后根据其组成及现有的条件或新开发的技术分别采取化学处理、焚烧处理、热解处理、固化处理、生化处理等技术过程，回收其中的能源和资源，达到安全化后再进行最终处置。预处理是固体废物处理的重要步骤，预处理技术主要包括压实、分选、破碎、脱水和干燥等。

4.2.2 固体废物的压实技术

4.2.2.1 压实的基本概念

固体废物的压实又称压缩（compression，die Kompression），是利用机械的方法对固体废物施加压力，增加其聚集程度和容积密度，减小其表观体积的处理方法。固体废物经过压实处理后，减容增重，便于装卸运输，有利于确保运输安全和卫生，降低运输成本，提高运输和管理效率，并可制取高密度惰性块料，便于贮存、填埋或作建筑材料使用。压实适用于压缩性能好而恢复性能差的固体废物，不适用于某些较密实的固体和具有弹性的废物。可燃、不可燃或放射性废物都可进行压实处理。以城市固体废物为例，压实前固体废物的密度通常在 $0.1 \sim 0.6 t/m^3$ 范围内，经过压实器或一般压实机压实后，固体废物的密度可提高到 $1t/m^3$ 左右。因此，固体废物填埋前常需要进行压实处理，对大型废物或中空性废物，事先压碎更显必要。压实操作的具体压力大小可根据处理废物的物理性质（如易压缩性、脆性等）而定。通常压缩的开始阶段，随压力的增加，废物密度较迅速的增加，以后这种变化会逐渐减小，最后达到一限定值。实践证明，原状城市垃圾，压实密度极限值约为 $1.1t/m^3$。比较经济的办法是先破碎再压实，提高压实效率，即用较小的压力取得相同的增加密度的效果。固体废物经压实处理，增加密度、减小体积后，可提高收集容器与运输工具的装载效率，在填埋处置时可提高场地的利用率。

4.2.2.2 压实的原理

大多数固体废物是由不同颗粒与颗粒间的空隙组成的集合体。一堆自然堆放的固体废物，由于固体颗粒本身空隙较大，而且许多固体物料有吸收能力和表面吸附能力，因此，固体废物中水分主要存在固体颗粒中，而不存在空隙中，不占据体积。

其表观体积是固体废物颗粒有效体积与空隙占有的体积之和

$$V_b = V_s + V_k \tag{4-1}$$

式中，V_b 为固体废物的表观体积；V_s 为固体颗粒体积（包括水分）；V_k 为空隙体积。

当对固体废物实施压缩操作时，随压力的增大，空隙体积减小，表观体积也随之减小，而密度增大。密度是指固体废物的干密度，通常用 ρ 来表示，其计算方式为

$$\rho = \frac{m_s}{V_b} = \frac{m_z - m_{水}}{V_b} \tag{4-2}$$

式中，m_s 为固体废物中颗粒质量；m_z 为固体废物总质量，包括水分质量；$m_{水}$ 为固体废物中的水分质量；V_b 为固体废物的表观体积。

因此，固体废物压实的本质，实际上是通过施加压力，消耗一定的压力能，提高固体废物密度的过程。当固体废物受到外界压力时，各个颗粒之间相互挤压，变形或者破碎，从而达到重新组合的效果。通常，固体废物的体积随压力的变化而变化，如图 4-1 所示。随着压力由 0 至 d 的增加，固体废物的体积由 a 至 b 随之减小，但当压力增加到一定程度后，随着压力由 d 至 e 的增加，体积由 b 至 c 变化很小。这种变化是经济、合理选择固体废物的压实工艺及设备的依据。

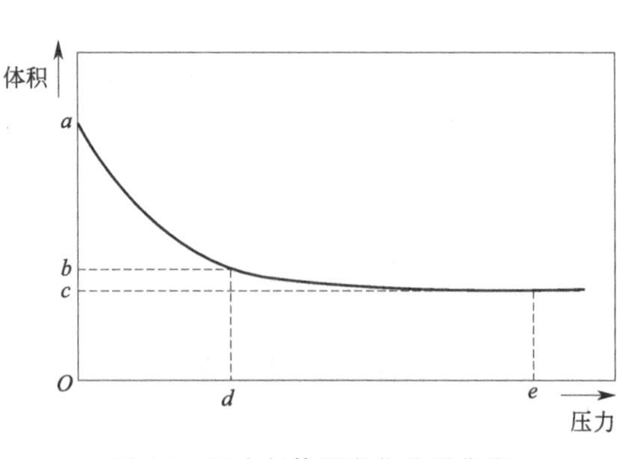

图 4-1 压力与体积变化关系曲线

在压实过程中，有些弹性废物在解除压力后，几秒钟内体积会膨胀 20%左右，几分钟后则能达到 50%；而某些可塑性强的固体废物，在压力解除后不能恢复原状。因此，并不是每一种固体废物都适合于压实处理。通常能够使用压实处理的固体废物主要是压缩性大而

复原性小的固体废物，如废冰箱、废洗衣机、废电脑类的家电产品，废纸箱、纸袋和纤维类的编织品，废金属、废塑料类等。有些固体废物，如木头、玻璃、金属、塑料块等已经很密实的固体或是焦油、污泥等半固态废物不宜作压实处理。

4.2.2.3 压实设备

固体废物的压实设备称为压实器。压实器分为固定式和移动式两种。固定式和移动式压实器的工作原理大体相同，均由容器单元和压实单元构成。前者容纳废物料，后者在液压或气压的驱动下依靠压头将废物压实。移动式压实器一般安装在收集垃圾的车上，接收废物后即进行压缩，随后送往处理处置场地。固定式压实器一般设在废物转运站、高层住宅垃圾滑道的底部，以及需要压实废物的场合。

按固体废物种类的不同，固体废物的压实器可分为金属类废物压实器和城市垃圾压实器两类。

(1) 金属类废物压实器

1) 三向联合式压实器 三向联合式压实器如图 4-2 所示，适合于压实松散的金属废物。它具有三个互相垂直的压头，金属等废物被置于容器单元内，而后依次启动压头 1、2、3，逐渐使固体废物的体积缩小，容重增大，最终达到一定的尺寸，压后尺寸一般在 200～1000mm 之间。

2) 回转式压实器 回转式压实器如图 4-3 所示，废物装入容器单元之后，先按水平式压头 1 的方向压缩，然后按箭头的运动方向驱动旋动式压头 2，使废物致密化，最后按水平压头 3 的运动方向将废物压至一定尺寸排出。

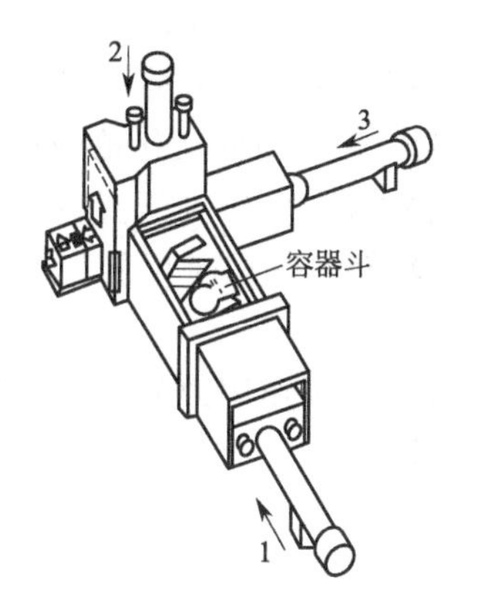

图 4-2 三向联合式压实器

1，2，3—压头

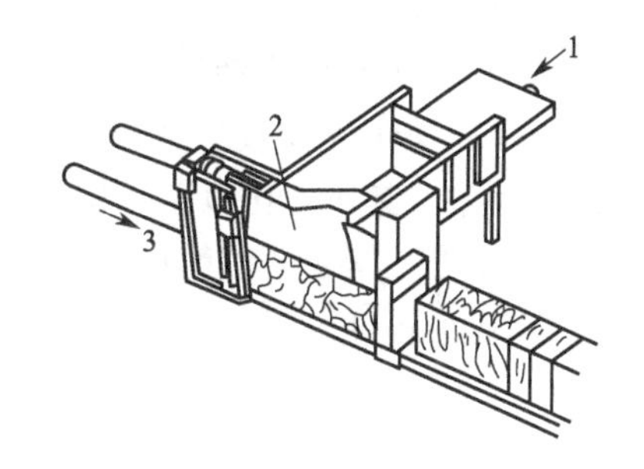

图 4-3 回转式压实器

1，2，3—压头

(2) 城市垃圾压实器

1) 高层住宅垃圾压实器 如图 4-4 为高层住宅垃圾压实器工作的示意图。图 4-4(a) 为压缩循环开始，从滑道中落下的垃圾进入料斗。图 4-4(b) 为压缩臂全部缩回处于起始状态，压缩室内充入垃圾。图 4-4(c) 为当垃圾不断充入并在容器中压实。可以将压实的垃圾装入袋内。

2) 水平式压实器 城市垃圾压实器常采用三向联合式压实器和水平式压实器。为了防止垃圾中有机物腐败，要求在压实器的四周涂敷沥青。图 4-5 是城市垃圾水平式压实器。先

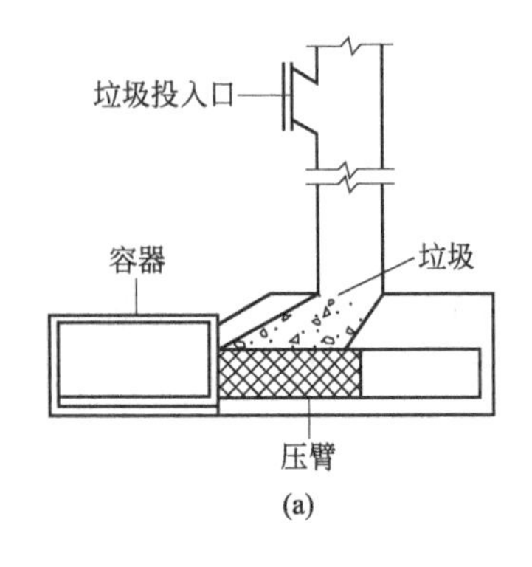

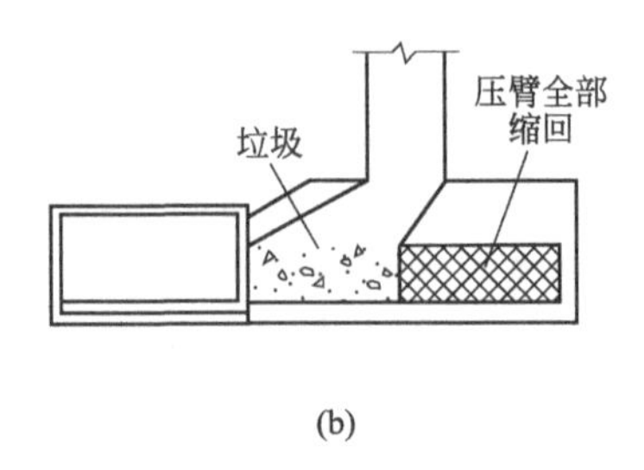

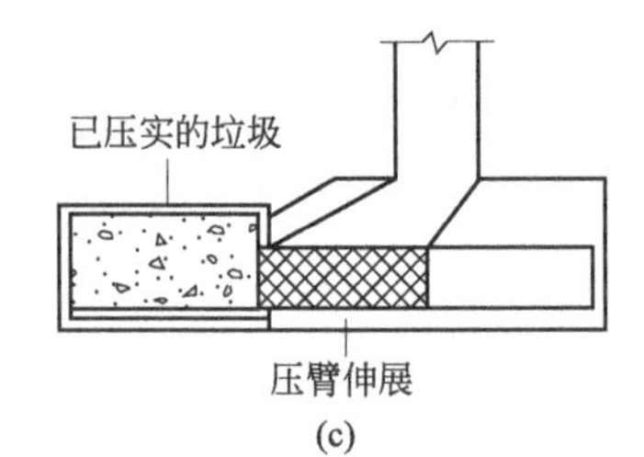

图 4-4　高层住宅垃圾压实器

将垃圾加入装料室，启动具有压面的水平压头，使垃圾致密化和定型化，然后将坯块推出。推出过程中，坯块表面的杂乱废物受破碎杆作用而被破碎，不致妨碍坯块移出。

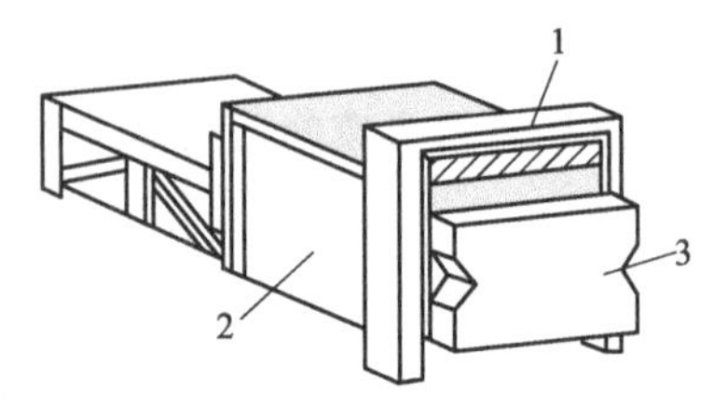

图 4-5　城市垃圾水平式压实器

1—破碎杆；2—装料室；3—压面

4.2.2.4　压实器的选择

为了最大限度减容，获得较高的压缩比，应尽可能选择适宜的压实器。影响压实器选择的因素很多，除废物的性质外，主要应从压实器性能参数进行考虑。

1）装载面的尺寸　装载面的尺寸应足够大，以便容纳用户所产生的最大件的废物。如果压实器的容器用垃圾车装填，为了操作方便，就要选择至少能够处理一满车垃圾的压实器。压实器装载面的尺寸一般为 0.765～9.180m^2。

2）循环时间　所谓循环时间是指压头的压面从装料箱把废物压入容器，然后再回到原来完全缩回的位置，准备接受下一次装载废物所需要的时间。循环时间变化范围很大，通常为 20～60s。如果希望压实器接受废物的速度快，则要选择循环时间短的压实器。这种压实器是按每个循环操作压实较少数量的废物而设计的，质量较轻，其用时可能比长时间压实短，但牢固性差，其压实比也不一定高。

3）压面压力　压实器压面压力通常根据某一具体压实器额定作用力的参数来确定，额定作用力作用在压头的全部高度和宽度上。固定式压实器的压面压力一般为 1000～3432kPa。

4）压面的行程　压面的行程是指压面压入容器的深度。压头进入压实容器中越深，装填得越有效、越干净。为防止压实废物填满时反弹回装载区，要选择行程长的压实器，现行的各种压实容器的实际进入深度为 10.2～66.2cm。

5）体积排率　体积排率即处理率，它等于压头每次压入容器的可压缩废物体积与每小时机器的循环次数之积。通常要根据废物产生率来确定。

6）压实器与容器匹配　压实器应与容器匹配，最好是由同一厂家制造，这样才能使压实器的压力行程、循环时间、体积排率以及其他参数相互协调。如果两者不相匹配，如选择不可能承受高压的轻型容器，在压实操作的较高压力下，容器很容易发生膨胀变形。

此外，在选择压实器时，还应考虑与预计使用场所相适应，要保证轻型车辆容易进出装料区，且能够达到容器装卸提升位置。

为便于选择，一些国家制定了压实器的规格，如美国国家固体废物管理委员会根据各种标准规定了固体废物压实器的典型规格。

4.2.3 固体废物的破碎技术

固体废物的种类繁多，其结构、形状、大小及性质各不相同，如生活垃圾、纸张、塑料、金属废物、汽车、电器等。为了便于对固体废物进行合适的处理和处置，往往要经过预处理。预处理是通过机械破碎和分选的手段对可利用的物质资源进行回收，对不可利用的物质达到减量化的要求。固体废物的预处理对于后续处理工艺如卫生填埋、堆肥、焚烧等都是必要的。

4.2.3.1 破碎的原理和目的

固体废物的破碎是指通过人力或机械等外力的作用，克服固体废物质点间内聚力使大块固体废物分裂成许多小块的过程。若进一步加工，再将小块固体废物颗粒分裂成粉状的过程，称为磨碎。破碎是固体废物处理技术中最常用的预处理工艺。

固体废物破碎的目的如下：

① 使固体废物的容积减小，便于运输和贮存。

② 为固体废物的分选提供所要求的入选粒度，以便有效地回收固体废物中的特种成分。

③ 使固体废物的比表面积增加，提高焚烧、热分解、熔融等作业的稳定性和热效率。

④ 为固体废物的下一步加工做准备。

⑤ 防止粗大、锋利的固体废物损坏分选、焚烧和热解等设备或炉膛。

4.2.3.2 破碎方法

破碎方法可分为干式、湿式、半湿式破碎三类。其中，湿式破碎与半湿式破碎是在破碎的同时兼有分级分选的处理。干式破碎即通常所说的破碎，按所用的外力即消耗能量形式的不同，干式破碎（以下简称破碎）又可分为机械能破碎和非机械能破碎两种方法。机械能破碎是利用工具对固体废物施力而将其破碎的；非机械能破碎则是利用电能、热能等对固体废物进行破碎的新方法，如低温破碎、热力破碎、低压破碎或超声波破碎等。

目前，被广泛应用的固体废物破碎是机械破碎，主要有挤压、劈裂、剪切、摩擦、冲击等方法。如图 4-6 所示。

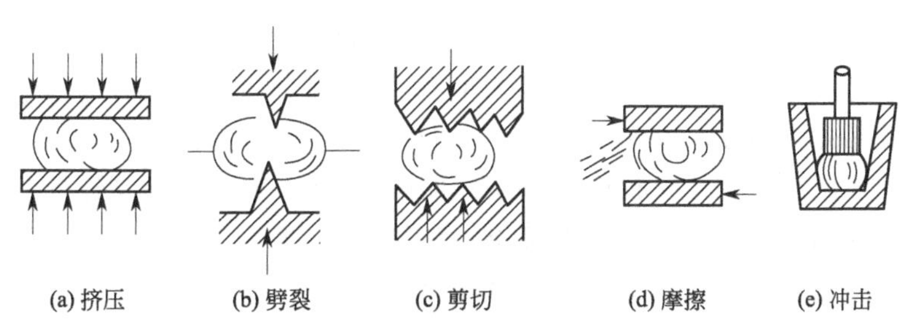

图 4-6 机械破碎方法

为避免机器的过度磨损，工业固体废物的尺寸减小往往分几步进行，一般采用三级破碎。第一级破碎可以把材料的尺寸减小到 7.62cm，第二级破碎减小到 2.54cm，第三级减小到 0.32cm。

固体废物的机械强度特别是硬度，直接影响到破碎方法的选择。若待破碎的废物（如各种废石和废渣等），大多呈现脆硬性，宜采用劈碎、冲击、挤压破碎；对于柔韧性废物（如废橡胶、废钢铁、废器材等），在常温下用传统的破碎机难以破碎，压力只能使其产生较大的塑性变形而不断裂，这时，宜利用其低温变脆的性能而有效破碎，或采用剪切、冲击破碎；而当废物体积较大不能直接将其送入破碎机时，需先将其切割到可以装入进料口的尺寸，再送入破碎机内；对于含有大量废纸的城市垃圾，近几年来国外已采用半湿式和湿式破碎。

4.2.3.3 主要指标

(1) 破碎比

破碎过程中，原固体废物粒度与破碎产物粒度比值，称为破碎比。破碎比是表征固体废物被破碎的程度。破碎机的能量消耗和处理能力都与破碎比有关。破碎比的计算方法有以下两种。

① 计算破碎比的第一种方法是用固体废物破碎前的最大粒度 $D_{\max}$ 与固体废物破碎后的最大粒度 $d_{\max}$ 之比，即

$$i=\frac{D_{\max}}{d_{\max}} \tag{4-3}$$

亦称为极限破碎比，在设计中经常被采用，通常根据最大物料粒径来选择破碎机的进料口宽度。

② 计算破碎比的第二种方法是用固体废物破碎前的平均粒度 D_{p} 与固体废物破碎后的平均粒度 d_{p} 之比，即

$$i=\frac{D_{\mathrm{p}}}{d_{\mathrm{p}}} \tag{4-4}$$

也称为真实破碎比，它能较真实地反映破碎程度，在工程设计中常被采用。

(2) 破碎段数

固体废物的破碎段数是决定破碎工艺流程的基本指标，它主要决定破碎废物的原始粒度和最终粒度。破碎段数越多，破碎流程就越复杂，而工程投资增加得就越多，因此，在条件允许的情况下，应尽量减少破碎段数；再者，为了避免机器过度磨损，工业固体废物的尺寸减小通常采用三级破碎。

固体废物经过一次破碎机或磨碎机，称为一个破碎段。破碎段数要根据破碎比的大小来计算，若所要求的破碎比不大，则一段破碎即可。但对于固体废物的分选工艺，如浮选、磁选等，要求的入料粒度很细，破碎比就很大，对固体废物进行一次破碎，达不到浮选、磁选所要求的粒度，因此必须将几台破碎机或磨碎机串联起来，对固体废物进行多段破碎，其破碎比等于各段破碎比（$i_1, i_2, \cdots, i_n$）的乘积，即

$$i=i_1 i_2 \cdots i_n \tag{4-5}$$

4.2.3.4 破碎流程

根据固体废物的性质、颗粒的大小、要求达到的破碎比和选用的破碎机类型，每段破碎流程可以有不同的组合方式，其基本的工艺流程如图 4-7 所示。

4.2.3.5 破碎设备

选择破碎设备时，必须综合考虑下列因素：所需要的破碎能力；固体废物的性质（如破

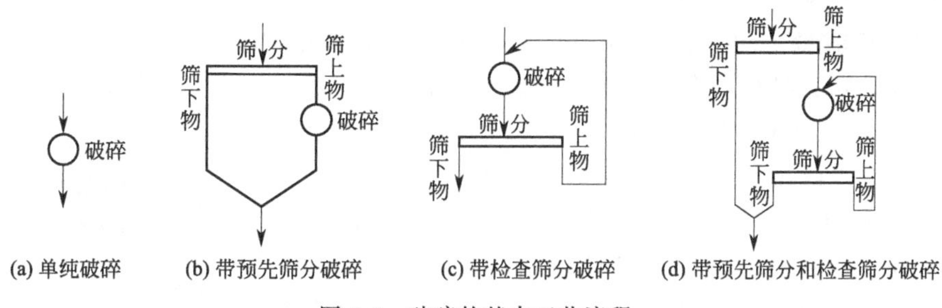

图 4-7 破碎的基本工艺流程

碎特性、硬度、密度、形状、含水率等）和颗粒的大小；对破碎产品粒径大小、粒度组成、形状的要求；供料方式；安装操作场所情况等。

破碎固体废物的常用破碎机有以下类型：颚式破碎机、锤式破碎机、冲击式破碎机、剪切式破碎机、辐式破碎机、球磨机和特殊破碎设备等。

下面我们简要介绍几种比较典型和常用的破碎机。

(1) 颚式破碎机

颚式破碎机俗称“老虎口”，广泛应用于选矿、建材和化学工业部门。它适用于坚硬和中硬物料的破碎。颚式破碎机按动颚摆动特性分为三类：简单摆动型、复杂摆动型和综合摆动型。目前，前两种应用较为广泛。

简单摆动型颚式破碎机如图 4-8 所示。该机由机架、工作机构、传动机构、保险装置等部分组成。其中固定颚和动颚构成破碎腔。由于动颚被转动的偏心轴带动呈往复摆动，送入破碎腔中的废料被挤压、破裂和弯曲破碎。当动颚离开固定颚时，破碎腔内下部已破碎到尺寸小于排料口的物料靠其自身重力从排料口排出。位于破碎腔上部的尚未充分压碎的料块当即下落一定距离，在动颚板下被破碎。

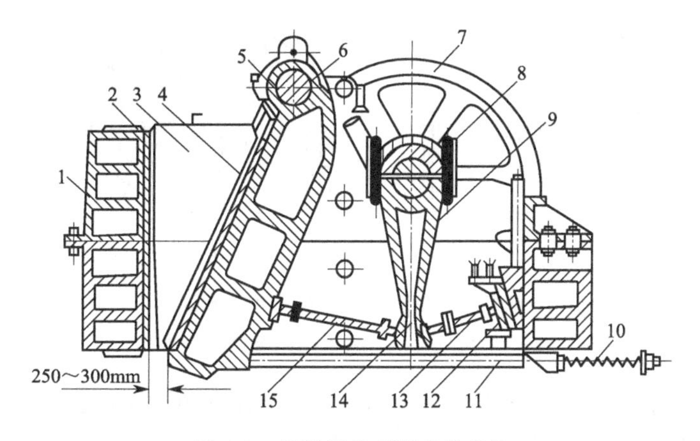

图 4-8 简单摆动型颚式破碎机

1—机架；2，4—破碎齿板；3—侧面衬板；5—可动颚板；6—心轴；7—飞轮；8—偏心轴；9—连杆；10—弹簧；11—拉杆；12—楔块；13—后推力板；14—肘板支座；15—前推力板

如图 4-9 所示为复杂摆动型颚式破碎机的构造图。从构造上来看，复杂摆动型颚式破碎机与简单摆动型颚式破碎机相比少了一根动颚悬挂的心轴，动颚与连杆合为一个部件，没有垂直连杆，轴板也只有一块。可见，复杂摆动型颚式破碎机构造简单。

复杂摆动型动颚上部行程较大，一般可以满足物料破碎时所需要的破碎能量。动颚向下运动时有促进排料的作用，因而比简单摆动颚式破碎机的生产率高30%左右。但是复杂摆动型动颚垂直行程大，使颚板磨损加快。简单摆动型给料口水平行程小，因此压缩量不够，生产率较低。

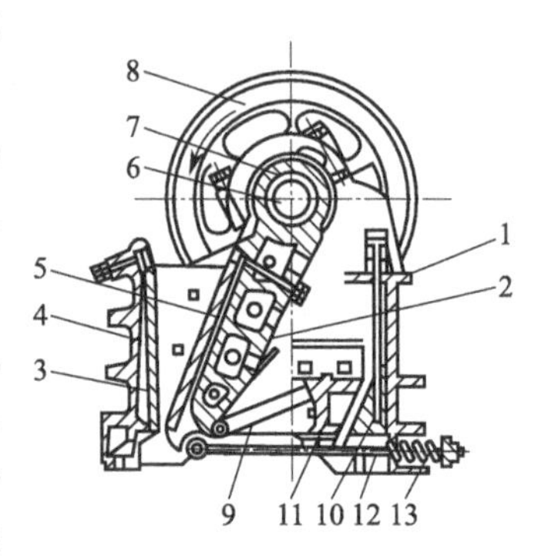

图4-9 复杂摆动型颚式破碎机

1—机架；2—可动颚板；3—固定颚板；4，5—破碎齿板；6—偏心转动轴；7—轴孔；8—飞轮；9—肘板；10—调节楔；11—楔块；12—水平拉杆；13—弹簧

颚式破碎机具有结构简单、坚固、维护方便、高度小、工作可靠等特点。在固体废物破碎处理中，主要用于破碎强度大、韧性高、腐蚀性强的废物。例如，煤矸石作为沸腾炉燃料、制砖和水泥原料时，可用颚式破碎机破碎。颚式破碎机既可用于粗碎，也可用于中、细碎。

(2) 锤式破碎机

锤式破碎机（hammer crusher，der Hammerbrecher）可分为单转子和双转子两类。单转子破碎机根据转子旋转方向不同，又可分为可逆式和不可逆式两种，如图4-10所示。目前普遍采用单转子可逆式锤式破碎机，如图4-10(b) 所示。其工作原理是固体废物自上部给料口给入机内，立即遭受高速旋转的锤子的打击、冲击、剪切、研磨等作用而被破碎。锤子以铰链方式装在各圆盘之间的销轴上，可以在销轴上摆动。电动机带动主轴、圆盘、销轴及锤子以高速旋转。这个包括主轴、圆盘、销轴和锤子的部件称为转子。在转子的下部设有筛板，破碎物料中小于筛孔尺寸的细粒通过筛板排出；大于筛孔尺寸的粗粒被阻留在筛板上并继续受到锤子的打击和研磨，最后通过筛板排出。图4-10(a) 是不可逆式锤式破碎机，转子的转动方向如箭头所示。

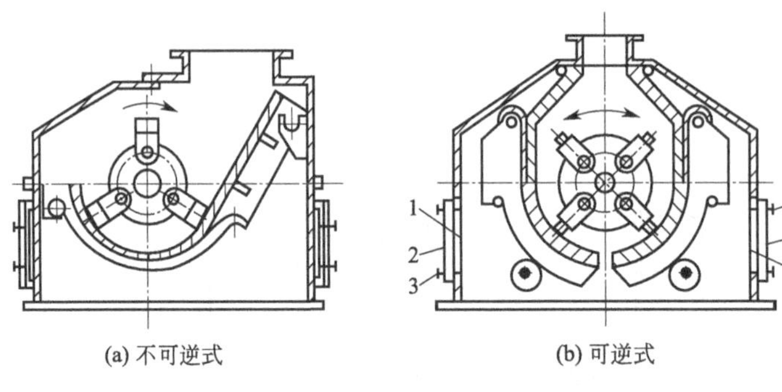

(a) 不可逆式　　(b) 可逆式

图4-10 单转子锤式破碎机示意图

1，6—检修孔；2，5—盖板；3—螺栓；4—螺柱

锤式破碎机以高速旋转，转速约为1000r/min，需要约为700kW的功率。这对锤子、内壁、筛子都有很大的磨损，其中尤以锤子前端磨损最为严重。这样就使得锤式破碎机的维护工作变得尤为重要，需要经常更换锤子，或在锤子上焊接耐磨材料以代替运行中磨去的金属。锤子通常由高锰钢或其他的合金钢制成，并且有各种形式，这是考虑到其耐磨性质而设计的。

可逆式单转子锤式破碎机的转子交替向两个相反的方向旋转，如图4-10(b) 所示，使衬板、筛板与锤子的耐磨程度及工作寿命几乎提高一倍。

目前专用于破碎固体废物的锤式破碎机主要有以下几种。

1）Hammer Mills 式锤式破碎机　Hammer Mills 式锤式破碎机如图 4-11 所示。机体分成两部分：压缩机部分和锤碎机部分。大型固体废物先经压缩机压缩，再进入锤碎机。转子由大小两种锤子组成，大锤子磨损后改用小锤子破碎，锤子铰接悬挂在绕中心旋转的转子上做高速旋转。转子下方半周安装有筛板，筛板两端安装有固定反击板，起二次破碎和剪切作用。这种锤碎机用于破碎废汽车等粗大固体废物。

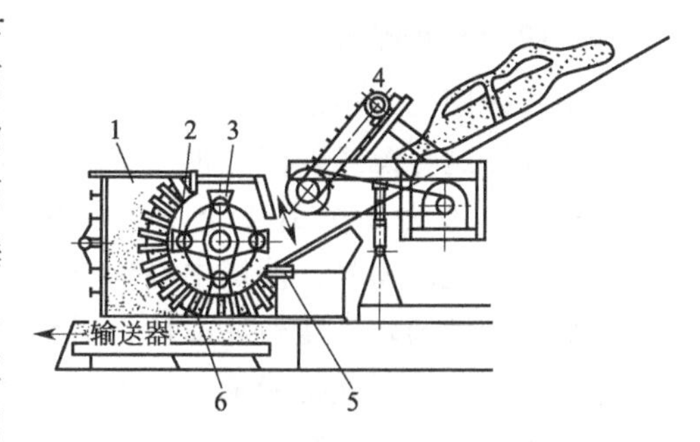

图 4-11　Hammer Mills 式锤式破碎机

1—破碎机本体；2—锤头（小）；3—锤头（大）；4—压缩给料机；5—切断垫圈；6—栅条

2）BJD 普通锤式破碎机　BJD 普通锤式破碎机如图 4-12 所示，转子转速 450～1500r/min，处理量为 7～55t/h。它主要用于破碎家具、电视机、电冰箱、洗衣机等大型废物，破碎块可达到 50mm 左右。该机设有旁路，不能破碎的废物由旁路排出。

3）BJD 金属切屑锤式破碎机　BJD 金属切屑锤式破碎机如图 4-13 所示。经该机破碎后，可使金属切屑的松散体积减小到原来的 1/8～1/3，便于运输。锤子呈钩形，对金属施加剪切拉撕等作用而使其破碎。

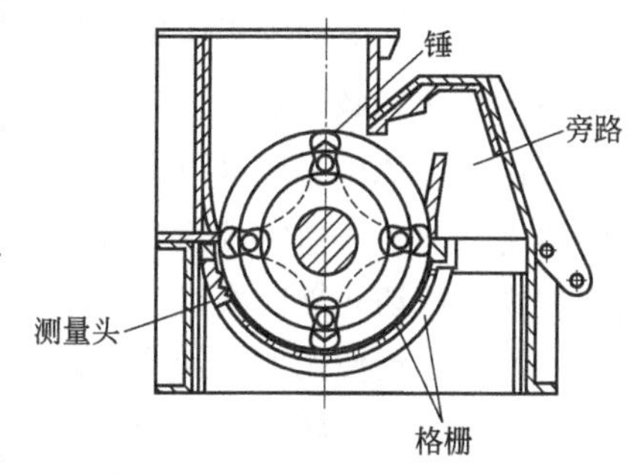

图 4-12　BJD 普通锤式破碎机

4）Novorotor 型双转子锤式破碎机　Novorotor 型双转子锤式破碎机如图 4-14 所示。这种破碎机具有两个旋转方向相同的转子，转子下方均装有研磨板。物料自右方进料口送入机内，经右方转子破碎后颗粒排至左方破碎腔，再沿左方研磨板运动一圆周后，借风力排至上部的旋转式风力分级板排出机外。该机破碎比可达 30。

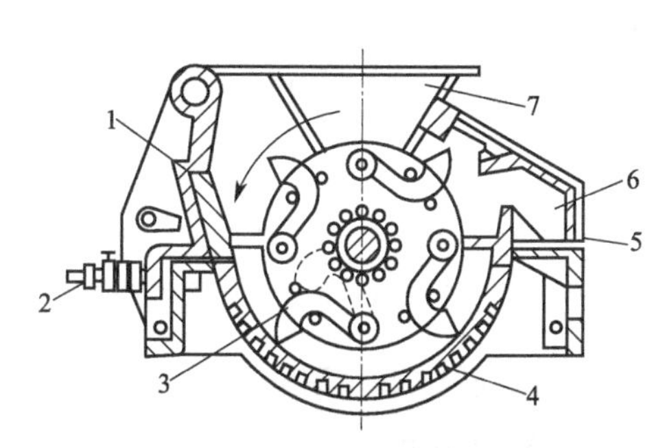

图 4-13　BJD 金属切屑锤式破碎机

1—衬板；2—弹簧；3—锤子；4—筛条；5—小门；6—非破碎物收集区；7—进料口

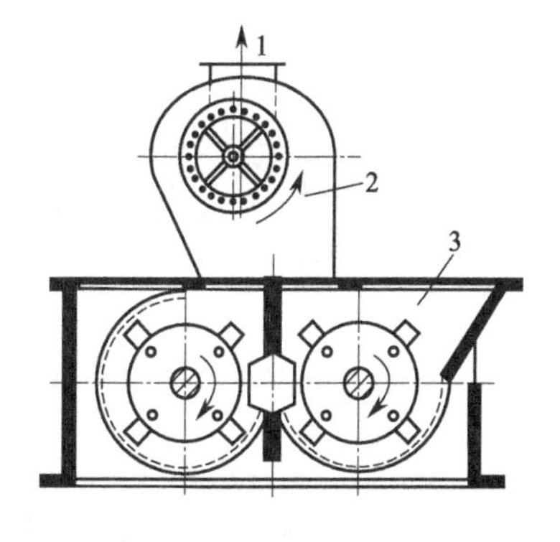

图 4-14　Novorotor 型双转子锤式破碎机

1—粒级产品出口；2—风力分级器；3—物料入口

锤式破碎机主要用于破碎中等硬度且腐蚀性弱、体积较大的固体废物，破碎颗粒较均匀，还可用于破碎含水分及含油质的有机物、纤维结构物质、弹性和韧性较强的木块、石棉水泥废料，以及回收石棉纤维和金属切屑等。缺点是噪声大，安装时需采取防震隔音措施。

(3) 冲击式破碎机

冲击式破碎机大多是旋转式的，均利用冲击作用进行破碎，这与锤式破碎机很相似。但其锤子数要少很多，一般为 2 个到 4 个不等。其工作原理是：给入破碎机的物料，被绕中心轴以 25～40m/s 的速度高速旋转的转子猛烈冲撞后，受到第一次破碎；然后物料从转子获得能量，高速飞向坚硬的机壁，受到第二次破碎；在冲击过程中弹回的物料再次被转子击碎；难于破碎的物料，被转子和固定板挟持而剪断，破碎产品由下部排出。图 4-15 是 Hazemag 型冲击式破碎机的构造图，该机主要用于破碎家具、电视机、杂器等生活废物。对于破布、金属丝等废物可通过月牙形或齿状打击刀和冲击板间隙进行挤压和剪切破碎。

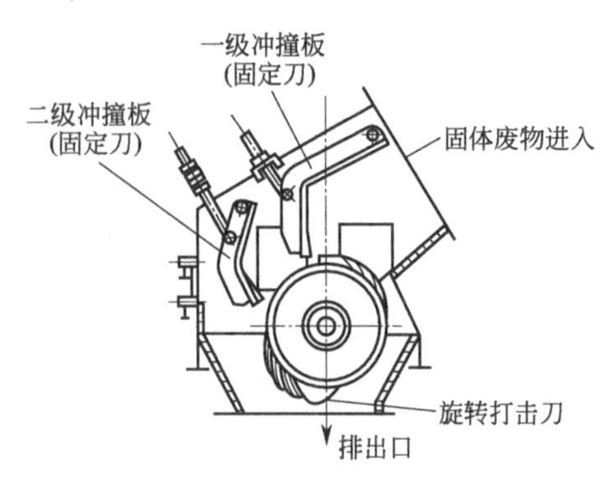

图 4-15 Hazemag 型冲击式破碎机

冲击式破碎机具有破碎比大、适应性强、构造简单、外形尺寸小、操作方便、易于维护等特点，适用于破碎中等硬度、软质、脆性、韧性及纤维状等多种性质的固体废物。

(4) 剪切式破碎机

剪切式破碎机无疑是以剪切作用为主的破碎机，通过固定刀和可动刀之间的啮合作用，将固体废物破碎成适宜的形状和尺寸，特别适合破碎低二氧化硅含量的松散物。根据刀刃的运动方式，剪切式破碎机可分为往复式和回转式。

目前被广泛使用的剪切式破碎机主要有 Von Roll 型往复剪切式破碎机、Linclemann 型剪切式破碎机、旋转剪切式破碎机等。

1) Von Roll 型往复剪切式破碎机 Von Roll 型往复剪切式破碎机构造如图 4-16 所示，固定刀和可动刀通过下端活动铰轴连接，犹似一把无柄剪刀。开口时侧面呈 V 字形破碎腔，固体废物投入后，通过液压装置缓缓将活动刀推向固定刀，将固体废物剪成碎片（块）。

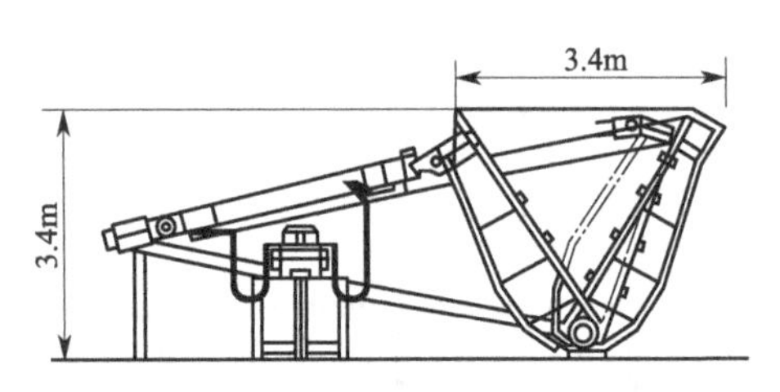

图 4-16 Von Roll 型往复剪切式破碎机

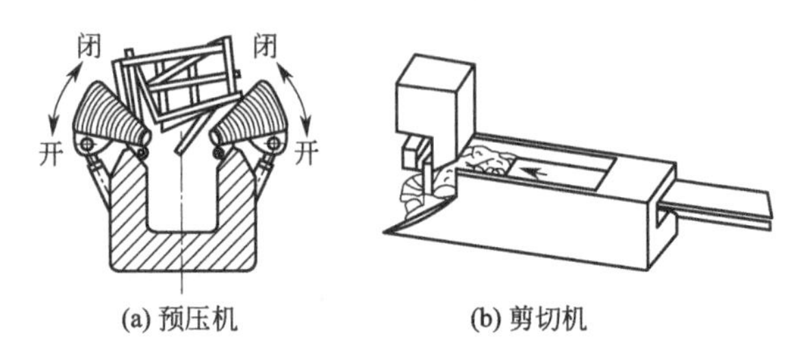

图 4-17 Linclemann 型剪切式破碎机

2) Linclemann 型剪切式破碎机 Linclemann 型剪切式破碎机如图 4-17 所示，该机分为预备压缩机（简称预压机）和剪切机两部分。固体废物送入后先压缩，再剪切。预压机通过一对钳形压块开闭将固体废物压缩。压块一端固定在机座上，另一端由液压杆推进或拉回。剪切机由送料器、压紧器和剪切刀片组成。送料器将固体废物每向前推进一次，压块即将废物压紧定位，剪刀从上往下将废物剪断，如此往复工作。

3) 旋转剪切式破碎机 旋转剪切式破碎机构造如图 4-18 所示，该机由固定刀（1～2 片）、旋转刀（3～5 片）以及投入装置等构成。固体废物在固定刀和旋转刀之间被剪断。该机的缺点是当混进硬度大的杂物时，易发生操作事故。

(5) 辊式破碎机

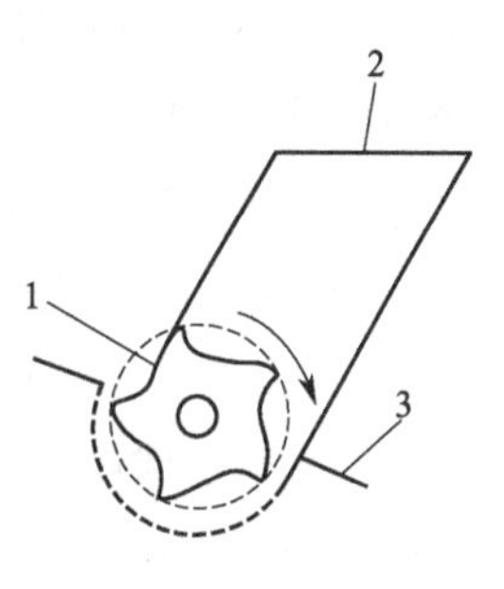

图 4-18 旋转剪切式破碎机

1—旋转刀；2—固体废物进入口；3—固定刀

按辊子的特点，可将辊式破碎机分为光辊破碎机和齿辊破碎机。光辊破碎机的辊子表面光滑，主要作用为挤压与研磨，可用于硬度较大的固体废物的中碎与细碎。而齿辊破碎机的辊子表面有破碎齿牙，使其主要作用为劈裂，可用于脆性或黏性较大的废物，也可用于堆肥物料的破碎。

按齿辊数目的多少，可将齿辊破碎机分为单齿辊和双齿辊两种，如图 4-19(a)、(b) 所示。

1) 单齿辊破碎机 单齿辊破碎机由一旋转的齿辊和一固定的弧形破碎板组成，两者之间的破碎空间呈上宽下窄状，上方供入固体废物，达到要求尺寸的产品从下部缝隙中排出。

2) 双齿辊破碎机 双齿辊破碎机由两个相对运动的齿辊组成，齿牙咬住物料后，将其劈碎，合格产品仍随齿辊转动由下部排出，齿辊间隙大小决定产品粒度。

辊式破碎机可有效地防止产品过度破碎，能耗相对较低，构造简单，工作可靠。但其破碎效果不如锤式破碎机，运行时间长，设备较为庞大。

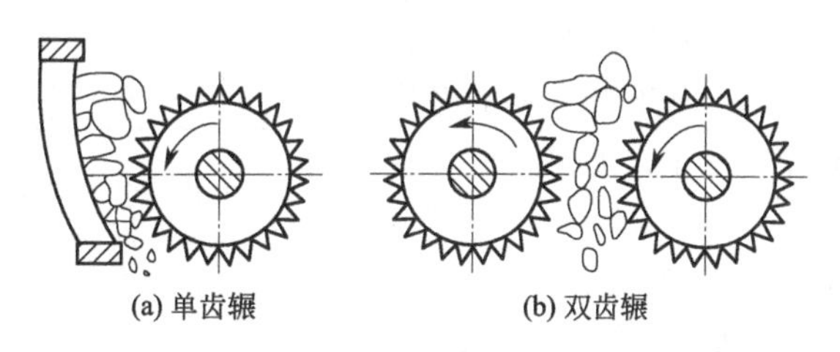

图 4-19 齿辊破碎机

(6) 球磨机

球磨机（ball mill，die Kugelmühle）的构造如图 4-20 所示。球磨机由圆柱形筒体 1、筒体两端端盖 2、端盖轴承 3 和小齿轮 4 组成。在筒体内装有钢球和被磨物料，其装入量为筒体有效容积的 25%～50%。筒体内壁设有衬板，它同时起到防止筒体磨损和提升钢球的作用。当筒体转动时，钢球和破碎物料在摩擦力、离心力和衬板的共同作用下，被衬板带动提升，在升到一定高度后，由于自身重力的作用使得钢球和物料产生自由泻落和抛落，从而对筒体内底脚区的物料产生冲击和研磨作用，物料粒径达到要求后由风机抽出。

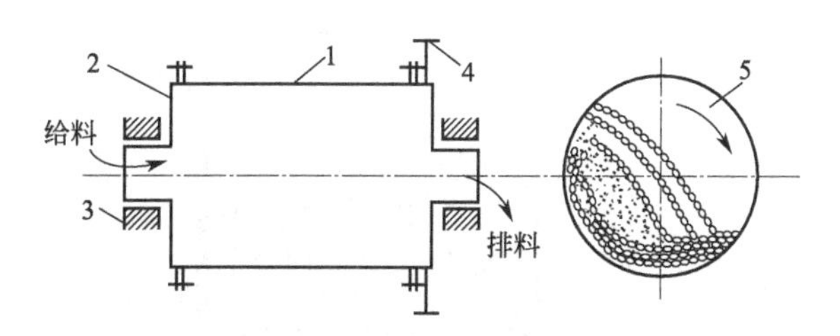

图 4-20 球磨机

1—筒体；2—端盖；3—轴承；4—小齿轮；5—传动的大齿圈

磨碎在固体废物处理与利用中占有重要地位，对于矿业废物和其他工业废物尤其如此。例如，煤矸石生产水泥、砖瓦、矸石棉、化肥和提取化工原料，硫铁矿烧渣炼铁制造球团，回收有色金属、制造铁粉和化工原料、生产铸石，电石渣生产水泥、砖瓦、回收化工原料，以及钢渣生产水泥、砖瓦、化肥、熔剂等过程都离不开球磨机对固体废物的磨碎。

(7) 特殊破碎设备

对于一些常温下难以破碎的固体废物，例如，废轮胎、含纸垃圾等，常采用特殊的设备和方法进行破碎，即低温（冷冻）破碎、湿式破碎和半湿式选择性破碎。

1）低温（冷冻）破碎　对于一些难以破碎的固体废物，如汽车轮胎、包覆电线等，可以利用其低温变脆的性能而有效地施行破碎，也可利用物质组成不同的固体废物，其脆化温度存在差异的特点，进行选择性破碎，即低温冷冻破碎技术。

低温破碎的工艺流程如图 4-21 所示。将需要破碎的固体废物先投入预冷装置，再进入浸没冷却装置，易冷脆物质迅速脆化，由高速冲击式破碎机破碎，破碎产品再进入不同的分选设备。在低温破碎技术中，通常需要配置制冷系统，其中液态氮常被用作制冷剂，因为液态氮制冷效果好、无毒、无爆炸性且货源充足。但是低温破碎所需的液氮量较大，且制备液氮需要消耗大量的能量，故出于经济上的考虑，低温破碎对象仅限于在常温下用破碎机回收成本较高的合成材料，如橡胶和塑料。

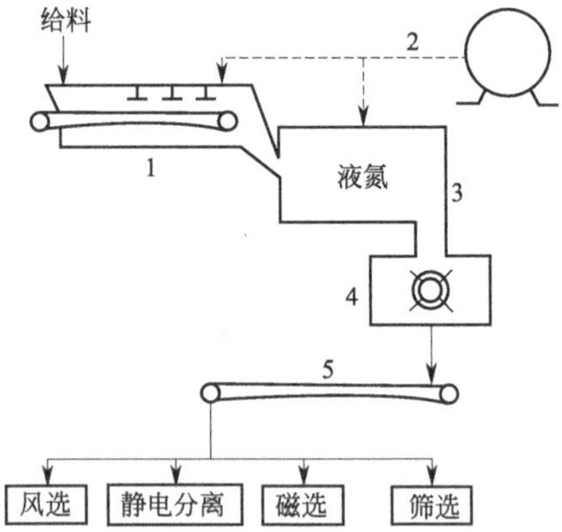

给料
2
1
液氮
3
4
5
风选　静电分离　磁选　筛选

图 4-21　低温破碎的工艺流程图

1—预冷装置；2—液氮贮槽；3—浸没冷却装置；4—高速冲击破碎机；5—皮带运输机

低温破碎具备以下优点：低温破碎所需动力较低，仅为常温破碎的 1/4，噪声约降低 4dB，振动减轻约 1/5～1/4；由于同一材质破碎后粒度均匀，性质不同的废物则有不同破碎尺寸，便于进一步筛分，使复合材质的物料可得到有效分离与回收。

2）湿式破碎　湿式破碎（wet broken，nasses Zerkleinern）是利用特制的破碎机将投入机内的含纸垃圾和大量的水流一起剧烈搅拌并破碎成为浆液的过程，可以回收垃圾中的纸纤维。这种使含纸垃圾浆液化的特制破碎机称为湿式破碎机，其构造如图 4-22 所示。

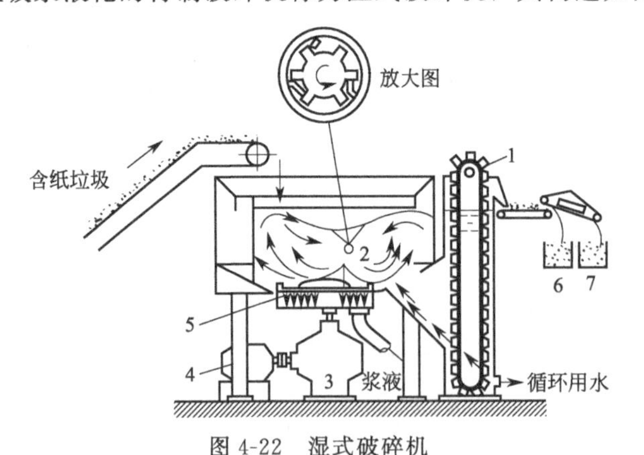

图 4-22　湿式破碎机

1—斗式脱水提升机；2—转子；3—减速机；4—电动机；5—筛网；6—有色金属；7—铁

湿式破碎具有以下优点：垃圾变成均质浆状物，可按流体处理法处理；不会滋生蚊蝇和恶臭，符合卫生条件；不会产生剧烈噪声，不具有发热和爆炸的危险性；脱水有机残渣，无论质量、粒度、水分等变化都较小；在化学合成物质、纸和纸浆、矿物等处理中均可使用，可以回收纸纤维、玻璃、铁和有色金属等，剩余泥土等可做堆肥处置。

3）半湿式选择性破碎　半湿式选择性破碎分选是利用城市垃圾中各种不同物质的强度和脆性的差异，在一定的湿度下破碎成不同粒度的碎块，然后通过网眼大小不同的筛网加以分离回收的过程。该过程通过兼有选择性破碎和筛分两种功能的装置实现，称之为半湿式选择性破碎分选机。其构造如图 4-23 所示。

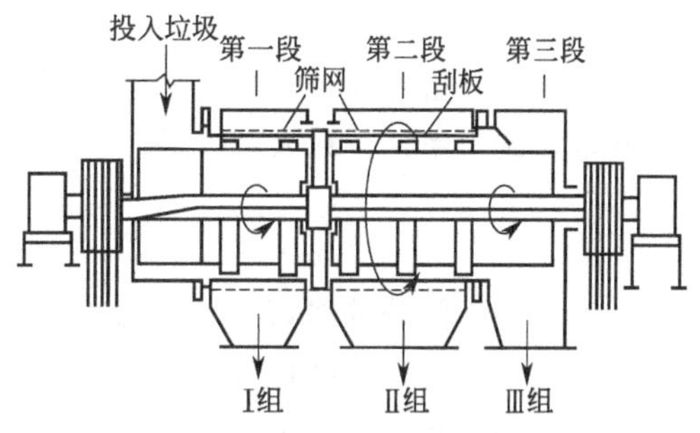

图 4-23　半湿式选择性破碎分选装置示意图

该装置由两段具有不同尺寸筛孔的外旋转圆筒筛和筛内与之反方向旋转的破碎板组成。垃圾进入后沿筛壁上升，而后在重力作用下抛落，同时被反向旋转的破碎板撞击，易脆物质首先破碎，通过第一段筛网分离排出；剩余垃圾进入第二段，中等强度的纸类在水喷射下被破碎板破碎，又由第二段筛网排出；最后剩余的垃圾由不设筛网的第三段排出，再进入后序分选装置。

半湿式选择性破碎技术的特点是：能使城市垃圾在同一台设备中同时实现破碎和分选作业；能充分有效地回收垃圾中的有用物质，例如，从分选出的第一段物料中可分别去除玻璃、塑料等，有望得到以厨余垃圾为主（含量可达到 80%）的堆肥沼气发酵原料；第二段物料中可回收含量为 85%～95%的纸类，难以分选的塑料类废物可在第三段后经分选达到 95%的纯度，废铁可达 98%；对进料适应性好，易破碎物首先破碎并及时排出，不会出现过破碎现象；动力消耗低，磨损小，易维修；当投入的垃圾在组成上有所变化及以后的处理系统另有要求时，可相应改变分选条件或改变滚筒长度、破碎板段数、筛网孔径等，以适应其变化。

4.2.4　固体废物的分选技术

固体废物的分选就是根据固体废物中不同物相组分的粒度、密度、磁性、电性、光电性、摩擦性及表面润湿性等特性的差异，采取不同的工艺措施，将它们分别分离的一种技术。常用的分选方法有筛分分选法、重力分选法、磁力分选法、电力分选法、光电分选法、摩擦分选法、风力分选法、弹性分选法、浮选法等。固体废物分选所选用的机械设备包括筛分机械设备、重选机械设备、磁选机械设备、电选机械设备、光电选机械设备及浮选机械设备等。

4.2.4.1　筛分

（1）原理

筛分（sieving，das Sieben）是依据固体废物的粒度不同，利用筛子将物料中小于筛孔的细粒物料透过筛面，而大于筛孔的粗粒物料留在筛面上，完成粗、细物料的分离过程。筛分可分为湿筛和干筛两部分，固体废物多采用干筛。筛分过程可分为两个阶段；第一阶段是物料分层，细颗粒通过粗颗粒向筛面运动；第二阶段是细粒透筛。要实现筛分过程，要求入选废物在筛面上要有适当的运动，一方面使筛面上的物料处于松散状态并按粒度分层，大颗粒在上，小颗粒在下；另一方面物料和筛子的相对运动能使堵在筛孔上的颗粒脱离筛面，利于颗粒过筛。

(2) 筛分效率

由于筛分过程较复杂，影响筛分质量的因素也多种多样，通常用筛分效率来描述筛分过程的优劣。

筛分效率是指筛分时实际得到的筛下产物质量与入筛废物中所含粒度小于筛孔尺寸的细颗粒质量之比，用百分数表示，即

$$E=\frac{Q}{Q_0\alpha}\times 100\% \tag{4-6}$$

式中，E 为筛分效率，%；Q_0 为入筛固体废物质量；Q 为筛下产品质量；α 为入筛固体废物中尺寸小于筛孔的细粒含量，%。

(3) 影响筛分效率的因素

固体废物的粒度组成对筛分效率影响较大。废物中“易筛粒”含量越多，筛分效率越高；而粒度接近筛孔尺寸的“难筛粒”越多，筛分效率则越低。

固体废物的含水率和含泥量对筛分效率也有一定的影响。废物外表水分会使细粒结团或附着在粗粒上而不易透筛。当筛孔较大、废物含水率较高时，反而造成颗粒活动性的提高，此时水分有促进细粒透筛作用，但此时已属于湿式筛分法，即湿式筛分法的效率高。水分影响还与含泥量有关，当废物中含泥量高时，稍有水分也能引起细粒结团。废物颗粒形状对筛分效率也有影响，一般球形、立方形、多边形颗粒筛分效率较高；而颗粒呈扁平状或长方块，用方形或圆形筛孔的筛子筛分，其筛分效率较低。

(4) 筛分设备

在固体废物处理中最常用的筛分设备有以下几种类型。

1）固定筛　筛面由许多平行排列的筛条组成，可以水平安装或倾斜安装。由于构造简单、不耗用动力、设备费用低且维修方便，故在固体废物处理中被广泛应用。固定筛又可分为格筛和棒条筛两种。

格筛一般安装在粗碎机之前，起到保证入料块度适宜的作用。棒条筛主要用于粗碎和中碎之前，安装倾角应大于废物对筛面的摩擦角，一般为 30°～35°，以保证废物沿筛面下滑。棒条筛筛孔尺寸为要求筛下粒度的 1.1～1.2 倍，一般筛孔尺寸不小于 50mm。筛条宽度应大于固体废物中最大块度的 2.5 倍。该筛适用于筛分粒度大于 50mm 的粗粒废物。

2）滚筒筛　滚筒筛也称转筒筛，是物料处理中重要的运行单元，其结构如图 4-24 所示。滚筒筛为一缓慢旋转（一般转速控制在 10～15r/min）的圆柱形筛分面，以筛筒轴线倾角 3°～5°为宜。筛面可用各种构造材料，制成编织筛网，但筛分线状物料时会很难，最常用

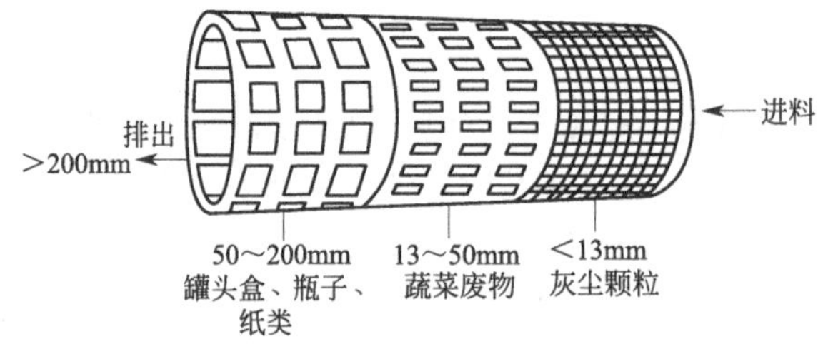

图 4-24　滚筒筛示意图

的则是冲击筛板。筛分时，固体废物由稍高一端供入，随即跟着转筒在筛内不断翻滚，细颗粒最终穿过筛孔而透筛，而筛上产品则逐渐移到筛的另一端排出。

3）振动筛　振动筛是广泛应用于许多工业部门的一种设备。它的特点是振动方向与筛面垂直或近似垂直，振速600～3600r/min，振幅0.5～1.5mm。振动筛的倾角一般控制在8°～40°之间。振动筛由于筛面强烈振动，消除了筛孔堵塞的现象，有利于湿物料的筛分，可用于粗、中、细粒的筛分，还可以用于脱水振动和脱泥筛分。振动筛主要有惯性振动筛和共振筛两种。

① 惯性振动筛：惯性振动筛是通过由不平衡体的旋转所产生的惯性离心力而使筛箱产生振动的一种筛子，其构造及工作原理如图4-25所示。

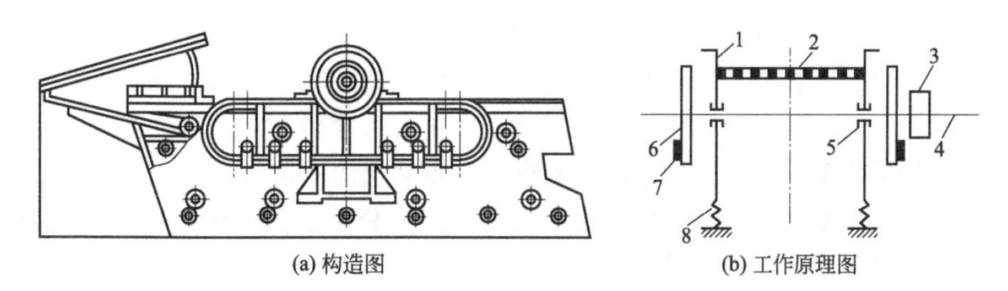

(a) 构造图　　(b) 工作原理图

图4-25　惯性振动筛构造及工作原理示意图

1—筛箱；2—筛网；3—皮带轮；4—主轴；5—轴承；6—配重轮；7—重块；8—弹簧

当电动机带动皮带轮做高速旋转时，配重轮上的重块即产生惯性离心力。其水平分力使弹簧横向变形，由于弹簧横向刚度大，所以水平分力被横向刚度所吸收。而垂直分力则垂直于筛面通过筛箱作用于弹簧，强迫弹簧做拉伸及压缩的运动。因此，筛箱的运动轨迹为椭圆或近似为圆。由于该种筛子的激振力是惯性离心力，故称为惯性振动筛。惯性振动筛适用于细粒废物（粒度为0.1～15mm）的筛分，也可用于潮湿及黏性废物的筛分。

② 共振筛：共振筛（resonance screen，das Resonanzsieb）利用连杆上装有弹簧的曲柄连杆机构驱动，使筛子在共振状态下进行筛分。其构造及工作原理如图4-26所示。

当电动机带动装在下机体上的偏心轴转动时，轴上的偏心使连杆做往复运动。连杆通过弹簧将作用力传给筛箱。与此同时下机体也受到相反的作用力，使筛箱和下机体沿着倾斜方向振动，但它们的运动方向相反，所以达到动力平衡。筛箱、弹簧及下机体组成一个弹性系统，该弹性系统固有的自振频率与传动装置的强迫振动频率接近或相同时，筛子在共振状态下筛分，故称为共振筛。

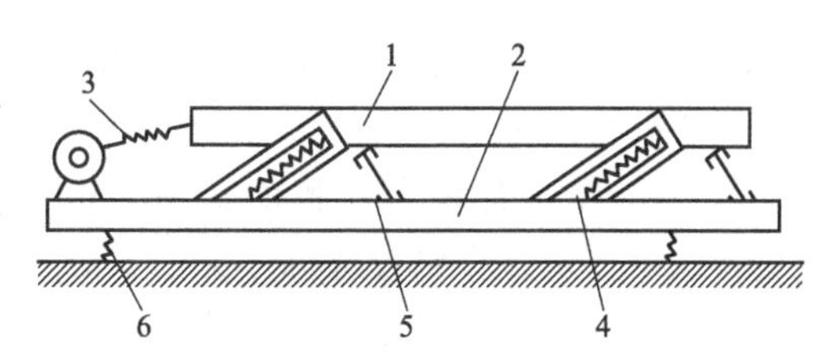

图4-26　共振筛构造及工作原理示意图

1—上筛箱；2—下机体；3—传动装置；4—共振弹簧；5—板簧；6—支撑弹簧

共振筛的工作过程是筛箱的动能和弹簧的势能相互转化的过程。所以，在每次振动中，只需要补充克服阻尼的能量，就能维持筛子的连续振动。这种筛子虽大，但功率消耗却很小。共振筛具有处理能力大、筛分效率高、耗电少以及结构紧凑的优点，具有良好的发展前途。但其同时也存在制造工艺复杂、机体重大、橡胶弹簧易老化等缺点。

4.2.4.2　重力分选

重力分选简称重选，是根据固体废物中不同物质颗粒间的密度差异，在运动介质中受到重力、介质动力和机械力的作用，使颗粒群产生松散分层和迁移分离，从而得到不同密度产品的分选过程。

按介质不同，固体废物的重选可分为重介质分选、跳汰分选、风力分选和摇床分选等。各种重选过程具有的共同工艺条件是：a. 固体废物中颗粒间必须存在密度的差异；b. 分选过程都是在运动介质中进行的；c. 在重力、介质动力及机械力的综合作用下，使颗粒群松散并按密度分层；d. 分好层的物料在运动介质流的推动下互相迁移，彼此分离，并获得不同密度的最终产品。

(1) 重介质分选

1) 基本原理　通常将密度大于水的介质称为重介质。重介质分选又称浮沉法，在重介质中使固体废物中的颗粒群按其密度的大小分开以达到分离的目的。为达到良好的分选效果，必须对重介质进行选择，以保证重介质密度介于大密度和小密度颗粒之间。

当固体废物浸于重介质的环境中时，密度大于重介质的重物料下沉，集中于分选设备的底部，即重产物；而密度小于重介质的轻物料则上浮，集中于分选设备的上部，即轻产物，轻重产物分别排出从而完成分选操作。

2) 重介质　重介质 (dense medium，schweres Medium) 是由高密度的固体微粒和水构成的固液两相分散体系，其特点有两个：一是密度比水大；二是该体系是非均匀介质。其中高密度的固体微粒起着加大介质密度的作用，故称其为加重质。最常用的加重质有硅铁、磁铁矿等。

硅铁的密度为 6.8g/cm^3，含硅量为 13%～18%，配成重介质时密度为 3.2～3.5 g/cm^3。由于硅铁具有耐氧化、硬度大、强磁化性等特点，故分选效果好且用后可经筛分或磁选加以回收再生。

纯磁铁矿密度为 5.0g/cm^3，用含铁 60%以上的铁精矿粉配成的重介质的密度可达 2.5g/cm^3。磁铁矿在水中不易氧化，可用弱磁选法回收再生。

选择加重质时应考虑如下几方面：密度足够大，使用时不易泥化和氧化，来源丰富，价格低廉，便于制备与再生；应有 60%～90%的加重质粒度小于 200 目，且均匀地分散于水中，体积分数一般为 10%～15%；除此以外，重介质还应具有密度高、化学稳定性好（不与处理的废物发生化学反应）、无毒、无腐蚀性、易回收再生等特性。

3) 重介质分选设备　目前常用的重介质分选设备是重介质分选机。工业上应用的重介质分选机一般分为鼓形重介质分选机和深槽式、浅槽式、振动式、离心式分选机。比较常用的是鼓形重介质分选机，其构造和原理如图 4-27 所示。

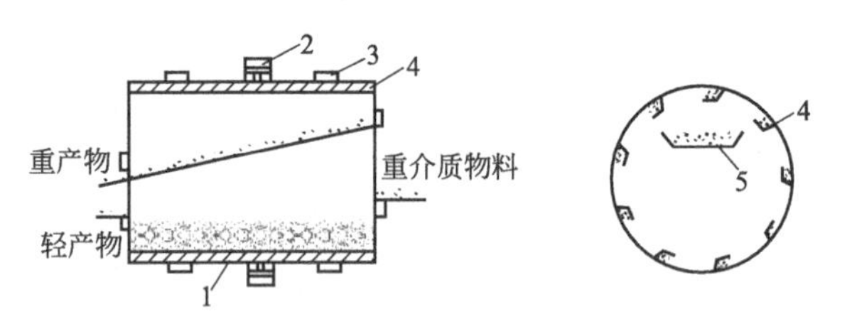

图 4-27　鼓形重介质分选机的构造和原理图

1—圆筒形转鼓；2—大齿轮；3—辊轮；4—扬板；5—溜槽

鼓形重介质分选机适用于分离粒度较大（40～60mm）的固体废物，具有结构简单、紧凑，便于操作，分选机内密度分布均匀，动力消耗低等优点。缺点是轻重产物量调节不方便。

(2) 跳汰分选

1) 基本原理　跳汰分选 (jig process，die Jig-Sortierung) 也是一种重力分选技术，是在垂直变速介质的作用下，按密度分选固体的一种方法。磨细的混合废物中不同密度的粒子群，在垂直脉动的运动介质中依据密度的大小分层。分层后，密度大的重颗粒群集中于底层，其中小而重的颗粒会透筛成为筛下重产物，密度小的轻物料群进入上层，被水平水流带到机外成为轻产物。在分选操作中，原料不断地送进跳汰装置，轻重组分连续分离并被淘汰掉，即形成了不间断的跳汰过程。跳汰的介质可以是水和空气，目前用于固体废物分选的跳汰介质都是水。

2）跳汰分选设备　按推动水流运动方式，跳汰分选设备分为隔膜跳汰机和无活塞跳汰机两种。隔膜跳汰机是利用偏心连杆机构带动橡胶隔膜做往复运动，借以推动水流在跳汰室内做脉冲运动，如图 4-28(a) 所示；无活塞跳汰机采用压缩空气推动水流，如图 4-28(b) 所示。

跳汰分选主要用于混合金属的分离与回收。尽管在此过程中水的消耗量并不大，但所排放的跳汰用水仍需认真对待，加以处理。

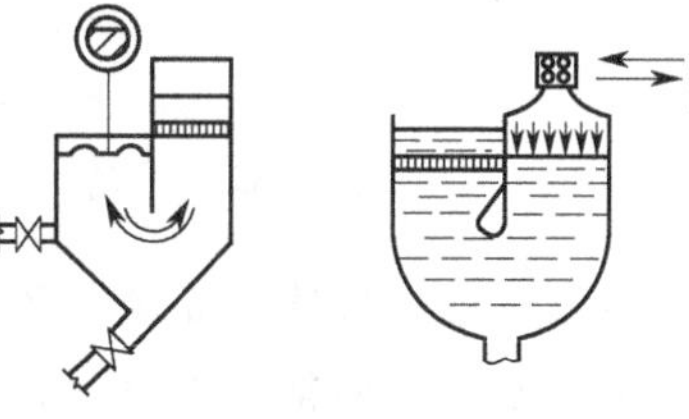

图 4-28　跳汰机中推动水流运动的形式

(3) 风力分选

1）基本原理　风力分选简称风选，又称气流分选，是以空气为分选介质，将轻物料从较重物料中分离出来的一种方法。风选实质上包含两个分离过程：首先，分离出具有低密度、空气阻力大的轻质部分（提取物）和具有高密度、空气阻力小的重质部分（排出物）；其次再进一步将轻颗粒从气流中分离出来。后一分离步骤常由旋流器完成，与除尘原理相似。

风选在国外主要用于城市垃圾的分选，将城市垃圾中以可燃烧物料为主的轻组分和以无机物为主的重组分分离，以便分别回收利用或处置。

2）风力分选设备　按气流吹入分选设备内的方向不同，风选设备可分为两种类型：水平气流分选机（又称为卧式风力分选机）和上升气流分选机（又称为立式风力分选机）。

① 立式风力分选机：立式风力分选机的构造和工作原理如图 4-29 所示。根据风机与旋流器安装的位置不同，该分选机可有三种不同的结构形式，但其工作原理类似：经破碎后的城市垃圾从中部给入风力分选机，物料在上升气流作用下，各组分按密度进行分离，重质组分从底部排出，轻质组分从顶部排出，经旋风分离器进行气固分离。立式风力分选机分选精度较高。

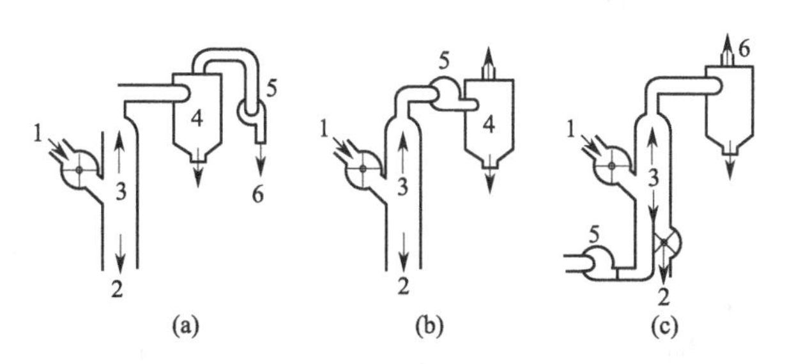

图 4-29　立式风力分选机的构造和工作原理图

1—给料；2—排出物；3—提取物；4—旋流器；5—风机；6—空气

② 水平气流分选机：图 4-30 是水平气流分选机的构造和工作原理图。该机从侧面送风，固体废物经破碎机破碎和圆筒筛筛分使其粒度均匀后，定量给入机内，当废物在机内下落时，被鼓风机鼓入的水平气流吹散，固体废物中各组分沿着不同运动轨迹分别落入重质组

分、中重质组分和轻质组分收集槽中。有经验表明，水平气流分选机的最佳风速为 20m/s。

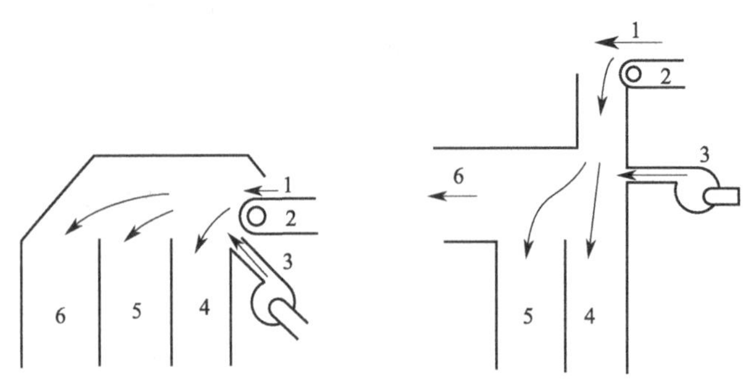

图 4-30　水平气流分选机的构造和工作原理图

1—给料；2—给料机；3—空气；4—重顺粒；5—中等顺粒；6—轻顺粒

水平气流分选机构造简单，维修方便，但分选精度不高。为了取得更好的分选效果，一般很少单独使用，通常可以将其他的分选手段与风力分选在一个设备中结合起来组成联合处理工艺，例如，振动式风力分选机和回转式风力分选机。

研究表明，要使物料在分选机内达到较好的分选效果，就要使气流在分选筒内产生湍流和剪切力，从而对物料团块进行分散。为达这一目的，对分选筒进行了改造，比较成功的有锯齿形、振动式或回转式分选筒的气流通道。

3）风力分选工艺流程　风选目前已被广泛应用于城市垃圾的分选。图 4-31 是城市垃圾风选的典型工艺流程。先把垃圾破碎到一定粒度，经自然干燥使其含水量低于 45%，再分批输入卧式风选机中，在 20m/s 的风速气流作用下，垃圾粗分为重质组分、中重质组分和轻质组分。重质组分为金属、陶瓷、玻璃、瓦砾等；中重质组分为木质、硬塑料类；轻质组分为纸类、纤维类。然后把分离的垃圾分别送入立式曲折形风选机中，在自下而上的高速气流作用下，轻质的纸类等有机物从风选机上方排出，重质的金属、玻璃、陶瓷等无机物从风选机的底部排出。经过分选，轻质有机物的纯度可达 96.7%，回收率为 95.6%；重质组分中的无机物纯度为 87.4%，回收率为 57.8%。

目前利用风选处理城市垃圾，在国外已得到广泛应用，许多国家都把风选作为城市垃圾的粗分手段，把密度相差较大的有机组分和无机组分分开。

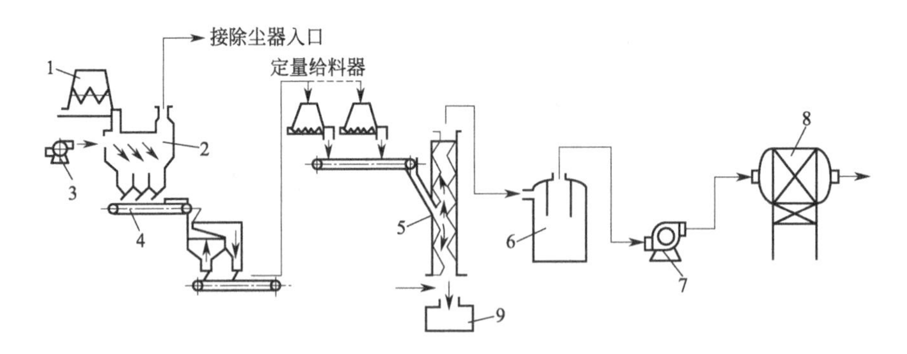

图 4-31　城市垃圾风选的典型工艺流程

1—料斗；2—卧式风选机；3—鼓风机；4—振动筛；5—立式风选机；
6—有机物贮槽；7—抽风机；8—除尘器；9—无机物贮槽

(4) 摇床分选

1）基本原理　摇床分选是使固体废物颗粒群在倾斜床面的不对称往复运动和薄层斜面水流的综合作用下，按密度差异在床面上呈扇形分布而进行分选的一种方法。

摇床分选的运行原理与跳汰分选相似，目的也是使颗粒群按密度松散分层后，沿不同方向排出实现分离。该分选法按密度不同分选颗粒，但粒度和形状亦影响分选的精确性。

2）摇床分选设备　在摇床分选设备中最常用的是平面摇床。平面摇床主要由床面、床头和传动机构组成，如图 4-32 所示。

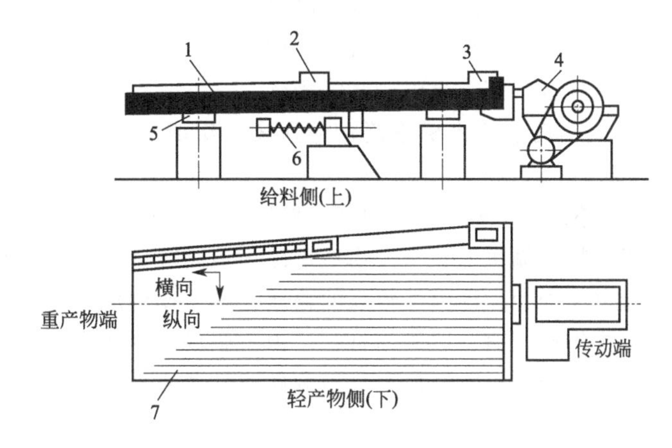

图 4-32　摇床结构示意图

1—床面；2—给水槽；3—给料槽；4—床头；5—滑动支撑；6—弹簧；7—床条

摇床床面近似呈梯形，横向有 1.5°～5°的倾斜。在倾斜床面的上方设置有给料槽和给水槽。床面上铺有耐磨层（如橡胶等）。沿纵向布置有床条，床条高度从传动端向对侧逐渐降低，并沿一条斜线逐渐趋向于零。整个床面由机架支撑。床面横向坡度借机架上的调坡装置调节。床面由传动装置带动进行往复不对称运动。

摇床分选过程中，由给水槽给入冲洗水，横向布满倾斜的床面，并形成一均匀的薄层斜面水流。固体废物颗粒由给料槽给入做变速运动的床面上，其方向与水流方向垂直。这种情况下，颗粒群在重力、水流冲力、床层摇动产生的惯性力和摩擦力等的综合作用下，按密度差异产生松散分层，并且不同密度与粒度的颗粒以不同的速度沿床面做纵向和横向运动。它们的合速度偏离方向各异，使不同密度颗粒在床面上呈扇形分布，以达到分离的目的。

摇床分选用于分选微细粒物料。在固体废物处理中，目前主要用于从含硫铁矿较多的煤矸石中回收硫铁矿，这是一种分选精度很高的单元操作。

4.2.4.3　磁力分选

磁力分选简称磁选，有两种类型：一类是传统的磁选法；另一类是磁流体分选法，是近 20 年发展起来的一种新型分选技术，可应用于城市垃圾焚烧厂焚烧灰以及堆肥厂产品中铝、铜、铁、锌等金属的提取与回收。

(1) 磁选

1）磁选原理　磁选是利用固体废物中各种物质的磁性差异在不均匀磁场中进行分选的方法，以磁选设备产生的磁场使固体废物中的铁磁性物质得以分离。在固体废物处理中一般用于两种目的：一是回收废物中的黑色金属；二是在某些废物处理工艺中排除铁质物质。固体废物依其磁性可分强磁性、中磁性、弱磁性和非磁性。这些不同磁性的组分通过磁场时，磁性较强的颗粒会被吸在磁选设备上，并随设备运动进入一个非磁性区而脱落；而弱磁性和非磁性颗粒，由于所受磁场作用力小，在自身重力或离心力的作用下掉落到预定区域，从而完成磁选过程。图 4-33 是磁选过程示意图。

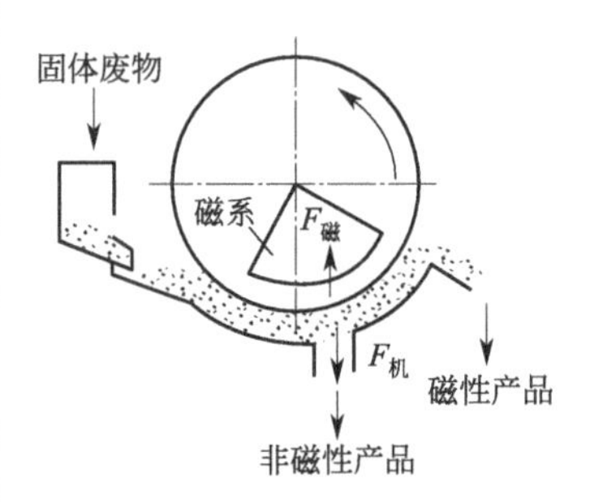

图 4-33　磁选过程示意图

2）磁选设备　目前在废物处理系统中最常用的磁选设备主要有滚筒式磁选机和悬挂式磁选机。磁选机中使用的磁铁有两类：电磁——用通电方式磁化或极化铁磁材料；永磁——利用永磁材料形成磁区。其中永磁较为常用。

① 滚筒式磁选机：这类磁选机由磁滚筒和输送皮带组成。磁滚筒又分永磁滚筒和电磁滚筒。

永磁滚筒由永磁块、滚筒壳、磁导板、铝环、皮带及磁性物料分割挡板等组成（图 4-34）。将固体废物均匀地置于皮带运输机上，当废物经过磁力滚筒时，非磁性或磁性很弱的物质在离心力和重力作用下脱离皮带面；而磁性较强的物质受磁力作用被吸在皮带上，并由皮带带到磁力滚筒的下部，当皮带离开磁力滚筒伸直时，由于磁场强度减弱而落入磁性物质收集槽中。这种设备主要用在工业固体废物或城市垃圾的破碎设备或焚烧炉之前，除去废物中的铁器，防止损坏破碎设备或焚烧炉。

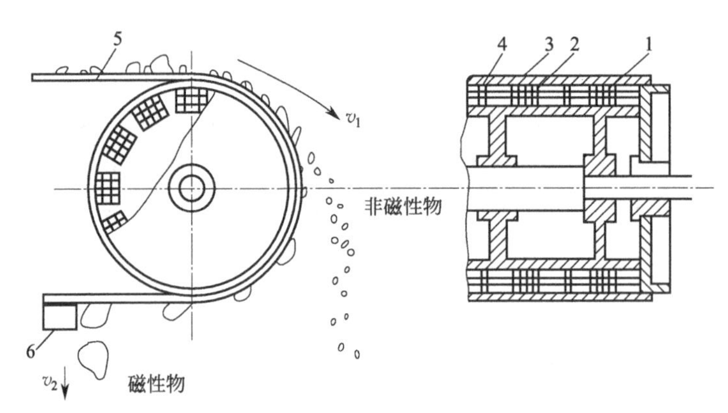

图 4-34　永磁滚筒的结构示意图

1—永磁块；2—磁导板；3—滚筒壳；4—铝环；5—皮带；6—磁性物料分隔挡板

图 4-35 是电磁滚筒的结构示意图，主要由线圈、铁芯、铁盘、轴、滚筒等组成。电磁滚筒的磁力可通过调节激磁线圈的电流大小来控制，这也是电磁滚筒的主要优点之一。但电磁滚筒的价格却高出永磁滚筒许多。

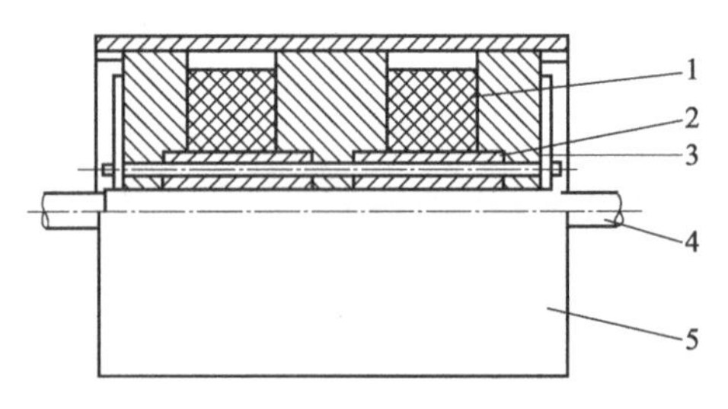

图 4-35　电磁滚筒的结构示意图

1—线圈；2—铁芯；3—铁盘；4—轴；5—滚筒

② 悬挂式磁选机：悬挂式磁选机主要用来去除城市垃圾中的铁器，保护破碎设备及其他设备免受损坏。悬挂式磁选机也称除铁器，有一般式除铁器和带式除铁器两种（图 4-36）。当铁物数量少时采用一般式，当铁物数量多时采用带式。一般式除铁器是通过切断电磁铁的电流排除铁物，

而带式除铁器则是通过胶带装置排除铁物。

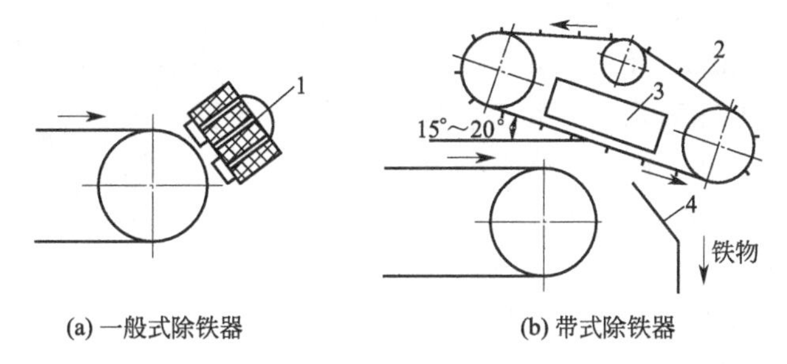

图 4-36 悬挂式磁选机

1—电破铁；2—胶带装置；3—吸铁箱；4—接铁箱

(2) 磁流体分选

1) 磁流体分选原理 磁流体分选是利用磁流体作为分选介质，在磁场或磁场和电场的联合作用下产生"加重"作用，按固体废物各组分的磁性和密度的差异或磁性、导电性和密度的差异，使不同组分分离。当固体废物中各组分间的磁性差异小而密度或导电性差异较大时，采用磁流体可以对其进行有效分离。

所谓磁流体是指某种能够在磁场或磁场和电场联合作用下磁化，呈现磁加重现象，对颗粒产生磁浮力作用的稳定分散液。通常使用的磁流体有强电解质溶液、顺磁性溶液和铁磁性胶体悬浮液。磁流体分选根据分离原理与介质的不同，可分为磁流体动力分选和磁流体静力分选两种。

磁流体动力分选是在磁场（包括均匀磁场或非均匀磁场）与电场的联合作用下，以强电解质溶液为分选介质，按固体废物中各组分间密度、比磁化率和电导率的差异使不同组分分离。

磁流体静力分选是在非均匀磁场中，以顺磁性液体和铁磁性胶体悬浮液为分选介质，按固体废物中各组分间密度和比磁化率的差异进行分离。由于不加电场，不存在电场和磁场联合作用产生的特性涡流，故称为静力分选。

2) 分选介质 理想的分选介质应具有磁化率高、密度大、黏度低、稳定性好、无毒无刺激、无色透明、价廉易得等特殊条件。

① 顺磁性盐溶液：顺磁性盐溶液有 30 余种，Mn、Fe、Ni、Co 盐的水溶液均可作为分选介质。常用的有 $MnCl_2 \cdot 4H_2O$、$MnBr_2$、$MnSO_4$、$Mn(NO_3)_2$、$FeCl_2$、$FeSO_4$、$Fe(NO_3)_2 \cdot 2H_2O$、$NiCl_2$、$NiBr_2$、$NiSO_4$、$CoCl_2$、$CoBr_2$ 和 $CoSO_4$ 等。这些盐溶液的体积磁化率约为 $8\times10^{-7}\sim8\times10^{-8}$，真密度约为 1400～1600kg/m^3，且黏度低、无毒。在这些溶液中，$MnCl_2$ 和 $Mn(NO_3)_2$ 溶液基本具有上述分选介质所要求的特性条件，是较理想的分选介质。$FeSO_4$、$MnSO_4$ 和 $CoSO_4$ 水溶液价格便宜，适合分离固体废物（轻产物密度 <3000kg/m^3）。

② 铁磁性胶粒悬浮液：一般采用超细粒（10nm）磁铁矿胶粒作分散质，用油酸、煤油等非极性液体介质，并添加表面活性剂作为分散剂调制成铁磁性胶粒悬浮液。一般每升该悬浮液中含 $10^7\sim10^{18}$ 个磁铁矿粒子。其真密度为 1050～2000kg/m^3，在外磁场及电场作用下，可使介质加重到 20000kg/m^3。这种磁流体介质黏度高，稳定性差，介质回收再生困难。

3）磁流体分选设备　图 4-37 为 J. Shimoiizaka 分选槽构造及工作原理示意图。该磁流体分选槽的分离区呈倒梯形，上宽 130mm、下宽 50mm、高 150mm、纵向深 150mm。采用永磁磁系，分离密度较高的物料时，磁系用钐-钴合金磁铁。每个磁体大小为 40mm × 123mm× 136mm，两个磁体相对排列，夹角为 30°。分离密度较低的物料时，磁系用锶、铁氧体磁体，图中阴影部分相当于磁体的空气隙，物料在这个区域中被分离。这种分选槽使用的分选介质是油基或水基磁流体。它可用于汽车的废金属碎块的回收、低温破碎物料的分离和从垃圾中回收金属碎块等。

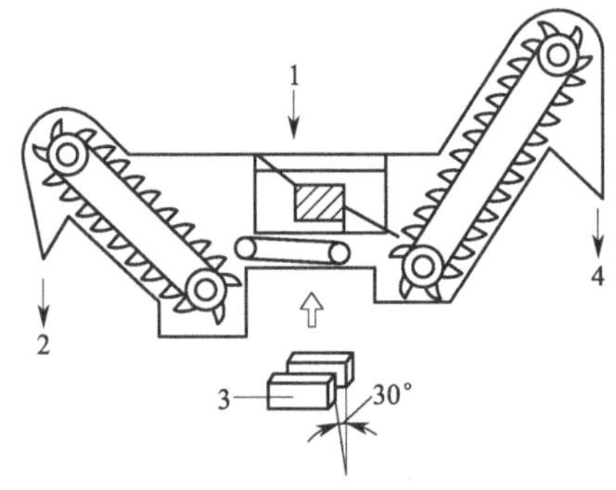

图 4-37　J. Shimoiizaka 分选槽构造及工作原理示意图

1—给料；2—沉下物；3—磁铁；4—浮升物

4.2.4.4　电力分选

电力分选简称电选，是在高压电场中依据固体废物中各种组分导电性能的差异而实现分选的一种方法。一般物质大致可分为电的良导体、半导体和非导体，它们在高压电场中有着不同的运动轨迹，加上机械力的共同作用，即可将它们互相分开。

电力分选（electric separation，elektronische Trennung）过程是在电晕-静电复合电场电选设备中进行的，分离过程如图 4-39 所示。废物由给料斗均匀地给入滚筒上，随着滚筒的旋转，废物颗粒进入电晕电场区。由于空间带有电荷，导体和非导体颗粒都获得负电荷（与电晕电极的电性相同），导体颗粒一面荷电，一面又把电荷传给滚筒（接地电极），其放电速度快，因此，当废物颗粒随滚筒旋转离开电晕电场区而进入静电场区时，导体颗粒的剩余电荷少，而非导体颗粒则因放电速率慢，致使剩余电荷多。导体颗粒进入静电场后不再继续获得负电荷，但仍继续放电，直至放完全部负电荷，并从滚筒上得到正电荷而被滚筒排斥。在静电斥力、离心力和重力的综合作用下，其运动轨迹偏离滚筒，而在滚筒前方落下。偏向电极的静电力作用更增大了导体颗粒的偏离程度。非导体颗粒由于有较多的剩余负电荷，将与滚筒相吸而附在滚筒上，带到滚筒后方，被毛刷强制刷下。半导体颗粒的运动轨迹则介于导体与非导体颗粒之间，成为半导体产品落下，从而完成电选分离过程。

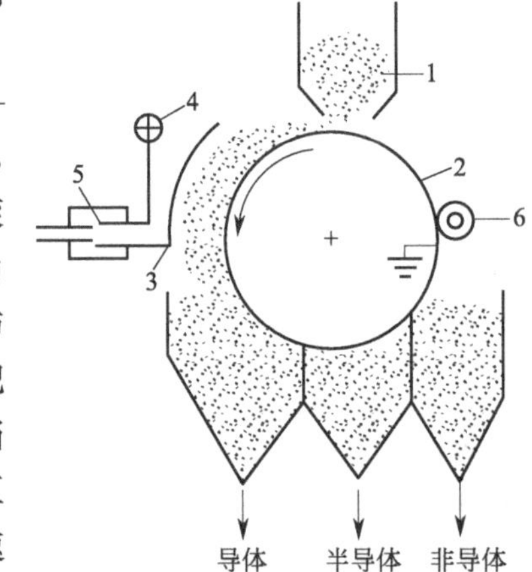

图 4-38　电选分离过程示意图

1—给料斗；2—辊筒电极；3—电晕电极；4—偏向电极；5—高压绝缘子；6—毛刷

1）静电分选机　图 4-39 是滚筒式静电鼓式分选机的构造和原理示意图。将含有铝和玻璃的废物，通过电振给料器均匀地送到带电滚筒上，铝为良导体，从滚筒电极获得相同符号的大量电荷，因而被滚筒电极排斥落入铝收集槽内。玻璃为非导体，与带电滚筒接触被极化，在靠近滚筒一端产生相反的束缚电荷，被滚筒吸住，随滚筒至后面被毛刷强制刷落进入玻璃收集槽，从而实现铝与玻璃的分离。

2）YD-4 型高压电选机　YD-4 型高压电选机的构造如图 4-40 所示。其工作原理是将粉煤灰均匀送到旋转接地滚筒上，带入电晕电场后，炭粒由于导电性良好，很快失去电荷，进入静电场后从滚筒电极获得相同符号的电荷而被排斥，在离心力、重力及静电斥力综合作用下落入集炭槽成为精煤；而灰粒由于导电性较差，能保持电荷，与带相反符号电荷的滚筒相吸，并牢固地吸附在滚筒上，最后被毛刷强制刷下落入集灰槽，从而实现炭灰分离。

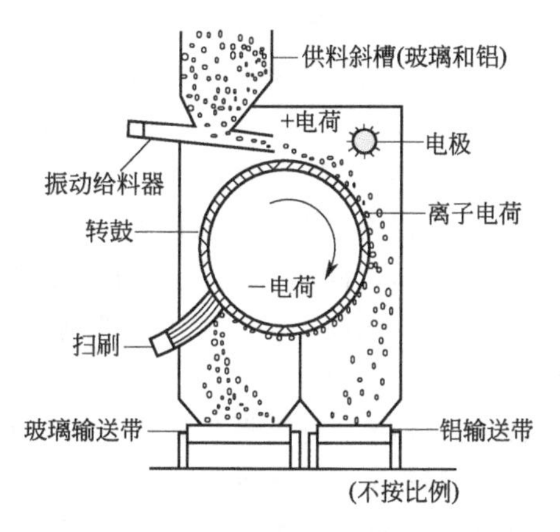

图 4-39　滚筒式静电鼓式分选机的构造和原理示意图

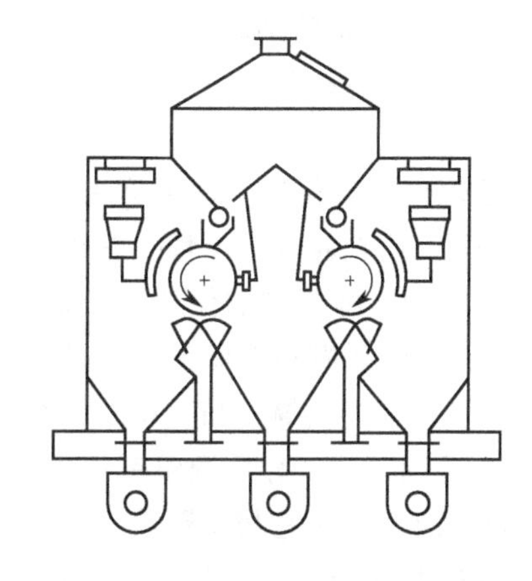

图 4-40　YD-4 型高压电选机的构造示意图

该电选机特点是具有较宽的电晕电场区、特殊的下料装置和防积灰漏电措施。整机密封性能好，采用双筒并列式，结构合理、紧凑，处理能力大，效率高，可作为粉煤灰专用设备。

4.2.4.5　浮选

(1) 浮选原理

浮选是在固体废物与水调制的料浆中加入浮选药剂，并通入空气形成无数细小气泡，使欲选物质颗粒黏附在气泡上，随气泡上浮于料浆表面成为泡沫层，然后刮出回收；不浮的颗粒仍留在料浆内，通过适当处理后废弃。

在浮选过程中，固体废物各组分对气泡黏附的选择性，是由固体颗粒、水、气泡组成的三相界面间的物理化学特性所决定的，其中比较重要的是物质表面的湿润性。

固体废物中有些物质表面的疏水性较强，容易黏附在气泡上；而另一些物质表面亲水，不易黏附在气泡上。物质表面的亲水、疏水性能，可以通过浮选药剂的作用而加强。因此，在浮选工艺中正确选择、使用浮选药剂是调整物质可浮性的主要外因条件。

(2) 浮选药剂

根据药剂在浮选过程中的作用不同，可分为捕收剂、起泡剂和调整剂三大类。

1) 捕收剂　捕收剂能够选择性地吸附在欲选的物质颗粒表面上，使其疏水性增强，提高可浮性，并牢固地黏附在气泡表面而上浮。

常用的捕收剂有极性捕收剂和非极性油类捕收剂两类。良好的捕收剂应具备：a. 捕收作用强，具有足够的活性；b. 有较高的选择性，最好只对一种物质颗粒具有捕收作用；c. 易溶于水、无毒、无臭、成分稳定、不易变质；d. 价廉易得。

2) 起泡剂　起泡剂是一种表面活性物质，主要作用在水-气界面上，使其界面张力降低，促使空气在料浆中弥散，形成小气泡，防止气泡兼并，增大分选界面，提高气泡与颗粒的黏附性和上浮过程中的稳定性，以保证气泡上浮形成泡沫层。

常用的起泡剂有松油、松醇油、脂肪酸等。浮选用的起泡剂应具备：a. 用量少，能形成量多、分布均匀、大小适宜、韧性适当和黏度不大的气泡；b. 有良好的流动性、适当的水溶性，无毒、无腐蚀性，便于使用；c. 无捕收作用，对料浆的 pH 值变化和料浆中的各种物质颗粒有较好的适应性。

3）调整剂　调整剂的作用主要是调整其他药剂（主要是捕收剂）与物质颗粒表面之间的作用，还可调整料浆的性质，提高浮选过程的选择性。调整剂的种类较多，按其作用可分为以下四种。

① 活化剂：活化剂的作用称为活化作用，它能促进捕收剂与欲选颗粒之间的作用，从而提高欲选物质颗粒的可浮性。常用的活化剂多为无机盐，如硫化钠、硫酸铜等。

② 抑制剂：抑制剂的作用是削弱非选物质颗粒和捕收剂之间的作用，抑制其可浮性，增大其与欲选物质颗粒之间的可浮性差异，它的作用正好与活化剂相反。常用的抑制剂有各种无机盐（如水玻璃等）和有机物（如单宁、淀粉等）。

③ 介质调整剂：介质调整剂的主要作用是调整料浆的性质，使料浆对某些物质颗粒的浮选有利，而对另一些物质颗粒的浮选不利。常用的介质调整剂是酸和碱类。

④ 分散与混凝剂：分散与混凝剂的作用是调整料浆中细泥的分散、团聚与絮凝，以减小细泥对浮选的不利影响，改善和提高浮选效果。常用的分散剂有无机盐类（如苏打、水玻璃等）和高分子化合物（如各类聚磷酸盐等），常用的混凝剂有石灰、明矾、聚丙烯酰胺等。

（3）浮选设备

国内外浮选设备类型很多，我国使用最多的是机械搅拌式浮选机，其构造如图 4-41 所示。

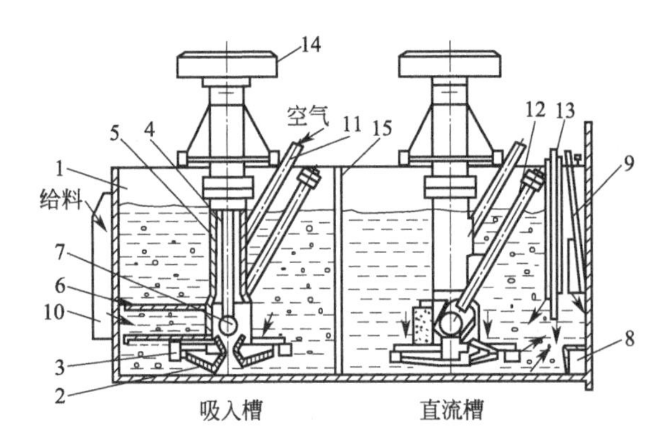

图 4-41　机械搅拌式浮选机

1—槽子；2—叶轮；3—盖板；4—轴；5—套管；6—进浆管；
7—循环孔；8—稳流板；9—闸门；10—受浆箱；11—进气管；
12—调节循环量的闸门；13—闸门；14—皮带轮；15—槽间隔板

大型浮选机每两个槽为一组，第一个槽为吸入槽，第二个槽为直流槽。小型浮选机多为 4～6 个槽为一组，每排可以配置 2～20 个槽。每组有一个中间室和料浆面调节装置。浮选机工作时，料浆由进浆管进入，送到盖板与叶轮中心处。由于叶轮的高速旋转，在盖板与叶轮中心处造成一定的负压，空气由进气管和套管吸入，与料浆混合后一起被叶轮甩出。在强烈的搅拌下气流被分散成无数微细气泡，欲选物质颗粒与气泡碰撞黏附在气泡上而浮升至料浆表面形成泡沫层，经刮泡机刮出成为泡沫产品，再经消泡脱水后即可回收。

(4) 浮选工艺过程

浮选工艺过程包括下列程序：

1) 浮选前料浆的调制　料浆的调制主要包括废物的破碎、磨碎等，目的是得到粒度适宜、基本上是单体解离的颗粒，浮选的料浆浓度必须适合浮选工艺的要求。

2) 加药调整　添加药剂的种类与数量，应根据欲选物质颗粒的性质通过试验确定。

3) 充气浮选　将调制好的料浆引入浮选机内，由于浮选机的充气搅拌作用，形成大量的分散气泡，提供颗粒与气泡相碰撞接触的机会，根据所产生的气泡对颗粒物的吸附特性，可以达到一定的分离效果。

一般浮选法大多是将有用物质浮入泡沫产品，而无用或回收经济价值不大的物质仍留在料浆内，这种浮选法称为正浮选。但也有将无用物质浮入泡沫产物中，将有用物质留在料浆中的方法，这种浮选法称为反浮选。

固体废物中含有两种或两种以上的有用物质，其浮选方法有优先浮选和混合浮选。优先浮选是将固体废物中有用物质依次选出，成为单一物质产品；混合浮选是将固体废物中有用物质共同选出，即为混合物，然后再把混合物中有用物质依次分离。

4.2.4.6　其他分选方法

(1) 摩擦与弹跳分选

1) 基本原理　摩擦与弹跳分选是根据固体废物中各组分的摩擦系数和碰撞系数的差异，在斜面上运动或与斜面碰撞弹跳时，产生不同的运动速度和弹跳轨迹而实现彼此分离的一种处理方法。

固体废物从斜面顶端给入，并沿着斜面向下运动时，其运动方式随颗粒的性质或密度不同而不同。其中纤维状废物或片状废物几乎全靠滑动，球形颗粒有滑动、滚动和弹跳三种运动。

当颗粒单体（不受干扰）在斜面上向下运动时，纤维体或片状体的滑动速度较小，所以，它脱离斜面抛出的初速度较小，而球形颗粒由于是滑动、滚动和弹跳相结合的运动，其加速度较大，运动速度较快，因此，它脱离斜面抛出的初速度也较大。

城市垃圾自一定高度放到斜面上时，废纤维、有机垃圾和灰土等近似塑性碰撞，不产生弹跳；而砖瓦、铁块、碎玻璃、废橡胶等则属弹性碰撞，产生弹跳，跳高碰撞点较远。两者运动轨迹不同，因而得以分离。

2) 摩擦与弹跳分选设备　摩擦与弹跳分选设备有带式筛、斜板运输分选机及反弹滚筒分选机等。

① 带式筛：带式筛是一种倾斜安装带有振动装置的运输带，如图 4-42 所示。其带面由筛网或刻沟的胶带制成。带面安装倾角 α 大于颗粒废物摩擦角，小于纤维废物摩擦角。废物从带面下半部由上方给入，由于带面的振动，颗粒废物在带面上做弹性碰撞，向带下部弹跳，又因带面倾角大于颗粒废物的摩擦角，所以颗粒废物还有下滑的运动，最后从带的下端排出，从而使颗粒状废物与纤维废物分离。纤维废物与带面为塑性碰撞，基本不产生弹跳，并且带面倾角小于纤维废物摩擦角，所以纤维废物不沿带面下滑，而随带面一起向上运动，从带的上端排出。在向上运动过程中，由于带面的振动使一些细粒灰土透过筛孔从筛下排出。

② 斜板运输分选机：图 4-43 是斜板运输分选机的工作原理示意图。城市垃圾由给料皮

带运输机从斜板运输分选机下半部的上方给入，其中砖瓦、铁块、玻璃等与斜板板面产生弹性碰撞，向板面下部弹跳，从斜板分选机下端排入重的弹性产物收集仓，而纤维织物、木屑等与斜板板面为塑性碰撞，不产生弹跳，因而随斜板运输板向上运动，从斜板上端排入轻的非弹性产物收集仓，从而实现分离。

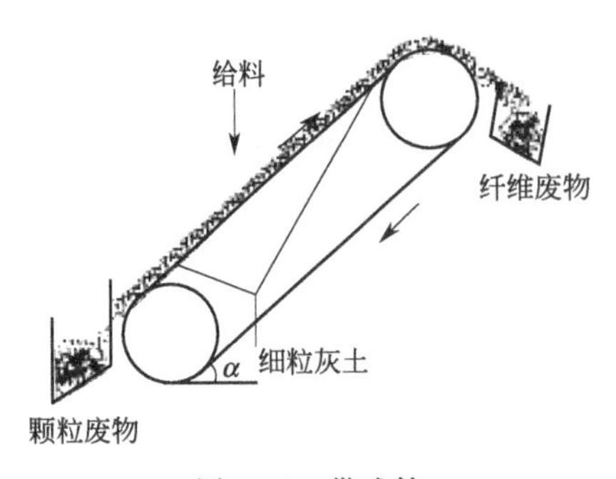

图 4-42 带式筛

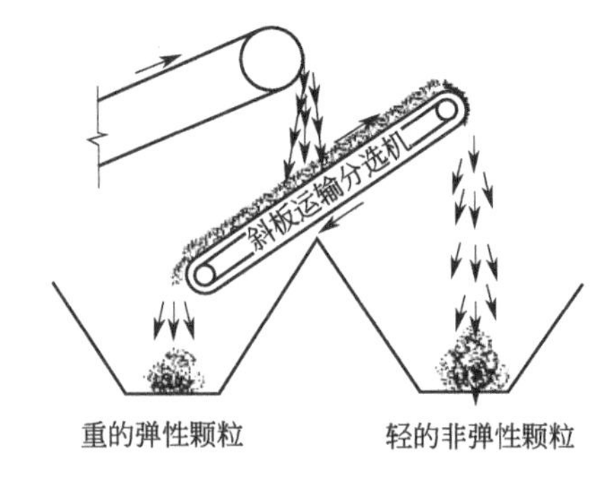

图 4-43 斜板运输分选机

③ 反弹滚筒分选机：如图 4-44 为反弹滚筒分选机，其工作过程是将城市垃圾由倾斜抛物皮带运输机抛出，与回弹板碰撞，其中铁块、砖瓦、玻璃等与回弹板、分料滚筒产生弹性碰撞，被抛入重的弹性产品收集仓；而纤维废物、木屑等与回弹板为塑性碰撞，不产生弹跳，被分料滚筒抛入轻的非弹性产品收集仓，从而实现分离。

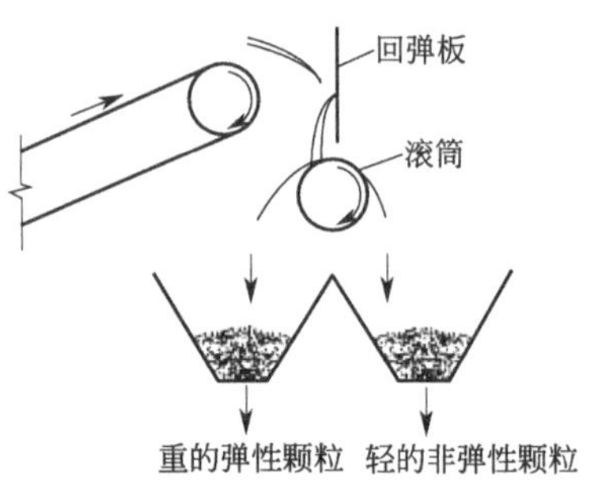

图 4-44 反弹滚筒分选机

(2) 光电分选

1) 光电分选系统及工作过程 光电分选系统及工作过程包括以下三个部分。

① 给料系统：固体废物入选前，需要预先进行筛分分级，使之成为窄粒级物料，并清除废物中的粉尘，以保证信号清晰，提高分选精度。分选时，使预处理后的物料颗粒排队呈单行，逐一通过光检区受检，以保证分离效果。

② 光检系统：光检系统包括光源、透镜、光敏元件及电子系统等。这是光电分选机的“心脏”。因此，要求光检系统工作准确可靠，工作中要维护保养好，经常清洗，减少粉尘污染。

③ 分离系统（执行机构）：固体废物通过光检系统后，检测所得光电信号经过电子电路放大，与规定值进行比较处理，然后驱动执行机构，一般为高频气阀（频率为 300Hz），将其中一种物质从物料流中吹动使其偏离出来，从而使物料中不同物质得以分离。

2) 光电分选机 图 4-45 是光电分选过程示意图。固体废物经预先窄分级后进入料斗，由振动溜槽均匀地逐个落入高速沟槽进料皮带上，在皮带上拉开一定距离并排队前进，从皮带首端抛入光检箱受检。当颗粒通过光检测区时，受光源照射，背景板显示颗粒的颜色，当欲选颗粒的颜色与背景颜色不同时，反射光经光电倍增管转换为电信号（此信号随反射光的强度变化），电子电路分析该信号后，产生控制信号驱动高频气阀，喷射出压缩空气，将电子电路分析出的异色颗粒（即欲选颗粒）吹离原来的下落轨道，加以收集；而颜色符合要求的颗粒仍按原来的轨道自由下落加以收集，从而实现分离。光电分选可用于从城市垃圾中回收橡胶、塑料、金属等物质。

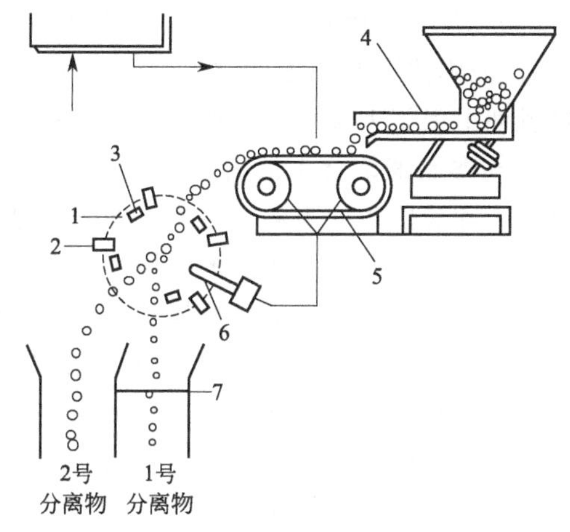

图 4-45 光电分选过程示意图

1—光检箱；2—光电池；3—标准色板；4—振动溜板；
5—有高速沟的进料皮带；6—压缩空气喷管；7—分离板

4.2.5 固体废物的脱水与干燥

固体废物含水率较高时，不利于其运输和后续处理，难以贮藏。固体废物的脱水问题常见于城市污水与工业废水处理厂产生的污泥处理以及类似于污泥含水率的其他固体废物的处理。按其所含成分的不同，需进行脱水处理的固体废物分为两大类：一类是以无机物为主要成分的无机泥渣或污泥，如冶金、建材等工业废水处理后的固体废物，其特性是密度较大、含水率较低、易于脱水，但流动性较差、对设备和管道磨损严重；另一类是以有机物为主要成分的有机泥渣或污泥，纺织、造纸、食品等工业废水和城市污水处理后的固体废物多属于此类，其特性是有机物含量高、容易腐败发臭、密度较小、含水率较高，呈胶体结构，不易脱水，但流动性较好，便于用管道输送。

凡含水率超过 90％的固体废物，必须先脱水减容，以便于包装、运输与资源化利用。

4.2.5.1 水分存在形式及脱除方法

需脱水处理的固体废物的种类较多，按废水的性质和水处理方法有生活污水污泥、工艺废水污泥和给水污泥。按来源有初次沉淀污泥、剩余污泥、熟污泥和化学污泥。按成分和某些性质又有有机污泥和无机污泥、亲水性污泥和疏水性污泥等。按污泥处理的不同阶段有生污泥、浓缩污泥、消化污泥、脱水污泥和干化（燥）污泥等。但无论哪一种都有共同的特征——含水率高。

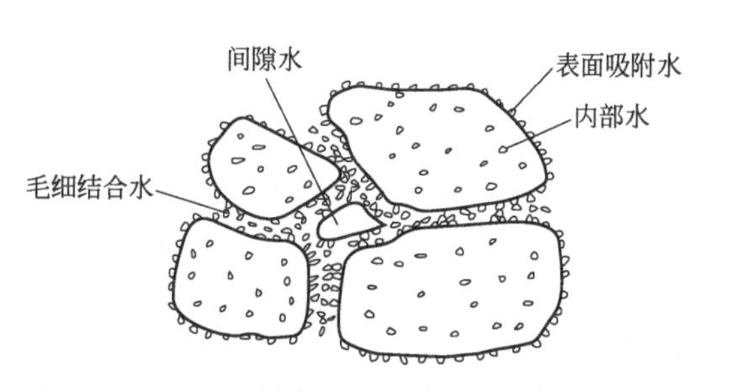

图 4-46 污泥中水分存在的形式

(1) 水分存在形式

污泥中所含的水分，按它的存在形式，可分为间隙水、毛细结合水、表面吸附水和内部水四种，如图 4-46 所示。

1）间隙水 存在污泥颗粒间隙中的水称为间隙水，占污泥水分的 70％左右，是污泥浓缩的主要对象。间隙水不直接与固体颗粒结合，因而很容易分离，通常采用浓缩法分离。当间隙水很多时，只需要在调节池或浓缩池中停留几小时，就可利用重力作用使间隙水分离出来。

2）毛细结合水　在细小污泥固体颗粒周围的水，由于产生毛细现象，可以构成如下几种结合水：在固体颗粒的接触面上由于毛细压力的作用而形成的楔形毛细结合水；充满于固体本身裂隙中的毛细结合水。各类毛细结合水约占污泥中水分总量的20%。由毛细现象形成的毛细结合水受到液体凝聚力和液固表面附着力作用，要分离出毛细结合水需要有较高的机械作用力和能量，可以用与毛细水表面张力相反的作用力，例如离心力、负压抽真空、电渗力或热渗力等，常用离心机、真空过滤机或高压压滤机来除去这部分水。

3）表面吸附水　吸附于污泥颗粒表面的水称为表面吸附水，占污泥水分的7%左右。污泥常处于胶体颗粒状态，比表面积大，在表面张力作用下能吸附较多的水分。表面吸附水的去除较难，不能用普通的浓缩或脱水方法去除，可用加热法脱除。

4）内部水　存在于污泥颗粒内部的水称为内部水，占污泥水分的3%左右。内部水与固体结合得很紧，用机械方法不能脱除，但可用高温加热法或冷冻法去除。

污泥中水分与污泥颗粒结合的强度由大到小的顺序大致为内部水＞表面吸附水＞毛细结合水＞间隙水，该顺序也是污泥脱水的难易程度。

另外，污泥脱水的难易还与污泥颗粒的大小和污泥中有机物的含量有关。污泥颗粒越细、有机物含量越高，其脱水的难度就越大。

(2) 脱水方法

固体废物脱水方法很多，概括起来主要有浓缩脱水、机械脱水等。

浓缩脱水仅对自由水分的脱除有效，主要利用的是重力场和低强度离心力场的作用进行脱水；机械脱水对自由水分和部分间隙水分的脱除有效，主要是利用人工压应力场和高强度离心力场的作用进行脱水。

不同的脱水方法，其脱水装置、脱水效果都有所不同。

1）浓缩脱水　浓缩脱水的目的是除去固体废物中的间隙水，缩小体积，为输送、消化、脱水、利用与处置创造条件。当固体废物中水分由99%降至96%时，体积缩小至原来的1/4。

浓缩脱水方法主要有重力浓缩法、气浮浓缩法和离心浓缩法。

① 重力浓缩法：重力浓缩（gravity thickening，die Schwerkraftkonzentration）是借重力作用使固体废物脱水的方法。该方法不能进行彻底的固液分离，常与机械脱水配合使用，作为初步浓缩以提高过滤效率。重力浓缩的构筑物称为浓缩池。按运行方式分为间歇式浓缩池（图4-47）和连续式浓缩池。

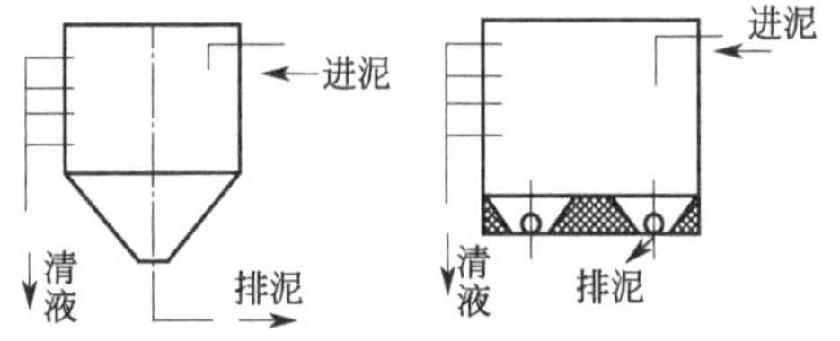

图4-47　间歇式浓缩池

连续式浓缩池多用于大中型污水处理厂，其结构类似于辐射沉淀池。可分为带刮泥机与搅动栅、不带刮泥机、带刮泥机多层浓缩池三种。图4-48为带刮泥机与搅动栅连续式浓缩池结构示意图。

② 气浮浓缩法：其原理是依靠大量微小气泡附着在颗粒上，形成颗粒-气泡结合体，进而产生浮力把颗粒带到水表面达到浓缩的目的。气浮浓缩法相比于重力浓缩法，其优点有以下六个方面：一是浓缩率高，固体废物含量浓缩至5%～7%（重力浓缩为4%）；二是固体物质回收率达99%以上；三是浓缩速度快，停留时间短（为重力浓缩的1/3）；四是操作弹性大（四季气候均可）；五是不易腐败发臭；六是操作管理简单，设备紧凑，占地面积小。

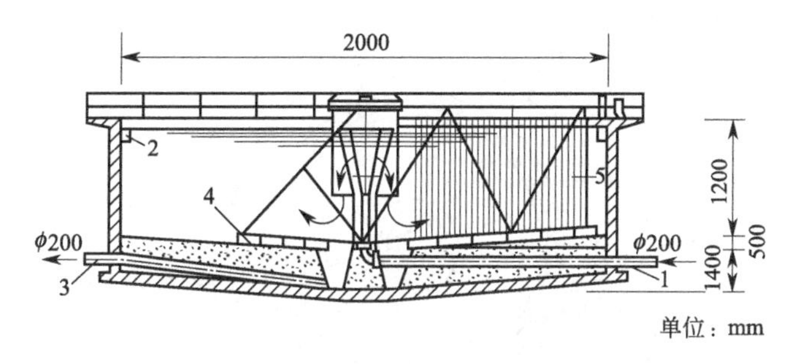

图 4-48　带刮泥机与搅动栅连续式浓缩池结构示意图

1—中心进泥管；2—上清液溢流堰；3—底流排出管；4—刮泥机；5—搅动栅

其缺点有以下两个方面：一是基建和操作费用高；二是运行费用高。

③ 离心浓缩法：其原理是利用固体颗粒和水的密度差异，在高速旋转的离心机中，固体颗粒和水分分别受到大小不同的离心力而使其固液分离的过程。离心浓缩机占地面积小、造价低，但运行与机械维修费用较高。目前用于污泥离心分离的设备主要有倒锥分离板型离心机和螺旋卸料离心机两种，如图 4-49 所示。

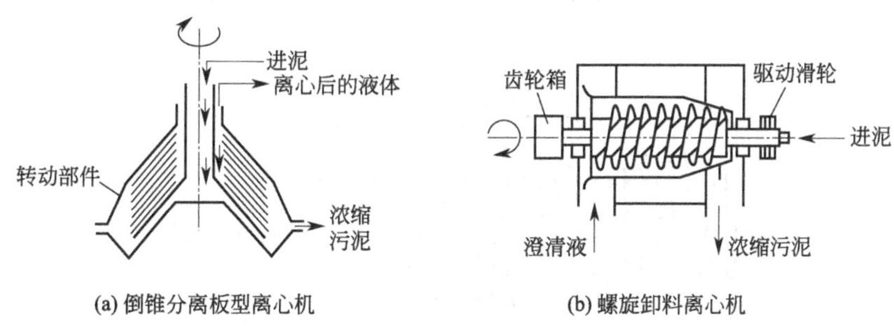

图 4-49　离心浓缩机示意图

2）机械脱水　利用具有许多毛细孔的物质作为过滤介质，以过滤介质两侧产生的压力差作为推动力，使固体废物中的溶液穿过介质成为滤液，固体颗粒被截留在介质之上成为滤饼的固液分离操作过程就是机械过滤脱水，它是应用最广泛的固液分离过程。

① 过滤介质：具有足够的机械强度和尽可能小的流动阻力的滤饼的支撑物就是过滤介质，常用的有织物介质、粒状介质、多孔固体介质三类。织物介质包括棉、毛、丝、麻等天然纤维和合成纤维制成的织物以及玻璃丝、金属丝等制成的网状物；粒状介质包括细砂、木炭、硅藻土及工业废物等颗粒状物质；多孔固体介质则是具有很多微细孔道的固体材料。

② 过滤设备：按作用原理划分机械脱水的方法及设备主要有以下几种。

真空过滤采取加压或抽真空将滤层内的液体用空气或蒸气排出的通气脱水法，常用设备为真空过滤机。真空过滤是在负压条件下的脱水过程，见图 4-50。

压滤是靠机械压缩作用的压榨法，加压过滤设备主要分为板框压滤机、叶片压滤机、滚压带式压滤机等类型。压滤是在外加一定压力的条件下使含水固体废物脱水的操作，可分为间歇式（如板框压滤机，见图 4-51）和连续式（如滚压带式压滤机，见图 4-52）两种。

离心脱水是利用离心力取代重力或压力作为推动力对含水固体废物进行沉降分离、过滤脱水的过程，按分离系数的大小可分为高速离心脱水机（分离系数大于 3000）、中速离心脱

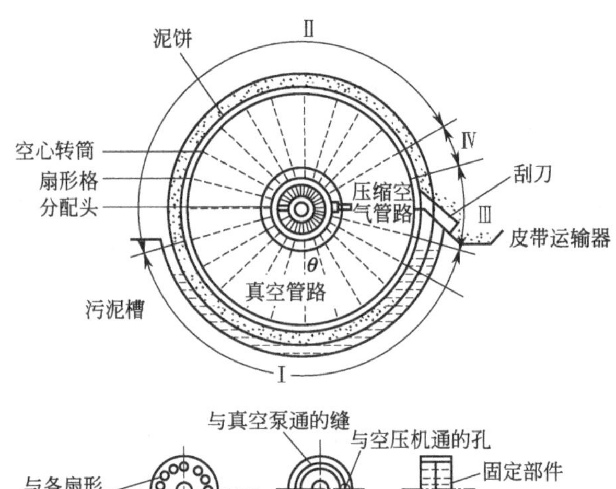

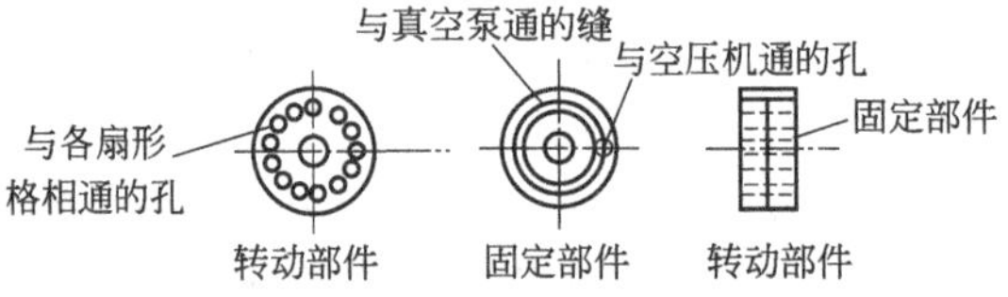

图 4-50 转鼓真空过滤机

Ⅰ—滤饼形成区；Ⅱ—吸干区；Ⅲ—反吹区；Ⅳ—休止区

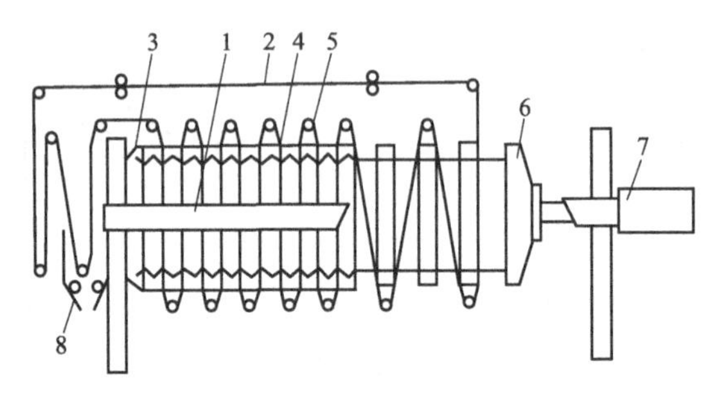

图 4-51 板框压滤机

1—主梁；2—滤布；3—固定压板；4—滤板；5—滤框；6—活动压板；7—压紧机构；8—洗刷槽

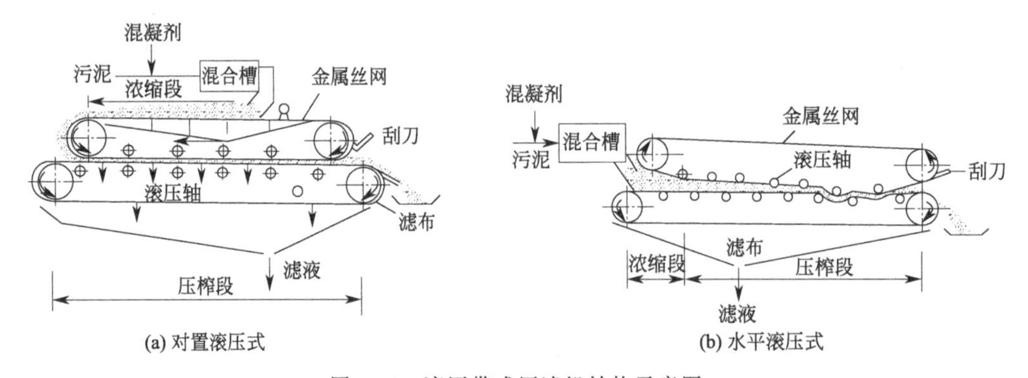

图 4-52 滚压带式压滤机结构示意图

水机（分离系数 1500～3000）、低速离心脱水机（分离系数 100～1500）；按离心脱水原理有离心过滤机（见图 4-53）、离心沉降脱水机（如圆筒形和圆锥形离心脱水机，圆筒形离心脱水机见图 4-54）和沉降过滤式离心机（见图 4-55）。

造粒脱水是使用高分子絮凝剂进行泥渣分离时形成含水较低的泥丸的过程，其设备见

图 4-56。每种脱水设备的优缺点及适用范围见表 4-1。

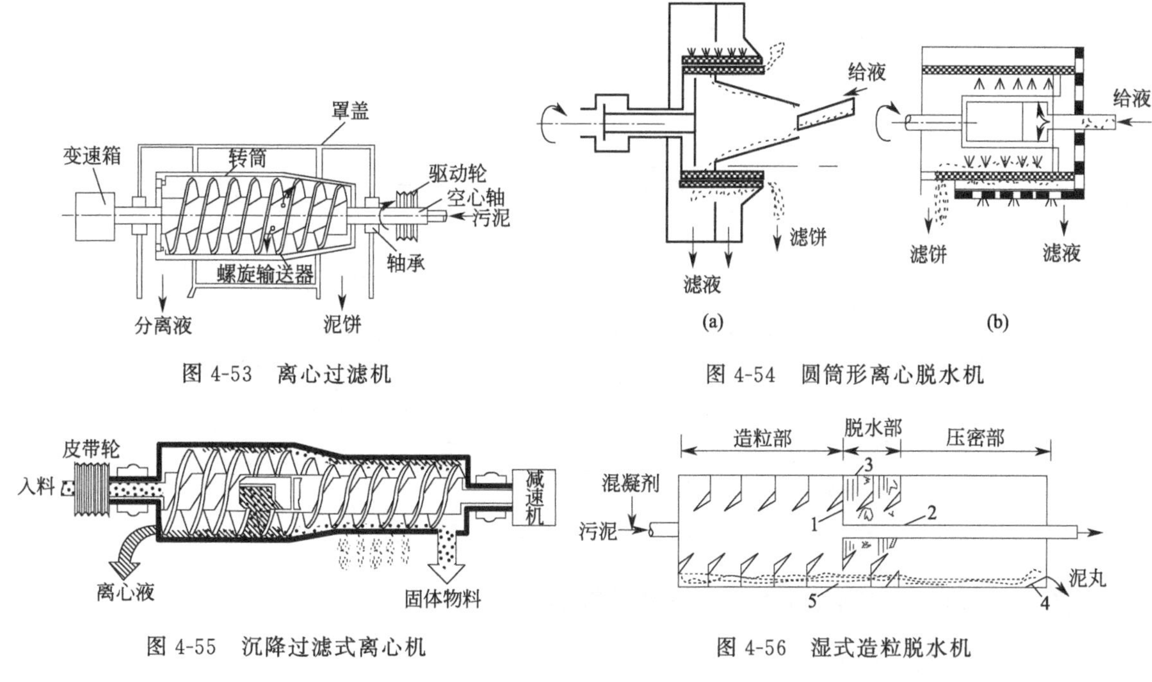

图 4-53 离心过滤机

图 4-54 圆筒形离心脱水机

图 4-55 沉降过滤式离心机

图 4-56 湿式造粒脱水机

表 4-1 脱水设备的优缺点及适用范围

脱水设备	优点	缺点	适用范围
真空过滤机	能连续操作,运行平衡,可以自动控制,处理量较大,滤饼含水率较高	污泥脱水前需进行预处理,附属设备多,工序复杂,运行费用较高	适于各种污泥的脱水
板框压滤机	制造较方便,适应性强,自动进料、卸料,滤饼含水率较低	间歇操作,处理量较低	适于各种污泥的脱水
滚压带式压滤机	可连续操作,设备构造简单,投资低、自动化程度高	操作麻烦,处理量较低	不适于黏性较大的污泥脱水
离心过滤机	占地面积小,附属设备少,投资低,自动化程度高	分离液不清,电耗较大,机械部件磨损较大	不适于含沙量高的污泥脱水
造粒脱水机	设备简单,电耗低,管理方便,处理量大	钢材消耗量大,混凝剂消耗量较大,污泥泥丸紧密性较差	适于含油污泥的脱水

4.2.5.2 干燥

机械脱水后,固体废物的含水率仍很高,不利于进行焚烧或进一步处理。为进一步脱水可进行干燥处理,干燥处理后含水率可降至 20%~40%。

(1) 干燥原理

利用加热使物料中水分蒸发,也就是随着相变化,水分与固体物料分离。为提高干燥速度,干燥器内一般采取下列措施:

① 将物料分解破碎以增大蒸发面积,提高蒸发速度。

② 使用尽可能高的热载体或通过减压增加物料和热载体间温度差,增加传热推动力。

③ 通过搅拌增大传热传质系数,以强化传热传质过程。

(2) 干燥设备

污泥干燥方法较多,目前常用的是带式流化床干燥器,如图 4-57 所示。

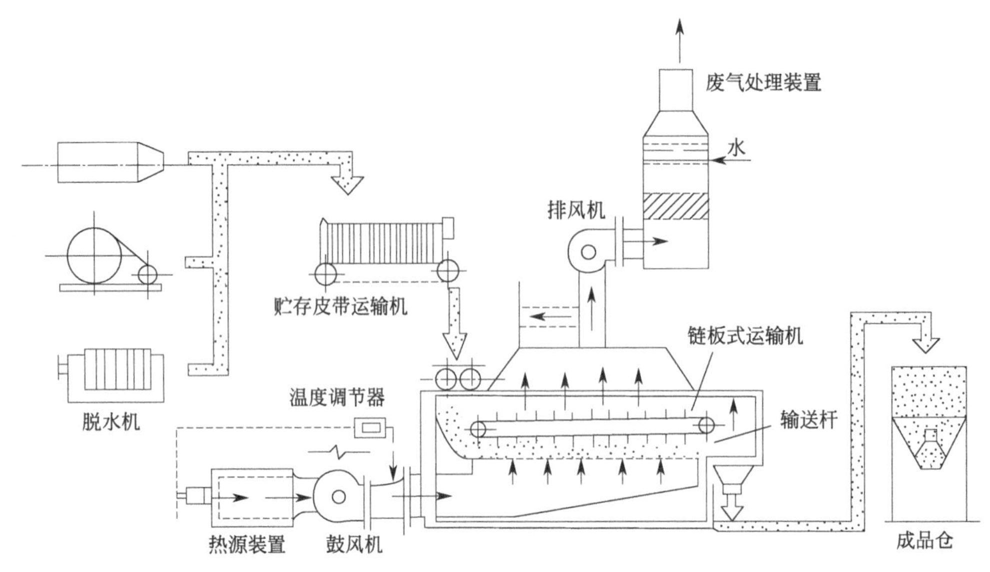

图 4-57 带式流化床干燥器

4.2.6 有毒有害固体废物的化学处理与固化

4.2.6.1 有毒有害固体废物的化学处理

化学稳定化技术（chemical stabilization technology，chemische Stabilisierungstechnologie）以处理重金属废物为主，包括重金属废物的药剂稳定化技术（其中包括 pH 值控制技术、氧化/还原电势控制技术、沉淀技术）、吸附技术、离子交换技术等。

(1) pH 值控制技术

这是一种最普遍、最简单的方法。其原理为：加入碱性药剂，将废物的 pH 值调整至使重金属离子具有最小溶解度的范围，从而实现其稳定化。常用的 pH 值调整剂有石灰［CaO 或 $Ca(OH)_2$］、苏打（Na_2CO_3）、氢氧化钠（NaOH）等。另外，除了这些常用的强碱外，大部分固化基材，如普通水泥、石灰窑灰渣、硅酸钠等也都是碱性物质，它们在固化废物的同时，也有调整 pH 值的作用。另外，石灰及一些类型的黏土可用作 pH 值缓冲材料。

(2) 氧化/还原电势控制技术

为了使某些重金属离子更易沉淀，常需将其还原为最有利的价态。最典型的是把 6 价铬（Cr^{6+}）还原为 3 价铬（Cr^{3+}）、5 价砷（As^{5+}）还原为 3 价砷（As^{3+}）。常用的还原剂有硫酸亚铁、硫代硫酸钠、亚硫酸氢钠、二氧化硫等。

(3) 沉淀技术

常用的沉淀技术包括氢氧化物沉淀、硫化物沉淀、硅酸盐沉淀、碳酸盐沉淀、共沉淀、无机及有机螯合物沉淀等。

1）硫化物沉淀　在重金属稳定化技术中，有三类常用的硫化物沉淀剂，即可溶性无机硫化物沉淀剂、不可溶性无机硫化物沉淀剂和有机硫化物沉淀剂。

① 无机硫化物沉淀：除了氢氧化物沉淀外，无机硫化物沉淀可能是应用最广泛的一种重金属药剂稳定化方法。与前者相比，其优势在于大多数重金属硫化物在所有 pH 值下的溶解度都大大低于其氢氧化物。这里需要强调的是，为了防止 H_2S 的逸出和沉淀物的再溶解，

仍需要将 pH 值保持在 8 以上。另外，由于易与硫离子反应的金属种类很多，硫化剂的添加量应根据所需达到的要求由实验确定，而且硫化剂的加入要在固化基材的添加之前。这是因为废物中的钙、铁、镁等会与重金属竞争硫离子。

② 有机硫化物沉淀：从理论上讲，有机硫稳定剂有很多无机硫化剂所不具备的优点。由于有机含硫化合物普遍具有较高的分子量，因而与重金属形成的不可溶性沉淀具有相当好的工艺性能，易于进行沉降、脱水和过滤等操作。在实际应用中，它们也显示了独特的优越性，例如，可以将废水或固体废物中的重金属浓度降至很低，适应的 pH 值范围也较大等。在美国，这种稳定剂主要用于处理含汞废物，在日本主要用于处理含重金属的粉尘（焚烧灰及飞灰）。

2）硅酸盐沉淀　溶液中的重金属离子与硅酸根之间的反应并不是按单一的比例形成晶态的硅酸盐，而是生成一种可看作由水合金属离子与二氧化硅或硅胶按不同比例结合而成的混合物。这种硅酸盐沉淀在较宽的 pH 值范围（2～11）有较低的溶解度。这种方法在实际处理中应用并不广泛。

3）碳酸盐沉淀　一些重金属，如钡、镉、铅的碳酸盐的溶解度低于其氢氧化物，但碳酸盐沉淀法并没有得到广泛应用。原因在于：当 pH 值低时，二氧化碳会逸出，即使最终的 pH 值很高，最终产物也只能是氢氧化物而不是碳酸盐沉淀。

4）共沉淀　在非铁二价重金属离子与 Fe^{2+} 共存的溶液中，投加等当量的碱调 pH 值，则反应为

$$xM^{2+}+(3-x)Fe^{2+}+6OH^{-}\longrightarrow M_xFe_{3-x}(OH)_6 \tag{4-7}$$

反应生成暗绿色的混合氢氧化物，再用空气氧化使之溶解，反应为

$$M_xFe_{3-x}(OH)_6+O_2\longrightarrow M_xFe_{3-x}O_4 \tag{4-8}$$

经配合反应而生成的黑色的尖晶石型化合物（铁氧体）$M_xFe_{3-x}O_4$。在铁氧体中，三价铁离子和二价金属离子（也包括二价铁离子）之比是 2∶1，故可试以铁氧体的形式投加 Mn^{2+}、Zn^{2+}、Ni^{2+}、Mg^{2+}、Cu^{2+}。

例如，对于含 Cd^{2+} 的废水，可投加硫酸亚铁和氢氧化钠，并以空气氧化之，这时 Cd^{2+} 就和 Fe^{2+}、Fe^{3+} 发生共沉淀而包含于铁氧体中，因而可被永久磁铁吸住，不用担心氢氧化物胶体粒子不好过滤的问题。把 Cd^{2+} 集聚于铁氧体中，使之有可能被永久磁铁吸住，这就是共沉淀法捕集废水中 Cd^{2+} 的原理。

实际上，要去除可参与形成铁氧体的重金属离子，Fe^{2+} 的浓度不必那么高。但要去除 Sn^{2+}、Pb^{2+} 等较难去除的金属离子，Fe^{2+} 的浓度必须足够高。Fe^{3+} 会生成 $Fe(OH)_3$，同时 Fe^{2+} 也易被氧化为 $Fe(OH)_3$。在此过程中，重金属离子可被捕捉于 $Fe(OH)_3$ 沉淀的点阵内或被吸附于其表面，因此，可得到比单纯的氢氧化物沉淀法更好的效果。据报道，Fe^{2+} 与 Fe^{3+} 的比例在（1∶1）～(1∶2）时共沉淀的效果最好。另外，除了氢氧化铁，其他沉淀物如碳酸钙也可以产生共沉淀。

5）无机及有机螯合物沉淀　这是一个尚需探索的领域，但若溶液中的重金属与若干配合剂可以生成稳定可溶的配合物的形态，这将给稳定化带来困难。若废水中含有配合剂，如磷酸酯、柠檬酸盐、葡萄糖酸、氨基乙酸、EDTA 及许多天然有机酸，它们将与重金属离子配位形成非常稳定的可溶性螯合物。由于这些螯合物不易发生化学反应，很难通过一般的方法去除。这个问题的解决办法有三种：

① 加入强氧化剂，在较高温度下破坏螯合物，使金属离子释放出来；

② 由于一些螯合物在高 pH 值条件下易被破坏，还可以用碱性的 Na_2S 去除重金属；

③ 使用高分子有机硫稳定剂，由于它们与重金属形成更稳定的螯合物，因而可以从配合物中夺取重金属并进行沉淀。

所谓螯合物，是指多齿配体以两个或两个以上配位原子同时和一个中心原子配位所形成的具有环状结构的配合物。如乙二胺与 Cr^{2+} 反应得到的产物即为螯合物。

整环的形成使螯合物比相应的非螯合配合物具有更高的稳定性，这种效应称为螯合效应，对 Pb^{2+}、Cd^{2+}、Ag^{+}、Ni^{2+} 和 Cu^{2+} 等 5 种重金属离子都有非常好的捕集效果，去除率均达到 98%以上。对 Co^{2+} 和 Cr^{3+} 的捕集效果较差，但去除率也在 85%以上。稳定化处理效果优于无机硫沉淀剂 Na_2S 的处理效果，得到的产物比用 Na_2S 所得到的能在更宽的 pH 值范围内保持稳定，且从有效溶出量试验的结果来看，具有更高的长期稳定性。

6）氢氧化物沉淀　氢氧化物沉淀法是通过添加碱性物质调节 pH 值使重金属离子生成难溶的氢氧化物而沉淀分离，具有操作简单、价格低廉、pH 值易于控制等特点，是重金属废水处理中最常应用的方法。

(4) 吸附技术

作为处理重金属废物的常用吸附剂有：活性炭、黏土、金属氧化物（氧化铁、氧化镁、氧化铝等)、天然材料（锯末、沙、泥炭等)、人工材料（飞灰、活性氧化铝、有机聚合物等)。研究发现，一种吸附剂往往只对某一种或某几种污染物具有优良的吸附性能，而对其他污染成分则吸附效果不佳。例如，活性炭对吸附有机物最有效；活性氧化铝对镍离子的吸附能力较强，而其他吸附剂对这种金属离子却表现为效果较弱。

(5) 离子交换技术

最常见的离子交换剂是有机离子交换树脂、天然或人工合成的沸石、硅胶等。用有机树脂和其他的人工合成材料去除水中的重金属离子通常是非常昂贵的，而且和吸附一样，这种方法一般只适用于给水和废水处理。另外，还需注意的是，离子交换与吸附都是可逆的过程，如果逆反应发生的条件得到满足，污染物将会重新逸出。

可以大规模应用的重金属稳定化的方法是比较有限的，但由于重金属在危险废物中存在形态的千差万别，具体到某一种废物，需根据所要达到的处理效果对处理方法和实施工艺进行有根据的选择，这方面是很值得研究的。

(6) 重金属废物药剂稳定化技术的重要应用

对于常规的稳定化/固化技术，存在一些不可忽视的问题。例如废物经固化处理后其体积都有不同程度的增加，有的会成倍地胀大，而且随着对固化体稳定性和浸出率的要求逐步提高，在处理废物时会需要更多的凝结剂，这不仅使稳定化与固化技术的费用会接近于其他技术如玻璃化技术，而且会极大地提高处理后固化体的体积，这与废物的小量化和废物的减容处理是相悖的；另一个重要问题是废物的长期稳定性，很多研究都证明了稳定化/固化技术稳定废物成分的主要机理，是废物和凝结剂间的化学键合力、凝结剂对废物的物理包容及凝结剂水合产物对废物的吸附作用。近来，有学者认为物理包容是普通水泥-粉煤灰系统稳定化与固化电镀污泥的主要机理。然而确切的包容机理和对固化体在不同化学环境中的长期行为的认识还很不够，特别是包容机理，当包容体破裂后，废物会重新进入环境造成不可预见的影响。对于固化体中微观化学变化也没有找到合适的监测方法，对固化试样的长期化学浸出行为和物理完整性还没有客观的评价。这些都会影响常规稳定化与固化技术在未来废物处理中的进一步应用。

针对这类问题，近年来国际上提出了采用高效的化学稳定化药剂进行无害化处理的概念，并成为危险废物无害化处理领域的研究热点。

用药剂稳定化技术处理危险废物，可以在实现废物无害化的同时，达到废物少增容或不增容，从而提高危险废物处理处置系统的总体效果和经济性。同时，可以通过改进螯合剂的构造和性能，使之与废物中危险成分之间的化学螯合作用得到强化，进而提高稳定化产物的长期稳定性，减少最终处置过程中稳定化产物对环境的影响。

这一技术的开发与研究将为危险废物稳定化/固化处理开辟新的技术领域，对整个危险废物处理系统的环境效益和经济效益产生重要的影响。

4.2.6.2 有毒有害固体废物的固化

(1) 固化原理和方法

废物固化（waste solidification，die Abfallverfestigung）是用物理-化学方法将有害废物固定或包封在惰性固体基料中使其稳定化的一种方法。通过向废弃物中添加固化基材，使有害固体废弃物能够固定或包容在惰性固化基材中，是在其他方法无效的情况下所实施的一种无害化处理过程。固化产物应具有良好的抗渗透性，良好的机械特性，以及抗浸出、抗干-湿、抗冻-融特性。这样的固化产物可直接在安全土地填埋场处置，也可用作建筑的基础材料或道路的路基材料。

按照固化剂不同，固化处理方法可分为包胶固化、自胶结固化和水玻璃固化等方法。

包胶固化根据固化基材的不同又可分为水泥固化、石灰基固化、热塑性材料固化和有机聚合物固化。自胶结固化类似于包胶固化，其添加剂多为石灰、水泥灰等，常用于烟道气脱硫泥渣的固化，添加量在10%左右。水玻璃固化利用制造陶瓷和玻璃的成熟技术在高温煅烧条件下使废物成为氧化态，再与添加剂一起烧结成为比较稳定的硅酸盐岩石或玻璃体，它适合高放射废物的固化处理。

固化操作步骤：废物预处理→加入固化剂→混合与凝硬→固化体处置。

(2) 固化效果衡量指标

评价固化处理效果的指标有许多，工程实践中最常用的是浸出率、增容比和抗压强度。

浸出率是指固化体浸于水中或其他溶液中时，其中有害物质的浸出速度。因为固化体中的有害物质对环境的污染，主要是由有害物质溶于水中所造成的，所以，可用浸出率的大小预测固化体在贮存地点对环境的危害，同时还用于评价和比较固化方法及工艺条件。浸出率的计算公式如下：

$$k_{in}=\frac{a_r/A_0}{(F/M)t} \tag{4-9}$$

式中，k_{in} 为标准比表面积的样品每天浸出的有害物质的浸出率，$g/(d \cdot cm^2)$；a_r 为浸出时间内浸出的有害物质的量，mg；A_0 为样品中含有的有害物质的量，mg；F 为样品暴露的表面积，cm^2；M 为样品的质量，g；t 为浸出时间，d。

增容比是指形成的固化体体积与被固化危险废物体积的比值，即

$$C_i=\frac{V_2}{V_1} \tag{4-10}$$

式中，C_i 为增容比；V_2 为固化体体积，m^3；V_1 为固化前危险废物的体积，m^3。

增容比是评价固化处理方法和衡量最终成本的重要指标。

为了保证贮存安全，固化体必须具有足够的抗压强度。对于一般的危险废物，经固化处理后的固化体，如进行处置或装桶贮存，对其抗压强度的要求较低，控制在0.1～0.5MPa；如果用作建筑材料，则其抗压强度应大于10MPa。对于放射性废物的固化产品，苏联要求抗压强度大于5MPa，英国要求抗压强度大于20MPa。

(3) 水泥固化技术

1）水泥固化基本理论　水泥是最常用的危险废物稳定剂，由于水泥是一种无机胶结材料，经过水化反应后可以生成坚硬的水泥固化体，所以在废物处理时最常用的是水泥固化技术。水泥的品种很多，例如，普通硅酸盐水泥、矿渣硅酸盐水泥、矾土水泥、沸石水泥等都可以作为废物固化处理的基材。其中最常用的普通硅酸盐水泥（也称为波特兰水泥）是用石灰石、黏土以及其他硅酸盐物质混合在水泥窑中高温下煅烧，然后研磨成粉末状。它是钙、硅、铝及铁的氧化物的混合物，其主要成分是硅酸二钙和硅酸三钙。在用水泥稳定化时，是将废物与水泥混合起来，如果在废物中没有足够的水分，还要加水使之水化。水化以后的水泥形成与岩石性能相近的，整体的钙铝硅酸盐的坚硬晶体结构，这种水化以后的产物，被称为混凝土。废物被掺入水泥的基质中，在一定条件下，废物经过物理、化学的作用更进一步减少它们在废物-水泥基质中的迁移率。典型的例子，如形成溶解性比金属离子小得多的金属氧化物。人们还经常把少量的飞灰、硅酸钠、膨润土或专利产品这些活性剂加入水泥中以增进反应过程。最终依靠所加药剂使粒状的像土壤的物料变成了黏合的块，从而使大量的废物稳定化/固化。以水泥为基础的稳定化/固化技术已经用来处置电镀污泥，这种污泥包含各种金属，如镉、铬、铜、铅、镍、锌。水泥也用来处理复杂的污泥，如多氯联苯、油和油泥；含有氯乙烯和二氯乙烷的废物、多种树脂、被稳定化/固化的塑料、石棉、硫化物以及其他物料。对被污染土壤进行试验表明，用水泥进行的稳定化/固化处置对砷、铅、锌、铜、镉、镍都是有效的，但这种处置方法对有机物的效果还不清楚。

2）水泥固化基材及添加剂　水泥是一种无机胶结材料，由大约4份石灰质原料与1份黏土质原料制成，其主要成分为SiO_2、CaO、Al_2O_3和Fe_2O_3，水化反应后可形成坚硬的水泥石块。可以把分散的固体添料（如砂石）牢固地黏结为一个整体。普通硅酸盐水泥、矿渣硅酸盐水泥、火山灰硅酸盐水泥、矾土水泥、沸石水泥都可以作为固化危险废物的水泥固化基材。对用于水泥固化的水泥标准规格有一定要求。英国在固化中采用的水泥标准规格如下。

① 当用式(4-11)计算时，石灰饱和度（LSF）应不大于1.02，不小于0.66。

$$LSF=\frac{w_{CaO}-0.7w_{SO_3}}{2.8w_{SiO_2}+1.2w_{Al_2O_3}+0.65w_{Fe_2O_3}} \tag{4-11}$$

式中，w_{CaO}、w_{SO_3}、w_{SiO_2}、$w_{Al_2O_3}$、$w_{Fe_2O_3}$为各氧化物在水泥中的质量分数，%。

② 不溶性残渣（在稀酸中）不应超过1.5%。

③ MgO的含量不应超过4%。

④ 当水泥中铝酸三钙的质量百分数小于等于7%时，水泥中总硫（以SO_3计）的质量百分数应小于2.5%；当水泥中铝酸三钙的质量百分数大于7%时，水泥中总硫的质量分数应小于3%。

⑤ 燃烧损失不应超过3%。

由于废物组成的特殊性，水泥固化过程中常会遇到混合不均、凝固过早或过晚、操作难以控制等困难，同时所得固化产品的浸出率高、强度较低。为了改善固化产品的性能，固化过程中需视废物的性质和对产品质量的要求，添加适量的必要添加剂。

添加剂分为有机和无机两大类。无机添加剂有蛭石、沸石、多种黏土矿物、水玻璃、无机缓凝剂、无机速凝剂、骨料等。有机添加剂有硬脂肪酸丁酯、糖酸内酯、柠檬酸等。

3）水泥固化的化学反应　水泥固化是一种以水泥为基材的固化方法。以水泥为基础的固化/稳定化技术是这样一个过程，让废物物料与硅酸盐水泥混合，如果废物中没有水分，则需向混合物中加水，以保证水泥分子跨接所必需的水合作用。此过程所涉及的水合反应主要有以下几个方面。

① 硅酸三钙的水合反应

$$3CaO \cdot SiO_2 + xH_2O \longrightarrow 2CaO \cdot SiO_2 \cdot yH_2O + Ca(OH)_2 \longrightarrow CaO \cdot SiO_2 \cdot mH_2O + 2Ca(OH)_2 \tag{4-12}$$

$$2(3CaO \cdot SiO_2) + xH_2O \longrightarrow 3CaO \cdot 2SiO_2 \cdot yH_2O + 3Ca(OH)_2 \longrightarrow 2(CaO \cdot SiO_2 \cdot mH_2O) + 4Ca(OH)_2 \tag{4-13}$$

② 硅酸二钙的水合反应

$$2CaO \cdot SiO_2 + xH_2O \longrightarrow 2CaO \cdot SiO_2 \cdot xH_2O \longrightarrow CaO \cdot SiO_2 \cdot mH_2O + Ca(OH)_2 \tag{4-14}$$

$$2(2CaO \cdot SO_2) + xH_2O \longrightarrow 3CaO \cdot 2SO_2 \cdot yH_2O + Ca(OH)_2 \longrightarrow 2(CaO \cdot SiO_2 \cdot mH_2O)^{+} + 2Ca(OH)_2 \tag{4-15}$$

③ 铝酸三钙的水合反应

$$3CaO\text{-}Al_2O_3 + xH_2O \longrightarrow 3CaO \cdot Al_2O_3 \cdot xH_2O \tag{4-16}$$

如有氢氧化钙存在，则变为

$$3CaO \cdot Al_2O_3 + xH_2O + Ca(OH)_2 \longrightarrow 4CaO \cdot Al_2O_3 \cdot mH_2O \tag{4-17}$$

亦即

$$3CaO\text{-}Al_2O_3 + Ca(OH)_2 + xH_2O \longrightarrow 4CaO \cdot Al_2O_3 \cdot mH_2O \tag{4-18}$$

④ 铝酸四钙的水合反应

$$4CaO \cdot Al_2O_3 + Fe_2O_3 + xH_2O \longrightarrow 3CaO \cdot Al_2O_3 \cdot mH_2O + CaO \cdot Fe_2O_3 \cdot nH_2O \tag{4-19}$$

在普通硅酸盐水泥的水化过程中进行的主要反应如图 4-58 所示。

最终生成硅铝酸盐胶体的这一连串反应是一个速率很慢的过程，所以为保证固化体得到足够的强度，需要在有足够水分的条件下维持很长的时间对水化的混凝土进行保养。

对于普通硅酸盐水泥，进行最为迅速的反应是

$$3CaO \cdot Al_2O_3 + 6H_2O \longrightarrow 3CaO \cdot 2Al_2O_3 \cdot 6H_2O + \text{热量} \tag{4-20}$$

该反应决定了普通硅酸盐水泥的初始状态。

4）水泥固化的影响因素　水泥固化工艺较为简单，通常是把有害固体废物、水泥和其他添加剂一起与水混合，经过一定的养护时间而形成坚硬的固化体。固化工艺的配方是根据水泥的种类处理要求以及废物的处理要求制定的，大多数情况下需要进行专门的试验。当然，对于废物稳定化的最基本要求是对关键有害物质的稳定效果，它基本上是通过低浸出速率体现的。除此之外，还需要达到一些特定的要求。影响水泥固化的因素很多，为在各种组分之间得到良好的匹配性能，在固化操作中需要严格控制以下的各种条件。

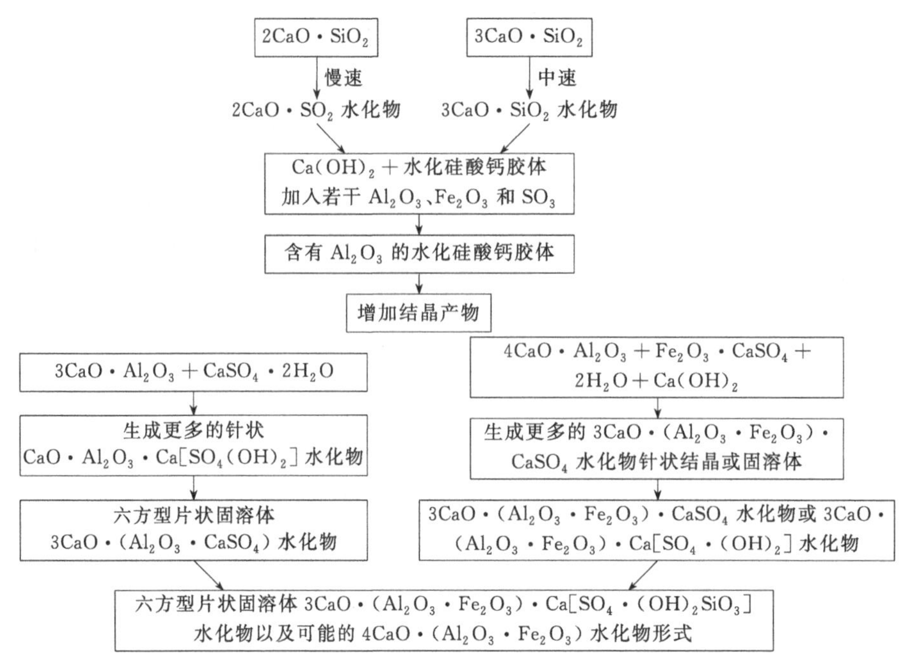

图 4-58 普通硅酸盐水泥的水化反应过程

① pH 值：因为大部分金属离子的溶解度与 pH 值有关，对于金属离子的固定，pH 值有显著的影响。当 pH 值较高时，许多金属离子将形成氢氧化物沉淀，而且 pH 值高时，水中的 CO_3^{2-} 浓度也高，有利于生成碳酸盐沉淀。应该注意的是，pH 值过高，会形成带负电荷的羟基络合物，溶解度反而升高。例如，pH 值<9 时，铜主要以 $Cu(OH)_3^-$ 沉淀的形式存在，当 pH 值>9 时，则形成 $Cu(OH)_3^-$ 和 $Cu(OH)_4^{2-}$ 络合物，溶解度增加。许多金属离子都有这种性质，如铅当 pH 值>9.3 时，锌当 pH 值>9.2 时，镉当 pH 值>11.1 时，镍当 pH 值>10.2 时，都会形成金属络合物，造成溶解度增加。

② 水、水泥和废物的量比：水分过小，则无法保证水泥的充分水合作用，水分过大，则会出现泌水现象，影响固化块的强度。水泥与废物之间的量比应用试验方法确定，主要是因为在废物中往往存在妨碍水合作用的成分，它们的干扰程度是难以估计的。

③ 凝固时间：为确保水泥废物混合浆料能够在混合以后有足够的时间进行输送、装桶或者浇注，必须适当控制初凝和终凝的时间。通常设置初凝时间大于 2h，终凝时间在 48h 以内。凝结时间的控制是通过加入促凝剂（偏铝酸钠、氯化钙、氢氧化铁等无机盐）、缓凝剂（有机物、泥沙、硼酸钠等）来完成的。

④ 其他添加剂：为使固化体达到良好的性能，还经常加入其他成分。例如，过多的硫酸盐会由于生成水化硫酸铝钙而导致固化体的膨胀和破裂。如加入适当数量的沸石或蛭石，即可消耗一定的硫酸或硫酸盐。为减小有害物质的浸出速率，也需要加入某些添加剂，例如，可加入少量硫化物以有效地固定重金属离子等。

⑤ 固化块的成型工艺：主要目的是达到预定的机械强度，并非在所有的情况下均要求固化块达到一定的强度，例如，对最终的稳定化产物进行填埋或贮存时，就无需提出强度要求。但当准备利用废物处理后的固化块作为建筑材料时，达到预定强度的要求就变得十分重要，通常需要达到 $100kg/cm^2$ 以上的指标。

5）水泥固化混合工艺介绍　水泥固化主要包括外部混合法、容器内混合法及注入法等。

这些混合方法的经验大部分来自核废物的处理，近年来逐渐应用于危险废物。混合方法的确定需要考虑废物的具体特性。

① 外部混合法：将废物、水泥、添加剂和水在单独的混合器中进行混合，经过充分搅拌后再注入处置容器中（图 4-59）。该法需要设备较少，可以充分利用处置容器的容积，但搅拌混合以后的混合器需要洗涤。不但耗费人力，还会产生一定数量的洗涤废水。

② 容器内混合法：直接在最终处置使用的容器内进行混合，然后用可移动的搅拌装置混合（图 4-60）。其优点是不产生二次污染物。但由于处置所用的容器体积有限（通常所用的为 200L 的桶），不但充分搅拌困难，而且势必需要留下一定的无效空间。大规模应用时，操作的控制也较为困难。该法适于处置危害性大，但数量不太多的废物，例如放射性废物。

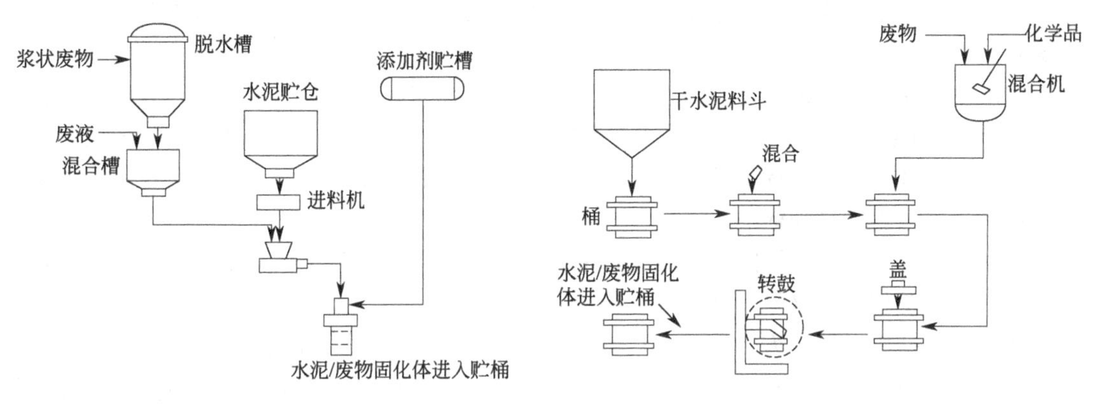

图 4-59　外部混合法

图 4-60　容器内混合法

③ 注入法：对于原来粒度较大，或粒度十分不均，不便进行搅拌的固体废物，可以先把废物放入桶内，然后再将制备好的水泥浆料注入，如果需要处理液态废物，也可以同时将废液注入。为了混合均匀，可以将容器密闭以后放置在以滚动或摆动的方式运动的台架上。但应该注意的是，有时在物料的拌和过程中会产生气体或放热，从而提高容器的压力。此外，为了达到混匀的效果，容器不能完全充满。

由于水泥固化具有前述的缺点，近来在若干方面开展了研究并加以改进。例如，用纤维和聚合物等增加水泥耐久性的研究已经做了一定量的工作。还有人用天然胶乳聚合物改性普通水泥以处理重金属废物，提高了水泥浆颗粒和废物间的键合力，聚合物同时填充了固化块中小的孔隙和毛细管，降低了重金属的浸出。Kalb 等用改性水泥处理焚烧炉灰，提高了固化体的抗压强度和抗拉强度，并且增加了固化体抵抗酸和盐（如硫酸盐）侵蚀的能力。

6）水泥固化技术的应用　以水泥为基本材料的固化技术最适用于无机类型的废物，尤其是含有重金属污染物的废物。由于水泥所具有的高 pH 值，使得几乎所有的重金属形成不溶性的氢氧化物或碳酸盐而被固定在固化体中。研究指出，铅、铜、锌、锡、镉均可得到很好的固定。但汞仍然主要以物理封闭的微包容形式与生态圈进行隔离。要想精确地估计某种特定的废物是否能够被有效地固定于水泥结构之中是相当困难的。对于重金属水泥固化过程的化学机理，关于铅与铬研究得较多。研究结果指出，铅主要沉积于水泥水化物颗粒的外表面，而铬则较为均匀地分布于整个水化物的颗粒之中。

另一方面，有机物对于水化过程有干扰作用，减小最终产物的强度，并使得稳定化过程变得困难。它可能导致生成较多的无定形物质而干扰最终的晶体结构形式。在固化过程中加入黏土、蛭石以及可溶性的硅酸钠等物质，可以缓解有机物的干扰作用，提高水泥固化的效果。

应用水泥作为固化包容的主要材料大多被用于固定电镀工业产生的污泥和其他类型的金属氢氧化物废物。应用无机物作为主要固化材料的原因是目前尚找不到具有同等效用的代替方式。例如金属污染物不能生物降解，在焚烧以后也无法改变其原子结构。此外，是由于在这种情况下，可以同时利用已经为人类充分掌握的沉淀技术和吸附技术。利用水泥包容技术进行稳定化具有若干优点。首先，水泥已经被长期使用于建筑业，所以它的操作、混合、凝固和硬化过程的规律都已经为人们所熟知。其次，相对其他材料来说，其价格和所需要的机械设备比较简单。由于水泥的水化作用，在处理湿污泥或含水废物时，无需对废物做进一步脱水处理。事实上，在进行水泥固化操作时由于含水量大，已经可以使用泵输送的方式。最后，用水泥进行稳定化可以适用于具有不同化学性质的废物，对酸性废物也能起到一定的中和效果。

用水泥固化方法处理电镀污泥是一个典型的应用实例：固化材料为425号普通硅酸盐水泥，水/水泥质量比为0.47～0.88；水泥/废物质量比为0.67～4.00，固化体的抗压强度可以达到60～300kg/cm^2。固化体的浸出试验结果说明，Pb^{2+}、Cd^{2+}、Cr^{5+}的浸出浓度都远低于相应的浸出毒性鉴别标准。

用水泥稳定化的主要缺点是对于一定的污染物较为灵敏，会由于某些污染物的存在而推迟固化时间，甚至影响最终的硬结效果。

在国外还使用一种名为“火山灰”（pozzolan）的类似于水泥的材料。这是一种以硅铝酸盐为主要成分的固化材料。当存在水时，可以与石灰反应而生成类似于混凝土的，通常被称为火山灰水泥的产物。火山灰材料包括烟道灰、平炉渣、水泥窑灰等，其结构大体上可认为是非晶型的硅铝酸盐。烟道灰是最常用的火山灰材料，其典型成分是大约45%的SiO_2、25%的Al_2O_3、15%的Fe_2O_3、10%的CaO以及各1%的MgO、K_2O、NaO和SO_3。此外，取决于不同的来源，还含有一定量未燃尽的炭。这种材料也具有高pH值，所以同样适用于无机污染物，尤其是被重金属污染的废物的稳定化处理。有文献报道说，用烟道灰和石灰混合处理含有高水平镉、铬、铜、铁、铅、锰等的污泥，虽然处理后的产物仍然呈现类似土壤的外形，但浸出试验证实，稳定过程明显降低了上述重金属组分的浸出率。此外，在烟道灰中未燃烧的炭粒可以吸附部分有机废物，所以用火山灰材料处理无机和有机污染物，通常 都具有一定的稳定化效果。

(4) 石灰固化技术

石灰固化是指以石灰、垃圾焚烧飞灰、水泥窑灰以及熔矿炉炉渣等具有波索来反应（Pozzolanic reaction，Pozzolanische Reaktion）的物质为固化基材而进行的危险废物固化/稳定化的操作。在适当的催化环境下进行波索来反应，将污泥中的重金属成分吸附于所产生的胶体结晶中。但因波索来反应不似水泥水合作用，石灰固化处理所能提供的结构强度不如水泥固化，因而较少单独使用。

常用的技术是加入氢氧化钙（熟石灰）的方法使污泥得到稳定。与废物中物质进行反应的结果，石灰中的钙与废物中的硅铝酸根会产生硅酸钙、铝酸钙的水化物，或者硅铝酸钙。与在其他稳定化过程中一样，同时向废物中加入石灰与少量添加剂，可以获得额外的稳定效果（如存在可溶性钡时加入硫酸根）。使用石灰作为稳定剂也和使用烟道灰一样具有提高pH值的作用。此种方法也基本上应用于处理重金属污泥等无机污染物。

石灰与凝硬性物料结合会产生能在化学及物理上将废物包裹起来的黏结性物质。天然和人造材料都可以用，包括火山灰和人造凝硬性物料。人造材料如烧过的黏土、页岩和废油页岩、烧过的纱网、烧结过的砂浆和粉煤灰等。化学固定法中最常用的凝硬性物料是粉煤灰和水泥窑灰。这两种物料本身就是废料，因此这种方法具有共同处置的明显优点。对石灰凝硬性物料反应机理的推测认为：凝硬性物料经历着与沸石类化合物相似的反应，即它们的碱离子成分相互交换。另一种解释认为主要的凝硬性反应是由于像水泥的水合作用那样，生成了称之为硅酸三钙的新的水合物。

表 4-2 说明了石灰添加量对用粉煤灰将纤维质-气体脱硫（FGD）污泥进行物理稳定的影响。石灰浓度较高时，最后的固体物强度也较高。在这个实例中，粉煤灰既用作疏松材料又作为凝硬性材料使用。正如以水泥为基质的方法一样，过量的水是不需要的。为了得到机械强度高的固体，石灰加入量应依据废物的种类及火山灰水泥的化学成分而定，可能要高达 30%。

表 4-2　石灰固化法对产品强度的影响

添加剂	添加量	灰/水泥质量比	无侧限抗压强度/(kg/cm^2)
石灰	0	1/1	0.04
	1	1/1	0.12
	3	1/1	0.30
	5	1/1	0.46
	5	1/2	0.18

(5) 塑性材料固化技术

塑性材料固化法属于有机性固化/稳定化处理技术，从使用的材料的性能不同可以把该技术划分为热固性塑料固化和热塑性材料固化两种方法，以下分别介绍。

1）热固性塑料固化　它是用热固性有机单体例如脲醛和已经过粉碎处理的废物充分地混合，在助絮剂和催化剂的作用下产生聚合以形成海绵状的聚合物质，从而在每个废物颗粒的周围形成一层不透水的保护膜。但在用此方法处理时，经常有一部分液体废物遗留下来。因此在进行最终处置以前还需要进行一次干化。由于在绝大多数这种过程中废物与固化材料之间不进行化学反应，所以固化的效果仅分别取决于废物自身的形态（颗粒度、含水量等）以及进行聚合的条件。

该法的主要优点是与其他方法相比，大部分引入较低密度的物质，所需要的添加剂数量也较少。热固性塑料固化法在过去曾是固化低水平有机放射性废物（如放射性离子交换树脂）的重要方法之一。同时也可用于稳定非蒸发性的、液体状态的有机危险废物。由于需要对所有废物颗粒进行固化，在适当选择固化物质的条件下，可以达到十分理想的固化效果。

此方法的缺点是操作过程复杂，热固性材料自身价格高昂。由于操作中有机物的挥发，容易引起燃烧起火，所以通常不能在现场大规模应用。可以认为该法只能处理小量、高危害性废物，例如剧毒废物、医院或研究单位产生的小量放射性废物等。

不过，仍然有人认为，在未来也可能在对有机物污染土地的稳定化处理方面，有大规模应用的前途。

2）热塑性材料固化　用热塑性材料固化时可以用熔融的热塑性物质在高温下与危险废物混合，以达到对其稳定化的目的。可以使用的热塑性物质如沥青、石蜡、聚乙烯、聚丙烯等。在冷却以后，废物就被热塑性物质所固化，固化后的废物可以在经过一定的包装后进行处置。20世纪60年代末期所出现的沥青固化，因为处理价格较为低廉，即被大规模应用于处理放射性的废物。由于沥青具有化学惰性，不溶于水，具有一定的可塑性和弹性，对于废物具有典型的固化效果。在有些国家中，该法被用来处理危险废物和放射性废物的混合废物，但处理后的废物是按照放射性废物的标准处置的。

该法的主要缺点是在高温下进行操作会带来很多不方便之处，而且较为耗费能量；操作时会产生大量的挥发性物质，其中有些是有害的物质。另外，有时在废物中含有影响稳定剂的热塑性物质或者某些溶剂时，都会影响最终的稳定效果。

在操作时，通常是先将废物干燥脱水，然后将聚合物与废物在适当的高温下混合，并在升温的条件下将水分蒸发掉。该法可以使用间歇式工艺，也可以使用连续操作的设备。与水泥等无机材料的固化工艺相比，除去污染物的浸出率低得多外，由于需要的固化材料少，又在高温下蒸发了大量的水分，它的增容率也较低。

作为代表性的方法，此处对沥青固化技术做简要的介绍。

沥青固化是以沥青类材料作为固化剂，与危险废物在一定的温度下均匀混合，产生皂化反应，使有害物质包容在沥青中形成固化体，从而得到稳定。由于沥青属于憎水物质，完整的沥青固化体具有优良的防水性能。沥青还具有良好的黏结性和化学稳定性。而且对于大多数酸和碱有较高的耐腐蚀性，所以长期以来被用作低水平放射性废物的主要固化材料之一。它一般被用来处理放射性蒸发残液、废水化学处理产生的污泥、焚烧炉产生的灰分以及毒性较高的电镀污泥和砷渣等危险废物。

沥青的主要来源是天然的沥青矿和原油炼制。我国目前所使用的大部分沥青是来自石油蒸馏的残渣。石油沥青是脂肪烃和芳香烃的混合物，其化学成分很复杂，包括沥青质、油分、游离碳、胶质、沥青酸和石蜡等。从固化的要求出发，较理想的沥青组分含有较高的沥青质和胶质以及较低的石蜡性物质。如果石蜡质过高，则容易在环境应力下产生开裂。用于危险废物固化的沥青可以是直馏沥青、氧化沥青、乳化沥青等。我国曾用于放射性废物固化的沥青是自石油提炼的60号沥青，其基本成分是大约含有胶质和油分各40%、沥青质10%～12%以及8%～10%的石蜡。将沥青固化与水泥固化技术相比较，二者所处理的废物对象基本上相同。例如可以处理浓缩废液或污泥、焚烧炉的残渣、废离子交换树脂等。当废物中含有大量水分时，由于沥青固化不具有水泥的水化过程和吸水性，所以有时候需要对废物预先脱水或浓缩。另外，沥青固化的废物与固化基材之间的质量比通常在（1∶1）～（2∶1）之间，所以固化产物的增容较小。因为物料需要在高温下操作，所以除安全性较差外，设备的投资费用与运行费用也较水泥固化法高。

沥青固化（bituminization，die Asphaltaushärtung）的工艺主要包括三个部分（流程如图4-61所示），即固体废物的预处理、废物与沥青的热混合以及二次蒸汽的净化处理。其中关键的部分是热混合环节。对于干燥的废物，可以将加热的沥青与废物直接搅拌混合；而对于含有较多水分的废物，则通常还需要在混合的同时脱去水分。混合的温度应该控制在沥青的熔点和闪点之间，大约为150～230℃的范围之内，温度过高时容易产生火灾。在不加搅拌的情况下加热，极易引起局部过热并发生燃烧事故。热混合通常是在专用的，带有搅拌装置并同时具有蒸发功能的容器中进行。在早期，大部分固化过程使用的是间歇式操作的锅式蒸发器。它实际上是一种带有搅拌器的反应釜。虽然锅式蒸发器具有结构简单的优点，但由于是间歇操作不但生产能力低下，而且由于物料需要在蒸发器中停留很长时间，很易导致沥青的老化。结构的形式给尾气的收集和净化也带来困难。

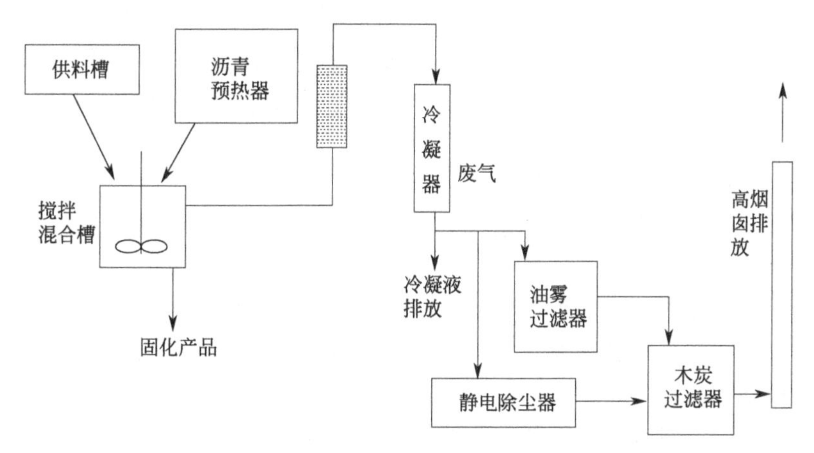

图 4-61　高温混合蒸发沥青固化流程示意图

20 世纪 70 年代以后逐渐采用连续式操作设备。对于水分含量很小或完全干燥的固体废物，可以采用螺杆挤压机与沥青混合。这种机械是在一个圆筒形结构中安装一条长螺杆，通过螺杆的螺旋状旋转同时达到搅拌物料和推送物料前进的双重作用。由于物料在装置中的停留时间仅为数分钟，所以整个装置中的滞留物料量很少，装置的体积也很小。据报道，以此种设备生产的固化体，其有害物质的浸出率比用间歇式蒸发器要低得多。

当固体废物中含有大量水分时，大多采用带有搅拌装置的薄膜混合蒸发设备。它是一种立式的、带有搅拌装置的圆柱形结构。其外壁同时起到加热物料的热交换器作用。搅拌器是设在柱中心的一组紧贴着圆柱体外壁旋转的刮板。当刮板运动时，沥青与废物的混合物将会在搅拌下形成液体膜，使水分和挥发分不断蒸发。与此同时，物料不断以螺旋形的路径下落，直到从蒸发器的下部流出，进入专门的容器并冷却下来，并随后进行处置。

（6）熔融固化技术

1）熔融固化基本原理　熔融固化（melting solidification，Schmelzhärtung）技术根据熔融温度与添加的材料不同，可将熔融固化技术分为玻璃化技术、陶瓷化技术与铸石技术等；根据玻璃化技术处理的场所不同，可把它分为原位熔融固化（in-situ vitrification，die In-situ-Verglasung）和异地熔融固化（exsitu vitrification，die Ex-situ-Verglasung）两类。根据使用热源不同，可将它分为电热源熔融固化技术与燃料热源熔融固化技术。

熔融固化需要将大量物料加热到熔点以上，无论是采用电力或是其他燃料，需要的能源和费用都是相当高的。但是相对于其他处理技术，熔融固化的最大优点是可以得到高质量的建筑材料。因此，在进行废物的熔融固化处理时，除必须达到环境指标以外，应充分注意熔融体的强度、耐腐蚀性甚至外观等对于建筑材料的全面要求。同时，对于含特殊污染物的危险废物（如石棉、含二噁英类等）或浸出毒性要求高的危险废物（如含特殊重金属类等），在传统的固化/稳定化技术无法达到控制标准的前提下，熔融固化技术也是最有效破坏或固化这些物质的技术手段。鉴于上述原因，熔融固化技术在固体废物领域的应用越来越广泛。

2）原位熔融固化技术　① 工艺。原位玻璃化处理技术通常应用于被有机物污染的土地的原位修复，采用电能产热以熔化污染土，使之冷却后形成化学惰性的、非扩散的坚硬玻璃体技术。

通常情况下，ISV（独立软件开发商）系统包括电力系统、挥发气体收集系统（使逸出气相不进入大气）、逸出气体冷却系统、逸出气体处理系统、控制站和石墨电极。把 4 个排列成方型的石墨电极（直径 4～5cm）插入到污染土中，让电流（25kW，12.5～13.8kV）流经两极间的土体，在高温的作用下（通常 1600～2000℃），两极间的土被熔化。电极间距一般为 10m（最大间距 12m），插入土深最大深度 6.6m，电极下端 30cm 裸露。处理速度一般为 4～6t/h，每吨土耗电量约为 800～1000kW・h。

当电流通过土壤时，温度会逐渐达到土壤的熔点。在熔融状态下，土壤的导电性和热传导性提高，从而使得熔融过程加速进行。可以在地表面设置一层玻璃和石墨的混合物以启动土壤的加热过程。熔融体的颗粒外形酷似于在自然界的玻璃化过程所产生的黑曜岩玻璃。在玻璃化过程中，有机污染物首先被蒸发，然后裂解成为简单组分，所产生的气体逐渐通过黏稠的熔融体而移动到表面。在此过程中，一部分溶解在熔融体中，另一部分则散失于大气。为防止大气受到污染，应收集所有释放的气体，并处理到排放标准。1600～2000℃的高温将保证分解所有的有机污染物。无机物的行为与此相似，它们一部分与熔融体发生反应，另一部分会被分解，例如硝酸根将被分解为氮气和氧气。

土壤的空隙率可能在一个很大的范围内变化，通常处于 20%～40%之间。在熔融过程中，原有的固体物质转变为液相，而原有的全部液相和气相物质均挥发出去。所以在逐步冷却以后的总体积有一定的减小，引起处理场地的地面比原来稍微下陷。处理结束时可用干净土回填凹陷处。

② 应用。ISV 技术的发展源于 20 世纪 50～60 年代核废料的熔融固化处理技术，近年来该技术被推广应用于土壤各种污染的治理。1991 年美国爱达荷州工程实验室把各种重金属废物及挥发性有机组分填埋于 0.66m 地下后，使用 ISV 方法，证明了该技术的可行性。但是目前原位玻璃化处理技术的应用还受到了一些限制：不能用于地下有埋管或卷筒、橡胶等含量超过 20%（质量分数）的场地；不能用于土壤加热时可能会引起地下污染物转移到干净地段的场地；不能用于易燃易爆物质大量集中的区域；土壤水分含量越高，其处理费用也越高，所处理的污染土不得位于地下水位以下，否则需要采取一些措施来限制电流；处理时能把某些有机物和放射性物质快速蒸发（如^{137}Cs、^{90}Sr、氚），所以遇到这种情况就需要采取一些防范措施，如控制这些气体的逸出、控制操作电压等；放射性废物经过玻璃化处理后虽然被束缚在玻璃体内，但其放射性未得到降低，因此在某些场合还需要隔离保护；虽然目前有的新办法能把处理深度提高到 10m，但总的来说，原位熔融固化技术一般仅对浅部污染土的处理比较有效；土壤中（或污泥中）可燃性有机物质的含量（按质量比）不得超过 5%～10%（取决于其燃烧热值）；玻璃化后的介质不能影响到场地今后的使用。

3）异地熔融固化技术　异地玻璃化处理技术与原位玻璃化处理技术相似，其区别仅在于异地玻璃化处理是把固体废物运移到别处，并放到一个密封的熔炉中进行加热。根据其热源的不同，可将其分为燃料源熔融技术和电热源熔融技术，其使用的炉型也可以分为不同的种类，如图 4-62 所示。

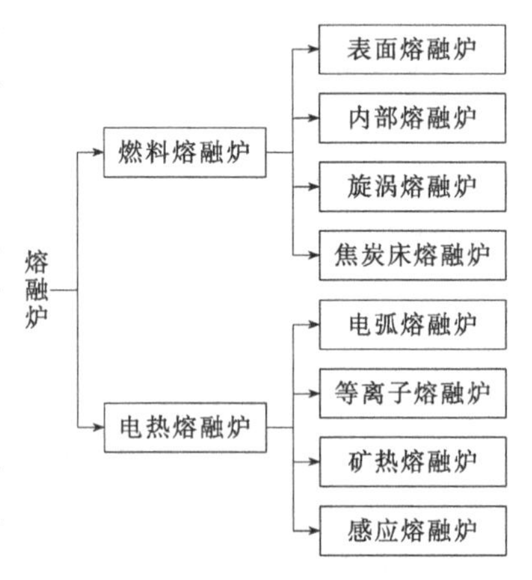

图 4-62　熔融炉主要炉型分类

① 燃料源熔融固化技术：以燃料作为热源，将固体废物投入燃烧器中，表面被加热至 1300～1400℃，有机物热分解、燃烧、气化，熔融的无机物转化为无害的玻璃质熔渣，其中

低沸点重金属类物质转移到气体中，残余物质则被固定在玻璃质的基体中。熔融开始时，表面上部的熔渣以皮膜状流动，因此称表面熔融或薄膜熔融。其工艺流程见图 4-63。由于炉内温度要求高，燃料消耗量大，故应考虑设置热能回收设施，以获得较高的经济效益。低沸点重金属类以及碱式盐类，由于在炉内可挥发成气体，所以要将其返送到焚烧炉设备的废气处理线或设置独立的收集系统。

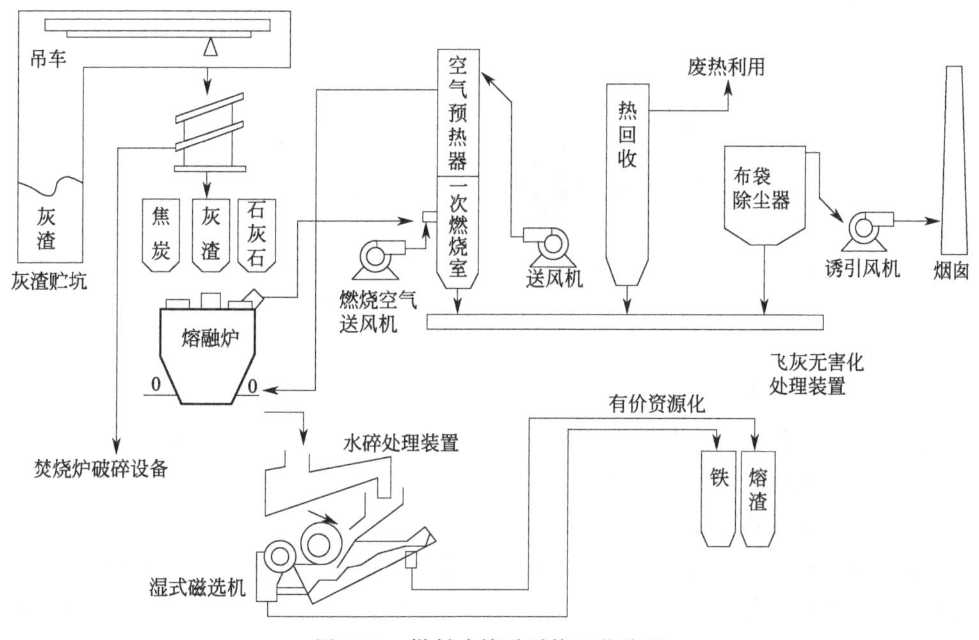

图 4-63　燃料式熔融系统工艺流程

② 电热源熔融固化技术：在玻璃熔炉中利用电极加热熔融玻璃（1000～1300℃）作供热介质，将废物及空气导入到熔融玻璃表面或内部，使废物在高温下分解并反应，废气流到后处理体系，残渣被玻璃包裹并移出体系。

玻璃熔炉是一个有耐火材料衬里的反应器，装有熔融玻璃池。首先通过辅助加热熔化玻璃，然后根据玻璃的化学性质用焦耳加热方式使其保持熔融状态（927～1538℃）。用焦耳加热方式，电流穿过浸入式电极间的熔融物料，由于存在电流和物料的阻力，能量传给这些物料。根据温度，电极可选用铬镍合金或钼铁合金。

图 4-64 是电热式熔融系统工艺流程。从熔融玻璃上面熔炉的一侧与燃烧气体一同加入废物。可用喷射器加入液态或气态废物；用螺旋输送机输入细碎固体物质和污泥；用冲压式加料器输送集装箱废物。熔融玻璃的辐射热和接触热提供了玻璃池上面燃烧有机废物所需的热量。设在熔炉壁相对方向的不同高度处的空气进口，在玻璃池上面形成了有利于混合的涡流，并提供了用于燃烧的氧气。废气从熔炉的另一侧排放。

在有些熔炉设计上，废气穿过可处理的过滤器后排放，过滤器充满颗粒后便推入玻璃熔融物中，用新的过滤器替代。这便将吸入到过滤器中的颗粒回收到熔融物中并消除了废过滤器的产生。通常对于废气，除了要求除去其中的颗粒，还要洗去其中的酸性气体。

根据玻璃的化学性质和废物组分，燃烧产生的固体以及惰性废料将被熔化并熔解到玻璃基体中，难熔的或者通过化学作用不能与玻璃基体黏合的废料被密封在玻璃体中。玻璃与废物的混合物被连续或分批排出，固化成坚硬的、能够抗浸出的玻璃状的废物体。

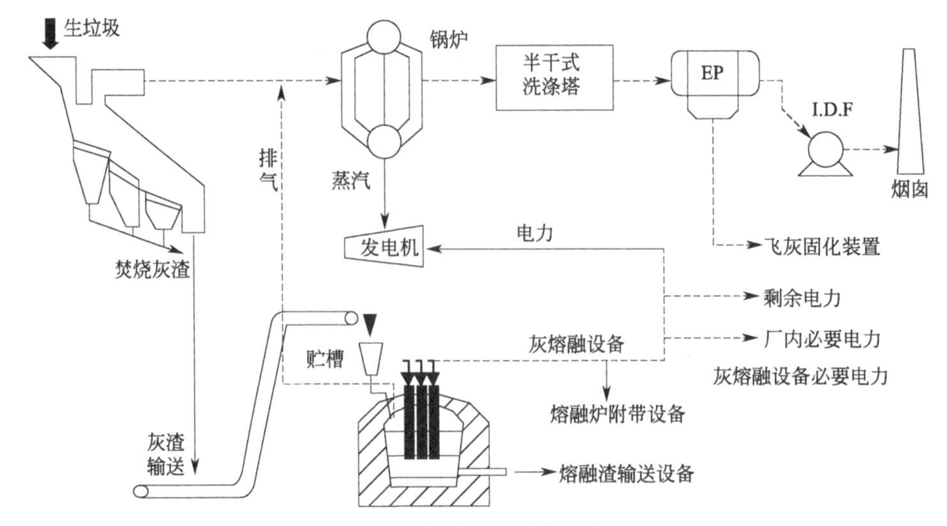

图 4-64 电热式熔融系统工艺流程

(7) 高温等离子熔融固化技术

1）原理　等离子体熔融技术近年来受到了广泛关注与研究。当电极之间加以高电压，使得两个电极间的气体在电场的作用下发生电离，形成大量正负带电粒子和中性粒子，也就是等离子体，可产生很高温度，使得固体废物熔融。

整个过程在处理室中进行，通过三根石墨起弧电极施加直流电势产生等离子弧，电极都是穿过顶盖进入处理室的，三根直流电极按 120°夹角均匀布置，其中一根电极在一极而另两根在相反的极，它们从顶盖通过气室进入到熔池。在三根石墨等离子弧电极的外围，还设有三根交流石墨焦耳热电极，从顶盖插入熔池内。阴极发射电子，在电场作用下加速射向阳极，在熔池中阳极和阴极之间产生等离子电弧，在电子碰撞中电子动能转化为热能，在高温下迅速将被处理物料分解熔化。熔炉中的交流电极热用于熔池中保持更均匀的温度分配，并能保证完全处理掉可能残存在熔池中的被处理物料。高温等离子熔融炉构造如图 4-65 所示。

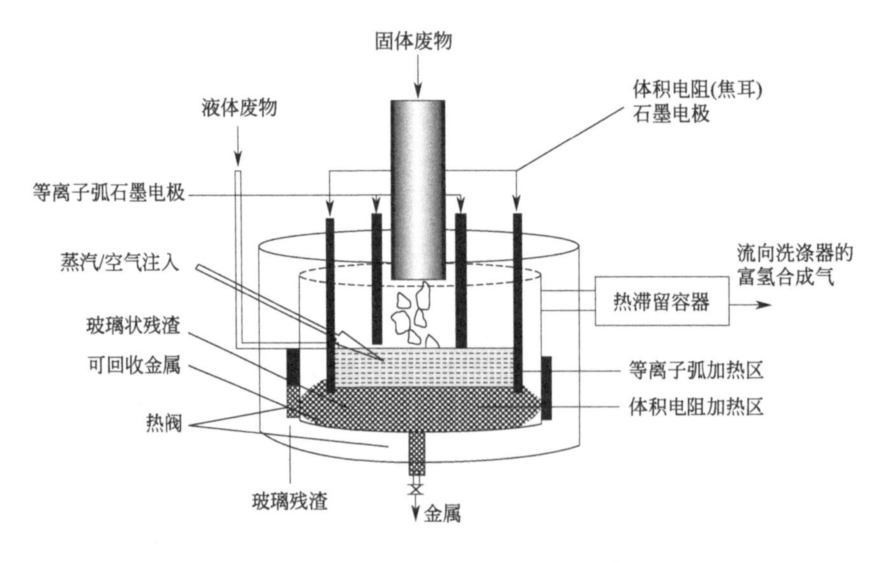

图 4-65 高温等离子熔融炉构造示意

进入处理室的废物在还原气氛中有机物被分解气化，无机物则被熔化成玻璃体硅酸盐及金属产物，消除了 NO、SO_2 等酸性气体的排放。气化产物主要是合成气（主要是 CO、H_2、CH_4）和少量的 HCl、HF 等酸气。

等离子强化熔炉的等离子弧是低电压（电压 20～80V）、高电流（200～3600A），同时伴随发出强光和高热。在中心部位可达 10000℃高温，整个等离子区的温度在 2000～10000℃之间，将废物加入等离子区，在超过 2000℃的高温下，任何有机物都会在瞬间被打碎为原子状态，而且 3 根交流电极产生的热量，维持了高温熔池，并且可以保证被处理物料的高温分解是非常彻底的，这是等离子强化熔炉的主要特点。

2）工艺　等离子熔融工艺主要由进料系统、等离子处理室、熔化产物处理系统、合成气处理系统和公用设备系统五个系统组成。

① 进料系统。等离子强化炉对处理废物适应性广，根据处理物料的不同，可以把不同种类和形状的物料加入处理室，一般把物料分成四类分别设计进料系统：进料槽/泵组合的液体或污水废物进料系统；配有气塞料斗连续螺旋送料机组合的疏松散装固体废物进料系统；一套分批给料机装置可投加预先包装好的废物或其他包装废物；通过重力固体连续给料机进料。

② 等离子处理室。等离子处理室是一个有水套、衬有耐火材料的不锈钢容器。容器的侧面使用空气冷却。处理室包含 2 个区域：熔化炉渣和熔化金属的熔化柜；在熔体上方的气室或蒸汽空间。处理室的内衬由几种不同的耐火材料和绝缘材料组成，这些材料用来减少能量在水套内的损失以及用来容纳熔化玻璃和金属。处理容器的气室区域衬有绝缘材料和保护钢壳使之不受腐蚀性进料和分解气体及蒸汽影响。

③ 熔化产物处理系统。等离子处理室设计 2 个熔化产物清除系统：清渣用的真空辅助溢流堰；清除熔化金属的电感加热底部排放口。熔化产物被收集到处理容器中并可被冷却为固态，金属可回收利用，熔化的玻璃被用来生产陶瓷化抗渗耐用的玻璃制品。

④ 合成气处理系统。合成气通过排风管排至一个绝缘的热滞留容器（TRC）进行蒸汽转化反应。合成气在等离子处理室和 TRC 的气室各自滞留 2s 的时间，处理室以及热滞留容器中合成气的温度与压力由指示器监控，处理室通过工艺通气系统保持低度真空，以保证未经处理的工艺气体或烟尘不从处理室中逸出。处理室也配备了一个应急废气出口，以防止在处理室的合成气系统下游发生堵塞时引起的处理室超高压。

合成气处理系统的设计包括三级工序，用来清除合成气中的颗粒物质和酸气杂质，并把合成气转化为完全氧化的产品（主要为水和二氧化碳）。该净化工艺的第一级把合成气从大约 800℃冷却至 200℃，避免产生二噁英和呋喃，接着送进低温脉动式空气布袋收尘室清除 1μm 的微粒。第二级包括 2 台串联的喷射式文丘里洗涤器、1 台除雾器、1 台加热器以及 1 台 HEPA 过滤器去除合成气的烟尘及酸气。第三级包括最终合成气的转化和大气的排放。

⑤ 公用设备系统。公用设备子系统包括服务/仪表气、氮气供应、工艺用水供应、去离子水供应、蒸汽、工艺冷却水以及冷水。整个子系统有一套监控器和报警器。

3）代表性设备　该技术的代表性设备有以下两种。

① 等离子体电弧炉（plasma arc furnace，der Plasmalichtbogenofen）。以等离子体电弧代替普通间段式进料的焚烧炉的热源，适用于难处理废物，但电能消耗很高，操作步骤较复杂。

② 等离子体离心式反应器（plasma centrifugal furnace，der Plasma-Zentrifugalofen）。结构为二室反应器，半连续进料，废物进入以 50r/min 旋转的第一室，在贫氧条件下以等离子炬加热热解，气态产物流向第二室完全燃烧，固体熔融并因离心而紧靠室壁。当加料至约 500kg 时第一室转速减慢，熔液流向室中心孔排出体系，形成玻璃化固体。如果采用纯氧或空气等离子体，则尾气很少。

4）优缺点　等离子体技术作为一种高效率、低能耗、使用范围广、处理量大、操作简单的环保新技术而成为处理有毒及难降解物质的热点。它能够有效解决热处理过程产生的二噁英问题。但是目前该项技术的实际工程经验还比较少，装置复杂，操作要求高。

(8) 自胶结固化技术　自胶结固化是利用废物自身的胶结特性来达到固化目的的方法。该技术主要用来处理含有大量硫酸钙和亚硫酸钙的废物，如磷石膏、烟道气脱硫废渣等。在废物中的二水合石膏的含量最好高于 80%。

废物中所含有的 $CaSO_4$ 与 $CaSO_3$ 均以二水化物的形式存在，其形式为 $CaSO_4 \cdot 2H_2O$ 与 $CaSO_3 \cdot 2H_2O$。对它们加热到 107～170℃，即达到脱水温度。此时将逐渐生成 $CaSO_4 \cdot 0.5H_2O$ 和 $CaSO_3 \cdot 0.5H_2O$，这两种物质在遇到水以后，会重新恢复为二水化物，并迅速凝固和硬化。将含有大量硫酸钙和亚硫酸钙的废物在控制的温度下煅烧，然后与特制的添加剂和填料混合成为稀浆，经过凝结硬化过程即可形成自胶结固化体。这种固化体具有抗渗透性高、抗微生物降解和污染物浸出率低的特点。

自胶结固化法的主要优点是工艺简单，不需要加入大量添加剂。该法已经在美国大规模应用。美国泥渣固化技术公司（SFT）利用自胶结固化原理开发了一种名为 Terra-Crete 的技术，用以处理烟道气脱硫的泥渣。其工艺流程是：首先将泥渣送入沉降槽，进行沉淀后再将其送入真空过滤器脱水。得到的滤饼分为两路：一路送到混合器；另一路送到煅烧器进行煅烧，经过干燥脱水后转化为胶结剂，并被送到贮槽贮存。最后将煅烧产品、添加剂、粉煤灰一并送到混合器中混合，形成黏土状物质。添加剂与煅烧产品在物料总重中的比例应大于 10%。固化产物可以送到填埋场处置。这种方法只限于含有大量硫酸钙的废物，应用面较为狭窄。此外还要求熟练的操作和比较复杂的设备，煅烧泥渣也需要消耗一定的热量。

上述几类固化/稳定化技术各有其适用对象和优缺点，整理列入表 4-3。从表中可以看出，在经济有效地处理大量危险废物的目标下，以水泥和石灰固化/稳定化技术较为适用，其在处理程序的操作上，无需特殊的设备和专业技术，一般的土木技术人员和施工设备即可进行，其固化/稳定化的效果好，不仅结构强度可满足不同处置方式的要求，也可满足固化体浸出试验的要求。然而固化/稳定化技术优劣之评定尚需考虑处理程序、添加剂的种类、废物性质、所在位置的条件等。

表 4-3　各种固化/稳定化技术的适用对象和优缺点

技术	适用对象	优点	缺点
水泥固化法	重金属、废酸、氧化物	1. 水泥搅拌，处理技术已相当成熟 2. 对废物中化学性质的变动具有相当的承受力 3. 可由水泥与废物的比例来控制固化体的结构强度与不透水性 4. 无需特殊的设备，处理成本低 5. 废物可直接处理无需前处理	1. 废物中若含有特殊的盐类，会造成固化体破裂 2. 有机物的分解造成裂隙，增加渗透性降低结构强度 3. 大量水泥的使用增加固化体的体积和质量

续表

技术	适用对象	优点	缺点
石灰固化法	重金属、废酸、氧化物	1. 所用物料价格便宜,容易购得 2. 操作不需特殊的设备及技术 3. 在适当的处置环境,可维持波索来反应的持续进行	1. 固化体的强度较低,且需较长的养护时间 2. 有较大的体积膨胀,增加清运和处置的困难
塑性固化法	部分非极性有机物、废酸、重金属	1. 固化体的渗透性较其他固化法低 2. 对水溶液有良好的阻隔性	1. 需要特殊的设备及专业的操作人员 2. 废污水中若含氧化剂或挥发性物质,加热时可能会着火或逸散 3. 废物需先干燥,破碎后才能进行操作
熔融固化法	不挥发的高危害性废物、核能废料	1. 玻璃体的高稳定性,可确保固化体的长期稳定 2. 可利用废玻璃屑作为固化材料 3. 对核能废料的处理已有相当成功的技术	1. 对可燃或具挥发性的废物并不适用 2. 高温热融需消耗大量能源 3. 需要特殊的设备及专业人员
自胶结法	含有大量硫酸钙和亚硫酸钙的废物	1. 烧结体的性质稳定,结构强度高 2. 烧结体不具生物反应性及着火性	1. 应用面较为狭窄 2. 需要特殊的设备及专业人员

4.3 固体废物资源化与最终处理

4.3.1 固体废物的热处理技术

无论是城市固体废物中有机物还是其他的有机废物，均可采用各种热处理方法去处理。通常热处理过程被定义为：在设备中以高温分解和深度氧化为主要手段，通过改变废物的化学、物理或生物特性和组成来处理固体废物的过程。

热处理是固体废物处理的又一重要方法，其主要目的为减少填埋废物量、减少有机物质、替代化石燃料、减少 CO_2 排放、保护资源、彻底消毒等。

常用的热处理技术分为以下几类。

① 焚烧（incineration，die Brennung）：是一种最常用的热处理工程技术，通过加热氧化作用使有机物转化为无机废物，同时减少废物体积。一般来说，只有有机废物或含有有机物的废物适合于焚烧。焚烧缩减了废物的体积，灭绝了污染物中的有害细菌和病毒，破坏了有毒的有机化合物，提高了废热的利用。

② 热解（pyrolysis，die Pyrolyse）：是在缺氧的状态下进行的热处理过程，经过热解的有机化合物发生降解，产生多种次级产物，形成可燃物，包括可燃气体、有机液体和固体残渣等。

③ 熔融：是利用热在高温下把固态污染物熔化为玻璃状或玻璃-陶瓷状物质的过程。

④ 干化：该技术主要用于污泥等高含水率废物的处理，利用热能把废物中的水分蒸发掉，从而减少废物体积，有利于后续的利用及处置。

⑤ 烧结：该技术是将固体废物和一定的添加剂混合，在高温炉中形成致密化强固体材料的过程。

⑥ 其他方法：其他热处理技术包括蒸馏、蒸发、熔盐反应炉、等离子体电弧分解、微波分解等。

一般情况下，按照有氧和无氧条件划分，可分为焚烧处理和热解处理。本节主要介绍焚烧技术和热解技术。

4.3.1.1 固体废物的焚烧处理

焚烧法是对固体废物进行高温热处理的一种方式，它是指在高温条件下，废物中的可燃组分与过量的空气在焚烧炉内进行化学反应，释放出热量并最终转化为高温的燃烧气和少量性质稳定的固体残渣。当被焚烧的废物有足够的热值时，废物能依靠自身的能量维持自燃，而不用提供辅助燃料。

(1) 可燃固体废物的热值

固体废物的热值是指单位质量的固体废物燃烧释放出来的热量，单位为 kJ/kg。要使物质维持燃烧，就要求其燃烧释放出来的热量足以提供加热废物到达燃烧温度所需要的热量和发生燃烧反应所必需的活化能。否则，便要消耗辅助燃料才能维持燃烧。美国城市垃圾中可燃成分总热值较大（见表 4-4)，能够维持燃烧。而我国城市垃圾中可燃成分低，平均低位热值只有约 2510kJ/kg，低于国家规定的入炉垃圾最低热值标准 4184kJ/kg。所以一般达不到维持燃烧所必需的热值，需要添加辅助燃料，才能燃烧。

表 4-4 美国城市垃圾热值表（以 100kg 垃圾为基准）

组分	组成	范围	典型值	含水量	干基元素及灰分组成/%						典型热值	总热值
		/kg	/kg	/%	C	H	O	N	S	灰分	/(kJ/kg)	/kJ
可燃组分	食品废物	6～26	15	70	48.0	6.4	37.6	2.6	0.4	5.0	4650	69750
	纸	25～45	40	6	43.5	6.0	44.0	0.3	0.2	6.0	16750	670000
	纸板	3～15	4	5	44.0	5.9	44.6	0.3	0.3	5.0	16280	65120
	塑料	2～8	3	2	60.0	7.9	32.8	—	—	10.0	32560	97680
	织物	0～4	2	10	55.0	6.6	31.2	4.6	0.15	2.5	17450	34900
	橡胶	0～2	0.5	2	78.0	10.0	—	2.0	—	10.0	23260	11630
	皮革	0～2	0.5	10	60.0	8.0	11.6	10.0	0.4	10.0	17450	8725
	树枝、杂草	0～20	12	60	47.8	6.0	38.0	3.4	0.3	4.5	6510	78120
	木材	1～4	2	20	49.5	6.0	42.7	0.2	0.1	1.5	18610	37220
	小计		79									1073145
不可燃组分	土灰砖石等	0～10	4	3	26.3	3.0	2.0	0.5	0.2	68.0	6980	27920
	玻璃	4～16	8	2							140	1120
	罐头盒	2～8	6	3							700	4200
	有色金属	0～1	1	2							—	—
	黑色金属	1～4	2	3							700	1400
	小计		21									34640

(2) 焚烧原理

废物能否进行焚烧处理，主要取决于其可燃性和热值。一般情况下，固体废物的可燃性受到原料的水分、可燃分和灰分三因素的影响，这三个因素也是废物焚烧炉设计的关键因素。

① 水分。水分含量是指干燥某固体废物样品时所失去的质量，它与当地气候条件有密切的关系。水分含量是一个重要的燃料特性，因为物质含水率太高就无法点燃。与一般的燃料相比，家庭垃圾的水分含量高达 40%～70%。不同地区的城市生活垃圾水分含量不同，例如，美国和西欧的城市垃圾含水率达 25%～40%；日本和地中海国家的城市垃圾含水率可达 50%或更高。

② 可燃分。通常，固体废物的可燃分包括挥发分和固定碳，挥发分定义为标准状态下

加热废物所失去的质量分数，剩下部分为炭渣或固定碳。挥发分含量与燃烧时的火焰有密切关系，如焦炭和无烟煤含挥发分少，燃烧时没有火焰；相反，烟气和烟煤挥发分含量高，燃烧产生很大的火焰。

③ 灰分。固体废物灰分的变化很大，多含有惰性物质，如玻璃和金属。一般来说，灰分熔点介于 1050～2000℃，化合物的熔化有时也会发生在低温阶段。

根据固体废物三组分的定义，三组分之和在任何情况下都应为 100%，其关系可以用一个三元关系图来表示（图 4-66）。

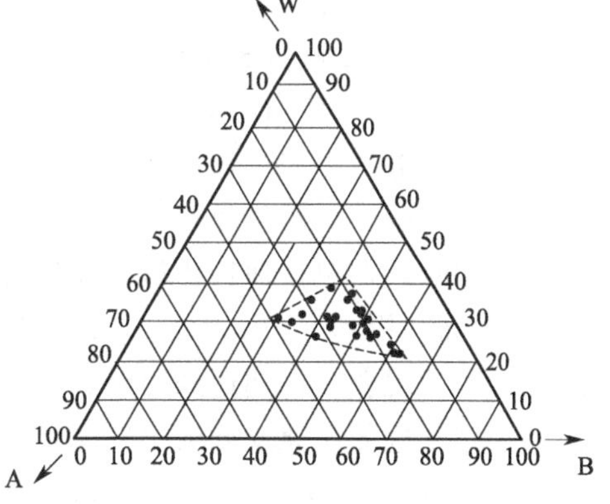

图 4-66　固体废物成分的三元关系

A—灰分含量；B—易燃物含量；W—水分含量

(3) 焚烧过程

焚烧过程分为三个阶段：第一阶段是物料的干燥加热阶段；第二阶段是焚烧过程的主阶段，即真正的燃烧阶段；第三阶段是燃尽阶段，即生成固体残渣的阶段。三个阶段并非界限分明，尤其是对混合垃圾之类的焚烧过程更是如此。上述三个阶段为焚烧过程的必由之路，其实际情况更为复杂。

1）干燥阶段　干燥是利用热能使固体废物中水分气化并排出生成水蒸气的过程。按热量传递的方式，可将干燥分为传导干燥、对流干燥和辐射干燥三种方式。在此阶段，废物中的水分以蒸汽形态析出，因此需要吸收大量的热量，即水的汽化热。固体废物含水率的高低，决定了干燥阶段所需时间的长短，这在很大程度上也影响着固体废物的焚烧过程。对于高水分固体废物，特别是污泥、废水等，为了蒸发、干燥、脱水和保证焚烧过程的正常运行，常常不得不加入辅助燃料。

2）燃烧阶段　废物基本上完成了干燥过程后，如果炉内温度足够高，且又有足够的氧化剂，就会顺利进入真正的焚烧阶段。如废物 $C_xH_yO_zN_uS_vCl_w$ 的焚烧过程为

$$C_xH_yO_zN_uS_vCl_w+[x+v+(y-w)/4-z/2]O_2 \longrightarrow xCO_2+\omega HCl+u/2N_2+vSO_2+(y-2)/2H_2O \quad (4\text{-}21)$$

经过焚烧处理，生活垃圾、危险废物和辅助燃料中的碳、氢、氧、氮、硫、氯等元素，分别转化成为碳氧化物、氮氧化物、硫氧化物、氯化物及水等物质组成的烟，不可燃物质、灰分成为炉渣。

焚烧炉烟气和残渣是固体废物焚烧处理的最主要污染物。焚烧炉烟气由颗粒污染物和气态污染物组成。颗粒污染物主要是由于燃烧气体带出的颗粒物和不完全燃烧形成的灰分颗粒，包括粉尘和烟雾；粉尘是悬浮于气体介质中的微小固体颗粒、黑炭颗粒等，粒径多为 1～200mm；烟雾是指粒径为 0.01～1μm 的气溶胶。细小粉尘会进入人体肺部，引起各种肺部疾病。尤其是具有很大比表面积和吸附特性的黑烟颗粒、微细颗粒等，其上吸附苯并[*a*]芘等高毒性、强致癌物质，对人体健康具有很大危害性。

3）燃尽阶段　可燃物浓度降低，惰性物增加，氧化剂量相对较大，反应区温度降低。要改善燃尽阶段的工况，一般常采用翻动、拨火等办法来有效减少物料表面的灰尘，控制稍多一点的过剩空气量，增加物料在炉内的停留时间等。

(4) 影响焚烧效果的主要因素

根据固体物质的燃烧动力学，影响上述废物焚烧处理效果评价指标的因素可以归纳为以下几种。

1) 物料尺寸　物料尺寸越小，所需加热和燃烧时间就越短。另外，尺寸越小，比表面积就越大，与空气的接触就越充分，有利于提高焚烧效率。一般来说，固体物质的燃烧时间与物料粒度的1～2次方成正比。

2) 停留时间　停留时间是指废物（尤指焚烧尾气）在燃烧室与空气接触的时间，设计的目的在于能够达到完全燃烧，以避免产生有毒的物质，停留时间的长短，应根据废物本身的特性、燃烧温度、燃料颗粒大小以及搅动程度而定。为了保证物料的充分燃烧，需要在炉内停留一定时间，包括加热物料及氧化反应的时间。

3) 搅动　搅动（turbulence，das Rühren）的目的是促进空气和废物或辅助燃料或其焚烧尾气之间的混合，以期达到完全燃烧。设计上，常借助炉床搅拌（机械法）以及控制助燃空气及焚烧尾气的流速或流向（气流动力法），以达到充分搅动的目的。

4) 焚烧温度　焚烧温度（temperature，die Verbrennungs temperatur）取决于废物的燃烧特性（如热值、燃点、含水率）以及焚烧炉结构、空气量等。焚烧温度高低决定废物燃烧是否完全，在焚烧炉建造完成后，只有温度可由焚烧炉操作人员借助调整焚烧的废物进料量和空气量来加以控制。一般来说，焚烧温度越高，废物燃烧所需的停留时间就越短，焚烧效率也越高。但是，如果温度过高（高于1300℃），会对炉体内衬耐火材料产生影响，还可能发生炉排结焦等问题；如果温度太低（低于700℃），则易导致不完全燃烧，产生有毒的副产物。炉膛温度最低应保持在物料的燃点温度以上。表4-5列出了部分可燃性物质的燃点温度；表4-6是20种有害废物的燃点温度。

表4-5　部分可燃性物质的燃点温度　单位：℃

物质	碳	氢	硫	甲烷	乙烯	一氧化碳	城市垃圾
燃点	410	575～590	240	630～750	480～550	610～660	260～370
物质	软质纸	硬质纸	皮革	纤维	木炭	混合厨余	
燃点	180～200	200～250	250～300	350～400	300～700	230～250	

表4-6　20种有害废物的燃点温度

物质			温度	
英文名称	中文名称	化学式或分子式	华氏温度/℉	摄氏温度/℃
acetonitrile	乙腈	C_2H_3N	1400	760
tetrachloroethylene	四氯乙烯	C_2Cl_4	1220	660
acrylonitrile	丙烯腈	C_3H_3N	1200	650
methane	甲烷	CH_4	1220	660
hexachlorobenzene	六氯苯	C_6Cl_6	1200	650
1,2,3,4-tetrachlorobenzene	1,2,3,4-四氯苯	$C_6H_2Cl_4$	1220	660
pyridine	吡啶	C_5H_5N	1150	620
dichloromethane	二氯甲烷	CH_2Cl_2	1200	650
carbon tetrachloride	四氯化碳	CCl_4	1110	600
hexachlorobutadiene	六氯丁二烯	C_4Cl_6	1150	620
1,2,4-trichlorobenzene	1,2,4-三氯苯	$C_6H_3Cl_3$	1180	640
1,2-dichlorobenzene	1,2-二氯苯	$C_6H_4Cl_2$	1170	630

续表

物质			温度	
英文名称	中文名称	化学式或分子式	华氏温度/℉	摄氏温度/℃
ethane	乙烷	C_2H_6	930	500
benzene	苯	C_6H_6	1170	630
aniline	苯胺	C_6H_7N	1150	620
monochlorobenzene	一氯苯	C_6H_5Cl	1000	540
nitrobenzene	硝基苯	$C_6H_5NO_2$	1060	570
hexachloroethane	六氯乙烷	C_2Cl_5	880	470
chloroform	氯仿	$CHCl_3$	770	410
1,1,1-trichloroethane	1,1,1-三氯乙烷	$C_2H_3Cl_3$	730	390

在进行危险废物焚烧处理时，一般需要根据所含有害物质的特性提出特殊要求，以达到规定的破坏去除率。如美国对 PCBs 的焚烧要求温度在（1200±100)℃时，停留时间必须大于 2s；温度在（1600±100)℃时，停留时间必须大于 1.5s，并且要求烟气中的过剩空气量分别达到 3%和 2%。

5）过剩空气（excess air，Überschüssige Luft） 为了保证氧化反应进行得完全，从化学反应的角度应提供足够的空气。但是，过剩空气的供给会导致燃烧温度的降低。因此，空气量与温度是两个相互矛盾的影响因素，在实际操作过程中，应根据废物特性、处理要求等加以适当调整。一般情况下，过剩空气量应控制在理论空气量的 1.7～2.5 倍。

总之，在焚烧炉的操作运行过程中，温度、停留时间、湍流程度和过剩空气量是四个最重要的影响因素，而且各因素间相互依赖，通常称为“3T1E 原则”。

(5) 焚烧处理的工艺流程

图 4-67 是将垃圾焚烧设备与污泥焚烧设备在利用热能方面结合起来的高效率焚烧处理流程。本系统利用垃圾燃烧排出的气体，在粉碎干燥机内把污泥粉碎、干燥，然后再使之在垃圾焚烧炉内悬浮焚烧，这个系统同时还把潮湿、低温的由干燥机排出的气体再次送入垃圾焚烧炉的燃烧室进行混烧脱臭处理。

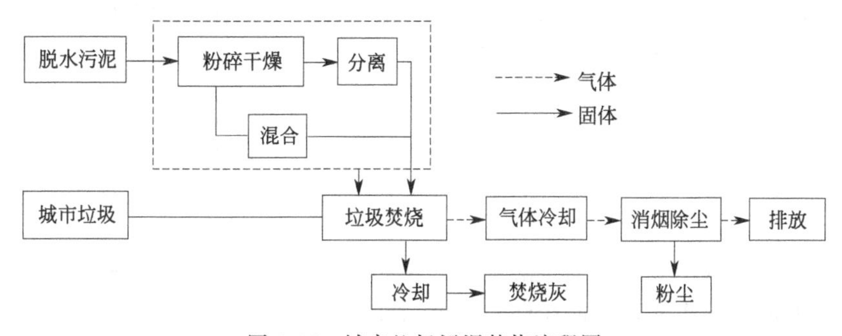

图 4-67 城市垃圾污泥焚烧流程图

图 4-68 为连续式特种垃圾焚烧工艺流程图。特种垃圾（主要指医院、涉外宾馆等产生的垃圾）由专用垃圾车运至焚烧处理场，倾倒在密封式的垃圾贮仓内，电动抓斗将垃圾抓起投入焚烧炉的进料斗，再由往复式推料装置定时、定量地送往焚烧炉。焚烧炉采用往复式倾斜炉排，随着焚烧炉炉排的运动，垃圾也同时运动，并且垃圾在向前移动过程中不断翻转、搅动，在焚烧炉内进行烘干、燃烧、燃尽。

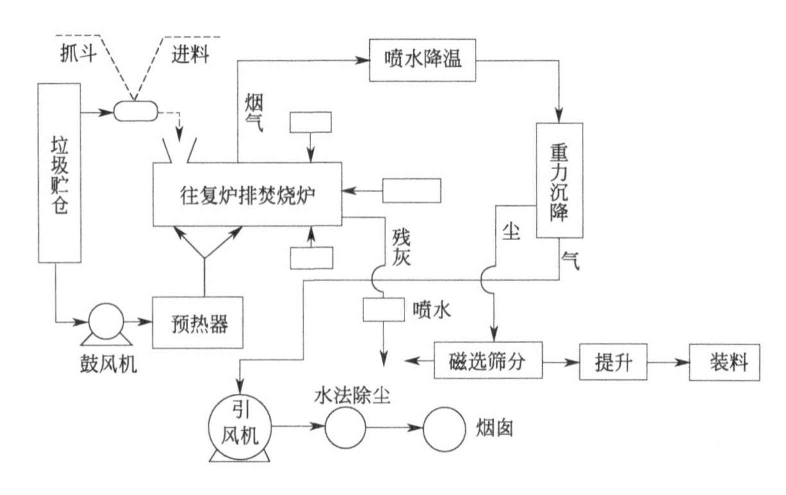

图 4-68　连续式特种垃圾焚烧工艺流程图

(6) 焚烧设备

焚烧炉的种类很多，焚烧工艺由于焚烧炉的不同而各有差异。本部分主要介绍垃圾焚烧系统中最为关键的焚烧炉设备，即焚烧炉膛和炉排。焚烧炉按炉型可分为固定炉排炉、机械炉排炉、立式多段炉、流化床炉和回转窑炉等。

1) 固定炉排炉　炉内设有固定的炉排，垃圾在没有搅拌的情况下完成燃烧。固定炉排炉造价低廉，但因对垃圾无搅拌作用等，故燃烧效果较差，易熔融结块，所以焚烧炉渣的产生量较高。在早期有使用固定炉排炉来焚烧固体废物的实例，但近期应用很少。

2) 机械炉排炉　机械炉排炉也叫活动式炉排焚烧炉。机械炉是在城市垃圾处理方面应用最广泛的一种炉型，美国经焚烧处理的城市垃圾的 70%是采用这种设备。这种炉型的主要特点是可以处理大批量的混合废物，而不需要在焚烧前对废物进行特殊的预处理。其结构主要包括加料系统、燃烧室（炉腔）、炉排、烟囱及仪器仪表自控系统等部分。

机械炉排炉可大体分为三段：干燥段、燃烧段和燃尽段。根据对废物移送方式的不同，炉排可以分为固定炉排和移动炉排两类。移动炉排不仅传送固体废物和残渣通过炉子，而且由于炉排不断运动（如摇动、振动、往复阶梯式运动），燃烧废物不断得到适当搅动，使炉排下方吹入的空气穿过燃烧层，促进燃烧的进行。但如搅动过分，会使过多的颗粒随烟气带走，因此必须合理和恰当地选择和设计炉排。目前常用的炉排形式主要有以下几种（图 4-69)。

摇动式：炉排倾斜，横向的固定炉条和可动炉条相隔并列布置，炉条往复移动并搅拌废物。一般为油压驱动。

往复式：在废物推送方向相隔布置固定炉条和可动炉条，可动炉条做往复运动并搅拌废物。炉条运动方向和废物移动方向相同。一般为油压驱动。

移动式：通过腰带的移动来推选废物，搅拌完后依靠台阶的段差，一般为电动驱动。

炉膛的结构一般为钢架加上耐火材料等。除了满足锅炉设计要求以外，还要考虑废物的特有性质，如易结焦、结块、废物的磨损、炉温的保持等。炉膛的容积要满足燃烧烟气滞留时间等设计要求，并要考虑烟气的混合效果、二次空气的喷入、助燃器的布置等。

3) 立式多段炉　这种炉型是工业中常见的焚烧炉，可适用于各类固体废物的焚烧，其结构如图 4-70 所示。

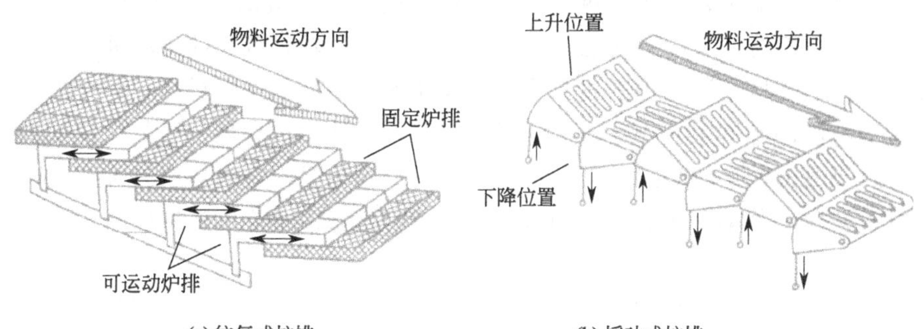

(a) 往复式炉排　　(b) 摇动式炉排

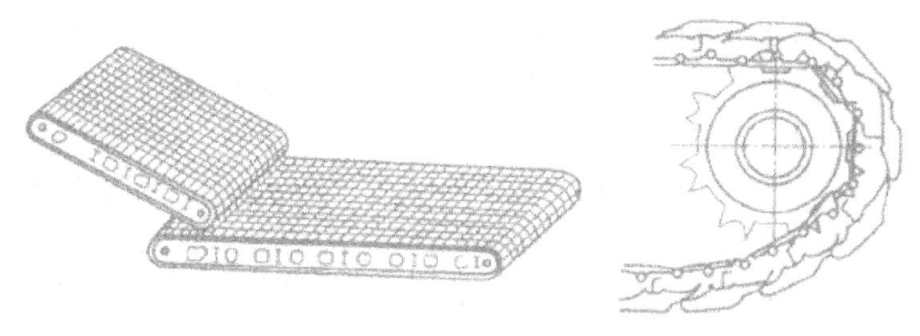

(c) 移动式炉排

图 4-69　炉排的种类

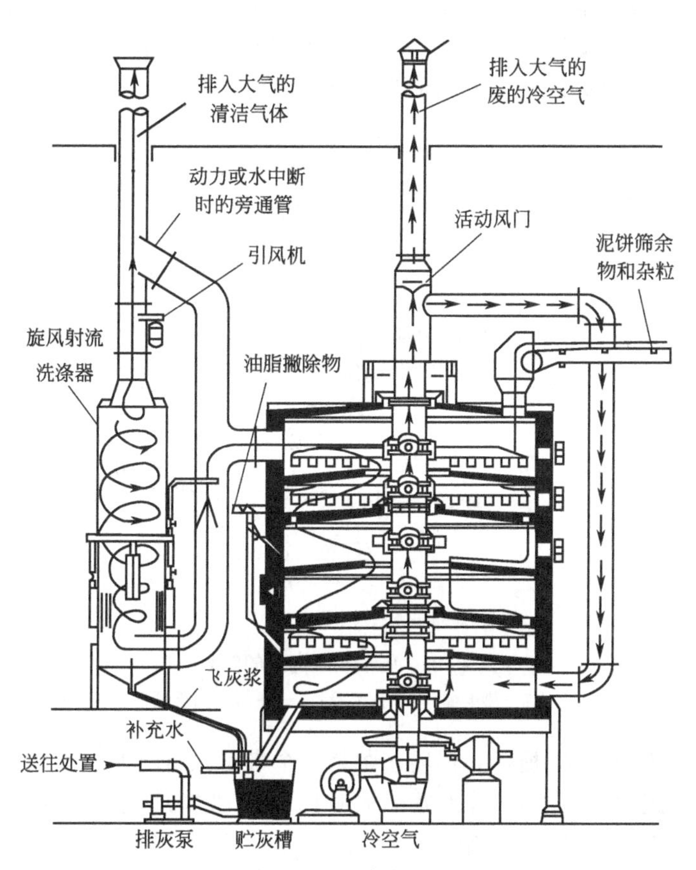

图 4-70　立式多段炉

炉体是一个垂直的内衬耐火材料的钢制圆筒。内部由多段的燃烧空间（炉膛）所构成，炉体中央装有一个顺时针方向旋转的带搅动臂的中空中心轴，各段的中心轴上又带有多个搅拌杆。按照各段的功能，可以把炉体分成三个操作区：最上部是干燥区，中部为焚烧区，最下部为焚烧后灰渣的冷却区。操作时固体废物连续不断地供给到最上段的外围处，并在搅拌杆的作用下，迅速分散，然后从中间孔落到下一段。第二段上，固体废物又在搅拌杆的作用下，边分散，边内外移动，最后从外围落下。焚烧时空气由中心轴下端鼓入炉体下部。焚烧尾气从上部排出。

多段炉的特点是废物在炉内停留时间长，能挥发较多水分，适合处理含水率高、热值低的污泥；缺点是该燃烧器结构繁杂、移动零件多、易出故障、维修费用高，并且排气温度较低、产生恶臭，排气需要脱臭或增加燃烧器燃烧，通常需要二次燃烧室。

4）流化床炉　流化床（fluidized bed，die Wirbelschicht）以前用来焚烧轻质木屑等，但近年来开始用于焚烧污泥、煤和城市固体废物，其特点是适用于焚烧高水分的污泥类等。

流化床废物焚烧炉主要是沸腾流动层状态。如图 4-71 所示为流化床的结构，一般将废物粉碎后再投入到炉内，废物和炉内的高温流动砂（650～800℃）接触混合，瞬间气化并燃烧。未燃尽成分和轻质废物一起飞到上部燃烧室继续燃烧。一般认为上部燃烧室的燃烧占40%左右。不可燃物沉到炉底和流动砂一起被排出，然后将流动砂和不可燃物分离，流动砂回炉循环使用。废物的灰分的 70%左右作为飞灰随着燃烧烟气流向烟气处理设备。流动砂可保持大量的热量，有利于再启动炉。流化床焚烧炉的特点是颗粒与气体之间传热和传质速度大，炉床单位面积处理能力大，炉子构造简单，造价便宜，且无机械的传动零件，不易产生故障。但大块的废物需破碎至合适流态化的大小才能焚烧，增加了处理费用。废气中粉尘比其他焚烧炉多。不适合处理黏附性高的半流动的污泥。

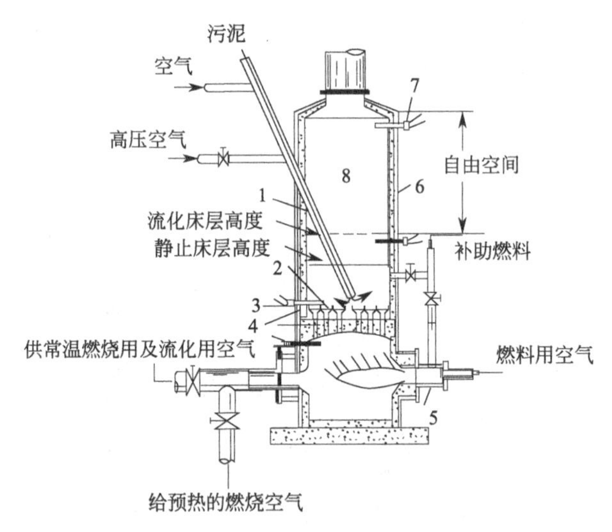

图 4-71　流化床焚烧炉的结构

1—污泥供料管；2—泡罩；3，7—热电偶；4—分配板；5—补助燃烧喷嘴器；6—耐火材料；8—燃烧室

5）回转窑炉　如图 4-72 所示，回转窑炉是一个带耐火材料的水平圆筒，绕着其水平轴旋转。从一端投入废物，当废物到达另一端时已被燃尽成炉渣。圆筒转速可调，一般为 0.75～2.5r/min。处理废物的回转窑的长度和直径比一般为（2∶1）～（5∶1）。在处理粒状废物（粉矿、粉末）时，会在炉内设置翼板或桨状搅拌器以促进废物的前进、搅拌和混

合。回转窑由两个以上的支撑轴轮支持。由齿轮带动旋转窑炉旋转。回转窑的倾斜角度可以通过上下调整支撑轴轮来调节，一般为2%～4%。但也有完全水平或倾斜极小的回转窑，且在两端设有小坝。

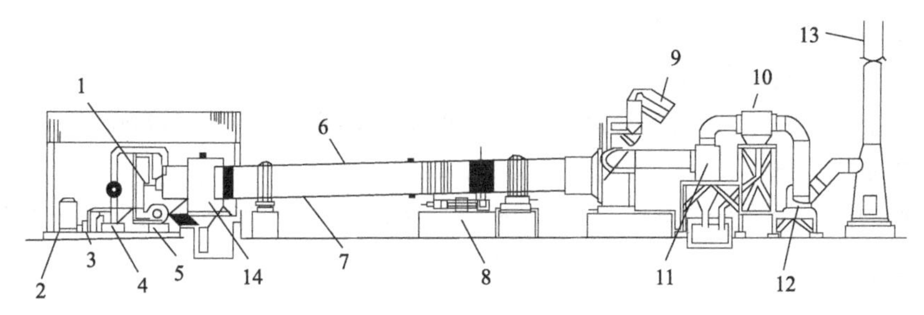

图 4-72　回转窑式焚烧炉的构造

1—燃烧喷嘴；2—重油贮槽；3—油泵；4—三次空气风机；5—一次及二次空气风机；6—回转窑焚烧炉；7—取样口；8—驱动装置；9—投料传送带；10—除尘器；11—旋风分离器；12—排风机；13—烟囱；14—二次燃烧室

回转窑的特点是适用范围广，特别是在焚烧工业废物的领域。机械零件比较少，故障少，可以长时间连续运转。回转窑的热效率不及多段炉，如需辅助燃料时消耗多、排出气体的温度低、有恶臭，需要脱臭装置或导入高温后燃室焚烧。由于窑身较长，占地面积大。

4.3.1.2　固体废物的热解

废物热解技术发展历史较短，主要是从20世纪60年代后，美国、日本、德国、法国、荷兰等国进行了大量研究，针对塑料、轮胎等有机废物的热解技术已逐渐进入实用阶段。随着世界资源的枯竭，能源价格的上涨，热分解技术定将有更大的发展。

(1) 热解的定义

热解（pyrolysis，die Pyrolyse）是物料在氧气不足的气氛中燃烧，并由此产生的热作用而引起的化学分解过程。因此，也可将其定义为破坏性蒸馏、干馏或炭化过程。热解技术也称为热分解技术或裂解技术。

关于热解的较严格而经典的定义是："在不同反应器内通入氧、水蒸气或加热的一氧化碳的条件下，通过间接加热使含碳有机物发生热化学分解生成燃料（气体、液体和炭黑）的过程。"根据这一定义，严格来讲，凡通过部分燃烧热解产物以直接提供热解所需热量者，不得称为热解而应称作部分燃烧或缺氧燃烧。关于这方面的问题，目前尚无统一的解释。

(2) 热解的原理

热解法是利用废物中有机物的热不稳定性，在无氧或缺氧条件下对其进行加热蒸馏，使有机物产生热裂解，经冷凝后形成各种新的气体、液体和固体，从中提取燃料油、油脂和燃料气的过程。热解反应可以用通式表示如下：

有机固体废物⟶气体（H_2、CH_4、CO、CO_2 等）+有机液体（有机酸、芳烃、焦油等）+固体（炭黑、炉渣）

例如，纤维素类的大分子有机物在缺氧状态下迅速加热升温，分解成氢气、一氧化碳、二氧化碳、水、甲烷等可燃性挥发组分，以及其他低分子有机物。这些热解组分与存在的氧气发生燃烧反应，进一步生成一氧化碳和水。

(3) 热解的产物

热解过程主要生成的产物有可燃性气体、有机液体和固体残渣。

① 可燃性气体。可燃性气体主要有 CH_4、H_2、CO、NH_3、H_2S、HCN 等。这些气体混合后是一种很好的燃料，其热值高达 6390～10230kJ/kg，在热解过程中维持分解过程连续进行所需要的热值约为 2560kJ/kg，剩余的气体变成热解过程中有使用价值的产品。

② 有机液体。它是一种复杂的化学混合物，常称为焦木酸，此外尚有焦油和其他高分子烃类油等，也是有价值的燃料。

③ 固体残渣。主要是炭黑。炭黑是轻质碳素物质，其发热值为 12800～21700kJ/kg，含硫量很低，在制成煤球后也是一种好燃料。

热解产物的产量及成分与热解原料成分、热解温度、加热速度和反应时间等参数有关。

(4) 热解的特点

固体废物热解技术与其他处理技术相比，有如下优点。

① 热解氧化过程操作简便、安全，焚烧过程便于控制，废物的热量经过两级分配，提高了二次燃烧的温度，节省了燃料。

② 废物中的有机物可转化为以燃料气、燃料油和炭黑为主的贮存性能源，提高了固体废物的资源化程度。

③ 由于热解过程是在无氧或缺氧条件下进行的，反应保持还原状态，Cr（Ⅲ）不会转化为 Cr（Ⅵ），SO_x、NO_x 的产生量也较少，生成的燃料气和燃料油能在低空气比的条件下燃烧，排气量少，从而简化了气体净化工序，同时减轻了对大气环境的二次污染问题。

④ 固体废物热解后，减容量大，残余炭渣较少，而且炭渣经熔融处理后，垃圾中的硫、重金属等有害成分大部分被固定在炭黑中，可从熔融渣中方便地分离并回收有价值的金属，能防止重金属污染，基本实现了固废处理的无害化。分离后的残渣化学性质稳定，含碳量高，有一定的热值，可用作燃料添加剂、道路路基材料、混凝土骨料、制砖材料或用于生产活性炭等，不仅提高了资源利用率，而且大大减轻了填埋处置负担。

尽管热解技术具有诸多的优点，但并非所有的有机废物都适于热解。对于含水率高、组成和性质不稳定的有机混合废物，很难实现稳定操作，投资很高，热解所能回收的燃料油、燃料气不仅量少，而且热值较低，利用时会受到一定的限制。因此，发展有机废物热解技术的同时，必须兼顾其经济效益。

(5) 热解过程影响因素

影响热解过程的主要因素包括废物组成、物料预处理、物料含水率、反应温度和加热速率等，分述如下。

① 废物组成　由于废物的组分不同而致热解的起始温度各有差异，因此，对热解过程的产物成分及产率也有较大影响。通常城市固体废物比大多数工业固体废物更适合于用热解方法生产燃气、焦油及各种有机液体，但产生的固体残渣较多。

② 物料预处理　若物料颗粒大，则传热速度及传质速度较慢、热解二次反应增多，对产物成分有不利影响。而颗粒较小将促进热量传递，从而使高温热解反应更容易进行。因此，有必要对热解原料进行适当破碎预处理，使其粒度既细小又均匀。

③ 物料含水率　物料含水率对热解最终产物有直接影响，通常含水率越低，物料加热速度越快，越有利于得到较高产率的可燃性气体。

④ 反应温度　热解过程中，热解温度与气体产量成正比（图 4-73），而各种酸、焦油、固体残渣却随分解温度的增加呈相应减少之势。固体废物热解产物收率（质量分数，%）可

参见表 4-7；分解温度不仅影响气体产量，也影响气体质量，如表 4-8 所示。所以，应根据预期的回收目标确定适宜的热解温度。

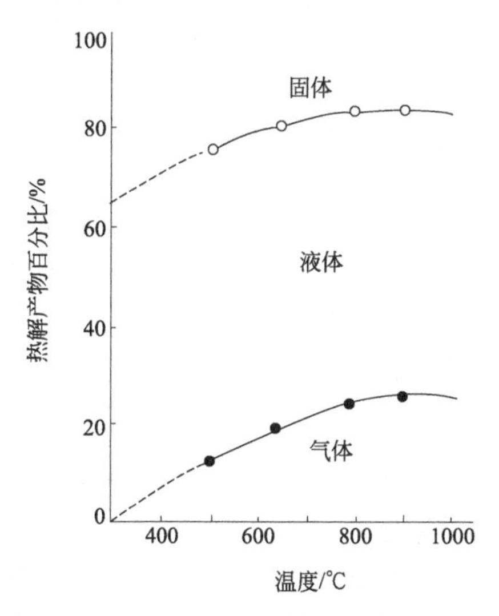

图 4-73　热解温度与产品产量的关系曲线

表 4-7　固体废物热解产物收率额度表　　单位：%（质量分数）

产物成分	生活垃圾		工业垃圾	
	热解温度 750℃	热解温度 900℃	热解温度 750℃	热解温度 900℃
残留物	11.5	7.7	37.5	37.8
气体	23.7	39.5	22.8	29.5
焦油与油	2.1	0.2	1.6	0.8
氨	0.3	0.3	0.3	0.4
水溶液	55	47.8	30.6	21.8

表 4-8　温度对气体成分所产生的影响　　单位：%（质量分数）

气体成分	不同温度下气体成分			
	480℃	650℃	815℃	925℃
H_2	5.56	16.58	27.55	32.48
CH_4	12.43	15.91	13.73	10.45
CO	33.50	30.49	34.12	35.25
CO_2	44.77	31.78	20.59	17.31
C_2H_4	0.45	2.18	2.24	2.43
C_2H_6	3.03	3.06	0.77	1.07
总计	99.74	100.00	100.00	99.99

⑤ 加热速率　气体产量随着加热速度的增加而增加，水分、有机液体含量及固体残渣则相应减少。加热速度对气体成分亦有影响。高温热解破碎旧报纸试验所得数据列于表 4-9。

表 4-9　旧报纸高温热解时气体成分与加热速率的关系　单位：%（热值除外）

气体成分	气体占比							
	1min	6min	10min	21min	30min	40min	60min	70min
CO_2	15.01	19.16	23.11	25.1	24.7	25.7	22.9	21.2
CO	42.6	39.59	35.20	36.3	31.3	30.4	30.1	29.5
O_2	0.92	1.61	1.80	2.5	2.3	2.1	1.3	1.1
H_2	19.93	9.85	12.15	10.0	15.0	13.7	15.9	22.0

续表

气体成分	气体占比							
	1min	6min	10min	21min	30min	40min	60min	70min
CH_4	17.54	21.70	19.95	20.1	20.1	19.9	21.5	20.8
N_2	6.00	7.09	7.79	6.0	6.6	7.2	7.3	5.4
热值/(kJ/m^3)	13870	14170	13230	13200	13200	12820	13680	14090

注：表中时间为加热到815℃时所需的时间，min。

综合分析反应温度和加热速率的影响因素：在低温加热条件下，有机物分子有足够的时间在其最薄弱的接点处分解，并重新结合为热稳定性固体，而难以进一步分解，此时的固体产率增加；在高温、高速加热条件下，有机物分子结构发生全面热解，生成大范围的低分子有机物，产物中的气体组分有所增加。

(6) 热解系统及设备

固体废物热解的主要设备是热解装置，称之为热解炉或反应床。城市垃圾的热解处理技术可依据其所使用热解装置的类型分为：固定床型热解、移动床型热解、回转窑式热解、流化床式热解、多段竖炉式热解、管型炉瞬间热解和高温熔融炉热解。其中，回转窑热解和管型炉瞬间热解方式是最早开发的城市垃圾热解处理技术；立式多段竖炉型主要用于含水较高的有机污泥的处理。流化床方式有单塔式（热解和燃烧在一个塔炉内进行）和双塔式（热解和燃烧分开在两个塔炉内进行）两种，其中双塔式流化床应用较广泛，已达到工业化生产规模。此外，高温熔融炉方式是城市垃圾热解中最成熟的方法，它的代表性装置有新日铁、Purox 和 Torrax 等系统。

1）固定床型热解系统　此型热解的代表性装置为立式炉偏心炉排法系统。该法工艺流程如图 4-74 所示。废物自炉顶投入，经炉排下部送入的重油、焦油等可燃物质燃烧气体干燥后进行热分解。炉排分为两层，在上层炉排之上为碳化物、未燃物和灰烬等，用螺旋推进器向左边推移落入下层炉排，在此，将未燃物完全燃烧。这种操作过程称为偏心炉排法。热解气体和燃烧气送入焦油回收塔，喷雾水冷却除去焦油后，经气体洗涤塔后用作热解助燃性气体，焦油则在油水分离器中回收。炉排上部的碳化物层温度为500～600℃，热解炉出口温度为300～400℃。废物加料口设置双重料斗，可以连续投料而又避免炉内气体逸出。本方法适合于处理废塑料、废轮胎。由于干馏法处理能力小，用部分燃烧法可以提高处理速度。但当分解气体中混入燃烧废气时，其热值会降低，另外碳化物质将被烧掉一部分，其回收率也降低。根据不同热解目的，可对炉的结构、炉排、除灰口构造、空气入口位置、操作条件等加以适当地改变以适应工作需要。

2）移动床型热解系统　此型热解的代表性技术为 Btelle 法。简要的过程是先将城市垃圾适当破碎并除掉重质成分，然后经过带气封的给料器从塔顶加入热解气化炉内。该炉为立式装置（见图 4-75），从炉底供入600℃空气和水蒸气，热气上升而垃圾自上向下移动，经此过程进行分解气化。气体从顶部取出，残渣则通过旋转炉床由炉底排出。炉内压力为6865Pa，生成气体组分：N_2 占 43%；H_2、CO 各占 21%；CO_2 占 12%；CH_4 占 1.8%；CH_4、C_2H_4 等在1%以下。发热量（标准状态下）为3768～7536kJ/m^3。此法存在的问题是垃圾进料不均匀，有时会出现偏流、结瘤等现象以及熔融渣出料较困难等。

3）回转窑式热解系统　此项热解的代表性技术为以有机物气化为处理目标的 Landgard 工艺。其过程是先将城市垃圾用锤式剪切破碎机加工至10cm 以下，在送进贮槽后，经油压式活塞给料器冲压将空气挤出并自动连续地送入回转窑内。该系统工艺流程如图 4-76 所示。在窑的出口设有燃烧器，喷出的燃烧气逆流直接加热垃圾，使其受热分解而气化。空气用量为理论完全燃烧用量的 40%，即仅使垃圾部分燃烧。燃气温度调节在 730～760℃，为了防止残渣熔融结焦，温度应控制在 1090℃以下。生成燃气量 1.5m^2/kg，热值（标准状态下）为 46～50kJ/m^3。热回收效率为垃圾和助燃料等输入热量的 68%，残渣落入水封槽内急剧冷却，从中可回收铁和玻璃质。

在本技术的物料预处理中，由于只破碎而无分选工序，因此过程比较简单，对待处理的垃圾质量变化的适应性强，设备结构的可操作性较强。

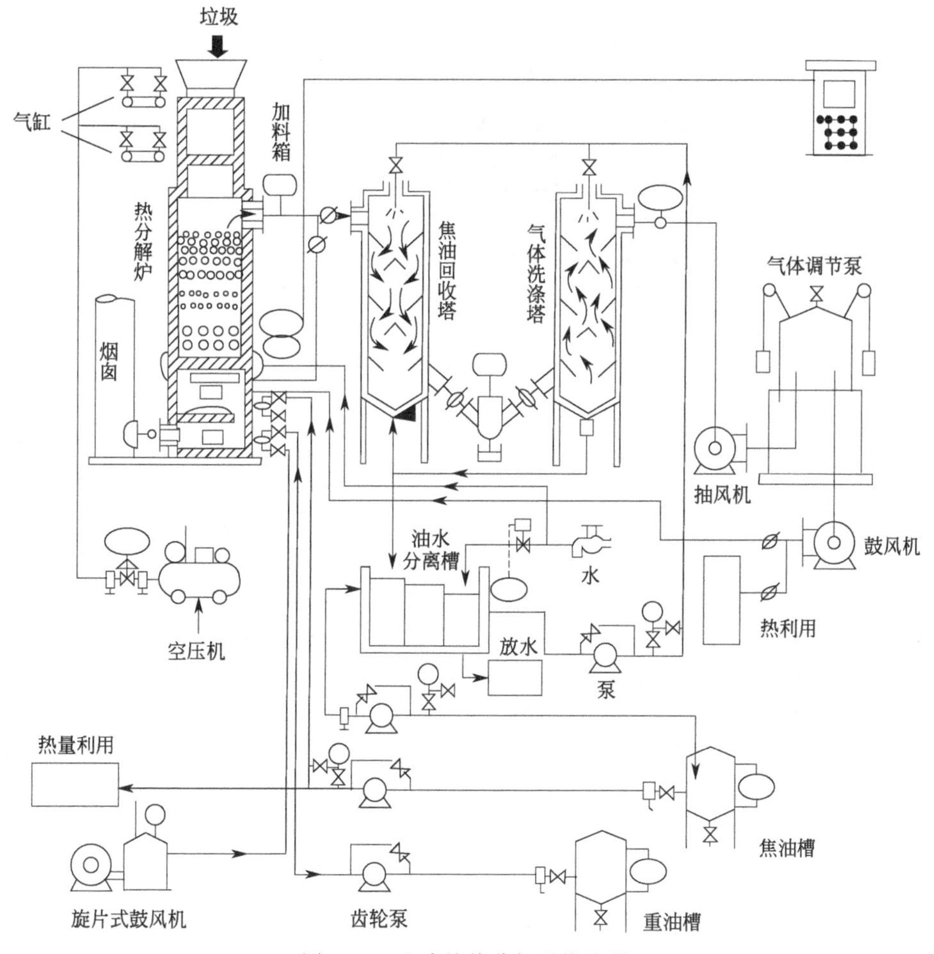

图 4-74　立式炉热分解系统流程

美国巴尔的摩市在 EPA 资助下，曾采用该系统在 1975 年建成了处理能力为 1000t/d 的生产性系统（可以处理该市居住区排出垃圾的 50%左右，窑的长度 30m，直径 60cm，回转速度 2r/min）。当时该系统居全美大型资源化方案的首位。

4）管型炉瞬间热解（flash suspension pyrolysis，Sofortige Pyrolyse im Röhrenofen）系统　此系统采用气流输送瞬间加热分解方式，其代表性技术之一为 Garrett 热解法，该法的热解装置系统如图 4-77 所示。在该系统中先将垃圾破碎为粒径 5cm 大小，经风选和过筛除掉不燃物和水分，然后使不燃成分再经过磁选和浮选以回收玻璃和金属类。对其中的可燃性物质需再次破碎至 0.36mm 左右，在外部加热管型分解炉内通过常压、无催化及 500℃的

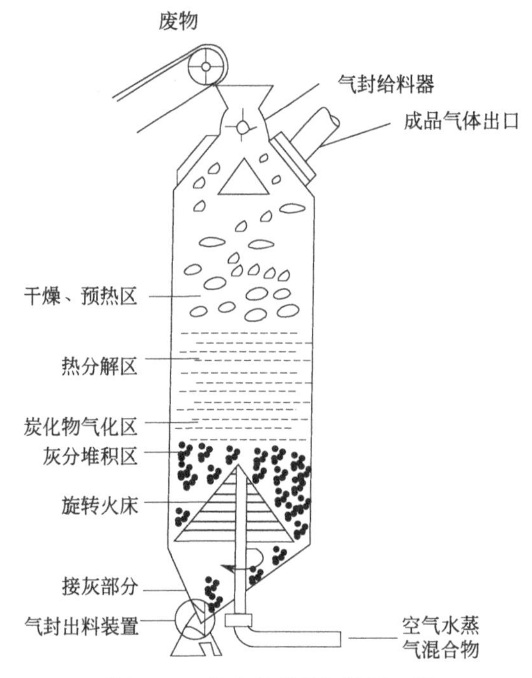

图 4-75　移动床型热解装置工况

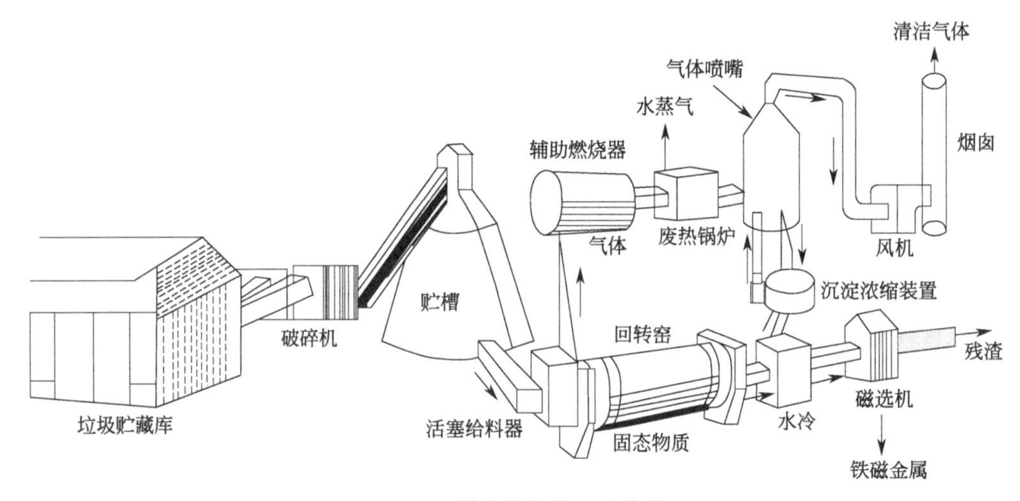

图 4-76　回转窑热解装置系统流程

温度下进行热解。

该法的生成物大部分是油类（其发热量为 3.1×10^4kJ/L），气体［热值（标准状态下）为 18.6kJ/m^3］，烟尘（发热量为 2.1×10^4kJ/L）。回收效率为：油类，160L/t（垃圾）；铁质类，60kg/t（垃圾）；烟尘，70kg/t（垃圾）。本方法的预处理工序复杂，破碎的能耗高，难以长期稳定运行。

5）高温熔融炉热解系统　在高温熔融炉内的热解过程也属移动床型，这类方法除回收能源外，其残渣也可作为资源利用。其使用的方法较为成熟，应用面较广，所装设的系统也有多种，举例如下。

① Andeo-Torrax 系统。本装设系统的特点是将烟尘用预热空气带至气化炉燃烧、热分

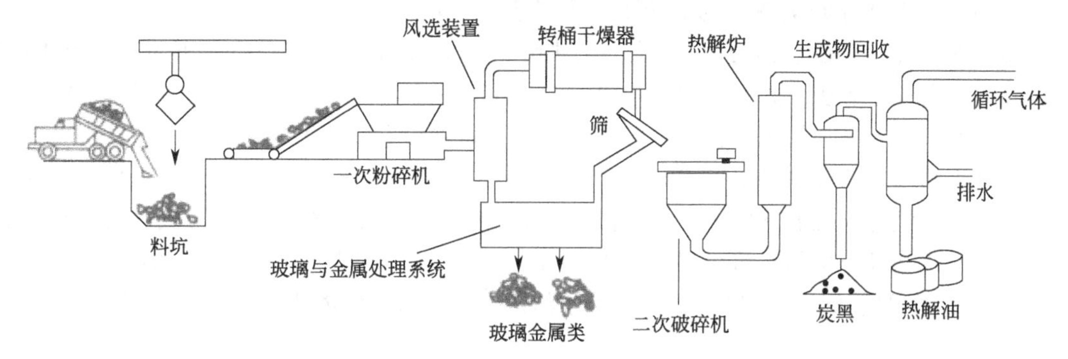

图 4-77　管型炉瞬间热解装置系统流程

解并能使惰性物质达到熔融的高温，其流程见图 4-78。垃圾不需预处理（粗大的垃圾需剪切到 1m 以下），直接用抓斗装入炉内。物料从上向下降落时受逆向的高温气流加热，随即进行干燥和热分解而成为炭黑。最后炭黑通过燃烧成为 CO、CO_2 等，其中的惰性物质则熔化。

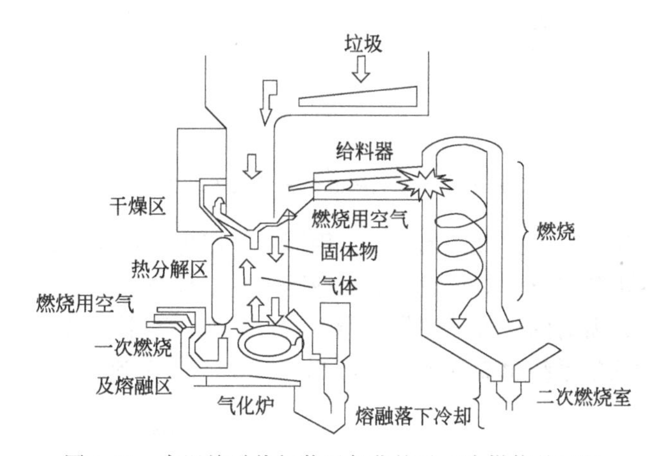

图 4-78　高温熔融热解装置气化炉及二次燃烧炉工况

在该系统中所有垃圾的干燥、热解以及残渣的熔融等需要的热量均由气化炉内用于预热空气（温度 1000℃）燃烧炭黑的热源所提供。其炉内温度为 1650℃，热解所产生的气体和一次燃烧的生成气体，一并送到二次燃烧室和大致等量的空气混合，并在小于 1400℃ 的温度下燃烧。完全燃烧后排出废气的温度为 1150～1250℃。

高温废气的 15%用以预热空气，85%供给废热锅炉。由于高温，使铁类玻璃等惰性物熔融而成熔渣，经连续落入水槽骤冷后，成为呈黑色豆粒状的熔块，可作建筑骨料或碎石代用品，其量仅占垃圾总量的 3%～5%。

该法优点是不需要炉床，故没有炉床操作的问题出现。装设的系统在操作上也容易进行自动化控制。但必须注意对高温空气预热器材质选用的适宜性。

最早的 Torrax 系统是 1971 年由 EPA 资助在纽约州的 Eire County 建造的处理能力为 68t/d 的中试装置，除了城市垃圾的处理以外，还进行过城市垃圾与污泥混合物的处理，包括废油、废轮胎和聚氯乙烯的热解处理试验。进入 20 世纪 80 年代，在美国的 Luxemburg 建设了处理能力为 180t/d 的生产性装置，并向欧洲推出了该项技术。从该系统的能量平衡来看，垃圾热值的大约 35%用于加热助燃空气和供应设施所需电力，提供给余热锅炉的热量达 57%，即相当于垃圾热值的 37%得以作为蒸汽回收。

② 纯氧高温（UCC 法）热解系统。该法由美国 Untion Carbide Corp 开发，简称 UCC 法，即纯氧高温热解法。其装设系统如图 4-79 所示。垃圾由炉顶加入并在炉内缓慢下移，同时完成垃圾的干燥和热解过程。从炉的移动床下面供给少量纯氧，使炉内的部分垃圾燃烧产生强热，利用这部分热量来分解炉上部垃圾中的有机物。热解温度高达 1650℃，生成金属块和其他无机物熔融的玻璃体。熔融渣由炉的底部连续排出，经水冷后形成坚硬的颗粒状物质。底部燃烧段产生的高温气体在炉内自下向上运动，经过在热解段和干燥段提供热量后，以 90℃的温度从炉顶排出，这时所生成的是一种清洁的气体燃料。

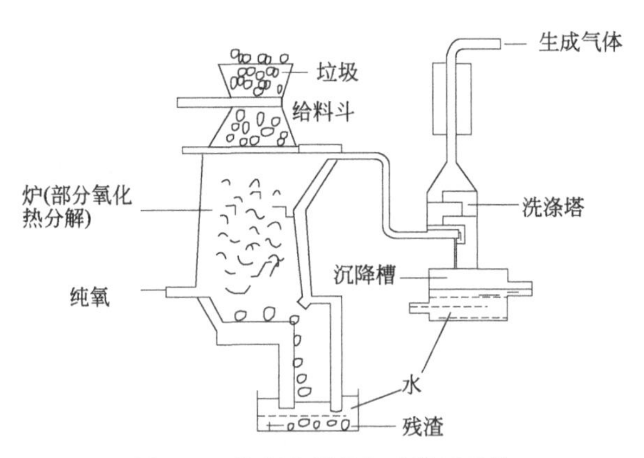

图 4-79 纯氧高温热解法装置系统

此项热解技术由于无供给空气进入炉内，因而 NO 产生量很少。此外，垃圾的减量比为 95%～98%。本法突出的优点是对垃圾只需（或不需）简单的破碎和分选加工，即简化了预处理工序。主要问题是所需的氧气（纯氧）能否廉价供给，否则将增大处理费用。

利用上述原理的热解系统也简称为 Purox Process，其工艺流程如图 4-80 所示。

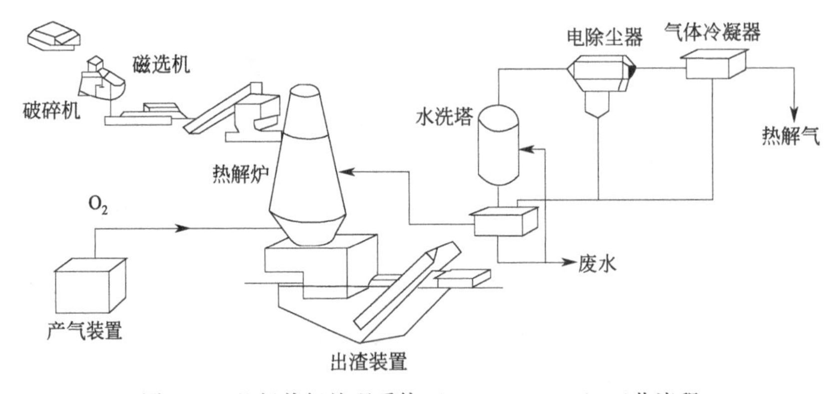

图 4-80 垃圾热解处理系统（Purox Process）工艺流程

1970 年在纽约州的 Tarrytown 建成了处理能力为 4t/d 的中试装置；1974 年在西弗吉亚尼州的 South Charleston 建成了处理能力为 180t/d 的生产性装置。进入 20 世纪 80 年代，该公司又将该系统的单炉处理能力提高到 317t/d。

该系统主要的能量消耗是垃圾破碎过程和 1t 垃圾热解需要制备 0.2t 的氧气。该系统每处理 1kg 垃圾可以产生热值为 11168kJ/m^3（2669kal/m^3）的可燃性气体 0.712m^3，该气体以 90%的效率在锅炉中燃烧回收热量，系统总体的热效率为 58%。

4.3.2 固体废物的填埋技术

4.3.2.1 填埋技术概述

固体废物的填埋处置即固体废物土地填埋处置，是从传统的堆放和填埋处置发展起来的，是把废物放置或贮存在土层中的一种处置技术。同其他环境技术一样，它是一个涉及多学科领域的处置技术，从固体废物全面管理的角度来看，土地填埋处置是为了保护环境，按照工程理论和土工标准，对固体废物进行控制管理的一种科学工程方法。土地填埋处置，首先要进行科学的选址，在设计规划的基础上对场地进行防护（如防渗、气体收集等）处置；然后按照严格的操作程序进行填埋操作和封场，要制订全面的管理制度，定期对场地进行维护和监测；最后还要对填埋场进一步开发利用做出全面评价。

土地填埋处置的种类很多，采用的名称也不尽相同。按填埋场地形特征可分为山间填埋、峡谷填埋、平地填埋、废矿坑填埋；按填埋场地水文气象条件可分为干式填埋、湿式填埋、干湿式混合填埋；按填埋场的状态可分为厌氧性填埋、好氧性填埋、准好氧性填埋和保管性填埋；按填埋场渗滤液是否隔绝于场地周围环境，可分为隔绝封闭型填埋和衰减扩散型填埋；按固体废物污染防治法规，可分为一般固体废物填埋和工业固体废物填埋。一般根据处置的废物种类以及有害物质释出所需控制水平进行分类，通常把土地填埋处置方法分为以下5类。

① 惰性废物填埋。惰性废物填埋是最简单的一种土地填埋处置方法。填埋方法分浅埋和深埋两种，把废物直接填埋到地下，主要用来处置建筑物以及矿山开采过程中产生的废石等。

② 卫生土地填埋。卫生土地填埋是处置一般固体废物，而不会对公众健康及环境安全造成危害的一种方法，主要用来处置城市垃圾。

③ 工业废物土地填埋。工业废物土地填埋适用于处置工业无害物质。因此，场地的设计操作原则上不如安全土地填埋那样严格。

④ 安全土地填埋。安全土地填埋是一种改进的卫生土地填埋方法，也称为化学土地填埋或安全化学土地填埋。安全土地填埋主要用来处置有害废物，因此对场地的建造技术要求更为严格，如对衬里的渗透系数要求、浸出液的收集预处理、地表径流的控制等都有严格的要求。

⑤ 浅地层埋藏处置。浅地层埋藏处置主要用来处置核工业的中低放射性废物，其对处置场地的选择、场地的设计等有特殊的要求。

根据废物的特点以及环境的要求，目前土地填埋处置主要采用卫生土地填埋、安全土地填埋。

4.3.2.2 填埋处置原则

废物的种类、数量和性质，相关法规，公众的观念和可接受性，场地特性等，决定了固体废物土地填埋的可行性。固体废物填埋处置遵循下列原则。

1）区别对待分类处置，严格管制危险废物和放射性废物　根据所处置的固体废物对环境危害程度的大小和危害时间的长短，区别对待。生活垃圾进入卫生填埋场，危险废物进入安全填埋场。严禁将生活垃圾和危险废物混合填埋；严禁危险废物进入生活垃圾填埋场。

2）最大限度将危险废物、放射性固体废物与生物圈相隔离　采用多重屏障系统，将所处置的废物与生态环境相隔离，即废物屏障系统（对废物进行固化/稳定化处理，以减轻废物的毒性或减小渗滤液中有害物质的浓度）、封闭屏障系统（利用工程措施将废物封闭，其封闭效果取决于封闭材料的品质、设计水平和工程质量）、地质屏障系统（地质屏障对有害物质的防护性能取决于地质屏障的地质构造、水文地质特征以及污染物本身的物理化学性质）。地质屏障系统决定废物屏障系统和封闭屏障系统的基本结构，制约固体废物处置场的工程安全和投资。

3）集中处置　将危险废物集中处置，可以节约人力、物力和财力，有利于监督管理。

4.3.2.3　填埋场选址

填埋场场址的选择和最终确定是一个复杂而漫长的过程，必须以场地详细调查、工程设计和费用研究、环境影响评价为基础，综合考虑地理位置、地形、地貌、工程与水文地质、地质灾害等条件对周围环境、工程建设投资、运行成本和运输费用的影响，经多方案比选后确定，遵循防止污染的安全原则和经济合理的原则。

(1) 选址原则

填埋场选址总原则是以合理的技术和经济方案，尽量少的投资，达到理想的经济效益，实现环境保护的目的。填埋场选址应符合城市总体规划、区域环境规划、城市环境卫生专业规划及相关规划。具体包括以下几点。

1）可得到的土地面积　在选择填埋场场址时，要有足够的土地面积，使用年限在 10 年以上，特殊情况不应低于 8 年，填埋库区每平方米应填埋 $10m^3$ 以上垃圾。填埋时间越短，单位废物处置费用越高。所需面积是固体废物产生率、压实密度和废物填埋厚度的函数。填埋场地的容量应根据当地的发展规划，留有发展余地。

填埋场的实际占地面积确定之后，还要考虑场地周围土地的使用状况，要注意保留适当的缓冲区，并根据有关标准确定场地的边界。

填埋场与周围敏感目标的卫生防护距离，应考虑渗滤液、大气污染物（含恶臭物质）、滋养动物（蚊、蝇、鸟类等）等因素的影响，综合评价其对周围环境和居住人群的身体健康、日常生活、生产活动的影响，确定填埋场与常住居民居住场所、地表水域、高速公路、交通主干道（国道或省道）、铁路、飞机场、军事基地等敏感目标之间合理的位置关系以及合理的卫生防护距离，具体的环境防护距离应根据批复的环境影响评价报告结论确定。

2）交通与运输距离　填埋场与公路的距离不宜太近，以便于实施卫生防护；也不宜太远，以便于布置与填埋场的连通道路。

运输距离是选择填埋场位置必须考虑的因素之一，对管理系统的设计和运行有重要影响。短距离运输是理想的规划方案，但还应考虑其他一些因素，如废物中转站的地点、当地的交通状况、往返填埋场的线路情况、城市发展布局等。

3）土壤状况和地形　每日填埋结束后需用土（或代用覆盖物）覆盖垃圾，然后压实。一般的覆土厚度为 15～30cm，中间覆土厚度为 30～50cm，最终覆土厚度为 60～100 cm，填埋场覆土量一般为填埋库区容积的 10％～15％，坝体、防渗以及渗滤液收集工程也需要大量土石料，所以必须获取土壤数量和特性资料（包括结构、渗透性和阳离子交换容量），应尽量就地取材，节省投资。

场地地形地貌决定了地表水，往往也决定了地下水的流向和流速，地形将会影响填埋场结构布局、填埋作业方式和设备配置。场地地形的坡度应有利于填埋场施工和其他配套建筑设施的布置。一个与较陡斜坡相连的水平场地，会聚集大量地表径流和潜层水流，应考虑其地表水导流系统和防渗层的必要性及类型。

4）气候条件　评价可选场址时，必须考虑当地的气候条件。如冬天结冰严重，不能开挖土方时，须有相当数量的覆盖土壤储备，冬天还会影响进出填埋场的道路条件。为了防止纸、塑料等轻质废物刮起飞扬，场地还需设置防风屏障，其形式和用材取决于风力与风向。应把填埋场地布置在城市夏季主导风的下风向；潮湿气候可能要求必须分区使用填埋场。

5）地表水水文　场区地表水水文条件将决定填埋场排水沟和防洪沟的设计和建设；所选场地必须在50年（危险废物安全填埋场为100年）一遇地表水域洪水标高泛滥区或历史最大洪泛区之外；应在可预见的未来建设水库或人工蓄水淹没和保护区之外。

6）工程地质和水文地质条件　拟建场地的工程地质和水文地质条件是评价填埋场对环境影响的重要因素，以确保填埋场产生的填埋气和渗滤液不会污染地下水、地表水及环境空气。场址应选在渗透性弱的松散岩层或坚硬岩层的基础上，天然地层的渗透性系数不应大于1.0×10^{-8}m/s，并具有一定的厚度，对有害物质的迁移、扩散有一定的阻滞能力；场地基础岩性最好为黏性土、砂质黏土以及页岩、黏土岩或致密的火成岩。填埋场场址宜是独立的水文地质单元，了解场地地下水的类型、埋藏条件、流向、动态变化情况及与邻近地表水体的关系，邻近水源地的分布及保护要求。填埋场应建于地下水位之上，尽量在该区域地下水流向的下游地区，确保填埋场运行对地下水的安全无影响。工程地质与水文地质条件较好的填埋场，既能降低环境污染，又能减少工程建设投资。

选址应避开下列区域：破坏性地震及活动构造区；活动中的坍塌、滑坡和隆起地带；活动中的断裂带；石灰岩溶洞发育带；废弃矿区的活动塌陷区；活动沙丘区；海啸及涌浪影响区；湿地；尚未稳定的冲积扇及冲沟地区；泥炭以及其他可能危及填埋场安全的区域。

7）当地社会、法律和环境条件　填埋场附近的居民和企业对填埋作业极其敏感，填埋场运行时必须严格控制噪声、臭味、扬尘、废纸和塑料薄膜等。可利用树木、灌木、围墙或借助自然地形将填埋场与周围公众活动场所隔开，或在填埋场下风方向架设固定式或移动式铁丝栏网，或在其上风方向建挡风土堤；在填埋场边界设防火隔离带；经营者应对公众的抱怨给予及时的反应。

选址禁忌：不应选在城市工农业发展规划区、农业保护区、自然保护区、风景名胜区、文物（考古）保护区、生活饮用水水源保护区、供水远景规划区、矿产资源储备区、军事要地、国家保密地区和其他需要特别保护的区域内。

8）最终利用　填埋场（landfill，die Deponie）的最终利用影响填埋场的设计和运行，所以在填埋场布局和设计时必须考虑好这个问题，应根据填埋场规划使用要求，决定最终封场要求。封场后的卫生填埋场可用作草地、农地、森林、公园、一般仓储或工业厂房等。危险废物安全填埋场作为永久性的处置设施，封场后除绿化以外不能做它用。

(2) 选址方法

1）资料收集　填埋场选址应先进行下列基础资料的收集：a. 城市总体规划，区域环境规划，城市环境卫生专业规划及相关规划；b. 土地利用价值及征地费用；c. 场址周围人群居住情况与公众反应；d. 填埋气体利用的可行性；e. 地形、地貌及相关地形图，有条件的增加航测地形图；f. 工程地质与水文地质条件；g. 洪泛周期（年）、降水量、蒸发量、夏季主导风向及风速、基本风压值；h. 道路、交通运输、给排水、供电、土石料条件及当地工程建设经验；i. 服务范围内的垃圾量、性质和收集运输情况。

2）野外踏勘　野外踏勘是选址最重要的技术环节，可直观掌握预选场址的土地利用情况、道路交通条件、周围居民点分布情况、水文网分布情况和场地的地质、水文地质和工程地质条件及其他相关信息。根据取得的资料，确定被踏勘地点的可选性，并进行排序。

3）预选场址的社会、经济和法律条件调查　进一步调查预选场址及其周围的社会、经济条件，公众对填埋场建设的反应和社会影响，确定是否有碍于城市整体经济发展规划，是否有碍城市景观。详细调查地方的法律、法规和政策，特别是环境保护法、水域和水源保护法，取消受法律法规限制的预选地点。

4）预选场址可行性研究报告　利用充足的调查资料说明预选场址具有可选性，以报告的形式提出，并报请项目主管单位，再由主管单位报请官方审批，正式列入国家或地方的计划，使项目从可行性研究阶段进入正式计划内的工程项目阶段。

5）预选场址的初勘工作　对预选场址进行综合地质初步勘察，查明场址地质结构、水文地质和工程地质特征。如初勘证实预选场址具有渗透性较强的地层或含水丰富的含水层，或含有发育的断层，则场址的地质质量差，会使工程投资增大，该场址不具有可选性，可能需要另选场址。如初勘证实场址具有良好的综合地质条件，则该场址的可选性会最终确定。因此，预选场址的初勘是场址是否可选的最终依据。

6）预选场址的综合地质条件评价技术报告　场址初步勘察施工结束后，由钻探施工单位提出场址地质勘察技术报告，据此，由项目主管单位编制场址的综合地质条件评价技术报告，该报告是场址选择的最终依据和工程立项的依据，使项目由选址阶段进入到工程阶段。若场址得到不可选的结论，选址工作需要重新开始，或进行第二场址乃至第三场址的初勘工作。

7）工程勘察阶段　确定场址可选后，即转入工程实施阶段，依据综合地质条件评价技术报告进行场址详细的勘察设计和施工。

综上所述，填埋场选址是一项技术性强、难度大的工作，要经过多个技术环节。场址确定后，针对固体废物填埋场的工程特点，通过场址综合地质详细勘察技术工作，查清其综合地质条件，为填埋场的结构设计和施工设计提供详细技术数据，进行场址质量综合技术评价，达到安全处置废物和保护环境的目的。

4.3.2.4　填埋气体

(1) 填埋气体的产生

一般认为，填埋气体（landfill gas，das Deponiegas）的产生分为五个阶段，如图 4-81 所示。

① 初始调整阶段：该阶段主要是好氧生化降解，开始产生 CO_2，O_2 量明显降低，并产生大量的热。好氧阶段往往在较短时间内完成。

② 过程转移阶段：氧气逐渐被消耗，厌氧条件形成并发展，硝酸盐和硫酸盐被还原成氮气和硫化氢气体。

③ 产酸阶段：产生大量的有机酸、氢气和二氧化碳，此阶段所涉及的微生物主要是兼性厌氧菌和专性厌氧菌组成的非产甲烷菌。

④ 产甲烷阶段：产甲烷菌将上一阶段形成的氢气、二氧化碳、醋酸以及甲醇、甲酸等转化为甲烷。此阶段是填埋气体中甲烷产生的主要阶段，持续时间长。

⑤ 稳定化阶段：废物中可降解有机物被转化为二氧化碳和甲烷后，填埋场进入成熟阶段，填埋场气体产生速率明显下降。由于封场措施不同，某些填埋场的填埋气体中可能含有

少量空气。

上述五个阶段并不是相互孤立，它们相互作用、互为依托。各个阶段的持续时间，则根据不同的废物种类和填埋场条件而有所不同。因为废物是在不同时期被填埋，所以，在填埋场的不同部位，各个阶段的反应可能同时进行。

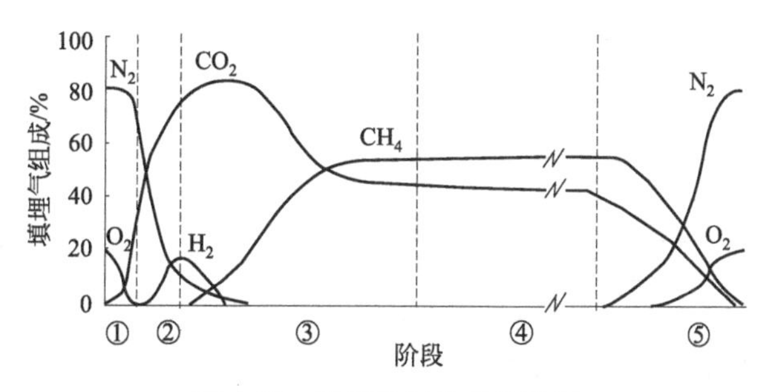

图 4-81　填埋场气体产生阶段

(2) 填埋气体组成特征

填埋气体由主要气体和痕量气体组成，填埋气体的组成与性质见表 4-10。主要气体包括 CH_4、CO_2 以及少量 N_2、O_2、硫化物、NH_3、H_2、CO 等，散发恶臭。

表 4-10　填埋气体的组成与性质

组成	体积分数(以干体积为基准)/%	性质	数值
甲烷	45～60	温度/℃	38～49
二氧化碳	40～60	相对密度	1.02～1.06
氮气	2～5	含水率	饱和
氧气	0.1～1.0	热值/(kJ/m³)	1.5×10^4～2.0×10^4
硫化物、二硫化物、硫醇等	0.0～1.0		
氨气	0.1～1.0		
氢气	0.0～0.2		
一氧化碳	0.0～0.2		
痕量组分	0.01～0.6		

填埋气体中痕量组分含量少，但组成复杂，其中已检测出 116 种有机化合物，多数属于挥发性有机化合物（VOCs），毒性大，特别是接收工业固体废物和商业垃圾的填埋场，VOCs 释放量较高。表 4-11 统计了加利福尼亚州 66 个城市固体废物填埋场填埋气体中主要微量组分的浓度范围。

表 4-11　填埋气体中主要微量组分的浓度

组分	浓度/$\times10^{-9}$		
	中值	平均值	最大值
丙酮	0	6838	240000
苯	932	2057	39000
氯苯	0	82	1640
氯仿	0	245	12000
1,1-二氯甲烷	0	2801	36000
二氯甲烷	1150	25694	620000
1,1-二氯乙烯	0	130	4000
二亚乙基氯	0	2835	20000
反式 1,2-二氯乙烷	0	36	850

续表

组分	浓度/$\times10^{-9}$		
	中值	平均值	最大值
二氯乙烷	0	59	2100
乙基苯	0	7334	87500
甲基乙基酮	0	3092	130000
1,1,1-三氯乙烷	0	615	14500
三氯乙烯	0	2079	32000
甲苯	8125	34907	280000
1,1,2,2-四氯乙烷	0	246	16000
四氯乙烯	260	5244	180000
氯化乙烯	1150	3508	32000
苯乙烯	0	1517	87000
醋酸乙烯	0	5663	240000
二甲苯	0	2651	38000

(3) 填埋气体的危害

CO_2 和 CH_4 是填埋气体的主要成分，须加以控制。

CO_2 的密度（1.98 kg/m^3）约为空气的1.5倍，因此，CO_2 有向填埋场底部运动的趋势，CO_2 沿地层下移，与地下水相接触，地下水因 CO_2 的溶解，pH值降低，矿物质含量增加。此外，CO_2 在土壤的扩散过程中，会使土壤的pH值降低，对某些植物的生长将产生不利影响。

CH_4 的密度（0.72 kg/m^3）约为空气的0.55倍，因此，CH_4 会逸散到空气中，容易在凹处积聚（如填埋场附近的建筑物或其他封闭空间等）。CH_4 无毒，但浓度过大时，可能造成作业人员窒息。

CH_4 具有可燃性和爆炸性，CH_4 发生燃烧或爆炸，必须具备三个条件，即一定的 CH_4 浓度、一定的引火温度和足够的氧浓度。CH_4 爆炸界限一般在5%～15%之间，最强烈的爆炸发生在 CH_4 浓度为9.5%左右，CH_4 的爆炸界限与氧浓度有密切关系，当氧浓度降低时，CH_4 爆炸下限缓慢增高，上限则迅速下降，氧浓度降低到12%，CH_4 混合气体失去爆炸性，CH_4 的引火温度为650～750℃。

填埋气体最具威力的破坏是导致填埋场爆炸和火灾，爆炸分为物理爆炸和化学爆炸。

1）物理爆炸　物理爆炸（physical explosion，Physische Explosion）是由于填埋气体在垃圾层中大量积聚，形成强大的压力，当积聚的压力大于覆盖层压力时，在瞬间将垃圾以迅猛的速度喷出，发生减压膨胀。物理爆炸的发生，除垃圾产生的填埋气体是必要条件外，填埋的深度、覆盖层的厚度和层数，以及覆盖层的透气性，都是影响爆炸的因素。一般情况下，由于垃圾的透气性较好，垃圾层中不会积累大量填埋气体，其气体压力不足以将垃圾层顶起而发生物理爆炸。但是，如果覆盖土层透气性降低以及垃圾填埋深度增加，垃圾层中容易积累填埋气，从而增加爆炸的风险。

2）化学爆炸　填埋场化学爆炸是空气进入垃圾层中，CH_4 与空气混合后形成爆炸性气体，遇到明火而发生激烈的放热反应，产生大量的热量，气体受热膨胀，将垃圾喷出。化学爆炸必须同时满足前面提到的 CH_4 浓度、引火温度和氧浓度三个条件。如果 CH_4 排入大气或积聚在建筑物内，且浓度处在爆炸范围内，遇到明火也会发生化学爆炸。

(4) 填埋气体的产量

填埋气体产量估算宜符合《生活垃圾填埋场填埋气体收集处理及利用工程技术规范》(CJJ 133—2009) 的要求。可采用以下模型计算填埋气体产量。

1) Scholl Canyon 模型　该模型是美国环保局制定的城市固体废弃物填埋场标准背景文件所用的模型，在估算填埋场产气量时，要分析填埋场的具体特征，选择合适的推荐值或采用实际测量值计算，以保证产气估算模型中参数选择的合理性。

① 某一时刻填入填埋场的生活垃圾，填埋气体产生量按下式计算：

$$G=M\times L_0\times(1-e^{-kt}) \tag{4-22}$$

式中，G 为从垃圾填埋开始到第 t 年的填埋气体产生总量，m^3；M 为所填埋垃圾的质量，t；L_0 为单位质量垃圾的填埋气体最大产气量，m^3/t；k 为垃圾的产气速率常数，1/a；t 为垃圾进入填埋场的时间，a。

② 某一时刻填入填埋场的生活垃圾，其填埋气体产气速率宜按下式计算：

$$Q_t=M\times L_0\times k e^{-kt} \tag{4-23}$$

式中，Q_t 为所填垃圾在时间 t 时刻（第 t 年）的产气速率，m^3/a。

③ 垃圾填埋场填埋气体理论产气速率宜按下式逐年叠加计算：

$$G_n=\sum_{t=1}^{n-1}M_tL_0ke^{-k(n-t)} \quad (n\leqslant \text{填埋场封场时的年数 } f)$$

$$G_n=\sum_{t=1}^{f}M_tL_0ke^{-k(n-t)} \quad (n> \text{填埋场封场时的年数 } f) \tag{4-24}$$

式中，G_n 为填埋场在投运后第 n 年的填埋气体产生速率，m^3/a；n 为自填埋场投运年至计算年的年数，a；M_t 为填埋场在第 t 年填埋的垃圾量，t；f 为填埋场封场时的填埋年数，a。

④ 参数的选择应符合如下要求

填埋场单位质量垃圾的填埋气体最大产气量（L_0）宜根据垃圾中可降解有机碳含量，按下式估算：

$$L_0=1.867\times \text{DOC}\times \text{DOCF} \tag{4-25}$$

式中，L_0 为单位质量垃圾的填埋气体最大产气量，m^3/kg；DOC 为垃圾中可降解有机碳的含量，%；DOCF 为垃圾中可降解有机碳的分解百分率，%。垃圾中可降解有机碳含量无法测定时，可根据表 4-12 取值。

表 4-12　湿、干基状态下垃圾中可降解有机碳含量（质量分数）参考表

垃圾组分	湿基状态可降解有机碳含量/%	干基状态可降解有机碳含量/%
纸类	25.94	38.78
竹木	28.29	42.93
织物	30.2	47.63
厨余	7.23	32.41
灰土(含有无法检出的有机物)	3.71	5.03

垃圾的产气速率常数（k）的取值应考虑垃圾组分、当地气候、填埋场内的垃圾含水率等因素，有条件的可通过试验确定。在填埋气体回收利用工程实施前，宜进行现场抽气试验，验证或修正填埋气体产气速率。填埋气体的产气速率常数每年都在变化，估算出每年的产气速率有利于确定填埋气体抽气设备和利用设备的规模。垃圾中常见组分的产气速率常数 k 可根据表 4-13 取值。

表 4-13　不同垃圾组分产气速率常数 k 取值　　单位：a^{-1}

垃圾类型		k			
		寒温带(年均温度<20℃)		热带(年均温度>20℃)	
		干燥 MAP/PET<1	潮湿 MAP/PET>1	干燥 MAP<1000mm	潮湿 MAP>1000mm
慢速降解	纸类、织物	0.04	0.06	0.045	0.07
	木质物、稻草	0.02	0.03	0.025	0.035
中速降解	园林	0.05	0.10	0.065	0.17
快速降解	厨渣	0.06	0.185	0.085	0.40

注：MAP 为年均降雨量；PET 为年均蒸发量。

在缺少垃圾组分数据的情况下，L_0 和 k 的取值范围及建议取值可参考表 4-14。

表 4-14　L_0 和 k 的取值范围及建议取值

变量	取值范围	建议取值		
		潮湿气候	中等湿润气候	干燥气候
$L_0(m^3/t)$	20～310	140～180	140～180	140～180
k/a^{-1}	0.003～0.40	0.10～0.36	0.05～0.15	0.002～0.10

注：高湿度条件和极易降解的垃圾（如食品废弃物）含量较高时，k 取高值；干燥的填埋场环境和不易降解的垃圾（如木屑和纸张）含量较高时，k 取低值。

2）中国填埋气体产气估算模型　美国环保局 2009 年推荐的中国填埋气体产气估算模型，适用于中国各地已有或拟建的生活垃圾填埋场填埋气体产生和回收量估算。计算公式如下：

$$Q_M=\frac{1}{C_{CH_4}}\sum_{i=1}^{n}\sum_{j=0.1}^{l}kL_0\left[\left(\frac{M_i}{10}\right)e^{-kt_{ij}}\right] \tag{4-26}$$

式中，Q_M 为最大预计填埋气体产生量，m^3/a；C_{CH_4} 为甲烷浓度（以体积算），%；n 为计算时的年份－开始接收垃圾的年份；j 为每 1/10 年；i 为某年；k 为甲烷产生速率，a^{-1}；L_0 为最终甲烷产生潜力，m^2/t；M_i 为第 i 年填埋的垃圾量，t；t_{ij} 为第 i 年填埋的第 j 部分垃圾的填埋时间。

参数选择时，模型中甲烷产生率 k 及最终甲烷产生潜力 L_0 推荐值如表 4-15 和表 4-16 所列。

表 4-15　三个气候区域的甲烷产生率

气候区域	甲烷产生率 k/a^{-1}
寒冷和干燥	0.04
寒冷和潮湿	0.11
炎热和潮湿	0.18

表 4-16　三个气候区域的最终甲烷产生潜力

气候区域	最终甲烷产生潜力 $L_0/(m^3/t)$	
	煤灰含量<30%	煤灰含量>30%
寒冷和干燥	70	35
寒冷和潮湿	56	28
炎热和潮湿	56	42

3）可生物降解模型　可生物降解模型适用于估算填埋场可能的产气量。只需简单估算产气量，为填埋气体利用规模和设计提供参考时，宜选用可生物降解模型进行估算。计算公

式如下：

$$Q_{LFG}=\sum 1.867C_i m_i(1-w_i)W_i \tag{4-27}$$

式中，Q_{LFG} 为填埋气体产生量（湿垃圾），L/kg；C_i 为垃圾中第 i 种组分在干态下其有机碳的含量，%；m_i 为 C_i 的可生物降解率，%；w_i 为垃圾的含水率，%（质量分数）；W_i 为第 i 种垃圾组分湿重，kg。

工程上可采用挥发性固体含量中可生物降解率计算填埋气体产生量。垃圾各组分可生成的甲烷量按下式计算：

$$Q_{CH_4}=K\sum P_i(1-\omega_i)VS_i B_i \tag{4-28}$$

式中，Q_{CH_4} 为填埋垃圾（湿垃圾）可产生甲烷气的量，L/kg；K 为经验系数，单位质量的可生物降解挥发性固体在标准状态下产生的甲烷量，一般取 526.5 L/kg；P_i 为有机组分 i 在垃圾中所占的比例，%；ω_i 为有机组分 i 的含水率，%；VS_i 为有机组分 i 的挥发性固体含量百分率，%；B_i 为有机组分 i 的挥发性固体含量中可生物降解率，%。

典型垃圾中各有机组分的 C_i 值和 m_i 值如表 4-17 所列。条件具备时，有机碳的可生物降解率可通过垃圾中有机组分的木质素含量计算，即

$$m_i=0.83-0.028LC \tag{4-29}$$

式中，LC 为有机物中木质素含量，kg/kg。

表 4-17　垃圾中各有机组分的 C_i 值和 m_i 值

垃圾组分	C_i 值	m_i 值
食品	0.48	0.8
木材	0.50	0.5
塑料或橡胶	0.70	0.0
纸张	0.44	0.5
织物	0.55	0.2
园林	0.48	0.7

4）Palos Verdes 修正模型　当填埋场所在地区为高温地区，且垃圾中的易降解有机物含量较高时，可采用中国科学院武汉岩土力学研究所提出的 Palos Verdes 修正模型。

模型将填埋气体产出分为两个阶段，第一阶段计算公式为

$$R_1=k_1Q_0\times(1-e^{k_{1t}})(t<t_m) \tag{4-30}$$

式中，R_1 为第一阶段的产气速率，L/（kg·a）；Q_0 为初始产气潜力，L/kg；k_1 为第一阶段的降解反应系数，a^{-1}；t_m 为时间拐点，该值受垃圾中可降解有机质含量影响较大，需通过室内降解反应试验得到。

第二阶段计算公式为

$$R_2=k_2Q_0\times e^{-k_{2t}}\quad(t_m<t<\infty) \tag{4-31}$$

式中，R_2 为第二阶段的产气速率，L/（kg·a）；k_2 为第二阶段的降解反应系数，a^{-1}。

两个阶段的反应系数均受温度影响较大，其相关性为

$$k(T)=b\exp(-E_a/RT) \tag{4-32}$$

式中，b 为常数；E_a 为活化能，kJ/mol；T 为温度，K；R 为摩尔气体常数，J/(mol·K)。

式(4-30)～式(4-32)的参数取值如表 4-18 所列。

表 4-18 参数取值

参数	Q_0/(L/kg)	k_1/a^{-1}	k_2/a^{-1}	E_a/(kcal/mol)	b
数值	95～170	0.08～0.095	0.03～0.5	15～26	100～230

注：1kcal=4.184kJ。

对于为推广填埋气体回收利用的国际甲烷市场合作计划，宜采用政府间气候变化专门委员会（IPCC）提供的计算模型。对于《联合国气候变化框架公约的京都议定书》简称《京都议定书》第12条确定的清洁发展机制（CDM）项目，宜采用经联合国气候变化框架公约执行理事会批准的ACM0001垃圾填埋气体项目方法学工具“垃圾处置场所甲烷排放计算工具”进行产气量估算。

（5）影响填埋气体产量和产气速率的因素

影响填埋场气体产量和产气速率的主要因素包括：废物的组成和性质、填埋场结构、填埋作业方式、气候条件等。

1）废物的组成和性质　废物的组成和性质包括营养物质、含水率、废物粒径、微生物量、pH值和温度等。

① 营养物质：产气总量取决于垃圾中有机物类型和含量。填埋场中微生物的生长代谢需要足够的营养物质，通常，填埋垃圾的组成都能满足要求。垃圾中的有毒物质和重金属会阻碍微生物在局部生长，将减少填埋气的产量。

② 含水率：当含水率低于垃圾的持水能力时，含水率的提高对产气速率的影响不大；当含水率超过垃圾的持水能力后，水分在垃圾内移动，促进营养物质、微生物的交换和转移，形成良好的产气环境。

③ 废物粒径：通过影响养分、水分在填埋堆体中的传递而影响产气速率。粒径小，孔隙率高，比表面积大，则填埋气体产生速率快。

④ 微生物量：填埋场中与产气有关的微生物，主要包括水解微生物、发酵微生物、产乙酸微生物和产甲烷微生物，大多为厌氧菌。微生物的主要来源是垃圾本身和填埋场覆盖的土壤。研究表明，将污水处理厂污泥与垃圾共同填埋，可以引入大量微生物，显著提高产气速率，缩短产气之前的停滞期。

⑤ pH值：填埋场中对产气起主要作用的产甲烷菌，适宜于中性或微碱性环境，因此，产气的最佳pH值范围为6.6～7.4。当pH值在6.0～8.0以外时，填埋场产气会受到抑制。

⑥ 温度：在填埋堆体内，温度条件影响微生物的类型和产气速率。产气速率随堆体温度降低而降低。大多数产甲烷菌是嗜温菌，在15～45℃可以生长，最适宜温度范围是32～35℃，温度在15℃以下时，产气速率显著降低。

2）填埋场结构　填埋场的衬层设计、渗滤液收集系统、覆盖类型和渗滤液的再循环等因素，决定了废物的含水率，从而影响填埋场气体产量和产气速率。深层填埋场，其内部保温性好，温度较高，并抑制空气的进入，厌氧状况好，有利于产气量的提高。

3）填埋作业方式　填埋场应采用分区作业，当一个区域填埋到预定高度后，及时覆盖，在填埋场内部创造良好的厌氧环境，提高产气速率。

4）气候条件　气候条件（包括降水、气温等）影响废物的含水率和填埋场内的温度，从而影响填埋场气体的产量和产气速率。

（6）填埋气体的控制

1）填埋气体的迁移　填埋气体具有一定的迁移性，这与气体的扩散性能、压力梯度和气体的密度有关。一般，填埋场内部的填埋气有三种不同类型的迁移运动。

① 向上迁移：填埋气体向上迁移，是指填埋气体中的二氧化碳和甲烷，通过对流和扩散作用释放到大气中。

② 向下迁移：填埋气体向下迁移，是指填埋气体中相对密度较大的二氧化碳向填埋场底部运动，通过扩散作用穿过黏土衬层，扩散进入并溶于地下水。

③ 横向迁移：填埋气体横向迁移，是指填埋气体通过周边可渗透介质，迁移释放到环境中，或进入填埋场附近的建筑物（封闭空间）中。因此，填埋区严禁设置封闭式建（构）筑物，建（构）筑物内的甲烷含量严禁超过 1.25%（体积百分比）。

覆盖和衬层材料、地质条件、水文条件和大气压均影响填埋气体的迁移。

2）填埋气体导排系统　填埋气体导排系统的作用是控制填埋气体的迁移、减少填埋气体向大气的排放量、降低填埋场火灾和爆炸风险，并回收利用甲烷气体。填埋场必须设置填埋气体导排设施。填埋场上方，甲烷气体含量必须小于 5%。填埋气体的导排分为被动导排和主动导排。

① 被动导排系统：填埋气体被动导排系统中，填埋气体的压力是气体运动的动力，使气体沿渗透性高的通道运动。被动控制系统适用于填埋量不大、填埋深度浅、产气量较低的小型生活垃圾填埋场（<40000m^2）和非生活垃圾填埋场。被动导排系统分为：

a. 排气管/燃烧器。在填埋场最终覆盖层安装到达生活垃圾堆体中的排气管（单个排气口），如图 4-82（a）所示。有时这些排气管在底部由穿孔管联结，每 7500m^3 废物设一个通气口，如图 4-82（b）所示。当通过排气管直接排放填埋气体时，排放口甲烷的体积百分比不大于 5%；如果排出气体中甲烷有足够高的浓度，则把几个管道连接起来，装上燃烧器。

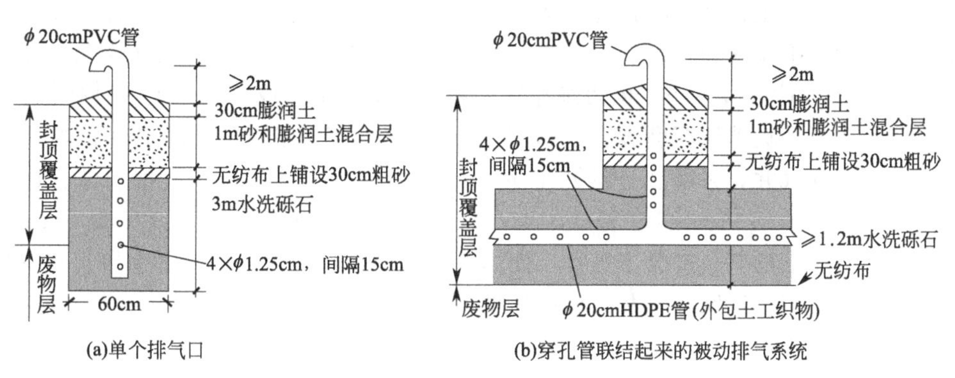

图 4-82　排气管

b. 周边拦截沟渠。如图 4-83（a）所示。由砾石充填的沟渠和埋在砾石中的穿孔塑料管组成周边拦截沟渠，可有效阻截填埋气体的横向运动。在沟渠外侧铺设防渗衬层。

c. 周边屏障沟渠。如图 4-83（b）所示。为了阻止填埋气体向邻近土层迁移，可采用渗透性较土壤差的材料做成阻挡层，其中，压实黏土的应用最为广泛，但黏土变干时易开裂。阻挡层的宽度 15～120cm 不等。

d. 填埋场内不可渗透屏障。如图 4-83（c）所示。现代填埋场所使用的防渗衬层，可用来控制填埋气体向下运动。填埋气体仍可通过黏土衬层扩散迁移，只有使用带有土工膜的衬层，才能限制填埋气体的迁移。

当填埋气体产量较小时，被动控制系统不再有效。被动控制系统排出的填埋气体无法利

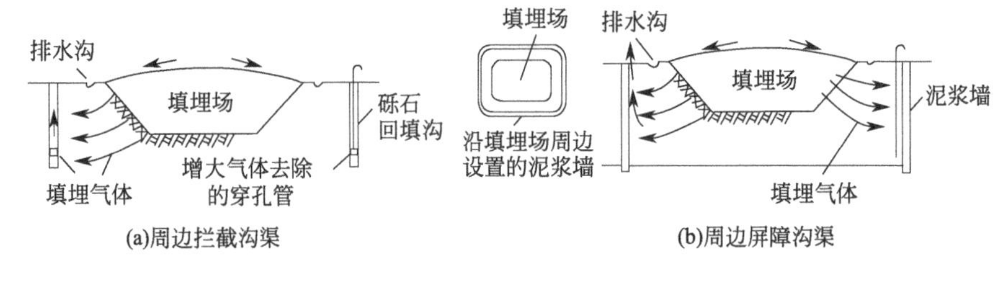

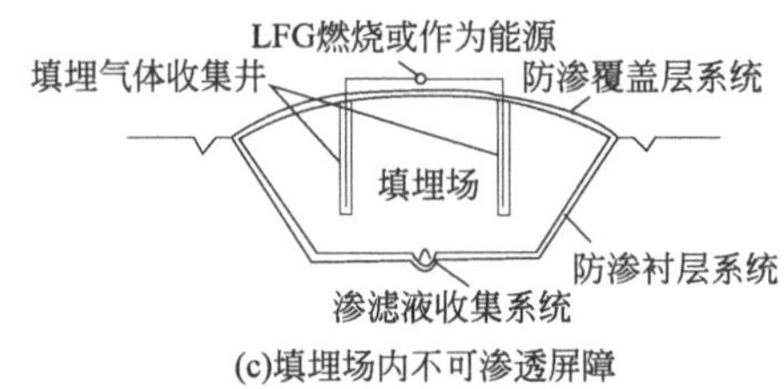

图 4-83　填埋场气体被动导排设施

用，也不利于火炬排放，对环境的威胁较大。

② 主动导排系统：主动导排系统是采用抽气设备控制填埋气体的运动。主动导排系统包括内部填埋气体回收系统和控制填埋气体横向迁移的边缘填埋气体回收系统。设计填埋量$\geqslant 2\times 10^6$t，垃圾填埋厚度≥10m的生活垃圾填埋场，必须设置填埋气主动导排设施。主动导排设施和气体处理/利用设施的建设应于垃圾填埋场投运3年内实施，并宜分期实施。设置主动导排设施的填埋场，必须设置填埋气体燃烧火炬。

a. 内部填埋气体回收系统。由用于抽排填埋场内气体的垂直导气井、集气/输送管道、风机、冷凝液收集装置、气体净化设备等组成。气体收集率不小于60%，抽气系统设置填埋气体中氧含量和甲烷含量在线监测装置，并根据氧含量控制抽气设备的转速和启停。

b. 边缘填埋气体回收系统。由边缘导气井和边缘排气沟组成，控制填埋气体横向迁移。边缘导气井常用于垃圾填埋深度大于8m，与周边敏感点相对较近的填埋场。在填埋场内沿周边打一系列的导气井，并通过公用集气/输送管将各导气井连接到中心抽吸站。边缘导气井的典型设计：将10～15cm的套管放入45～90cm的钻孔之中，套管下1/3或1/2处打孔，并用砾石回填；套管的其余部分不打孔，使用天然土壤或者垃圾回填，每个导气井应安装取样口和流量控制阀门。边缘导气井采用小流量抽气，避免从堆体边缘吸入空气，控制填埋气体从堆体边缘向外扩散。

如果填埋场周边为天然土壤，则可使用边缘排气沟。边缘排气沟通常用于浅埋填埋场，其深度一般小于8m，沟中通常使用砾石回填，其中放置打了孔的塑料管，并横向连接到集气/输送管和引风机。沟渠通常要做封衬，每个沟渠管道中均应安装流量控制阀门。

(7) 填埋气体收集器

填埋气体收集器有两种类型：垂直导气井（竖井）和水平导气盲沟（横管）。垂直导气井系统可以在填埋场大部分或全部填埋完成以后，再进行防爆钻孔和安装；也可采用穿孔管居中的石笼，宜按填埋作业层的升高分段设置和连接。水平导气盲沟系统在填埋过程中分层安装。

1）垂直导气井　钻孔形成的导气井构造如图4-84所示，钻孔导气井井深一般不小于填埋场深度的2/3（美国EPA规定为填埋场深度的75%），或低于填埋场内液面高度，井底距场底间距不宜小于5m。导气井直径不小于600mm，导气管内径不小于100mm，开孔率不小于2%。导气井兼做渗滤液竖式收集井时，中心多孔管公称直径不宜小于200mm。导气石笼如图4-85所示，导气石笼中导气管四周宜用粒径20～80mm级配碎石等材料填充，外部宜采用能伸缩连接的土工网格或钢丝网等材料作为井筒。用于填埋气体导排的碎石不应使用石灰石。

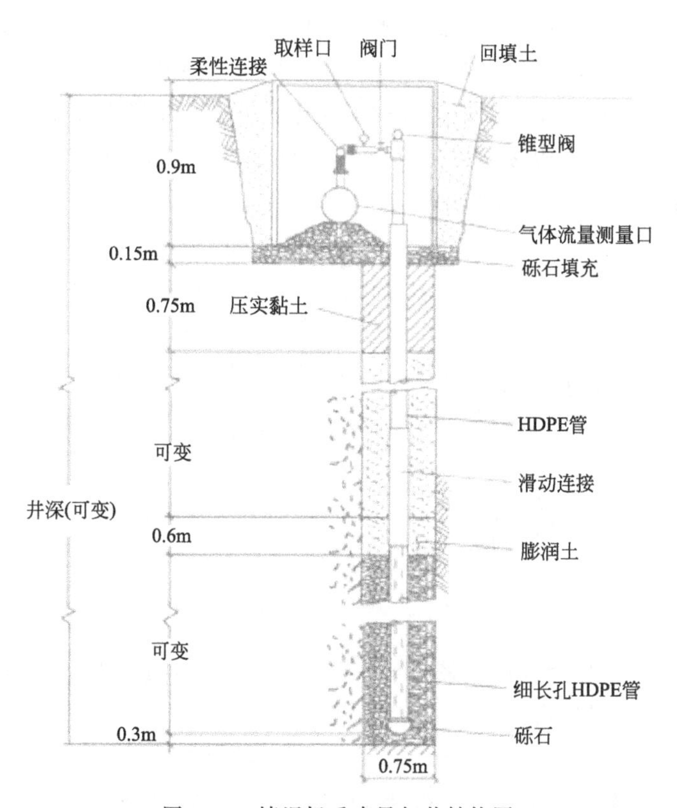

图4-84　填埋场垂直导气井结构图

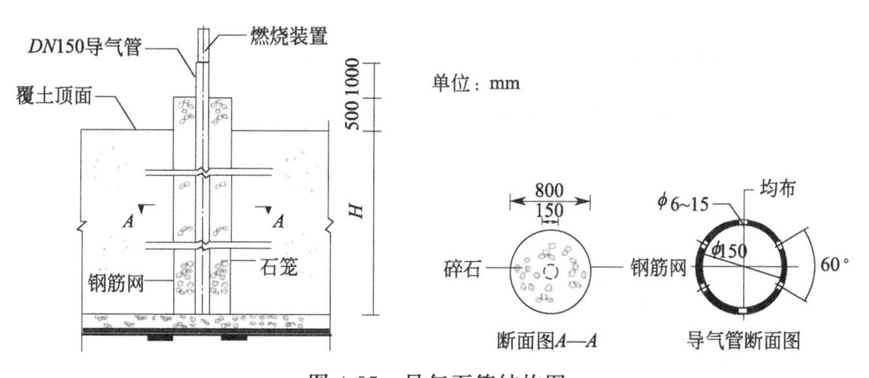

图4-85　导气石笼结构图

垂直导气井的井间距影响抽气效率，应根据导气井的影响半径（R），按相互重叠原则设计，即其间隔要使影响区相互交叠。导气井建在边长为$1.73R$的等边三角形顶点上，可以获得27%的交叠，如图4-86所示；导气井建在边长为R的正六边形的顶点上，可以获得100%的交叠；正方形排列可以提供60%的交叠。

导气井的井间距（D）可由下式给出：

$$D=(2-O_1/100)R \tag{4-33}$$

式中，R 为导气井的影响半径；O_1 为要求的交叠度。

等边三角形布局是最常用的布局形式，其井间距

$$D=2R\cos 30° \tag{4-34}$$

导气井的影响范围是圆形，与填埋物类型、压实程度、填埋深度和覆盖层类型有关，应通过现场试验确定，即在试验井周围一定距离内，按一定原则布置观测孔，通过短期或长期抽气试验，观测距导气井不同距离处的真空度变化。一般，垃圾堆体中部的主动导排导气井井间距不大于 50m；沿堆体边缘布置的导气井井间距不宜大于 25m；被动导排导气井井间距不宜大于 30 m；导气管管口高出场地 2m 以上。

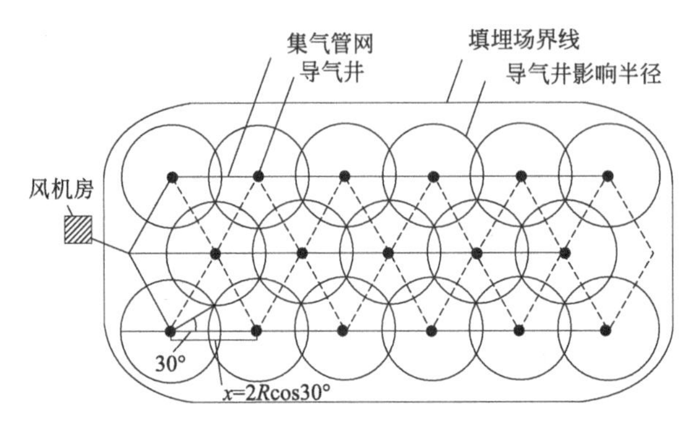

图 4-86　等边三角形排列导气井（黑点代表气井的位置）

2）水平导气盲沟　填埋气体可采用水平导气盲沟系统抽出。填埋深度大于 20m 采用主动导气时，宜设置水平导气盲沟。

水平导气盲沟如图 4-87 所示，一般由带孔管道或不同直径的管道相互连接而成，盲沟断面宽、高均不应小于 1000mm，盲沟中心管宜采用柔性连接的管道，管内径不应小于 150mm。当采用多孔管时，开孔率应保证管强度。水平导气管应有不低于 2%的坡度，并接至导气总管或场外较低处，每条导气盲沟长度不宜大于 100m，盲沟水平间距 30～50mm，垂直间距 10～15m，相邻标高的水平盲沟宜交错布置。垃圾堆体下部的导气盲沟，应有防止被渗滤液淹没的措施，需要有排水措施。

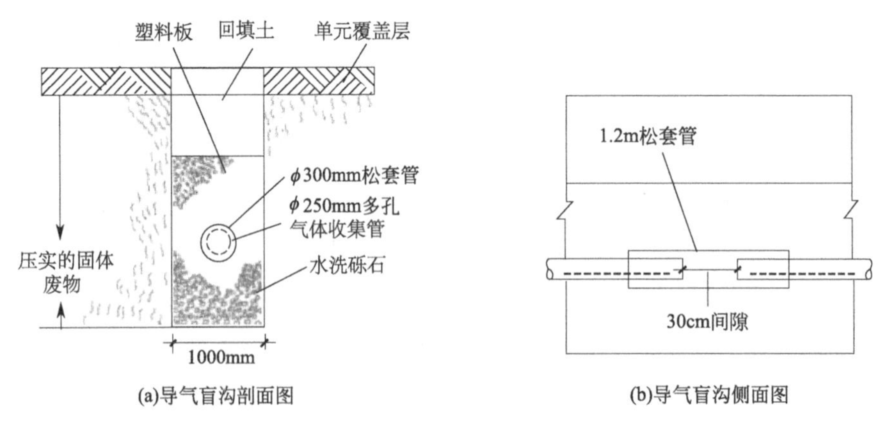

图 4-87　水平导气盲沟

水平导气盲沟系统常用于仍在填埋阶段的垃圾场。通常，先在所填垃圾堆体上开挖水平

盲沟，用砾石回填到一半高度后，放入穿孔管道，再回填砾石并用垃圾填满。在设计水平导气盲沟的位置时，必须考虑在填埋过程中如何保护水平导气盲沟。由于管道与道路之间的交叉，安装时必须考虑动态和静态载荷、埋藏深度、管道密封方法以及冷凝水的外排等。

通常，同一个填埋场采用垂直导气井和水平导气盲沟相结合的方案。管道材料填埋气体导排系统中常用的管道材料是高密度聚乙烯（HDPE）。HDPE 耐腐蚀，伸缩性强，使用寿命长。管材标准可参照《垃圾填埋场用高密度聚乙烯管材》（CJ/T 371—2011）。

选择填埋气体导排系统所使用的弹性材料（如塑料、橡胶）和金属材料时，必须考虑冷凝液中的有机酸、无机酸和碱、特殊的碳水化合物等对材料的影响，是否会产生金属腐蚀、弹性体变形和挤压破坏等。如果需要用金属，不锈钢是最佳选择，冷凝液对碳钢有强腐蚀性。

3）填埋气体输送系统　不论采用垂直导气井还是水平导气盲沟系统收集填埋气体，最终均需要将填埋气体汇集到总干管进行输送。输气管的设置除必要的控制阀、流量和压力监测及取样孔外，还应考虑冷凝液的排放。填埋气体输送系统分为干路和支路，干路互相联系或形成一个闭合回路，这种闭合回路和支路间的相互联系，可以得到较均匀的真空分布，使系统运行更加灵活。气体输送系统管网布置如图 4-88 所示。

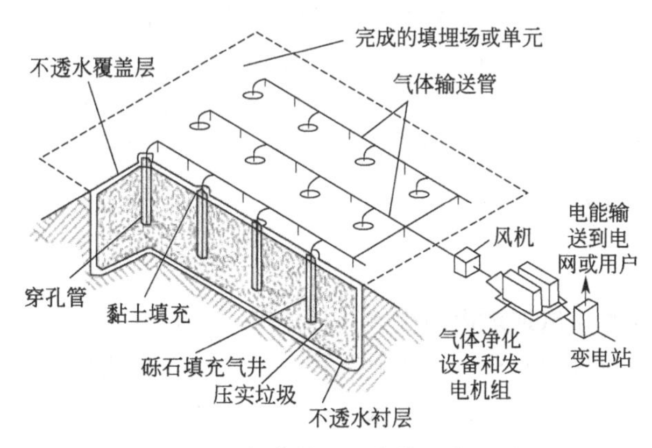

图 4-88　气体输送系统管网布置图

填埋气体输送管网布置应重点考虑：冷凝液去除装置的数量和位置，收集点间距，每个收集点冷凝液水量和管道坡度，管沟设计和布置。还应考虑垃圾分解和沉降过程中堆体的变化对气体导排设施的影响。

井头的管道必须充分倾斜，以提供排水能力。输气管坡度不小于 1%。为排出冷凝液，在输气干管底部应设置冷凝液排放阀。有时，受长管道开沟深度的限制，很难达到理想的坡度，只有缩短排水点间距离并增加其数量，才能得到尽可能高的合理坡度。

风机的安装高度应略高于输气管末端，以利于形成冷凝液滴。风机一般置于燃气电厂或焚烧站内。风机使填埋气体导排输送系统形成真空，以便将填埋气体输送到燃气电厂或焚烧站。

(8) 填埋气体的利用

废物填埋场的填埋气体含有甲烷，经过处理后可用作燃料。如果填埋气体在局部地区或仅供填埋场使用，只需经过初步过滤，除去夹带的固体杂质，并经过除 H_2S 和脱水便可以利用。如果要把填埋气体输入天然气管网，除了需要除去 H_2S 和脱水之外，还要去除 CO_2

从而提高可燃气体的热值，避免酸性气体对管道和设备的腐蚀。

从填埋场内抽出来的填埋气体，其水分饱和，可以用冷凝法和脱水剂（如硅胶）吸附法脱除水分；可采用吸附剂脱除 H_2S；可利用分子筛去除 CO_2，分子筛由水合硅酸铝构成，只允许甲烷通过，而将 CO_2 吸附，吸附饱和的分子筛可用减压或加热法再生。

填埋气体利用方式，需要综合考虑多方面的因素，包括气体的产生量，产生速率，利用方式的经济可行性，填埋场内部及周围地区的能源需求等。设计填埋量≥2.5×10^6 t，垃圾填埋厚度≥20 m的生活垃圾填埋场，应配套建设甲烷利用设施或火炬燃烧设施。

1988年之前，我国大部分垃圾填埋场没有设置填埋气体收集设施，填埋气体处于无组织排放状态，温室气体未得到控制并存在安全隐患，发生过填埋气体导致的爆炸事件；1988～1998年，国内建设的卫生填埋场填埋气体大多采用被动收集方式，使用导气石笼垂直收集，填埋气体直接排到大气中；1998～2005年，《京都议定书》提出的CDM机制和碳“排放权交易”，促进了我国填埋气收集利用技术的发展，对填埋气体进行主动收集和简单利用，利用方式包括发电、生产热水和火炬燃烧；2005年至今，填埋气体利用方式多样化发展，填埋气体作为清洁燃料是今后的发展趋势。

填埋气体用作本地燃料时，甲烷含量宜大于40%；用于燃烧发电时，甲烷含量宜大于45%，氧气含量小于2%；用作城镇燃气时，甲烷含量应达到95%以上；用作压缩燃料时，甲烷含量应达到95%以上，二氧化碳含量小于3%，氧气含量小于0.5%。

生活垃圾填埋场填埋气体的收集、处理及利用，参照《生活垃圾填埋场填埋气体收集处理及利用工程技术规范》（CJJ 133—2009）。填埋场运行及封场后的维护过程，应保持填埋气体导排和输送系统的完好和有效。

4.3.2.5 渗滤液

可生物降解有机废物在填埋场内微生物的作用下，发生分解反应，在分解过程中，会放出一部分水；废物本身包含的水分，在压力和重力的作用下释放出来。这两部分水称为渗出液。自然界的水，如雨水、地表水、地下水等，透过废物层再排出来，则称沥滤液，其中溶解了废物中可溶性物质。

为方便起见，将上述渗出液和沥滤液统称为渗滤液（leachate），渗滤液是通过垃圾填埋场的垃圾层沥滤引流，收集起来的含溶解性和悬浮性污染物的污水，会对地下水产生影响，如图4-89所示。渗滤液的污染控制是填埋场设计、运行和封场的关键问题。

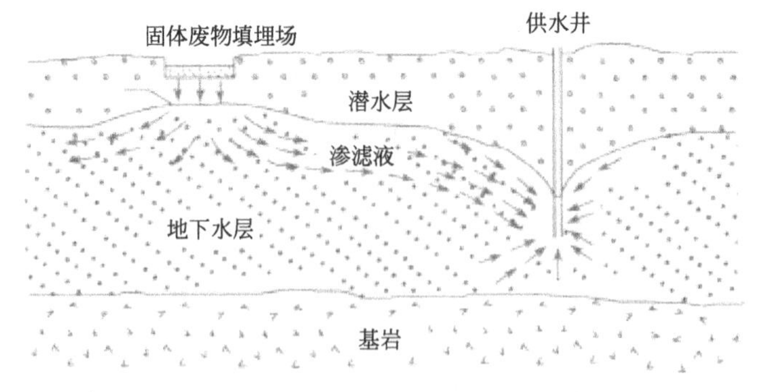

图 4-89 渗滤液对地下水的影响

(1) 渗滤液的来源

渗滤液的主要来源包括以下几个方面。

1）降水　降水包括降雨和降雪，是渗滤液的主要来源。降雪与渗滤液生成量的关系，受降雪量、升华量和融雪量等影响。在积雪地带，还受融雪时期或融雪速度的影响。由于受填埋场防渗和覆盖的影响，填埋场渗滤液的产生具有一定的滞后性。

2）地表径流　地表径流是指来自场地表面上坡方向的径流水，对渗滤液产生量的影响较大。

3）地下水　如果填埋场地的底部在地下水位以下，地下水就可能渗入填埋场内，渗滤液的数量和性质与地下水同垃圾的接触量、接触时间及流动方向有关。如果在填埋场设计和施工中采用防渗措施，可避免地下水的渗入。

4）垃圾含水　废物本身携带的水分，以及废物从降水中吸附的水分，有时是渗滤液的主要来源。

5）有机物分解生成水　垃圾中的有机物在填埋场内经厌氧分解产生水，其产生量与垃圾的组成、pH 值、温度和菌种有关。

6）覆盖材料中的水分　随覆盖材料进入填埋场中的水量，与覆盖材料的类型、来源及季节有关。

7）种植情况和土壤类型　地表灌溉与地面的种植情况和土壤类型有关。

(2) 渗滤液组成特征

1）渗滤液中污染物的来源　填埋场渗滤液的成分与垃圾成分和垃圾堆体中微生物的活动有关，其污染物的来源主要有以下几个方面：a. 垃圾本身含有的可溶性有机物和无机物；b. 由于生物化学作用而形成的可溶性物质；c. 覆土和周围土壤因径流而带入的可溶性物质。

2）渗滤液水质参数　渗滤液水质参数应考虑初期渗滤液、中后期渗滤液和封场后渗滤液的水质差异，国内外填埋场渗滤液水质参数如表 4-19 和表 4-20 所列。

表 4-19　国外早期和晚期填埋场渗滤液主要组成

组成	数值/(mg/L)		
	初期填埋场(<2a)		老龄填埋场(>10a)
	范围	代表值	
BOD_5(生化需氧量)	2000～30000	10000	100～200
TOC(总有机碳)	1500～20000	6000	80～160
COD(化学需氧量)	3000～60000	18000	100～500
总悬浮固体	200～2000	500	100～400
有机氮	10～800	200	80～120
氨氮	10～800	200	20～40
硝酸盐	5～40	25	5～10
总磷	5～100	30	5～10
可溶性正磷酸盐	4～80	20	4～8
碱度(以 $CaCO_3$ 计)	1000～10000	3000	200～1000
pH 值	4.5～7.5	6	6.5～7.5
总硬度(以 $CaCO_3$ 计)	300～10000	3500	200～500
钙	200～3000	1000	100～400
镁	50～1500	250	50～200
钾	200～1000	300	50～400

续表

组成	数值/(mg/L)		
	初期填埋场(<2a)		老龄填埋场(>10a)
	范围	代表值	
钠	200～2500	500	100～200
氯	200～3000	500	100～400
硫酸盐	50～1000	300	20～50
总铁	50～1200	60	20～300

表 4-20 国内典型填埋场不同场龄渗滤液水质范围

组成	数值/(mg/L)		
	填埋初期渗滤液(<5a)	填埋中后期渗滤液(>5a)	封场后渗滤液
COD(化学需氧量)	6000～20000	2000～10000	1000～5000
BOD_5(生化需氧量)	3000～10000	1000～4000	300～2000
氨氮	600～2500	800～3000	1000～3000
总悬浮固体	500～1500	500～1500	200～1000
pH 值	5～8	6～8	6～9

渗滤液有一定的腐蚀性，因此，渗滤液收排系统所用材料应具有抗腐蚀性；渗滤液对植物有毒害作用，散发异味。

(3) 渗滤液污染物浓度的影响因素

渗滤液的水质特征与填埋场场龄、填埋场构造、填埋物组成和性质、气候条件、填埋方式、污染物的溶出率有关，如图 4-90 所示。

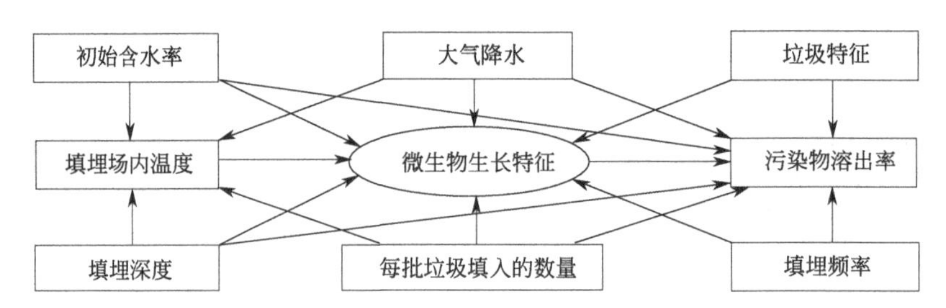

图 4-90 各因素对渗滤液污染物浓度的影响

1) 填埋场场龄 在不同时期，污染物种类和浓度不同。如图 4-91 所示。

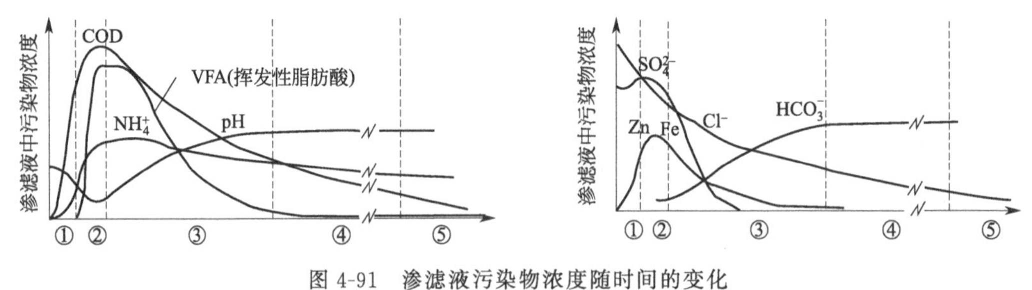

图 4-91 渗滤液污染物浓度随时间的变化

① 初始调整阶段：渗滤液水量较少。

② 过程转移阶段：渗滤液开始形成。有机酸的生成使得渗滤液 pH 值呈下降趋势，COD 呈上升趋势。

③ 产酸阶段：由于有机酸的存在及填埋场内二氧化碳浓度的升高，渗滤液 pH 值常会降到 5 以下，其 BOD_5、COD 和电导率显著上升，BOD_5/COD 为 0.4～0.6，可生化性好。一些无机组分（主要是重金属）将会溶于渗滤液，以离子形式存在，渗滤液颜色较深，属于初期渗滤液。

④ 产甲烷阶段：有机物经产甲烷菌分解转化为 CH_4 和 CO，填埋场 pH 值将升至 6.8～8，渗滤液的 BOD_5、COD 和电导率将下降，BOD_5/COD 为 0.01～0.1，可生化性变差，重金属浓度降低，属于后期渗滤液。

⑤ 稳定化阶段：渗滤液及废物的性质稳定，此阶段产生的渗滤液常含有腐殖酸和富里酸，很难用生化方法进一步处理。

2）填埋场构造　填埋场周围的排洪沟排出地表径流，场底铺设 HDPE 膜的复合衬层或双层衬层防渗，能有效控制地表径流和地下水进入填埋场，渗滤液污染物浓度较高。

3）填埋物组成和性质　渗滤液水质受废物成分的影响很大，COD、BOD 主要由厨余垃圾中的有机物产生，垃圾中的厨余含量直接影响渗滤液的 COD 和 BOD_5。炉灰、沙土等对渗滤液中的有机物具有吸附和过滤作用，故垃圾中炉灰、沙土的含量将影响渗滤液有机物浓度。工业固体废物渗滤液中，重金属离子的溶出量较高。

4）气候条件　降水影响渗滤液的产生量及其污染物浓度。温度变化，影响微生物的生长繁殖，改变渗滤液的污染负荷。

(4) 渗滤液的产生量及其影响因素

1）渗滤液的产生量　渗滤液产生量宜采用经验公式法进行计算，计算时应充分考虑填埋场所处气候区域、进场生活垃圾中有机物含量、场内生活垃圾降解程度以及场内生活垃圾填埋深度等因素的影响；也可采用水量平衡法、模型法进行计算，选用合理的垃圾初始含水率、田间持水量和渗透系数等水力特征参数，此时宜采用经验公式法或参照同类型垃圾填埋场实际产生量进行校核。

渗滤液产生量计算取值应符合下列规定：a. 指标应包括最大日产生量、日平均产生量及逐月平均产生量的计算；b. 当设计计算渗滤液处理规模时应采用日平均产生量；c. 当设计计算渗滤液导排系统时应采用最大日产生量；d. 当设计计算调节池容量时应采用逐月平均产生量。

渗滤液产生量计算方法包括：

① 渗滤液最大日产生量、日平均产生量及逐月平均产生量宜按下式计算，其中浸出系数应结合填埋场实际情况选取。

$$Q=I\times(C_1A_1+C_2A_2+C_3A_3+C_4A_4)/1000 \tag{4-35}$$

式中，Q 为渗滤液产生量，m^2/d；I 为降水量，mm/d（当计算渗滤液最大日产生量时，取历史最大日降水量；当计算渗滤液日平均产生量时，取多年平均日降水量；当计算渗滤液逐月平均产生量时，取多年逐月平均降水量。数据充足时，宜按 20 年的数据计取；数据不足 20 年时，可按现有全部年数据计取）；C_1 为正在填埋作业区浸出系数，宜按 0.4～1.0 选取，具体取值可参考表 4-21；A_1 为正在填埋作业区汇水面积，m^2；C_2 为已中间覆盖区浸出系数［当采用膜覆盖时，C_2 宜取（0.2～0.3）C_1（生活垃圾降解程度低或埋深小时宜取下限；生活垃圾降解程度高或埋深大时宜取上限）；当采用土覆盖时，C_2宜取（0.4～0.6）C_1（若覆盖材料渗透系数小、整体密封性好、生活垃圾降解程度低及埋深小时，宜取低值；若覆盖材料渗透系数较大、整体密封性较差、生活垃圾降解程度高及埋深大时，宜取高值）]；A_2 为中间覆盖区汇水面积，m^2；C_3 为已封场覆盖区浸出系数，宜取 0.1～0.2（若覆盖材料渗透系数小、整体密封性好、生活垃圾降解程度低及埋深小时，宜取下限；若覆盖材料渗透系数较大、整体密封性较差、生活垃圾降解程度高及埋深大时，宜取上限）；A_3 为已封场覆盖区汇水面积，m^2；C_4 为调节池浸出系数，取 0 或 1.0（若调节池设置有防渗系统取 0；若调节池未设置防渗系统取 1.0）；A_4 为防渗调节池汇水面积，m^2。

由于 A_1、A_2、A_3 在不同的填埋时期取值不同，渗滤液产生量设计值应在最不利情况下计算，即在 A_1、A_2、A_3 的取值使得 Q 最大的时候进行计算。当考虑生活、管理区污水等其他因素时，渗滤液的设计处理规模宜在其产生量的基础上乘以适当系数。

表 4-21　正在填埋作业单元浸出系数取值表

有机物含量	所在地年降水量/mm		
	年降水量≥800	400≤年降水量＜800	年降水量＜400
＞70%	0.85～1.00	0.75～0.95	0.50～0.75
≤70%	0.70～0.80	0.50～0.70	0.40～0.55

注：填埋场所处地区气候干旱、进场生活垃圾中有机物含量低、生活垃圾降解程度低及埋深小，宜取高值；填埋场所处地区气候湿润、进场生活垃圾中有机物含量高、生活垃圾降解程度高及埋深大时，宜取低值。

② 填埋场渗滤液日均产量可采用浙江大学软弱土与环境土工教育部重点实验室研发的公式计算。

$$Q=\frac{I}{1000}\times(C_{L1}A_1+C_{L2}A_2+C_{L3}A_3)+\frac{M_d(W_c-F_c)}{\rho_w} \tag{4-36}$$

式中，Q 为渗滤液日均产量，m^3/d；I 为降水量，mm/d，应采用最近不少于 20 年的日均降水量数据；A_1 为填埋作业单元汇水面积，m^2；C_{L1} 为填埋作业单元渗出系数，一般取 0.5～0.8；A_2 为中间覆盖单元汇水面积，m^2；C_{L2} 为中间覆盖单元渗出系数，宜取（0.4～0.6）C_{L1}；A_3 为封场覆盖单元汇水面积，m^2；C_{L3} 为封场覆盖单元渗出系数，一般取 0.1～0.2；W_c 为垃圾初始含水率，%；M_d 为日均填埋规模，t/d；F_c 为完全降解的垃圾田间持水量，%，应符合表 4-22 的规定；ρ_w 为水的密度，t/m^3。

表 4-22　垃圾初始含水率和田间持水量建议取值

无机物＜30%时取值						
气候区域	初始含水率/%					田间持水量/%
	春	夏	秋	冬	全年	
湿润	45～60	55～65	45～60	45～55	50～60	30～40
中等湿润	35～50	45～65	35～50	35～50	40～55	30～40
干旱	20～35	30～45	20～35	20～35	20～40	30～40
无机物≥30%时取值						
气候区域	初始含水率/%					田间持水量/%
	春	夏	秋	冬	全年	
湿润	35～45	30～40	30～45	30～40	35～45	30～40
中等湿润	20～35	30～40	35～50	35～50	20～35	30～40
干旱	15～25	30～40	15～25	10～20	15～25	30～40

注：1. 垃圾中无机物含量高或经中转脱水时，初始含水率取低值。

2. 垃圾降解程度高或埋深大时，田间持水量取低值。

③ 水量平衡法计算公式如下：

$$Q=\frac{1}{1000}\times[(P+\text{SM}-\text{ET}-R)\times A]-(F_cV_1-MV_2) \tag{4-37}$$

式中，Q 为渗滤液产生量，m^3/d；P 为降水量，mm；SM 为融雪入渗量，mm；ET 为蒸腾量，mm；R 为表面径流量，mm；A 为填埋区面积，m^2；F_c 为堆体持水率，%；M 为堆体初始持水率，换算为体积比率，%；V_1 为堆体沉降后体积，m^3；V_2 为堆体沉降前体积，m^3。

式（4-37）中融雪入渗量 SM 可按下式计算：

$$\text{SM}=1.8KT \tag{4-38}$$

式中，SM 为每天潜在融雪渗入量，mm；K 为融化系数，取决于地面流域状况的常量，详见表 4-23；T 为周围 0℃以上的环境温度。

表 4-23　融化系数与地貌的关系

地面条件		K
茂密林区	北面坡	0.10～0.15
	南面坡	0.15～0.20
高径流势		0.075

式（4-37）中蒸腾量 ET 可按式（4-39）和式（4-40）计算：

$$\text{ET}=K_{\text{so}}K_{\text{co}}E_{\text{tp}} \tag{4-39}$$

$$K_{\text{so}}=\frac{\ln(A_{\text{w}}+1)}{\ln 101} \tag{4-40}$$

式中，K_{so} 为土壤供水系数；A_{w} 为土壤有效含水量，%；K_{co} 为植被生物系数；E_{tp} 为参考作物蒸散量，mm。

式（4-39）中参考作物蒸散量可采用式（4-41）～式（4-45）计算：

$$E_{\text{tp}}=\frac{0.48\Delta[R_{\text{n}}-G+\gamma\times\frac{900}{T+273}\times u_2(e_{\text{s}}-e)]}{\Delta+\gamma(1+0.34u_2)} \tag{4-41}$$

$$G=0.1[T_1+(T_{t-1}+T_{t-2}+T_{t-3})/3] \tag{4-42}$$

$$R_{\text{n}}=R_{\text{s}}(1-r)-R_{\text{L}} \tag{4-43}$$

$$R_{\text{s}}=R_{\text{A}}(a+bn/N) \tag{4-44}$$

$$R_{\text{L}}=\sigma T^4(0.56-0.079\sqrt{\text{e}})(0.1+0.9\frac{n}{N}) \tag{4-45}$$

式中，r 为地表反射率，一般取 0.25；a，b 为常数，分别取值 0.18，0.55；u_2 为 2m 高度的风速，m/s；n 为日照时数，h；N 为天文上可能出现的最大日照时数，$N=24\omega s/\pi+0.1$，h；e 为实际蒸气压，kPa，$e=e_{\text{s}}\times \text{RH}_{\text{m}}/100$（mbar，$1\text{bar}=10^5\text{Pa}$），其中 RH_{m} 为平均相对湿度，%；e_{s} 为饱和蒸气压，kPa，$e_{\text{s}}=0.6108\exp$［$17.27T/(T+237.3)$］(mbar)；T 为日平均气温，℃；Δ 为饱和蒸气压曲线斜率，kPa/℃，$\Delta=4098e_{\text{s}}/(T+237.3)^2$；$\gamma$ 为湿度计常数，$\gamma=1.61452P/\lambda$，其中 $\lambda=2.45$，P 为大气压，101.3 kPa；R_{A} 为太阳总辐射，MJ/（$m^2\cdot d$）；R_{n} 为净辐射，MJ/（$m^2\cdot d$）；R_{L} 为净长波辐射，MJ/（$m^2\cdot d$）；G 为土壤热通量，MJ/（$m^2\cdot d$）；T_{t-1}、T_{t-2}、T_{t-3} 分别为 $t-1$ 日、$t-2$ 日、$t-3$ 日的气温，℃；G 为斯蒂芬-玻尔兹曼常数［4.903×10^{-6}kJ/（$K^4\cdot m^2\cdot d$）］。

表面径流量 R 可按径流曲线法或经验公式法计算。

径流曲线法：

$$R=\frac{\{W_P-0.2[(1000/CN)-10]\}^2}{W_P+0.8[(1000/CN)-10]} \tag{4-46}$$

式中，R 为表面径流量，mm；W_P 为降雨量，mm；CN 为径流曲线值。

经验公式法：

$$R=CI \tag{4-47}$$

式中，C 为径流量系数，可参考表 4-24；I 为降水量，mm/d。

表 4-24　5～10 年一遇暴雨径流量系数

土地特征		径流量系数
未开垦土地		0.10～0.30
草地：沙土	较平坦(坡度 2%以下)	0.05～0.10
	平均(坡度 2%～7%)	0.10～0.15
	较陡(坡度 7%以上)	0.15～0.20
草地：耕织土	较平坦(坡度 2%以下)	0.13～0.17
	平均(坡度 2%～7%)	0.18～0.22
	较陡(坡度 7%)	0.25～0.35

④ 美国国家环保局 HELP 模型：HELP 是英文 hydrologic evaluation of landfill performance 的缩写，是美国较为流行的一种水文计算模型。HELP 模型可用于预测水量中各分量的大小，包括渗滤液产生量和衬层上的水深（水头）。该模型利用气候、土壤和设计数据等参数，估计每天流进、通过和流出填埋场的水量。

我国垃圾填埋场使用 HELP 模型时，计算数值偏小，主要因为我国垃圾含水率较高，可根据实际情况进行修正。

2）影响渗滤液产生量的因素

① 填埋场构造。渗滤液产生量与填埋场构造密切相关。对于未铺设水平和边坡防渗衬层的填埋场，或填埋场底部建在地下水位以下，地下水的入侵是渗滤液的主要来源；对未铺设高质量地表水控制系统的填埋场，地表径流可能导致过多的渗滤液。

② 水平衡关系。包括降水、地表径流、贮水量、蒸发蒸腾量等，如图 4-92 所示。

a. 降水：影响渗滤液产生的降水特征包括降水量、降水强度、降水频率和降水周期。降水量表示在给定地区于某一时段内到达地表的降水总数，可以是一次或多次降水的结果。许多估算渗滤液产生量的方法，常以月平均降水量为基础，往往忽略了降水强度、降水频率和降水周期对地表土壤颗粒的影响，这些影响可能会改变入渗速率，影响渗滤液的产生量。

b. 地表径流：包括入流和出流。入流是指来自场地表面上坡方向的径流水，具体数量取决于填埋场周围的地势、覆土材料的种类及渗透性、场地的植被和排水设施等。出流是指填埋场场地范围内产生并自填埋场流出的地表水，受地形、填埋场覆盖层材料、植被、土壤渗透性、表层土壤的初始含水率和排水条件影响。填埋场地形（尤其是坡度）控制地表径流的流动方向，表层土壤类型、渗透性及初始含水率直接影响入渗速率，植被会使地表水流动速度变慢。

c. 贮水量：渗入填埋场的水分，只有部分会进入废物层后渗出成为渗滤液，另一部分则滞留在覆盖土层和废物层中。贮水量受覆盖层和废物层田间持水量和含水率的影响。

3）控制渗滤液产生量的措施

① 控制入场废物的含水率。废物中的水分会在压实过程中沥滤出来，一般要求控制入场生活垃圾含水率。

② 控制地表水的渗入量。在填埋场周围设置场外排洪沟，以防场外地表水径流进入，防洪标准应按不小于 50 年一遇洪水位考虑；填埋场施工或生产运行期间，宜采用分区施工、分区填埋、分区封顶的操作方式，控制填埋作业区面积，注意对垃圾堆体进行有效覆盖，减少降水产生的渗滤液量；在场内设置雨水导排系统，实行雨污分流，收集、排出泄水区内可能流向填埋区的雨水以及非填埋区域内未与生活垃圾接触的雨水，避免场内非作业区的地表径流水与作业区的渗滤液相混合，其排水能力应按照 50 年一遇、100 年校核设计；建造暴雨储存塘。

③ 控制地下水的渗入量。法规规定填埋场底部距地下水最高水位应大于 1m，但在所有季节都符合这项原则很难。设置底部衬层是一种常用的被动型控制方法：设置地下水导排系统控制浅层水，以免对防渗层产生不利影响，为防止排水管阻塞，应在管外用无纺布包裹；采用水泵抽水法控制地下水位。

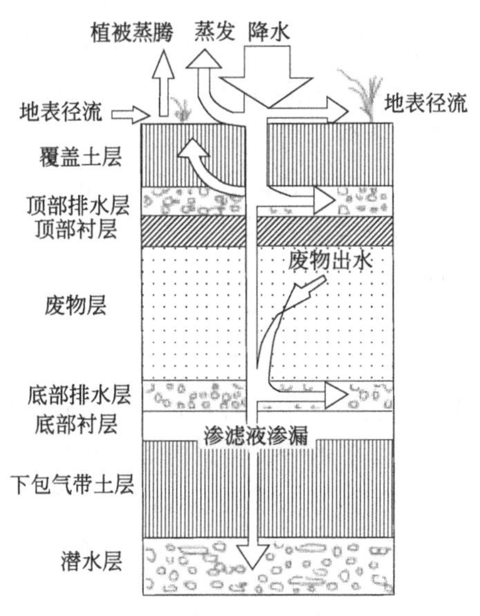

图 4-92　填埋场水平衡示意图

4.3.3　固体废物的资源化

4.3.3.1　资源化概念

固体废物有易造成环境污染等有害的一面，但又有其可利用的一面。所谓固体“废”物，只是相对于某一工艺生产过程而言的。实际上，固体废物中仍然不同程度地含有可利用的物质，如可燃物质、有用的金属等，可以作为“二次资源”加以利用。因此，有必要研究开发固体废物的处理与综合利用途径，一方面可以变“废”为宝，开发出新产品；另一方面又可消除其中的有害物质，减轻对环境的污染。1970 年前，世界各国对固体废物的认识仅停留在处理和防治污染上。1970 年后，世界各国出现能源危机，人们对于固体废物已由消极的处理转向资源化利用。固体废物资源化是从固体废物中回收有用的物质和能源所采取的工艺技术。广义地说，就是资源的再循环。

4.3.3.2 资源化原则

固体废物的资源化必须遵守以下 4 个原则。

① 资源化的技术必须是可行的；

② 资源化的经济效益要好，有较强的生命力；

③ 资源化所处理的固体废物应尽可能在排放源附近处理利用，以节省固体废物在存放、运输等方面的投资；

④ 资源化产品应当符合国家相应产品的质量标准。

4.3.3.3 城市固体废物的资源化

(1) 城市固体废物资源化途径

近年来随着经济的发展，中国城镇数目在不断增加，城镇规模也在扩大，加上人口自然增长的因素，城镇垃圾问题日趋突出，对城镇环境产生了巨大影响，制约了城镇的发展。城镇垃圾问题已逐步成为群众关心、新闻关注、对政府部门产生较大压力的社会问题。

1）概述　城市固体废物又称城市生活垃圾，是指城市居民在日常生活或为城市日常生活提供服务的活动中产生的固体废物。城市垃圾主要来自城市居民家庭、城市商业、服务业、市政环卫、交通运输、工业企业单位等。

随着经济的发展、人口的增长、城市化进程的加速，我国城镇生活垃圾已经成为制约城市发展迫在眉睫的问题。垃圾包围城市的势态已经无法回避，其威胁逐渐由大、中城市向乡镇农村蔓延。垃圾的产生量远远超过无害化、资源化的处理量，大量垃圾在城郊直接堆存或在地表简单填埋，形成了一座座人为堆积的“垃圾山”，导致生态环境恶化。

我国有县级以上市、镇 2000 多个，市级以上城市 700 多个，享受城市市政设施的人口已超过 5 亿，市镇人均垃圾排放量为 0.8～1.2kg/d，我国城镇垃圾的实际年产生量近 2 亿吨。并且还在以每年 8%～10%的速度递增，北京等大城市每年增幅达 15%～20%。目前城镇周围历年堆存积下的未经处理的生活垃圾量已达到 70 多亿吨，占地 8 亿多平方米。现全国每年新增加的城镇垃圾采用简易填埋或露天堆放在城镇郊区、江河沿岸的达 8000 万吨以上。

城市垃圾表面上看是一大堆废弃物，但实质上它是有很大开发价值的一种资源。垃圾中的金属、玻璃、塑料、纸张等，通过分离回收可作为再生原料；橡胶类垃圾可通过高温处理，用来生产燃料油；灰、沙、卵石可用作建筑材料；垃圾中的杂草、树叶、烂水果等有机物，可通过生物技术转化为有机肥料；可燃物质可用来发电或供热。开发利用垃圾资源具有很高的经济效益。

据专家计算，回收废钢炼 1t 钢，可节省矿石近 20t；回收 1t 废纸可再生产新纸 800kg，可节约木材 $4m^3$，烧碱 300kg，电 300 kW·h；回收 1t 玻璃可制 500g 酒瓶 2 万只，比用新原料节约成本 20%。据研究，我国垃圾中每年有 250 亿元的再生资源；通过资源化处理，每年可创造 2500 亿元的财富。我国年耗塑料 1600 万吨，回收总量中 15%的再生塑料可制成建材和防渗防漏剂等，利用再生塑料比原料加工要节约能源 85%以上，还可节约加工费用 70%～80%。

2）城市生活垃圾的综合利用　城市生活垃圾综合处理就是卫生填埋、焚烧、堆肥等多种垃圾处理系统的有机结合，因地制宜，充分发挥各种垃圾处理系统的优势，扬长避短，从而真正实现生活垃圾的无害化、减量化和资源化。通过综合处理工艺，做到最大限度地利用城镇垃圾中的再生资源，并回收其中的可利用物质，以恢复再生原料资源，保护自然环境。

城市垃圾综合处理技术以生化处理和机械分选等预处理工艺为基础，在处理前首先要实现水分和有机质减量，利用垃圾转运间、转运站，加大中间过程的处理力度，将垃圾中的有用物质资源如金属、塑料、纸类等拣出，最大程度地回收有用资源。然后按照可生物降解有机物精制堆肥、易燃物焚烧热能利用、无机物填埋的分类处置原则，在转运站对垃圾做进一步的分拣、粉碎、压缩等预处理，把分拣出的可腐有机物送往垃圾堆肥场进行堆肥发酵，制成堆肥产品出售，把剩余可燃有机物送往焚烧炉进行焚烧，回收热量发电，把少量无机物和焚烧残渣送往填埋场进行卫生填埋处置。对于一些有毒有害的危险物质，如电池和各种重金属等，进行特殊的处理和回收利用。

(2) 垃圾的分类预处理

垃圾综合处理的关键是建立完善的垃圾收集分拣系统，先进行垃圾分选是必须的，垃圾分选不仅可回收有用物质，分选出危险废物，而且也是后续各种处理的基础。综合处理系统是建立在垃圾有效分选的基础之上的。

1）垃圾分类收集　垃圾源头分类收集是最理想的。垃圾分类收集是在垃圾产生源头按不同组分分类的一种收集方式。垃圾分类收集不仅能降低垃圾中塑料、纸张、金属等废品的回收成本，提高废品回收率和回收废品质量，促进资源化，同时也有利于垃圾的后续处理，如提高了可用于堆肥的有机物资源化效益，避免了有害物质如废电池、废油漆等进入垃圾。所以要实现垃圾资源化，必须加强管理，实现垃圾分类收集，也便于有害物质单独处置。

2）废品回收利用　我国传统的做法是城镇居民将生活中产生的有价值废物挑选出来出售，而将其余废物扔到垃圾桶，采用混合收集方式收运垃圾。这种直接回收废品方式，对减少垃圾收运量起到了重要作用。但由于这种废品回收只从经济目标出发，没有从减少垃圾量、保护资源、保护环境出发，回收还没有作为一种义务而仅是赚钱的手段，回收对象多集中为废旧报纸、废旧书刊、废旧金属等利润高的物质，而对废旧塑料、玻璃制品、废电池等的回收不重视，使得废品回收的种类少，回收率比较低。

3）垃圾分选回收　混合垃圾回收利用时，分选是重要的操作工序。以前广泛采用的城镇垃圾分选方法是从传送带上进行人工分选，然而这种方法效率低，不能适应大规模的垃圾资源化再生利用，所以，近些年国内外研究和开发了各种先进的分选技术和设备，以适应大规模的城镇垃圾的处理，而人工分选作为辅助的分选方法。

经过收集运输的生活垃圾进入垃圾处理系统，通过一系列破碎、筛选、重力分选、磁力分选、浮选等，将垃圾分选出几类产品：可燃物，主要有塑料、纸类、布料等有机物质；金属类，主要有废钢铁、铜、铝等；玻璃；有机可堆肥物；其他筛上物和其他无机物。

(3) 有价值组分的回收利用

城市垃圾经分类收集、物资回收部门回收或分选机械的分离，将分选出来的金属、玻璃、塑料、纸类和橡胶等分送不同部门，直接回收利用或制作新产品。

1）金属的回收利用　生活垃圾中往往含有一定量的废金属，废金属再生的生产工艺相对简单、流程短、工序少、有害杂质少。如果分类回收搞得好，许多废金属均可直接利用，几乎没有污染，还可节约投资，降低成本，提高经济效益。金属废料可提取和精炼得到再生金属，发达国家使用的再生金属量为总消费量的25%，有的金属（如铜）可达52.6%。

2）塑料的回收利用　塑料袋、塑料瓶和各种塑料包装材料是垃圾中不可降解的聚合物。废塑料的回收利用有极大的经济意义。以废塑料而论，它可再生（单纯再生与复合再生两类），也可经热解为单体再聚合为高聚物或直接得到燃油、燃气；它是可燃物质，可直接用焚烧法处理，也可与其他垃圾混合焚烧，回收热量或用于发电，但焚烧塑料必须净化烟气，否则会污染大气；还可制作建筑材料、化工新产品与日杂用品等。

垃圾中的塑料经清理、剪切、碾压，然后进入高强冲洗系统进行冲洗，可初步获得较纯的废塑料原料。在分类过程中，用水把不同密度的塑料分离开，然后干燥，干燥后的塑料被挤压器制成新的可用于工业生产的材料。尽管大多数废塑料并不能达到原始材料特性要求的水平，但可回收的塑料能够满足许多产品应用的质量和性能标准。例如，它能被用于生产花盆、塑料碗碟等小型塑料制品。有时废塑料和原始树脂混合，可以达到更高的性能指标。废塑料比较好的资源化途径有两条：一是用废塑料生产塑料再制品，如生产花盆、塑料碗碟等小型塑料制品；二是在高温下裂解，将废旧塑料制品中原高聚物分子链进行较彻底的分解，使其回到低分子量状态，而获得使用价值高的产品，可用于生产燃料油和燃料气。随着石油资源逐渐枯竭，该技术将获得广泛应用。

3）玻璃的回收利用　玻璃瓶是饮料和药品的主要包装材料之一。除啤酒瓶目前仍允许回收再灌装之外，一般玻璃瓶都成为垃圾。玻璃分有色玻璃和无色玻璃两大类。无色玻璃可在高温下熔化、抽丝，经化学处理后的玻璃丝具有柔性，可反复折叠20多次而不断裂，可纺成线，再织成玻璃布。这种玻璃布除做玻璃袋之外，还可做玻璃钢的增强纤维。另外比较简单的资源化方法，就是废玻璃返回做生产玻璃器皿的原料，用于再生产各类制品；也可综合利用，如制造微晶玻璃、泡沫玻璃、玻璃微珠、玻璃化肥等；或用于生产通用建材（如陶瓷质建材、水磨石、玻璃、马赛克和人造大理石、花岗岩等）以及公路路面覆盖层等。

4）纸类的回收利用　废纸回收和再利用的意义极大。废纸的回收利用不仅投资少、成本低、收效快，而且可以节约化工原料和能源，保护森林，减缓水体的污染并节省外汇支出。当今世界环境日趋恶化，人们的环保意识不断加强，为了保护环境，减少城镇固体废物处理负荷，应加大废纸回收利用力度。

回收废纸的方法可分为两种：机械处理法和化学处理法。机械处理法不用化学药品，废纸经破碎制浆后，通过除渣器除去杂物，用水量很少，水污染较轻，但由于没有脱墨，只能用来制造低档纸或纸板。化学处理法主要用于废纸脱墨，原料可以是新闻纸、印刷纸和书写纸等。

废纸的再生技术包括拆开废纸纤维的解离工序和除去废纸中油墨及其他异物的工序，具体分为制浆、筛选、除渣、洗涤和浓缩、分散和搓揉、浮选、漂白、脱墨等。

（4）垃圾的分类处理

垃圾堆肥是实现综合利用的主要手段；焚烧作为处理部分不可腐化并具有较高热值有机质的手段，实现热能转换与利用；而填埋是垃圾最终处置的保证。城镇垃圾综合处理通过垃圾分选与回收将可腐有机物堆肥、易燃物焚烧、渣土填埋等技术结合起来形成优势互补，则在很大程度上避免了单一垃圾处理技术问题的出现。

1）易腐有机垃圾制肥料　分类处理可将可腐有机物分选出来用于制堆肥，这不仅可避免高水分含量给焚烧带来的麻烦，也可避免渗滤液造成的二次污染。

堆肥技术是实现城镇垃圾资源化、无害化的一条重要途径。它不仅可以杀死垃圾中的病原菌，有效处理垃圾中的有机物，而且可生产有机肥料，特别适合农业为主的国家。使用堆肥可以增加土壤中的有机成分，提高农业产量。

2）易燃有机垃圾焚烧回收热能　分类处理可将易燃有机物分选出来进行焚烧，这就避免了可燃有机物直接进行填埋和堆肥造成的极大浪费。分类后的易燃有机垃圾含水量低、热值较高、容易燃烧，分类焚烧的经济技术指标好。

焚烧垃圾可彻底消灭其中的致病菌和虫卵，能使垃圾变为能源，产生的热量可供热发电。当进炉垃圾平均低位热值高于 3360kJ/kg，单炉处理垃圾量在 150t/d 以上，适宜建设大型垃圾焚烧厂，利用焚烧产生的热量发电有较好的经济效益。垃圾焚烧发电已成为国外发达国家处理城镇垃圾、回收资源的一种方式。我国的垃圾焚烧厂最早出现在上海、广州等经济发达城市。我国垃圾焚烧供热、发电始于深圳环卫综合处理厂，该厂 1986 年建成投产，一期工程为 2×150t/d 的焚烧炉，90 年代后扩容为 450t/d，最大发电能力为 4000kW。1998 年全年发电量 1.42×10^7kW·h。

3）无机垃圾填埋处置　垃圾中的碎石、灰渣、玻璃等无机物被分选后进行填埋，这样不仅有效地改善了焚烧和堆肥的条件，同时由于填埋废物已去除了大量有机物，其填埋渗滤液产生量以及污染物浓度会大幅度降低，处置组分相对简单，减少了各污染物间的复杂反应，从而减少了二次污染，使填埋处置的技术难度和运行成本相对减少，填埋场寿命得到延长。

(5) 其他城市生活垃圾综合利用技术

此外还有多种城市垃圾综合利用技术，如热解法、垃圾固形燃料生产技术。

1）热解法　热解法也叫裂解法，是把有机废弃物在无氧或缺氧条件下加热到 500～1000℃，使其分解成可燃性气体、油类和固态残渣的一种垃圾处理技术。这种技术与焚烧法相比有排出废气少，硫及重金属等大都固定在残渣之中的特点，并且可以回收大量的热能。但热解技术过于复杂，处理成本太高，故短期内推广较为困难。

2）垃圾固形燃料生产技术　垃圾固形燃料（refuse derived fuel，fester Abfallbrennstoff）生产技术是指从垃圾中除去金属、玻璃、砂土等不燃物，将垃圾中的可燃物（如塑料、纤维、橡胶、木头、食物废料等）破碎、干燥后，加入添加剂，压缩成所需形状的固体燃料。这种固体燃料可作为供热锅炉、发电锅炉、水泥窑炉的燃料。燃烧后的灰渣可作为制造水泥的有效成分，不需填埋，为垃圾的资源化处理拓宽了道路，符合环保发展的趋势。

4.3.3.4 化工废渣的资源化利用

化工废渣是化学工业生产过程中产生的各种废渣的总称。化工废渣的产生量和组成往往由于产品品种、生产工艺、装置规模和原料质量不同而有较大差异。化工生产废渣产生量较大，一般生产 1t 产品产生 1～3t 固体废渣，有的可高达 8～12t。

化工固体废物再生资源化可能性较大，其组成中有相当一部分是未反应的原料和反应副产物，因此对于一些废物，只要采取适当的物理、化学、熔炼等加工方式，就可以将其中有价值的物质加以回收利用，取得较好的经济效益和环境效益。

(1) 铬渣的处理与利用

1）铬渣来源　铬渣即铬浸出渣，是金属铬和铬盐生产过程中浸滤工序滤出的不溶于水的固体废渣。其外观有黄、黑、赭等颜色。每生产 1t 金属铬约产生 12.0～13.0t 铬渣，每生产 1t 铬酸盐约产生 3～5t 铬渣。我国年产铬渣 2.2 万吨，历年堆存铬渣已超过 200 万吨。铬渣的物相组成复杂，且排放量巨大，给治理和综合利用带来很大的难度。

2）铬渣组成　铬渣的组成随原料和生产工艺的不同而不同。铬渣中常含有镁、钙、铁、铝等氧化物，如三氧化二铬、水溶性铬酸钠（Na_2CrO_4）、酸溶性铬酸钙（$CaCrO_4$）等。国内铬渣生产工艺大体相同，其成分也近似，见表 4-25。

表 4-25　铬渣的化学组成（质量分数）

组成	Cr_2O_3	CaO	MgO	Al_2O_3	Fe_2O_3	SiO_2	水溶性 Cr^{6+}	酸溶性 Cr^{6+}
含量/%	2.5～4	29～36	20～33	5～8	7～11	8～11	0.28～1.34	0.9～1.49

3）铬渣对环境的危害　铬渣属重金属危险废物，铬的毒性与存在状态有极大关系，金属铬不会引起中毒，铬渣的毒性主要是由 Cr^{6+} 引起的，Cr^{6+} 比 Cr^{3+} 毒性高 100 倍。Cr^{6+} 主要存在于四水铬酸钠、铬酸钙、铬铝酸钙和碱式铬酸铁 4 种矿物中，少量包藏在铁铝酸四钙、β-硅酸二钙固熔体中。

如果铬渣长期露天堆放，其中的 Cr^{6+} 经雨淋溶于水中，进入地表水并渗入地下，引起水源、土壤和农田污染，危害人畜和其他生物的正常生存。

① 对大气环境的影响。铬渣对大气的影响主要表现在大风使铬渣扬尘，全国每年排放含铬粉尘约 2400t，其中大部分为生产过程排放，少部分为铬渣扬尘。1985 年由天津市环保部门组织有关单位对天津某铬盐厂周围地区大气进行监测，监测结果表明，在半径 1.5km 范围内大气铬污染超标，在半径 1.2km 范围内超标 6 倍，在半径 0.5 km 范围内超标 32 倍。

② 对土壤和水环境的影响。如果铬渣堆场没有可靠的防渗漏设施，遇雨水冲刷，含铬污水四处溢流、下渗，造成对周围土壤、地下水、河道的污染。如锦州铁合金厂周围土壤和地下水污染范围长达 12.5km，宽 1km，有 9 个自然村、千眼水井受六价铬不同程度的污染。

③ 对农作物的影响。前面介绍的天津某铬盐厂周围农作物监测结果表明，籽粒及果实等可食部分明显受到铬污染。

4）铬渣的解毒处理　含铬废渣在被排放或综合利用之前，一般需要进行解毒处理，即无害化处理。由于铬的化合物具有较强的氧化作用，所以铬渣解毒的基本原理就是在铬渣中加入某种还原剂，将有毒的六价铬还原为无毒的三价铬，从而达到消除铬渣污染的目的。所用的还原剂有：在酸性条件下，加入硫酸亚铁、亚硫酸钠、硫代硫酸钠等；在碱性条件下，加入硫化钠、硫氢化钠等；在还原条件下，加入活性炭粉、纸浆废液、锯木屑等。铬渣的解毒方法主要有干法焙烧还原法和湿法还原法两种。

5）综合利用　目前能够实现铬渣综合利用的途径有：用铬渣代替蛇纹石生产钙镁磷肥，用铬渣作翠绿色玻璃制品着色剂，用铬渣代替白云石、石灰石炼铁，用铬渣代替铬铁矿生产铸石，生产铬渣棉，用铬渣与黏土混合烧制青砖，用铬渣配制水泥生料烧制水泥等。

① 铬渣生产钙镁磷肥。铬渣与磷矿石、硅石、焦炭或无烟煤在高温下熔融生产钙镁磷肥。用铬渣代替蛇纹石作熔剂，降低了焦炭消耗，并在生产中以煤为燃料和还原剂，使铬渣中的六价铬离子还原生成三价铬离子，达到无害化的目的，生产工艺流程见图 4-93。

② 铬渣作玻璃着色剂。铬渣可用来代替铬矿作为玻璃制品的着色剂。当玻璃中含有一定量的三价铬离子时，可使玻璃出现由浅到深的绿色。用铬渣代替铬矿粉作绿色玻璃的着色剂在我国已实现工业化生产，质量完全符合要求。在高温熔融状态下，铬渣中的六价铬离子与玻璃原料中的酸性氧化物、二氧化硅作用，转化为三价铬离子而分散在玻璃体中，达到解毒和消除污染的目的，同时铬渣中的氧化镁、氧化钙等组分可代替玻璃配料中的白云石和石灰石原料，大大地降低了玻璃制品的原材料消耗和生产成本。铬渣制玻璃着色剂生产工艺流程如图 4-94 所示。

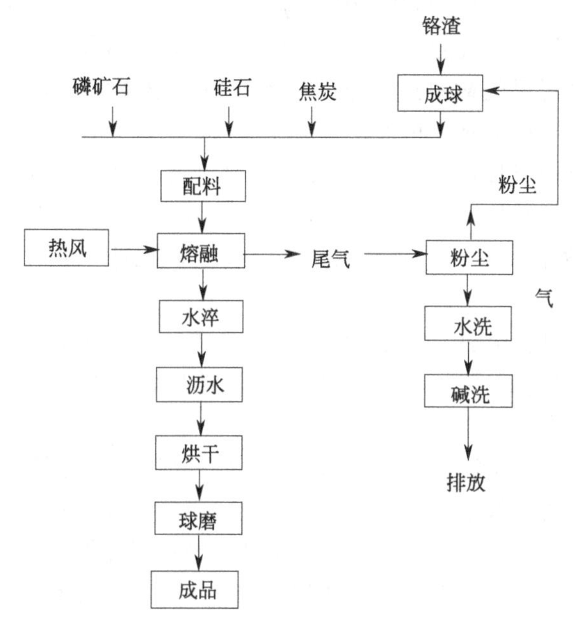

图 4-93 铬渣制钙镁磷肥工艺流程

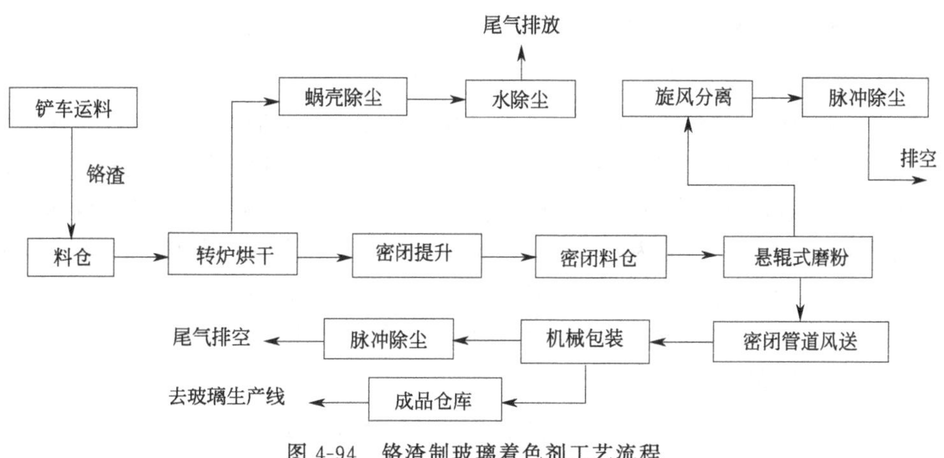

图 4-94 铬渣制玻璃着色剂工艺流程

③ 铬渣烧结炼铁。炼铁需用石灰石、白云石作熔剂。铬渣中含约 50%～60%的 MgO、CaO，此外尚含 10%～20%的 Fe_2O_3，这些都是炼铁所需的成分，因此可以用铬渣代替白云石和石灰石炼铁。少量铬渣代替消石灰同铁矿粉、煤粉混合在烧结炉中烧结后，送高炉冶铁。高炉内高温和 CO 强还原气氛将渣中 Cr^{6+} 还原为 Cr^{3+} 甚至金属铬。金属铬熔入铁水，铁中铬含量增加，使铁的力学性能、硬度、耐磨性、耐腐蚀性能提高，其他成分熔入熔渣，水淬后可作水泥混合材料。

(2) 硫铁矿烧渣的处理与利用

1) 硫铁矿烧渣的来源及组成　硫铁矿是我国生产硫酸的主要原料，硫铁矿烧渣是生产硫酸时焙烧硫铁矿产生的废渣。当前采用硫铁矿或含硫尾砂生产的硫酸约占我国硫酸总产量的 80%以上。

单位硫酸产品的排渣量与硫铁矿的品位及工艺条件有关。在相同的工艺条件下，硫铁矿品位越高，排渣量越少，反之则高。当其含硫量为30%时，生产1t硫酸的矿渣约为0.7～1.0t。我国是硫酸生产大国，每年排放的硫铁矿渣达数千万吨，约占化工废渣总量的1/3。

不同的硫铁矿焙烧所得的矿渣组分是不同的，但其组成主要是三氧化二铁，四氧化三铁，金属的硫酸盐、硅酸盐和氧化物以及少量的铜、铅、锌、金、银等有色金属。

2）硫铁矿烧渣的综合利用　硫铁矿烧渣是一种二次资源，目前烧渣的利用主要是生产建筑材料，制取铁系化工产品：铁盐（硫酸亚铁、三氯化铁）、铁系颜料（氧化铁红、氧化铁黄、氧化铁黑）、铁氧体材料——高纯磁性氧化铁、净水剂（聚合硫酸铁及复合净水剂）、炼铁等。

① 用作制砖的原料。硫铁矿烧渣主要成分为Fe_2O_3、Fe_3O_4、SiO_2、Al_2O_3，其中SiO_2和Al_2O_3是制砖的有益成分，其含量越高，活性越好，它们与石灰化合后的胶凝性能也越好，产品的强度越高。

② 制作铁系颜料。铁系颜料主要有铁黄、铁红、铁黑、铁棕等。由于铁系颜料具有颜色多、色谱广、无毒、价廉等优点，用途极其广泛，用量极大。它是我国出口赚汇的重要化工产品之一。因此铁系颜料的广阔市场为硫铁矿烧渣的利用提供了一个良好的机遇。

③ 生产净水剂。目前的无机混凝剂以聚铝和聚铁为主，且混凝效果较好。但聚铝往往会受原料的限制，而聚铁则可在全国各地进行生产。硫铁矿烧渣中铁氧化物的含量为60%～70%，是生产聚铁的好原料，生产铁系混凝剂不仅能降低废渣的总量，而且还能变废为宝，产生明显的经济效益、社会效益和环境效益。

(3) 磷石膏的处理与利用

1）概述　磷石膏是湿法生产磷酸和高浓度磷复合肥料的废渣，每生产1t磷酸约排出5t磷石膏。目前世界磷石膏的年排放量接近2亿吨，我国磷石膏的年排放量超过1000万吨。

磷石膏为粉末状，颗粒直径5～150μm，外观呈灰白、灰、灰黄、浅黄、浅绿等多种颜色，含水率20%～30%，密度为0.733～0.800g/cm^3，黏性较大，呈酸性。其主要成分为二水石膏（$CaSO_4 \cdot 2H_2O$），此外还含有少量的SiO_2、Al_2O_3、Fe_2O_3、CaO、MgO、P_2O_5及F等杂质，以及微量的铬、砷、铅等重金属离子，铈、钒、钛等稀有元素和镭、铀等放射性元素。其典型化学组成如表4-26所示。

表4-26　磷石膏的化学组成（质量分数）

组成	$CaSO_4$	Al_2O_3	Fe_2O_3	MgO	SiO_2	F^-	P_2O_5	有机物	结晶水	烧失量
含量/%	82.0	0.48	0.46	0.12	4.56	0.57	3.52	1.57	6.35	29.0

2）磷石膏的综合利用　随着工业技术的发展和人们环保意识的增强，磷石膏在建材业、工业和农业上得到越来越广泛的应用。如利用石膏做水泥缓凝剂，生产硫酸联产水泥，生产石英建筑材料，制土壤改良剂，生产硫酸铵和碳酸钙等。

① 磷石膏作为水泥缓凝剂。水泥生产中要使用大量的缓凝剂，传统上应用天然石膏作为缓凝剂。由于磷石膏中含有P_2O_5、氟盐和有机杂质等，会使水泥的初凝时间后延，强度下降，故在使用磷石膏作为水泥缓凝剂前应对其进行适当改性。

② 磷石膏生产石膏建材。用磷石膏生产石膏建材，是目前磷石膏应用中较为成熟的方法。磷石膏为胶凝建材原料，经适当净化处理后，脱水成半水合硫酸钙，可生产各种石膏墙体材料，如粉刷石膏、抹灰石膏、石膏砂浆、熟石膏粉、纸面石膏板、石膏隔墙板、纤维石膏板、石膏砌块、石膏灰泥、建筑标准砖、烧结节能砖、免烧砖和装饰吸声板等，它们普遍

具有质轻、隔热、隔音、防火、加工性能好、生产能耗低、利于环保等优点。

③ 磷石膏制硫酸联产水泥。该工艺的基本原理是将磷石膏的主要组分二水硫酸钙转化为无水硫酸钙，再将无水硫酸钙在高温下煅烧，使之分解为 SO_2 和 CaO。然后 SO_2 被氧化为 SO_3 而制成硫酸，CaO 配以其他熟料制成水泥。工艺过程主要由磷石膏干燥、脱水、煅烧、水泥烧成、SO_2 净化、SO_2 转化吸收等工序组成，其优点是：a. 磷石膏中的钙和硫得以充分利用；b. 磷石膏被消化而不产生二次废渣；c. 控制好制酸尾气吸收，可实现尾气达标排放；d. 副产的硫酸用于磷酸生产，减少了硫酸外购和运输量，降低了产品成本。其缺点是生产设备效率低、投资大、能耗高。

④ 磷石膏制土壤改良剂。磷石膏含有作物生长所必需的磷、硫、铁、钙、硅、镁、锌等营养元素，具有明显促进作物增产的功效，可作为肥料直接施用。另外磷石膏还含有一定量的游离酸，使磷石膏呈酸性，pH 值为 1～4.5，可以代替石膏改良碱土、花碱土和盐土，改良土壤理化性状及微生物活动条件，提高土壤肥力。

(4) 电石渣的处理与利用

1）电石渣的来源与组成　电石渣是用电石（CaC_2）制取乙炔时产生的废渣。电石渣的成分和性质与消化石灰相似，其 Ca（OH）含量一般达到 60%～80%（干基）。我国多采用湿法工艺制取乙炔，电石渣的含水率很高，必须经沉淀浓缩才能利用。电石渣颜色发青，有气味，不宜直接用于民用建筑。

2）电石渣的综合利用技术　电石渣在建材工业综合利用的途径较多，它可以代替石灰石作为水泥原料，也可以代替石灰硅酸盐砌块、蒸养粉煤灰砖、炉渣砖、灰砂砖的钙质原料，但长期使用的企业很少。还可以代替石灰配制石灰砂浆、墙壁涂料等，但由于有气味，在民用建筑中很少使用。

(5) 废催化剂的回收与利用

1）概述　现代化工生产中约有 80%的反应离不开相应的催化剂，大部分有机化学反应都依赖催化剂来提高反应速率，因此催化剂在有机化工生产中得到了非常广泛的应用。例如石油化学工业中的催化重整、催化裂化、加氢裂化、烷基化等生产过程都大量使用催化剂，在环境保护中也大量使用 Pt 催化剂处理汽车尾气。化工生产和环境保护中使用的催化剂一般是将 Pt、Co、Mo、Pd、Ni、Cr、Pb、Re、Ru、Ag、Bi、Mn 等稀有贵金属中的一种或几种承载在分子筛、活性炭等载体上起催化作用。催化剂在使用一段时间后会失活、老化或中毒，催化活性降低，这时就需要报废旧催化剂，更换新催化剂，大量的废催化剂由此产生。

失活的催化剂多采用填埋法处理，若操作不当，其中的一些有害重金属如 Ni、Cr、Pb 等会渗入周围土壤和水体，造成环境污染。同时废催化剂颗粒较小，粒径一般为 20～80μm，易随风飘扬，增加空气中总悬浮颗粒物的含量，污染大气环境。

2）废催化剂的常规回收方法　废催化剂的常规回收方法一般可分为：干法、湿法、干湿结合法和不分离法。

① 干法。一般利用加热炉将废催化剂与还原剂和助溶剂一起加热熔融，使金属组分经还原熔融成金属或合金状回收，以作为合金或合金钢原料，载体与助溶剂形成炉渣排出。

② 湿法。用酸、碱等溶剂溶解废催化剂的主要成分，经过滤、除渣后，采用离子交换树脂吸附、萃取、反萃取、电解等方法对溶解液中的不同组分进行分离、提纯，得到难溶于

水的盐类或金属氢氧化物，干燥后按需要进一步加工成最终产品。

③ 干湿结合法。含两种以上组分的废催化剂很难采用单一的干法或湿法进行回收，在实际工作中应根据需要将干法与湿法有机结合，才能够提高废催化剂的回收利用率。

④ 不分离法。不将废催化剂活性组分与载体分离，或不将其两种以上的活性组分分离处理，而是直接将废催化剂经过一定工艺进行回收处理的一种方法。此法因不需分离活性组分和载体，故能耗小、成本低、二次污染少，是废催化剂回收利用中经常采用的一种方法。

习题与思考题

4-1 固体废物按来源的不同可分为哪几类？各举 2～3 个主要固体废物进行说明。

4-2 固体废物对环境有何危害？

4-3 固体废物的收集原则是什么？其收集方法有哪几种？

4-4 详述压实的目的和原理及压实设备。

4-5 破碎程度用什么指标来衡量？简述破碎的意义。

4-6 固体废物的分选方法分为哪两类？各有什么特点？固体废物分选采用哪些机械设备？各有什么特点？如何选用？并说明其分选原理。

4-7 固体废物中水分存在的形式有哪几种？常用的脱水方法有哪几种？

4-8 列举固体废物的化学处理技术。

4-9 固化处理的基本方法有哪几种？试比较它们的优缺点和适用范围。

4-10 影响固体废物燃烧的因素有哪些？

4-11 焚烧与热解之间有什么区别？

4-12 详述固体废物最终安全处置原则。目前固体废物处置方法可分为哪两类？

4-13 填埋场选址总的原则是什么？选址时主要考虑哪些因素？

4-14 举例简述磷石膏的利用途径。

第5章 土壤污染控制工程

5.1 土壤污染概述

5.1.1 土壤污染的概念与过程

(1) 土壤污染的概念

土壤是独立的、复杂的、能生长植物的疏松地球表层，是连接各环境要素的基本枢纽，也是结合无机界和生物界的中心环节。土壤可以看成一个独立的历史自然体，有着自己的生成发展过程，能在物质和能量的导入和输出过程中体现一个有机体的功能。土壤是一个复杂的系统，其物质组成和结构的复杂性，使得土壤有机体中的物质和能量迁移转化过程富有物理、物理化学和生物学等方面的复杂反应。土壤因为能生长植物和提供建筑设施的基本平台使它成为人类赖以生存的物质基础，马克思在《资本论》中提出，“土壤是世代相传的、人类所不能出让的生存条件和再生产条件”。土壤在承载着人类社会进步的同时也在承载着人类生存活动中带来的巨大扰动。因此，对土壤资源的保护是社会经济持续发展和人类生存所面临的一项重要任务。

在我国，这一任务显得尤为艰巨，这是因为我国人均耕地仅为世界人均占有量的47%。随着我国社会经济的飞速发展，由于人为因素导致的土壤污染问题越来越严重，据统计目前我国约有2000万公顷耕地受到不同程度的污染，约占耕地总面积的1/5，其中工业“三废”污染耕地1000万公顷，污水灌溉的农田面积330万公顷。计算表明，每年因土壤污染导致粮食减产超过1000万吨，被污染的粮食多达1200万吨，合计经济损失至少200亿元。土壤污染问题已经成为我国当代最为严峻的环境问题之一。

目前对土壤污染的概念有三种阐述。第一种认为由于人类活动向土壤中添加有害物质或能量，此时称为土壤污染。可是，土壤对外来污染物质具有一定的吸附固定能力、氧化还原作用及土壤微生物分解作用，能够缓冲外来污染物质造成的危害，降低外来污染物对生态系统的风险，只有外来污染物质进入的量超过土壤自净作用能力，在土壤中积聚进而影响土壤的理化性质才能造成污染。这个定义的关键在于强调是否人为添加污染物，可视为“绝对性”定义。第二种是以特定的参照数据来加以判断的，以某种物质土壤背景值加2倍标准差为临界值，如超过此值，则称为土壤污染，可视为“相对性”定义。第三种定义是不但要看含量的增加，还要看后果，即当进入土壤的污染物超过土壤的自净能力，污染物在土壤中积累，对生态系统造成了危害，此时才能称为土壤污染，这可视为“综合性”定义。第三种定义更具有实际意义，得到了当前学术界的认可。这三种定义均指出由于人类活动导致土壤中某种物质的含量明显高于该物质的土壤背景值即构成了污染。综上所述，土壤污染是指人类活动产生的物质或能量，通过不同途径输入到土壤环境中，其数量和速度超过了土壤自净能力，从而使该种物质或能量在土壤中逐渐累积并达到一定的量，破坏土壤原有生态平衡，导致土壤环境质量下降，自然功能失调，影响作物生长发育，致使产量和质量下降，或产生一定的环境次生污染效应，危及人体健康和生态系统安全的现象。农田土壤污染最明显标志是土壤生产力下降，直观表现为农作物产量降低、品质下降。

(2) 土壤污染的过程

土壤环境中污染物的输入和积累与土壤环境的自净作用是两个相反而又同时进行的对立统一过程，在正常情况下，两者处于一定的动态平衡状态。在这种平衡状态下，土壤环境是不会发生污染的。但是，如果人类的各种活动产生的污染物质，通过各种途径输入土壤（包括施入土壤的肥料和农药），其数量和速度超过土壤环境自净作用的速度，打破污染物在土壤环境中的自然动态平衡，使污染物的积累过程占据优势，可导致土壤环境正常功能的失调和土壤质量的下降；或者土壤生态发生明显变异，导致土壤微生物区系（种类、数量和活性）的变化，土壤酶活性的降低；同时，由于土壤环境中污染物的迁移转化，引起大气、水体和生物的污染，并通过食物链最终影响到人类的健康，这种现象属于土壤环境污染。因此，当土壤环境中所含污染物的数量超过土壤自净能力或当污染物在土壤环境中的积累量超过土壤环境基准或土壤环境标准时，即为土壤环境污染。

土壤污染的过程有其自身的特点。首先，从土壤污染本身看，土壤污染具有渐进性、长期性、隐蔽性和复杂性的特点。它对动物和人体的危害往往通过农作物包括粮食、蔬菜、水果或牧草，即通过食物链逐级积累危害，人们往往身处其害而不知所害，不像大气污染、水体污染易被人直接觉察。20 世纪 60 年代，曾轰动一时的发生在日本富山市的“镉米”事件，绝不是孤立的、局部的公害事例，而是给人类的一个深刻教训。

其次，从土壤污染的原因看，土壤污染与造成土壤退化的其他类型不同。土壤沙化（沙漠化）、水土流失、土壤盐渍化和次生盐渍化、土壤潜育化等是人为因素和自然因素共同作用的结果。而土壤污染除极少数突发性自然灾害（如火山爆发）外，主要是人类活动造成的。随着人类社会对土地要求的不断扩展，人类在开发、利用土壤，向土壤高强度索取的同时，向土壤排放的废弃物（污染物）的种类和数量也日益增加。当今人类活动的范围和强度可与自然的作用相比较，有的甚至比后者更大。土壤污染就是人类谋求自身经济发展的副产品。

再从土壤污染与其他环境要素污染的关系看，在地球自然系统中，大气、水体和土壤等自然地理要素的联系是一种自然过程，是相互影响、互相制约的。土壤污染绝不是孤立的，它受大气污染和水体污染的影响。土壤是各种污染物的最终聚集地。据报道，大气和水体中污染物的 90%以上，最终沉积在土壤中。反过来，污染土壤也将导致空气或水体的污染，例如，过量施用氮素肥料的土壤，可能因硝态氮随渗滤水进入地下水，引起地下水中的硝态氮超标，而水稻土痕量气体（CH_4、NO_x）的释放，被认为是造成温室效应气体的主要来源之一。

5.1.2 土壤污染的特点与危害

5.1.2.1 土壤污染的特点

土壤处于大气、水和生物等环境介质的交汇处，是连接自然环境中无机界、有机界、生物界和非生物界的中心环节。环境中的物质和能量不断地输入土壤体系，并且在土壤中转化、迁移和积累，影响土壤的组成、结构、性质和功能。土壤因其具有特殊的结构和性质，在生态系统中起着重要的净化、稳定和缓冲作用。因此，土壤污染相对于其他环境介质污染具有其自身的特点。

(1) 隐蔽性与滞后性

大气、水体和废弃物污染比较直观，容易被人们发现，而土壤污染则往往要通过对土壤中污染物监测、农产品产量测定和品质分析、植物生态效应及环境效应监测，来判断土壤是否被污染，其危害要通过农作物的产量和质量以及长期摄食这些农作物的人或动物的健康状况来反映，从污染物进入土壤，在土壤中累积，到土壤污染危害被发现通常会滞后较长的时间，所以土壤污染具有污染的隐蔽性和危害的滞后性。如 20 世纪 50 年代前后日本发生的“痛痛病”事件是一个典型的例证，由当地居民长期食用含镉废水灌溉农田生产的“镉米”所致，这种污水灌溉经历了 10～20 年后造成的危害才显现出来。据报道，当时日本发生“痛痛病”重病地区大米含镉量平均为 0.527mg/kg。

(2) 累积性与地域性

污染物质在大气和水体中，随着大气运动和水体的流动，容易扩散和稀释；而污染物进入土壤后，由于土壤环境介质流动性很小，加之土壤颗粒对污染物的吸附和固定，这使得污染物质在土壤中不像在大气或水体中那样容易扩散和稀释，因此容易在土壤中不断积累而超标，尤其重金属类等无机污染物在土壤中的累积性更强；污染物来源和性质的不同，也导致土壤污染具有明显的地域性。例如，有色金属矿开采和冶炼厂周围的土壤往往被重金属污染，石油开采和炼油厂周围的土壤往往被石油烃污染。

(3) 不可逆性与长期性

污染物进入土壤环境后，在土壤中迁移、转化，同时与土壤组分发生复杂的物理化学过程，使污染物的数量和形态发生变化，有些污染物最终形成难溶化合物沉积在土壤中，并且长久地保存在土壤里。土壤一旦遭到污染后很难将污染物彻底地从土壤中去除，尤其重金属元素和持久性有机污染物对土壤的污染不仅具有不可逆性，而且在土壤中存留时间很长，如果不进行人为治理的话，这些污染物能够长期地存留在土壤中，即使一些非持久性有机污染也需要一个较长的降解时间。例如，沈阳-抚顺污水灌溉区发生的石油、酚类污染以及后来沈阳张士灌区发生的镉污染，造成大面积的土壤毒化，致使水稻矮化、稻米异味、水稻含镉量超过食品卫生标准。另外，因土壤污染产生的土地荒芜、寸草不生，水和大气环境污染，生物体畸形等对生态系统和人体健康造成的影响和危害，是不可逆的和长期的。

(4) 后果的严重性

20 世纪 80 年代末至 90 年代初，奥地利人 W. M. Stigliani 根据环境污染的延缓效应及其危害，用“化学定时炸弹”的概念来形象化地描述土壤污染严重后果，其含义是指在一系列因素的影响下，使长期贮存于土壤中的化学物质活化，而导致突然爆发的灾害性效应。化学定时炸弹包括两个阶段，即累积阶段（往往历经数十年或数百年）和爆炸阶段（往往在几个月、几年或几十年内造成严重灾害）。

土壤污染不但直接表现为土壤生产力的下降，而且污染物容易通过植物、动物进入食物链，使某些微量和超微量的有害污染物质在农产品中富集起来，达到危害生物的含量水平，从而会对动植物和人类产生严重的危害。即便污染物质在土壤中没有达到危害的水平，但在其上生长的植物，被人、畜食用后，大部分污染元素在人或动物体内排出率较低，也可以日积月累，最后引起生物病变。大量资料研究表明，土壤污染与居民肝大之间有着明显的剂量-效应关系，污灌时间长、土壤污染严重地区的人群肝大发病率高。土壤污染严重影响了土地生产力，导致粮食产量下降、品质降低。例如，由于施用含有三氯乙醛的废硫酸生产的过磷酸钙肥料，造成小麦、花生、玉米等十多种农作物轻则减产，重则绝收，损失十分惨重。另外，土壤污染还会危害其他环境要素。例如，土壤污染后通过雨水淋洗和灌溉水的入渗作用，可导致地下水的污染，污染物随地表径流迁移造成地表水污染；污染物通过风刮起的尘土或自身的挥发作用可造成大气的污染。所以，污染的土壤又是水体和大气的污染源。

5.1.2.2 土壤污染的危害

土壤是人类农业生产的基地和珍贵的自然资源，是维持人类生存发展的必要条件，是社会经济发展最基本的物质基础，土壤遭受污染必然会对农业和人类健康带来一系列的危害。从已调查资料来看，我国土壤污染主要是由污灌引起的，其次是大气污染物引起的氟污染、矿区的重金属污染以及农田的化肥与农药所致的土壤污染。

土壤污染可使土壤的性质、组成及性状等发生变化，破坏了土壤原有的自然生态平衡，从而导致土壤自然功能失调，土壤质量恶化，影响作物生长发育。土壤污染的危害不仅导致农产品的质量产量下降、降低农业生产的经济效益，而且造成生态环境破坏，威胁人类的健康和生存。

(1) 土壤污染导致严重的直接经济损失

对于各种土壤污染造成的经济损失，目前尚缺乏系统的调查资料。据 2006 年 7 月 18 日全国土壤污染状况调查及污染防治专项工作视频会议报道，全国受污染的耕地约有 $1.0\times10^7 hm^2$，污水灌溉污染耕地 $3.25\times10^7 hm^2$，固体废弃物堆存占地和毁田 $1.3\times10^5 hm^2$，合计约占耕地总面积的 1/10 以上，其中多数集中在经济较发达的地区。据初步估算，全国每年重金属污染的粮食达 $1.2\times10^7 t$，造成的直接经济损失超过 200 亿元。对于农药和有机物污染、放射性污染、病原菌污染等其他类型的土壤污染所导致的经济损失，目前尚难以估计。但是，这些类型的污染问题在我国确实存在，甚至也很严重。例如，我国天津蓟运河畔的农田，曾因引灌被三氯乙醛污染的河水而导致数千公顷（数万亩）小麦受害。

(2) 土壤污染导致作物产量和品质不断下降

土壤污染直接危害农作物的产量和质量。农作物基本都生长在土壤上，如果土壤被污染了，污染物就通过植物的吸收作用进入植物体内，并可长期累积富集，当含量达到一定数量时，就会影响作物的产量和品质。有研究表明，我国大多数城市近郊土壤都受到了不同程度的污染，有许多地方粮食、蔬菜和水果等食物中镉、铬、砷和铅等重金属含量超标或接近临界值。据报道，1992 年全国有不少地区已经发展到生产“镉米”的程度，每年生产的“镉米”多达数万吨，仅沈阳某污灌区被污染的耕地已超过 $2.5\times10^7 hm^2$，致使粮食遭受严重的镉污染，稻米的含镉量高达 0.4～1.0mg/kg。太湖地区水稻和蔬菜等农产品和饲料重金属污染严重；杭州复合污染区稻米镉和铅超标率分别达 92%和 28%，最高的镉含量超标 15 倍，出现严重的“镉米”现象；江西省某县多达44%的耕地遭到污染，并形成670hm^2的“镉米”区。

土壤污染造成农业损失主要可分成3类：a. 土壤污染物危害农作物的正常生长和发育，导致产量下降，但不影响品质；b. 农作物吸收土壤中的污染物质而使收获部分品质下降，但不影响产量；c. 不仅导致农作物产量下降，同时也使收获部分品质下降。这3种类型中，第3种情况较为多见。一般说来，植物的根部吸收累积量最大，茎部次之，果实及种子内最少，但是经过长时间的累积富集，其绝对含量还是很大。加之人类不仅食用农作物果实和种子，还食用某些农作物（蔬菜）的根和茎，所以其危害就可想而知了。土壤环境污染除影响农产品的卫生质量外，也明显地影响农作物的其他品质。

(3) 土壤污染对生物体健康的危害

土壤污染对生物体的危害主要是指土壤中收容的有机废弃物或含毒废弃物过多，影响或超过了土壤的自净能力，从而在卫生学上和流行病学上产生了有害影响。土壤污染影响人类的生存健康，污染物在被污染的土壤中迁移转化进而影响人体的健康，主要是通过气、水、土、植物、食物链途径；土壤动物和土壤微生物则直接从污染的土壤中吸收有害物质，这些有害物质通过土壤动物和土壤微生物参与食物链最终将进入人类食物链，所以土壤是污染物进入人体的食物链的主要环节。作为人类主要食物来源的粮食、蔬菜和畜牧产品都直接或间接来自土壤，污染物在土壤中的富集必然引起食物污染，危害人体的健康。土壤污染对人体健康的影响很复杂，大多是间接的长期慢性影响。

5.1.3 土壤自净过程

土壤是一个半稳定状态的复杂物质体系，对外界环境条件的变化和外来物质有很大的缓冲能力。从广义上说，土壤的自净作用是指污染物进入土壤后经生物和化学降解变为无毒害物质，或通过化学沉淀、络合和整合作用、氧化还原作用变为不溶性化合物，或被土壤胶体牢固地吸附，植物难以利用而暂时退出生物小循环，脱离食物链或排出土壤。按类型可以分为物理自净、化学自净、物理化学自净、生物自净。狭义的土壤自净能力则主要是指微生物对有机污染物的降解作用以及使污染化合物转变为难溶性化合物的作用。但是，土壤在自然净化过程中，随着时间的推移，土壤本身也会遭到严重污染。因为土壤污染及其去污取决于污染物进入量与土壤天然净化能力之间的消长关系，当污染物的数量和污染速度超过了土壤的净化能力时，破坏了土壤本身的自然动态平衡，使污染物的积累过程逐渐占优势，从而导致土壤正常功能失调，土壤质量下降。在通常情况下，土壤的净化能力取决于土壤物质组成及其特性，也和污染物的种类和性质有关。不同土壤对污染物质的负荷量（或容量）不同，同一土壤对不同污染物的净化能力也是不同的。应当指出，土壤的净化速度是比较缓慢的，净化能力也是有限的，特别是对于某些人工合成的有机农药、化学合成的某些产品以及一些重金属，土壤是难以使之净化的。因此，必须充分合理地利用和保护土壤的自净作用。

土壤环境容量是指土壤生态系统中某一特定的环境单元内，土壤所允许容纳污染物质的最大数量。也就是说在此土壤时空内，土壤中容纳的某污染物质不致阻滞植物的正常生长发育，不引起植物可食部分中某污染物积累到危害人体健康的程度，同时又能最大限度地发挥土壤的净化功能。

土壤环境容量的计算公式如下：

$$Q=(C_k-B)\times10^5 \tag{5-1}$$

式中，Q为土壤环境容量，kg/hm^2；C_k为土壤环境标准值，mg/kg；B为区域土壤背景值，mg/kg；10^5 为将 mg/kg 换算成 kg/hm^2 的系数。

上式可见，在一定区域的土壤特性和环境条件下，B 值是一定的，Q 的大小取决于 C_k。土壤环境标准值大，土壤环境容量也大；反之容量则小。土壤环境标准的制定，一般根据田间采样测定统计和盆栽试验，求出土壤中不同污染物使某一作物体内残毒达到食品卫生标准或使作物生育受阻时的浓度，以此作为土壤环境标准。根据土壤环境容量与实际含量相比较，可以深刻反映区域内的污染状况和环境质量水平，从总量控制上提出环境治理和管理的具体措施。

5.2 土壤污染物种类及污染源

5.2.1 土壤环境的无机污染

土壤无机污染是指有毒有害的无机物质因人为活动或自然因素进入土壤的数量和速度超过了土壤的净化能力，使无机污染物在土壤中逐渐积累，破坏了土壤生态系统的自然动态平衡，从而导致土壤生态系统功能失调，土壤质量下降，并影响到作物的生长发育，以及产量和质量下降，最终通过食物链危害人体和动物健康。

5.2.1.1 土壤重金属污染

土壤重金属污染是指由于人类活动使重金属进入土壤中，致使土壤中重金属含量明显高于其自然背景含量，并造成生态破坏和环境质量恶化的现象。重金属不能为土壤微生物所分解，而易于积累、转化为毒性更大的甲基化合物，甚至有的通过食物链以有害浓度在人体内蓄积，严重危害人体健康。

(1) 土壤重金属污染来源

土壤中重金属的来源是多途径的，首先是成土母质本身含有一定量的重金属，即天然来源。不同的母质、成土过程所形成的土壤的重金属含量存在较大差异。其次，由于采矿、冶炼、电镀、化工、电子、制革等人类的各种工业生产活动排放大量的含重金属的废弃物，通过各种途径最终进入土壤，造成土壤重金属污染。此外，农药、化肥、垃圾、粉煤灰和城市污泥的不合理使用，以及污水灌溉等也会将重金属带入土壤，造成土壤污染（见表 5-1）。

表 5-1 土壤重金属污染的主要来源

来源	污染物
矿产开采、冶炼、加工排放的废气、废水和废渣	Cr、Hg、As、Pb、Ni、Mo 等
煤和石油燃烧过程中排放的飘尘	Cr、Hg、As、Pb 等
电镀工业废水	Cr、Cd、Ni、Pb、Cu 等
塑料、电池、电子工业排放的废水	Hg、Cd、Pb
汞工业排放的废水	Hg
染料、化工制革工业排放的废水	Cr、Cd
汽车尾气	Pb
农药	As、Cu

1) 矿山开采　矿山开采尤其是金属矿山的开采、冶炼等产生的废弃物包括矿井排水、尾矿、废石、矿渣等，这些废弃物中均含有高浓度的有毒重金属，是造成矿区及其周围地区

生态系统重金属污染的主要原因之一。这些废弃物被从地下搬运到地表后，在一系列物理、化学因素的作用下发生风化作用，废物中重金属元素被释放、迁移，对附近土壤、水体及其沉积物等表土环境产生严重的重金属污染。这些酸性废水中通常含有较高水平的有毒重金属，如未经处理随雨水径流或直接进入土壤，都可以直接或间接地造成土壤重金属污染。

2）污水灌溉　污水按其来源可分为城市生活污水、石油化工污水、工业矿山污水和城市混合污水等。这些废水中往往含有多种重金属等有毒物质。由于我国是一个水资源紧缺的国家，一些水资源缺乏的地区尤其是北方干旱地区将这些城市、工矿业废水引入农田进行灌溉，导致了重金属 Hg、Cd、Cr、As、Cu、Zn、Pb 等在农田土壤的积累。近年来污水灌溉已经成为农业灌溉用水的重要组成部分。据统计，我国自 20 世纪 60 年代至今，污灌面积迅速扩大，以北方旱作地区污灌最为普遍，约占全国污灌面积的 90%以上。我国污水灌溉的土壤面积达 $361.84\times10^4hm^2$。

3）土壤增肥物料　有一些固体废弃物，如城市污泥、垃圾、磷石膏、煤泥等，除含有可作为作物养料的 N、P 及有机质外，还含有各种对作物和人类有害的重金属，被直接或通过加工作为肥料施入土壤，在增加土壤肥力的同时，也增加了土壤重金属的含量。如磷石膏属于化肥工业废物，由于其有一定量的正磷酸以及不同形态的含磷化合物，并可以改良酸性土壤，从而被大量施入土壤，造成了土壤中 Cr、Pb、Mn、As 含量的增加。此外，随着我国畜牧生产的发展，产生大量的家畜粪便及动物加工产生的废弃物，这类农业固体废弃物中含有植物所需 N、P、K 和有机质，因此作为肥料施入土壤的同时，也增加了土壤重金属元素的含量。

4）农药、化肥和地膜的使用　绝大多数的农药为有机化合物，少数为有机-无机化合物或纯矿物质，个别农药在其组成中还含有 Hg、As、Cu、Zn 等重金属，生产中过量或不合理使用农药将会造成土壤重金属污染。金属元素是肥料中报道最多的污染物质，N、K 肥料中重金属含量相对较低，而 P 肥中则含有较多的有害重金属。如商业磷肥中往往含有不同水平的 Cd，有些地区磷肥中 Cd 的含量达到 70～150mg/kg，长期施用这种磷肥则会导致土壤中镉的积累。肥料中重金属含量一般是磷肥＞复合肥＞钾肥＞氮肥。近年来，地膜的大面积推广使用，造成了土壤的白色污染，同时，由于地膜生产过程中加入了含有 Cd、Pb 的热稳定剂，也增加了土壤重金属污染。

5）大气沉降　大气沉降也是土壤重金属来源的一个不可忽视的部分，目前也逐渐引起了人们的重视。大气中的重金属主要来源于工矿业生产、汽车尾气排放等产生的大量含重金属的有害气体和粉尘等，主要分布在工矿区的周围和公路、铁路的两侧。大气中的重金属多数是经自然沉降和雨淋沉降进入土壤的。南京某生产铬的重工业厂铬污染已超过当地背景值 4.4 倍，污染以车间烟囱为中心，范围达 $1.5km^2$，污染范围最大延伸下限 1.38km。公路、铁路两侧土壤中的重金属污染，主要是以 Pb、Zn、Cd、Cr、Co、Cu 等的污染为主，呈条带状分布，以公路、铁路为轴向两侧重金属污染强度逐渐减弱。

(2) 土壤重金属污染的生态环境效应

土壤生态系统是土壤矿物、水分、空气等土壤的无机环境与土壤生物及其上部生长的植物通过能量流动和物质循环过程形成彼此关联、相互作用的一个开放系统。作为全球生态系统的一个重要组成部分，土壤不仅是地球上植物初级生产力与生物生长生存的物质基础，人类一切食物的最终来源，还是连接水、大气、岩石与生物等的重要枢纽，是进行许多地球表层重要的物理、化学和生命过程的场所，强烈地影响着水体和大气的化学组成。污染物一旦进入土壤，将通过直接影响土壤微生物群落、土壤酶活性、土壤代谢和生化过程等正常生理生态功能来降低土壤生态系统的生物多样性，造成植物生产力降低甚至死亡，最终导致生态系统平衡的破坏。更为重要的是，污染物通过食物链进入人及动物体内并在体内积累，直接或间接危害人与动物的生长发育、繁殖和健康。

从生物适应和进化的角度来看，生物长期经受污染胁迫，其反应或者发展方向只有2个：适应污染或不适应污染。生物不能适应污染时，生物物种在长期污染胁迫下会逐渐减少，种群衰退，最终导致物种消亡，生物多样性下降，生态系统的结构和功能趋于简单化。生物如能适应污染，在强大的污染条件选择下，生物将产生快速分化并形成旨在提高污染适应性的演化取向，即适应污染的演化，进而使生物在形态、生理和遗传上发生很大的变化，这就可能降低和制约生物在其他方面的适应性，对其他环境胁迫因素的抵抗力下降，即适应代价，同样降低了生物多样性和生态系统的完整性。

(3) 重金属污染物在土壤中的迁移行为

土壤-植物（农作物）系统中重金属元素的迁移转化机制是复杂多样的。把重金属在土壤中的行为归纳为4个主要的物理化学过程，即溶解-沉淀作用、离子交换与吸附作用、络合-离解作用和氧化还原作用等。重金属在土壤-植物系统中的迁移转化，主要受土壤pH值、Eh值、土壤质地、土壤有机质、植物种类等因素的影响。如土壤pH值越低，以阳离子形态存在的重金属元素镉、铅、铬的迁移能力越强、活性越高；土壤pH值越高，以阴离子形态存在的重金属元素砷的迁移能力越强、活性越高。土壤-植物系统中重金属元素迁移转化的方式主要有3种。

1）物理迁移　物理迁移指重金属离子或络合物被包含于矿物颗粒或有机胶体内，随土壤水分或空气运动而被迁移转化或沉淀。在干旱、半干旱地区，土壤中含重金属的矿物颗粒或土壤颗粒在风力作用下以尘土的形式而被机械搬运。

2）物理化学迁移和化学迁移　物理化学迁移和化学迁移指重金属污染物与土壤有机/无机胶体通过吸附-解离、沉淀-溶解、氧化-还原、络合-螯合、水解等系列物理化学和化学作用而迁移转化。a. 重金属与无机胶体的结合通常分为2种类型：非专性吸附，即离子交换吸附；专性吸附，是土壤胶体表面与被吸附离子间通过共价键、配位键而产生的吸附。b. 重金属和有机胶体的结合。重金属可被土壤有机胶体络合或螯合，或者吸附于有机胶体的表面。虽然土壤有机胶体的含量远小于无机胶体的含量，但是其对重金属的吸附容量远远大于无机胶体。c. 溶解和沉淀作用。物理化学迁移和化学迁移是重金属在土壤环境中迁移的最重要形式，它决定了土壤重金属元素的存在形态、富集状况和潜在危害程度。

3）生物迁移　生物迁移主要是指通过植物根系从土壤中吸收某些化学形态的重金属，并在植物体中累积起来的过程。此外土壤微生物和土壤动物也可吸收富集重金属。生物迁移可使重金属被某些有机体富集起来造成土壤-植物系统的污染，再通过食物链的传递对人体健康构成威胁。

5.2.1.2 土壤的非金属污染

(1) 土壤非金属污染概述

土壤非金属污染主要指氟、碘、硒等非金属元素过量造成的污染。地壳中氟的平均含量在270～800mg/kg之间，我国大部分土壤氟含量在191～1012mg/kg之间。地壳中硒的平均含量在 0.05～0.09mg/kg 之间，我国大部分土壤的硒含量在 0.047～0.993mg/kg 之间。地壳中碘的平均含量在 0.3～0.6mg/kg 之间，我国大部分土壤碘含量在 0.39～14.71mg/kg 之间。

土壤中的氟、碘、硒水平在很大程度上取决于成土母质的组成和性质。因此，不同地区由于地质过程与地质背景的差异造成了氟、碘、硒的含量水平差异较大。此外，F、I、Se 的含量还与土壤的成土过程、土壤有机质含量、大气沉降等有密切关系。

F、I、Se 均是人体必需的微量元素，摄入过量或过少都会影响人体的正常发育和健康。在地球地质历史的发展过程中，由于地壳的不断运动及各种地质作用，逐渐形成了地壳表面不同地域、不同地层和类型的岩石和土壤中矿物元素分布的不均一性，使某种地球化学元素在某一地区高度富集或极度缺乏，即正异常或负异常。地球化学元素的异常在一定程度上控制和影响着不同地区的人类、动植物的生长和发育，这些地区的人群因对个别微量元素长期的摄入过量或严重不足而直接或间接引起生物体内微量元素平衡严重失调，导致各种生物地球化学性疾病发生，即通常所说的“地方病”。

(2) 土壤非金属污染物的生态环境效应

1) 氟 (F)　绝大多数土壤中氟的最基本来源是形成土壤的母质。成土母质由各种各样的岩石风化而来。这些存在于岩石中的氟随着岩石风化、矿物分解和母质成土过程，或以矿物颗粒形式直接参与构成土壤，或在土壤溶液中经各种反应分解成游离的氟离子或氟的络离子，被土壤胶体和其他矿物吸附、吸收而固定在土壤中。因此，母质是许多自然发育的原始土壤中氟的基本和主要来源。土壤环境氟污染对作物的危害一般是慢性累积的生理障碍过程，主要表现为作物生育前期干物质累积量减少，成熟期谷粒和产量降低。此外，分蘖减少，成穗率也降低，并且营养吸收组织、光合成组织受到损伤，一般是出现叶尖坏死，受伤害组织逐渐退绿，很快变为红褐色或浅褐色，可造成水稻、小麦、大豆等作物减产，对桃、李等果树生长和发育也有不利的影响。

氟是人体必需的微量元素，有助于羟基磷灰石的形成，促进骨骼生长。但过量的氟可使人体的钙、磷代谢平衡破坏，氟与钙结合形成氟化钙，沉积于骨骼和软组织中，妨碍牙齿、骨骼的钙化。环境中氟元素含量过高的地区，因居民长期摄入过量的氟，常流行如氟斑牙、氟骨症等地方性氟中毒慢性疾病。世界卫生组织（WHO）建议每人每日摄氟量不超过 2mg/kg。

2) 碘 (I)　碘是人体必需的微量元素，是甲状腺激素形成中必不可少的成分，甲状腺激素不仅能调节机体内许多物质的代谢，而且对机体的生长发育也有重要影响。食物是人体摄取碘的主要途径，约占总摄入量的 80%以上，长期摄碘不足的低碘区域，常流行低碘性甲状腺肿，表现为甲状腺肿大、呼吸困难、声音嘶哑、饮食困难。碘摄入过量亦会导致高碘性甲状腺肿。我国的碘缺乏病比较严重，除北京、上海和一些高碘区外，我国其他省（自治区、直辖市）都有不同程度的碘缺乏病流行，约有 4 亿人生活在碘缺乏病区，因碘缺乏所导致的智残者达 1000 万，而智商偏低者则难以估计。

碘对植物的毒害首先影响植物的生理生化活性，然后出现生物量或产量减少等症状。水培条件下，当 KI 的浓度达到 10～100μmol/L 时，菠菜的生长就受到抑制，表现为生长矮小、幼叶暗绿色、老叶叶尖枯死、产量下降等。碘的毒害还可以诱使植物病害的发生。在日本低洼地水稻田一种名为“Reclamation-Akagare”的水稻病的发生是由碘的毒害引起的。

3) 硒 (Se)　土壤中的硒主要来自风化的岩石，也可来自大气（如降雨）、工业废弃物、火山喷发等。同时，生物体中的硒经代谢或死亡分解，又可回到土壤中。

硒是人体和动物必需的营养元素，一旦缺乏容易使人得病。但硒的作用范围很窄，过量的硒易引起中毒。我国规定饮用水及地面水中硒含量不得超过 0.01mg/L，动物饲料中含量不得超过 3mg/kg。在土壤硒高背景值区，人体吸收硒过量而中毒的现象较为常见，例如，我国湖北恩施地区曾发生硒中毒，其中毒症状是脱发、脱甲，部分病人出现皮肤症状，重病区少数病人出现神经症状，可能还有牙齿损害。在土壤硒低背景值区，如我国从东北到西南的低硒土壤带，广泛发生克山病，其主要症状有心脏扩大、心源性休克或心力衰竭、心律失常、心动过速或过缓，其特点是发病急、死亡率高。

马、牛、羊、猪等牲畜吸收硒过多会出现食欲不振、停止生长、蹄变畸形、体毛脱落和关节发炎等症状，如治理不及时，终至死亡。发生急性中毒时，出现中枢神经系统损伤的各种症状，最后麻痹而死。而动物吸收硒过少则会发育不良，一般多发生在幼龄家畜，常见症状是四肢僵硬、肌肉无力、不愿走动或不愿站立，有心肌营养不良现象，可出现突然死亡，生病的牛犊可突然发生精神沉郁和死亡。时间较长的可出现呼吸困难、呕吐和腹泻，还可能出现麻痹和轻瘫。

(3) 非金属污染物在土壤中的行为

1）氟（F） 氟可在土壤-植物系统中迁移与累积。F^- 相对交换能力较强，易与土壤中带正电荷的胶体，如含水氧化铝等相结合，甚至可以通过配位基交换生成稳定的配位化合物，或生成难溶性的氟铝硅酸盐、氟磷酸盐，以及氟化钙、氟化镁等，从而在土壤中累积起来。因此，受氟污染的地区，土壤中氟含量可以逐年累积而达到很高的值。例如，浙江杭嘉湖平原土壤含氟量平均约 400mg/kg，高出全国平均含量的 1 倍。以难溶态形式存在的氟不易被植物吸收，对作物是安全的。但是，土壤中的氟化物，可随水分状况，以及土壤 pH 值改变而发生迁移转化，有可能转化为植物易吸收的形式而转入土壤中，提高活性和毒性。

2）碘（I） 土壤中的碘主要以碘酸根离子（IO^{3-}）、碘离子（I^-）和元素碘（I_2）等形态存在。在不淹水的条件下，IO^{3-} 为土壤中碘的最主要形态，尽管多数碘与土壤结合成难溶性的形式；而在淹水的条件下，由于有相当多的难溶性碘转变为水溶性的碘，因此 I^- 成为土壤中最主要的形态。但是也有人报道在温暖潮湿的地区，不淹水土壤中最主要的碘形态为 I^-。

土壤理化性质如土壤有机质、水分、温度、pH 值及黏土矿物等是影响碘存在形态的主要因素。土壤有机质和黏土矿物含量较高的土壤对碘的吸附固定量就多，碘的生物有效性降低。pH 值与土壤水分对碘的形态影响与对重金属的影响相反，pH 值升高会促进土壤碘的溶解，提高碘的生物有效性；淹水条件下，难溶性碘向水溶性的碘转化，碘的生物有效性提高。

3）硒（Se） 土壤中的硒有多种价态，包括元素态硒、亚硒酸盐、硒酸盐、有机态硒和挥发硒等。硒的化合物对人的毒性最强，其中以亚硒酸盐毒性最大，其次为硒酸盐，元素硒毒性最小。一般来说，元素硒在土壤中含量极低，很不活泼，不溶于水，植物难以吸收。而土壤中的亚硒酸盐和硒酸盐经细菌、真菌等微生物和藻类的还原作用也可以形成元素态硒。硒化物大多难溶于水，是普遍存在于半干旱地区土壤的形态，由于其难溶于水，植物难以吸收。硒酸盐是硒的最高氧化态化合物，可溶于水，能被植物吸收，在干旱、通气或碱性条件下，土壤水溶性硒多为硒酸盐形态，而在中性、酸性土壤中，硒酸盐则很少。亚硒酸盐是土壤中硒的主要形态，占 40%以上，也是植物吸收土壤无机硒的主要形态。土壤中有机态硒化物在土壤硒的含量中占有相当大的比例，主要来自生物体的分解产物及其化合物，是土壤有效硒的主要来源。其中与胡敏酸络合的硒为不溶态，植物难以吸收；与富里酸络合的硒为可溶态，易为植物所吸收。

5.2.1.3 土壤的放射性元素污染

（1）土壤中放射性元素污染概述

土壤放射性元素污染是指人类活动排放出的放射性污染物，使土壤的放射性水平高于天然本底值。放射性污染物是指各种放射性核素，它的放射性与其化学状态无关。

放射性核素可通过多种途径污染土壤。放射性废水排放到地面上，放射性固体废物埋藏处置在地下，核企业发生放射性排放事故等，都会造成局部地区土壤的严重污染。大气中的放射性物质沉降，施用含有铀、镭等放射性核素的磷肥与用放射性污染的河水灌溉农田也会造成土壤放射性污染，这种污染虽然一般程度较轻，但污染的范围较大。

土壤被放射性物质污染后，通过放射性衰变，能产生 α、β、γ 射线。这些射线能穿透人体组织，损害细胞或造成外照射损伤，或通过呼吸系统或食物链进入人体，造成内照射损伤。

放射性污染是土壤污染的一个极为重要的类型，随着原子能工业的发展，核电站、核反应堆不断增加；放射性同位素在工业、农业、医学和科研等方面的应用；此外，核武器试验仍在继续，因此，控制和防止放射性物质对土壤的污染越来越重要。

（2）放射性污染物在土壤中的行为及其影响因素

土壤受到放射性物质污染后，使农产品放射性核素比活度上升，通过食物链进入人体和动物，危及人体和动物健康；也可通过迁移至大气和水体，由呼吸道、皮肤、伤口或饮水而进入人体，参与体内生物循环，造成危害更大的内辐射损伤，引起很多病变，如疲劳、虚弱、恶心、眼痛、毛发脱落、斑疹性皮炎以及不育和早衰等。辐射还能引起肿瘤，特别是体内照射更易引起恶性肿瘤。发生肿瘤的器官和组织主要见于皮肤、骨骼、肺、卵巢和造血器官。有些研究者指出，人体内镭的总含量达 1～2μg 时，就会导致死亡，但这种情况往往是在镭进入人体内许多年后才发生，就是说放射性病症是有较长潜伏期的，除非一次照射量过大。

土壤放射性污染危及农业生态系统的稳定。长期低剂量辐射的生态效应包括：引起物种异常变异，从而对生态系统演替产生影响；使农产品放射性核素比活度上升，危及食品安全和人体健康；引起土壤生物种群区系成分的改变、生物群落结构的变化，进而影响到土壤肥效和土壤对有毒物质的分解净化能力。土壤中放射性核素也会参与水、气循环，进一步污染水体和大气。

放射性物质进入土壤后，不能通过土壤自净作用消除，亦很难通过人为措施清除，只有随时间的推移逐渐衰变至稳定元素。从土壤放射性污染治理技术研究现状来看，利用某些植物从污染土壤中吸收积累大量的放射性物质或固定土壤中的放射性物质而发展起来的植物修复技术是目前治理放射性污染土壤最经济可行的方法。

影响放射性污染物质在土壤环境中的积累、迁移的因素很多，最主要的是土壤理化性质。一般，有机质含量、土壤黏粒矿物含量、pH 值、阳离子交换量和土壤水分状况是主要的影响因素。因此，不同类型的土壤对放射性物质的吸附能力有明显的差异。例如，中国东北地区的土壤对 ^{90}Sr 的吸附能力依次为：黑土黏粒＞白浆土黏粒＞暗棕色森林土黏粒。相对黏土和泥沙土而言，^{137}Cs 浓度比粗粒矿质土的低；土壤颗粒粒径越小，其有效比表面积越大，吸附能力也越强。但当颗粒粒径远小于土壤孔隙的直径时，其本身极易随水的流动而迁移。由于其对放射性物质有极大的吸附能力，这类细小颗粒成为核素迁移的载荷物，在孔隙较大的砂质土壤中，核素的这一迁移作用就更加明显。水对许多放射性物质有一定的溶解作用，土壤水分含量高的土壤放射性物质随水的渗流而向土壤深层迁移的程度增加。此外，含水量对土壤中微生物、细菌的活动和有机物的分解、合成也有明显影响，从而间接影响放射性物质的吸附行为及其生物有效性。

5.2.2 土壤环境的有机污染

5.2.2.1 土壤的农药污染

(1) 土壤的农药污染概述

农药是指各种杀菌剂、杀虫剂、杀螨剂、除草剂和植物生长调节剂等农用化学剂的总称。施用农药是现代农业必需的技术手段之一。农药的成分主要是有机物。农药施用之后，只有10%～30%对农作物起保护作用，其余部分则进入大气、水和土壤。造成土壤农药污染的类型有有机氯、有机磷、氨基甲酸酯和苯氧羧酸类。

土壤是接受农药污染的主要场所。农药通过各种途径进入土壤以后，在土壤中的长期残留导致土壤环境发生改变和农作物产品中出现农药残留。20世纪60年代广泛使用含汞、砷的农药，至今仍在我国部分地区土壤中起着残留污染的作用。

土壤中农药的主要来源有以下几个途径：

① 将农药直接施入土壤或以拌种、浸种和毒谷等形式施入土壤，包括一些除草剂、防治地下害虫的杀虫剂和拌种剂。

② 向作物喷洒农药时，农药直接落到地面上或附着在作物上，经风吹雨淋落入土壤中，按此途径进入土壤的农药百分比与农药施用期、作物生物量或叶面积系数、农药剂型有关。

③ 大气中悬浮的农药颗粒或以气态形式存在，经雨水溶解和淋失，最后落到地面上。

④ 死亡动植物残体或灌溉水将农药带入土壤。

(2) 农药在土壤中的迁移转化

进入土壤的化学农药可以通过物理吸附、化学吸附、氢键结合和配位键结合等形式吸附在土壤颗粒表面。农药被土壤吸附后，移动性和生理毒性随之发生变化。在某种意义上，土壤对农药的吸附作用，就是土壤对农药的净化。土壤胶体的种类和数量，胶体的阳离子组成，化学农药的物质成分和性质等都直接影响到土壤对农药的吸附能力，吸附能力越强，农药在土壤中的有效性越低，则净化效果越好。

土壤中的农药，在被土壤固相物质吸附的同时，还通过气体挥发和水的淋溶在土体中扩散迁移，导致大气、水和生物的污染。大量资料证明，不仅非常易挥发的农药，而且不易挥发的农药（如有机氯）都可以从土壤、水及植物表面大量挥发。对于低水溶性和持久性的化学农药来说，挥发是农药进入大气中的重要途径。农药在土壤中的挥发作用大小，主要取决于农药本身的溶解度和蒸气压，也与土壤的温度、湿度等有关。

(3) 农药对土壤环境、生物的危害

研究发现，不同农药对微生物群落的影响不完全相同，同一种农药对不同种微生物类群的影响也不同。氨化作用、硝化作用都必须在微生物的作用下才能完成。硝化作用对大多数农药敏感，某些杀虫剂当按一定浓度使用时对硝化作用影响较小或没有影响，而另一些杀虫

剂则会引起长期显著抑制硝化作用。部分农药对土壤微生物呼吸作用有明显的影响。Bartha等的研究结果表明：高度持留的氯化烃类化合物对土壤作用的影响极小，氨基甲酸酯、环戊二烯、苯基脲和硫氨基甲酸酯虽然持留性小，但却抑制呼吸作用和氨化作用。具有这种抑制作用的农药还有杀菌剂敌克松及除草剂黄草灵、2,4-D丙酸等。土壤中的农药对农作物的影响主要表现在两个方面，即土壤中的农药对农作物生长的影响和农作物从土壤中吸收农药而降低农产品质量。

5.2.2.2 土壤的石油污染

(1) 土壤的石油污染概述

石油是一种液态的、以烃类化合物为主要成分的产品，最少时仅含有1个碳原子，如甲烷；最多时碳链长度可超过24个碳原子，这类物质常常是固态的，如沥青。从气体、液体到固体，各种组分的物理、化学性质相差很远。同时，不同物质的生物可降解性也相差很大，有的物质很难降解，进入土壤中可残留很长时间，造成长期污染。

石油的开采、冶炼、使用和运输过程的遗洒、泄漏事故，以及废水的排放、污水灌溉、各种石油制品挥发、不完全燃烧物飘落等是引起一系列土壤石油污染的重要来源。许多研究表明，一些石油烃类进入动物体内后，对哺乳动物及人类有致癌、致畸、致突变的作用。土壤的严重污染会导致石油烃的某些成分在粮食中积累，影响粮食的品质，并通过食物链危害人类健康。

(2) 石油在土壤中的迁移转化

石油烃类在土壤中以多种状态存在：气态、溶解态、吸附态、自由态（以单独的一相存留于毛管孔隙或非毛管孔隙）。其中被土壤吸附和存留于毛管孔隙的部分不易迁移，从而影响土壤的通透性。由于石油类物质的水溶性一般很小，因而土壤颗粒吸附石油类物质后不易被水浸润，不能形成有效的导水通路，透水性降低，透水量下降。能积聚在土壤中的石油烃，大部分是高分子组分，它们黏着在植物根系上形成一层黏膜，阻碍根系的呼吸与吸收功能，甚至引起根系的腐烂。以气态、溶解态和单独的一相存留于非毛管孔隙的石油烃类迁移性较强，容易扩大污染范围。此外，石油烃类对强酸、强碱和氧化剂都有很强的稳定性，在环境中残留时间较长。

5.2.2.3 土壤的多环芳烃污染

多环芳烃是分子中含有2个以上苯环的烃类化合物。根据苯环的连接方式分为联苯类、多苯代脂肪烃和稠环芳香烃3类。多环芳烃的形成机理很复杂，一般认为多环芳烃主要是由石油、煤炭、木材、气体燃料等不完全燃烧以及还原条件下热分解而产生的，人们在烧烤牛排或其他肉类时也会产生多环芳烃。多环芳烃是最早发现且数量最多的致癌物，目前已经发现的致癌性多环芳烃及其衍生物已超过400种。

多环芳烃大都是无色或淡黄色的结晶，个别具深色，熔点及沸点较高，蒸气压很小。由于其水溶性低，辛醇/水分配系数高，因此，该类化合物易于从水中分配到生物体内或沉积于河流沉积层中。土壤是多环芳烃的重要载体，多环芳烃在土壤中有较高的稳定性。当它们发生反应时，趋向保留它们的共轭环状系，一般多通过亲电取代反应形成衍生物。

多环芳烃在环境中的行为大致相同，但是每一种多环芳烃的理化性质差异较大。苯环的排列方式决定其稳定性，非线性排列比线性排列稳定。多环芳烃在水中不易溶解，但是不同种类的多环芳烃的溶解度差异很大，通常可溶性随着苯环数量的增多而降低，挥发性也是随着苯环数量的增多而降低。

多环芳烃对土壤的污染极其严重，主要在表层中富集。使土壤中多环芳烃消失的因素有挥发作用、非生物降解作用和生物降解作用，其中生物降解起着主要的作用。在对土壤中的14种多环芳烃的研究发现，除了萘及其取代物之外多环芳烃的挥发作用很低。

5.2.2.4 土壤的环境激素污染

环境激素是指外因性干扰生物体内分泌的化学物质，这些物质可模拟体内的天然激素，与激素的受体结合，影响本来身体内激素的量，以及使身体产生对体内激素的过度作用；或直接刺激，或抑制内分泌系统，使内分泌系统失调，进而阻碍生殖、发育等机能，甚至有引发恶性肿瘤与生物绝种的危害。多数环境激素属于持久性有机污染物，在环境中十分稳定而难以分解，因此可存在更长的时间，不易清除。持久性有机污染物由于具有毒性、难降解与生物累积性，加上可怕的“蚱蜢跳”效应增强其传递性。

目前，全世界针对环境激素对土壤污染研究着重在多氯联苯（PCBs）、二噁英类等。

在实际环境中，污染源多氯联苯进入环境土壤中后，受自然环境的影响其组成会发生明显的变化。首先是多氯联苯中不同化合物在常温具有不同的挥发性。从一氯到十氯取代的多氯联苯挥发性相差6个数量级，因此，这些在空气中具有较高挥发性的多氯联苯很容易随着空气迁移。土壤中PCBs的挥发除与温度有关外，其他环境因素也有一定影响。实验研究表明，PCBs的挥发速率随着温度的升高而升高，但随着土壤中黏粒含量和联苯氯化程度的增加而降低。其次，各种多氯联苯具有不同的水溶解性，各种多氯联苯的同族物在土壤中的吸附能力也由于其氯的取代位置的不同而相差很大。

二噁英类是对性质相似的多氯代二苯并二噁英（PCDDs）和多氯代二苯并呋喃（PCDFs）两组化合物的统称，主要来源于焚烧和化工生产，属于全球性污染物质，存在于各种环境介质中。在75个PCDDs同系物和135个PCDFs同系物中，侧位被氯取代的化合物对某些动物表现出特别强的毒性，有致癌、致畸、致突变作用，引起人们的广泛关注。

5.2.3 土壤环境的固体废弃物污染

随着我国经济社会的高速发展、城市化进程的加快以及人民生活水平的不断提高，固体废物的产生量逐年增加，大量固体废物露天堆置或填埋，其中的有害成分经过风化、雨淋、地表径流的侵蚀很容易渗入土壤中，引起土壤污染。土壤是许多真菌、细菌等微生物的聚居场所，在大自然的物质循环中这些微生物担负着碳循环和氮循环的一部分重要任务，固体废物中的有害成分能杀死土壤中的微生物和动物，降低土壤微生物的活性，使土壤丧失腐解能力，从而改变土壤的性质和结构，破坏土壤生态环境，致使土壤被污染。因此，了解不同类型固体废物的特性及处理处置过程对土壤可能造成的污染，掌握其控制对策措施，将有利于固体废物的处理、处置和资源化循环利用。

5.2.3.1 城市生活垃圾对土壤环境的影响

(1) 垃圾堆放对土壤环境的影响

1）侵占土地　自20世纪80年代以来，我国城市化进程加快，城市数量不断增多，规模不断扩大，城市非农业人口和市区面积急速增长，城市垃圾产量大幅度增加。大量的生活垃圾堆放过程中和封场后，占用大量的空地或其他用途土地。生活垃圾场在使用和封场后，土地的使用性质也发生改变，造成土地资源的严重浪费。

2）渗滤液对土壤环境污染　垃圾渗滤液进入土壤后，有一部分污染物经过一系列的物理、化学、生物作用被降解，但仍有一部分滞留在土壤中，对土壤带来严重后果。一方面，由于渗滤液是一种偏酸性的水体，它进入土壤后会使土壤 pH 值下降，造成土壤酸化。土壤酸化不仅会使土壤中不溶性的盐类、重金属化合物等溶解，同时土壤酸化会导致土壤阳离子交换量降低而阴离子交换量升高，造成土壤保持养分离子能力的降低，特别是在交换性阳离子组成中，Al^{3+} 的比例增加，而 Ca^{2+} 和 Mg^{2+} 减少，造成毒害作用。另一方面，垃圾渗滤液自身含有大量的重金属，因此渗滤液进入土壤就将大量重金属带入土壤，而重金属会对土壤的肥力、土壤微生物及酶活性等造成负面影响。

(2) 垃圾堆肥对环境的影响

1）垃圾直接施用　由于我国城镇垃圾中干物质主要是无机成分，其中煤渣、尘土等占主要优势，将这些生活垃圾直接施用于农田，对于黏质土壤可以改善其物理性质（表 5-2）、水气运动以及减轻耕作阻力，同时由于垃圾中含有大量有机物，长期直接施用垃圾，土壤养分含量将会不断得到补充，提高土壤的生产力。但是由于垃圾中的日光灯管、温度计等含有 Hg、Ag 等重金属，直接施用势必会使土壤中重金属含量增加，而且直接施用还会将垃圾中含有的大量细菌、病原菌、寄生虫卵带入土壤，危害土壤的同时还会威胁农作物。

表 5-2　施用垃圾对土壤物理性质的影响

垃圾使用情况	容重/(g/cm^3)	毛管孔隙度/%	田间持水量/%	饱和持水量/%
施用垃圾	0.97	52.8	42.7	63.0
未施用垃圾	1.33	42.6	30.7	36.4

2）堆肥施用　垃圾通过堆肥化处理，可以将其中的有机可腐物转化为腐殖质，自 20 世纪 70 年代起，垃圾堆肥不断地被应用到农田，通过施用垃圾堆肥可以补充土壤营养元素、提高土壤肥力，为作物生长发育提供必要的养分，有研究表明土壤微生物 C、N 含量，土壤呼吸强度，微生物生物量的呼吸活性比，纤维分解强度均随垃圾堆肥用量的增加而提高，且呈显著的正相关（表 5-3）。随垃圾堆肥施入量的增加，过氧化氢酶和碱性磷酸酶活性升高，表明垃圾堆肥能补充大量有机碳，对酶活性有较强的刺激作用（表 5-4）。使用堆肥可促使土壤微生物活跃，使土壤微生物总量及放线菌所占比例增加，提高土壤的代谢强度。

表 5-3　垃圾堆肥对土壤营养元素的影响

处理	pH 值	有机质/%	全氮/%	碱解氮/(mg/kg)	速效磷/(mg/kg)	速效钾/(mg/kg)	土壤容重/(g/cm^3)
CK	8.22	1.71	0.118	51.2	60.0	160.8	1.44
处理 1	8.15	1.49	0.117	54.53	93.0	176.8	1.37
处理 2	8.09	2.49	0.135	51.87	89.2	289.2	1.32
处理 3	8.05	2.73	0.147	52.54	89.6	337.3	1.07
处理 4	7.84	3.86	0.146	65.84	135.4	501.7	1.02

注：CK 为未施肥，处理 1 施垃圾堆肥 $75t/hm^2$，处理 2 施垃圾堆肥 $150t/hm^2$，处理 3 施垃圾堆肥 $300t/hm^2$，处理 4 施垃圾堆肥 $600t/hm^2$。

表 5-4 垃圾堆肥对土壤酶活性影响

项目	处理				
	CK	处理 1	处理 2	处理 3	处理 4
过氧化氢酶[0.1mol/($KMnO_4$·24h·g·l)]	4.20	3.75	5.18	5.90	7.10
碱性磷酸酶[P_2O_5mg/(h·100g)]	0.12	0.10	0.16	0.19	0.21
有机质/%	1.71	1.49	2.49	2.73	3.86

注：CK 为未施肥，处理 1 施垃圾堆肥 75t/hm^2，处理 2 施垃圾堆肥 150t/hm^2，处理 3 施垃圾堆肥 300t/hm^2，处理 4 施垃圾堆肥 600t/hm^2。

5.2.3.2 污泥对土壤环境的影响

(1) 增加土壤有机质含量

有机质在土壤肥力中有着其他元素不可代替的作用，常以有机质多少作为土壤肥力的标准之一。近几十年来，由于我国人口剧增，工业发展迅速，用肥结构发生根本变化，20 世纪 70 年代以前，农家肥与化学肥料的比例为 7∶3，而到了 80 年代末期其比例已变为 3∶7，长期使用化学肥料使土肥失调，易成盐碱化与板结，导致土壤有机质不断减少，综合肥力下降。据第二次全国土壤调查，全国 10.6%的土壤有机质含量低于 0.6%。城市污水处理厂产脱水污泥有机质含量较高，因此，它可以用来向土壤提供有机质。在有机质含量较低的土壤中施用适量污泥，对土壤物理化学性质的改善特别明显。

(2) 降低土壤容重

土壤容重是指单位容积土壤体的质量，它的数值随质地、结构性和松紧度的变化而变化。其大小反映了土壤的松紧度，从而指示了土壤的熟化程度和结构性。容重小，表明土壤疏松多孔，结构性良好。土壤施用污泥堆肥后，由于向土壤输入了大量的有机物质，土壤动物、植物、微生物活动加剧，产生了较多的根孔、小动物穴和裂缝，从而使土壤容重减小，在砂土和壤土上，土壤有机质含量与容重的变化呈显著的线性相关。

(3) 改善土壤孔隙度

孔隙度是研究土壤结构特点的重要指标，因为它对与作物产量直接有关的许多重要现象产生影响。孔隙是容纳水分和空气的空间，孔性良好的土壤能够同时满足作物对水分和空气的需求，有利于土壤环境的调节和植物根系的伸展。土壤孔隙度的大小取决于土壤质地、有机质含量、松紧度和结构性。污泥用量在 15～110t/hm^2，土壤总孔隙度增加，达到更适宜于植物生长所需要的孔隙比率。

(4) 改善土壤团聚体

土壤团聚体是土壤结构的基本单元，稳定的团聚体可以保护土壤中有机质的迅速分解，因此土壤团聚作用的改善，即形成更稳定的团聚体，对农业土壤是十分重要的。研究发现施用污泥后，改善了土壤的团聚作用，增加了团聚体的稳定性，有学者认为施用污泥后使土壤团聚体稳定化是由于污泥中不同的有机化合物和多价阳离子作用的结果。

(5) 增加土壤含水量

土壤水含量是指在一定量土壤中含水的数量，是土壤的重要性状之一，与许多土壤性质有密切关系。由于污泥的施用，土壤孔隙状况有所改善，从而增加了土壤的水含量。其数值随有机质的增加而增加。研究表明，土壤持水量随污泥用量的增加而增加，但是粗质地土壤比细质地土壤增加得少。污泥堆肥土地利用不但在非干燥时期能保持较高的土壤含水量，而且在干燥时期也能缓解旱情，减少植物的水分胁迫。

(6) 影响土壤 pH 值

施用污泥后一般能引起土壤 pH 值的变化。大部分施用污泥的土壤发生酸化，这可能是有机质分解和硝化作用中产生的有机酸引起的。当土壤 pH 值偏低而污泥又含有足够的钙时(特别是石灰污泥)，施用后会出现土壤 pH 值上升的现象。

(7) 增加土壤阳离子交换量

施用污泥的土壤中，由于有机质增加，阳离子交换量也随之增加。增加阳离子交换容量，使交换性 Ca、Mg、K 增多，从而提高土壤的保肥能力，减少营养物质的渗漏。

5.2.3.3 粉煤灰对土壤环境的影响

由于粉煤灰质轻、疏松，又含有大量的微量元素，少量合理施用对改善土壤结构及其环境生态功能有良好作用，世界各国都非常重视。从 20 世纪 50 年代起，美国、澳大利亚、英国、苏联等国家在利用粉煤灰改土培肥，提高作物产量方面取得了许多成功经验。中国自 20 世纪 70 年代开始该方面的研究，并取得了一定的成果。

(1) 对土壤物理结构特性影响

粉煤灰的机械组成为：粒径小于 0.01mm 的物理性黏粒占 18.5%左右，大于 0.01mm 的物理性砂粒占 81.5%左右。粉煤灰中的硅酸盐矿物和碳粒具有多孔性，是土壤本身的硅酸类矿物所不具备的。粉煤灰施入土壤，除其粒子中、粒子间的孔隙外，粉煤灰同土壤颗粒还可以连成无数个“通道”，为植物根吸收提供新的途径，构成输送营养物质的交通网络。粉煤灰粒子内部的孔隙则可作为气体、水分和营养物质的“贮存库”。

碱土土粒分散，黏粒和腐殖质下移而使表土质地变轻，而下部的碱化层则相对黏重，并形成粗大的不良结构，湿时膨胀泥泞，干时坚硬板结，通透性和可耕性极差，盐碱土掺入粉煤灰，除变得疏松外，还可起到抑碱作用。施用粉煤灰对黏重的盐碱地具有降低容重的作用，施用量越多，容重降低越大。

作物生长的土壤需要一定的孔度，而适合植物根部正常呼吸作用的土壤孔度下限量是 12%～15%，低于此值，将导致作物减产。黏质土壤掺入粉煤灰后可变疏松、黏粒减少、砂粒增加。施入粉煤灰后，土壤中黏粒含量降低，且黏粒含量随施灰量的增加而递减，施粉煤灰 75000kg/hm^2 可减少土壤黏粒含量 1.17%。

砂土粉煤灰的添加不仅是土壤颗粒的简单堆积，还表现出小粒径的粉煤灰颗粒填充到砂土的大孔隙中，致使单位体积内土壤颗粒物质增多，孔隙比例减少。砂土孔隙的减小改变了砂土孔隙大的特点，有效改良了砂土结构，这是改变砂质土壤不良农业生产性状的基础 (表 5-5)。

表 5-5 粉煤灰施用对砂质土壤物理性状的影响

项目	处理				
	CK	10%	20%	30%	40%
容重/(g/cm^3)	1.58	1.66	1.70	1.71	1.74
孔隙度/%	41.5	37.5	35.7	35.2	32.9

注：10%表示粉煤灰施用率为砂土质量的 10%，20%、30%、40%类推。

(2) 对土壤保水性的影响

土壤结构与质地的变化有效改善了土壤水分运动特性，砂土中添加粉煤灰改变了砂土孔隙组成、孔隙分布状况，造成总孔隙度减少和毛管孔隙比例升高，不仅增加了土壤田间持水量，而且增加土壤水势 100～300kPa 范围内的有效水含量 7%～13%。研究显示，在砂土中30%粉煤灰施用率可以增加土壤重力水的 14%，而饱和导水率可减少 80%，表明添加粉煤灰可以改善强渗透性土壤的物理性质，从而增加作物所需的水量。

(3) 对土壤温度的影响

粉煤灰呈灰黑色，吸热性好，可增强土地的吸热能力，从而提高地温。施入土壤，一般可使土层提高温度 1～2℃。据报道每公顷施灰 18.75t，地表温度为 16℃；每公顷施灰 75t，地表温度为 17℃。土层温度提高，有利于微生物活动、养分转化和种子萌发。

(4) 对土壤微量元素含量的影响

粉煤灰含有大量微量元素，通过施用粉煤灰，可以改善土壤的元素组成，有利于作物生长。另外，粉煤灰还有释放土壤中潜在肥力的作用，显著地增加土壤中易被植物吸收的速效养分，特别是氮和磷。

(5) 对土壤放射性污染的影响

煤中含有一定量的天然放射性核素^{226}Ra、^{232}Th 和^{40}K，其含量与成煤物质和放射性核素在地层间的相互渗透、沉积有关。煤中的天然放射性核素含量随产地的不同差异较大。煤炭燃烧后，天然放射性核素大部分浓集在粉煤灰中。粉煤灰中^{226}Ra、^{232}Th 和^{40}K 的比活度可达煤炭的 4 倍左右。在粉煤灰的农田施用过程中，天然放射性核素随着粉煤灰向农田转移，有可能使农田生态环境受到放射性污染。

5.2.4 土壤环境的农业面源污染

农业面源污染问题由来已久，尤其近几年呈越演越烈之势，已成为我国现代农业发展的瓶颈。目前农业面源污染已成为影响农村生态环境质量的重要污染源，其发展趋势令人担忧。事实表明，农业在自身发展中产生的污染——农业面源污染，已经同其他环境污染一起加重了我国环境的恶化，特别是水环境恶化。加强农业面源污染的研究和控制已成为保护我国水资源的一项重要任务，因此，保护土壤环境，减少农业面源污染已刻不容缓。下面主要介绍农业面源的磷素污染及磷素流失和迁移途径。

(1) 农业面源磷素污染

1）磷素与地表水富营养化　水体富营养化是我国农村水环境面临的严重污染问题，而农业氮、磷流失则是造成水体污染的主要原因之一，磷素对水环境造成的危害比氮素轻。水力作用是磷素迁移流失的主要动力，农田灌溉是产生磷素流失的一个原因，暴雨冲刷引起的表面流失也是磷素向水体迁移的原因之一，可见引起水生环境富营养化的关键还是水本身。

长期大量施用磷肥，但由于磷肥对作物的有效性较低，作物对磷肥的利用率很低，故施入土壤中的磷肥大多残留于土壤中，导致耕层土壤处于富磷状态，在降雨冲刷和农田排水的情况下就会加速磷向水体的迁移，受磷污染的水体主要是河流、湖泊、海洋等地表水。水体中磷素的充足供应，使得藻类快速生长，打破了水生生态系统的平衡，促使水体向富营养化方向发展。据估计，全世界每年有 300×10^4～400×10^4 t P_2O_5 从土壤迁移到水体中。

2）磷素与地下水污染　由于磷在土壤中以扩散的方式进行迁移，H_2PO^- 的扩散系数相当于 NO_3^- 的 0.1%或 0.01%，故磷很难进入地下水，过去虽然人们意识到畜禽粪便可能污染地下水，但研究多集中在危害性较明显的硝酸盐和病菌，忽视磷对地下水的污染。如果地下水中磷的含量高，说明地下水已被污染。磷在水体中的存在形式主要是各种形态的磷酸根，具有毒性，对人体的危害主要表现在损伤神经系统。

土壤对磷素的吸附-解吸机制对它在土壤垂直方向上的迁移进而影响到地下水体环境有很大影响。剖面各层土壤的吸磷量与简单的朗缪尔方程吻合，磷素在土壤中的解吸过程通常被认为是吸附的逆向过程，但解吸等温曲线与吸附等温曲线并不是完全一致的，存在解吸滞后的现象，因为吸附的磷只能部分被解吸下来。从环境科学的角度看，磷素的解吸过程比吸附过程更为重要，因为它不仅与其对作物的有效性有关，而且还与环境水体污染问题关系密切。我国北方蔬菜保护地大量施用磷肥不仅使 0～40cm 土壤磷素大量积累，而且使 40～100cm 土层中的磷素也明显增加，因此，磷素在土体内垂直方向上的迁移损失以及由此产生的环境危害必须引起高度重视。

(2) 磷素流失和迁移途径

土壤磷素流失途径包括降雨或人工排水形成的地表径流、土壤侵蚀及渗漏淋溶，具体作用方式主要有地表径流水相的迁移、侵蚀相搬运和壤中流淋溶迁移作用 3 种。磷素流失有地表和土体内两种方向，无论是地表还是土体内的流失都是在水力作用下的磷素迁移过程，地表流失是与地表径流有关的流失过程，土体内流失则与土壤层次、质地结构等条件关系密切。

1）地表径流中磷素迁移　农田表层磷素通过溶于水流和以颗粒附着态被水流携带而随地表径流运动，即地表径流磷素迁移；同时由于降水的溅蚀及地表径流的冲刷侵蚀作用，表层土壤被剥蚀、搬运，被侵蚀土壤中的磷素随地表径流搬运的侵蚀物（中粗颗粒态）而迁移，即地表径流侵蚀磷素迁移。

2）土壤中磷素迁移　土壤对磷有较强的固定能力，一般认为仅有少量的磷会通过渗漏淋失掉，酸性泥炭土和有机土由于和磷的亲和力较差是个例外。但随着磷肥的不断投入，土壤磷素持续积累，若不加以管理，土壤磷就会达到吸附饱和而发生强淋溶的程度。

5.3　土壤污染修复技术

5.3.1　土壤修复技术的概念

污染土壤修复的目的在于降低土壤中污染物的含量、固定土壤污染物、将土壤污染物转化成毒性较低或无毒的物质或阻断土壤污染物在生态系统中的转移途径，从而降低土壤污染物对环境、人体或其他生物体的危害。欧美等发达国家对污染土壤的修复技术做了大量的研究，建立了适合于各种常见有机污染物和无机污染物污染的土壤修复方法，并已不同程度地应用于污染土壤修复的实践中。我国在污染土壤修复技术方面的研究从 20 世纪 70 年代就已经开始，当时以农业修复措施的研究为主。随着时间的推移，其他修复技术的研究（如化学修复和物理修复技术等）也逐渐展开。到了 20 世纪末期，污染土壤的植物修复技术研究在我国也迅速开展起来。总体而言，虽然我国在土壤修复技术研究方面取得了可喜的进展，但在修复技术研究的广泛性和深度方面与发达国家还有一定的差距，特别在工程修复方面的差距还比较大。本章将简要介绍污染土壤的主要修复技术。

从不同的角度出发，可以对污染土壤的修复技术进行不同的分类，常见的是按修复位置分类和按操作原理分类。

(1) 按修复位置分类

污染土壤的治理技术可以根据其位置变化与否分为原位修复技术和异位修复技术（又称易位或非原位修复技术）。原位修复指对未挖掘的土壤进行治理的过程，对土壤扰动少。这是目前欧洲最广泛采用的技术。异位修复指对挖掘后的土壤进行的处理过程。异位治理又包括原地处理和异地处理两种。所谓原地处理，指在污染场地上对挖掘出的土壤进行处理的过程。异地处理指将挖掘出的土壤运至另一地点进行处理的过程。原位处理对土壤结构和肥力的破坏较小，需要进一步处理和弃置的残余物少，但对处理过程产生的废气和废水的控制比较困难。异位处理的优点是对处理过程的条件控制较好，与污染物的接触较好，容易控制处理过程产生的废气和废物的排放；缺点是在处理之前需要挖土和运输，会影响处理过的土壤的再使用，费用一般较高。

(2) 按操作原理分类

修复技术还可以依其操作原理而分类。不同学者的分类很不相同。Martin 等将修复技术分为生物修复技术、化学修复技术、物理修复技术、固定化技术和热处理技术等。这些类别之间的界限通常是模糊的，有些是互相交叉的。这些技术的大部分都包括原位和异位处理方式。例如，玻璃化技术既可以依其过程中的高温和熔融被归为热处理技术，又可以依其对重金属的物理固定而被归为固定技术。Iskandar 等和 Adriano 将治理技术分为 3 大类：物理修复技术、化学修复技术和生物修复技术。由于物理修复技术和化学修复技术之间的界限通常不明显，故也常将物理修复技术和化学修复技术合在一起，称为物理化学修复技术。

经过修复的污染土壤，有的可被再利用，有的则不能被再利用。能够使土壤保持生产力并被持续利用的修复技术，称为可持续性修复技术。经处理后固定了污染物，但使土壤丧失生产力的修复技术，称为非持续性修复技术。

5.3.2 土壤物理修复技术

5.3.2.1 土壤蒸气提取技术

土壤蒸气提取技术是一种通过布置在不饱和土壤层中的提取井，利用真空向土壤导入空气，空气流经土壤时，挥发性和半挥发性有机物随空气进入真空井而排出土壤，土壤中的污染物含量因而降低的技术。土壤蒸气提取技术有时也被称为真空提取技术，属于一种原位处理技术，但在必要时，也可以用于异位修复。该技术适合于挥发性有机物和一些半挥发性有机物污染土壤的修复，也可以用于促进原位生物修复过程。

在基本的土壤蒸气提取设计中，要在污染土壤中设置垂直或竖直井（通常采用 PVC 管）。水平井特别适合于污染深度较浅的土壤（$<3m$）或地下水位较高的地方。真空泵用于从污染土壤中缓慢地抽取空气。真空泵安置在地面上，与一个气水分离器和废物处理系统连接在一起。从土壤空隙中抽取的空气携带了挥发性污染物的蒸气。由于土壤空隙中挥发性污染物分压的不断降低，原来溶解于土壤溶液中或被土壤颗粒吸附的污染物持续地挥发出来以

维持空隙中污染物的平衡。

土壤蒸气提取技术的特点是：可操作性强、设备简单、容易安装；对处理地点的破坏很小；处理时间较短，在理想的条件下，通常 6 个月到 2 年即可；可以与其他技术结合使用；可以处理固定建筑物下的污染土壤。该技术的缺点是：很难达到 90%以上的去除率；在低渗透土壤和有层理的土壤上有效性不确定；只能处理不饱和带的土壤，要处理饱和带土壤和地下水，还需要其他技术。欧美国家处理每吨土壤的费用为 5～50 英镑。

土壤蒸气提取技术可以与其他技术结合使用，去除效果更好。空气注入技术也是一种原位处理技术，它包括了将空气注入亚表层饱和带土壤、气流向不饱和带流动时移走亚表层污染物的过程。在空气注入过程中，气泡穿过饱和带及不饱和带，相当于一个可以去除污染物的剥离器。当空气注入法与蒸气提取法一起使用时，气泡将蒸气态的污染物带进蒸气提取系统而被去除，提高了污染物去除效率。生物通气技术可提高土著细菌的活性，促进有机物的原位生物降解。当挥发性有机物经过生物活性高的土壤时，挥发性有机物的降解被促进。生物通气可以用于处理所有可以被生物降解的有机组分，它对于石油产品污染的修复特别有效。生物通气技术最经常被用于中等分子量石油产品的降解。石油的轻产品（如汽油）容易挥发，可以被蒸气提取技术去除。气动压裂技术是一种在不利的土壤条件下，增强原位修复效果的技术。气动压裂技术向表层以下注入压缩空气，使渗透性低的土层出现裂缝，促进空气的流动，从而提高蒸气提取的效果。

在美国的密歇根州，曾采用蒸气提取技术处理一个面积为 $47hm^2$ 的挥发性有机物污染的土壤。这些挥发性有机物包括二氯甲烷、氯仿、1,2-二氯乙烷和 1,1,1-三氯乙烷。土壤质地从细砂土到粗砂土。水力传导度在 $7\times10^{-5}\sim4\times10^{-4}m/s$。修复过程从 1988 年 3 月开始到 1999 年 9 月结束。大约 18000kg 的挥发性有机物被提取出来。处理费用大约是 30 英镑/m^3。

5.3.2.2 固化/稳定化技术

固化/稳定化技术是指通过物理或化学作用以固定土壤污染物的一组技术。固化技术指向土壤添加黏结剂而引起石块状固体形成的过程。固化过程中污染物与黏结剂之间不一定发生化学作用，但有可能伴生土壤与黏结剂之间的化学作用。将低渗透性物质包被在污染土壤外面，以减少污染物暴露于淋溶作用的表面积从而限制污染物迁移的技术称为包囊作用，也属于固化技术范畴。在细颗粒废物表面的包囊作用称为微包囊作用，而大块废物表面的包囊作用称为大包囊作用。稳定化技术指通过化学物质与污染物之间的化学反应使污染物转化为不溶态的技术。稳定化技术不一定会改善土壤的物理性质。在实践上，商业的固化技术包括了某种程度的稳定化作用，而稳定化技术也包括了某种程度的固化作用。两者有时候是不容易区分的。

固化/稳定化技术采用的黏结剂主要是水泥、石灰和热塑性塑料等，也包括一些专利的添加剂。水泥可以和其他黏结剂，如飞灰、溶解的硅酸盐、亲有机物的黏粒（活性炭）等共同使用。有的学者又基于黏结剂的不同，将固化/稳定化技术分为水泥和混合水泥固化/稳定化技术、石灰固化/稳定化技术和玻璃化固化/稳定化技术 3 类。

固化/稳定化技术可以用于处理大量的无机污染物，也可用于部分有机污染物。固化/稳定化技术的优点是：可以同时处理被多种污染物污染的土壤，设备简单，费用较低。但它也有一些缺点，最主要的问题在于它不破坏、不减少土壤中的污染物，而仅仅是限制污染物对环境的有效性。随着时间的推移，被固定的污染物有可能重新释放出来，对环境造成危害，因此它的长期有效性受到质疑。

5.3.2.3 玻璃化技术

玻璃化技术指使用高温熔融污染土壤使其形成玻璃体或固结成团的技术。从广义上说，玻璃化技术属于固化技术范畴。玻璃化技术既适合于原位处理，也适合于异位处理。土壤熔融后，污染物被固结于稳定的玻璃体中，不再对其他环境产生污染，但土壤也完全丧失生产力。玻璃化作用对砷、铅、硒和氯化物的固定效率比其他无机污染物低。玻璃化技术处理费用较高，欧美国家每吨土壤的处理费用为300～500美元。玻璃化处理将使土壤彻底丧失生产力，一般适用于污染特别严重的土壤。

(1) 原位玻璃化

原位玻璃化技术指将电流经电极直接通入污染土壤，使土壤产生1600～2000℃的高温而熔融。现场电极大多为正方形排列，间距约0.5m，插入土壤深度0.3～1.5m，玻璃化深度约6m。经过原位玻璃化处理后，无机金属被结合在玻璃体中，有机污染物可以通过挥发而被去除。处理过程产生的水蒸气、挥发性有机物和挥发性金属，必须设置排气管道加以收集并进一步处理。美国的Batelle Pacific Northwest实验室最先使用这一方法处理被放射性核素污染的土壤。原位玻璃化技术修复污染土壤需要6～24个月。影响原位修复效果及修复过程中需要考虑的因素有：导体的埋设方式、砾石含量、易燃易爆物质的积累量、可燃有机质的含量、地下水位和含水量等。

(2) 异位玻璃化

异位玻璃化技术指将污染土壤挖出，采用传统的玻璃制造技术热解和氧化或熔化污染物以形成不能被淋溶的熔融态物质。加热温度大约为1600～2000℃。有机污染物在加热过程中被热解或蒸发，有害无机离子被固定。熔化的污染土壤冷却后形成惰性的坚硬玻璃体。除传统的玻璃化技术外，还可以使用高温液体墙反应器、等离子弧玻璃化技术和气旋炉技术等使污染土壤玻璃化。

5.3.2.4 热处理技术

热处理技术就是利用高温所产生的一些物理或化学作用，如挥发、燃烧、热解，将土壤中的有毒物质去除或破坏的技术。热处理技术最常用于处理有机污染的土壤，也适用于部分重金属污染的土壤。挥发性金属（如汞），尽管不能被破坏，但可通过热处理而被去除。最早的热处理技术是一种异位处理技术，但原位的热处理技术也在发展之中。其他修复过程（如玻璃化技术）也包括了热处理技术。

热处理技术通常被描述成单阶段或双阶段的破坏过程。然而，二者难以确切区分。例如，焚烧通常被描述为单阶段过程，高温使土壤中的有机污染物燃烧。然而，这样的系统经常包括一个次生燃烧室以处理废气中的挥发性污染物。在双阶段系统（如热解吸）中，土壤中的有机污染物在低温时（约600℃）就挥发，然后在第二燃烧室中燃烧。一些挥发性的无机污染物（特别是汞）可以通过热解吸技术而被去除。焚烧指那些产生炉渣或炉灰等残余物的过程。热解吸产生的残余物依然是土状的。热处理技术对大多数无机污染物是不适用的。

热处理技术使用的热源有多种，如加热的空气、明火、可以直接或间接与土壤接触的热传导液体。在美国，处理有机污染物的热处理系统非常普遍，有些是固定的，有些是可移动的。

在荷兰也建立了热处理中心。在英国，热处理工厂被用于处理石油烃污染的土壤。美国对移动式热处理工厂的地点有一些要求：要有 1～2hm^2 的土地安置处理厂和相关设备、存放待处理的土壤和处理残余物以及其他支持设施（如分析实验室），交通方便，水、电和必要的燃油有保证。热处理技术的主要缺点是：黏粒含量高的土壤处理困难，处理含水量高的土壤耗电多。

5.3.2.5 电动力学修复技术

向土壤施加直流电场，在电解、电迁移、扩散、电渗透和电泳等的共同作用下，使土壤溶液中的离子向电极附近富集而被去除的技术，称为电动力学技术。

所谓电迁移，就是指离子和离子型络合物在外加直流电场的作用下向相反电极的移动。电迁移的效率主要取决于孔隙水的电传导性和在土壤中传导途径的长度，对土壤的液体通透性的依赖性较小。电迁移不取决于孔隙大小，既适用于粗质地土壤，也适用于细质地土壤。当湿润的土壤中含有高度溶解的离子化无机组分时，会发生电迁移现象。电动力学技术是去除土壤中这些离子化污染物的有效办法，因为该技术对透性很低的土壤也具有修复能力。

电动力学修复技术的主要优点是：a. 适用于任何地点，因为土壤处理仅发生在两个电极之间；b. 可以在不挖掘的条件下处理土壤；c. 最适合于黏质土，因为黏质土带有负的表面电荷，水力传导度低；d. 对饱和及不饱和的土壤都有效；e. 可以处理有机污染物和无机污染物；f. 可以从非均质的介质中去除污染物；g. 费用效益之比较好。

但该技术也有一些局限：a. 污染物的溶解度高度依赖于土壤 pH 值；b. 要添加增强溶液；c. 当加高电压时，土壤温度会升高，过程的效率降低；d. 如果土壤含碳酸盐、岩石、石砾，去除效率会显著降低。

5.3.2.6 稀释和覆土

将污染物含量低的清洁土壤混合于污染土壤，以降低污染土壤污染物的含量，称为稀释作用。稀释作用可以降低土壤污染物含量，因而可降低作物对土壤污染物的吸收，减小土壤污染物通过农作物进入食物链的风险。在田间，可以通过将深层土壤犁翻上来与表层土壤混合，也可以通过客入清洁土壤而实现稀释。

覆土也是客土的一种方式，即在污染土壤上覆盖一层清洁土壤，以避免污染土层中的污染物进入食物链。清洁土层的厚度要足够，以使植物根系不会延伸到污染土层，否则有可能因为促进了植物的生长、增强了植物根系的吸收能力反而增加植物对土壤污染物的吸收。另一种与覆土相似的改良方法就是换土，即去除污染表土，换上清洁土壤。

稀释和覆土措施的优点是技术比较简单，操作容易。但缺点是不能去除土壤污染物，没有彻底排除土壤污染物的潜在危害；只能抑制土壤污染物对食物链的影响，并不能减少土壤污染物对地下水等其他环境部分的危害。这些措施的费用取决于当地的交通状况、清洁土壤的来源和劳动力成本等。

5.3.3 土壤化学修复技术

5.3.3.1 土壤淋洗技术

土壤淋洗技术是指在淋洗剂（水或酸或碱溶液、螯合剂、还原剂、络合剂以及表面活化剂溶液）的作用下，将土壤污染物从土壤颗粒去除的一种修复技术。淋洗技术包括原位淋洗技术和异位淋洗技术两种。

(1) 原位淋洗技术

原位淋洗技术是指在田间直接将淋洗剂加入污染土壤，经过必要的混合，使土壤污染物溶解进入淋洗溶液，而后使淋洗溶液往下渗透或水平排出，最后将含有污染物的淋洗溶液收集、再处理的技术。原位淋洗技术是为数不多的可以从土壤中去除重金属的技术之一。影响原位淋洗技术有效性的重要因素是土壤的性质，其中最重要的是土壤质地和阳离子交换量。原位淋洗技术适合于粗质地、渗透性较强的土壤。一般来说，原位淋洗技术最适合于砂粒和砾石占50%以上的、阳离子交换量（CEC）低于10cmol/kg的土壤。在这些土壤上，容易达到预期目标，淋洗速度快，成本低。质地黏重、阳离子交换量高的土壤对多数污染物的吸持较强烈，淋洗技术的去除效果较差，难以达到预期目标，且成本高。原位淋洗技术既适用于无机污染物，也适用于有机污染物。但迄今为止采用原位淋洗技术处理重金属污染土壤的例子较少，大多数应用例子涉及有机污染的土壤。

淋洗剂应该是高效的、廉价的、二次污染风险小的。常用的淋洗剂有水和化学溶液。单独用水可以去除某些水溶性很高的污染物，如有机污染物和六价铬。化学溶液的作用机理包括调节土壤pH值、络合重金属污染物、从土壤吸附表面置换有毒离子以及改变土壤表面和污染物的表面性质从而促进溶解等方面。溶液通常包括稀的酸、碱、螯合剂、还原剂、络合剂以及表面活化剂溶液等。酸和络合剂溶液有利于土壤重金属的溶解，因而对重金属污染的土壤淋洗效果较好。碱性溶液的应用较少，它对于石油污染土壤的处理可能效果较好。表面活性剂可以改进憎水有机化合物的亲水性，提高其水溶性和生物可利用性。表面活性剂适用于石油烃和卤代芳香烃类物质污染的土壤。常用的表面活性剂有：阳离子型表面活性剂、阴离子型表面活性剂、非离子型表面活性剂和生物表面活性剂等。

采用原位淋洗技术时，应考虑土壤污染物可能产生的环境负面效应并加以控制。由于可能造成对地下水的二次污染，因此，最好是在水文学上土壤与地下水相对隔离的地区进行。原位淋洗技术操作系统主要由3部分组成：淋洗剂加入设备、下层淋出液收集系统和淋出液处理系统。土壤淋洗液的加入方式包括漫灌、喷洒、沟浸渗、渠浸渗、井浸渗等。淋出液收集-处理系统一般包括屏障、收集沟和恢复井。含有污染物的淋出污水必须进行必要的处置。如果要使处理过的土壤返回原地，就要对处理过的土壤做进一步处理。例如，对于用酸性溶液处理过的土壤，要添加碱性溶液以中和土壤中多余的酸。原位淋洗技术的缺点是在去除土壤污染物的同时，也去除了部分土壤养分离子，还可能破坏土壤的结构，影响土壤微生物的活性，从而影响土壤整体的质量。如果操作不慎，还可能对地下水造成二次污染。

(2) 异位淋洗技术

异位淋洗技术是指将污染土壤挖掘出来，用水或其他化学溶液进行清洗使污染物从土壤分离出来的一种化学处理技术。土壤性质严重影响该技术的应用效果。质地较轻的土壤适合于本技术，黏重的土壤处理起来比较困难。一般认为，黏粒含量超过30%～50%的土壤就不宜采用本技术。有机质含量高的土壤处理起来也很困难，因为很难将污染物分离出来。土壤清洗技术适用于各种污染物，如重金属、放射性核素、有机污染物等。憎水的有机污染物难以溶解到清洗水相中。清洗液可以是水，也可以是各种化学溶液（如酸和碱的溶液、络合剂溶液和表面活性剂溶液等）。酸溶液通过降低土壤pH值而促进重金属的溶解。络合剂溶液则通过形成稳定的金属络合物而促进重金属的溶解。碱性溶液和表面活性剂溶液可以去除土壤的有机污染物（如石油烃化合物）。土壤淋洗已经成为一个广泛采用的、修复效率较高的重金属和有机污染物污染土壤的修复技术。

土壤清洗技术大都起源于矿物加工工业。在矿物加工工业中，人们可以从低品位的杂矿中分离有价值的矿物。最新的加工方法可以从含量低于0.5%的原材料中提取金属。典型的土壤清洗系统包括如下几个步骤：a. 用水将土壤分散并制成浆状；b. 用高压水龙头冲洗土壤；c. 用过筛或沉降的方法将不同粒径的颗粒分离；d. 利用密度、表面化学或磁敏感性等方面的差异进一步将污染物浓缩在更小的体积内；e. 利用过滤或絮凝的方法使土壤颗粒脱水。在实践中，人们将污染土壤挖掘起来，在土壤处理厂中进行清洗。清洗土壤用的土壤处理厂有两类：移动式土壤处理厂和固定式土壤处理厂。

5.3.3.2 原位化学氧化技术

原位化学氧化技术主要是通过混入土壤的氧化剂与污染物发生氧化反应，使污染物降解成为低含量、低移动性产物的技术。在污染区的不同深度钻井，然后通过泵将氧化剂注入土壤。进入土壤的氧化剂可以从另一个井抽提出来。含有氧化剂的废液可以重复使用。原位化学氧化修复技术适用于被油类、有机溶剂、多环芳烃、农药以及非水溶性氯化物所污染的土壤。常用的氧化剂是 $KMnO_4$、H_2O_2 和臭氧（O_3），溶解氧有时也可以作为氧化剂。在田间最常用的是Fenton试剂，是一种加入铁催化剂的 H_2O_2 氧化剂。加入催化剂，可以提高氧化能力，提高氧化反应速率。进入土壤的氧化剂的分散是氧化技术的关键环节。传统的分散方法包括竖直井、水平井、过滤装置和处理栅栏等。土壤深层混合和液压破裂等方法也能够对氧化剂进行分散。

原位化学氧化技术可以用于处理水、沉积物和土壤。从粉砂质到黏质的土壤都适合采用原位化学氧化技术。该技术已经被用于处理挥发性和半挥发性有机污染物污染的土壤。对于遭受高浓度有机污染物污染的土壤，这是一种很有前景的修复技术。

5.3.3.3 化学脱卤技术

化学脱卤技术又称气相还原技术，是一种异位化学修复技术。处理过程使用特殊还原剂，有时还使用高温和还原条件使卤化有机污染物还原，结合了热处理和化学作用。

热脱卤作用在高于850℃的温度下进行，包括了卤化物在氢气中的气相还原作用。氯化烃，如多氯联苯和二噁英类在燃烧室中被还原成氯化氢和甲烷。土壤和沉积物通常先在热解吸单元中预处理以使污染物挥发，然后由循环气流将挥发气体带入还原室进行还原。

化学脱卤技术适用于挥发和半挥发有机污染物、卤化有机污染物、多氯联苯、二噁英类等，不适用于非卤化有机污染物和重金属、炸药、石棉、氰化物和腐蚀性物质。化学脱卤技术对多种氯化烃有效。脱卤过程使用的化学试剂可能有毒，必须仔细清除。脱卤过程可能会形成易爆的气体，使用过程中应注意安全。

典型的化学脱卤技术工厂所需的设备包括：筛子、研磨器、混合器、土壤存储容器、脱卤反应器、脱水和干燥设备、试剂处理设备。气相还原系统还需要热解吸单元、废气燃烧器和气体洗涤器等。

5.3.3.4 溶剂提取技术

溶剂提取技术是一种异位修复技术。在该过程中，污染物转移进入有机溶剂或超临界液体（SCF），而后溶剂被分离以进一步处理或弃置。

溶剂提取技术使用的是非水溶剂，因此不同于一般的化学提取和土壤淋洗。处理之前首先准备土壤，包括挖掘和过筛。过筛的土壤可能要在提取之前与溶剂混合，制成浆状。是否预先混合取决于具体处理过程。溶剂提取技术不取决于溶剂和土壤之间的化学平衡，而取决于污染物从土壤表面转移进入溶剂的速率。被溶剂提取出的有机物连同溶剂一起从提取器中被分离出来，进入分离器进行进一步分离。在分离器中由于温度或压力的改变，有机污染物从溶剂中分离出来。溶剂进入提取器中循环使用，浓缩的污染物被收集起来进一步处理，或被弃置。干净的土壤经过滤和干化，可以进一步使用或弃置。干燥阶段产生的蒸气应该收集、冷凝，进一步处理。典型的有机溶剂包括一些专利溶剂，如三乙基胺。溶剂提取技术适用于挥发和半挥发有机污染物、卤化有机污染物、非卤化有机污染物、多环芳烃、多氯联苯、二噁英类、农药和炸药等，不适合于氰化物、非金属和重金属、腐蚀性物质和石棉等。黏质土和泥炭土不宜采用该技术。

在含水量高的污染土壤上使用非水溶剂，可能会导致部分土壤区域与溶剂的不充分接触。在这种情况下，要对土壤进行干燥，从而提高成本。使用二氧化碳超临界液体处理干燥的土壤，此法对小分子量的有机污染物最为有效。研究表明，多氯联苯的去除取决于土壤有机质含量和含水量。高有机物含量会降低 DDT 的提取效率，因为 DDT 强烈地被有机物吸附。处理后会有少量的溶剂残留在土壤中，因此溶剂的选择十分重要。最适合于处理的是黏粒含量低于 15%，其水分含量低于 20%的土壤。

5.3.3.5 农业改良措施

农业改良措施指采用一般农业生产上可操作的技术措施，以达到降低土壤重金属有效性、抑制土壤重金属向农作物迁移的技术。农业改良措施包括施用改良物料和调节土壤氧化还原状况等方面。施用改良物料指直接向污染土壤施用改良物质以改变土壤污染物的形态，降低其有效性和移动性。改良物料有石灰等无机材料、有机物和还原物质（如硫酸亚铁）。施用改良物料虽然不能去除土壤中的污染物，但能在一定时期内不同程度地固定土壤污染物，抑制其危害性。此技术方法简便，取材容易，费用低廉，为现阶段广大农村控制土壤污染物对食物链和周围环境产生污染的一种实用技术。

(1) 中性化技术

中性化技术指利用中性化材料（如石灰和钙镁磷肥等）提高酸性土壤 pH 值以降低重金属移动性和有效性的技术。中性化技术在酸性土壤改良方面的应用有悠久的历史，在重金属污染的酸性土壤的治理方面也已有十分广泛的应用。该法属于原位处理方法，其主要优点是：费用低、取材方便、见效快、可接受性和可操作性都比较好。最大缺点是不能从污染土壤中去除污染物，而且其效果可能有一定时间性。需要注意的是，并非所有酸性土壤上的污染物的有效性都随 pH 值的升高而降低。

中性化作用的本质在于通过提高酸性土壤的 pH 值，促使一些金属污染物产生沉淀，降低有效性。因此中性化作用属于沉淀作用的一种，但沉淀作用还包括中性化作用以外的作用。土壤中的重金属除因 pH 值的升高而产生沉淀以外，还可能与其他物质形成沉淀。

(2) 有机改良物料

有机改良物料包括各种有机物料，如植物秸秆、各种有机肥、泥炭（或腐殖酸）和活性炭等。进入土壤的有机物分解后，大部分以固相有机物的形式存在，有小部分以溶解态有机物的形式存在。土壤有机质的这两种形态对重金属的有效性有截然不同的影响，前者主要以吸附固定重金属、降低其有效性为主，而后者则以促进重金属溶解、提高有效性为主。有机物料的作用机理包括直接作用和间接作用两方面。直接作用指通过与重金属的配合作用而改变土壤重金属的形态，从而改变其生物有效性；间接作用指通过改变土壤的其他化学条件（如pH值、Eh值、微生物活性等）而改变土壤重金属的形态和生物有效性。必须指出的是，有机物料绝对不是在任何情况下都能抑制土壤重金属的有效性。有机物料对土壤重金属形态及有效性的影响十分复杂，其最终效果不仅取决于有机物本身的性质，还取决于金属离子的状况（如金属本性、浓度、形态等）、土壤理化性状（质地、酸度、氧化还原状况等）、作物的种类及生长状况。

(3) 有机-中性化技术

有机-中性化技术是指将有机改良与中性化技术结合在一起的酸性重金属污染土壤治理技术。有机-中性化技术可能克服有机改良和中性化技术单独使用时所具有的不足，取长补短，既能迅速抑制土壤重金属的有效性，又减少中性化技术对土壤肥力可能产生的负面影响，取材方便，费用低廉，有望达到抑污、培肥双重效果，适合于大面积、污染程度不是很严重的酸性重金属污染土壤的治理。该技术如果与植物修复相结合，将会有更好的效果。

(4) 无机改良物料

无机改良物料除了石灰和钙镁磷肥等中性化材料以外，还可以使用其他无机改良物料以降低土壤重金属的有效性，抑制作物对土壤重金属的吸收。常用的无机改良物料包括石灰、钙镁磷肥、沸石、磷肥、膨润土、褐藻土、铁锰氧化物、钢渣、粉煤灰和风化煤等。不同无机改良物料的作用机理也不同。如前所述，石灰和钙镁磷肥主要通过提高酸性土壤的pH值而降低酸性土壤重金属的活性与生物有效性。钢渣和粉煤灰对土壤重金属形态和有效性的影响在很大程度上也是通过提高土壤pH值而实现的。沸石、膨润土和褐藻土等主要通过对重金属的吸附固定而降低土壤重金属的活性和生物有效性。铁锰氧化物直接作为重金属污染土壤的改良剂的报道较少，但也有一些研究表明，铁锰氧化物在改良重金属污染土壤方面可能具有一定的潜力。无机改良物料的作用机理往往是多重的，可能同时包括中性化机制和吸附固定机制。无机改良物料与有机改良物料一样，也具有费用低廉、取材方便、可接受性和可操作性较好的优点。但大部分无机材料的改良效果比较有限，用量比较大。另一个问题是其本身可能含有较高的污染物。例如，钢渣、粉煤灰和风化煤等本身重金属的含量常常较高，如果大量施用，势必导致新的土壤污染。因此，当考虑采用上述材料时，除了应该针对目的地的污染状况检验其可行性以外，还应严格按照有关废物农用的污染物限量规定，不使用超标的废物。要在确保不对土壤造成新污染的前提下才能使用。

(5) 氧化还原技术

有些重金属元素（如As、Cr、Hg等）本身会发生氧化态和还原态的转变，不同的氧化态有不同的溶解性以及不同的生物有效性和毒性。有些重金属虽然本身不具有氧化还原状态的变化，但在不同的氧化还原环境中，其溶解性和生物有效性不同。因此，在农业上可以利用这种性质，调控土壤重金属的有效性。土壤中Cr^{3+}绝大部分以固态存在，有效性很低，而Cr^{6+}则大部分溶解于土壤溶液中，有效性较高，毒性也较高。因此对铬而言，促进还原过程的发展，可以减少毒性较强的Cr^{6+}的比例，抑制土壤铬的有效性。土壤砷常以+5价或+3价存在，在氧化条件下，以砷酸盐占优势。从氧化条件转变为还原条件时，亚砷酸逐渐增多，对作物的毒性增强。因此促进氧化过程的发展，可以促使As^{3+}向毒性和溶解度更

小的 As^{5+} 转化，从而减轻砷害。还原条件下土壤中所产生的硫化物，有可能使多种重金属（如 Cu^{2+} 、Cd^{2+} 、Pb^{2+} 和 Zn^{2+} 等）形成难溶性的硫化物，从而降低其有效性。土壤氧化还原状态的控制，一般可以通过水分管理来实现。

5.3.4 土壤植物修复技术

植物修复技术指利用植物及其根际微生物对土壤污染物的吸收、挥发、转化、降解和固定的作用而去除土壤中污染物的修复技术。广义的植物修复技术不仅包括了污染环境土壤的植物修复，还包括了污水植物净化和植物对空气的净化。植物修复这一术语大约出现于1991年。总体而言，植物修复技术具有如下优点：a. 用植物提取、植物降解、根际降解和植物挥发等作用，可以将污染物从土壤中去除，永久解决土壤污染问题；b. 植物修复不仅对修复场地的破坏小，对环境的扰动小，而且还具有绿化环境的作用；c. 植物修复一般会提高土壤的肥力，而一般的物理修复和化学修复或多或少会损害土壤肥力，有的甚至使土壤永久丧失肥力；d. 植物修复成本低，超富集植物所累积的重金属还可以回收，可能带来一定的经济效益；e. 操作简单，便于推广应用。

由于植物修复技术具有上述优点，因此被认为是一种绿色的修复技术，引起人们的极大关注，是污染土壤修复技术中发展最快的领域。污染土壤的植物修复机理包括植物提取作用、根际降解作用、植物降解作用、植物稳定化作用和植物挥发作用。

5.3.4.1 植物提取作用

植物提取就是指通过植物根系吸收污染物并将污染物富集于植物体内，而后将植物体收获、集中处置。适于采用植物提取技术的污染物包括：金属（Ag、Cd、Co、Cr、Cu、Hg、Mo、Ni、Pb、Zn、As 和 Se）、放射性核素（^{90}Sr、^{137}Cs、^{239}Pu、^{238}U 和 ^{234}U）、非金属（B）。植物提取修复也可能适用于有机污染物，但尚未得到很好的检验。虽然各种植物都可能或多或少地吸收土壤中的重金属，但作为植物提取修复用的植物必须对土壤的一种或几种重金属具有特别强的吸收能力，即所谓超富集植物（也称超累积植物）。

植物提取土壤重金属的效率取决于植物本身的富集能力、植物可收获部分的生物量以及土壤条件（如土壤质地、土壤酸度、土壤肥力、金属种类及形态等）。超富集植物通常生长缓慢，生物量低，根系浅。因此尽管植物体内金属含量可以很高，但从土壤中吸收走的金属总量却未必高，这影响了植物提取修复的效率。

下列因素限制植物提取技术的修复效率和应用：

① 目前发现的超富集植物所能积累的元素大多较单一，而土壤污染通常是多元素的复合污染。

② 超富集植物生长缓慢，生物量低，而且生长周期长，因此从土壤中提取的污染物的总量有限。

③ 目前发现的超富集植物几乎都是野生植物，人们对其农艺性状、病虫害防治、育种潜力以及生理学等方面的了解有限，难以优化栽培和培育。

④ 超富集植物的根系比较浅，只能吸收浅层土壤中的污染物，对较深层土壤中的污染物则无能为力。

基于上述原因，有人认为植物提取修复技术主要适用于表层污染且污染程度不太严重的土壤。就目前情况看，将植物提取修复技术作为一种修饰性修复技术可能更合理，即将植物提取修复与物理-化学技术配合使用，这样既能加快修复的速度，又能减少修复过程对土壤的负面影响。

5.3.4.2 根际降解作用

根际降解就是指土壤中的有机污染物通过根际微生物的活动而被降解的过程。根际降解作用是一个植物辅助并促进的降解过程，是一种原位生物降解作用。植物根际是由植物根系和土壤微生物之间相互作用而形成的独特的、距离根仅几毫米到几厘米的圈带。根际中聚集了大量的细菌、真菌等微生物和土壤动物，在数量上远远高于非根际土壤。根际土壤中微生物的生命活动也明显强于非根际土壤。根际中既有好氧环境，也有厌氧环境。植物在其生长过程中会产生根系分泌物。根系分泌物可以增加根际微生物群落并提高微生物的活性，从而促进有机污染物的降解。根系分泌物的降解会导致根际有机污染物的共同代谢。植物根系会通过增强土壤通气性和调节土壤水分条件而影响土壤条件，从而创造更有利于微生物的生物降解作用的环境。

从机理来说，根际降解包括如下几个过程。

① 好氧代谢。大多数植物生长在水分不饱和的好氧条件下。在好氧条件下，有机污染物会作为电子受体而被持续矿化分解。

② 厌氧代谢。部分植物生长在厌氧条件下（如水稻），即使生长在好氧条件下的植物，其根际也可能在部分时间内因积水而处于厌氧环境（如灌溉和降雨的时候）；即使在非积水时期，根际的局部区域也可能由于微域条件而处于厌氧条件。厌氧微生物对环境中难降解的有机物（如多氯联苯、DDT 等）有较强的降解能力。一些有机污染物（如苯）可以在厌氧条件下被完全矿化。

③ 腐殖质化作用。有毒有机污染物可以通过腐殖质化作用转变为惰性物质而固定下来，达到脱毒的目的。研究结果证实，根际微生物加强了根际中多环芳烃与富里酸和胡敏酸之间的联系，降低了多环芳烃的生物有效性。腐殖质化被认为是总石油烃（TPH）最主要的降解机理。

5.3.4.3 植物降解作用

植物降解作用（又称植物转化作用）指被吸收的污染物通过植物体内代谢过程而降解的过程，或污染物在植物产生的化合物（如酶）的作用下在植物体外降解的过程。其主要机理是植物吸收和代谢。

要使植物降解发生在植物体内，化合物首先要被吸收到植物体内。研究表明，70 多种有机化合物可以被 88 种植物吸收。已经有人建立了可以被吸收的化合物和相应植物种类的数据库。化合物的吸收取决于其憎水性、溶解性和极性。中等疏水的化合物（$\lg K_{ow}=0.5\sim3.0$）最容易被吸收并在植物体内运转；溶解度很高的化合物不容易被根系吸收并在体内运转；疏水性很强的化合物可以与根表面结合，但难以在体内运转。植物对有机化合物的吸收还取决于植物的种类、污染物存在的年限以及土壤的物理和化学特征。很难对某一种化合物下一个确切的结论。

各种化合物都可能在植物体内进行代谢，包括除草剂阿特拉津、含氯溶剂四氯二苯乙烷和三硝基甲苯。其他可被代谢的化合物包括杀虫剂、杀真菌剂、增塑剂和多氯联苯。植物体内有机污染物降解的主要机理包括羟基化作用和酶氧化降解过程等。

5.3.4.4　植物稳定化作用

植物稳定化作用指通过根系的吸收和富集、根系表面的吸附或植物根圈的沉淀作用而产生的稳定化作用；或利用植物或植物根系保护污染物使其不因风侵蚀、淋溶以及土壤分散而迁移的稳定化作用。

植物稳定化作用通过根际微生物活动、根际化学反应和（或）土壤性质或污染物的化学变化而起作用。根系分泌物或根系活动产生的二氧化碳会改变土壤 pH 值，植物固定作用可以改变金属的溶解度和移动性或影响金属与有机化合物的结合，受植物影响的土壤环境可以将金属从溶解状态变为不溶解状态。植物稳定化作用可以通过吸附、沉淀、络合或金属价态的变化而实现。结合于植物木质素之上的有机污染物可以通过植物木质化作用而被植物固定。在严重污染的土壤上种植抗性强的植物可减弱土壤的侵蚀，防止污染物向下淋溶或往四周扩散。这种固定作用常被用于废弃矿山的植被重建和复垦。

5.3.4.5　植物挥发作用

植物挥发作用指污染物被植物吸收后，在植物体内代谢和运转，然后以污染物或改变了的污染物形态向大气释放的过程。在植物体内，植物挥发过程可能与植物提取和植物降解过程同时进行并互相关联。植物挥发作用对某些金属污染的土壤有修复效果。目前研究最多的是汞和硒的植物挥发作用。砷也可能产生植物挥发作用。某些有机污染物（如一些含氯溶剂）也可能产生植物挥发作用。

在土壤中，Hg 在厌氧细菌的作用下可以转化为毒性很强的甲基汞。一些细菌可以将甲基汞和离子态汞转化成毒性小得多的可挥发的单质汞，这是降低汞毒性的生物途径之一。研究证明，将细菌体内对汞的抗性基因导入拟南芥属等植物之中，植物就可能将吸收的汞化合物还原为单质汞，从而挥发。许多植物可从土壤中吸收硒并将其转化成可挥发状态（二甲基硒和二甲基二硒）。根际细菌不仅能促进植物对硒的吸收，还能提高硒的挥发率。

5.3.5　土壤生物修复技术

污染土壤的生物修复指利用天然存在的或特别培养的微生物将土壤中有毒污染物转化为无毒物质的处理技术。生物修复技术取决于生物过程或因生物而发生的过程，如降解、转化、吸附、富集或溶解。大部分生物修复技术主要取决于生物降解，以生物降解来破坏土壤污染物。污染物的分解程度取决于它的化学组成、所涉及的微生物和土壤介质的主要物理化学条件。

简单来说，生物降解就是指化合物在生物的作用下分解成为更小的化学单元的过程。因此，生物降解最适合于有机污染物。好氧降解和厌氧降解都可能存在，有些化合物在好氧条件下的降解产物与厌氧条件下的降解产物有所不同。好氧条件下有机物降解的最终产物是包括二氧化碳和水的简单化合物。这也被称为终极生物降解。

根据修复过程中人工干预的程度，生物修复技术可以分为自然生物修复和人工生物修复。

（1）自然生物修复

自然生物修复指完全在自然条件下进行的生物修复过程。在自然生物修复过程中不进行任何工程辅助措施，也不对生态系统进行调控，靠土著微生物发挥作用。自然生物修复要求被修复土壤具有适合微生物活动的条件（如微生物必要的营养物、电子受体和一定的缓冲能力等），否则将影响修复速度和修复效果。

（2）人工生物修复

当在自然条件下，生物降解速度很低或不能发生时，可以通过补充营养盐、电子受体、改善其他限制因子或微生物菌体等方式，促进生物修复，即人工生物修复。人工生物修复技术依其修复位置情况，又可以分为原位生物修复和异位生物修复两类。

① 原位生物修复：这种方式不人为挖掘、移动污染土壤，直接在原污染位向污染部位提供氧气、营养物或接种微生物，以达到降解污染物的目的。原位生物修复可以辅以工程措施。原位生物修复技术形式包括生物通气法、生物注气法和土地耕作法等。

② 异位生物修复：这种方式人为挖掘污染土壤，并将污染土壤转移到其他地点或反应器内进行修复。异位生物修复更容易控制，技术难度较低，但成本较高。异位生物修复包括生物反应器型和处理床型两类。处理床技术包括异位土地耕作、生物堆制法和翻动条垛法等。反应器技术主要指泥浆相生物降解技术等。

5.3.6 土壤修复技术选择的原则

在选择污染土壤修复技术时，必须考虑修复目的、社会经济状况和修复技术的可行性等方面。就修复目的而言，有的修复是为了使污染土壤能够安全地被农业利用，而有的修复则只是为了限制土壤污染物对其他环境组分（如水体和大气等）的污染，而不考虑修复后能否再被农业利用。不同的修复目的选用的修复技术可以不同。就社会经济状况而言，有的修复工作可以在充足的修复经费支持下进行，此时可以选择的修复技术就比较多；有的修复工作只能在有限的经费支持下进行，这时候可供选择的修复技术就很有限。土壤是一个高度复杂的体系，任何修复方案都必须根据当地的实际情况制订，不可完全照搬其他国家、其他地区或其他土壤的修复方案。在选择修复技术和制定修复方案时必须遵循下述 3 个原则。

（1）耕地资源保护原则

中国地少人多，耕地资源短缺，保护有限的耕地资源是头等大事。在进行修复技术的选择时，应尽可能地选用对土壤肥力负面影响小的技术，如植物修复技术、生物修复技术、有机-中性化技术、电动力学技术、稀释技术、客土技术和冲洗技术等。有些技术治理后使土壤完全丧失生产力，如玻璃化技术、热处理技术、固化技术等，只能在污染十分严重、迫不得已的情况下采用。

（2）可行性原则

修复技术的可行性主要体现在两个方面，一是经济方面的可行性，二是效应方面的可行性。所谓经济方面的可行性，即指成本不能太高，现阶段能够承受，可以推广。一些发达国家目前可以实施的成本较高的技术，在我国现阶段也许难以实施。所谓效应方面的可行性，即指修复后能达到预期目标，见效快。一些需要很长周期的修复技术，必须在土地能够长期闲置的情况下才能实施。

（3）因地制宜原则

土壤污染物的去除或钝化是一个复杂的过程。要达到预期的目标，又要避免对土壤本身和周边环境的不利影响，对实施过程的准确性要求就比较高。不能简单地搬用国外或者国内不同条件下同类污染处理的方式。在确定修复方案之前，必须对污染土壤做详细的调查研究，明确污染物种类、污染程度、污染范围、土壤性质、地下水位和气候条件等。在此基础上制定初步方案。一般应对初步方案进行小区域预备研究。根据预备研究的结果，调整修复方案，再实施修复。

习题与思考题

5-1　简述土壤污染的定义、类型及特点。

5-2　什么是土壤自然净化过程？分析其原理。

5-3　简述土壤重金属污染的主要来源与特点。

5-4　农药在土壤中迁移转化的途径有哪些？

5-5　阐述城市生活垃圾对土壤环境的影响。

5-6　污染土壤的修复技术可以分为哪几类？

5-7　有机污染土壤可以选择的修复技术有哪几种？各有什么特点？

5-8　什么是原位修复技术？什么是异位修复技术？

第6章 噪声及其他物理性污染控制

6.1 噪声污染控制

6.1.1 噪声的来源及危害

6.1.1.1 噪声的来源

随着现代工业生产、交通运输和城市建设的发展，噪声已成为继水污染、空气污染、固体废物污染的第四大环境公害。噪声属于感觉公害。从物理学的观点看，噪声就是各种频率和声强杂乱无序组合的声音。从生理学和心理学的观点看，令人不愉快、讨厌以致对人们健康有影响或危害的声音都是噪声，即对噪声的判断与个人所处的环境和主观愿望有关。在通常情况下，噪声固然令人厌烦，但有时噪声也能成为有用的声音或被有效利用。例如，工人可以根据机械噪音的大小来判断设备是否处于正常运行状态；美国科学家则利用高能量噪声可以使尘埃相聚的原理，研制出一种大功率的除尘器，利用噪声能量吸收尘埃，减少大气烟尘污染。要控制和利用噪声，必须首先认识声音的特性及声音与人的听觉之间的关系。

(1) 噪声的概念

物体的振动能产生声音，声波经空气媒介的传递使人耳感觉到声音的存在。但是，人们听到的声音有的很悦耳，有的却很难听甚至使人烦躁，那是什么道理呢？从物理学的角度讲，声音可分为乐音和噪声两种。当物体以某一固定频率振动时，耳朵听到的是具有单一音调的声音，这种以单一频率振动的声音称为纯音。但是，实际物体产生的振动是很复杂的，它是由各种不同频率的简谐振动所组成的，把其中最低的频率称为基音，比基音高的各频率称为泛音。如果各次泛音的频率是基音频率的整数倍，那么这种泛音称为谐音。基音和各次谐音组成的复合声音听起来很和谐悦耳，这种声音称为乐音。钢琴、提琴等各种乐器演奏时发出的声音就具有这种特点。这些声音随时间变化的波形是有规律的，而它所包含的频率成分中基音和谐音之间成简单整数比。所以凡是有规律振动产生的声音就叫乐音。如果物体的复杂振动由许许多多频率组成，而各频率之间彼此不成简单的整数比，这样的声音听起来就不悦耳也不和谐，还会使人产生烦躁情绪。这种频率和强度都不同的各种声音杂乱地组合而产生的声音就称为噪声。各种机器噪声之间的差异就在于它所包含的频率成分和其相应的强度分布都不相同，因而使噪声具有各种不同的种类和性质。从环境和生理学的观点分析，凡使人厌烦的、不愉快的和不需要的声音都统称为噪声，它包括危害人们身体健康的声音，干扰人们学习、工作和休息的声音及其他不需要的声音。

(2) 噪声污染的来源和分类

噪声对环境的污染与工业三废一样，是一种危害人类健康的公害。噪声的种类很多，如火山爆发、地震、潮汐、降雨和刮风等自然现象所引起的地声、雷声、水声和风声等，都属于自然噪声。人为活动所产生的噪声主要包括工业噪声、交通噪声、建筑施工噪声和社会噪声等。

① 工业噪声。工业噪声是指工业企业在生产活动中使用固定的生产设备或辅助设备所辐射的声能量。它不仅直接给工人带来危害，而且干扰周围居民的生活。一般工厂车间内噪声级大约在 75～105dB，也有部分在 75dB 以下，少数车间或设备的噪声级高达 110～120dB。生产设备的噪声大小与设备种类、功率、型号、安装状况、运输状态以及周围环境条件有关。

② 交通噪声。交通噪声来源于城市中频繁运行的各种机动车辆，如火车、飞机和船舶的运输噪声。在一些现代化的大城市中，道路交通噪声所辐射的声能占城市噪声总量的 44%左右，而其中以机动车辆占主导地位。其噪声性质属非稳态声，随时间和空间位置的不同而变化。

③ 建筑施工噪声。城市建设的发展，规划布局的调整，城区扩建改造等所带来的市政工程和建筑施工的噪声是城市建设中的普遍问题。因施工机械功率大、转速高，噪声普遍较大。一般施工机械的噪声在邻近施工场地可达 80～100dB，有些特殊的大功率打桩机噪声可高达 110dB 以上。

④ 社会噪声。社会噪声主要是指社会活动和家庭生活所引起的噪声。如电视声、录音机声、乐器的练习声、走步声、门窗关闭的撞击声等，这类噪声虽然声级不高，但却往往给居民生活造成干扰。

⑤ 自然噪声。自然噪声来源于自然现象，主要是指自然界存在的各种电磁波源。例如，火山爆发、地震、雪崩和滑坡等自然现象会产生空气声、地声（在地内传播）和水声（在水内传播），此外，自然界中还有潮汐声、雷声、瀑布声、风声、陨石进入大气层的轰声，以及动物发出的声音等，这些非人为活动产生的声音，都统称为自然噪声。

6.1.1.2 噪声的危害

20 世纪 50 年代后，噪声与污水、废气、固体废物并列为四大公害。噪声污染对人、动物、仪器仪表以及建筑物均可造成危害，其危害程度主要取决于噪声的频率、强度及暴露时间。

(1) 噪声干扰人们的正常生活

噪声对人们正常生活的影响主要表现在：人们在工作和学习时，精力难以集中；使人的情绪焦躁不安，产生不愉快感；影响睡眠质量；妨碍正常语言交流。研究表明，在 A 声级 40～50dB 的噪声刺激下，睡眠中的人脑电波会出现觉醒反应，即 A 声级 40dB 的噪声就可以对正常人的睡眠产生影响，而且强度相同的噪声，性质不同，噪声影响的程度也不同。噪声对人们睡眠的干扰程度如表 6-1 所示。

表 6-1　噪声对人们睡眠的干扰程度

噪声程度	连续性噪声	冲击性噪声
40dB	有 10%的人感觉到噪声影响	有 10%的人突然惊醒
65dB	有 40%的人感觉到噪声影响	有 80%的人突然惊醒

通常情况下，办公室、计算机房等场所的噪声要求控制在 60dB 以下，当噪声超过 60dB 时，对人们的工作效率就会产生明显影响。在人们休息的场所，噪声应低于 50dB。

(2) 噪声可诱发疾病

1）噪声导致听力受损　早在 19 世纪末，人们就发现持续的强烈噪声会使人耳聋。根据国际标准化组织的规定，暴露在强噪声环境下，对 500Hz、1000Hz 和 2000Hz 三个频率的平均听力损失超过 25dB，称为噪声性耳聋。在这种情况下，进行正常交谈时，句子的可懂度下降 13%，而句子加单音节词的混合可懂度降低 38%。

噪声引起的听力损伤，主要是内耳的接收器官受到损害而产生的。过量的噪声刺激可以造成感觉细胞和接收器官整个破坏。靠近耳蜗顶端对应于低频感觉，该区域感觉细胞必须达到很大面积的损伤，才能反映出听阈的改变。耳蜗底部对应于高频感觉，而这一区域感觉细胞只要有很小面积的损伤，就会反映出听阈的改变。

噪声性耳聋与噪声的强度、噪声的频率和接触的时间有关，噪声强度越大，接触时间越长，耳聋的发病率越高。研究和调查结果表明，在等效 A 声级为 80dB 以下时，一般不会引起噪声性耳聋。85dB 时，对于具有 10 年工龄的工人，危险率为 3%，听力损失者为 6%；而具有 15 年工龄的工人，危险率增加为 5%，听力损失者为 10%。通常认为足以引起听力损失的噪声强度必须在 85dB 以上，所以，目前国际上大多以 85dB 作为制定工业噪声标准的依据。噪声的频率越高，内耳听觉器官越容易发生病变。如低频噪声只有在 100dB 时才出现听力损伤，而中频噪声则在 80～96dB，高频噪声在 75dB 的情况下即可产生听力损伤。

2）噪声引起人体生理变化　噪声长期作用于人的中枢神经系统，可使大脑皮层的兴奋和抑制失调，条件反射异常，出现各种症状，严重者可产生精神错乱。噪声可引起血压升高或降低，心率改变，心脏病加剧。噪声会使人唾液、胃液分泌减少，胃酸减少，胃蠕动减弱，食欲不振，引起胃溃疡。噪声对人的内分泌机能也会产生影响，噪声对儿童的智力发育也有不利影响。

噪声是心血管疾病的危险因子，噪声会加速心脏衰老，增加心肌梗死发病率。医学专家经人体和动物实验证明，长期接触噪声可使体内肾上腺分泌增加，从而使血压上升，在平均 70dB 的噪声中长期生活的人，可使其心肌梗死发病率增加 30%左右，特别是夜间噪声会使发病率更高。调查发现，生活在高速公路旁的居民，心肌梗死率增加了 30%左右。调查 1101 名纺织女工，高血压发病率为 7.2%，其中接触强度达 100dB 噪声者，高血压发病率达 15.2%。

女性受噪声的威胁，可能会导致女性月经失调、流产率增加等。专家们曾在哈尔滨、北京和长春等 7 个地区进行为期 3 年的系统调查，结果发现噪声不仅能使女工患噪声性耳聋，且对女工的月经有不良影响，另外可导致孕妇流产、早产，甚至可致畸胎。国外曾对某个地区的孕妇普遍发生流产和早产做了调查，结果发现她们居住在一个飞机场的周围，祸首正是飞机起降产生的巨大噪声。

噪声还可以引起如神经系统功能紊乱、精神障碍、内分泌紊乱甚至事故率升高。高噪声的工作环境，可使人出现头晕、头痛、失眠、多梦、全身乏力、记忆力减退，以及恐惧、易怒、注意力不集中等症状，甚至失去理智，有的甚至死亡。

3）噪声损害设备和建筑物　噪声还对建筑物有损害。高强度和特高强度噪声能损害建筑物和发声体本身。航空噪声对建筑物的影响很大。如超音速军用飞机低空飞行掠过城市上空时，可导致民房玻璃破碎、烟囱倒塌等损害。美国统计了3000件喷气式飞机使建筑物受损的事件，其中抹灰开裂的占43%、窗损坏的占32%、墙开裂的占15%、瓦损坏的占6%。

在特高强度的噪声（160dB以上）影响下，不仅建筑物受损，发声体本身也可能因声疲劳而损坏，并使一些自动控制和遥控仪表设备失效。

此外，由于噪声的掩蔽效应，往往使人不易察觉一些危险信号，从而容易造成工伤事故。在我国几个大型钢铁企业，都曾发生过高炉排气放空的强大噪声遮蔽了火车的鸣笛声，造成正在铁轨上工作的工人被火车轧死的惨痛事件。

6.1.2 噪声的度量、评价及标准

6.1.2.1 噪声的物理度量

(1) 声压与声压级

当没有声波存在，大气处于静止状态时，其压强为大气压强 p_0。当有声波存在时，局部空气产生压缩或膨胀，在压缩的地方压强增大，在膨胀的地方压强减小，这样就在原来的大气压上又叠加了一个变化的压强。这个叠加上去的变化压强是由于声波而引起的，称为声压，用 p 表示。一般情况下，声压与大气压相比是极弱的。声压的大小与物体的振动有关，物体振动的振幅越大，则压强的变化也越大，因而声压也越大，听起来就越响，因此声压的大小表示了声波的强弱。

当物体做简谐振动时，空间各点产生的声压也是随时间做简谐变化，某一瞬间的声压称为瞬时声压。在一定时间间隔中将瞬时声压对时间求方均根值即得有效声压。一般用电子仪器测得的声压即是有效声压。因此习惯上所指的声压往往是指有效声压，用 p_e 表示，它与声压幅值 p_A 之间的关系为

$$p_e=\frac{p_A}{\sqrt{2}} \tag{6-1}$$

衡量声压大小的单位在国际单位制中是帕斯卡，简称帕，符号是Pa。

正常人耳能听到的最弱声压为 2×10^{-5}Pa，称为人耳的“听阈”。当声压达到20Pa时，人耳就会产生疼痛的感觉，20Pa为人耳的“痛阈”。“听阈”与“痛阈”的声压之比为100万。

由于正常人耳能听到的最弱声音的声压和能使人耳感到疼痛的声音的声压大小之间相差七个数量级，表达和应用起来很不方便。同时，实际上人耳对声音大小的感受也不是线性的，它不是正比于声压绝对值的大小，而是同它的对数近似成正比。因此如果将两个声音的声压之比用对数的标度来表示，那么不仅应用简单，而且也接近于人耳的听觉特性。这种用对数标度来表示的声压称为声压级，它用分贝来表示。某一声音的声压级定义是：该声音的声压 p 与某一参考声压 p_0 的比值取以10为底的对数再乘以20，即

$$L_p=20\lg\frac{p}{p_0} \tag{6-2}$$

式中，L_p 为声压级，dB；p_0 为参考声压，国际上规定 $p_0=2\times10^{-5}$Pa，这就是人耳

刚能听到的最弱声音的声压值。

当声压用分贝表示时，巨大的数字就可以大大地简化。听阈的声压为 2×10^{-5}Pa，其声压级就是 0dB。普通说话声的声压是 2×10^{-2}Pa，代入上式可得与此声压相应的声压级为 60dB。使人耳感到疼痛的声压是 20Pa，它的声压级则为 120dB。由此可见，当采用声压级的概念后，听阈与痛阈的声压之比从 100 万倍的变化范围变成 0～120dB 的变化范围。所以“级”的大小能衡量声音的相对强弱。

(2) 声强与声强级

声波的强弱可以用好几种不同的方法来描述，最方便的一般是测量它的声压，这要比测量振动位移、振动速度更方便更实用。但是有时却需要直接知道机器所发出噪声的声功率，这时就要用声能量和声强来描述。

任何运动的物体包括振动物体在内都能够做功，通常说它们具有能量，这个能量来自振动的物体，因此声波的传播也必须伴随着声振动能量的传递。当振动向前传播时，振动的能量也跟着转移。在声传播方向上单位时间内垂直通过单位面积的声能量，称为声音的强度或简称声强，用 I 表示，单位是 W/m^2。声强的大小可用来衡量声音的强弱，声强越大，人耳听到的声音越响；声强越小，人耳感觉的声音越轻。声强与离开声源的距离有关，距离越远，声强就越小。例如火车开出月台后，越走越远，传来的声音也越来越轻。

与声压一样，声强也可用“级”来表示，即声强级 L，它的单位也是分贝（dB），定义为

$$L_I = 10\lg\frac{I}{I_0} \tag{6-3}$$

式中，I_0 为参考声强，取 $10^{-12}W/m^2$，它相当于人耳能听到最弱声音的强度。声强级与声压级的关系是

$$L_I = L_P + 10\lg\frac{400}{\rho_c} \tag{6-4}$$

媒质的声阻抗 ρ_c 随媒介的温度和气压而改变。如果在测量条件时恰好 $\rho_c=400kg/(m^2\cdot s)$，则 $L_I=L_P$。对一般情况，声强级与声压级相差一修正项 $10\lg\frac{400}{\rho_c}$，数值是比较小的。

例如在室温 20℃和标准大气压下，声强级比声压级约小 0.1dB，这个差别可略去不计，因此在一般情况下认为声强级与声压级的值相等。

(3) 声功率与声功率级

声功率为声源在单位时间内辐射的总能量，用符号 W 表示，通常采用瓦（W）作为声功率的单位。声强和声源辐射的声功率有关，声功率越大，在声源周围的声强也越大，两者成正比。它们的关系为

$$I = \frac{W}{S} \tag{6-5}$$

式中，S 为波阵面面积。如果声源辐射球面波，那么在离声源距离为 r 处的球面上各点的声强为

$$I = \frac{W}{4\pi r^2} \tag{6-6}$$

从上式可以知道，声源辐射的声功率是恒定的，但声场中各点的声强是不同的，它与距离的平方成反比。如果声源放在地面上，声波只向空中辐射，这时

$$I=\frac{W}{2\pi r^2} \tag{6-7}$$

声功率是衡量噪声源声能输出大小的基本量。声压常依赖于很多外在因素，如接收者的距离、方向、声源周围的声场条件等，而声功率不受上述因素影响，可广泛用于鉴定和比较各种声源。但是在声学测量技术中，到目前为止，可以直接测量声强和声功率的仪器比较复杂和昂贵，它们可以在某种条件下利用声压测量的数据进行计算得到。当声音以平面波或球面波传播时声强与声压间的关系为

$$I=\frac{p^2}{\rho_c} \tag{6-8}$$

因此，利用公式根据声压的测量值就可以计算声强和声功率。

声功率用级来表示时称为声功率级 L_w，单位也是 dB，功率为 w 的声源，其声功率级

$$L_w=10\lg\frac{w}{w_0} \tag{6-9}$$

式中，w_0 为基准声功率，取 $w_0=10^{-12}$W。

由此可见，分贝是一个相对比较的对数单位。其实任何一个变化范围很大的噪声物理量都可以用分贝这个单位来描述它的相对变化。

6.1.2.2 噪声的评价

为了正确评估环境噪声对社会活动和人体健康的影响，必须对环境噪声进行定量评价。环境噪声的评价是指通过严格的科学研究，确定一系列指标体系，确定已开发行动或建设项目发出的噪声对人群和生态环境影响的范围和程度，同时评价影响的重大性，提出避免、消除和减少其影响的措施，为开发行动或建设项目方案的优化选择提供依据。

噪声评价量的建立必须考虑到噪声对人们影响的特点。例如人耳对不同频率的噪声的主观反应并不相同；同样的噪声出现在夜间比出现在白天对人的影响更明显。噪声的评价量就是在研究了人对噪声反应的方方面面的不同特征而提出的，下面就简单介绍几种噪声的评价量。

(1) 响度和响度级

当外界声振动传入人们的耳朵时，在人们的主观感觉上就形成了听觉上声音的强弱概念。人们习惯简单地用“响”与“不响”来描述声波的强度，但人耳对声波响度的感觉还与声波的频率有关，即相同声压级但频率不同的声音，人耳听起来也是不一样响的。为了定量地确定声音的轻或响的程度，通常采用响度级这一参量。

响度级的定义为：当某一频率的纯音与 1000Hz 的纯音听起来同样响时，这时 1000Hz 纯音的声压级就定义为该声音的响度级。响度级的符号为 L_N，单位为方（phon）。通过对各个频率的声音做试听比较，得出达到同样响度级时频率与声压级的关系曲线，称为等响曲线，如图 6-1 所示。图中最下面的一根曲线表示人耳刚能听到的声音，其响度级为零，称为听阈线，一般低于此曲线的声音人耳无法听到；图中响度级为 120 的曲线是痛觉的界限，称为痛阈线，超过此曲线的声音，人耳感觉到的是痛觉。在听阈和痛阈之间的声音是人耳的正常可听声范围。

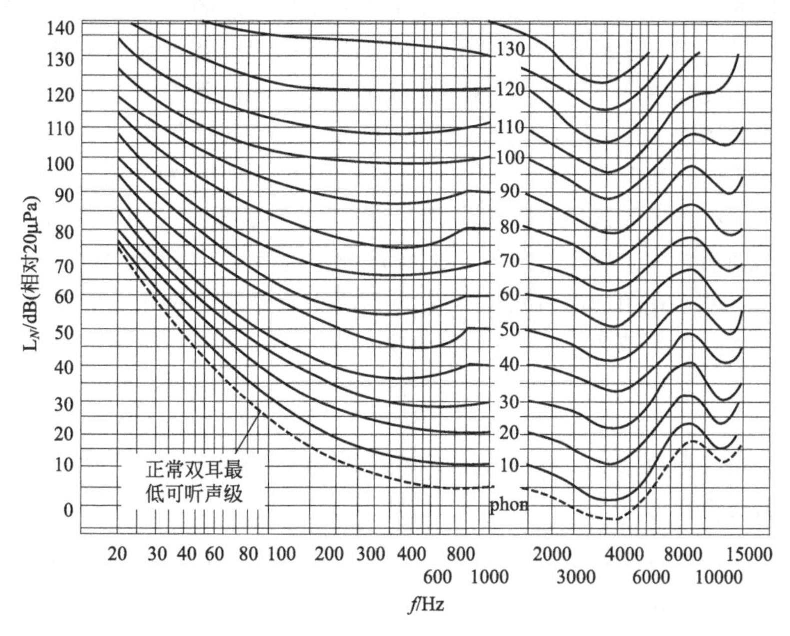

图 6-1 等响曲线

响度级的方值，实质上仍是 1000Hz 声音声压级的分贝值。所不同的是，响度级的方值与其分贝值的差异随频率而变化。响度级仍是一种对数标度单位，并不能线性地表明不同响度级之间主观感觉上的轻响程度，也就是说，声音的响度级为 80phon 并不意味着比 40phon 响一倍。与主观感觉的轻响程度成正比的参量为响度，符号为 N，单位为宋（sone）。其定义为正常听者判断一个声音比响度级为 40phon 参考声强响的倍数，规定响度级为 40phon 时响度为 1sone。2sone 的声音是 1sone 的 2 倍响。经实验得出，响度级每增加 10phon，响度增加一倍。响度与响度级的关系为

$$L_N=40+10\log_2 N \tag{6-10}$$

$$N=2^{0.1(L_N-40)} \tag{6-11}$$

（2）计权声级和计权网络

由等响曲线可以看出，人耳对于不同频率的声波反应的敏感程度是不一样的。人耳对于高频声音，特别是频率在 1000～5000Hz 之间的声音比较敏感；而对于低频声音，特别是对 100Hz 以下的声音不敏感，即声压级相同的声音会因为频率的不同而产生不一样的主观感觉。为了使声音的客观量度和人耳的听觉主观感受近似取得一致，通常对不同频率声音的声压级经某一特定的加权修正后，再叠加计算可得到噪声总的声压级，此声压级称为计权声级。

计权网络是近似以人耳对纯音的响度级频率特性而设计的，通常采用的有 A、B、C、D 四种计权网络。A 计权网络相当于 40phon 等响曲线的倒置；B 计权网络相当于 70phon 等响曲线的倒置；C 计权网络相当于 100phon 等响曲线的倒置。目前 A 计权已被所有管理机构和工业部门的管理条例所普遍采用，成为最广泛应用的评价参量，而 B、C 计权已较少被采用，D 计权网络常用于航空噪声的测量。

（3）等效连续 A 声级

实际噪声很少是稳定地保持固定声级的，而是随时间有忽高忽低的起伏。但对于一个声

级起伏或不连续的噪声，A 计权声级就很难确切地反映噪声的状况。例如，交通噪声的声级是随时间变化的，当有车辆通过时，噪声可能达到 85～90dB，而当没有车辆通过时，噪声可能仅有 55～60dB，并且噪声的声级还会随车流量、汽车类型等的变化而改变，这时就很难说交通噪声的 A 计权声级是多少分贝。又例如，两台同样的机器，一台连续工作，而另一台间断性地工作，其工作时辐射的噪声级是相同的，但两台机器噪声对人的总体影响是不一样的。对于这种声级起伏或不连续的噪声，采用噪声能量按时间平均的方法来评价噪声对人的影响更为确切，为此提出了等效连续 A 声级评价参量。等效连续 A 声级又称等能量 A 计权声级，它等效于在相同的时间间隔 T 内与不稳定噪声能量相等的连续稳定噪声的 A 声级，其符号为 $L_{\mathrm{Aeq},T}$，或 L_{eq}，数学表达式为

$$L_{\mathrm{eq}}=10\lg\left[\frac{1}{T}\int_{0}^{T}10^{0.1L_{\mathrm{A}}(t)}\mathrm{d}t\right] \tag{6-12}$$

式中，T 为测量时段间隔，s；$L_{\mathrm{A}}(t)$为噪声信号瞬时 A 计权声压级，dB。

(4) 累积百分数声级

在现实生活中经常碰到的是非稳态噪声，可以采用等效连续 A 声级 L_{eq} 来反映对人影响的大小，但噪声的随机起伏程度却没有表达出来。这种起伏可以用噪声出现的时间概率或累计概率来表示，目前采用的评价量为累计百分数声级 L_n。它表示在测量时间内高于 L_n 声级所占的时间为 $n\%$。例如，$L_{10}=70$dB（A 计权，一般所指 dB 皆为 A 计权），表示在整个测量时间内，噪声级高于 70dB 的时间占 10%，其余 90%的时间内噪声级均低于 70dB；同样，$L_{90}=50$dB 表示在整个测量时间内，噪声级高于 50dB 的时间占 90%。对于同一测量时段内的噪声级，按从大到小的顺序进行排列，就可以清楚地看出噪声涨落的变化程度。

通常认为，L_{90} 相当于本底噪声级，L_{50} 相当于中值噪声级，L_{10} 相当于峰值噪声级。

在累计百分数声级和人的主观反应所作的相关性调查中，发现 L_n 用于评价涨落较大的噪声时相关性较好。因此，L_n 已被美国联邦公路局作为公路设计噪声限值的评价量。总的来讲，累计百分数声级一般只用于有较好正态分布的噪声评价。对于统计特性符合正态分布的噪声，其累计百分数声级与等效连续 A 声级之间有近似关系：

$$L_{\mathrm{eq}}\approx L_{50}+\frac{(L_{10}-L_{90})^2}{60} \tag{6-13}$$

(5) 噪声评价数（NR）曲线

1962 年，C. W. Kosten 和 Vanos 基于等响度曲线，提出一组评价曲线（即 NR 曲线），如图 6-2 所示。曲线号数与该曲线在 1000Hz 的声压级值相同。1971 年 NR 曲线被国际标准化组织采纳，建议用来评价公众对户外噪声的反应，简单表示为 NR。

噪声评价曲线的声压级范围是 0～120dB，频率范围是 31.5～8000Hz 的 9 个倍频程。在 NR 曲线簇上，1000Hz 声音的声压级等于噪声评价数 NR。实测得到的各个倍频程声压级 L 与 NR 的关系为

$$L_{pi}=a+bNR_i \tag{6-14}$$

式中，L_{pi} 为第 i 个频程声压级，dB；a，b 为与各倍频程声压级有关的常数。

6.1.2.3 噪声的标准

环境噪声标准是为保护人群的健康和生存环境而对噪声容许范围所作的规定，其应具有先进性、科学性和现实性，同时应以保护人的听力、睡眠休息、交谈思考为制定的原则。目

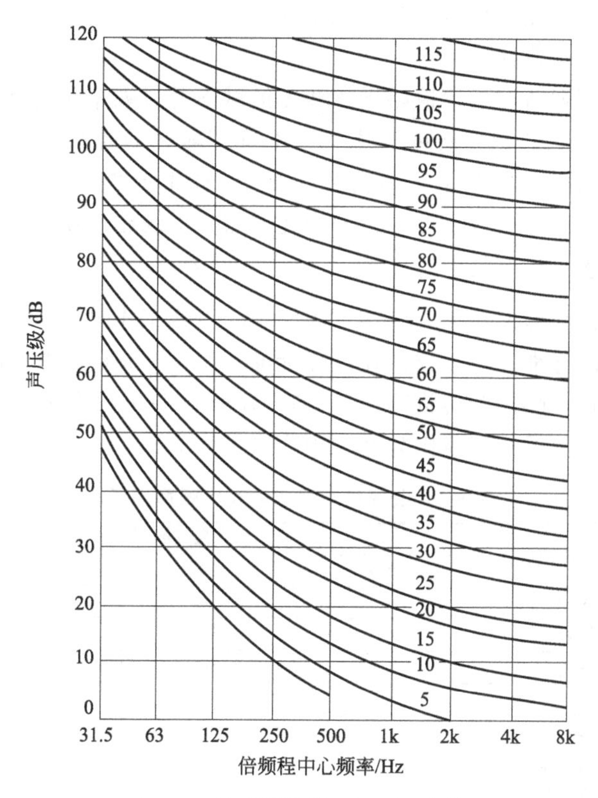

图 6-2　噪声评价数（*NR*）曲线

前，我国也已经颁布了《声环境质量标准》（GB 3096—2008）、《社会生活环境噪声排放标准》（GB 22337—2008）和《工业企业厂界环境噪声排放标准》（GB 12348—2008）等一系列相关标准。这些标准不仅与群众生产、生活密切相关，而且也是环境监测、执法人员进行噪声监管的重要依据。

（1）城市区域环境噪声标准

我国的《城市环境噪声标准》（GB 3096—1993）（该标准目前已经废止）在 1994 年正式颁布实施。目前正在施行的《声环境质量标准》（GB 3096—2008）中规定了城市五类区域的环境噪声的最高限值，具体见表 6-2。

表 6-2　城市五类区域环境噪声的最高限值（等效声级 L_{Aeq}）　　单位：dB

类别	昼间	夜间
0 类	50	40
1 类	55	45
2 类	60	50
3 类	65	55
4 类(4a 类)	70	55
4 类(4b 类)	70	60

其中各类标准的适用区域为：

① 0 类标准适用于疗养区、高级别墅区、高级宾馆区等特别需要安静的区域。位于城郊和乡村的这一类区域分别按严于 0 类标准 50dB 执行。

② 1 类标准适用于以居住、文教机关为主的区域。乡村居住环境可参照执行该类标准。

③ 2 类标准适用于居住、商业、工业混杂区。

④ 3 类标准适用于工业区。

⑤ 4 类标准中在下列情况下，铁路干线两侧区域不通过列车时的环境背景噪声限值，4a 类标准执行：a. 穿越城区的既有铁路干线；b. 对穿越城区的既有铁路干线进行改建、扩建的铁路建设项目。4b 类声环境功能区环境噪声限值，适用于 2011 年 1 月 1 日起环境影响评价文件通过审批的新建铁路（含新开廊道的增建铁路）干线建设项目两侧区域。

(2) 室内环境噪声允许标准

室内环境噪声允许标准保证了人们在室内的生活以及工作环境不受干扰，但是由于地区的差异，各国及地区的标准并不一致。在国际标准化组织（ISO）提出的环境噪声允许标准中规定：住宅区室内环境噪声的容许声级为 35～45dB，并可根据不同的时间、不同的地区等条件进行修正。我国的民用建筑内允许噪声声级见表 6-3。

表 6-3 我国民用建筑内允许噪声声级

建筑物类型	房间功能或要求	允许噪声声级 L_{pA}/dB			
		特级	一级	二级	三级
医院	病房、休息室	—	40	45	50
	门诊室	—	55	55	60
	手术室	—	45	45	50
	测定室	—	25	25	30
住宅	卧室、书房	—	40	45	50
	起居室	—	45	50	50
学校	有特殊安静要求	—	40	—	—
	一般教室	—	—	50	—
	无特殊安静要求	—	—	—	55
旅馆	客房	35	40	45	55
	会议室	40	45	50	50
	多用途大厅	40	45	50	—
	办公室	45	50	55	55
	餐厅、宴会厅	50	55	60	—

(3) 工业企业厂界噪声标准

我国在 2008 年颁布实施了《工业企业厂界环境噪声排放标准》（GB 12348—2008），该标准代替了我国早前施行的《工业企业厂界噪声标准》（GB 12348—1990）。新施行的标准中规定了工业企业厂界环境噪声不得超过排放限值，具体见表 6-4。

表 6-4 工业企业厂界环境噪声排放限值 单位：dB（A）

厂界外声环境功能区类别	时段	
	昼间	夜间
0	50	40
1	55	45
2	60	50
3	65	55
4	70	55

(4) 建筑施工场界环境噪声排放标准

我国于 2011 年颁布的《建筑施工场界环境噪声排放标准》（GB 12523—2011）中规定了建筑施工场界环境噪声的排放限值及测量方法，适用于周围有噪声敏感建筑物的建筑施工噪声排放的管理、评价及控制。噪声限值如表6-5所示。

表6-5　建筑施工厂界噪声限值（等效声级 L_{Aeq}）　　单位：dB

施工阶段	主要噪声源	噪声限值	
		昼间	夜间
土石方	推土机、挖掘机、装卸机等	75	55
打桩	各种打桩机	85	禁止施工
结构	混凝土、振捣棒、电锯等	70	55
装修	升降机、吊车等	65	55

6.1.3　噪声的污染控制

6.1.3.1　噪声控制的基本原理

声学系统一般是由声源、传播途径和接受者三环节组成的，对于所需要的声音，必须为它的产生、传播和接受提供良好的条件。对于噪声，则必须对它的产生、传播和对听者的干扰三环节分别采取措施。

（1）在声源处抑制噪声

在噪声源处降低噪声是噪声控制的最有效方法。通过研制和选择低噪声设备，改进生产加工工艺，提高机械零部件的加工精度和装配技术，合理选择材料等，都可以达到从噪声源处控制噪声的目的。

1）控制工业企业噪声声源　要求工业、企业严格贯彻执行《工业企业厂界环境噪声排放标准》，查处工业、企业噪声排放超标扰民的行为。加大噪声敏感建筑物集中区域内噪声排放超标污染源的关停力度，加强工业园区内的噪声污染防治，禁止高噪声污染项目入园区，彻底从源头减少工业噪声的产生。

2）控制交通噪声声源　相关管理部门要全面落实《地面交通噪声污染防治技术政策》，在敏感区内的高架路、快速路、高速公路、城市轨道等道路两边应配套建设隔声屏障，严格实施禁鸣、限行、限速等措施。同时加快城市市区铁路道口平交改立交建设，逐步取消市区平面交叉道口，控制高铁在城市市区内运行的噪声污染，加强机场周边噪声污染防治工作，减少航空噪声。

3）控制施工噪声声源　施工单位需严格执行《建筑施工场界环境噪声排放标准》，管理单位要积极查处施工噪声超过排放标准的行为。政府应依法限定施工作业时间，严格限制在敏感区内夜间进行产生噪声污染的施工作业，同时鼓励施工企业使用低噪声的施工设备及工艺。

4）控制社会生活噪声声源　管理部门应以《社会生活环境噪声排放标准》为依据，严格控制加工、维修、餐饮、娱乐及其他商业、服务业的噪声污染。积极推行城市室内综合市场，取缔扰民的露天或马路市场，同时对室内装修进行严格管理，明确限制作业时间，严格控制在已竣工交付使用居民宅楼内进行产生噪声的装修作业。

（2）在声传播途径中的控制

在传播途径上降低噪声，简单的方法就是使声源远离人们集中的地方，依靠噪声在距离上的衰减达到减噪的目的。在噪声的传播途径上可直接采取声学措施，包括吸声、隔声、减振、消声等常用噪声控制技术。各种噪声控制的技术措施，都有其特点和适用范围，采用何种措施应视噪声源的实际情况，参照有关标准并综合考虑经济因素等。控制噪声的传播途径常用的技术有：吸声、隔声、消声等。

1）吸声　吸声主要是利用吸声材料或吸收结构来完成吸收声能的过程。吸声材料大多是由多孔材料制成的，如玻璃棉、矿渣棉、泡沫塑料、毛毡、吸声砖、木丝板和甘蔗板，吸声材料完成吸声的基本原理是：当声波通过它们时，会压缩吸声材料孔中的空气，使得孔中的空气与孔壁产生摩擦，最后就会由于摩擦损失而使声能吸收转变为热能，从而完成了对噪声的“吸收”。

2）隔声　在许多情况下，可以把发声的物体或需要安静的场所封闭在一个空间中，使它与周围的环境隔绝，这种降低噪声的方法叫作隔声。典型的隔声措施有隔声罩、隔声室、隔声屏。

隔声罩一般由隔声材料、阻尼涂料和吸声层构成，选择 1～3mm 的钢板或较硬的木板作为隔声材料，之后在其上涂覆一定厚度的阻尼层（防止钢板产生共振），最后再加入吸声层，即完成隔声罩的制作。

隔声室一般是建在噪声声级比较高的工业作业厂房内，如在高噪声车间（如空压机站、柴油机试车车间、鼓风机旁）中，需要一个比较安静的环境供职工谈话、打电话或休息，通常就是采用建立隔声室的方法来隔绝作业空间中的高噪声。

隔声屏主要是设立在大车间或露天场合下用于隔离声源与人员集中的地方。如在居民稠密的公路、铁路两侧设置隔声堤、隔声墙等，在大型车间内设置活动的隔声屏可以有效地降低机器的高中频噪声，减少噪声对工作人员的干扰。

3）消声　消声主要是利用消声器来降低噪声在空气中的传播，通常是用在气流噪声如风机声、通风管噪声、排气噪声的控制方面。消声器的种类主要包括：阻性消声器、抗性消声器、阻抗复合性消声器。阻性消声器是指在管壁内贴上吸声材料的衬里，而使声波在管中传播时被逐渐吸收的一类消声器。它的优点是能在较宽的中高频范围内消声，特别是对刺耳的高频噪声有着显著的消声作用；缺点是阻性消声器比较不耐高温和气体侵蚀，容易损坏，同时它的消声频带较窄，对低频噪声的消声效果较差。

(3) 接受者的保护措施

在某些情况下，噪声特别强烈，在采用上述措施后，仍不能达到要求，或者工作过程中不可避免地有噪声时，就需要从接受者保护角度采取措施。对于人，可佩戴耳塞、耳罩、有源消声头盔等。对于精密仪器设备，可将其安置在隔声间内或隔振台上。

1）耳塞　耳塞是插入外耳道的护耳器，按其制作方法和使用材料可分成预模式耳塞、泡沫塑料耳塞和入耳膜耳塞等三类。

2）防声棉　防声棉是用直径 1～3μm 的超细玻璃棉经过化学方法软化处理后制成的。使用时撕下一小块用手卷成锥状，塞入耳内即可。防声棉的隔声比普通棉花效果好，且隔声值随着噪声频率的增加而提高，它对隔绝高频噪声更为有效。

3）耳罩和防声头盔　耳罩就是将耳郭封闭起来的护耳装置，类似于音响设备中的耳机，好的耳罩可隔声 30dB。还有一种音乐耳罩，这种耳罩既隔绝了外部强噪声对人的刺激，又能听到美妙的音乐。防声头盔将整个头部罩起，与摩托车的头盔相似，头盔的优点是隔声量大，不但能隔绝噪声，而且也可以减弱骨传导对内耳的损伤。其缺点是体积大、不方便，尤其在夏天或者高温车间会感到闷热。

4）隔声岗亭　在车间和其他噪声环境中，使用隔声材料或玻璃建造一间隔声岗亭，工人在亭内工作。精密仪器安装在岗亭内，也可以有效地减少噪声的危害。

6.1.3.2 噪声控制的一般原则

噪声控制设计一般应坚持科学性、先进性和经济性的原则。

① 科学性。首先应正确分析发声机理和声源特性，是空气动力性噪声、机械噪声或电磁噪声，还是高频噪声或中低频噪声，然后采取针对性的相应措施。

② 先进性。控制技术的先进性是设计追求的重要目标，但应建立在有可能实施的基础上。控制技术不能影响原有设备的技术性能或工艺要求。

③ 经济性。经济上的合理性也是设计追求的目标之一。噪声污染属物理污染，即声能量污染，控制目标为达到允许的标准值，但国家制定标准有其阶段性，必须考虑当时在经济上的承受能力。

6.2 电磁辐射和放射性污染控制技术

宇宙空间中广泛存在着电磁波。地球存在一个固有的电磁环境。人类日夜不间断地受到电磁波的辐射。这其中一部分来源于自然界，强度较低且相对稳定，一般来说，对人类不会造成危害。另外一部分来源于人类活动产生的电磁辐射，其污染源主要是一些电器设备，如电视塔、广播站、雷达、卫星通信、家用电器等。这些设备发射电磁波，使环境中电磁波能量密度增加，可能对人类造成较大的危害。

电磁辐射污染是能量流污染，看不见，摸不着，却充满了整个空间，且穿透力极强，任何生物或设备都处于其包围之中。电磁辐射已被联合国人类环境大会列为必须控制的造成公害的污染之一。

6.2.1 电磁辐射的危害与测量

6.2.1.1 电磁辐射的概述

变化的电场与磁场交替地产生，由近及远，互相垂直（亦与自己的运动方向垂直），并以一定的速度在空间传播而且在传播过程中不断地向周围空间辐射能量，这种辐射的能量就称为电磁辐射。也可以说电磁辐射其实就是一个包括了广播频率（220～3600MHz）、电视频率（30～300MHz）和无线电频率（30MHz以下）的广泛的波。

影响人类生活环境的电磁辐射根据其污染源大致可分为两大类：天然电磁辐射污染源和人为电磁辐射污染源。

(1) 天然电磁辐射污染源

天然的电磁辐射来自地球的热辐射、太阳热辐射、宇宙射线、雷电等，是自然界某些自然现象引起的，所以又称为宇宙辐射。在天然电磁辐射中，以雷电所产生的电磁辐射最为突出。由于自然界发生某些变化，常常在大气层中引起电荷的电离，发生电荷的蓄积，当达到一定程度时就会引起火花放电，火花放电的频率极宽，造成的影响可能也会较大。另外，如火山爆发、地震和太阳黑子活动引起的磁暴等也都会产生电磁干扰。除了对电器设备、飞机、建筑物等直接造成危害外，天然的电磁辐射对短波通信的干扰特别严重，这也是电磁辐射污染的危害之一。

(2) 人为电磁辐射污染源

人为电磁辐射是电子仪器和电气设备产生的，主要有以下三类。

① 脉冲放电。切断大电流电路时产生的火花放电。由于电流的瞬时变化很大，因此可产生很强的电磁干扰。它在本质上与雷电相同，只是影响区域较小。

② 工频电磁辐射。大功率电机、变压器以及输电线附近会放射出电磁波。它对近场区产生电磁干扰。

③ 射频电磁辐射。无线电（广播、电视、微波通信）设备，射频加热（焊接、淬火、熔炼）设备和介质干燥（塑料热合、木材纸张干燥）设备等能放射电磁波。射频电磁波频率范围宽，影响区域大，对近场区的工作人员能产生危害。

6.2.1.2 电磁辐射的危害

在信息社会中，电磁波是传递信息的最快捷方式。于是，大量的广播站、电视台、雷达站、导航站、地面站、微波中继站、天线通信、移动通信等如雨后春笋般出现。从接收和传递信息来说，这些设备发出的电磁波信号，能达到信息传播的目的；但同时也不可避免地增加了环境中的电磁辐射水平，形成了环境污染。再加上其他工农业众多经济领域中广泛应用电磁辐射设备和电气设备等辐射出的电磁波更加重了环境电磁辐射污染程度。一般认为电磁辐射污染主要危害为对人体健康的危害、干扰危害和引爆引燃的危害。

(1) 电磁辐射对人体的影响与危害

电磁辐射对人体的危害与波长有关。长波对人体的危害较弱，随着波长的缩短，对人体的危害逐渐加大，而微波的危害最大。一般认为，微波辐射对内分泌和免疫系统的作用有两方面：小剂量、短时间作用是兴奋效应；大剂量、长时间作用是抑制效应。另外，微波辐射可使毛细血管内皮细胞的胞体内小泡增多，使其胞饮作用加强，导致血脑屏障渗透性增高。一般来说，这种增高对机体是不利的。

1）对视觉系统的影响　眼组织含有大量的水分，易吸收电磁辐射，而且眼的血流量少，故在电磁辐射作用下，眼球的温度易升高。温度上升导致眼晶状体蛋白质凝固，产生白内障。较低强度的微波长期作用，可以加速晶状体的衰老和浑浊，并有可能使有色视野缩小和暗适应时间延长，造成某些视觉障碍。短期低强度电磁辐射的作用，可出现视觉疲劳，眼感到不舒适和干燥等现象。

2）对生殖系统和遗传的影响　长期接触超短波发生器的人，男人可出现性机能下降、阳痿，女人出现月经周期紊乱。由于睾丸的血液循环不良，对电磁辐射非常敏感，精子生成受到抑制而影响生育；电磁辐射也会使卵细胞出现变性，破坏排卵过程，而使女性失去生育能力。高强度的电磁辐射可以产生遗传效应，使睾丸染色体出现畸变和有丝分裂异常。妊娠妇女在早期或在妊娠前，接受短波透热疗法，会使子代出现先天性出生缺陷。

3）对机体免疫功能的危害　动物试验相对人群受辐射作用的研究与调查表明，人体的白细胞吞噬细菌的百分率和吞噬的细菌数均下降。此外，长期受电磁辐射作用的人，其抗体形成受到明显抑制，使身体抵抗力下降。

4）对血液系统的影响　在电磁辐射的作用下，人体血液中白细胞含量下降，红细胞的生成受到抑制，网状红细胞减少。操纵雷达的人多数出现白细胞降低的现象。此外，当无线电波和放射线同时作用于人体时，对血液系统的作用较单一因素作用可产生更明显的伤害。

5）对中枢神经系统的危害　神经系统对电磁辐射的作用很敏感，受其低强度反复作用后，中枢神经机能发生改变，出现神经衰弱，主要表现有头痛、头晕、无力、失眠、多梦或嗜睡、打瞌睡、易激动、多汗、心悸、胸闷、脱发等，还表现有短时间记忆力减退、视觉运动反应时间明显延长、手脑协调动作差等，尤其是入睡困难、无力、多汗和记忆力减退更为突出。这些均说明大脑是抑制过程占优势。

6）对胎儿的影响　世界卫生组织认为，计算机、电视机、移动电话等产生的电磁辐射对胎儿有不良影响。孕妇在怀孕期的前三个月尤其要避免接触电磁辐射。因为当胎儿在母体内时，对有害因素的毒性作用比成人敏感，受到电磁辐射后，将产生不良的影响。如果是在胚胎形成期受到电磁辐射，有可能导致流产；如果是在胎儿的发育期受到辐射，也可能损伤中枢神经系统，导致婴儿智力低下。

（2）电磁辐射对仪器装置和设备的影响

电磁辐射除对生活环境造成污染，对生物体构成一定危害之外，也会对各种装置和仪器设备产生干扰，导致引燃引爆事故的发生。

1）对通信、电视等信号的干扰与破坏　射频设备和广播发射机振荡回路的电磁泄漏，以及电源线、馈线和天线等向外辐射的电磁能，不仅对周围操作人员的健康造成影响，而且可以干扰位于这个区域范围内的各种电子设备的正常工作。如无线电通信、无线电计量、雷达导航、电视、电子计算机及电气医疗设备等电子系统，造成通信信息失误或中断，使电子仪器、精密仪表不能正常工作；铁路自控信号失误；使飞机飞行指示信号失误，引起误航，甚至造成导弹与人造卫星的失控。电视机受到射频辐射的干扰后，将会引起图像上有活动波纹、雪花等，使图像很不清楚，严重的根本不能收看。

2）电磁辐射对易爆物质和装置的危害　火药、炸药及雷管等都具有较低的燃点，遇到摩擦、碰撞、冲击等情况，很容易发生爆炸，同样在辐射能作用下，可以发生意外的爆炸。另一方面，许多常规兵器采用电气引爆装置，如遇高电平的电磁感应和辐射，可能造成控制系统的误动，从而使控制失灵，发生意外的爆炸，如高频辐射场能够使导弹制导系统控制失灵，电爆管的效应提前或滞后。

3）电磁辐射对通信电子设备的危害　高强度电磁辐射会造成通信电子设备永久的物理性损坏。导致射频能量损害设备的机理是复杂的。通常，受损的是电路器件，即三极管、二极管等，受损情况由辐照的类型、电平和时间、受辐照的器件或零件、电磁场性质，以及许多其他因素来确定。设备损坏可能因其直接受辐照引起发热所致，而更多的则是由于天线端、线路连线、元件端子、电源线等感应的电压或电流所致。

4）电磁辐射对元器件的危害　电磁辐射对使用场效应管作为射频放大器的接收机输入元件，雷达收发机中的开关二极管，心电图设备等的元件均会产生不良影响。后两种设备只有在屏蔽室内才能得到保护和进行工作。这些设备对电磁场相当敏感，以至于最佳的接地方案也不足以保护元件。

5）电磁辐射对挥发性物质的危害　挥发性液体和气体，例如酒精、煤油、液化石油气等易燃物质，在高电平电磁感应和辐射作用下，可发生燃烧现象，特别是在静电危害方面尤为突出。

6.2.1.3　电磁辐射的途径

电磁辐射所造成的环境污染途径大体上可分为空间辐射、导线传播和复合污染。

1）空间辐射　当电子设备或电气装置工作时，会不断地向空间辐射电磁能量。由射频设备所形成的空间辐射，分为两种：一种是以场源为中心，半径为一个波长的范围之内的电磁能量，该能量主要以电磁感应方式施加于附近的仪器仪表、电子设备和人体上；另一种是半径为一个波长的范围之外的电磁能量的传播，通过空间放射方式将能量施加于敏感元件和人体之上。

2）导线传播　当射频设备与其他设备共用一个电源供电时，或者它们之间有电器连接时，那么电磁能量（信号）就会通过导线进行传播。此外，信号的输出/输入电路等也能在强电磁场中“拾取”信号，并将所有“拾取”的信号再进行传播。

3）复合污染　复合污染是指同时存在空间辐射与导线传播所造成的电磁污染。

6.2.1.4 电磁辐射的测量

(1) 电磁污染的检测方法

1）一般电磁环境的测量　一般电磁环境的测量可以采用方格法布点。以主要的交通干线为参考基准线，把所要测量的区域划分为 1km×1km 的方格，原则上选每个方格的中线点作为测试点，以该点的测量值代表该方格区域内的电磁辐射水平。实际选择测试点时，还应该考虑附近地形、地物的影响。测试点应选在比较平坦、开阔的地方，尽量避开高压线和其他导电物体，避开建筑物和高大树木的遮挡。由于一般电磁环境是指该区域内电磁辐射的背景值，因此测量点不要距离大功率的辐射源太近。

为了监测某一区域中（例如一个城市的市区）电磁辐射的水平，被测区域可能被划分为许多方格小区（一般有几十个到一百多个）。所有小区都设监测点工作量太大，也是不必要的。可以采用“人口密度加权”和“辐射功率加权”的方格选择其中部分典型的、有代表性的小区设监测点。

2）交流输变电工程电磁环境测量　交流输变电工程电磁环境的监测因子为工频电场和工频磁场，监测指标为工频电场强度和工频磁感应强度（或磁场强度）。监测点应选择在地势平坦、远离树木且没有其他电力线路、通信线路及广播线路的空地上。监测仪器的探头应架设在地面（或立足平面）上方 1.5m 高度处。监测工频电场时，监测人员与监测仪器探头的距离应不小于 2.5m，监测仪探头与固定物体的距离应不小于 1m。采用一维探头监测工频磁场时，应调整探头使其位置在监测最大值的方向。根据架空输电线路和地下输电线缆类型不同，具体监测布点可以参照《交流输变电工程电磁环境监测方法》（HJ 681—2013）执行。

3）其他电磁环境测量　工业、科研和医用射频设备辐射强度的测量方法与一般电磁环境不同。基于它们所造成的污染是由这些设备在工作过程中产生的电磁辐射引起的，因此，对于这类设备辐射强度的测量可以一次性进行。当设备工作时，以辐射源为中心确定东、南、西、北、东北、东南、西北、西南 8 个方向（间隔 45°角）做近区场与远区场的测量。

(2) 电磁污染的测量仪器

电磁污染测量仪器有非选频式辐射测量仪和选频式辐射测量仪两类。

1）非选频式辐射测量仪　具有各向同性响应或有方向性探头的宽带辐射测量仪属于非选频式辐射测量仪。用有方向性探头时，应调整探头方向以测出最大辐射电平。

2）选频式辐射测量仪　各种专门用于 EMI（电磁干扰）测量的场强仪，干扰测试接收机，以及用频谱仪、接收机、天线自行测量系统经标准场校准后可用于此目的。测量误差小于±3dB，频率误差应小于被测频率的3个数量级。该测量系统经模/数转换与微机连接后，通过编制专用测量软件可组成自动测试系统，达到数据自动采集和统计。

自动测试系统中，测量仪可设置于平均值（适用于较平稳的辐射测量）或准峰值（适用于脉冲辐射测量）检波方式。每次测量时间为8～10min，数据采集取样率为2次/s，进行连续取样。

另外，根据电磁场特征不同，需要分别采用近区场强仪、超高频近区电场测量仪、远场仪与干扰仪等不同仪器测量。

6.2.2 防治电磁辐射的基本方法

6.2.2.1 电磁辐射污染防护的基本原则

制定电磁辐射防护技术措施的基本原则：首先是主动防护与治理，抑制电磁辐射源，包括所有电子设备以及电子系统，如设备设计应尽量合理，加强电磁兼容性设计的审查和管理，做好模拟预测和危害分析等；其次是做好被动防护与治理，即从被辐射方面着手进行防护，如采用调频、编码等方法防治干扰，对特定区域和特定人群进行屏蔽防护。具体可采取的方式：a. 屏蔽辐射源或辐射单元；b. 屏蔽工作点；c. 采用吸收材料，减少辐射源的直接辐射；d. 清除工作现场二次辐射，避免或减少二次辐射；e. 屏蔽设施必须有很好的单独接地；f. 加强个人防护，如穿具屏蔽功能的工作服、戴具屏蔽功能的工作帽等。

根据上述电磁辐射防护技术原则，可将电磁辐射防护的形式分为两大类：a. 在泄漏和辐射源层面采取防护措施，减少设备的电磁漏场和电磁漏能，使泄漏到空间的电磁场强度和功率密度降低到最低程度；b. 采取防护措施，对作业人员进行保护，增加电磁波在介质中的传播衰减，使到达人体的场强和能量水平降到电磁波照射卫生标准以下。

6.2.2.2 电磁辐射污染的防治措施

为了防止、减少或避免高频电磁辐射对人体健康的危害和对环境的污染，应当采取防护与治理措施，其中很重要的是对高频电磁设备采取屏蔽、接地、滤波、阻波抑制等技术方法。

（1）电磁屏蔽

屏蔽是指采用一定的技术手段，将电磁辐射的作用和影响限制在所规定的空间内，防止其传播与扩散。屏蔽可分为两类：一是将污染源屏蔽起来，叫作主动场屏蔽；另一种称为被动场屏蔽，就是将指定的空间范围、设备或人屏蔽起来，使其不受周围电磁辐射的干扰。同时为了保证高效率的屏蔽作用，防止屏蔽体成为二次辐射源，屏蔽体应该能良好接地。

目前，电磁屏蔽技术多采用金属板或金属网等导电性材料，做成封闭式的壳体将电磁辐射源罩起来或把人罩起来，此外还可以利用反射、吸收等技术来减少辐射源的泄漏以加强防护。

（2）接地技术

接地有射频接地和高频接地两类。射频接地是将场源屏蔽体或屏蔽体部件内感应电流加以迅速地引流以形成等电势分布，避免屏蔽体产生二次辐射，是实践中常用的一种方法。高频接地是将设备屏蔽体和大地之间，或者与大地上可以看作公共点的某些构件之间，采用低电阻导体连接起来，形成电流通路，使屏蔽系统与大地之间形成一个等电势分布。

在中短波段接地正确与否对电场屏蔽效果的影响很大，接地状态下的屏蔽效能与不接地状态下的屏蔽效能相比，两者有显著的差异，可相差30dB之多，对磁场屏蔽效能则无明显影响。在短波段，特别是20～30MHz频段以上，接地作用不太明显。对于微波段，屏蔽接地作用则更小。

(3) 滤波作用

滤波是抵制电磁干扰最有效的手段之一。滤波即在电磁波的所有频谱中分离出一定频率范围内的有用波段。线路滤波的作用是保证有用信号通过的同时阻止无用信号通过。

(4) 个人防护

电磁辐射的个人防护对于不同的电磁辐射污染源而言，其防护方法是不同的，但只要是能降低辐射源的辐射、达到国家标准的防护就可以使用。个人防护的主要对象是微波作业人员，当工作需要操作人员必须进入微波辐射源的近场区作业时，必须采取个人防护措施，利用保护用品使辐射危害降至最低，以保护作业人员安全。个人防护措施主要有穿防护服、戴防护头盔和防护眼镜等，这些个人防护装备同样也是应用了屏蔽、吸收等原理，用相应材料制成的。对于室内环境中的办公设备、家用电器和手机带来的电磁辐射危害，人们也应采取一些保护措施，如电器摆放不能过于集中，在卧室中要尽量少放，甚至不放电器；电器使用时间不宜过长，尽量避免同时使用多台电器；对辐射较大的家用电器，可采用不锈钢纤维布做成罩子，或进行化学镀膜来反射和吸收阻隔电磁辐射；手机接通瞬间释放的电磁辐射最大，为此最好在手机响过一两秒或电话两次铃声间歇接听电话。

6.2.3 放射性废物处理与处置技术

6.2.3.1 放射性污染的来源

地球上存在各种放射性辐射源，主要分为天然放射性辐射源和人工放射性辐射源。随着科学技术的发展，人们对各种放射性辐射源的认识逐渐深入。核能的大量开发和利用给人类带来了巨大的物质利益和社会效益，但同时也对环境造成了新的污染。

(1) 天然放射性辐射源

在人类历史过程中，生存环境射线照射持续不断地对人们产生影响，天然本底的辐射主要来源有：宇宙辐射、地球表面的放射性物质、空气中存在的放射性物质、地面水系中含有的放射性物质和人体内的放射性物质。

1) 宇宙射线　宇宙射线是一种从宇宙太空中辐射到地球上的射线。在地球大气层以外的宇宙射线称为初级宇宙射线。进入大气层后和空气中的原子核发生碰撞，即产生次级宇宙射线。其中部分射线的穿透本领很大，能透入深水和地下，另一部分穿透本领较小。

2) 地球表面的放射性物质　地层中的岩石和土壤中均含有少量的放射性核素，地球表面的放射性物质来自地球表面的各种介质（土壤、岩石、大气及水）中的放射性元素，它可分为中等质量（原子序数小于83）和重天然放射性同位素（铀镭系和钍系）两种。

3) 空气中存在的放射性物质　空气中的天然放射性主要是由于地壳中铀系和钍系的子代产物氡和钍射气的扩散，其他天然放射性核素的含量甚微。这些放射性气体的子体很容易附着在空气溶胶颗粒上，而形成放射性气溶胶。

4) 地面水系含有的放射性物质　地面水系含有的放射性往往由水流类型决定。海水中含有大量的^{40}K，天然泉水中则有相当数量的铀、钍和镭。水中天然放射性的浓度与水所接触的岩石、土壤中该元素的含量有关。据报道，各种内陆河中天然铀的浓度范围在0.3～10μg/L，平均为0.5μg/L。地球上任何一个地方的水或多或少都含有一定量的放射性物质，并通过饮用对人体构成内照射。

5）人体内的放射性物质　由于大气、土壤和水中都含有一定量的放射性核素，通过人的呼吸、饮水和食物不断地把放射性核素摄入体内，进入人体的微量放射性核素分布在全身各个器官和组织，对人体产生内照射剂量。

(2) 人工放射性辐射源

对公众造成自然条件下原本不存在的辐射的辐射源称为人工辐射源，放射污染的人工来源主要有以下几个方面。

1）爆炸的沉淀物　在大气层中进行核试验时，爆炸的高温体放射性核素变为气态物质，伴随着爆炸产生的大量炽热气体、蒸汽升上天空，在上升过程中，随着与空气的不断混合、温度的逐渐降低，气态物就凝聚成了粒或附着在其他尘粒上，随着蘑菇状烟云扩散，这些颗粒最后都会回落到地面，沉降下来的颗粒就带有了放射性，称为放射性沉淀物（或沉降灰）。这些放射性沉降物除了落到爆区附近，还可随风扩散到更广泛的地区，造成对地表、海洋、人体及动植物的污染，细小的放射性颗粒甚至可到达平流层并随大气环流流动，经很长时间才能回落到对流层，造成全球性污染。即使是地下核试验，由于“冒顶”或其他事故，仍可造成如上的污染。由于放射性核素都有半衰期，因此这些核素在未完全衰变之前都会造成污染，其中核试验时产生的危害较大的^{90}Sr、^{131}I和^{14}C等，它们的半衰期都较长，污染的时间就会持续很长一段时间。

2）核工业的“三废”排放

① 核燃料的生产过程包括铀矿开采、铀水法冶炼工厂、核燃料精制与加工过程产生的放射性废物。

② 核反应堆运行过程包括生产性反应堆、核电站与其他核动力装置的运行过程产生的放射性废物。

③ 核燃料处理过程包括废燃料元件的切割、脱壳、酸溶与燃料的分离与净化过程产生的放射性废物。

3）其他方面的污染源　如果某些用于控制、分析、测试的设备使用了放射性物质，也会对职业操作人员产生辐射危害；而某些生活消费品中使用了放射性物质，如夜光表、彩色电视机等，同样会对消费者造成放射性污染；某些建筑材料如铀、镭含量高的花岗岩和钢渣砖等，它们的使用也会增加室内的放射性污染。

6.2.3.2 放射性污染的危害

过量的放射性物质可以通过空气、饮用水和复杂的食物链等多种途径进入人体（即过量的内照射剂量），会发生急性或慢性的放射病，引起恶性肿瘤、白血病，或损害其他组织或器官，如骨髓、生殖腺等。因此，应注意研究放射性同位素在环境中的分布、转移和进入人体的危害等问题。

(1) 急性放射病

急性放射病是由大剂量的急性照射所引起，多为意外核事故、核战争造成的。按射线的作用范围，短期大剂量外照射引起的辐射损伤可分为全身性辐射损伤和局部性辐射损伤。

全身性辐射损伤指在机体全身受到均匀或不均匀大剂量急性照射引起的一种全身性疾病，一般在照射后的数小时或数周内出现。根据剂量大小、主要症状、病程特点和严重程度可分为骨髓型放射病、肠型放射病和脑型放射病三类。局部性辐射损伤是指机体某一器官或组织受到外照射时出现的某种损伤，在放射治疗中可能出现这类损伤。

（2）远期影响

远期影响主要是慢性放射病和长期小剂量照射对人体健康的影响。慢性放射病是由于多次照射、长期积累的结果。受辐射的人在数年或数十年后，可能出现白血病、恶性肿瘤、白内障、生长发育迟缓、生育力降低等远期躯体效应，还可能出现胎儿性别比例变化、先天畸形、流产、死产等遗传效应。慢性放射病的辐射危害取决于受辐射的时间和辐射量，属于随机效应。

6.2.3.3 放射性污染的控制

（1）放射性废物处理原则

放射性废物管理不当会在现在或将来对人体健康和环境产生不利影响，因此，放射性废物管理必须履行旨在保护人类健康和管理的各项措施。国际原子能机构（IAEA）在征集成员国意见的基础上，经理事会批准，于1995年发布了放射性废物管理九条基本原则：a. 放射性废物管理必须确保对人体健康的保护达到可接受水平；b. 放射性废物管理必须提供环境保护达到可接受水平；c. 放射性废物管理必须考虑对人体健康和环境的超越国界可能的影响；d. 放射性废物管理必须保证对后代预期的健康影响不大于当今可接受的有关水平；e. 不给后代造成不适当负担；f. 纳入国家法律框架；g. 控制放射性废物产生；h. 兼顾放射性废物产生和管理各阶段间的相依性；i. 保证废物管理设施安全。

（2）放射性废物处理技术

目前主要依据废物的形态，即废水、废气、固体废物，分别进行放射性污染的治理。放射性废物处理体系包括废物的收集、废液废气的净化浓集和固体废物的减容、贮存、固化、包装及运输处置等。放射性废物的处置是废物处理的最后工序，所有的处理过程均应为废物的处置创造条件。

1）放射性废液的处理　放射性废液的处理非常重要。现在已经发展起来很多有效的废液处理技术，如化学处理、离子交换、吸附法、膜分离法、生物处理、蒸发浓缩等。根据放射性比活度的高低、废水量的大小及水质和不同的处置方式，可选择上述一种方法或几种方法联合使用，以达到理想的处理效果。

2）放射性废气的处理　放射性污染物在废气中存在的形态包括放射性气体、放射性气溶胶和放射性粉尘，对挥发性放射性气体可以用吸附或者稀释的方法进行治理。对于放射性气溶胶，可用除尘技术进行净化。通常，放射性污染物用高效过滤器过滤、吸附等方法使空气净化后经高烟囱排放，如果放射性活度在允许限值范围，可直接由烟囱排放。

3）放射性固体废物的处理　含有放射性物质的固体废物以外照射或通过其他途径进入人体产生内照射的方式危害人体健康。随着核能源的日益发展，放射性固体废物量迅速增加，因此，控制和防止环境中放射性固体废物污染，是保护环境的一个重要方面。对于放射性固体废物，目前常用的处理技术主要有固化和减容。

4）放射性表面污染的去除　放射性表面污染是指空气中放射性气溶胶沉降于物体表面造成表面污染，是造成内照射危害的途径之一。由于通风和人员走动，可能使这些污染物重新悬浮于空气中，被吸入人体后形成内照射。所以，必须对地面、墙壁、设备及服装表面的放射性污染加以控制。表面污染的去除一般采用酸碱溶解、络合、离子交换、氧化及吸收等方法。不同污染表面所用的去污剂及其使用方法不同。

6.3 其他物理性污染及防治技术

6.3.1 振动污染及防治技术

6.3.1.1 振动污染的来源

振动是一种自然界和日常生产、生活中极为普遍的运动形式，任何一个可以用时间的周期函数来描述的物理量，都称之为振动。所谓的振动污染就是振动超过了一定的界限，从而对人体的健康和设施产生损害，对人的生活和工作环境形成干扰，或使机器、设备和仪表不能正常工作。

影响人类活动的振动污染主要是人为振动，其发生源包括高速行驶的车辆、飞速运转的机器、喷气打桩的打桩机等。人为造成的振动虽然不像地震那样破坏性强，但是它对人体健康带来的损害是持久而深远的。因此，科学家们把振动也视为一种污染。次声波的特点是频率低、波长长、穿透力强，故其可传播至很远的地方而能量衰减很小。飞驰的车辆、飞速运转的机器、打桩机打桩、火箭发射、核爆炸等，都是次声波的一种形式。

自然振动带来的灾害难以避免，只能加强预报减少损失。人为振动污染源主要包括以下四种。

1）工厂振动源　在工业生产中的振动源主要有旋转机械、往复机械、传动轴系、管道振动等，如锻压、铸造、切削、风动、破碎、球磨以及动力等机械和各种输气、液、粉的管道。常见的工厂振源在其附近的面上加速度级为80～140dB，振级为60～100dB，峰值频率在10～125Hz范围内。

2）工程振动源　工程施工现场的振动源主要是打桩机、打夯机、水泥搅拌机、碾压设备、爆破作业以及各种大型运输机车等。常见的工程振源在其附近的面上振级为60～100dB。

3）道路交通振动源　道路交通振动源主要是铁路振源和公路振源。对周围环境而言，铁路振动呈间隙振动状态；而公路振源则取决于车辆的种类、车速、公路地面结构、周围建筑物结构和离公路中心远近等因素。一般说来，铁路振动的频率一般在20～80Hz范围内；在离铁轨30m处的振动加速度级在85～100dB范围内，振动级在75～90dB范围内。而公路交通振动的频率在2～160Hz范围内，其中以5～63Hz的频率成分较为集中，振级多在65～90dB范围内。

4）低频空气振动源　低频空气振动是指人耳可听见的100Hz左右的低频，如玻璃窗、门产生的人耳难以听见的低频空气振动。这种振动多发生在工厂。

另外，振动污染源按形式又可分为固定式单个振动源和集合振动源；按振动源的动态特征可分成稳态振动源、冲击振动源、无规则振动源和铁路振动源四类。

6.3.1.2 振动污染的危害

（1）振动对人体的影响

振动作用于人体，会伤害到人的身心健康。人能感觉到的振动按频率范围分为低频振动（30Hz以下）、中频振动（30～100Hz）和高频振动（100Hz以上）。

振动超过75dB（A）时，会使人产生烦躁感；超过85dB（A），就会严重干扰人们正常的生活和工作，甚至损害人体健康。

振动的生理影响主要是损伤人的机体，引起循环系统、呼吸系统、消化系统、神经系统、代谢系统、感官的各种病症，并且损伤脑、肺、心、消化器官、肝、肾、脊髓、关节等人体器官或系统。瞬间剧烈的振动甚至会使内脏、血管移位，造成不同程度的皮肉青肿、骨折、器官破裂或脑震荡。

振动还对人们的心理产生一定的影响。当人们感受到振动时，心理上会产生不愉快、烦躁、不可忍受等各种反应，而除了振动感受器官能感受到振动外，有时人们也会通过看到电灯摇动或水面晃动、听到门和窗发出的声响来判断房屋在振动。

(2) 振动对设备和建筑物的危害

振动使机械设备产生疲劳和磨损，缩短机械设备的使用寿命，甚至使机械设备中的构件发生刚度和强度破坏。对于机械加工机床，如果振动过大，可使加工精度降低。飞机机翼的颤振、机轮的摆动和发动机的异常振动，都有可能造成飞行事故。

振动通过地基传递到房屋等构建物上，会导致构建物损坏，其影响程度主要取决于振动的频率和强度。而地表的剧烈振动——地震则会导致建筑物直接坍塌，造成人民生命财产的损失。另外，由于共振的放大作用，尤其是其放大倍数范围可从数倍到数十倍，因此带来了更严重的振动破坏和危害。

6.3.1.3 振动污染的防治技术

振源产生振动，通过介质传至受振对象（人或物），因此，振动污染控制的基本方法概括起来分为三个方面：振源控制、振动传递过程中的控制和保护受体。

(1) 振源控制

受控对象的响应是由振源激励引起的，振源消除或减弱，响应自然也消除或减弱。消除或减弱振源的措施有改善机器的平衡性能、改变扰动力的作用方向、增加机组的质量、在机器上装设动力吸振器等。

1）采用振动小的加工工艺　强力撞击在机械加工中常常见到。强力撞击会引起被加工零件、机器部件和基础（座）振动。控制此类振动的有效方法是在不影响产品加工质量等的情况下，改进加工工艺，即用不撞击的方法来代替撞击方法。

2）修改结构，减少振动源的扰动　它实际上是通过修改受控对象的动力学特性参数使振动满足预定的要求，不需要附加任何子系统的振动控制方法。所谓动力学特性参数是指影响受控对象质量、劲度与阻尼特性的参数，如惯性元件的质量、转动惯量及其分布等。

(2) 振动传递过程中的控制

1）加大振源和受振对象之间的距离　振动在介质中传播，由于能量的扩散和土层等对振动能量的吸收，随着距离的增加振动一般逐渐衰减，所以加大振源和受振对象之间的距离是振动控制的有效措施之一。

2）隔振　隔振就是使振动传输不出去，以减小受控对象对振动源的响应，通常是通过在振动源与受控对象之间串一个子系统来实现隔振目的。

(3) 保护受体

1）阻振　又称阻尼减振，采用黏弹性高阻尼材料。在受控对象上附加阻尼器或阻尼元件，通过消耗能量使响应最小。也常用外加阻尼材料的方法来增大阻尼，阻尼可使沿结构传递的振动能量衰减，还可减弱共振频率附近的振动。

2）吸振　又称动力吸振，是在受控对象上附加一个子系统使得某一频率的振动得到控制，也就是利用吸振器产生吸振力以减小受控对象对振源激励的响应。

3）振动防护　为保护在强烈振动环境里工作的人员免受伤害，除了控制振动外，还可以采取防护措施。全身振动的防护可用防振鞋，在防振鞋内装有微孔橡胶鞋垫，利用其弹性减轻人在站立时所受到的振动。局部防振常用防振手套，防振手套的内衬用泡沫塑料或微孔橡胶制成，其大小应该与手掌相适合。

6.3.2　光污染及防治技术

6.3.2.1　光污染及其危害

现代的光源与照明给人类带来光文化，但是光源的使用不当或者灯具的配光欠佳都会对环境造成污染，给人类的生活和生产环境产生不良的影响。现代社会有将近2/3的人口生活在光污染之下。现代文明程度越高的地区，光污染也就越严重。在一些完全被现代文明覆盖的地区，几乎没有了真正意义的黑夜。对居住在那里的人们而言，璀璨星空只是一个遥远而浪漫的幻想。所以我们应研究适宜人类生存的光环境，分析光污染的类型、产生条件、危害和防治，避免光污染对人类的损害。

国际上一般将光污染分成3类：白亮污染、人工白昼污染和彩光污染。按光的波长，光污染又分为红外线污染、紫外线污染、激光污染及可见光污染等。

（1）白亮污染

白亮污染是指当太阳照射强烈时，城市里建筑物的玻璃幕墙、釉面砖墙、磨光大理石和各种涂料等装饰反射光线，明晃白亮、炫眼夺目。专家研究发现，长时间在白色光亮污染环境下工作和生活的人，视网膜和虹膜都会受到不同程度的损害，视力急剧下降，白内障的发病率高达45%；另外白亮污染还使人头昏心烦，出现失眠、食欲下降、情绪低落、身体乏力等类似神经衰弱的症状，长时间在白亮污染的环境中还极易诱发一些疾病。

玻璃幕墙强烈的反射光进入附近居民楼房内，会破坏室内原有的良好气氛，也使得室温平均升高了4～6℃，影响人们正常的生活，而有些玻璃幕墙是半圆形的，反射光汇聚还容易引起火灾。在烈日下驾车行驶的司机可能会遭到玻璃幕墙反射光的突然袭击，眼睛受到强烈刺激，很容易导致车祸发生。

（2）人工白昼污染

当夜幕降临后，酒店、商场的广告牌或霓虹灯使人眼花缭乱。一些建筑工地灯火通明，亮如白昼，即所谓人工白昼。人工白昼对人体的危害不可忽视。由于强光反射，可把附近的居室照得如同白昼，在这样的“不夜城”里，使人夜晚难以入睡，打乱了正常的生物节律，致使精神不振，白天上班工作效率低下，还时常会出现安全方面的事故。国外的一项调查显示，有2/3的人认为人工白昼影响健康，84%的人认为影响睡眠，同时也使昆虫、鸟类的生存与繁殖遭受干扰，甚至可能被强光周围的高温烧死。

（3）彩光污染

彩光活动灯、荧光灯以及各种闪烁的彩色光源则构成了彩光污染，危害人体健康。据测定，黑光灯可产生波长为250～320mm的紫外线，其强度远远高于太阳中的紫外线，长期沐浴在这种黑光灯下，会加速皮肤老化，还会引起一系列神经系统症状，诸如头晕、头痛、恶心、食欲不振、乏力、失眠等。彩光污染不仅有损人体的生理机能，还会影响人的心理。

长期处在彩光灯的照射下，也会不同程度引起倦怠无力、头晕、性欲减退、月经不调、神经衰弱等身心方面的症状。

(4) 眩光污染

汽车夜间行驶时照明用的头灯、厂房中不合理的照明布置等都会造成眩光。某些工作场所，例如火车站和机场以及自动化企业的中央控制室，过多和过分复杂的信号灯系统也会造成工作人员视觉锐度的下降，从而影响工作效率。焊枪所产生的强光，若无适当的防护措施，也会伤害人的眼睛。长期在强光条件下工作的工人（如冶炼工、熔烧工、吹玻璃工等）也会由于强光而使眼睛受害。

(5) 激光污染

激光污染也是光污染的一种特殊形式。由于激光具有方向性好、能量集中、颜色纯等特点，而且激光通过人眼晶状体的聚焦作用后，到达眼底时的光强度可增大几百甚至几万倍，所以激光对人眼有较大的伤害作用。激光光谱的一部分属于紫外和红外范围，会伤害眼结膜、虹膜和晶状体。功率很大的激光能危害人体深层组织和神经系统。近年来，激光在医学、生物学、环境监测、物理学、化学、天文学以及工业等多方面的应用日益广泛，激光污染越来越受到人们的重视。

(6) 紫外线污染

紫外线最早应用于消毒以及某些工艺流程。近年来它的使用范围不断扩大，如用于人造卫星对地面的探测。紫外线的效应按其波长不同而有所不同：波长为 100～190nm 的真空紫外部分，可被空气和水吸收；波长为 190～300nm 的远紫外部分，大部分可被生物分子强烈吸收；波长为 300～330nm 的近紫外部分，可被某些生物分子吸收。紫外线主要是伤害人体眼角膜和皮肤。造成角膜损伤的紫外线主要为 250～305nm 的部分，而其中波长为 288nm 的作用最强。角膜多次暴露于紫外线，并不增加对紫外线的耐受能力。紫外线对角膜的伤害作用表现为一种叫作畏光眼炎的极痛的角膜白斑伤害。

(7) 红外线污染

红外线近年来在军事、人造卫星以及工业、卫生、科研等方面的应用日益广泛，因此红外线污染问题也随之产生。红外线是一种热辐射，它对人体可以造成高温伤害，较强的红外线可造成皮肤伤害，其情况与烫伤相似，最初是灼痛，然后就是造成了烧伤。而红外线对眼睛的伤害则可以分为几种不同的情况：波长为 750～1300nm 的红外线对眼角膜的透过率较高，可造成眼底视网膜的伤害，而波长在 1300nm 以上的红外线能透到虹膜，造成虹膜伤害；波长 1900nm 以上的红外线几乎全部被角膜吸收，从而造成角膜烧伤（浑浊、白斑）。

6.3.2.2 光污染防治技术

人们关注水污染、大气污染、噪声污染，并采取措施大力整治，但对光污染却不够重视。而对于光污染有效的防治可以很好地改善人们的生活环境，降低光污染对于人们正常生活的影响，同时减少光污染对于人们健康的损害。光污染的防治技术主要有下列几个方面。

(1) 控制污染源

1）加强城市规划和管理　防治光污染应做到事前合理规划，事后加强管理。合理的城市规划和建筑设计可以有效地减少光污染。限建或少建带有玻璃幕墙的建筑并使其尽可能避开居住区，已经建成的高层建筑尽可能减少玻璃幕墙的面积并避免太阳光反射光照到居住区，应选择反射系数较小的材料。装饰高楼大厦的外墙、装修室内环境以及生产日用产品时应避免使用刺眼的颜色。加强城市绿化也可以减少光污染。对夜景照明，应加强生态设计，加强灯火管制。

2）提高灯光设施的质量，改善工厂照明条件　各灯具生产企业和相关研究部门也应加强研发力度，研制出与具体环境配套的各种灯具，为社会提供最为理想的照明解决方案。这样既能从源头上控制光污染，减少光污染的来源，同时也可以提高灯光设施的科技含量和文化品位。

3）管控光源　可以在地方标准中提出“灯光不可射入居民窗”“夏季23时后彩灯熄灯”等具体规定，并明确城市不同部位的照明亮度标准，从而控制过亮光源、彩色光源。对汽车远光灯产生的眩光污染，应通过加强交通安全执法，特别是对夜间行车的检查，贯彻《道路交通安全法》对远光灯的使用“四大不准”的规定。对焊枪等产生强眩光工具的使用，应当加强城管执法，保证室内安全操作。

4）管控反射材料　在建筑物和娱乐场所的周围应合理规划，进行绿化和减少反射系数大的装饰材料的使用。可以通过修订建材标准，加入预防光污染的内容，如明确建筑外墙涂料的反射系数要求、限制建筑物外墙使用玻璃幕墙或使用反射率低于10%的玻璃等，将那些可能造成光污染的建材拒之门外。同时，应当设立专门的光污染检测机构，为市民提供检测服务，发挥群众的力量，发现和处理各种光污染源；也便于市民以权威检测数据为依据提起诉讼，维护自己的合法权益。

（2）积极制定与光污染有关的技术规范和相应的法律法规

我国目前对光污染危害的认识还不是特别深刻，因此还没有这方面统一的标准。对于光污染这样一个不可测量的东西，由于没有相关明确法律的出台，而地方政策又有很多不够详细的地方，致使其在被引用的时候又会出现很多新的问题。目前，我国应加快对于光污染控制的相关标准以及法律的制定工作。

（3）做好个人防护工作

光污染防治对于个体来说就是需要人们增加环保意识，注意个人防护。作为普通民众，要切记勿在光污染地带长时间滞留。若光线太强，房间可安装百叶窗或双层窗帘，根据光线强弱做相应的调节；而另一方面应全民动手，在建筑群周围栽树种花，广植草皮，以改善和调节采光环境。个人如果不能避免长期处于光污染的工作环境中，就应该考虑到防止光污染的问题，采用个人防护措施，把光污染的危害消除在萌芽状态。对于个人防护措施主要是戴防护镜、防护面罩，穿防护服等。对于已出现被光污染伤害症状的人应定期去医院做检查，及时发现病情，以防为主，防治结合。

习题与思考题

6-1　噪声的主要来源有哪几类？

6-2　噪声的控制可以从几个方面入手？分别都可以采取哪些措施来控制噪声？

6-3　试说明电磁辐射人为污染源的种类、传播方式和污染特点。

6-4　电磁辐射对人体有哪些影响？

6-5　放射性污染对人体具有哪些危害？如何进行放射性污染的控制？

6-6　对于防治振动污染，我们可以采取哪些有效的措施？

6-7　简单介绍如何进行有效的光污染防护？

参考文献

[1] 侯德贤．可持续发展与和谐社会构建的相关性研究［J］．山西财经大学学报，2009，31（6）：39-45.

[2] 梁吉艳．环境工程学［M］．北京：中国建材工业出版社，2014.

[3] 王晓昌．环境工程学［M］．北京：高等教育出版社，2011.

[4] 李法云．环境工程学——原理与实践［M］．辽宁：辽宁大学出版社，2003.

[5] 王新．环境工程学基础［M］．北京：化学工业出版社，2011.

[6] 徐建平．环境工程原理［M］．合肥：合肥工业大学出版社，2013.

[7] 李永峰．现代环境工程原理［M］．北京：机械工业出版社，2012.

[8] 陈杰瑢．环境工程原理［M］．北京：高等教育出版社，2011.

[9] 郝吉明，马广大．大气污染控制工程［M］．2 版．北京：高等教育出版社，2002.

[10] 蒲恩奇．大气污染治理工程［M］．北京：高等教育出版社，2004.

[11] 郭静，阮宜纶．大气污染控制工程［M］．北京：化学工业出版社，2003.

[12] 曹军骥．$PM_{2.5}$ 与环境［M］．北京：高等教育出版社，2012.

[13] 王玉彬．大气环境工程师使用手册［M］．北京：中国环境科学出版社，2003.

[14] 王纯，王殿印．废气处理工程技术手册［M］．北京：化学工业出版社，2013.

[15] 唐玉兵，陈芳艳，张永峰．水污染控制工程［M］．哈尔滨：哈尔滨工业大学出版社，2006.

[16] 高廷耀，顾国维，周琪．水污染控制技术［M］．4 版．北京：高等教育出版社，2014.

[17] 唐受印．废水处理工程［M］．2 版．北京：化学工业出版社，2004.

[18] 张自杰．排水工程（下）［M］．4 版．北京：中国建筑工业出版社，2000.

[19] 彭党聪．水污染控制工程［M］．3 版．北京：冶金工业出版社，2010.

[20] 宁平．固体废物处理与处置［M］．北京：高等教育出版社，2010.

[21] 聂永丰．三废处理工程技术手册［M］．1 版．北京：化学工业出版社，2000.

[22] 杨慧芬，张强．固体废物资源化［M］．北京：化学工业出版社，2004.

[23] 庄伟强．固体废物处理与利用［M］．北京：化学工业出版社，2003.

[24] 杨玉楠．固体废物处理处置工程与管理［M］．北京：科学出版社，2004.

[25] 芈振明．固体废物处理与处置［M］．2 版．北京：高等教育出版社，2000.

[26] 柴晓利，赵爱华，赵由才．固体废物焚烧技术［M］．北京：化学工业出版社，2006.

[27] 张颖，伍钧．土壤污染与防治［M］．北京：中国林业出版社，2012.

[28] 洪坚平．土壤污染与防治［M］．北京：中国农业出版社，2011.

[29] 张辉．土壤环境学［M］．北京：化学工业出版社，2006.

[30] 陈怀满．环境土壤学［M］．北京：科学出版社，2005.

[31] 周启星，宋玉芳．污染土壤修复原理与方法［M］．北京：科学出版社，2004.

[32] 陈亢利．物理性污染及其防治［M］．北京：高等教育出版社，2015.

[33] 刘惠玲，辛言君．物理性污染控制工程［M］．北京：电子工业出版社，2015.

[34] 黄勇，王凯全．物理污染控制技术［M］．北京：中国石化出版社，2013.

[35] 李连山，杨建设．环境物理性污染控制工程［M］．武汉：华中科技大学出版社，2009.

[36] 任连海．环境物理性污染控制工程［M］．北京：化学工业出版社，2008.